Regelung und Ausgleich in Dampfanlagen

Einfluß von Belastungsschwankungen auf Dampfverbraucher und Kesselanlage sowie Wirkungsweise und theoretische Grundlagen der Regelvorrichtungen von Dampfnetzen, Feuerungen und Wärmespeichern

Von

Th. Stein

Mit 240 Textabbildungen

Berlin
Verlag von Julius Springer
1926

ISBN-13: 978-3-642-48495-7 e-ISBN-13: 978-3-642-48562-6
DOI: 10.1007/978-3-642-48562-6

Softcover reprint of the hardcover 1st edition 1926

Vorwort.

Die selbsttätige Regelung und der Ausgleich von Belastungsschwankungen in Dampfanlagen haben in den letzten Jahren eine Entwicklung genommen, deren Möglichkeit man vor dieser Zeit noch vielfach bezweifelte. Kessel größter Abmessungen werden vollkommen selbsttätig geregelt, Betriebe mit Heizdampfverbrauchern arbeiten mit mehreren geregelten Dampfnetzen, die durch Maschinensteuerungen und Reglerzentralen selbsttätig versorgt werden, und die Schwierigkeiten in der Deckung eines stark veränderlichen Bedarfes durch Kessel- und Maschinenanlage sind durch einen Ausgleich überwunden worden, der sich über Stunden erstreckt. Während die selbsttätige Regelung von Kraftmaschinen meist schon aus Gründen der Betriebssicherheit geboten ist, kann Handbedienung für Wärmeerzeugung und Dampfverteilung wegen des trägeren Verlaufes der Veränderungen und der Speicherfähigkeit der Kesselanlagen ohne Gefährdung des Betriebes angewendet werden. Verspätete und unvollkommene Anpassung an veränderte Betriebsverhältnisse beeinträchtigen aber die Wirtschaftlichkeit der Dampferzeugung und den Betrieb der wärmeverbrauchenden Herstellungsvorgänge; diese Zusammenhänge sind in den Kapiteln I, IV und VIII dargestellt.

Es ist bemerkenswert, daß die planmäßige Ausbildung geregelter Dampfnetze nicht durch stufenweise Weiterentwicklung einfacher Bauarten von Regelorganen entstanden ist, wie sie schon einige Jahrzehnte bekannt sind, und daß die Lösung der vollkommen selbsttätigen Feuerungsregelung sich nicht allmählich aus Einrichtungen entwickelt hat, durch welche schon seit längerer Zeit die Regelung einzelner Organe des Kessels versucht worden ist. Vielmehr wurde der vollkommen selbsttätige Betrieb erstmals in großen Anlagen unter schwierigen Verhältnissen verwirklicht, für Ruthsspeicher mit mehreren geregelten Dampfnetzen und Maschinen mit Dampfabgabe aus mehreren Zwischenstufen und für große Kesselanlagen, deren Betrieb bei Handbedienung erhöhte Schwierigkeiten bereitet. Zur Lösung dieser Aufgaben lohnte es sich, hochwertige Regeleinrichtungen auszubilden.

Nach den erreichten Erfolgen auf diesem Gebiet ist man jetzt bestrebt, die Bauarten der Regler möglichst zu vereinfachen, um den selbsttätigen Betrieb auch in kleineren Werken und in Anlagen mit geringeren Schwankungen einzuführen. Das vorliegende Buch möge zu dieser Entwicklung beitragen. Die wichtigsten Ausführungen werden behandelt und die Bedingungen festgestellt, welche für Schaltung, Bau und Betrieb von Regeleinrichtungen und Speichern maßgebend sind, um daraus auf die Möglichkeit von Vereinfachungen schließen zu können, ohne gegen wichtige Voraussetzungen zu verstoßen. Die Untersuchungen der dynamischen Verhältnisse bei der Regelung von Dampfnetzen und Feuerungen dienen dem Zweck, den Verlauf dieser Regelvorgänge der rechnerischen Behandlung zugänglich zu machen und die Grundsätze zu erkennen, welche zur Sicherung der Stabilität der Regeleinrichtungen befolgt werden müssen. Sie bilden eine Erweiterung der bisherigen Theorie der Geschwindigkeitsregelung von Kraftmaschinen; es gelten für diese Vorgänge z. T. abweichende Gesetze. So wurde z. B. die Ursache des günstigen Verhaltens von Dampfdruckreglern und Zugreglern ohne Rückführung im Auftreten eines Strömungsdruckabfalles gefunden, durch welchen eine Rückführwirkung ausgeübt wird. Um die verschiedenartige Gesetzmäßigkeit der einzelnen Vorgänge bei der Feuerungsregelung zu kennzeichnen, wurden die Begriffe der Stellungs-, Zustands- und Mengenregelung eingeführt. Besonders eingehend sind neuartige elektrische Aussetzsteuerungen behandelt, die als „Differentialdruckregler" bezeichnet wurden, ferner die bisher zur Feuerungsregelung noch nicht benutzten Rauchgasprüfer. Die Ableitungen über die Stabilität mittelbarer Schaltungen geben Aufschluß über die Bedingungen, welche die Anlage bei derartigen Regelvorgängen erfüllen muß. Die Berechnungen machen keinen Anspruch auf Vollständigkeit und absolute Genauigkeit, sie sind in der praktischen Berufstätigkeit entstanden, die aus Zeitmangel eine weitergehende Behandlung verbot; sie mögen trotzdem den herstellenden Firmen als Hilfsmittel, den Studierenden zur Einführung in die untersuchten Regelvorgänge dienen.

Der Hauptzweck des Buches ist, dem Betriebsleiter eine zusammenhängende Übersicht der fortschreitenden Anwendung selbsttätiger Einrichtungen zu geben, durch welche sich die Dampfanlage den Verhältnissen des schwankenden Betriebes anpassen läßt. Nach diesem Gesichtspunkt ist die Reihenfolge des Stoffes gewählt. Die theoretischen Untersuchungen sind in den abgeschlossenen Kapiteln III und VI zusammengefaßt, deren Ergebnisse durch gesperrte Schrift hervorgehoben und so weit als möglich in Kurvenscharen dargestellt sind; eine kurze Inhaltsübersicht findet sich am Anfang dieser Kapitel, die wichtigsten verwendeten Bezeichnungen am Ende des Buches, um das Durchlesen einzelner Teilabschnitte zu erleichtern.

Den Herren Dipl.-Ing. Carl Föhl und Jon Degan sage ich für ihre Unterstützung in der Bearbeitung der Berechnungen und Zeichnungen und in der Durchsicht des Manuskriptes den besten Dank, ebenso dem Verlag für die gute Ausstattung und schnelle Drucklegung.

Berlin, im August 1926.

Stein

Inhaltsverzeichnis.

I. Einfluß des Dampfdruckes.

Die genaue Einhaltung von Drehzahl und Spannung von Kraftmaschinen ist eine selbstverständliche Forderung des Maschinenbaues. Die nachteiligen Folgen wechselnder Drehzahl auf die angeschlossenen Motoren sind bekannt. Genaue Einhaltung der Drehzahl ist Vorbedingung für Güte der Ware und volle Ausnutzung der Betriebseinrichtungen. Durch die Lieferung von Dampf für Fabrikationszwecke greift aber die Wärmewirtschaft ebenso einschneidend in den Herstellungsgang der Ware ein. Es wird sich zeigen, daß der Dampfdruck auf die Wärmeverbraucher einen ähnlichen Einfluß ausübt, wie die Drehzahl auf die Kraftantriebe und die Regeleinrichtungen für den Dampfdruck sind deshalb ebenso sorgfältig auszubilden, wie die Geschwindigkeitsregler der Kraftmaschinen.

1. Arbeitstemperatur der Wärmeverbraucher.

Der Dampfdruck beeinflußt die Temperatur wärmeverbrauchender Vorgänge. Die Frage der erforderlichen Temperaturen soll hier grundsätzlich für die wichtigsten Vorgänge der industriellen Beheizung behandelt worden. Damit wird zugleich festgestellt, wie weit die Drücke bei der Dampfabgabe aus Kraftmaschinen zur Gewinnung von nutzbarem Wärmegefälle heruntergesetzt werden können, ohne den Gang der Herstellung zu verschlechtern.

Man kann die verschiedenen Dampfverbraucher in 2 Gruppen zusammenfassen:

Physikalische Vorgänge (Trocknen und Eindicken),

Chemische Vorgänge (naß und trocken).

Trocknen und Eindicken erfordern vielfach an sich keine höhere Temperatur als die der Umgebung und keine Wärme. Das Trocknen der Wäsche an der freien Luft und das Eindicken auf den Gradierwerken der Salinen vollzieht sich bei Umgebungstemperatur und auf Kosten der Umgebungswärme; das Wasser wird durch Verdunsten ausgetrieben. Dazu braucht man aber große Oberflächen und viel Zeit, was der neuzeitlichen Herstellungsweise widerspricht. Bei industrieller Wasserverdampfung wird *Wärme aufgewendet, um den Vorgang auf engem Raum mit hoher Geschwindigkeit durchzuführen.*

Je trockener die Luft ist, um so stärker ist ihre Aufnahmefähigkeit für Wasserdampf. Man kann diese Verhältnisse durch ein Temperaturgefälle ausdrücken, wenn man den Taupunkt der Luft als Maßstab für ihre Feuchtigkeit wählt. Vollkommen mit Wasserdampf gesättigte Luft kann kein Wasser aufnehmen. Ihr Taupunkt ist ihrer Temperatur gleich, das Temperaturgefälle also Null. Je trockener die Luft ist, um so tiefer ist ihr Taupunkt. Luft von 15° hat bei 50% relativer Feuchtigkeit einen Taupunkt von 4°. Wird diese Luft an einer feuchten Oberfläche vorbeigeführt, so entsteht ein Verdunstungsvorgang durch das Temperaturgefälle von 15 auf 4°. Die Verdunstung ist um so stärker, je größer dieses Temperaturgefälle, d. h. je trockener die Luft ist. Man muß aber berücksichtigen, daß das volle Gefälle von Temperatur und Taupunkt nur bei unendlich großer Luftmenge zur Verfügung steht, wenn sich also der Taupunkt der Luft durch die Wasseraufnahme beim Vorbeistreichen nicht ändert; dies ist in Wirklichkeit nicht der Fall. Ein Teil des Gefälles wird dadurch aufgezehrt, daß die begrenzte Luftmenge ihren Taupunkt auf z. B. 8° erhöht. Muß die Luftbewegung durch Auftrieb erfolgen, so ist hierfür ein weiteres Gefälle zu opfern, wenn nicht durch natürlichen Wind oder künstlichen Zug eine Lufterneuerung eintritt. Alle diese Widerstände müssen durch das geringe Gefälle von Umgebungstemperatur und Taupunkt überwunden werden, nur der Rest dient zur Verdunstung.

Eine bedeutende Steigerung der Trocknung erreicht man durch Erhöhung der Trockentemperatur z. B. auf 70°. Mit den Einschränkungen für begrenzte Luftmenge und Verlust durch Auftrieb steht dann als wirksames Gefälle der Temperaturunterschied von 70 und 4° für die Trockenwirkung zur Verfügung. So gelingt es, gewaltige Wassermengen auszutreiben, durch welche z. B. Trockenvorgänge auf einer Papiermaschine fortlaufend mit 5 m Breite und einer Papiergeschwindigkeit bis zu 300 m/min durchgeführt werden können. Wärmewirtschaftlich besteht aber der große Unterschied zwischen Verdunsten und Trocknen darin, daß jetzt die Wärme zur Wasserverdampfung nicht mehr der Umgebung entzogen werden kann, sie muß besonders erzeugt und durch Dampfbeheizung zugeführt werden. Außerdem wird Wärme gebraucht, um die feuchte Ware und die Trockenluft auf die Trockentemperatur zu bringen und die Ausstrahlungsverluste zu decken. So entsteht ein Wärmebedarf von mehr als 1 kg Dampf zum Austreiben von 1 kg Wasser. Die Wärme wird aber, von Verlusten abgesehen, nicht verbraucht, sondern unter Aufzehrung eines Temperaturgefälles auf ein Luft-Dampfgemisch übertragen.

Eine Untersuchung über die Geschwindigkeit der Trocknung ist von L. Pierre[1]) durchgeführt worden unter Berücksichtigung verschiedener kontinuierlicher und

[1]) Chaleur et Industrie, 1925. Juli-Sept.

periodischer Trockenvorgänge im Gleichstrom- und Gegenstromverfahren. Pierre stellt für die Trockengeschwindigkeit, d. h. die Veränderung der Feuchtigkeit nach der Zeit folgende Formel auf:

$$-\frac{dh}{dz} = \frac{C \cdot S}{B} (F - f)$$

Darin bedeutet:

h = Feuchtigkeit des Trockengutes, z die Zeit, C eine von der Luftgeschwindigkeit abhängige Konstante, S die Oberfläche des Trockengutes, B den Barometerstand. F ist die höchste Feuchtigkeit der Luft bei der Heiztemperatur, f der Feuchtigkeitsgehalt der Umgebungsluft. Der Faktor $(F - f)$ und damit die Trockengeschwindigkeit dh/dz wächst mit dem Temperaturunterschied zwischen beheizter Luft und Taupunkt. Die Formel gilt nur, bis das Wasser an der Oberfläche des Trockengutes verdampft ist. Dann beginnt die Verdampfung des Wassers aus den Kapillaren im Innern des Trockengutes, die um so lebhafter verläuft, je größer der Feuchtigkeitsgehalt des Trockengutes ist; die Verdampfung verlangsamt sich also mit abnehmender Feuchtigkeit. An Stelle der Konstanten F tritt eine Größe $a\,h$ (h = Feuchtigkeit des Trockengutes, a = Konstante, die von der inneren Beschaffenheit des Stoffes abhängt). Wie sich auch diese Verhältnisse bei den verschiedenen Trockenverfahren auswirken, für eine gegebene Anordnung und Größe der Trockeneinrichtung beschleunigt eine Erhöhung der Temperatur immer den Trockenvorgang.

Beim Eindampfen wird die Wärme ebenfalls nicht verbraucht. Der Verdampfer in der Station einer Zuckerfabrik verzehrt nur Temperaturgefälle, die Wärme dient zur Beheizung des folgenden Verdampfers. So können bis auf Umgebungstemperatur (Kondensator) 5 Verdampfer hintereinander geschaltet werden, wobei ein Teil der Wärme aus Zwischenstufen zur Ausnutzung dem übrigen Betrieb zufließt.

Auch bei chemischen Vorgängen ist man bestrebt, höchste Produktionsgeschwindigkeit zu erreichen. Eine große Zahl chemischer Gesetze gibt Aufschluß über Art und Menge der Stoffe, die eine Verbindung eingehen, aber nur wenige Gesetze beziehen sich auf die Geschwindigkeit, mit der die chemischen Veränderungen vor sich gehen. Darunter sagt das Massenwirkungsgesetz aus, daß die Reaktionsgeschwindigkeit außer vom Mengenverhältnis der Stoffe von der Arbeitstemperatur abhängt, und daß sie mit steigender Temperatur wächst. So vollziehen sich eine Reihe von Verbrennungsvorgängen, wie das Oxydieren des Eisens schon langsam bei Umgebungstemp eratur, jedoch schneller, wenn diese Temperatur überschritten wird. Für bestimmte Bleichprozesse der Textilindustrie kann durch eine Temperaturerhöhung um 10^0 die Zersetzungsgeschwindigkeit verdoppelt werden und bei anderen chemischen Vorgängen müssen ähnliche Verhältnisse vorliegen. Gleichgültig wie der Zusammenhang zwischen Temperatur und Reaktionsgeschwindigkeit im einzelnen ist, ein Höchstmaß der Produktionsgeschwindigkeit verlangt eine Steigerung der Temperatur bis zu der Grenze, bei welcher andere, unerwünschte Vorgänge (Verderben der Ware) eingeleitet würden. Abweichungen können aus praktischen Gründen (Färben in offenen Kufen mit 100°) erwünscht sein.

Den meisten chemischen Vorgängen ist ferner gemeinsam, daß die Reaktion praktisch erst bei einer Tiefsttemperatur beginnt, die wenig unter der zulässigen Höchsttemperatur liegt. Veränderungen der Arbeitstemperatur innerhalb dieser Grenzen sind aber nur vom chemischen Standpunkt aus gleichgültig. Dieser Temperaturbereich beherrscht die Geschwindigkeitsänderung des Vorganges zwischen Null (praktisch) und dem erreichbaren Höchstmaß und zeigt, wie empfindlich chemische Vorgänge gegen Schwankungen der Arbeitstemperatur sind.

Der Beschleunigung physikalischer Vorgänge durch Temperaturerhöhung ist ebenfalls eine Grenze gesetzt, die man ohne Schädigung der Ware durch unerwünschte (physikalische oder chemische) Vorgänge, nicht überschreiten darf. Im allgemeinen ist aber das wirksame Temperaturgefälle so groß, daß geringe Änderungen der Temperatur keinen bedeutenden Einfluß auf die Geschwindigkeit des Vorganges haben.

Der Wärmebedarf entsteht bei chemischen Vorgängen dadurch, daß die Ware und bei nassen Prozessen eine vielfache Flüssigkeitsmenge auf die Arbeitstemperatur gebracht werden muß. Es ist bemerkenswert, daß der eigentliche Wärmeverbrauch durch endotherme Vorgänge verschwindend ist. Im Gegensatz dazu wird z. B. beim Hochofenprozeß ein bedeutender Teil der Kohle zur Lieferung der Verbindungswärme verbraucht; in einer Zuckerfabrik mit ihrer ausgezeichneten Wärmewirtschaft ist dagegen der Wärmeanteil, welcher bei der Zuckerherstellung gebunden wird, etwa $^1/_{10\,000}$. Theoretisch läßt sich also auf dem gesamten Gebiet der industriellen Beheizung ein Zustand denken, bei dem durch Rückgewinnungsverfahren, von Abkühlungsverlusten abgesehen, überhaupt keine Wärme gebraucht wird.

Die Steigerung der Produktionsgeschwindigkeit erfordert die Anwendung der höchsten zulässigen Arbeitstemperaturen. Zum Teil entsteht der Wärmebedarf erst durch die Herstellung dieser hohen Temperaturen, es wäre deshalb grundsätzlich falsch, die Temperaturen herabzusetzen, um durch vermehrte Gewinnung von Gegendruckkraft Kohle zu sparen. Ein weiteres Temperaturgefälle wird aber für den Wärmetransport durch Rohrleitungen, Ventile und Heizflächen verbraucht, das zum Zweck der Kraftgewinnung stark vermindert werden kann. Eng bemessene Rohrleitungen, Apparate, die mit viel zu kleinen Heizflächen versehen sind, müssen bei einer Kupplung von Krafterzeugung und Dampfversorgung beseitigt werden.

Nicht in der Verminderung der Arbeitstemperaturen ist das Mittel für erhöhte Krafterzeugung zu suchen, sondern im richtigen Ausbau der Rohrleitungen und Heizflächen.

Abb. 1 zeigt am Beispiel einer neuzeitlich eingerichteten Papierfabrik die Aufteilung des Wärmegefälles für Krafterzeugung, Wärmetransport und die Herstellungsvorgänge. In wagerechter Richtung sind die Dampfmengen aufgetragen, welche zur Beheizung in den verschiedenen Betriebsabteilungen gebraucht werden. Diese Dampfmengen werden aus zwei Stufen einer Doppelanzapfturbine entnommen, die Kraftleistung der Dampfmengen steigt mit dem verarbeiteten Wärmegefälle. Deshalb wurden in senkrechter Richtung im Maßstab des Wärmegefälles die Arbeitstemperaturen der einzelnen Vorgänge aufgetragen, die Fläche Wärmegefälle × Dampfmenge stellt also die Arbeitsfähigkeit des Dampfes dar. Von der vollen Arbeitsfähigkeit zwischen Kesseldruck und Umgebungstemperatur müssen die wagerecht schraffierten Flächen zur Herstellung der Arbeitstemperaturen preisgegeben werden, die schräg schraffierten Flächen zeigen die bedeutenden Gefälle, welche der Wärmetransport durch Rohrleitungen und Heizflächen verzehrt, und nur die senkrecht schraffierten Flächen bleiben zur Krafterzeugung übrig. Der Kraftrest, den die Heizdampfmengen bei ihrer Entspannung nicht erzeugen können, muß durch Dampf gedeckt werden, dessen Wärme im Kondensator (rechts) verloren geht.

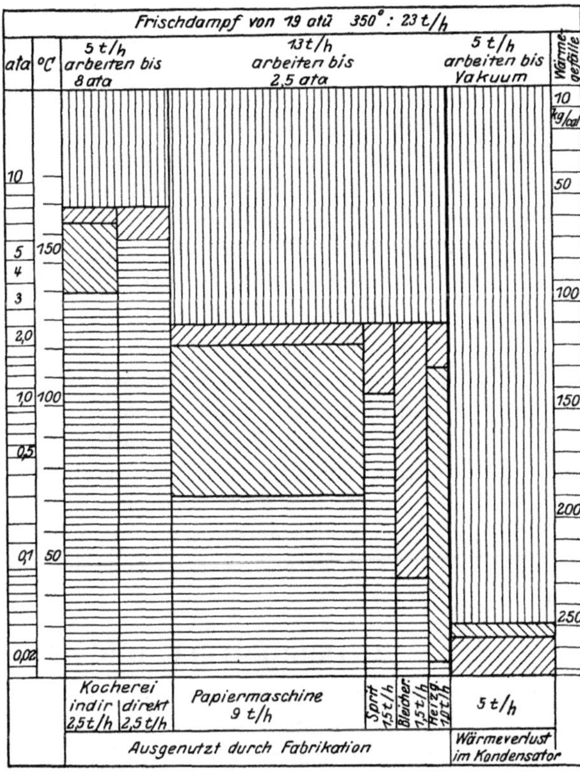

Abb. 1. Aufteilung des Wärmegefälles zwischen Kesseldruck und Vakuum (Umgebung) in einer Papierfabrik. Wagerecht schraffierte Flächen zur Herstellung der Arbeitstemperatur notwendig, schräg schraffierte Flächen zum Wärmetransport durch Rohrleitungen und Heizflächen, senkrecht schraffiert zur Krafterzeugung nutzbar.

Man kann auch die Heizdampfverbraucher des Betriebes als Kondensator der Kraftmaschine ansehen, und es hat sich eingebürgert, dem Prozeß Dampferzeugung — Gegendruckmaschine — Niederschlagen im Fabrikbetrieb den thermischen Wirkungsgrad von $100^0/_0$ zuzuschreiben, da die ganze Wärme teils zur Krafterzeugung, teils zur Beheizung nutzbar gemacht wird. Dies ist nicht der Fall: die Fabrik verbraucht Temperaturgefälle, und sie zerstreut die Wärme auf große Mengen von Flüssigkeit und Luft. Sie verursacht also eine *Entropievermehrung*: es geht dabei aber nicht notwendig das ganze Gefälle zwischen Arbeitstemperatur und Umgebung verloren, so daß es möglich ist, einem Heizprozeß eine Anlage zur Kraftgewinnung nachzuschalten. *Gensecke* schlägt die Aufstellung von Abdampfturbinen zur Verwertung des Brüdendampfes der Brikettfabriken vor. Der Herstellungsvorgang (Trocknen) schneidet dann aus dem Wärmegefälle zwischen Kesseldruck und Umgebung ein Stück heraus, dem Krafterzeugung vor- und nachgeschaltet ist.

Für die Druckregelung ergeben sich folgende Schlüsse:

1. Das Wichtige an der Beheizung ist die Einhaltung der Arbeitstemperatur und nicht die Wärmezufuhr.

2. Zur Steigerung der Produktionsgeschwindigkeit muß im allgemeinen die höchst zulässige Arbeitstemperatur eingehalten werden, bei deren Überschreitung die Ware verderben würde.

3. Schwankungen der Arbeitstemperatur verursachen besonders bei chemischen Vorgängen starke Veränderungen der Produktionsgeschwindigkeit.

2. Dampfdruck und Betrieb.

Einige Beispiele sollen den ungünstigen Einfluß von Druckschwankungen auf die angeschlossenen Verbraucher zeigen.

Bei *direkter* Beheizung wird der Dampf in die Flüssigkeit eingeblasen, wo er sich niederschlägt. Der Dampfzufluß wird durch ein Ventil eingestellt. Die durchfließende Dampfmenge richtet sich nach dem Gefälle zwischen dem Druck p_1 in der Rohrleitung und dem Druck p_0 im Verbraucher (Abb. 2); sie wächst bei kleinem Druckgefälle stark mit dem Druckunterschied, bei großem Gefälle proportional mit dem absoluten Anfangsdruck. Der Druck im Verbraucher steigt im allgemeinen während des vorbereitenden „Ankochens“ vom Atmosphärendruck an, bis er beim wichtigen Vorgang

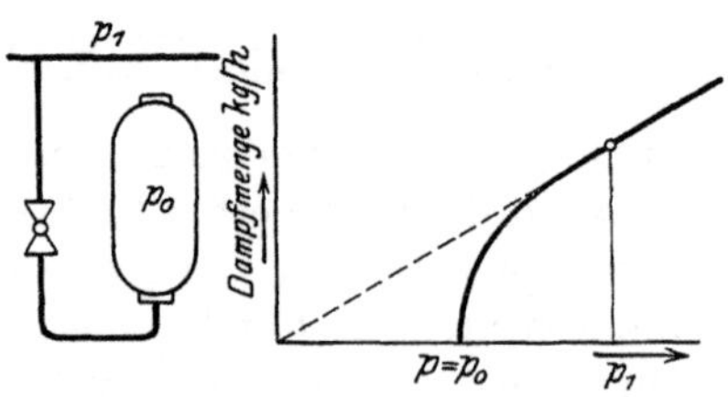

Abb. 2. Abhängigkeit der zufließenden Dampfmenge vom Druck p_1 der Speiseleitung.

des „Fertigkochens“ dem Druck in der Rohrleitung nahekommt. Druckschwankungen in der Rohrleitung haben also beim Ankochen (großes Druckgefälle) geringen Einfluß, hingegen verändern sie beim Fertigkochen den Dampfzufluß stark und wirken dadurch auf diesen empfindlichen Vorgang ungünstig ein.

Der Dampf wird bei indirekter Beheizung im Innern von Rohrschlangen oder Trommeln niedergeschlagen, welche die Wärme an das beheizte Gut abgeben. Vernachlässigt man den umstrittenen Einfluß der Überhitzung, so ist für die Wärmeabgabe nur die Sattdampftemperatur im Innern der Heizfläche, also der Druck, maßgebend. Für die Beheizung von Flüssigkeitsmengen durch Heizflächen gelten ähnliche Bedingungen wie bei direktem Einblasen des Dampfes, die Temperatur der Flüssigkeit steigt mit der Zeit an, und das Druckgefälle des Zuflußventils wird kleiner, die Empfindlichkeit gegen Druckschwankungen also größer. Die Temperatur der Flüssigkeit macht aber wegen der großen Speicherfähigkeit des Inhaltes vorübergehende Druckschwankungen nicht mit.

Ganz anders liegen die Verhältnisse bei mittelbarer Beheizung von Einrichtungen, denen eine solche Speicherfähigkeit fehlt (fortlaufende Trockenvorgänge auf Papiermaschinen, Karbonisieren von Tuch usw.). Hier hat der schwankende Dampfdruck nicht nur Einfluß auf die zugeführte Wärmemenge, sondern jede Druckänderung wirkt sich außerdem unmittelbar in einer Temperaturänderung der beheizten Ware aus. Handelt es sich um chemische Vorgänge, so schwankt dadurch die Produktionsgeschwindigkeit in weiten Grenzen, darüber hinaus kann aber durch zu tiefe Temperaturen der Vorgang zeitweise nur unvollkommen durchgeführt werden, zu anderen Zeiten verdirbt die Ware durch zu hohe Temperaturen. Trockenvorgänge sind im allgemeinen weniger empfindlich, steigender Druck verursacht aber einen Wärmeverlust durch nutzloses Übertrocknen, tiefer Druck bringt z. B. bei einer Papiermaschine Ausschuß durch mangelhafte Trocknung.

Druckschwankungen entstehen bei mangelnder Anpassung der Dampflieferung an den Verbrauch. Durch Selbstregelung nehmen die Verbraucher bei erhöhtem Dampfzufluß unter steigendem Dampfdruck mehr Dampf auf. Man erkennt dies deutlich am Beispiel einer Brikettfabrik, die ohne Druckregelung arbeitet. Aus einer Kesselanlage von 15 atü werden Pressenantriebe und Gegendruckturbinen für Stromerzeugung gespeist. Der Abdampf dieser Maschinen fließt den Trockentrommeln zu, die den ganzen Tag über (je nach der Feuchtigkeit der Rohkohle) einen unveränderlichen Dampfbedarf haben, dem ein ganz bestimmter Gegendruck, z. B. 2 atü, entspricht. Aus Dampfmenge und Gegendruck ergibt sich eine Belastung der Turbine, bei welcher das ganze System im Gleichgewicht ist. Die tatsächliche Belastung entsteht aber durch den Kraftbedarf des Werkes. Bei steigender Belastung kann der vermehrte Abdampf nur durch Steigerung des Gegendruckes (z. B. auf 3 atü) von den Trockentrommeln aufgenommen werden, wobei die Kohle unnütz übertrocknet wird. Außerdem ist aber der spezifische Dampfverbrauch der Turbine und der Pressenantriebe um etwa 18% höher als bei Auspuff der überschüssigen Dampfmenge durch Sicherheitsventile bei 2 atü. Dieser versteckte Auspuff bei 3 atü verursacht also einen Wärmeverlust von 18% gegenüber freiem Auspuff des Überschusses bei 2 atü. Eine Druckregelung hätte hier damit zu beginnen, daß man die Vorurteile gegen sichtbaren Auspuff fallen läßt, um größere unsichtbare Verluste zu vermeiden.

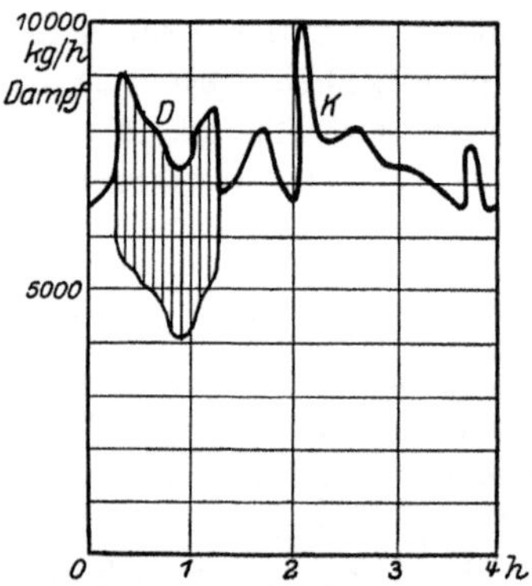

Abb. 3. Beim Dämpfen von Zellstoffkochern wird bei ungenügender Lieferung der Kessel der Dampf bei *D* den anderen Kochern entzogen.

In anderen Fällen kann es bei mangelnder Druckregelung vorkommen, daß der eine Verbraucher dem anderen den Dampf wegnimmt. Der Druck in der Speiseleitung regelt auch die Verteilung der Dampfmengen auf verschiedene Verbraucher. Ruths[1]) hat festgestellt, daß z. B. für das Dämpfen von Zellstoffkochern (Abb. 3) bei ungenügender Dampflieferung des Kessels die Dampfmenge (bei *D*) anderen Kochern entzogen wird; für das nachfolgende Ankochen können die Verhältnisse ähnlich liegen.

Beim Zellstoffkochen ist die vorbereitende rohe Dämpf- und Ankochperiode vom Fertigkochen zu unterscheiden, bei dem der eigentliche chemische Vorgang ausgeführt wird. Beim Ankochen ist der Druck im Kocher noch tief, das kritische Druckgefälle ist also überschritten, und die zufließende Dampfmenge ändert sich nur proportional mit dem Speisedruck. Beim empfindlichen Fertigkochen, das mit hohem Druck erfolgt, verursachen kleine Druckänderungen starke Mengenänderungen. Bei mangelnder Druckregelung wird also beim Aufreißen eines Ventils zum Ankochen unter absinkendem Speisedruck die Hauptdampfmenge dem rohen Ankochvorgang zufließen. Der Dampf wird also den Kochern entzogen, die in der empfindlichen Fertigkochperiode arbeiten, und diese Vorgänge werden stark behindert oder zum Stillstand gebracht. Durch Dampfdiebstahl bevorzugen sich die rohen Vorgänge zu ungunsten der empfindlichen, jeder Ankochprozeß kann bei mangelnder Druckregelung einen Stillstand der gesamten Fertigkochvorgänge hervorrufen. Besonders wenn große

[1]) Z. V. d. I. 1922, S. 597/605.

und kleine Kocher zusammenarbeiten, kann der große Kocher den kleineren den Dampf entziehen, und es entsteht der scheinbar unerklärliche Zustand, daß die kleinen Kocher längere Zeit zum Kochen brauchen als die großen (Abschnitt VIII 1a).

Ungleichmäßiger Dampfzufluß zu den einzelnen Verbrauchern wird außerdem durch hohen und wechselnden Druckabfall in den Rohrleitungen erzeugt, auch bei genauer Druckregelung am Anfang der Rohrleitung. Der Gesamtdampfverbrauch einer Färberei mit sehr vielen Farbkufen sei durch Abb. 4 oben dargestellt, von der Speisestelle bis zur einzelnen Farbkufe entsteht ein Druckabfall, der angenähert dem Quadrat des Gesamtdampfverbrauches proportional ist. Zunächst öffnet der Färber das Ventil der Kufe stark, um möglichst schnell auf Temperatur zu kommen. Der Dampfverlauf für die Kufe während dieses Ankochens sei G_1. Ist der Siedepunkt erreicht, so wird durch den Färber einmalig das Ventil auf eine neue Öffnung zugedreht, die erfahrungsgemäß genügt, um die Dampfmenge G_2 zuzuführen, die zur Deckung der Abkühlungsverluste während des Fertigkochens erforderlich ist. Durch die Abnahme des Gesamtdampfverbrauches steigt aber späterhin der Druck vor der Kufe. Der Dampfzufluß erhöht sich nach der Linie G_2' und erzeugt einen Dampfverlust $G_2' - G_2$, der nutzlos die bekannten Schwaden vermehrt, da eine Neueinstellung der Ventile meist unterbleibt. Solche Dampfverluste lassen sich vermeiden, wenn man durch reichliche Bemessung der Rohrleitungen nur kleine Druckabfälle zuläßt. Den Druck vor der Farbkufe wähle man zu etwa 1 atü, um zu großer Abhängigkeit von Druckveränderungen vorzubeugen, und lasse in den Rohrleitungen etwa $^1/_2$ at Druckabfall zu. Ferner ist die Ausbildung einer Ringleitung zweckmäßig, aus der jede einzelne Kufe

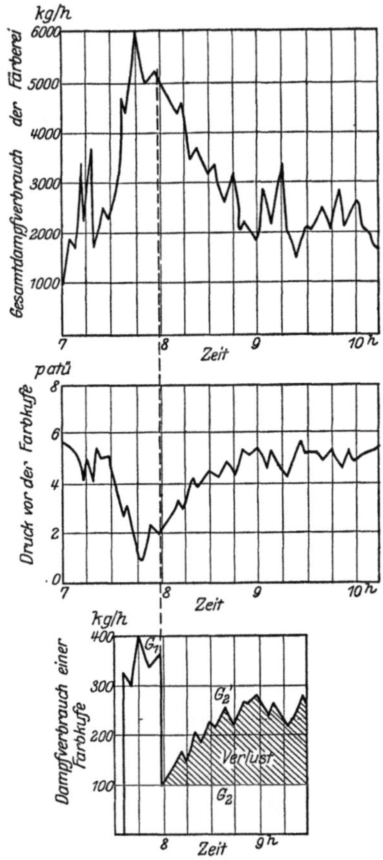

Abb. 4. Dampfverlust durch veränderlichen Druckabfall eng bemessener Rohrleitungen in einer Färberei.

durch einen besonderen Abzweig mit reichlich bemessenem Absperrventil versorgt wird.

Dieses Beispiel soll zeigen, welche Bedingungen das Rohrleitungsnetz erfüllen muß, um durch eine zentrale Dampfdruckregelung unveränderliche Drücke für die einzelnen Verbraucher herzustellen. Eine örtliche Druckregelung am Verbraucher kommt im allgemeinen wegen ihrer großen Zahl nicht in Betracht. Beschränkt man sich aber darauf, Gruppen von Verbrauchern mit annähernd gleichem Druckbedarf aus einer gemeinsamen geregelten Speiseleitung mit geringem Druckabfall zu versorgen, so entsteht eine übersichtliche Reglerzentrale mit wenigen Regelorganen, bei denen es wirtschaftlich ist, hochwertige Ausführungen zu verwenden. Die Anpassung an den Druckbedarf des einzelnen Verbrauchers und die Einstellung des Dampfzuflusses geschieht durch die örtlichen Absperrorgane.

Die Anwendung derartiger Reglerzentralen, wie sie zuerst von Ruths im Zusammenhang mit seinen Speicheranlagen eingeführt wurden, verbessert den Betrieb ganz bedeutend. Man kann feststellen, daß ein großer Teil der Bedienungsmaßnahmen in ungeregelten Betrieben zur dauernden Einstellung von Absperrorganen erforderlich ist, um einigermaßen die schädliche Wirkung wechselnder Dampfdrucke auszugleichen. So war z. B. bei einer Spritfabrik, die seit einem Jahre mit einem Dampfdruckregler arbeitete, der vorübergehend stillgelegt werden mußte, ein Betrieb überhaupt nicht mehr durchführbar, da der Bedienungsmann inzwischen verlernt hatte, wo er bei veränderlichem Dampfdruck überall eingreifen mußte. Der Dampfdruck bestimmt Menge und Güte der erzeugten Ware und durch Druckregelung werden im einzelnen folgende Bedingungen erreicht:

1. Größte und einstellbare Geschwindigkeit aller Vorgänge und damit volle Ausnutzung der Betriebseinrichtungen.

2. Richtige Dampfverteilung auf die einzelnen Vorgänge.

3. Güte der Ware durch konstante Arbeitstemperaturen, d. h. kein Ausschuß durch Verderben bei zu hoher Temperatur und keine mangelhafte Durchführung des Vorganges bei zu niedriger Temperatur.

4. Wärmeersparnis durch Vermeidung von übermäßigem nutzlosen Dampfzufluß.

5. Sicherheit in der Handhabung der Apparate bei veränderlicher Beschaffenheit der Ware, die zu verarbeiten ist.

6. Wegfall der Bedienung zum dauernden Nachregeln von Druckveränderungen, die durch Vorgänge in ganz anderen Betriebsabteilungen bedingt sind.

Durch die genaue Druckregelung fällt die Verschleppung von Vorgängen weg und alle Schwankungen, die dem ungehemmten Dampfbedarf entsprechen, werden auf den Kessel übertragen. In vielen Fällen kann dann der Kessel diesen Dampfschwankungen nicht folgen, so daß eine Speicherung notwendig wird, die imstande ist, beliebig heftige Dampfschwankungen auszugleichen.

3. Dampfdruck und Regenerativverfahren.

Die Vorwärmung des Speisewassers auf hohe Temperaturen durch Dampfentnahme aus einer oder mehreren Maschinenstufen ist nur bei Vollast ohne besondere Maßnahmen durchführbar. Bei Teillasten sinkt der Druck in den Maschinenstufen proportional mit dem absoluten Anfangsdruck.

In Wirklichkeit ändern sich Druck und Dampfmenge nach dem Gesetz einer Hyperbel, deren Asymptote durch den Nullpunkt geht, während der Scheitel der Hyperbel der Dampfmenge 0 und dem Gegendruck entspricht. Man benutzt deshalb nach Stodola[1]) bei kleinem Druckgefälle den Dampfkegel zur Bestimmung der Druckverhältnisse.

Für den Betrieb bei Teillasten verwendet man in der Hauptsache folgende Verfahren:

1. Nur Grundlast-Turbinen, die ständig mit voller Belastung arbeiten, erhalten Anzapfstellen zur Speisewasservorwärmung; sie können dabei auch das Speisewasser der veränderlich belasteten Turbinen vorwärmen. In Amerika betreibt man bei der schnellen Entwicklung der öffentlichen Elektrizitätswerke, deren Größe sich in letzter Zeit durchschnittlich alle 5 Jahre verdoppelt hat, die alten Werke als Spitzenkraftwerke ohne Kraftdampfvorwärmung. Neuanlagen bildet man als Grundlastwerke aus und benützt Regenerativvorwärmung und Zwischenüberhitzung; die Schwierigkeiten veränderlicher Zwischendrücke treten bei konstanter Vollast nicht auf.

2. Die Vorwärmer arbeiten mit dem veränderlichen Stufendruck der Anzapfstellen und man verwendet für jede Maschine besondere Vorwärmer.

3. Die Vorwärmer arbeiten mit konstantem Druck, zur Entnahme werden Maschinenstufen gewählt, in denen bei Vollast ein höherer Druck herrscht, und der Druckunterschied wird abgedrosselt.

4. Man verwendet besondere Vorwärmmaschinen, deren Zwischendruck auf den konstanten Druck der Vorwärmer aufgestaut wird, die Hauptkraftmaschinen erhalten keine Anzapfstellen.

Die Durchführung dieser Verfahren erfordert zum Teil die Regelung auf konstante Zwischendrücke, wobei man auf die Rauchgasvorwärmung, die Gleichdruckspeicherung und den Betrieb von Verdampferanlagen und Heizdampfverbrauchern für Trockenzwecke (Staubtrocknung bei Kohlenstaubfeuerungen) Rücksicht nehmen muß. Dadurch

---

[1]) Stodola: Dampf- und Gasturbinen, 6. Auflage, S. 262. Berlin: Julius Springer.

sind aber bei mehrstufiger Vorwärmung die Vorwärmtemperaturen und die zugehörigen Stufendrücke noch nicht festgelegt. Die Wahl der Stufendrücke ist von Einfluß auf die Wirtschaftlichkeit der Anlage. Mit unendlich vielen Anzapfstellen erreicht man bei Sattdampf den thermischen Wirkungsgrad des Carnotprozesses. Es sollen hier einige Regeln abgeleitet werden, die bei Betrieb mit überhitztem Dampf, Rauchgasvorwärmern und endlicher Stufenzahl gelten.

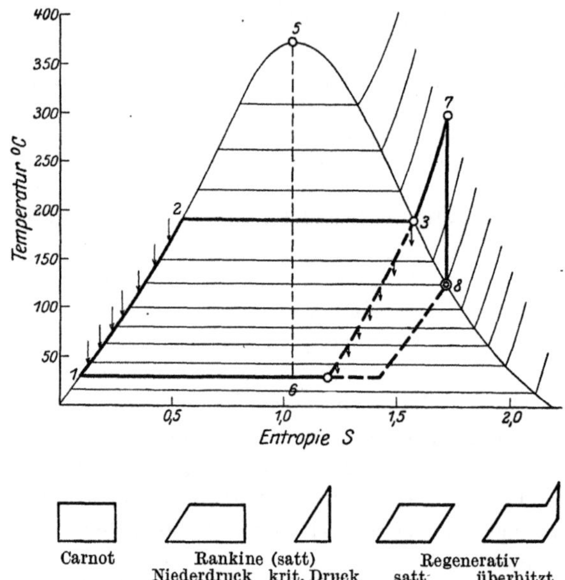

Abb. 5. Übersicht der Kreisprozesse. Adiabatischer Grenzpunkt *8* entsteht bei adiabatischer Expansion von *7* auf die Grenzkurve.

Man kann theoretisch das Regenerativverfahren im *TS*-Diagramm für 1 kg Dampf darstellen, welches einen einheitlichen Kreisprozeß durchläuft. Bei der Vorwärmung des Speisewassers durch Anzapfdampf, die als Kraftdampfvorwärmung bezeichnet werden soll, arbeitet aber in Wirklichkeit ein Teil des Dampfes bis auf Kondensatordruck, ein anderer Teil mit Gegendrücken, die bei unendlicher Stufenzahl und Sattdampf zwischen Kondensatordruck und Kesseldruck liegen. Man hat nachgewiesen, daß dieser Vorgang den gleichen thermischen Wirkungsgrad hat, wie der Kreisprozeß für 1 kg Dampf (Abb. 5, Parallelogramm), dem bei seiner Entspannung ein Teil seiner Wärme entzogen und zur Vorwärmung von Speisewasser der gleichen Temperaturstufe benutzt wird (ein Vorgang, der sich praktisch nicht verwirklichen läßt). Statt also der ganzen Dampfmenge einen Teil der Wärme bei jeder Entspannungsstufe zu entziehen und dadurch den Dampf nur teilweise niederzuschlagen, schlägt man einen Teil des Dampfes vollständig nieder und erreicht den gleichen thermischen Wirkungsgrad. Man erkennt aus dem *TS*-Diagramm für 1 kg Dampf, daß der trapezförmige Rankineprozeß bei niederen Sattdampfdrücken nicht sehr stark vom rechteckigen Carnotprozeß abweicht, während beim kritischen Druck annähernd ein Dreieck (*1*, *5*, *6*) und damit nur der halbe Carnotsche Wirkungsgrad vorhanden ist. Der Rankineprozeß erreicht deshalb bei etwa 150 at sein Optimum, das Temperaturgefälle wird zwar bei steigendem Druck noch größer, die Abweichung vom Carnotschen Wirkungsgrad überwiegt aber. Beim Regenerativverfahren wächst der thermische Wirkungsgrad wie beim Carnotprozeß bis zum kritischen Druck, die Vorwärmung bringt deshalb bei den höchsten Drücken den größten Gewinn.

Während bei Sattdampf die Kraftdampfvorwärmung auf immer höhere Temperaturen noch einen Nutzen bringt, bis die Kesseltemperatur in unendlich vielen Stufen erreicht ist, kommt für überhitzten Dampf nur eine umkehrbare Vorwärmung bis zum adiabatischen Grenzpunkt *8* des *TS*-Diagrammes in Betracht; darüber hinaus verliert man das Gefälle der Überhitzungswärme des Abdampfes, welcher Speisewasser auf Sattdampftemperatur vorwärmt. Abb. 6 zeigt den thermischen Wirkungsgrad einer Maschine, die bei 425⁰ Überhitzung mit verschiedenen Anfangsdrücken arbeitet; das Speisewasser wird in un-

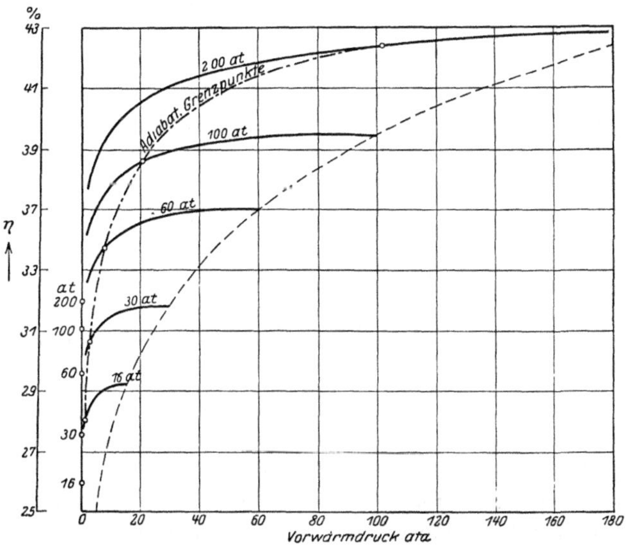

Abb. 6. Thermischer Wirkungsgrad bei Regenerativvorwärmung in unendlich vielen Stufen für verschiedene Enddrücke der Vorwärmung zeigt geringe Zunahme über dem adiabatischen Grenzpunkt.

endlich vielen Stufen auf verschiedene Endtemperaturen vorgewärmt. Die strichpunktierte Linie stellt die Verbindung der adiabatischen Grenzpunkte dar. Der thermodynamische Wirkungsgrad der Maschine ist mit 75⁰/₀ angenommen. Auch für diese Verhältnisse erkennt man, daß die Überschreitung des adiabatischen Grenzpunktes besonders für hohe Drücke keine nennenswerte Verbesserung mehr bringt. Die Kraftdampfvorwärmung bis auf Kesseltemperatur kommt also selbst bei unendlicher Stufenzahl nicht in Betracht.

Eine Senkung der Endtemperatur der Vorwärmung ist ferner bei Anwendung nachgeschalteter Rauchgasvorwärmung aus wirtschaftlichen Gründen zweckmäßig, was am Beispiel einstufiger Speisewasservorwärmung in Abb. 7 gezeigt wird. Ohne Rauchgasvorwärmer bringt die Steigerung der Kraftdampfvorwärmung bis auf 100⁰ einen Nutzen.

Ist aber ein Rauchgasvorwärmer vorhanden, so erhöht sich für diesen die mittlere Speisewassertemperatur im Innern der Heizfläche, das mittlere Temperaturgefälle Rauchgas — Speisewasser nimmt ab, und die steigende Abgastemperatur erhöht die Kesselverluste. Allerdings wird der Kessel entlastet, so daß man bei gleicher Dampfleistung und Abgastemperatur des Kessels die Kesselheizfläche verkleinern kann. Um den Wärmeaufwand bei verschiedenen Vorwärmtemperaturen vergleichen zu können, wurde angenommen, daß mit steigender Temperatur der Kessel kleiner und der Rauchgasvorwärmer größer gemacht wird, wobei die Gesamtheizfläche Kessel + Rauchgasvorwärmer unverändert bleibt. Es entsteht dann der dargestellte Mehrverlust der Abgase, durch welchen die wirtschaftlichste Endtemperatur der Kraftdampfvorwärmung schon bei 70° C erreicht wird. Selbstverständlich wurde vorausgesetzt, daß der Vorwärmdampf ohne Drosselung bis auf die Endtemperatur des Speisewassers hinunter Arbeit leistet.

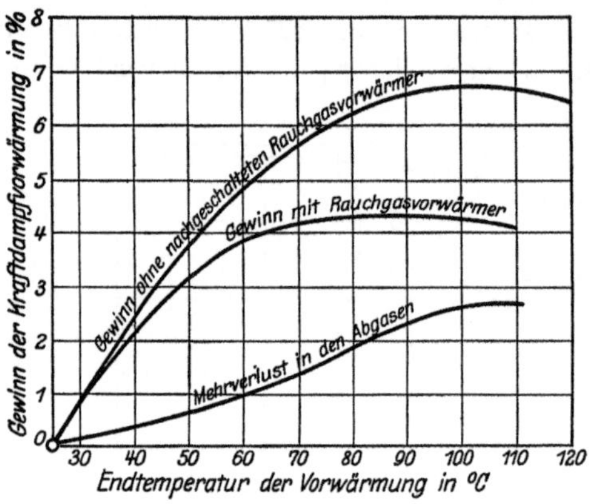

Abb. 7. Senkung der wirtschaftlichsten Vorwärmendtemperatur bei nachgeschaltetem Rauchgasvorwärmer.

Für mehrstufige Speisewasservorwärmung ist nicht nur die Wahl der Endtemperatur maßgebend, sondern auch die Unterteilung der übrigen Stufentemperaturen hat Einfluß auf die Wirtschaftlichkeit.

Der thermische Wirkungsgrad ist das Verhältnis

$$\eta = \frac{\text{geleistete Arbeit}}{\text{von außen zugeführte Wärme}}$$

Die Arbeitsleistung verteilt sich bei Kraftdampfvorwärmung auf die Betriebsdampfmengen, welche bis auf Kondensatordruck arbeiten und dort niedergeschlagen werden, und die Vorwärmdampfmengen, welche bis auf die Temperatur des Kondensators arbeiten, das sie vorwärmen. Die Betriebsdampfmengen nehmen die Wärme Q auf, setzen davon mit dem Wirkungsgrad η_b den Bruchteil $\eta_b \cdot Q$ in Kraft um, der Rest der Wärme geht im Kondensator verloren. Die Vorwärmdampfmengen erzeugen eine Arbeit $A \cdot L_v$, um welche der Wärmeinhalt (von äußeren Verlusten abgesehen) vermindert wird, der Rest der Wärme erscheint im vorgewärmten Speisewasser. Der Kessel braucht nur die Wärmemenge $A \cdot L_v$ zu liefern, um den Vorwärmdampf zu erzeugen, außerdem die Wärmemenge Q für den Betriebsdampf

$$\eta = \frac{\eta_b \cdot Q + AL_v}{Q + AL_v}$$

Der thermische Wirkungsgrad steigt mit der Arbeit der Vorwärmdampfmengen, die in einer endlichen Zahl von Stufen erzeugt wird. Man kann die Arbeit L_v, die bei verschiedener Stufenunterteilung entsteht, in einem Diagramm (Abb. 8) als Fläche darstellen. In wagerechter Richtung trägt man die Vorwärmtemperaturen ein, parallel dazu die Dampfmengen, welche zur Vorwärmung von 1 t Speisewasser bis zu den verschiedenen Temperaturen erforderlich sind. Der Maßstab senkrecht nach unten gilt für das adiabatische Wärmegefälle zwischen Frischdampf und den einzelnen Vorwärmtemperaturen in kWh/kg Vorwärmdampf. Der Vorwärmdampf kann bei niedriger Speisewassertemperatur ein großes Wärmegefälle verarbeiten, mit steigender Speisewassertemperatur sinkt das Gefälle. Bei unendlicher Stufenzahl stellt jeder senkrechte Streifen die Arbeit dar (kg Vorwärmdampf × kWh/kg Vorwärmdampf), die bei der Temperaturerhöhung um dt entsteht, die ganzeumrahmte Fläche ist also die höchste erreichbare Vorwärmarbeit. Für endliche Stufenzahl entsteht eine Treppenlinie, welche die Speisewasserlinie berührt, und die nur einen Teil der größten möglichen Fläche einnimmt.

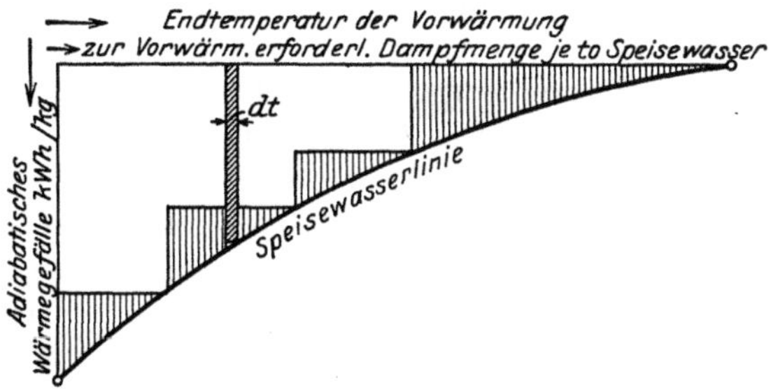

Abb. 8. Darstellung der Arbeit des Vorwärmdampfes als (weiße) Fläche zeigt, daß für geradlinige Speisewasserlinie bei Aufteilung des Temperaturgefälles in gleiche Teile die höchste Vorwärmarbeit entsteht.

Es entsteht die Aufgabe, bei gegebener Stufenzahl die einzelnen Speisewassertemperaturen so zu wählen, daß die Fläche der Treppenlinie einen Höchstwert erreicht. Für geradlinigen Verlauf der Speisewasserlinie kann man analytisch nachweisen, daß diese Bedingung erfüllt wird, wenn das Temperaturgefälle in gleiche Teile geteilt wird. Abweichungen von diesem einfachsten Fall sind aus folgenden Gründen vorhanden:

1. Die Speisewasserlinie ist nur für Sattdampf und niedere Kesseldrücke angenähert linear, für hohe Drücke und Überhitzung hingegen gebogen.

2. Je nach der Überhitzung des Vorwärmdampfes beim Austritt aus der Kraftmaschine ändert sich die Dampfmenge, welche zur Vorwärmung um einen bestimmten Temperaturunterschied erforderlich ist.

3. Die niedergeschlagene Vorwärmdampfmenge vermehrt die Speisewassermenge, welche in der folgenden Stufe vorzuwärmen ist.

Diese Einflüsse verschieben aber das angegebene Gesetz für die günstigste Wahl der Vorwärmtemperaturen nicht.

II. Regelung der Dampfnetze.

1. Elemente der Regelung.

Jedes Rohrleitungsnetz, dessen Druck geregelt werden soll, hat einen Dampfinhalt mit Dampfzufluß und -abfluß. Überwiegt der Zufluß, so steigt der Druck und umgekehrt. Man kann einen bestimmten Druck dauernd nur aufrechterhalten, indem man Zufluß und Abfluß in Übereinstimmung bringt. Das Dampfnetz kann mit folgenden Betriebseinrichtungen in Verbindung stehen:

Zufluß von	Abfluß nach
Dampfkessel	Heizdampfverbraucher
Ruthsspeicher	Kraftdampfverbraucher
Dampfnetz höheren Druckes durch Maschine oder Zuflußventil	Ruthsspeicher
	Dampfnetz tieferen Druckes durch Maschine oder Überströmventil.

Zur Regelung des Dampfdruckes im Rohrleitungsnetz genügt ein einziges Zufluß- oder Überströmventil, welches mangelnde oder überschüssige Dampfmengen ausgleicht. Der Ausgleich ist hergestellt, wenn das Dampfnetz den richtigen Druck hat. Der Dampfdruck kann deshalb zur selbsttätigen Steuerung dieser beiden Grundformen von Regelventilen dienen, gleichgültig, ob die gesteuerten Dampfmengen in einem Maschinenteil Arbeit leisten, oder ob ihr Wärmegefälle abgedrosselt wird.

a) Zuflußregelung (Abb. 9). Bei Dampfmangel hinter dem Ventil sinkt der Druck. Durch die verminderte Druckkraft hebt eine Gegenfeder das Ventil, so daß die fehlende Menge ersetzt wird. Für die dargestellte direkte Steuerung entspricht jeder Ventilstellung eine andere Federspannung, so daß sich bei offenem und geschlossenem Ventil ein abweichender Gleichgewichtsdruck einstellt. Dadurch entsteht eine Ungleichförmigkeit des Druckes zwischen offenem und geschlossenem Ventil. Es genügt aber nicht, daß bei einem bestimmten Druck das Ventil voll geöffnet, bei einem anderen ganz geschlossen ist; die Steuerung muß so eingerichtet sein, daß auch jede Zwischenstellung dauernd eingeregelt werden kann, um den Dampfdurchgang genau dem Dampfbedarf anzupassen. Die Abbildung zeigt rechts die schematische Darstellung eines Zuflußventils, dessen Hauptmerkmal: öffnet bei sinkendem Druck hinter dem Ventil, durch ein —-Zeichen und eine Verbindungslinie zur Druckentnahmestelle angedeutet wird.

b) Überströmregelung. Der überschüssige Dampf wird unter steigendem Druck (+-Zeichen) abgeleitet.

Sind mehrere Drucknetze vorhanden, die durch gesteuerte Ventile (Drosselventile oder Stufen von Kraftmaschinen) verbunden werden, so kann dem gleichen Ventil die Aufgabe zufallen, wechselweise den

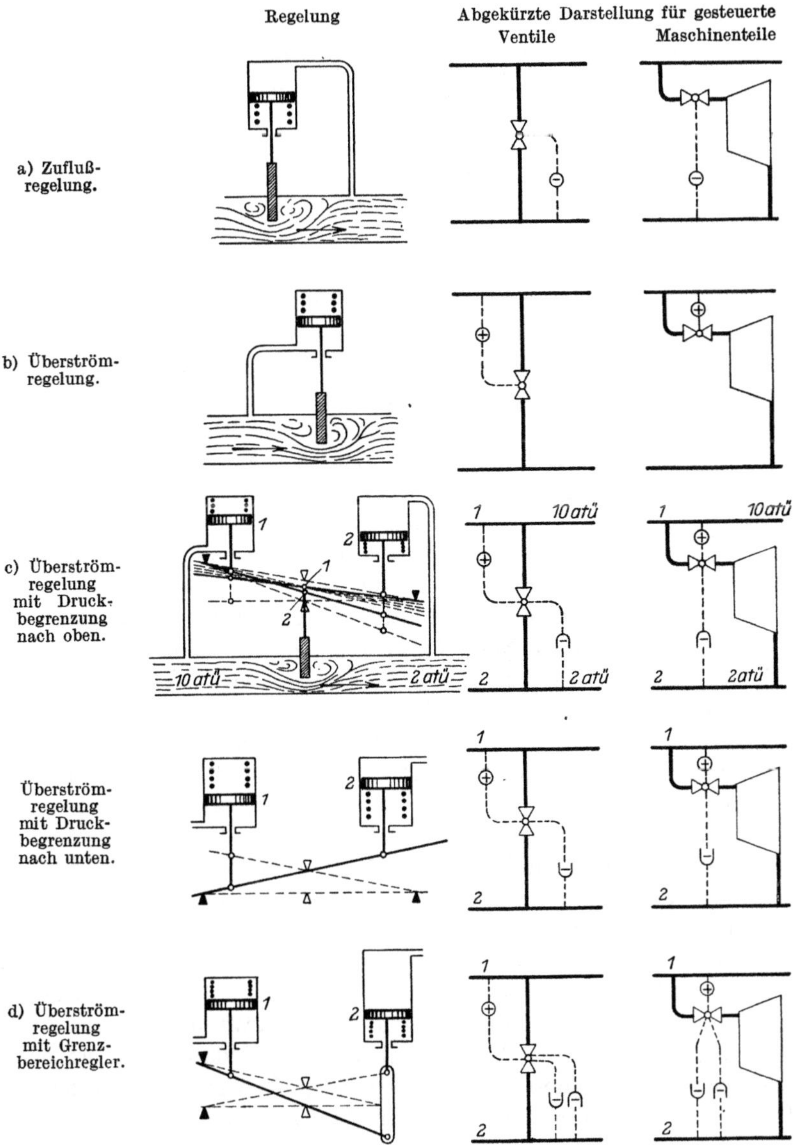

Abb. 9. Übersicht der Regelelemente.

Überschuß des Netzes höheren Druckes abzuleiten, oder den Mangel im Netz tieferen Druckes zu ersetzen. Man macht in derartigen Fällen leicht den Trugschluß, daß es möglich ist, durch ein einziges Ventil beide Bedingungen gleichzeitig zu erfüllen, wenn zwei Regler angewendet werden, die das gleiche Ventil steuern. Das Ventil kann wohl mit einem beliebigen Druckgefälle arbeiten, die regelnde Wirkung besteht aber nicht in der Druckminderung, sondern in der Aufnahme oder Abgabe einer Dampfmenge zur Herstellung des Mengengleichgewichtes im Rohrleitungsnetz. Durch ein Ventil geht immer eine ganz bestimmte Dampfmenge vom Netz höheren Druckes zum Netz tieferen Druckes; diese Dampfmenge kann nur so gesteuert werden, daß sie entweder das Gleichgewicht im einen oder im anderen Dampfnetz herstellt. Man umgeht diese Grundbedingung auch nicht, wenn man die beiden Dampfnetze durch 2 getrennte Ventile verbindet. Die Gesamtdampfmenge, welche durch beide Ventile vom Netz höheren Druckes zum Netz tieferen Druckes fließt, entspricht entweder dem Überschuß an Dampf höheren Druckes, der nicht mit dem Dampfmangel im Niederdrucknetz übereinzustimmen braucht oder umgekehrt. Die Steuerung des Verbindungsventils muß also derart eingerichtet sein, daß die Druckregler für die beiden Dampfnetze nur wechselweise in Tätigkeit sind; beim Übergang von einer Betriebsart zur anderen können sich die Regler je nach den geforderten Bedingungen gegenseitig ausschalten. Die wichtigsten Anordnungen dieser Art sind folgende:

c) **Grenzdruckregelung.** Die Steuerung soll in erster Linie den Überschußdampf vom Netz *1* höheren Druckes ableiten. Ist diese Überschußdampfmenge aber so groß, daß sie vom Netz *2* nicht aufgenommen werden kann, so soll der Dampfzufluß auf den Bedarf in Netz *2* begrenzt werden. Den vollen Hub des Ventils kennzeichnen zwei dreieckige Anschlagstellen. Überströmregler *1* und Grenzdruckregler *2* wirken beide auf den Hub des Ventils, ihre Bewegungsfreiheit ist jedoch durch Anschlag begrenzt. Im normalen Betrieb berührt der Regler *2* seine Anschlagstelle und der Überströmregler beherrscht den vollen Hub des gesteuerten Ventils. Er stellt nach dem Überschuß im Netz *1* die Öffnung des Ventils auf den Punkt *1* ein. Ist aber der Dampfbedarf im Netz *2* geringer, z. B. einer Ventilstellung *2* entsprechend, so steigt der Niederdruck, bis er einen bestimmten Grenzdruck erreicht hat; dann überwindet der Dampfdruck die Federkraft des Reglers *2*, löst den Regler von seinem Anschlag ab und vermindert durch sinkenden Reglerhub die Ventilöffnung. Der Hochdruck steigt, da nicht der volle Überschuß abgeleitet wird, und der Regler *1* sucht den Ventilhub *1* beizubehalten, der Niederdruck steigt weiter, senkt den Regler *2* und der Wagebalken, der beide Regler verbindet, dreht sich so lange um den Punkt *1*, bis der Überströmregler seinen Anschlag erreicht, so daß er stillstehen muß. Jetzt beherrscht der Grenzdruckregler den vollen Ventilhub und kann ihn auf den Hub *2* beschränken, der dem Niederdruckdampfbedarf entspricht. Der Grenzdruckregler sperrt also nicht etwa bei Überschreiten des Grenzdruckes das gesteuerte Ventil vollständig ab, sondern er steuert das Ventil wie ein gewöhnlicher Zuflußregler vollkommen selbständig nach dem Niederdruckdampfbedarf. Läßt jetzt der Überschuß nach, so daß der Niederdruckdampfbedarf nicht mehr aus dem Netz *1* gedeckt werden kann, dann sinkt der Hochdruck und schaltet durch einen ähnlich verlaufenden Vorgang den Grenzdruckregler wieder ab, der Dampfzufluß beschränkt sich dann auf den verminderten Überschuß aus Netz *1*. Die Zuflußsteuerung durch den oberen Grenzdruck (Halbmond nach oben mit —-Zeichen) verhindert also übermäßigen Dampfzufluß.

Umgekehrt kann das Bedürfnis vorliegen, den Dampfbedarf des Niederdrucknetzes zu sichern, auch wenn sich der Überschuß an Hochdruckdampf vermindert. Die Zuflußsteuerung erhält dann einen unteren Grenzdruckregler, so daß der Dampfbedarf auch bei sinkendem Hochdruck gedeckt wird.

d) Grenzbereichregler. Beide Bedingungen: Schutz vor übermäßigem Dampfzufluß und Sicherung des Dampfbedarfes im Niederdrucknetz, können durch einen einzigen Zuflußregler erfüllt werden (Abb. 9), der nur eingreift, wenn ein festgesetzter Druckbereich z. B. 2—4 atü nach oben oder unten überschritten wird. Bleibt hingegen der Niederdruck innerhalb dieser Grenzen, so beherrscht der Überströmregler den vollen Ventilhub allein, was durch toten Hub des Zuflußreglers angedeutet ist.

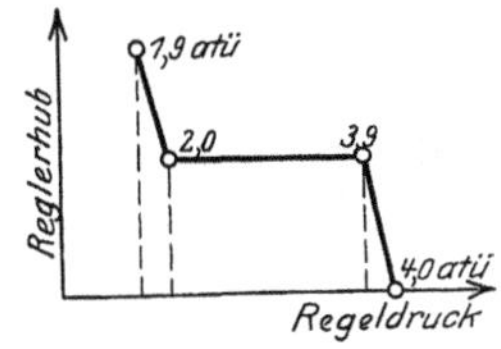

Abb. 10. Abhängigkeit zwischen Regeldruck und Hub des Grenzbereichreglers.

Abb. 10 stellt den Hub des Grenzbereichreglers in Abhängigkeit des Druckes dar. Über 4 atü ist der Regler ganz geschlossen. Sinkt der Druck von 4 auf 3,9 atü, so öffnet der Regler um seinen halben Hub, bleibt dann aber bei weiter sinkendem Druck stehen, bis er zwischen 2 und 1,9 atü nochmals anhebt, um bei weiter sinkendem Druck in dieser oberen Grenzlage stehen zu bleiben.

Die Grenzregler können natürlich auch für die Überströmregelung vorgesehen werden.

c) Mittelbare Schaltung. In Anlagen mit mehreren Drucknetzen kann es vorteilhaft sein, die Regler von einem Netz aus zu beeinflussen, mit dem das Ventil nicht selbst in Verbindung steht, sondern mittelbar durch andere gesteuerte Ventile. Die mittelbaren Schaltungen sind nicht mit der mittelbaren Steuerung durch Anwendung von Kraftgetrieben zu verwechseln. Abb. 11 zeigt das Beispiel einer derartigen Anordnung. Netz *1*, *2* und *3* sind durch zwei gesteuerte Ventile *1* und *2* verbunden, um den Überschuß aus Netz *1* und *2* nach *3* abzuführen. Steigt der Überschuß in *1*, so wirkt der steigende Druck auf den Regler *2*, der den Dampfabfluß von *2* vermehrt, so daß erst durch den sinkenden Druck die fehlende Dampfmenge über Ventil *1* mittelbar zum Ausgleich des Überschusses dem Netz *1* entnommen wird. Zum Vergleich ist in der Abb. 11 die gleiche Aufgabe mit direkter

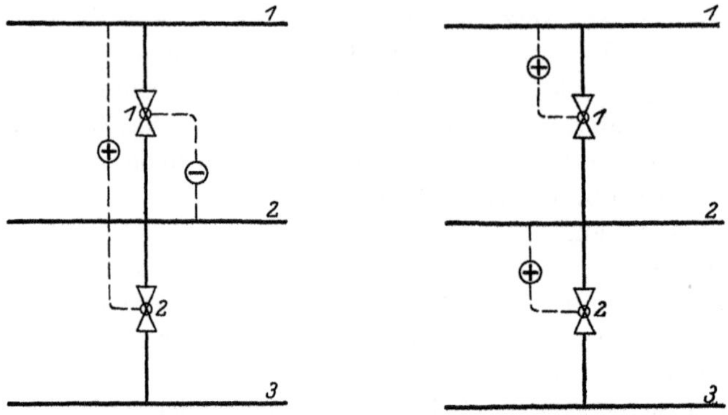

Mittelbar geschaltetes Überströmventil *2*.

Abb. 11.

Direkte Schaltung beider Regler.

Überströmregelung gelöst. Es handelt sich im ersten Fall um eine mittelbar geschaltetes Überströmventil.

f) Abstimmung der Regler. Dampfnetze, die mit Leitungen höheren und tieferen Druckes verbunden sind (Abb. 12), können zu bestimmten Zeiten Dampfmangel haben, der ersetzt werden muß, zu anderen Zeiten

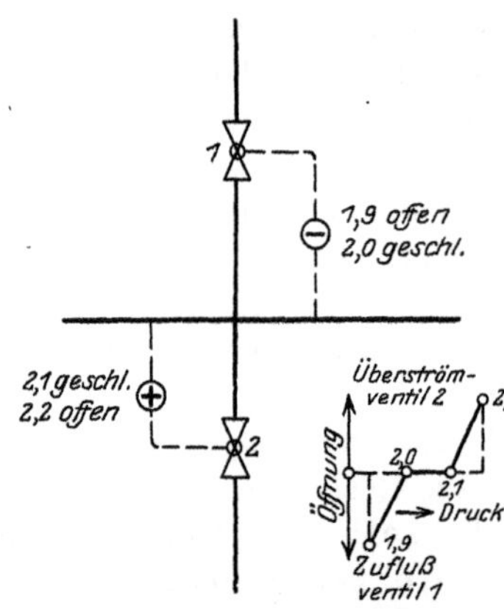

Abb. 12. Abgestimmtes Zufluß- und Überströmventil.

Dampfüberschuß, der abzuführen ist. Es kann die Aufgabe vorliegen, Mangel und Überschuß durch ein geregeltes Zuflußventil und ein Überströmventil auszugleichen, die wechselweise in Tätigkeit treten. Jedes der Ventile braucht zu seiner Öffnung eine Ungleichförmigkeit des Druckes von z. B. 0,1 at (falls keine mittelbare Gleichdrucksteuerung angewendet wird). Der Druck soll auf annähernd 2 atü konstant gehalten werden. Bei sehr großem Dampfbedarf sinkt der Druck unter 2 atü, das Zuflußventil *1* öffnet, bis es bei 1,9 atü die volle Dampfmenge durchläßt. Sinkt der Dampfbedarf, so schließt das Zuflußventil unter steigendem Druck und ist bei 2,0 atü geschlossen. Sinkt der Dampfbedarf weiter, so daß (aus anderen Zuflußleitungen) Überschuß vorhanden ist, so öffnet das Überströmventil unter steigendem Druck. Die obere Druckgrenze des einen Ventils ist also auf die untere des anderen abzustimmen und die Ventile bewegen sich bei Änderung des Druckes nacheinander in entgegengesetztem Sinn.

Außerdem kommen Fälle vor, in denen zwei abgestimmte Ventile (z. B. Zuflußventile), die das gleiche Drucknetz steuern, nacheinander im gleichen Sinn öffnen sollen (Abb. 13). Eine Gegendruckmaschine *1* arbeitet mit Zuflußregelung zum Gegendrucknetz. Das parallel

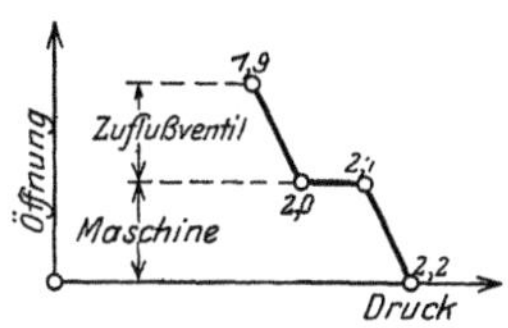

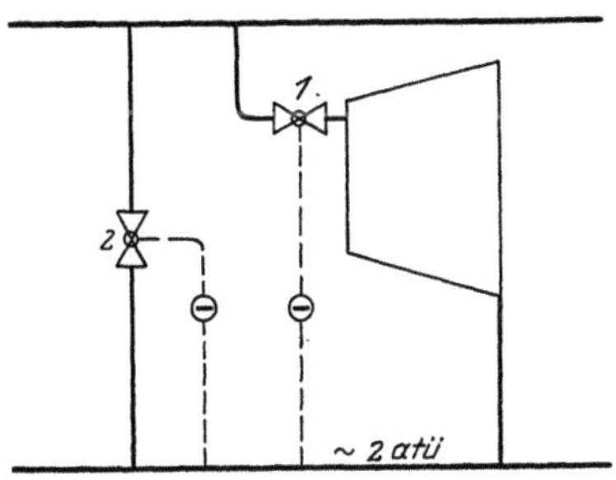

Abb. 13. Abgestimmte Zuflußregelungen von Gegendruckmaschine und Zusatzventil.

geschaltete Zuflußventil *2* ist normalerweise geschlossen, da in erster Linie der wirtschaftlich ausgenutzte Kraftmaschinenabdampf zur Versorgung des Dampfbedarfs herangezogen werden soll. Bei steigendem Dampfbedarf öffnet die Gegendruckmaschine durch den sinkenden Druck, bis die Maschine ihre volle Schluckfähigkeit erreicht, und bei weiter sinkendem Druck setzt Ventil *2* die fehlende Dampfmenge zu. In ähnlicher Weise können 2 Überströmventile nacheinander öffnen.

In all diesen Fällen steuert man durch den Druck in einer Leitung nie gleichzeitig zwei verschiedene Organe. Höchstens kann es vorkommen, daß z. B. die Zuflußregelung zu einem Netz in zwei parallelarbeitende Einheiten unterteilt ist (z. B. für zwei parallellaufende Anzapfturbinen), die aber zusammen eine gemeinsame Regelaufgabe erfüllen wie eine einzige Regelung. Bei einem bestimmten Druck wird also von einem Dampfnetz aus grundsätzlich immer nur ein Organ gesteuert. Hingegen können durch die Abstimmung bei verändertem Druck verschiedene Regler wechselweise in Tätigkeit treten, wenn das gesteuerte Organ in seine Grenzlage (offen oder geschlossen) gekommen ist, so daß ein anderes Organ eingreifen muß, um das Gleichgewicht herzustellen. Beim Entwurf von Schaltungen muß man deshalb zwei Dinge beachten.

1. Das Zusammenarbeiten der gleichzeitig in Betrieb befindlichen Regelorgane.

2. Den Übergang des Regelvorganges von einer Reihe zusammenarbeitender Regelorgane auf eine andere Reihe in der Grenzlage.

Eine Ausnahme von der Regel, daß durch den Druck eines Dampfnetzes immer nur ein Organ beeinflußt wird, bilden die Verbundsteuerungen der Kraftmaschinen, bei denen es gelingt, mit Hilfe eines Verbindungsgestänges durch mehrere Regler mehrere Organe gleichzeitig zu steuern.

g) Geschwindigkeitsregler. Meist müssen die Maschinen, denen unter dem Einfluß von Druckreglern Dampf entnommen wird, außer-

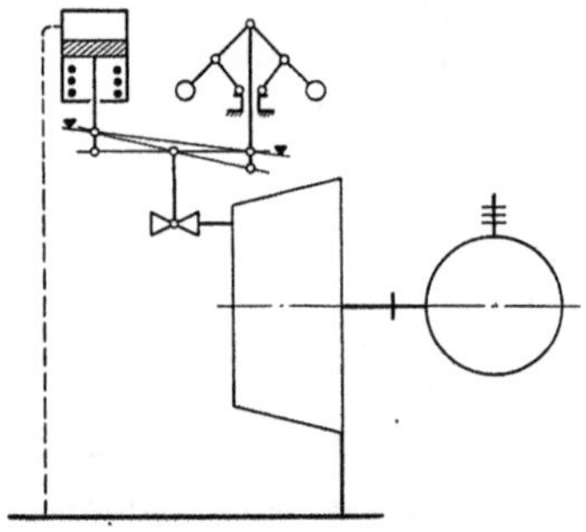

Abb. 14. Geschwindigkeitsregler als Grenzregler der Gegendrucksteuerung.

dem eine bestimmte Leistung decken. Überschreitet der Kraftbedarf die Leistung, welche durch Ausnutzung der Heizdampfmengen entsteht, so erzeugt man die Restleistung in einem besonderen Maschinenteil (z. B. in einem nachgeschalteten Niederdruckteil). Zu den übrigen Organen kommt das Zuflußorgan des Maschinenteils und zu den Druckreglern ein Geschwindigkeitsregler für die Steuerung der Leistung. Der Geschwindigkeitsregler kann bei mehrteiligen Maschinen (z. B. Hoch-, Mittel-, Niederdruckteil mit zwei Anzapfungen zwischen den Stufen) den Zufluß zu irgendeinem der Maschinenteile steuern, er stellt immer eine direkte Regelverbindung her; denn der Zufluß zu jedem einzelnen Maschinenteil beeinflußt die Leistung.

Geschwindigkeitsregler und Druckregler, die auf das gleiche Steuerorgan wirken, können sich in Grenzfällen gegenseitig ausschalten. Abb. 14 zeigt eine Gegendruckmaschine, deren Dampfentnahme nach dem Gegendruck gesteuert wird. Sie wirkt dadurch als Zuflußregelung zum Gegendrucknetz und erzeugt eine Leistung, die dem Dampfbedarf entspricht.

Es muß also Parallelbetrieb mit einer anderen Kraftquelle vorhanden sein. Sinkt aber der Leistungsbedarf so weit, daß unter steigender Drehzahl die parallel arbeitende Kraftmaschine ihre Nullast erreicht hat, so muß bei weiter steigender Drehzahl die Leistung der Gegendruckmaschine herabgesetzt werden. Der Angriffspunkt des Geschwindigkeitsreglers senkt sich und beschränkt die Gegendruckdampfmenge, der sinkende Gegendruck wirkt entgegen, bis der Druckregler seine Grenzstellung erreicht, so daß der Geschwindigkeitsregler die Maschine selbständig steuert.

2. Schaltungen der Regler.

Durch die beschriebenen Regelelemente kann in mehreren Rohrleitungsnetzen mit zwischenliegenden Maschinenteilen und gesteuerten Ventilen das Mengengleichgewicht selbsttätig hergestellt werden, so daß bei veränderten Verhältnissen die Dampfdrücke konstant bleiben und der Leistungsbedarf gedeckt wird. In der Patentliteratur findet sich eine große Zahl von Schaltungen, durch welche Regler und gesteuerte Organe verbunden werden, und jede einzelne dieser Schaltungen gilt im allgemeinen als selbständige Erfindung. Trotz der vielen Patente auf diesem Gebiet lassen sich immer noch weitere, zum Teil zweckmäßige Schaltungen ausdenken, und man erkennt bei näherer Untersuchung eine Gesetzmäßigkeit, welche alle Möglichkeiten zwangläufig erfaßt, die sich unter bestimmten Voraussetzungen ergeben.

a) Gesetz der möglichen Schaltungen. Für die selbsttätige Regelung des Mengengleichgewichtes ist maßgebend

1. Die Zahl der Regelaufgaben: Dazu gehört nicht die Konstanthaltung der Drücke, sondern konstanter Druck in einem Dampfnetz ist das Ergebnis des Mengengleichgewichts und kann deshalb als regelnde Größe dienen; ebenso ist konstante Drehzahl das Ergebnis des Leistungsgleichgewichts, und die Drehzahl wird zur Regelung benutzt. Die Herstellung des Mengengleichgewichts in x Rohrnetzen stellt x Regelaufgaben dar, und ebenso ist die Deckung einer bestimmten Leistung eine besondere Regelaufgabe.

2. Die Zahl der gesteuerten Organe: Dazu gehört jede Steuerung vor einem Maschinenteil und jedes gesteuerte Ventil (Drosselventil). Das gesteuerte Organ kann auf mehrere geregelte Größen gleichzeitig einwirken. Ein Ventil zwischen zwei Dampfnetzen beeinflußt die Dampfmenge beider Netze, ein Maschinenteil außerdem noch die erzeugte Leistung.

3. Die Zahl der regelnden Größen: In erster Linie kommt für die Dampfnetze der Druck in Betracht, für die Leistung die Drehzahl. Man könnte aber z. B. auch Dampfmesser und Belastungsmesser benutzen.

Um n Regelaufgaben zu erfüllen, müssen n gesteuerte Regelorgane gleichzeitig zusammenwirken, die durch n regelnde Größen zu beeinflussen sind.

Die Schaltungen bestehen in der Verbindung der regelnden Größen mit den gesteuerten Organen. Bei den Regelelementen wurde gezeigt, daß sich ein gesteuertes Organ auch von einem Netz aus beeinflussen läßt, mit dem es nur durch Vermittlung anderer Organe in Verbindung steht. Es genügt, dafür zu sorgen, daß die Beeinflussung im richtigen Sinn erfolgt. Man kann also allgemein jedes Organ mit jeder regelnden Größe verbinden. Für die Schaltungen, bei denen jeder Druck gleichzeitig nur auf ein Organ wirkt, lassen sich also n gesteuerte Organe mit n regelnden Größen paarweise verbinden.

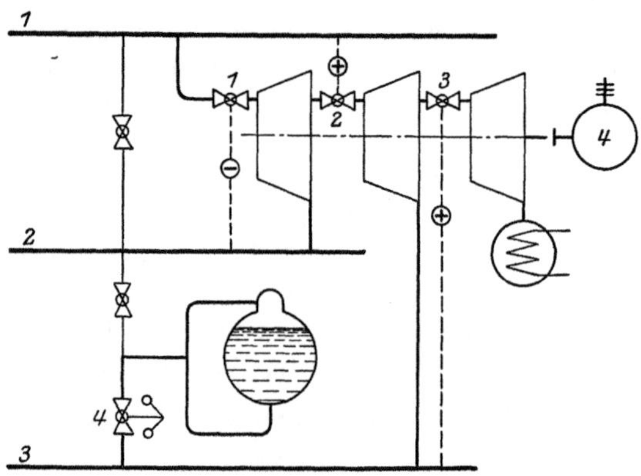

Abb. 15. Allgemeines Schaltbild zum Nachweis der möglichen Schaltungen.

Die Verbindungen von Regler und Steuerorgan sind alle vertauschbar.

Denkt man sich die n Regelgrößen durch eine festliegende Reihenfolge gekennzeichnet, so kann die Reihenfolge der zugehörigen Steuerorgane permutiert werden, und es entsteht die

$$\text{Zahl der möglichen Schaltungen } x = n! = 1.2.3.\ldots.n.$$

Man kann die 24 Schaltungen, die sich bei vier gesteuerten Organen (Abb. 15) ergeben, bilden und feststellen, daß die Regelungen in allen Permutationen im richtigen Sinn wirken, selbst wenn der Geschwindigkeitsregler von der Maschine losgelöst wird. Gleichzeitig erkennt man aber auch, daß nicht alle Möglichkeiten praktisch in Betracht kommen, und es gilt festzustellen, nach welchen Gesichtspunkten die Auswahl zu treffen ist. Man muß dabei berücksichtigen, daß die Formel nur für eine Reihe gleichzeitig zusammenarbeitender Steuerorgane gilt. Unter anderen Belastungsverhältnissen müssen andere Steuerorgane in Tätigkeit treten, die durch schwache Linien angedeutet sind, und besondere Regelwirkungen müssen zur Sicherung in Grenzfällen eingreifen.

1. Mittelbare Schaltung von Regler und Steuerorgan ist soweit als irgend möglich zu vermeiden.

2. In vielen Fällen ist es aber erwünscht, an vorhandenen Maschinen keine Änderungen zu treffen, oder sie mit Reglern zu versehen, mit denen sie unabhängig von anderen Steuerorganen bei allen Belastungsverhältnissen betrieben werden können.

3. Werden zu diesem Zweck mittelbare Schaltungen angewendet, so ist ihre Stabilität zu prüfen (Abschnitt III, 5).

Wenn auch zur Beurteilung dieser Fragen einige Übung erforderlich ist, so sind doch die Schaltungen grundsätzlich durch die Elemente der Regler und Steuerorgane gegeben. Es wäre deshalb erwünscht, für wirklich grundlegende Neuerungen auf diesem und ähnlichen Gebieten Patentschutz auf den vollen Umfang der möglichen Kombinationen zu gewähren. Dagegen wäre in der Anerkennung einzelner Kombinationen als selbständige Erfindung keine Maßnahme zu erblicken, die zur Bereicherung der Technik dient.

b) Druckregler und Geschwindigkeitsregler an Kraftmaschinen. Obwohl der Geschwindigkeitsregler bei mehrteiligen Maschinen mit Zwischendampfentnahme immer direkt auf die erzeugte Leistung wirkt, gleichgültig vor welchem Maschinenteil er angeordnet ist, stört er doch bei jedem Eingriff das Gleichgewicht der Entnahmemengen. Umgekehrt verursacht jede Steuerung der Entnahmemenge durch den Dampfdruck eine Leistungsänderung, so daß durch jede Änderung der Verhältnisse Geschwindigkeitsregler und Druckregler zusammenwirken müssen, um das Gleichgewicht herzustellen, wenn sie einzeln mit je einem Steuerorgan verbunden werden. Man bevorzugt deshalb bei selbständig arbeitenden Anzapf- und Zweidruckmaschinen Verbundsteuerungen, bei denen Geschwindigkeitsregler und Druckregler auf alle Organe gleichzeitig im richtigen Sinn einwirken, um Dampfmenge oder Leistung den veränderten Verhältnissen anzupassen, ohne das Gleichgewicht der übrigen geregelten Größen zu stören. Bei Schaltungen dieser Art gibt es grundsätzlich zur Erfüllung der gleichen Regelaufgabe immer nur eine Lösung. Die wichtigsten Maschinenschaltungen sind in einer Übersicht zusammengestellt unter Anwendung der Verbundsteuerungen, soweit sie in Betracht kommen. Sonderschaltungen in Verbindung mit Ruthsspeichern werden später angegeben.

Übersicht der Schaltungen von Druckreglern an Kraftmaschinen.

A. Maschinen mit Dampfabgabe.

I. Reine Gegendruckmaschinen ohne Kondensationsteil.

1. Selbständig arbeitende Maschine. Der Kraftbedarf ist geringer als die Leistung, die sich im Gegendruckbetrieb erzeugen läßt. Man belastet die Maschinen nach dem Kraftbedarf und setzt fehlenden Dampf durch gesteuerte Drosselventile zu.

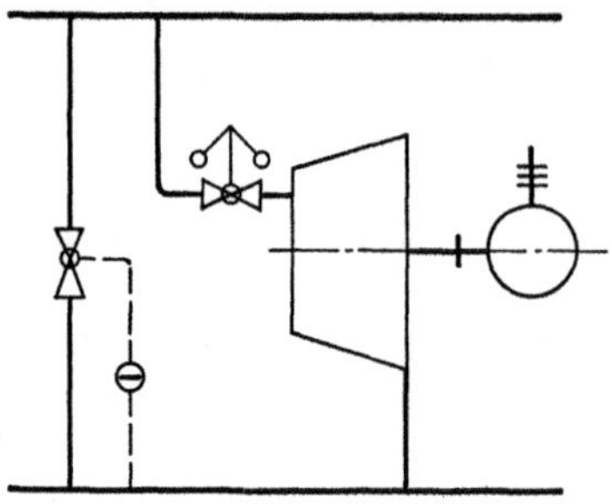

Abb. 16. Einfache Gegendruckmaschine mit Geschwindigkeitsregler. Gesteuertes Zuflußventil.

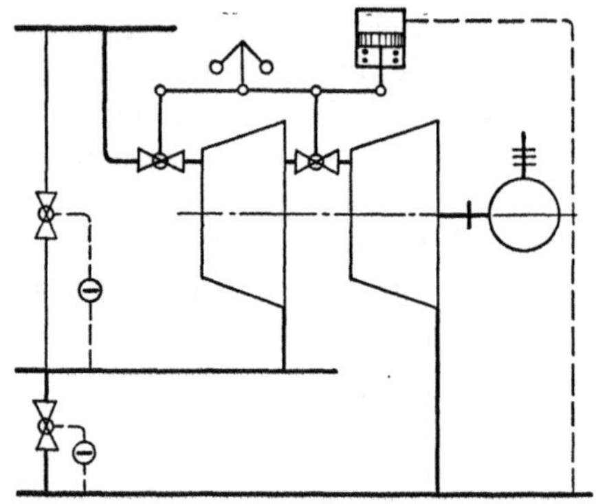

Anzapf-Gegendruckmaschine. Der Geschwindigkeitsregler öffnet bei sinkender Drehzahl Hoch- und Niederdrucksteuerung (annähernd) um den gleichen Betrag, die Entnahmemenge und damit der Druck bleiben (annähernd) unverändert. Der Druckregler öffnet bei sinkendem Druck den Hochdruck- und schließt den Niederdruckteil so, daß die Leistung annähernd gleich bleibt.

2. Parallel arbeitende Maschine. Die Maschine wird nach dem Dampfbedarf belastet; sie gibt die erzeugte Leistung in ein Stromnetz ab. Nur wenn ihre Leistung den Strombedarf überschreiten würde, vermindert ein Geschwindigkeitsregler den Zufluß, und ein gesteuertes Drosselventil ersetzt die fehlende Dampfmenge.

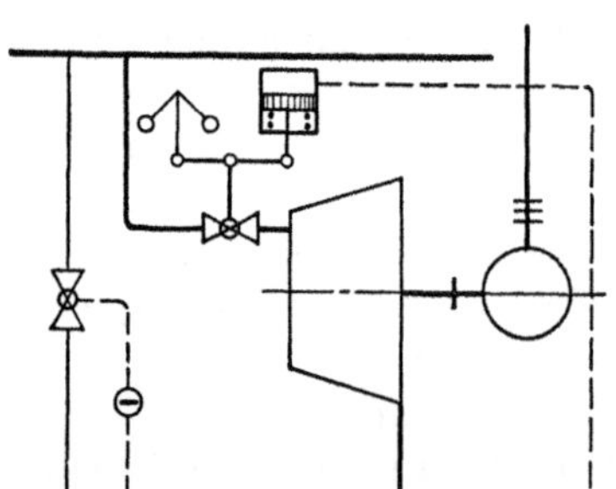

Abb. 17. Einfache Gegendruckmaschine mit Gegendruckregler im normalen Betrieb. Zusatzventil wirkt nur, wenn der Geschwindigkeitsregler eingreift (S. 22).

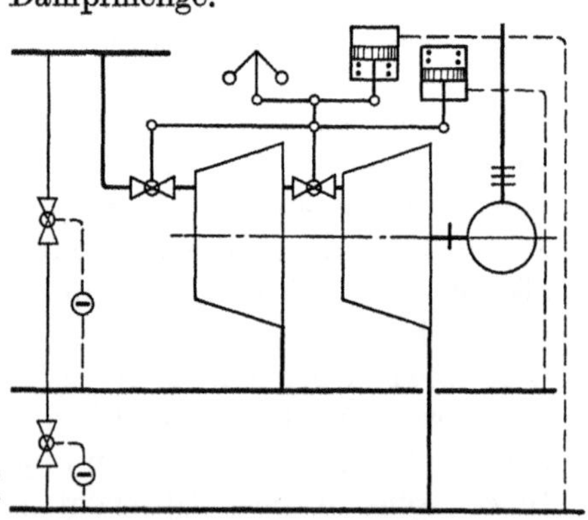

Anzapf-Gegendruckmaschine mit Dampfabgabe in zwei geregelte Dampfnetze. Der Mitteldruckregler öffnet nur den Hochdruckteil, der Niederdruckteil und die Dampfmenge, die er steuert, bleiben unverändert. Der Niederdruckregler öffnet beide Maschinenteile um den gleichen Betrag, das Niederdrucknetz erhält den erforderlichen Dampf und die Anzapfmenge bleibt unverändert. Der Geschwindigkeitsregler schließt in Grenzfällen erst die Mittel-, dann die Hochdrucksteuerung, der fehlende Dampf wird unter sinkendem Druck durch gesteuerte Drosselventile zugesetzt.

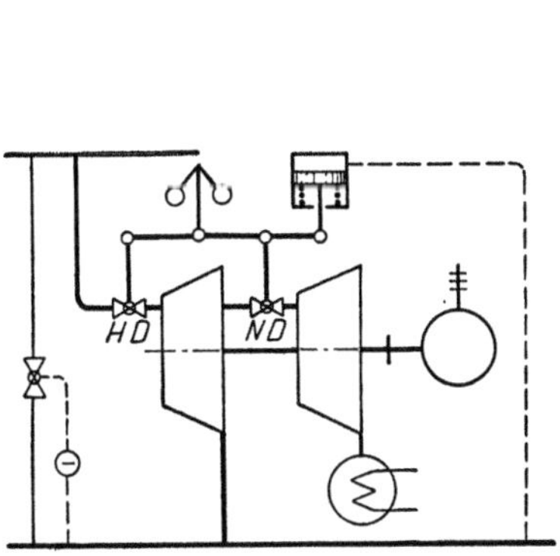

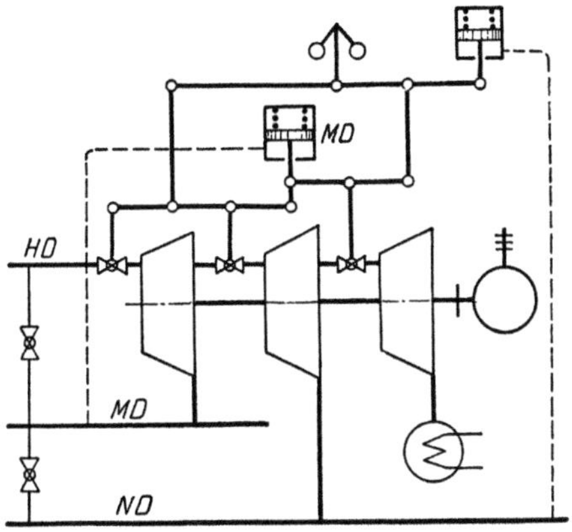

II. Anzapfmaschinen mit Kondensationsteil.

Abb. 18. Einfache Anzapfmaschine. Der Druckregler öffnet bei sinkendem Druck den Hochdruck- und schließt den Niederdruckteil, die Leistung bleibt annähernd gleich. Der Geschwindigkeitsregler schließt bei steigender Drehzahl beide Steuerungen. Hat der Niederdruck vollkommen abgeschlossen, so entsteht durch das weitere Schließen des **HD** Dampfmangel. Ein gesteuertes Drosselventil ersetzt die fehlenden Dampfmengen

Doppelanzapfmaschine mit Dampfabgabe in zwei geregelte Dampfnetze **MD** und **ND**. Bei fehlendem Dampf wirken die Druckregler unter sinkendem Druck: **ND**-Regler öffnet **HD** und **MD** und schließt **ND**-Teil. **MD** öffnet **HD** und schließt die dahinterliegenden ND-Teile; in allen Fällen bleibt die Leistung annähernd unverändert. Der Geschwindigkeitsregler schließt bei steigender Drehzahl alle Steuerungen. Entsteht dadurch in Grenzfällen Dampfmangel in einem der Netze, so treten durch sinkenden Druck die Zusatzventile in Tätigkeit.

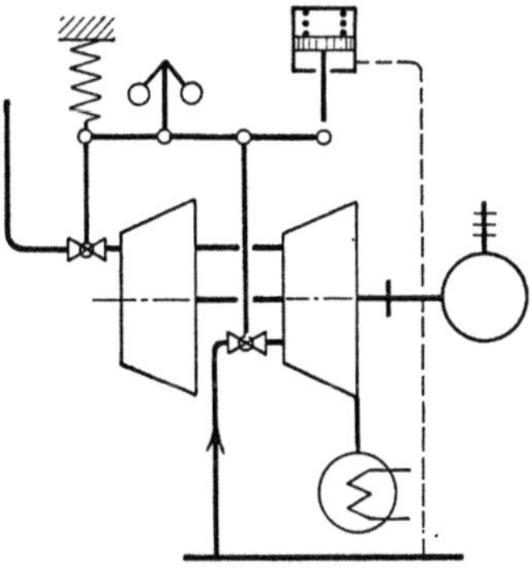

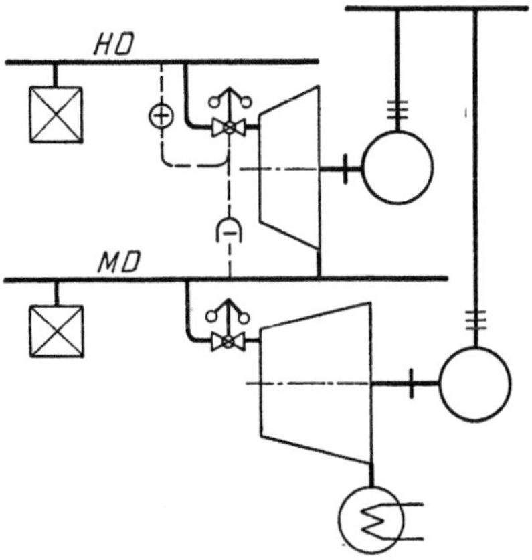

B. Maschinen mit druckgeregelter Dampfaufnahme.

Abb. 19. Zweidruckmaschine zur Abdampfaufnahme mit **HD**-Teil zur Deckung der Restleistung. Der Abdampfregler beherrscht bis auf Grenzfälle den **ND**-Teil durch Überströmregelung. Der Geschwindigkeitsregler wirkt auf den **HD**-Teil und schließt bei steigender Drehzahl. Hat er bei sinkender Last den **HD**-Teil vollkommen abgeschlossen, dann löst sich das Verbindungsgestänge vom Druckregler ab, und der Geschwindigkeitsregler beginnt auch den **ND** abzuschließen.

Vorschaltmaschine zur Aufnahme des Dampfes von Hochdruckkesseln. Der Druckregler wirkt als Überströmregelung, die Vorschaltmaschine nimmt den vollen **HD**-Dampf auf und hält den **HD** konstant. **MD**-Maschinen verarbeiten den Abdampf und die Dampfmengen, die in **MD**-Kesseln erzeugt werden, durch Geschwindigkeitsregler gesteuert. Sind die MD-Kessel vollkommen abgeschaltet, so kann ein Regler für den oberen Grenzdruck die Vorschaltmaschine nach dem Dampfbedarf der **MD**-Maschinen steuern.

3. Bauarten der Druckregler an Kraftmaschinen.

Die Druckregler sind den verschiedensten Steuerungskonstruktionen von Turbinen und Kolbenmaschinen angepaßt worden. Die Bauarten unterscheiden sich weniger durch die Ausbildung des Druckreglers selbst, als durch die Art der Verbindung mit dem Geschwindigkeitsregler und den Steuerorganen. Die Unterschiede werden durch einzelne Ausführungsbeipsiele erläutert.

a) Verbindung durch starres Gestänge. Abb. 20[1]) stellt die Steuerung einer Anzapfturbine der AEG dar. Der Dampfdruck wirkt auf eine

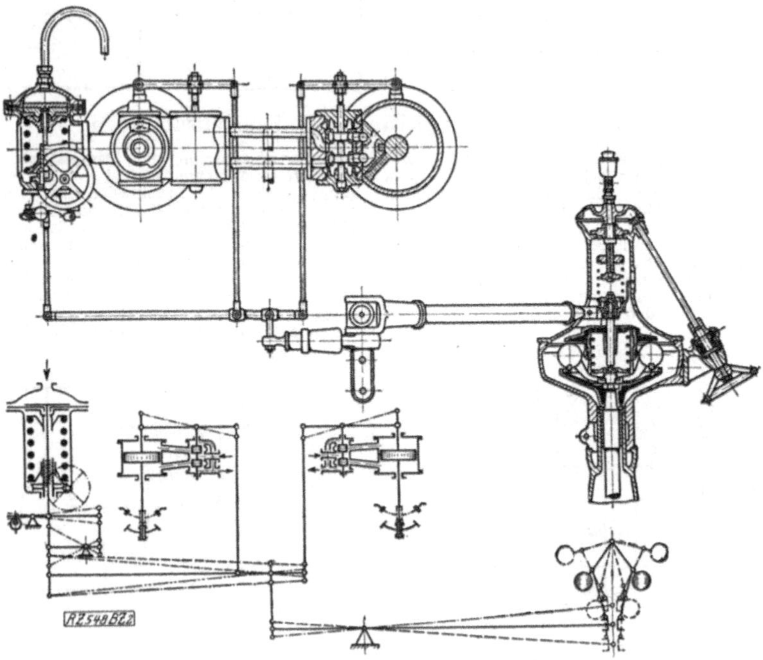

Abb. 20. Steuerung einer AEG-Anzapfturbine.

federbelastete Membran und verstellt deren Hub, der durch Übersetzungshebel vervielfacht, auf das Steuergestänge übertragen wird. Der Hub des Geschwindigkeitsreglers beeinflußt das gleiche Gestänge, an das auch die Steuerschieber der Kraftgetriebe von Hoch- und Niederdruckteil angeschlossen sind. Dadurch werden die beiden Regler mit den beiden Steuerschiebern verbunden, so daß jeder Regler beide Steuerorgane gleichzeitig im Sinn des Schaltbildes (Seite 27) beeinflussen kann. Zur Steuerung werden die Ventile der Düsengruppen durch eine drehende Nockenwelle nacheinander geöffnet; der Steuer-

[1]) Treitel, Z. V. d. I. 1924, Bd. 68, S. 897.

schieber regelt den Ölzufluß zu einem Flügelkolben, durch den die Nockenwelle gedreht wird. Zur Rückführung verstellt die Nockenwelle bei ihrer Drehung den Endpunkt des Wagebalkens, an den der Steuerschieber angeschlossen ist. Bei reinem Kondensationsbetrieb ist es erwünscht, die Niederdrucksteuerung vollständig zu öffnen; da kein Dampf entnommen werden soll, kann man darauf verzichten, den Zwischendruck aufzustauen; die Maschine arbeitet dann ohne Aufstau wirtschaftlicher, besonders bei geringer Last. Zu diesem Zweck wird der Verbindungsstift des Druckreglers durch einen Umleghebel

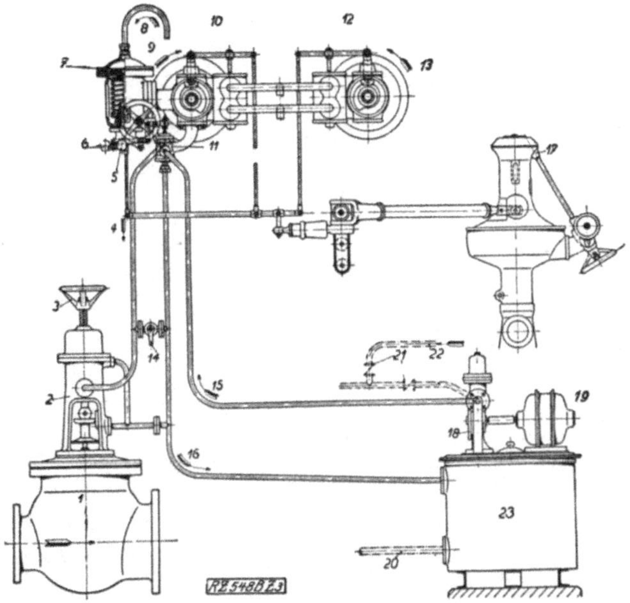

Abb. 21. AEG-Anzapfturbinensteuerung mit Zusatzdrosselventil.
1, 2 Drosselventil, *3* Handbetätigung, *5, 6* Umleghebel für reinen Kondensationsbetrieb, *7, 8* Anzapfdruckregler, *9, 10* Anzapfsteuerung, *11* Steuerschieber des Zusatzdrosselventils, *12, 13* Frischdampfsteuerung, *14* Schnellschluß, *17* Geschwindigkeitsregler, *18* Ölpumpe, *19* Motor, *21, 22* zur Hauptölpumpe der Turbine.

mit Exzenter von der Membran abgelöst. Diese Maßnahme wirkt im gleichen Sinn wie eine Steigerung des Anzapfdruckes, bei der ebenfalls die Niederdrucksteuerung geöffnet wird. — Den anderen Grenzfall bildet der reine Gegendruckbetrieb, bei dem die Niederdrucksteuerung vollständig geschlossen ist. Der eintretende Dampfmangel kann dann durch ein getrennt gesteuertes Drosselventil behoben werden, dessen Druckregler auf den Druckregler der Anzapfsteuerung abgestimmt ist. Statt dessen ist in Abb. 21 eine Anordnung dargestellt, bei welcher der Regler der Anzapfmaschine selbst ein Zusatz-Drosselventil durch einen Steuerschieber *11* in Gang setzt und regelt, sobald der normale

Arbeitsdruck des Anzapfreglers unterschritten wird. — Abb. 22[1]) zeigt eine Doppelanzapfturbine, bei der 2 Druckregler mit dem Geschwindigkeitsregler, durch starres Gestänge verbunden, auf die Steuerungen der 3 Nockenwellen einwirken. Man erkennt auf dem Bild die nebeneinander liegenden Ventile der Düsengruppen, welche durch die Nockenwelle angehoben werden. Die Maschine ist so eingerichtet, daß in der Winterzeit bei großem Dampfbedarf der Niederdruckteil, der sonst leer mitlaufen würde, abgekuppelt werden kann.

Abb. 22. Doppel-Anzapfturbine der AEG mit starrer Verbindung zwischen Geschwindigkeitsregler, 2 Druckreglern und 3 Nockensteuerungen.

b) Öldruck-Verbindung. Die Arbeitsweise dieser von BBC gebauten Regelung soll am Beispiel einer Anzapf-Gegendruckturbine erläutert werden (Abb. 23)[2]). Die Fördermenge einer Ölpumpe *B* fließt zum Teil durch eine Drosselscheibe *R* zum Ölbehälter zurück, während ein Teil des Öles, durch die Drosselschraube *E* eingestellt, der Regelung zuströmt. Der Ölstrom verteilt sich auf einen Zweig, der zum Geschwindigkeitsregler fließt, und das übrige Öl strömt über die geregelten Drosselstellen *J* und *K* und die Stellschraube *O* ins Freie. Die Steuerventile *F* und *G* von Hoch- und ND-Teil werden durch die federbelaste-

[1]) Kraft, AEG-Mitteilungen 1925, Heft 8.
[2]) BBC-Mitteilungen 1926, Januar, S. 34.

ten Kolben *H* bewegt, die unter dem Einfluß des Öldruckes öffnen und schließen. Der Öldruck unter den Kolben, welcher die Stellung der gesteuerten Ventile bestimmt, hängt von der Drosselwirkung der verschiedenen Regler ab. Vermehrte Drosselung des Ölstroms durch *J*, also vor beiden Steuerungen, schließt beide Ventile. Verstärkte Drosselung durch *K*, also zwischen beiden Ventilen öffnet das davorliegende Ventil *F* und schließt das dahinterliegende Ventil *G*. Der Geschwindigkeitsregler senkt den Öldruck bei vermehrter Öffnung seiner Drosselstelle, schließt also beide Steuerungen. Die Verbindung zwischen den Steuerorganen und den Reglern wird durch den Ölstrom hergestellt, man braucht nur dafür zu

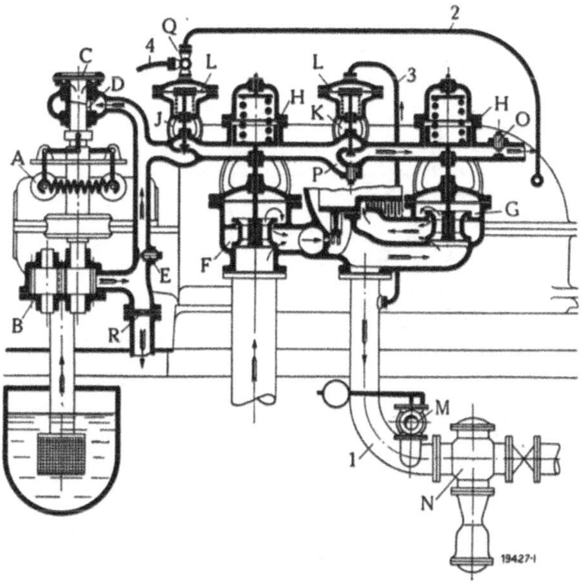

Abb. 23. BBC-Regelung mit Öldruckverbindung für eine Anzapf Gegendruckturbine. *A* Geschwindigkeitsregler mit Steueröffnung *D* *B* Ölpumpe; *E* Drosselschraube; *F*, *G* Steuerventile von *HD* und *ND* *H* Kraftgetriebe; *J* *ND*-Regler; *K* Anzapfregler; *L* Membran

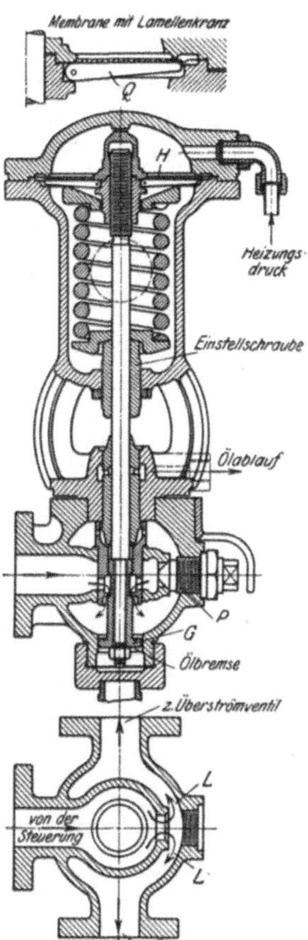

Abb. 24. Druckregler von BBC.

sorgen, daß die Regler an der richtigen Stelle eingreifen. Abb. 24 zeigt die Ausführung des Druckreglers. Die Belastungsfeder der Membran wirkt auf einen Lamellenkranz, der die Durchbiegung der Membran verhindert. Der Steuerschieber ist zu unterst als Ölbremse ausgebildet. Dient der Regler zur Steuerung einer Anzapfmaschine, so wird bei reinem Kondensationsbetrieb die Stellschraube *P* geöffnet. Die Drosselung des Ölstromes wird dann vollständig aufgehoben, und die hinter der Regelstelle liegende Überströmsteuerung zum Niederdruckteil macht ganz auf. — Um bei geringen Anzapfmengen die Verschlechterung des Wirkungsgrades zu vermeiden, die durch Aufstau der gesamten zum Niederdruckteil strömenden Dampfmengen entsteht, verwenden BBC eine Drosselanzapfsteuerung (Abb. 25). Der Dampf wird einer Stufe entnommen, die z. B. bis zu Halblast herunter einen höheren Druck hat als der erforderliche Netzdruck. Der Druckunterschied wird durch ein Drosselventil *C* aufgezehrt, das vom Druckregler *E* gesteuert wird. Der gleiche Druckregler öffnet bei abnehmender Belastung das Zusatzventil *A*, nachdem der Druck in der Anzapfstufe unter den Druck des Netzes

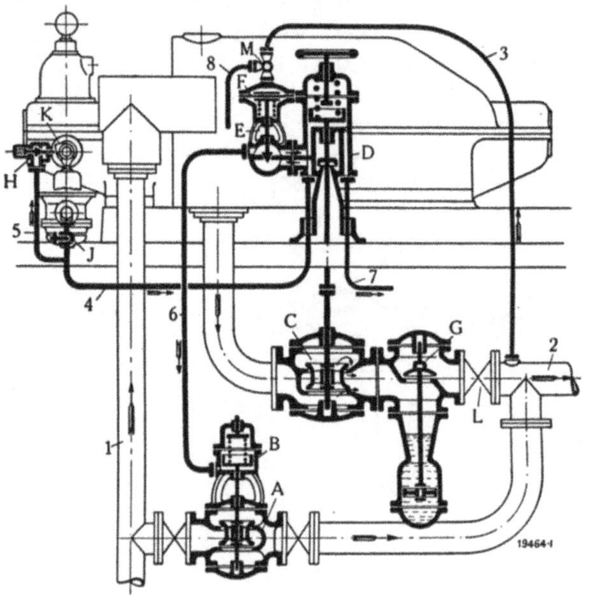

Abb. 25. Drosselanzapfsteuerung von BBC. *A, B* Zusatzventil; *C, D* Drosselventil; *E, F* Anzapfdruckregler, *G* Rückschlagventil, *H, K* Schnellschluß.

sinkt, so daß durch das voll geöffnete Ventil *C* kein Dampf mehr abgegeben werden kann. Ein Rückschlagventil *G* verhindert das unwirtschaftliche Rückströmen von gedrosseltem Frischdampf über das offene Ventil *C* nach der Turbine. Die Federbelastungen der Ventile *A* und *C* sind so aufeinander abgestimmt, daß bei steigendem Öldruck (sinkender Dampfdruck) Ventil *A* erst zu öffnen beginnt, wenn *C* vollständig geöffnet hat. Das Ölablaßventil *H* kann durch Wirkung des Schnellschlußnockens *K* den Öldruck aufheben und alle Ventile schließen. — Statt bei kleiner Last Frischdampf zuzusetzen, kann man außerdem eine Aufstauregelung anwenden, welche erst in Tätigkeit tritt, wenn der Druck in der Anzapfstufe unter den erforderlichen Netzdruck sinkt.

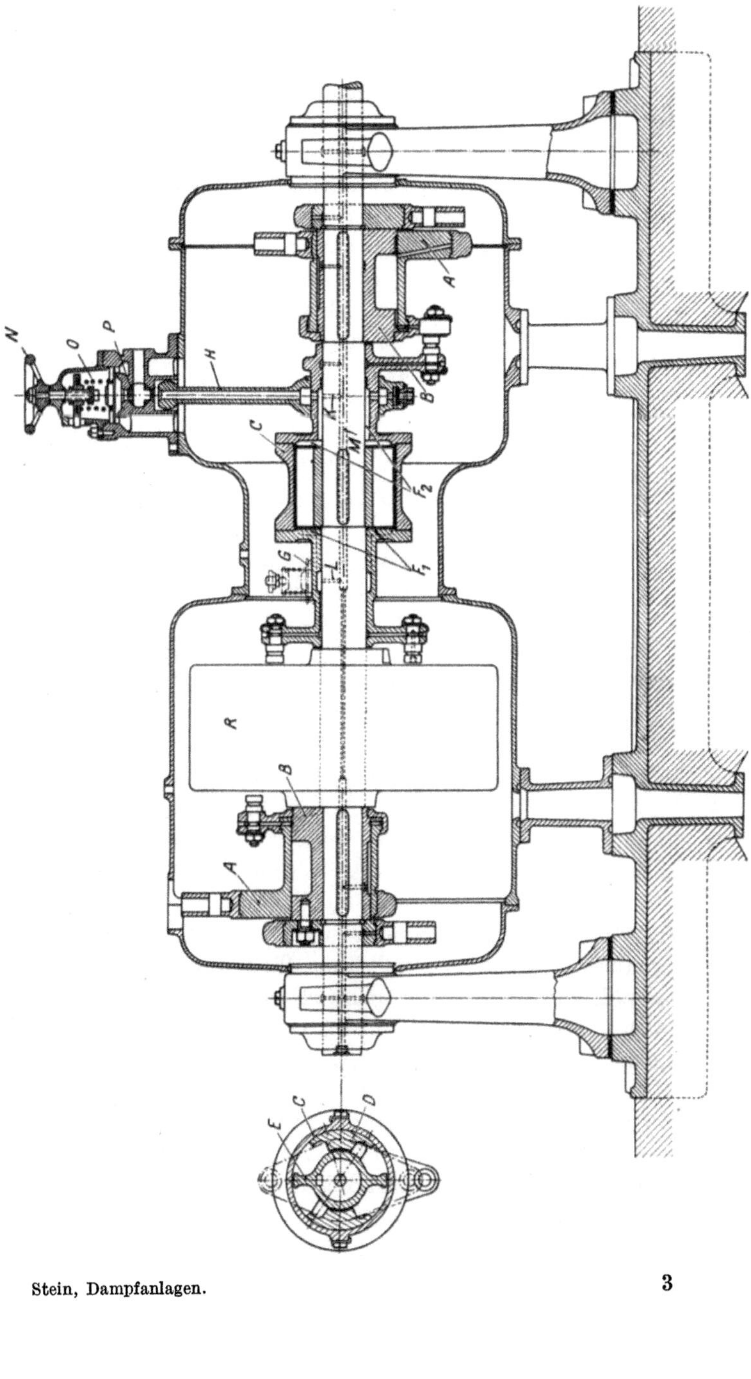

Abb. 26. Steuerung einer Gegendruck-Kolbenmaschine von Sulzer. *A* Stellexzenter; *B* Grundexzenter; *C* Kraftzylinder; *D* Scheidewand; *E* Flügelkolben; *F* Ölkanäle; *G* Überströmventil; *H* Ölzuleitung; *L* und *K* Drosselstellen; *M* Bohrung; *N*, *O* Drehzahlverstellung; *P* Umstellhahn zum Druckregler.

c) Verbindung mit Achsenregler bei Kolbenmaschinen. Abb. 26[1]) zeigt eine Ausführung von Sulzer. Die Ventile der Kolbenmaschine werden durch Exzenter bei jeder Drehung der Steuerwelle bewegt. Die Scheiben *A* der Stellexzenter für die Einlaßventile sitzen aber nicht fest auf der Welle, sondern sie sind mit der Welle durch ein Grundexzenter *B* verbunden. Ein Achsenregler *R* verstellt den Drehwinkel der Exzenter *A* gegen die Achse und verändert dadurch die Füllung der Maschine nach der Drehzahl. Am Achsenregler halten sich Fliehkraft und Federkraft das Gleichgewicht, jeder Drehzahl ist deshalb ein bestimmter Drehwinkel zugeordnet, um welchen der Achsenregler die beiden Exzenter *A* zu beiden Seiten der Maschine verstellt. Durch den Flügelkolben *E* (Seitenriß) im Innern des Kraftzylinders *C* kann aber eine weitere Kraft auf den Achsenregler ausgeübt werden, so daß bei der gleichen Drehzahl eine andere Füllung entsteht. Diese Einrichtung kann zur Drehzahlverstellung oder zur Beeinflussung der Füllung durch einen Dampfdruckregler dienen. Der Zylinder *C* wird durch den Flügelkolben *E* und die Scheidewände *D* in 4 Kammern geteilt. Je zwei gegenüberliegende Kammern sind durch Ölkanäle verbunden, die unter dem Einfluß des gleichen gesteuerten Öldruckes stehen. Das Drucköl fließt durch die Achse zu und verteilt sich durch die Drosselstellen *L* und *K* in 2 Ströme. Der eine Ölstrom wird durch das umlaufende Überströmventil *G* gedrosselt und durch die Federspannung konstant gehalten. Der andere Ölstrom fließt durch die Zuleitung *H* zum Dampfdruckregler. Sind beide Öldrucke gleich, so stehen alle 4 Kammern des Zylinders *C* unter dem gleichen Druck, es wird kein Drehmoment auf den Achsenregler ausgeübt und der Zylinder wirkt nur als Ölbremse. Weicht hingegen durch die Wirkung des Dampfdruckreglers der Öldruck in *H* ab, so wirkt ein Drehmoment auf den Achsenregler, das bei der gleichen Drehzahl der Maschine die Füllung verändert. Abb. 27 zeigt den Dampfdruckregler, der den Öldruck

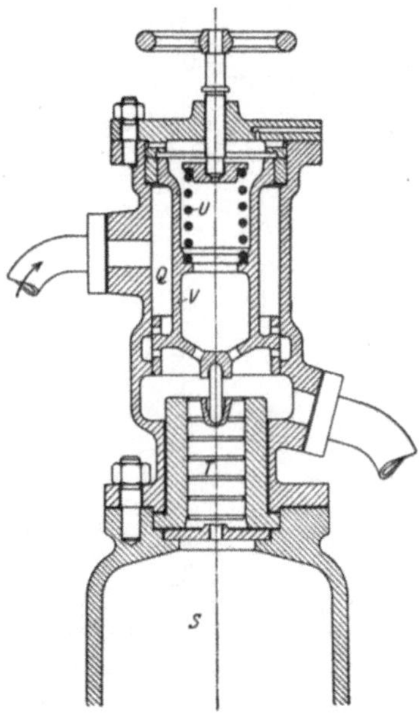

Abb. 27. Dampfdruckregler von Sulzer.

[1]) Ostertag, Z. V. d. J. 1926, 22. Mai.

steuert. Der Dampfdruck wirkt auf einen Wassersack im Behälter *S*, über dem sich Öl befindet, das die Druckkraft des Dampfes auf den eingeschliffenen Kolben *T* überträgt. *V* ist der Steuerschieber für das Drucköl, welches durch den Ringraum *Q* zuströmt und auf den Raum über dem Kolben *T* wirkt. Dadurch stellt sich der Öldruck über dem Kolben immer nach dem Dampfdruck ein und überträgt die Druckänderungen durch den Kraftzylinder *C* auf die Füllung der Maschine (Abb. 26). Zum Übergang von der Druckregelung der Maschine auf reine Geschwindigkeitsregelung wird das Dreiwegeventil *P* umgestellt, so daß der Öldruck durch das Überströmventil *N* gesteuert wird. Zur Drehzahlverstellung kann der Öldruck durch Änderung der Federspannung *O* von Hand beeinflußt werden. Zur Steigerung der Empfindlichkeit erzeugt ein Unruheapparat, der von einem Exzenter angetrieben wird, periodische Drosselungen des Ölstromes.

4. Bemessung der Drosselorgane.

Gesteuerte Drosselorgane mit Zufluß- oder Überströmregelung werden für folgende Zwecke gebraucht.

1. Zur Ergänzung der Kraftmaschinenregelungen in Grenzfällen der Belastung (also auch bei Stillstand) oder wenn der Dampfbedarf dauernd nicht mit dem Kraftbedarf übereinstimmt; außerdem kann es zweckmäßig sein, die Spitzen des Dampfbedarfes durch gesteuerte Drosselorgane zu decken, damit man die Maschinen nicht unwirtschaftlich groß bemessen muß.

2. Für die Regelung des Lade- und Entladevorganges von Ruths-Speichern. Die Speicher arbeiten mit veränderlichem Druck, die Drosselventile sind dadurch einem stark veränderlichen Druckgefälle ausgesetzt, im Grenzfall kann das Druckgefälle Null werden, d. h. man muß bestrebt sein, den Druckabfall bei voll geöffnetem Ventil möglichst klein zu halten.

3. Praktisch lassen sich im allgemeinen höchstens 2 Dampfnetze ausbilden, die unmittelbar durch Kraftmaschinen versorgt und geregelt werden, während es zweckmäßig sein kann, eine größere Zahl geregelter Dampfnetze für Verbrauchergruppen von verschiedenem Druckbedarf anzuwenden; sie werden aus einem der Kraftmaschinennetze über Drosselorgane gespeist und geregelt.

4. Zur vollen Ausnutzung von Kesseln mit verschiedenem Druck lassen sich Dampfnetze durch Drosselorgane verbinden, welche die Belastung zwangläufig auf die Kessel verteilen (Abschnitt VII 1a).

5. Bei großen Entfernungen können am Ende der Rohrleitung durch den Druckabfall, der sich mit der Dampfgeschwindigkeit ändert, unzulässige Druckschwankungen entstehen, selbst wenn der Druck am Anfang der Leitung konstant gehalten wird. Auch kann es notwendig

sein, von Verbrauchergruppen, die an einen Kessel angeschlossen sind, die Schwankungen des Kesseldruckes durch ein zwischengeschaltetes Drosselorgan fernzuhalten. In beiden Fällen arbeitet das Ventil mit kleinem und veränderlichem Druckgefälle, und man wird meist darauf achten müssen, bei voll geöffnetem Ventil den Druckabfall möglichst klein zu halten.

Liegt hingegen ein Drosselorgan zwischen zwei geregelten Dampfnetzen, so ist immer ein praktisch unveränderlicher Druckunterschied abzudrosseln. Für sehr große Druckabfälle, wie sie z. B. bei der Verbindung von Hochdruckkesseln mit einem Niederdrucknetz auftreten, kann die Wirkung des Drosselventils durch einen nachgeschalteten Drosselflansch unterstützt werden, so daß eine zweistufige Drosselung entsteht. Es ist deshalb zweckmäßig, bei der Ausbildung der Drosselorgane verschiedene Maßnahmen für folgende Fälle zu treffen:

1. Der Druckabfall soll bei voller Ventilöffnung möglichst klein sein.
2. Unter allen Verhältnissen ist Druckgefälle vorhanden (Drosselventile).
3. Das Druckgefälle ist sehr groß (zweistufige Drosselung).

Im folgenden werden außer Drosselventilen auch Drosselflansche (mit unveränderlichem Querschnitt) berücksichtigt.

a) Grundlagen des Drosselvorganges.

Bei der Drosselung wird der Dampf entspannt, seine Druckenergie im Drosselquerschnitt in Geschwindigkeit und dahinter durch Wirbelung in Wärme umgesetzt. Zur Bemessung der Drosselquerschnitte

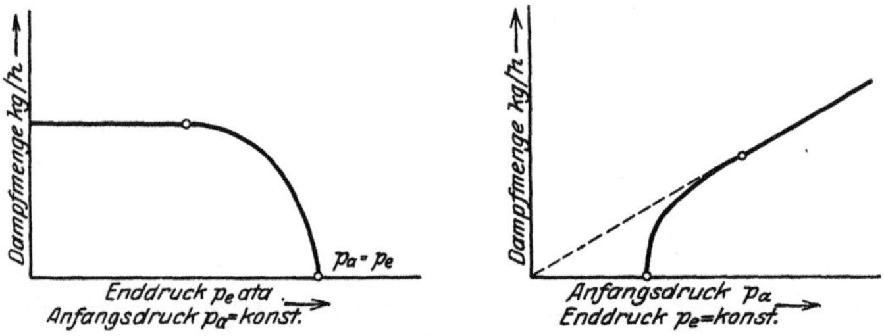

Abb. 28. Abhängigkeit der Dampfmenge vom Druckgefälle.

ist die Beziehung zwischen Druckgefälle und Schluckfähigkeit festzustellen. Bei steigendem Druckgefälle (Abb. 28) nimmt die Dampfmenge zu, bis sie beim kritischen Druckverhältnis einen Höchstwert erreicht, der nur vom Anfangsdruck abhängt. Senkt man bei konstantem Anfangsdruck p_a den Enddruck p_e, so steigt die Dampfmenge bis zum Höchstwert beim kritischen Enddruck, und eine weitere Senkung von p_e bleibt ohne Einfluß. Läßt man bei konstantem Enddruck p_e

den Anfangsdruck steigen, so wächst die Dampfmenge stark, bis das kritische Gefälle erreicht ist; sie nimmt dann proportional mit dem Anfangsdruck zu.

Für Überschlagsrechnungen erhält man einen Anhaltspunkt durch folgende

Faustformel der kritischen Dampfmenge (bei Sattdampf) $G = \frac{50}{F \cdot p} \text{kg/h}$

F = Freier Strömungsquerschnitt in cm^2.
p = Absoluter Druck ata.

Eine gute Näherungsformel für Druckgefälle bis zum kritischen Gebiet wird von Stodola[1]) angegeben:

$$G_{\text{sek}} = 4{,}46 \cdot f \sqrt{\frac{p_a}{v_a}\left[1 - 1{,}09\left(1 - \frac{p_e}{p_a}\right) - \left(\frac{p_e}{p_a}\right)^2\right]}$$

f = Querschnitt in m^2, Drücke p in kg/m^2, v_a in m^3/kg.

Die Gültigkeit der Formel setzt eine genügend abgerundete praktisch reibungslose Mündung voraus, durch welche der Dampf aus einem weiten Raum (Anfangsgeschwindigkeit 0) ausströmt. Die Anfangsgeschwindigkeit kann den hohen Geschwindigkeiten im Drosselquerquerschnitt gegenüber vernachlässigt werden, hingegen muß man Strahleinschnürung und Reibungen durch eine Ausflußzahl m berücksichtigen.

Drosselflansche müssen in vorhandene Rohrleitungen eingebaut werden. Sie lassen sich nur so dick ausführen, daß sie zwischen zwei Rohrflansche eingesetzt werden können, und ihr Durchflußquerschnitt erhält deshalb einen Einlauf mit zu geringer Abrundung, so daß sich der Strahl ablöst und verengt (Abb. 29). Scharfkantige Scheiben, wie sie für Dampfmesser verwendet werden, kommen bei den hohen Dampfgeschwindigkeiten für Drosselflansche weniger in Betracht, da sie ein unangenehmes Geräusch verursachen und sich die Kante schnell abnutzt.

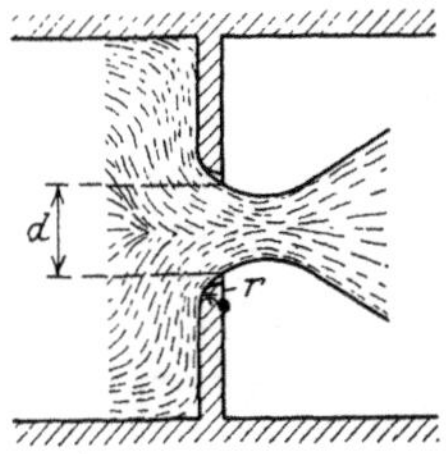

Abb. 29. Strahlablösung bei Mündungen mit zu geringem Abrundungsradius r des Einlaufs.

Durch Versuche in der Beuthschule in Berlin wurde mit roh bearbeiteten Drosselflanschen für verschiedene Abrundungen des Mündungseinlaufes festgestellt, daß man bis herunter auf einen Abrundungsradius $r = {}^1/_5$ des Mündungsdurchmessers die Verminderung des Durchflusses für die hier erforderliche Genauigkeit nicht zu berücksichtigen braucht. Da eine Anordnung von Drosselflanschen unmittelbar hinter Ventilen in Betracht kommt, wobei die Strömung im Drosselquerschnitt durch Wirbel gestört wird, wurden die Ausflußzahlen dieser Anordnung

[1]) Dampf- und Gasturbinen, 6. Aufl., S. 91.

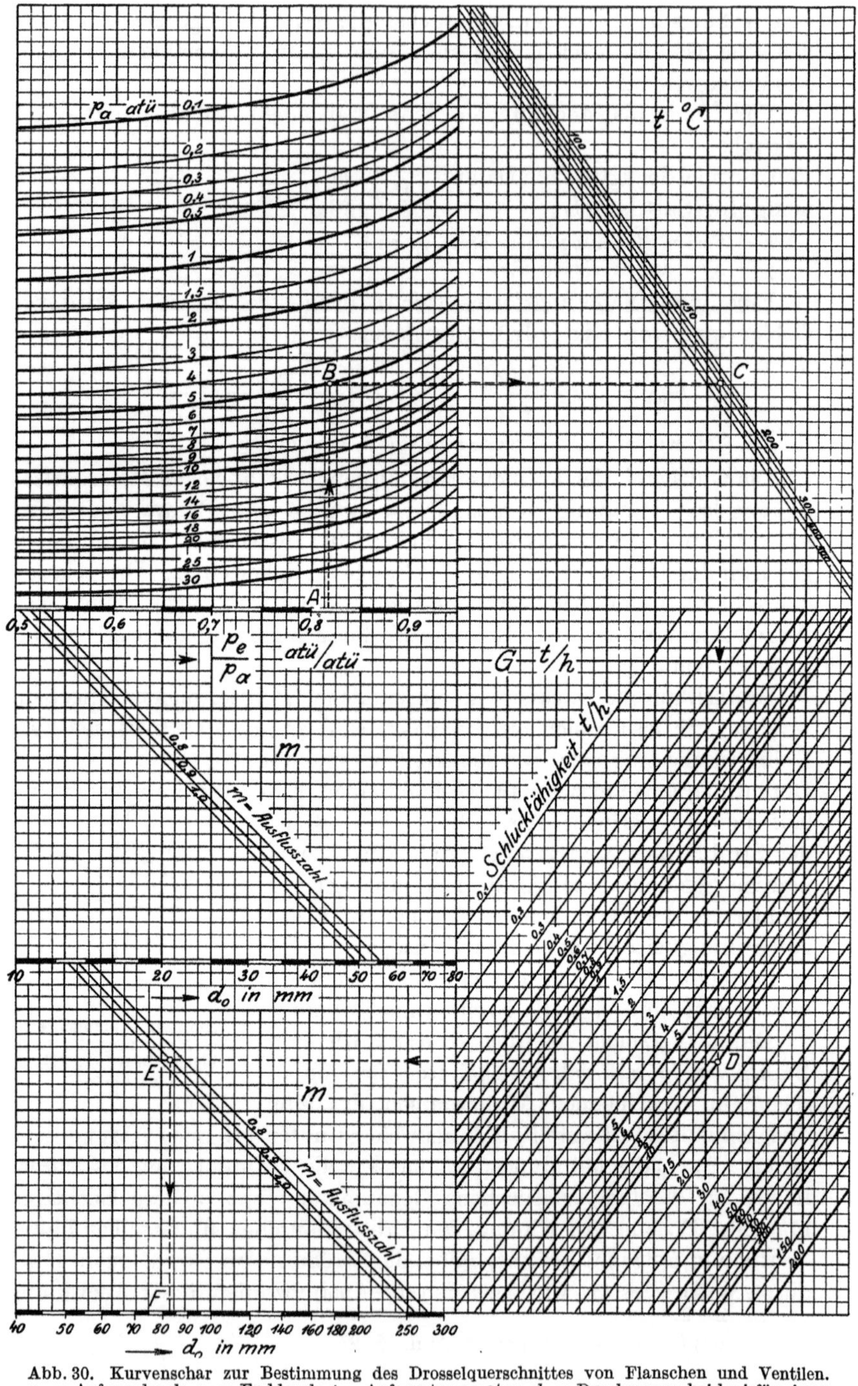

Abb. 30. Kurvenschar zur Bestimmung des Drosselquerschnittes von Flanschen und Ventilen. p_a = Anfangsdruck, p_e = Enddruck, t = Anfangstemperatur, d_0 = Durchmesser bei kreisförmigem Querschnitt.

mit Versuchen für wirbelfreien Einlauf verglichen; die Wirbel haben bei den hohen Geschwindigkeiten im Drosselquerschnitt keinen bedeutenden Einfluß. Man kann bei gut bearbeiteten Drosselflanschen mit einer Ausflußzahl $m = 0{,}95$ bis $0{,}97$ rechnen, bei roh bearbeitetem Einlauf mit 0,9. In Kurvenblatt (Abb. 30) ist nach der vorstehenden Formel der Zusammenhang von Druckverhältnis, Schluckfähigkeit und Durchmesser des Drosselflansches für verschiedene Werte der Ausflußzahl m dargestellt.

Bei **Drosselventilen** entspricht für volle Ventilöffnung der Mündungsquerschnitt dem Sitzdurchmesser. Die Ausflußzahl hängt von der Bauart des Ventils ab. Im Kurvenblatt können die Ventildurchmesser für vollen Hub bestimmt werden. Bei kleinem Hub des Ventils ist nicht der Sitzdurchmesser, sondern die Ringfläche maßgebend, durch welche der Dampf ausströmt. Ist d der Sitzdurchmesser, h der Hub und d_0 der theoretische Durchmesser, dann gilt

$$\text{einsitziges Ventil: } d \cdot h = \frac{d_0^2}{4}, \quad \text{Doppelsitzventil, } d \cdot h = \frac{d_0^2}{8}.$$

Es soll jetzt angegeben werden, durch welche Maßnahmen man unter verschiedenen Verhältnissen mit dem geringsten Materialaufwand auskommen kann.

b) Steuerventile für kleines Druckgefälle.

Sinkt der Druckabfall in Grenzfällen bis auf 0 oder ist er dauernd klein, dann muß das offene Ventil dem Dampf einen möglichst geringen Widerstand bieten. Das Steuerorgan ist deshalb wie ein Absperrventil zu bemessen und soll Steuerventil genannt werden. Als Regel kann gelten, daß die

$$\text{Dampfgeschwindigkeit } w = 30 \text{ bis } 40 \text{ m/s}$$

für die größte Dampfmenge nicht überschritten werden darf. Der Ventildurchmesser kann nach Kurvenschar (Abb. 31)[1]) bestimmt werden. Für eine bestimmte Geschwindigkeit entstehen bei allen Drücken und Ventildurchmessern angenähert die gleichen prozentigen Druckabfälle, so daß eine Nachprüfung des Druckverlustes von Fall zu Fall nicht erforderlich ist.

Es ergibt sich von selbst, daß man bei derartigen Ventilen Eintrittsstutzen, Sitz und Austrittsstutzen angenähert mit dem gleichen Durchmesser ausführt.

c) Drosselventile bis zum kritischen Druckgefälle.

Arbeitet hingegen das Ventil dauernd mit großem Druckgefälle, so treten im Sitz hohe Geschwindigkeiten (bis zur kritischen $w_k \sim 440$ m/s

---

[1]) Steinemann: AEG-Mitteilungen 1923, Nr. 9.

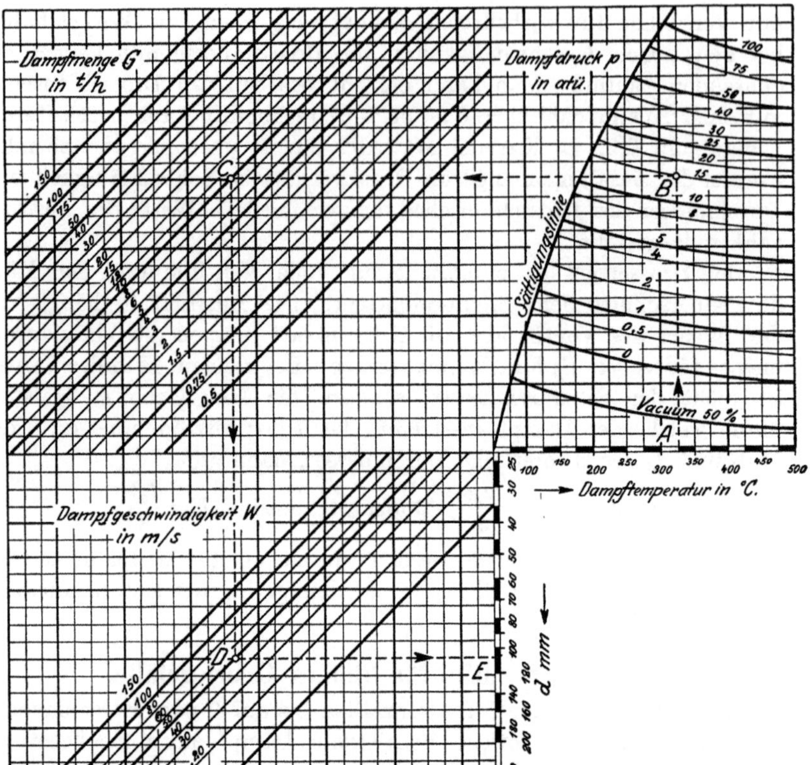

Abb. 31. Kurvenschar über den Zusammenhang zwischen Dampfmenge G, Geschwindigkeit w und Durchmesser d von Rohrleitungen und Ventilen.

auf, man kann also mit Ventilen von geringem Sitzdurchmesser bei voller Ausnutzung des Hubes große Dampfmengen mit geringen Regelkräften steuern. Es ist aber nicht zulässig, auch Eintritts- und Austrittsstutzen mit diesen geringen Durchmessern, also für sehr hohe Dampfgeschwindigkeiten, auszuführen; als Grenzwert kann gelten: Dampfgeschwindigkeit in keinem der Stutzen größer als $w = 70$ bis 80 m/s.

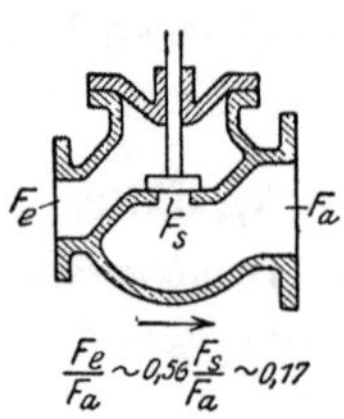

Abb. 32. Drosselventil.

Da der Eintrittsstutzen unter dem höheren Anfangsdruck, der Austrittsstutzen unter dem gedrosselten Enddruck steht, ergibt sich aus dieser Forderung ein Drosselventil nach Abb. 32. Entspricht das Querschnittsverhältnis von Eintrittsstutzen F_e und Austrittsstutzen F_a dem kritischen Druckverhältnis $\sim 0{,}56$, so reicht der Austrittsstutzen bis zu diesem Druckverhältnis immer aus. Die spezifischen Gewichte, des Dampfes sind den Drücken angenähert proportional.

$$\frac{F_e}{F_a} = \frac{p_a}{p_e} \sim 0{,}56, \quad F_e \cdot \gamma_e \cdot w_e = F_a \cdot \gamma_a \cdot w_a, \quad \frac{\gamma_e}{\gamma_a} \sim \frac{p_e}{p_a},$$

also $w_e = w_a$.

Die Dampfgeschwindigkeiten sind dann beim kritischen Druckgefälle gleich, d. h. beide Stutzen sind voll ausgenutzt. Soll auch der Sitzdurchmesser für das kritische Drosselgefälle, also für die kritische Geschwindigkeit $w_k \sim 440$ m/s bemessen sein (der Druck im Ventilsitz ist der Austrittsdruck), so wird der Querschnitt F_s des Ventils bei einer Geschwindigkeit von $w_a = 75$ m/s im Austrittsstutzen

$$F_s \cdot w_k = F_a \cdot w_a, \quad \frac{F_s}{F_a} = \frac{w_a}{w_k} = \frac{75}{440} = 0{,}17.$$

Der Sitzdurchmesser wird zweckmäßig reichlicher gewählt, damit er auch für kleinere Druckgefälle ausreicht; die Ausflußzahl muß berücksichtigt werden. Diese Bauart der Drosselventile ist von der AEG eingeführt worden.

Die Bemessung des Ventils geschieht nach der Dampfgeschwindigkeit (70 bis 80 m/s Kurvenschar, Abb. 31) in den Stutzen, bei kleinem Druckgefälle ist außerdem der Ventilsitz nach Kurvenschar (Abb. 30) nachzuprüfen.

d) Zweistufige Drosselung bei überkritischem Druckgefälle.

Verwendet man dieses Drosselventil für sehr große Druckgefälle, dann entsteht bei voll ausgenutztem Eintrittstutzen und Ventilsitz im Austrittsstutzen durch den tiefen Druck eine unzulässig hohe Geschwindigkeit; das läßt sich durch einen Drosselflansch vermeiden, der hinter das Ventil geschaltet ist (Abb. 33). Das Ventil drosselt dann bei voller Dampfmenge das kritische Druckgefälle. Der Flansch ist so bemessen, daß er bei dem kritischen Zwischendruck p_z ebenfalls die volle Dampfmenge durchläßt. Ist der Enddruck p_e sehr tief, so hat der Flansch nochmals kritisches Gefälle zu verarbeiten. Bei der halben Dampfmenge sinkt dann auch p_z auf die Hälfte; denn beim kritischen Druckgefälle ist die Durchflußmenge dem absoluten Druck vor der Mündung proportional. Dem halben absoluten Druck p_z entspricht angenähert das doppelte spezifische Volumen, da aber die Menge, welche durch den Austritts-

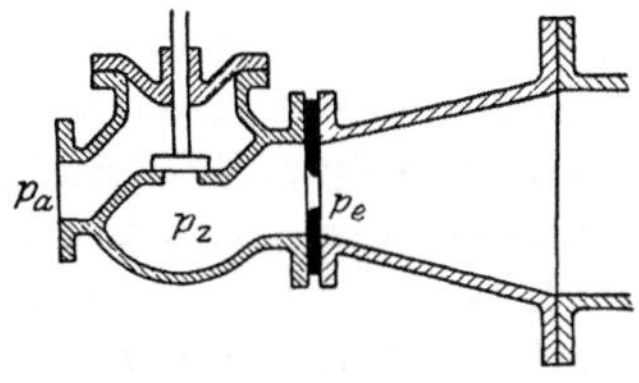

Abb. 33. Drosselventil mit nachgeschaltetem Drosselflansch.

stuzen des Ventils fließt, halb so groß ist, bleibt die Geschwindigkeit im Stutzen konstant.

$$\begin{matrix} G_1 = w_1 \cdot F \cdot \gamma_1 \\ G_2 = w_2 \cdot F \cdot \gamma_2 \end{matrix}, \quad w_1 : w_2 = \frac{G_1}{\gamma_1} : \frac{G_2}{\gamma_2}, \quad \frac{G_1}{G_2} = \frac{p_1}{p_2} \sim \frac{\gamma_1}{\gamma_2}, \quad \frac{w_1}{w_2} \sim 1.$$

Das Drosselventil steuert den Zwischendruck, der Zwischendruck bestimmt die Dampfmenge, welche durch den Drosselflansch fließt und die Geschwindigkeit im Austrittsstutzen des Ventils bleibt konstant, solange der Flansch überkritisches Gefälle verarbeitet. Von da ab sinkt die Dampfmenge stark mit dem Anfangsdruck (Abb. 34), das spezifische Gewicht sinkt immer weiter mit dem Druck proportional, so daß G/γ und damit die Geschwindigkeit kleiner wird. In keinem Fall ist sie aber größer als bei der größten Dampfmenge, für welche die Anordnung ausgelegt ist.

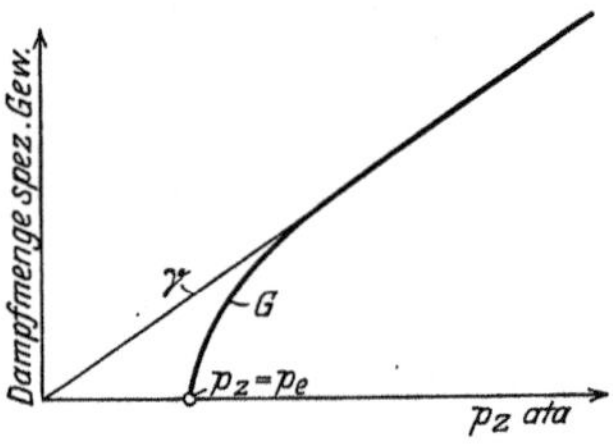

Abb. 34. Verlauf des spez. Gew. γ und der Dampfmenge G zeigt, daß $G:\gamma$ mit sinkendem Druck kleiner wird.

Das Ventil wird nach der Geschwindigkeit im Eintrittsstutzen bei höchster Dampfmenge bemessen (70 bis 80 m/s Kurvenschar, Abb. 31), der Drosselflansch muß bei der größten Dampfmenge das Gefälle zwischen $p_z = 0{,}56\, p_a$ (in ata) und dem Enddruck p_e abdrosseln (Kurvenschar, Abb. 30).

5. Bauarten der Dampfdruckregler für Drosselorgane.

Zur Steuerung von Drosselorganen sind zahlreiche Bauarten entwickelt worden, welche direkt ohne Kraftgetriebe arbeiten. Die Stellkraft zur Bewegung der Drosselorgane ist durch die Arbeitsfähigkeit des Druckreglers begrenzt. Bei der Anwendung von federbelasteten Kolben, auf welche der Dampfdruck wirkt, können große Hübe angewendet werden, es entstehen jedoch bei der Bewegung des Kolbens Reibungskräfte. Läßt man den Dampfdruck auf Membrane wirken, so sind die Reibungskräfte gering, die Hübe der Membrane sind aber, auch bei mehrstufiger Ausbildung, an eine Grenze gebunden. In jedem Fall steht nur eine beschränkte Arbeitsfähigkeit zur Verfügung, so daß auch bei Steuerung von entlasteten Doppelsitzventilen eine bestimmte Größe von Durchmesser und Hub des Ventils ohne unzulässige Ungleichförmigkeit und Unempfindlichkeit nicht überschritten werden kann. Dadurch wird auch die Schluckfähigkeit der Ventile begrenzt; die direkt geregelten Drosselorgane eignen sich für die Regelung der Dampfnetze kleinerer Betriebe und für die Versorgung einzelner Verbraucher oder Verbrauchergruppen.

Durch Einschalten von Kraftgetrieben zwischen Regler und gesteuertes Ventil kann man mit geringer Arbeitsfähigkeit des Reglers beliebig große Kräfte steuern, so daß alle praktisch vorkommenden Ventile bis zu 400 mm Durchm. verstellt werden können. Das Kraftgetriebe kann durch Drucköl, Druckwasser oder durch den Dampf

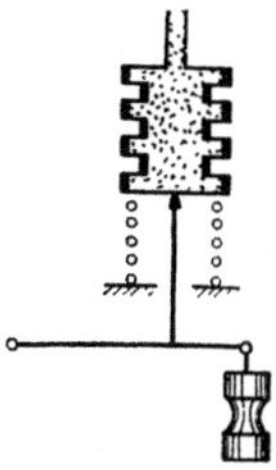

AEG: mehrstufige Membran steuert Doppelschieber.

BBC-Regler drosselt Öldurchfluß mit einfachem Schieber.

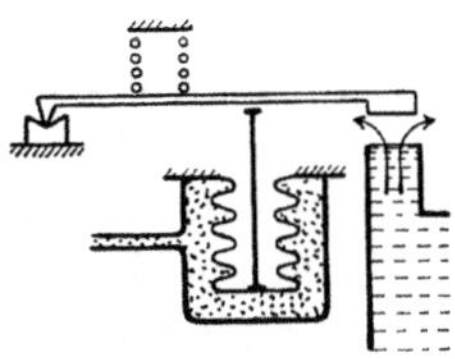

Arca: Steuerschieber durch bewegliche Prallplatte ersetzt.

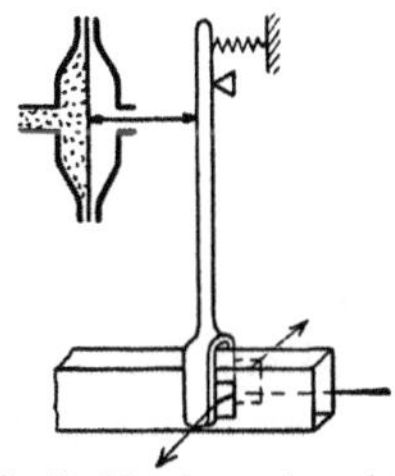

AVA: Steife Membran steuert ohne Belastungsfeder symmetrische, vom Öldruck entlastete Gabel.

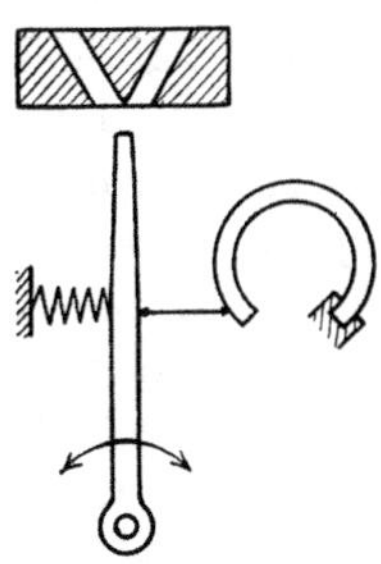

Askania: Geregeltes Strahlrohr speist Zuflußöffnungen des Kraftgetriebes.

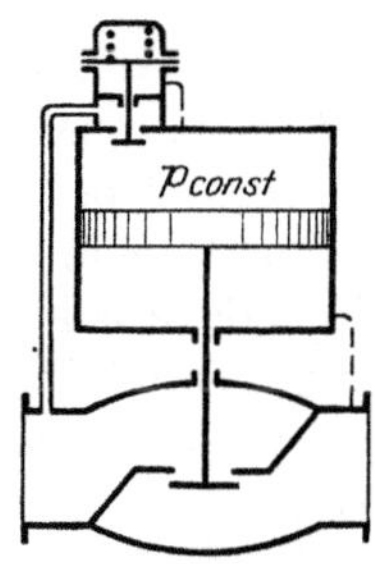

Hübner und Mayer: Kleines Membranventil speist regelnden Dampfraum mit konstantem Druck.

Abb. 35. Merkmale der Bauarten von Dampfdruckreglern.

selbst gespeist werden, und es können auch durch Vorsteuerung und Nachsteuerung zwei Kraftgetriebe hintereinander geschaltet sein, so daß der eigentliche Regler nur ganz geringe Kräfte zu entwickeln braucht. Die Regler selbst haben durch diese Möglichkeit in den letzten Jahren eine Entwicklung in der Richtung massenloser Ausführung unter Ausschaltung der Reibungen genommen, die zunächst dargestellt werden soll (Abb. 35).

a) Wirkungsweise der Regler.

Der **AEG-Regler** besteht aus mehreren übereinander liegenden ebenen Membranen, die zu einem Membranbalg verbunden sind, dessen Hub die Summe der Hübe einer einzelnen Membranen ist. Bei niederen Regeldrücken wird im allgemeinen nur eine Membran angewendet. Der Dampfdruck hält einer Feder das Gleichgewicht und der entstehende Hub wird auf einen Doppelschieber übertragen, welcher bei Abweichungen von seiner Mittellage nach oben und unten das Kraftgetriebe durch Freigabe des Druckölzuflusses öffnet oder durch Freigabe des Druckölabflusses schließt.

Der **BBC-Regler** steuert statt dessen durch einen einfachen Drosselschieber den Druck eines Ölstroms, von dem die Stellung des Kraftgetriebes abhängig ist.

Beim **Arca-Regler,** der ebenfalls den steuernden Öldruck durch Drosselung eines Ausflusses regelt, ist der Ölschieber durch eine Prallplatte ersetzt, so daß die Reibung des Schieberkolbens wegfällt. Der Dampfdruck wirkt auf einen Membranbalg mit Gegenfeder und verstellt die Entfernung der Prallplatte von der Ausflußmündung, er regelt also durch die Ausflußöffnung des Steueröles den Öldruck.

Der **Ava-Regler** hat als neues Regelelement eine steife Membranplatte, deren große Federkraft auch bei der Regelung sehr hoher Dampfdrücke die Wirkung einer Belastungsfeder ersetzt. Die Membran biegt sich unter dem Einfluß des Dampfdruckes durch, von der gesamten Durchbiegung steht aber nur der geringe Bruchteil von 2—4% zur Verfügung, der durch die Druckabweichungen während der Regelung auftritt. Die kleinen Hübe von der Größenordnung $^1/_{100}$ mm werden mit einer Übersetzung $^1/_{50}$ auf das gabelförmige Ende des Regelhebels übertragen. Durch die Bewegung der Gabel werden zwei gegenüberliegende Ausflußöffnungen gesteuert, indem die Schwenkung der Gabel die Ausflußöffnungen mehr oder weniger freigibt. Bei dieser vollkommen symmetrischen Anordnung wird der Regelhebel vom Öldruck entlastet, so daß kleinste Kräfte zur Bewegung des Hebels genügen.

Beim **Askania-Regler** fällt der eigentliche Steuerschieber weg, statt dessen fließt der Ölstrahl durch ein bewegliches Ausflußrohr; das geregelte Strahlrohr steht zwei Öffnungen gegenüber, die mit den beiden Seiten eines Kraftkolbens in Verbindung stehen. In der Mittelstellung des Strahlrohrs ist der Ölstrahl gegen den Zwischenraum beider Öffnungen gerichtet. Das Kraftgetriebe bleibt also in Ruhe. Bei Abweichungen des Reglers nach der einen Richtung trifft der Ölstrahl eine beider Öffnungen, durch welche das zufließende Öl das Kraftgetriebe öffnet. Die Speisung der anderen Öffnung leitet ein Schließen des Kraftgetriebes ein.

Der Regler von **Hübner und Mayer** arbeitet zur Steuerung des Drosselorgans nicht mit Drucköl, sondern mit Dampfkraft. Der Regler besteht aus einem kleinen federbelasteten Drosselventil, welches den Dampfdruck in einem Steuerraum konstant hält. Dieser konstante Druck wirkt auf die eine Seite eines Steuerkolbens, welcher auf der anderen Seite durch den Dampfdruck der Rohrleitung belastet wird.

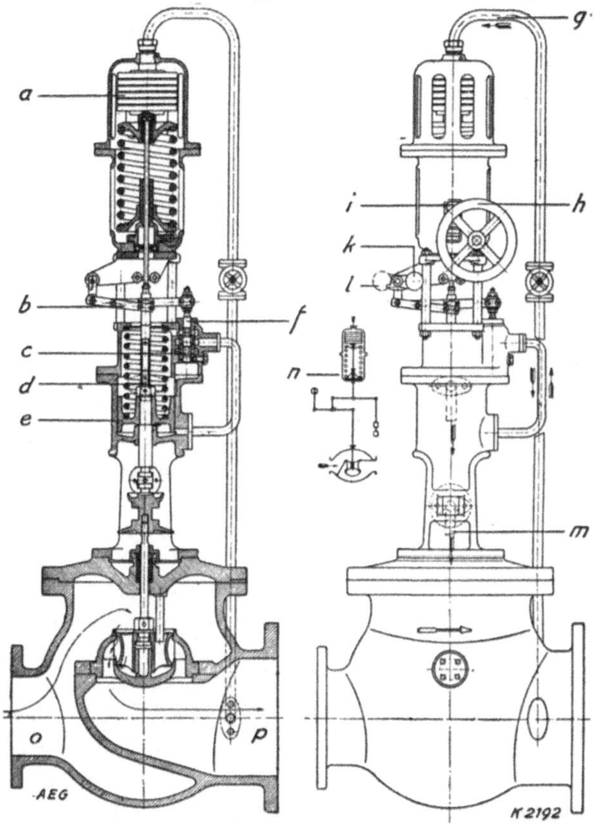

Abb. 36. AEG-Dampfdruckregler. *a* Stufenmembran, *b* Übersetzungsgestänge, *c* Druckölzufluß, *d* Ölabfluß, *e* Kraftkolben, *f* Steuerschieber, *h* Handrad zur Druckeinstellung, *i* Druckanzeiger nach Federspannung, *k*, *l* Stellungen des Schnellschlußhebels.

Der Steuerkolben ist nur in Ruhe, wenn Steuerdruck, Kolbengewicht und Druck der Rohrleitung im Gleichgewicht sind, jede Abweichung des Rohrleitungsdruckes verursacht eine Bewegung des Steuerkolbens, welche auf die Stellung des gesteuerten Ventils übertragen wird.

b) Ausführung der Steuerorgane.

Bauart AEG (Abb. 36)[1]. Der Dampfdruck wirkt durch die federbelastete Membran *a* auf den Steuerschieber *f*. Beim Heben des Steuer-

[1] Kraft: AEG-Mitteilungen 1926, März und Mai.

schiebers fließt Drucköl unter den Steuerkolben *e* und öffnet das gesteuerte Ventil unter Überwindung der Kraft einer Belastungsfeder. Senkt sich hingegen der Steuerschieber *f* unter seine Mittellage, so gibt er einen Ölabfluß frei; durch Federkraft schließt der Steuerkolben und drückt das Öl unter dem Kolben durch den Abfluß. Auf das Gestänge zur Bewegung des Steuerschiebers *f* wirkt der Hub des Reglers *a*, und außerdem beeinflußt durch Steuerstange und Übersetzungsgestänge *b* der Hub des Kraftgetriebes die Ruhestellung des Steuerschiebers und bildet dadurch die Rückführung. — Durch ein Handrad *h*, das die Spannung der Feder verändert, welche der Membran *a* entgegenwirkt, läßt sich der geregelte Druck verstellen, der eingestellte Druck ist durch den Hub des Federtellers an einem Druckanzeiger *i* erkennbar. Ein Ausrückhebel *k*, *l* dient als Schnellschluß. Beim Umlegen des Hebels wird durch ein Exzenter der Regelstift (entgegen der Kraft einer kleinen Anpreßfeder) von der Membran abgelöst, der Steuerschieber gesenkt und das Ventil geschlossen. Das Ventil schließt ebenso bei Ausbleiben des Öldruckes unter dem Einfluß der Belastungsfeder von selbst. Zur Sicherung der Ölversorgung im Falle einer Stromstörung oder bei Stillstand der Kraftmaschine kann die Ölpumpe durch eine Hilfsturbine weiter betrieben werden (Abb. 37), die mit dem Antriebsmotor auf einer Welle sitzt und in Störungsfällen bei sinkendem Öldruck selbsttätig eingreift.

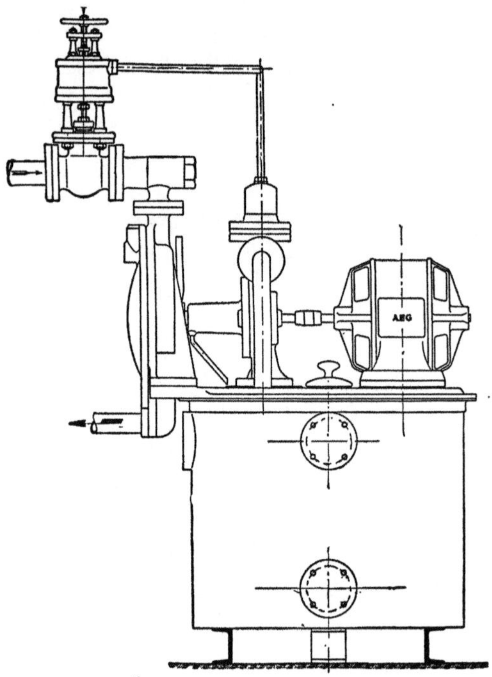

Abb. 37. AEG-Ölpumpe mit Antrieb durch Motor (rechts) und Hilfsturbine (links).

Um den Regler als Überströmsteuerung zu betreiben, wird die Verbindung des Übersetzungsgestänges anders hergestellt. Zur Steuerung des gleichen Ventils durch zwei verschiedene Dampfdrücke werden 2 Dampfdruckregler nebeneinander angeordnet, welche über ein gegemeinsames Verbindungsgestänge den Steuerschieber beeinflussen

(Abb. 38). Dabei kann der eine der Regler zur Regelung auf einen Grenzbereich eingerichtet sein (vgl. S. 19). Der Grenzbereichregler links ist z. B. zwischen 2 und 4 atü in Ruhe, steigt der Druck über 4 atü, so schließt er, sinkt der Druck unter 2 atü, so öffnet er die Steuerung. Man könnte diese Bedingung durch einen toten Hub des Reglers zwischen 2 und 4 atü erreichen, der Regler würde dann erst eingreifen,

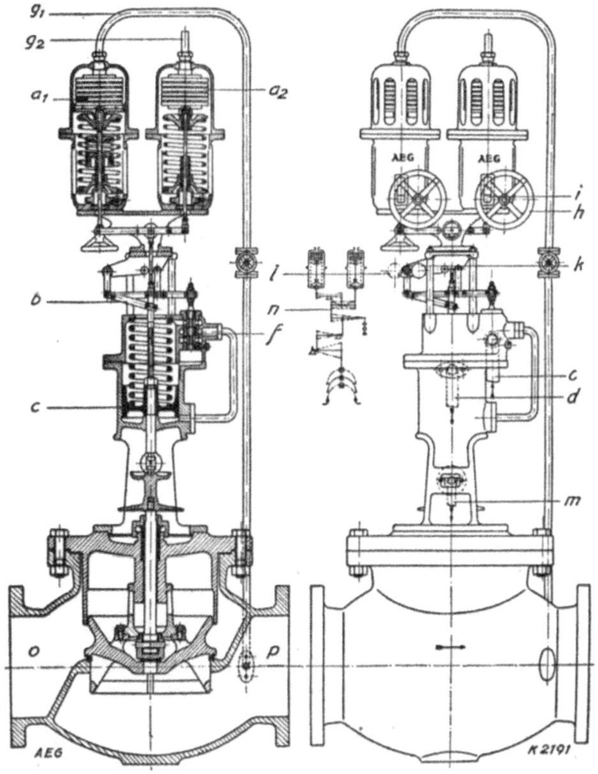

Abb. 38. AEG-Dampfdruckregler mit Überström- (a_2) und Grenzbereichreglung (a_1).

wenn dieser Hub nach oben oder unten überschritten wird; der Regler müßte aber dann imstande sein, z. B. mit 0,2 at Druckänderung in den Grenzlagen den Steuerschieber vollständig zu öffnen und zu schließen, nur ein kleiner Bruchteil seiner Arbeitsfähigkeit (entsprechend 2 × 0,2 at gegen 4 — 2 at toten Hub) wäre aber ausgenutzt, was bei den kleinen Hüben der Membranregler unvorteilhaft ist. Statt dessen werden 2 Federn angewendet, deren eine in der Mittelstellung der Membran durch Anschlag ausgeschaltet ist (Abb. 39). Beim höchsten Dampfdruck (4,2 atü) bewegt sich die Membran unter Überwindung der Kraft beider Federn nach unten und wirkt auf Schließen des Steuerschiebers.

Läßt der Dampfdruck nach, so hebt sich die Membran in ihre Mittellage, die sie bei 4 atü erreicht. In dieser Stellung wird der Teller der äußeren Feder durch einen Anschlag festgehalten, der die Federkraft bei weiter sinkendem Dampfdruck aufnimmt, so daß die Membran zunächst in Ruhe bleibt. Der Dampfdruck wird jetzt durch die Innenfeder allein im Gleichgewicht gehalten und die Membran beginnt zu steigen, sobald (bei 2 atü) die Kraft der Innenfeder allein imstande ist, den Steuerschieber entgegen der Druckkraft des Dampfes zu öffnen. Die Einstellung der äußeren Feder (Abb. 38) für den oberen Grenzdruck geschieht durch ein Handrad, das über eine Schnecke die Stell-

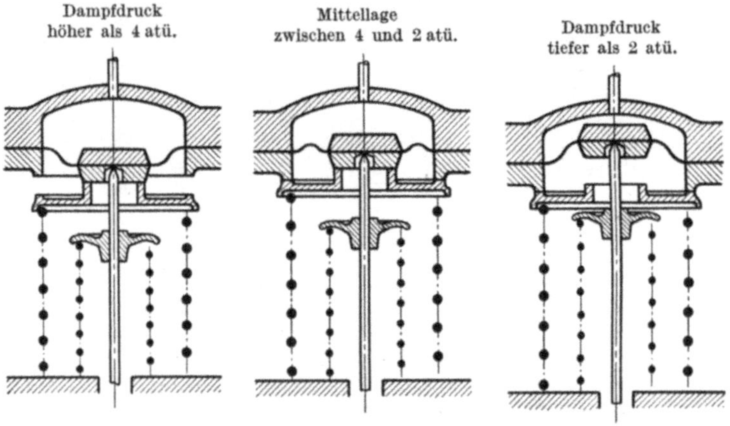

Abb. 39. Grenzbereichregelung der AEG.

schraube des Federtellers bewegt. Der Federteller der Innenfeder sitzt mit Gewinde auf der Regelspindel, so daß sich auch der untere Grenzdruck durch Drehen der Spindel mit Hilfe eines Handrades einstellen läßt.

Bauart BBC (Abb. 40). Das Drucköl der Pumpe *G* fließt zum Teil über Leitung 2 unter den Kraftkolben *B*, zum Teil, durch den Steuerschieber *F* geregelt, nach dem Behälter *J* zurück. Die Stellung des federbelasteten Kraftkolbens *B* richtet sich nach dem Öldruck unter dem Kolben. Öffnet der Steuerschieber *F* durch steigenden Druck unter dem Einfluß des Reglers *D* um einen bestimmten Betrag, so stellt sich bei dem vermehrten Rückfluß von Öl ein neuer Druck unter dem Kolben *B* ein; der Steuerkolben bewegt sich durch die Wirkung seiner Belastungsfeder so lange, bis Federspannung und Öldruck im Gleichgewicht sind, und kommt dann von selbst zur Ruhe. Durch den Ölstrom mit dem Regler verbunden, arbeitet also der Kraftkolben wie eine Steuerung mit Rückführung; der Kraftkolben kommt von selbst zur Ruhe, wenn sein Hub dem eingestellten Öldruck entspricht, und die

Steuerung hat zwischen offener und geschlossener Stellung einen anderen Gleichgewichtsöldruck, eine andere Ruhestellung des Steuerschiebers, dadurch auch eine Ungleichförmigkeit des Dampfdruckes, wie eine direkte Steuerung ohne Kraftgetriebe.

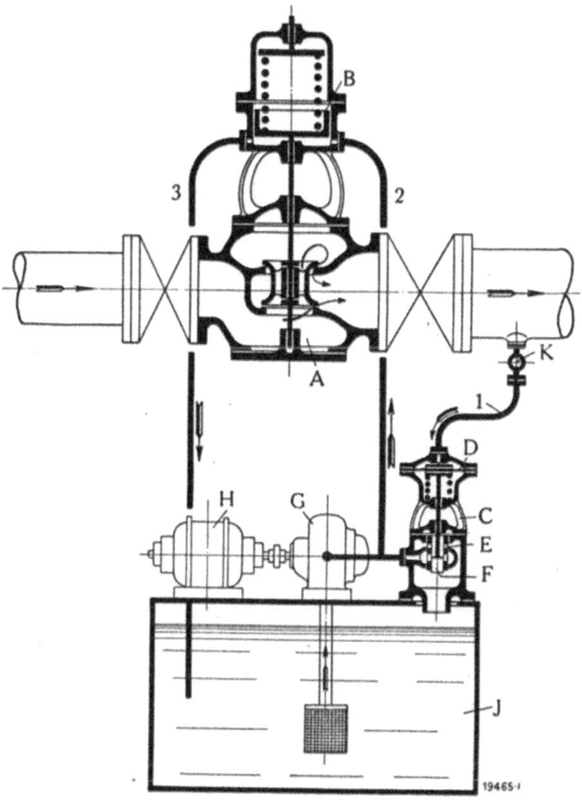

Abb. 40. BBC-Dampfdruckregler.
A Ventil, *B* Kraftkolben, *C* Regler, *D* Membran, *E* Ölablauf, *F* Steuerschieber, *G* Ölpumpe, *H* Motor.

Bauart Arca (Abb. 41). Der Dampfdruck wirkt auf der Außenseite eines Membranbalgs *MB* einer Druckfeder *SF* entgegen und steuert durch die Prallplatte am rechten Ende des Hebels *H* den Ausflußquerschnitt des Mundstückes *MS*. Diese Regeleinrichtung dient als Vorsteuerung für den Steuerschieber *K*, welcher Zufluß und Abfluß zum Kraftgetriebe *DZ* freigibt. Das Kraftgetriebe besteht aus einem Kolben mit Gegengewicht *GG*, der von oben durch Druck belastet, beim Steigen und Sinken unter dem Einfluß des Druckmittels das gesteuerte Ventil über eine Kette antreibt. Als Druckmittel für das Kraftgetriebe und die Vorsteuerung dient Wasser oder Öl, das durch

ZW zufließt und nach *AW* abfließt. In der Mittelstellung des Schiebers *K* sind Zufluß und Abfluß geschlossen. Der Schieber *K* wird durch die Membran *M* bewegt, die von links unter Federkraft, von rechts unter der Wirkung des Öldruckes steht, der von der Prallplatte geregelt wird. Der Mittelstellung entspricht also ein ganz bestimmter geregelter Öldruck, der die Membran belastet. Das Drucköl dieser Kammer fließt aus der Zuleitung *ZW* über die durchlässige Membran *MV* durch einen unveränderlichen Drosselquerschnitt am linken Ende des Schiebers *K* durch dessen Achse dem Druckraum zu und von dort aus über den gesteuer-

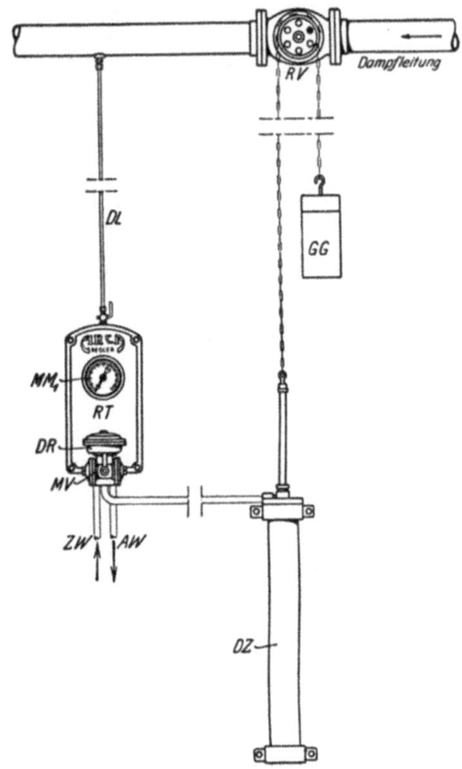

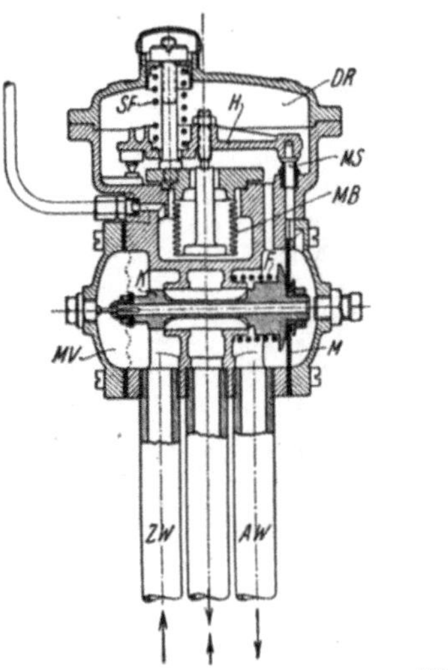

Abb. 41. Arca-Regler.
MB Membranbalg, *SF* Druckfeder, *MS* Mundstück, *K* Steuerschieber, *M* Membran, *MV* durchlässige Membran, *DZ* Kraftgetriebe, *GG* Gegengewicht, *RV* gesteuertes Ventil.

ten Ausfluß *MS* nach der Abflußleitung *AW*. Der Ruhestellung des Kraftgetriebes *DZ* entspricht unabhängig von seinem Hub immer die Mittelstellung des Steuerschiebers *K*, der gleiche gesteuerte Öldruck rechts von der Membran, der gleiche Ausflußquerschnitt *MS* und deshalb auch derselbe Dampfdruck. Die Steuerung wirkt also ohne Rückführung durch den Hub des Kraftgetriebes.

Für Sonderzwecke ist von Arca ein Schnellregler mit Rückführung ausgebildet worden; Regler und gesteuertes Organ sind zu diesem

Zweck zusammengebaut. Die Anordnung ohne Rückführung mit räumlicher Trennung von Regler und Kraftgetriebe, die durch eine Druckleitung verbunden sind, gestattet die übersichtliche Anordnung der Regler für alle Ventile auf einer gemeinsamen Schalttafel. — Die Regler lassen sich sich auch für die Beeinflussung durch mehrere Dampfdrücke einrichten.

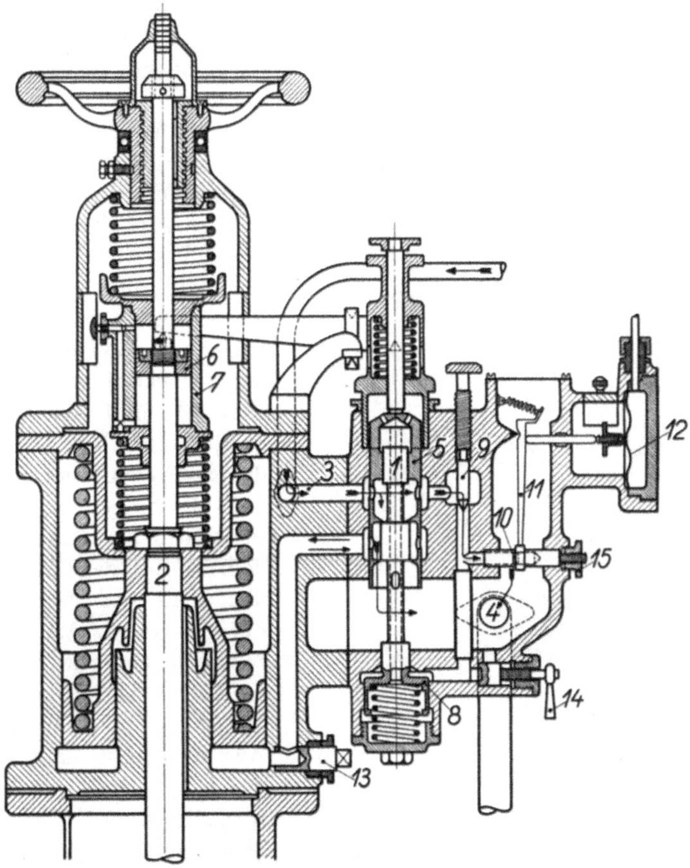

Abb. 42. Steuerung des Avareglers mit Gleichdruckrückführung.
1. Steuerschieber, *2.* Kraftgetriebe, *3.* Ölzufluß, *4.* Ölabfluß, *5.* Schieberhülse, *6.* Kolben und *7.* Zylinder der Ölbremse, *8.* Öldruck-Kolben, *9.* Drosselschraube, *10.* Gesteuerte Ausflußöffnung, *11.* Regelgabel, *12.* Steife Membran, *13.* Einstellhahn für Schlußzeit, *14.* Schnellschluß.

Bauart Ava. In Abb. 42 sind die Hauptteile der Steuerung vereinfacht dargestellt. Der Steuerschieber *1* bewegt das Kraftgetriebe *2*, indem bei sinkendem Schieber der Ölzufluß aus Leitung *3*, bei steigendem Schieber der Abfluß nach *4* freigegeben wird. Der Hub des Kraftgetriebes *2* verschiebt über eine Gleichdruckrückführung die Regelhülse *5*.

Der Kolben *6* im Innern der Ölbremse *7* ist mit dem Kraftgetriebe fest verbunden. Bewegt sich das Kraftgetriebe, so verschiebt sich zunächst der Zylinder der Ölbremse, als wäre er mit dem Kraftgetriebe *2* fest verbunden und bringt zur Rückführung die Regelhülse *5* aus ihrer Mittellage, so daß bei einer Verstellung des Steuerschiebers *1* das Kraftgetriebe zur Ruhe kommen kann, wenn die Regelhülse dem Steuerschieber gefolgt ist. Der Zylinder der Ölbremse steht aber unter dem Einfluß von 2 Federn, die ihn unabhängig von der Stellung des Kraftgetriebes langsam in die ursprüngliche Mittellage zurückdrängen, so daß nach Abschluß dieses Vorganges die Ruhestellung des Steuerschiebers immer die gleiche bleibt. Der Steuerschieber steht unter dem Einfluß des Öldruckes über und der Federkraft unter Kolben *8*. Das Drucköl zur Regelung des Steuerschiebers fließt über die Drosselschraube *9* nach der Ausflußöffnung *10*, welche durch die Regelgabel *11* freigegeben wird. Die steife Membran *12* beeinflußt durch den Dampfdruck die Ausflußöffnung. Jedem Dampfdruck entspricht eine bestimmte Ausflußöffnung, damit ein bestimmter Regeldruck und eine zugehörige Stellung des Steuerschiebers. Durch diese Vorsteuerung wird also jedem Dampfdruck eine bestimmte Stellung des Schiebers *1* zugeordnet. Da durch die Gleichdruckrückführung der Steuerschieber immer in die gleiche Mittellage zurückkehrt, entspricht dieser Stellung auch immer der gleiche

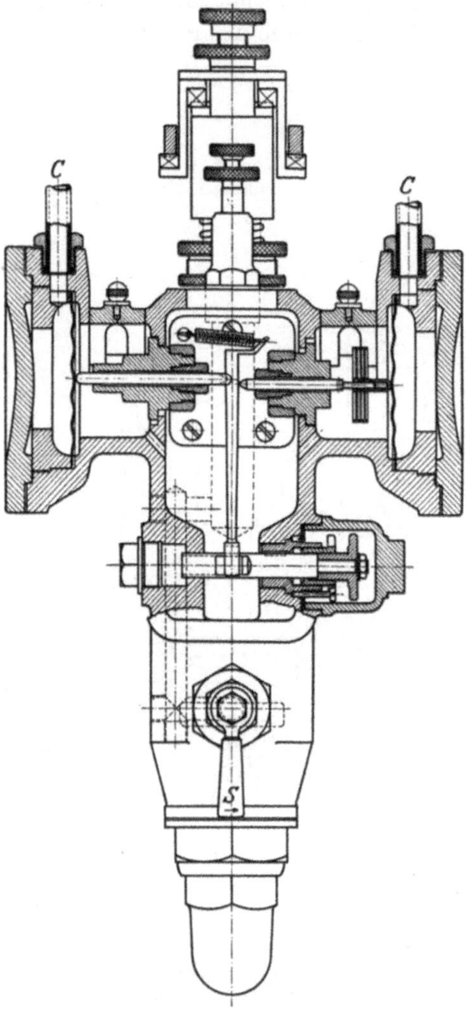

Abb. 43. Druckregler der Ava.

Druck. Die Arbeitsfähigkeit der Membran zur Bewegung der Regelgabel kann ungewöhnlich klein gehalten werden; bei Verstellung der Membran um $^1/_{100}$ mm unter dem Einfluß einer Druckänderung um $^1/_{10}$ at = 100 g/cm² auf eine Membranfläche von 50 cm² ist die Arbeitsfähigkeit 50 g × mm. Geschwindigkeitsregler haben nicht selten eine Stellkraft von 10 kg bei einem Hub von 2 cm, also 20 kg × cm oder eine 4000 mal größere Arbeitsfähigkeit.

Der Drosselhahn *13* zwischen Steuerschieber und Kraftgetriebe dient zur Einstellung der Schlußzeit. Durch Umlegen des Hahns *14*

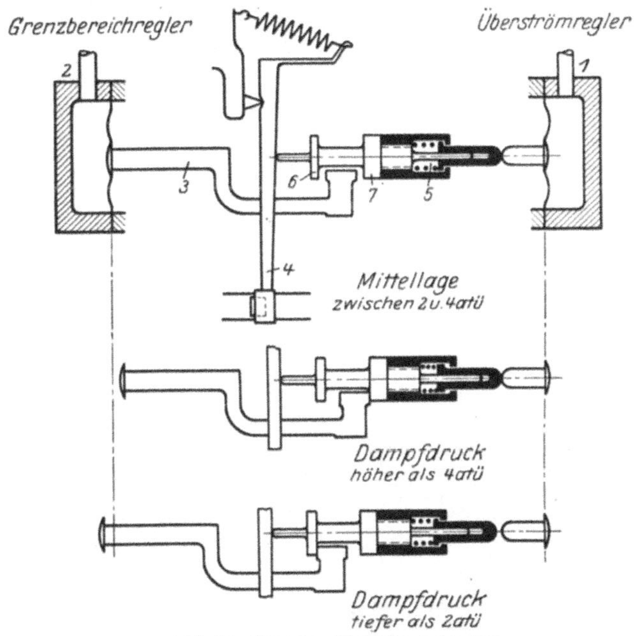

Abb. 44. Grenzbereichregelung der Ava.

mit steilem Gewinde wird ein Ölabfluß geöffnet, der Steuerschieber hebt sich unter dem Einfluß der Gegenfeder und das Kraftgetriebe schließt; die Vorrichtung wirkt als Schnellschluß. Zur Einstellung des Regeldruckes kann die Ausflußöffnung durch Stellschraube *15* verschoben werden. Abb. 43 zeigt die wirkliche Ausführung des eigentlichen Reglers. Um den Regler leicht durch mehrere Drucke zu beeinflussen, sind 2 Membranen vorgesehen, die gemeinsam auf die Regelgabel wirken. Soll das Ventil z. B. eine reine Zuflußregelung durch einen einzigen Druck erhalten, dann läßt man den Druck auf beide Membranen gleichzeitig wirken, so daß sich der Einfluß beider Hübe auf die Regelgabel verdoppelt. Eine besondere Vorrichtung wird für den Grenzbereich-Regler angewendet (Abb. 44). Die Membran rechts dient zur Überströmregelung, die durch die Zuflußregelung links ausgeschaltet werden soll, sobald ein bestimmter Grenzbereich, z. B. 2—4 atü, nach oben oder unten überschritten wird. Bei der Anwendung steifer Membranen entspricht dem Druckunterschied 2—4 atü ein ganz geringer Hub, so daß es ohne weiteres möglich ist, einen toten Gang der Regelstange *3* vorzusehen, bei dem keine Einwirkung auf die Regelgabel *4* vorhanden ist. Die Regelstange *3* bewegt sich zwischen den beiden Anschlagstellen *6* und *7*, und der Überströmregler *1*, mit der Gabel *4* über die Feder *5* verbunden, kann die Regelung allein übernehmen. Erreicht die Stange *3* hingegen beim unteren Grenzdruck den linken Anschlag *6*, dann löst sie die Verbindung vom Überströmregler *1* und übernimmt die Steuerung. Entsprechend wird beim oberen Grenzdruck die Stange *3* den Anschlag rechts erreichen, die Feder *5* eindrücken und die Wirkung des Überströmreglers aufheben.

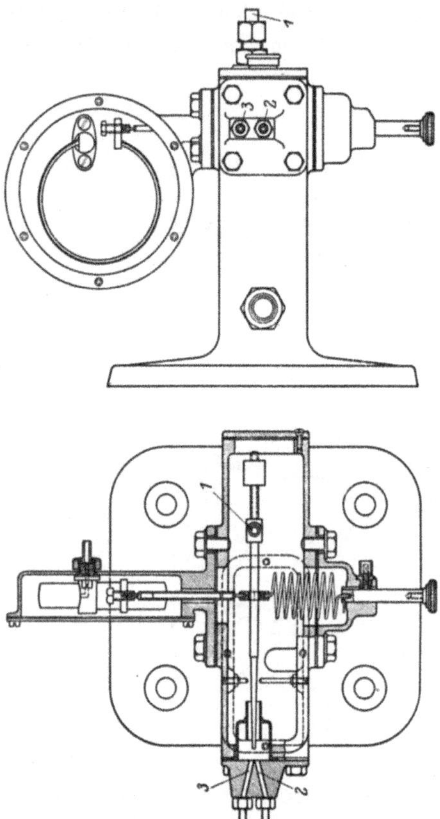

Abb. 45. Askania-Regler. Öl fließt durch Lagerzapfen *1* zu und strömt gegen die Steueröffnungen *2* oder *3*.

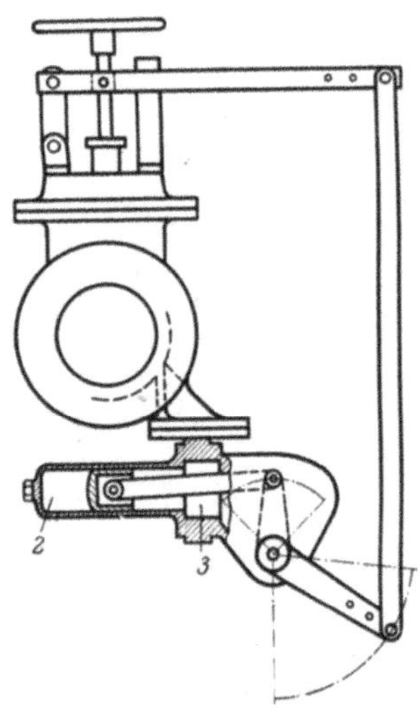

Abb. 46. Kraftgetriebe des Askania-Reglers mit Übersetzungsgestänge, durch welches bei großer Ventilöffnung große Hubänderungen, bei kleiner Öffnung geringe Hubänderungen des Ventiles entstehen.

Bauart Askania (Abb. 45 und 46). Der Dampfdruck spannt ein Federrohr, das einer Feder entgegenwirkt, deren Hub auf den Ausschlag eines Strahlrohres übertragen wird. Das Strahlrohr ist drehbar gelagert und durch Gegengewicht ausgewogen. Durch den oberen Lagerzapfen *1* fließt das Drucköl zu. In der Mündung des Strahlrohrs wird der Druck des Öles in Geschwindigkeit umgesetzt. Trifft das Drucköl z. B. beim vollen Ausschlag nach rechts mitten auf die Steueröffnung *2*, so wird die Ölgeschwindigkeit wieder vollkommen in Druck umgewandelt, der das Kraftgetriebe von links beaufschlagt und in Gang setzt; das auf der rechten Kolbenseite verdrängte Öl kann durch die Öffnung *3* zurückfließen. Beim vollen Ausschlag nach links steht das Strahlrohr vor der anderen Steueröffnung und bewegt das Kraftgetriebe im entgegengesetzten Sinn, in der Mittelstellung trifft der Strahl zwischen beiden Steueröffnungen auf und das Kraftgetriebe bleibt in Ruhe. Solange aber eine Abweichung vorhanden ist, bewegt sich das Kraftgetriebe weiter, ohne von selbst zur Ruhe zu kommen, eine Rückführung durch den Hub des Kraftgetriebes ist also nicht vorhanden. Die Verbindung zwischen dem Kraftgetriebe und dem gesteuerten Ventil wird durch ein Gestänge mit veränderlichem Übersetzungsverhältnis hergestellt. Bei großer Ventilöffnung entspricht einer bestimmten Bewegung des Kraftgetriebes eine große Hubänderung des Ventils, bei kleinen Öffnungen entstehen durch die Bewegung des Kraftgetriebes nur geringe Hubänderungen des Ventils. Diese Anordnung hat für Drosselorgane, die mit veränderlichem Druckgefälle arbeiten, besondere Vorteile (Abschnitt III 4d). — An Stelle des Federrohres werden bei geringen Dampfdrücken auch Balgmembranen mit einstellbarem Gegengewicht verwendet.

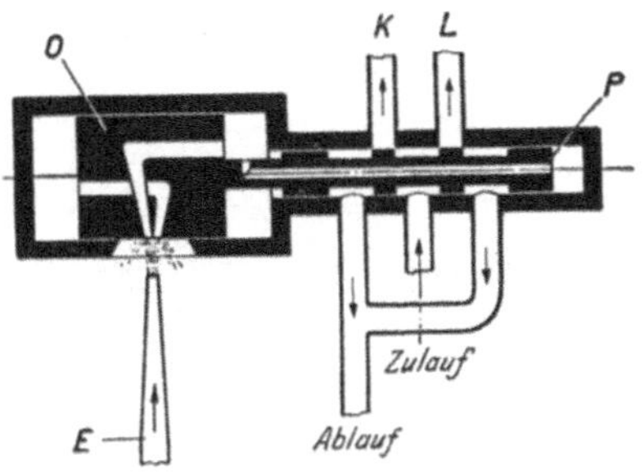

Abb. 47. Askania-Regler mit Folgeschieber *O* durch Strahlrohr *E* bewegt.

Die Verstellgeschwindigkeit des Kraftgetriebes und damit seine Schlußzeit hängt von der Ölfördermenge des Strahlrohres ab. Um hohe Verstellgeschwindigkeiten größerer Kraftgetriebe zu erreichen, kann das Strahlrohr *E* einen Folgeschieber *O* bewegen, der selbst große Ölquerschnitte für die eigentliche Steuerung des Kraftgetriebes freigibt (Abb. 47). Bewegt sich das Strahlrohr z. B. nach links, so beaufschlagt es die linke Steueröffnung, die mit der rechten Seite des Kolbens *O* in Verbindung steht und den Kolben nach links bewegt, so daß der Kolbenschieber genau der Bewegung des Strahlrohres folgt. Der Kolben *P* bewegt dann einen Doppelschieber bekannter Bauart, der Zufluß und Abfluß des Kraftgetriebes durch *K* und *L* steuert.

Bauart Hübner und Mayer. Abb. 48[1]) zeigt ein gesteuertes Zuflußventil. Der Regler arbeitet mit Dampfsteuerung. Das Drosselorgan *a* ist einsitzig, aber durch den Dampfraum *t* über dem Kolben *c* entlastet. Das Membranventil *pq* steuert den Dampfzufluß zum Belastungsraum *r* aus der Hochdruckleitung über den Kanal *o*, durch eine Vordrosselschraube unterstützt. Ist bei geschlossenem Ventil *p* der Druck im Belastungsraum noch zu hoch, dann bläst der Überschuß durch das

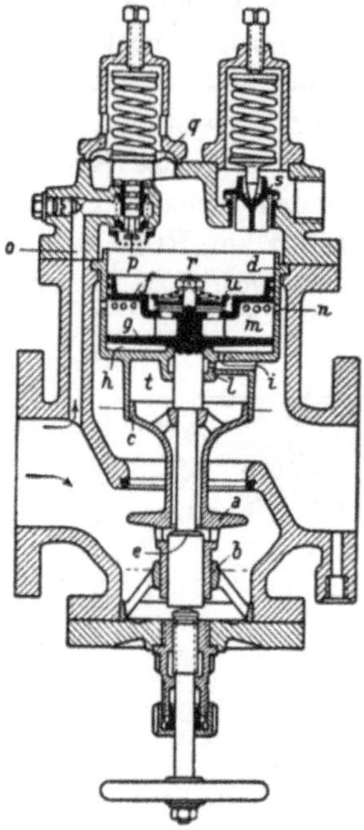

Abb. 48. Zuflußventil von Hübner und Mayer. *a* Ventil, *b* Führung, *c* Entlastungskolben, *e* Kegelsitz, *f* Kraftkolben, *g* Dämpfungskolben, *h* Bremsraum, *p*, *q* Membranventil, *s*, *u* Sicherheitsventile.

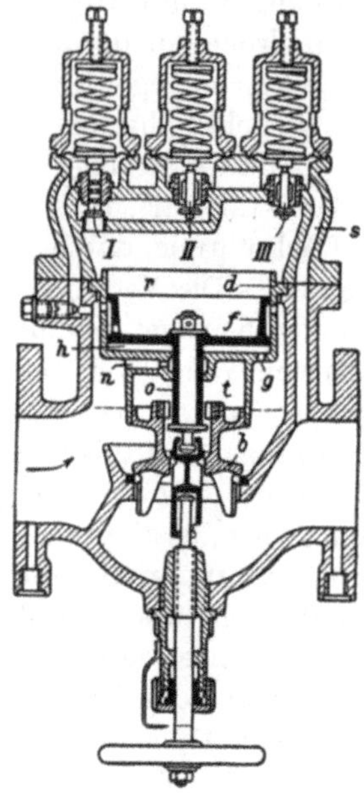

Abb. 49. Überströmventil mit Grenzbereichregelung. *I* Überströmregler, *II* Regler für oberen, *III* für unteren Grenzdruck.

federbelastete Hochhubsicherheitsventil *s* ab. Im allgemeinen hält aber das Ventil *p* allein den (einstellbaren) Druck im Belastungsraum konstant. Auf den Kolben *f* wirkt von oben dieser Druck, von unten im Raum *m* der Niederdruck durch Bohrungen *n*. Die Abweichungen des Niederdruckes vom konstanten Belastungsdruck steuern durch Kolben *f* das Ventil *a*. Die wirksamen Druckkräfte werden dabei durch die Bremsscheibe *g*, welche den Bremsraum *h* abschließt, gedämpft und durch den Kegelsitz *e* unterstützt, der den Hochdruck- mit dem Entlastungsraum *t* verbindet. Ist der Kegelsitz ganz offen, so ist Hochdruck im Entlastungsraum, der auf eine Senkung des Ventils *a*

[1]) Pailliart: Maschinenbau 1925, Heft 5.

hinwirkt; schließt der Kegelsitz, so sinkt der Druck im Entlastungsraum und das Ventil steigt; es handelt sich also grundsätzlich um ein nachgeschaltetes Kraftgetriebe mit Dampfsteuerung, durch welches der Ventilsitz leicht jede Stellung einnimmt, die dem Hub des Steuerkolbens *f* entspricht.

Falls durch Einklemmen eines Fremdkörpers zwischen Sitz und Kegel des gesteuerten Ventils *a* dessen vollständiger Abschluß verhindert wird, können die durchströmenden Dampfmengen durch die Bohrungen und die Sicherheitsventile *u* im Steuerkolben und *s* (über dem Belastungsraum) entweichen.

Abb. 49 zeigt das Beispiel einer Anordnung mehrerer Regler. Der Hochdruckregler *I* dient zur Überströmregelung, deren Wirkung durch zwei getrennte Niederdruckregler *II* und *III* ausgeschaltet wird, wenn der Niederdruck einen festgesetzten Grenzbereich nach oben oder unten überschreitet. Dem Belastungsraum *r* fließt eine geringe Dampfmenge durch Bohrungen der Einsatzbuchse *d* und des Zylinders *f* zu, der Druck in diesem Raum wird durch Abflußregelung des Überströmventils *I* konstant gehalten. Unter dem Kolben *f* liegt der Bremsraum *h*, der mit dem Hochdruck über die Bohrungen *g* verbunden ist. Der Unterschied von Hochdruck und Regeldruck hält durch den Kolben *f* das Ventil *b* in der Schwebe, oder hebt und senkt es bei Änderungen des Hochdruckes. Der Druck im Raum kann aber außerdem durch die Abflußventile *II* und *III* beeinflußt werden, die unter Niederdruck stehen. Steigt der Niederdruck über einen einstellbaren Grenzwert, so schließt Regler *II* und sperrt unabhängig von der Stellung des Hochdruckreglers den Abfluß; der steigende Druck im Belastungsraum schließt das Ventil. Umgekehrt gibt bei Unterschreiten des unteren Grenzdruckes der Regler *III* den Abfluß frei, und das Ventil hebt sich. In allen Fällen bewegt sich das Ventil unter dem Einfluß der Dampfkraft die auf Kolben mit großem Querschnitt wirkt, während die kleinen Membranregler nur ganz geringe Regeldampfmengen steuern müssen.

6. Sicherung der Dampfnetze.

Bei der Verbindung mehrerer Dampfnetze verschiedenen Druckes durch gesteuerte Organe, die selbsttätig mit geringer Aufsicht arbeiten sollen, ist es zweckmäßig, die Rohrleitungen gegen unzulässige Druckerhöhung zu schützen, welche durch Zufluß von Dampf höheren Druckes entstehen kann. Dies geschieht durch folgende Mittel:

1. Jedes gesteuerte Zuflußventil, das von einem anderen Dampfnetz aus geregelt wird (z. B. als Überströmventil), muß außerdem zur Sicherheit einen Grenzregler erhalten, der bei Überschreiten des zulässigen Druckes hinter dem Ventil die Steuerung des Ventils schließt.

Es kann immer der Fall eintreten, daß im Dampfnetz hinter dem Ventil weniger Dampf gebraucht wird, als der gesteuerten Menge im Augenblick entspricht. Die gleiche Regel gilt auch für Maschinen, die mit Überströmregelung ausgerüstet in ein Dampfnetz tieferen Druckes speisen, also z. B. Vorschaltturbinen mit Regelung auf konstanten Hochdruck (S. 27).

2. In Störungsfällen kann man sich aber auf diese Grenzregler nicht verlassen. Den einzig sicheren Schutz bilden Sicherheitsventile, die groß genug sind, um beim vorgeschriebenen Druck die Dampfmenge abzublasen, welche der vollen Schluckfähigkeit aller Organe entspricht, aus denen dem Rohrleitungsnetz gleichzeitig Dampf zufließen kann. Außerdem ist darauf zu achten, daß nicht einzelne Teile des Rohrnetzes, denen Dampf zufließt, von dem zugehörigen Sicherheitsventil durch zwischengeschaltete Absperrorgane getrennt werden. Durch besondere Maßnahmen können Zahl und Größe der erforderlichen Sicherheitsventile verringert werden.

a) Schluckfähigkeit.

1. **Sicherheitsventile.** Die abgeblasene Dampfmenge ist dem absoluten Druck angenähert proportional. Für Überschlagsrechnungen können bei Sattdampf folgende Werte angenommen werden:

	a = Stündliche Dampfleistung je ata und cm^2 Querschnitt
Gewöhnliche Sicherheitsventile bis 150 ∅, bezogen auf Sitzdurchmesser	15—17 kg
Hochhubsicherheitsventile über 150 ∅, bezogen auf Eintrittsdurchmesser	20 kg
Dampfleistung eines Sicherheitsventils kg/h	$G = a \cdot F \cdot p$

a = spez. Dampfleistung, p = absoluter Druck ata, F = Querschnitt in cm^2 (bezogen auf Sitz oder Eintrittsdurchmesser).

2. **Kraftmaschinen** mit Dampfabgabe haben meist eigene Sicherheitsventile, die nahe am Abdampfstutzen eingebaut sind. Sie reichen wohl für die Schluckfähigkeit der Maschinen bei größter Last, können aber häufig nur zur Sicherung der Maschine selbst dienen; der Druck, bei dem diese volle Dampfmenge abbläst, kann wohl für die Maschine zulässig, für die Rohrleitung aber schon zu hoch sein. Bei dem höchsten Druck, den die Leitungen aushalten, ist die Schluckfähigkeit des Sicherheitsventils geringer.

3. **Ventile,** welche Netze verschiedenen Druckes verbinden, schlucken bei vollem Hub ganz bedeutende Dampfmengen auch bei geringen Abmessungen (Schluckfähigkeit nach Seite 38). Rechnet man mit 50 kg/cm^2 ata, so gehen durch ein Ventil von 150 ∅ bei 15 atü Anfangsdruck und kritischem Gefälle (176 cm^2 × 16 ata × 50 kg) = 140 t/h Dampf. Diese Durchflußmengen sind nicht an die Leistungsfähigkeit der Kesselanlage

gebunden. Ist an die 15 atü-Leitung ein Kessel angeschlossen, so gibt dieser aus dem Wasserraum unter Drucksenkung die entsprechenden Mengen während so langer Zeit ab, daß der Druck in der Niederdruckleitung bis zu 15 atü steigt, wenn das Sicherheitsventil der Niederdruckleitung nicht ausreicht, um bei geringerem Druck die volle Menge abzublasen. Man muß immer damit rechnen, daß bei Störungen Ventile von Verbindungsleitungen im schlimmsten Fall voll geöffnet stehen bleiben, gleichgültig, ob es sich um gesteuerte Ventile oder handbediente Absperrorgane handelt. Besonders bei Steuerventilen (Seite 39) sind sehr große freie Querschnitte bei vollem Hub vorhanden.

4. Zur Begrenzung der Dampfmengen können **Lavaldüsen** in die Rohrleitung eingebaut werden (Abb. 50)[1]. Lavaldüsen werden für verschiedene Zwecke benutzt; um Verwechselungen mit anderen Anwendungsgebieten zu vermeiden, werden die Zusammenhänge kurz dargestellt. Die Düsen dienen bei Dampfturbinen dazu, überkritische Geschwindigkeiten durch Verengung der Strömung und nachträgliche Erweiterung zu erreichen. Der Druckverlauf entspricht in diesem Fall der Linie *1*. Da durch jeden Querschnitt der Düse die gleiche Dampfmenge fließt, ist der Querschnitt immer dem Produkt von Geschwindigkeit und spez. Gewicht proportional (Dampfmenge = Querschnitt × Geschwindigkeit × spez. Gewicht). Bei der Entspannung des Dampfes auf seinem Weg längs der Düse wächst anfangs die Geschwindigkeit durch das zunehmende Druckgefälle von Null ab stark an, die Verminderung des spez. Gewichtes durch den sinkenden Druck fällt weniger ins Gewicht. Bei weiter sinkendem Druck überwiegt dagegen die Verminderung des spez. Gewichtes gegen die zunehmende Geschwindigkeit, so daß vom „engsten" Querschnitt ab eine Erweiterung erforderlich ist, um das „kritische" Druckgefälle zu überschreiten. Dem gewählten Endquerschnitt der Düse entspricht ein ganz bestimmter Enddruck der Entspannung.

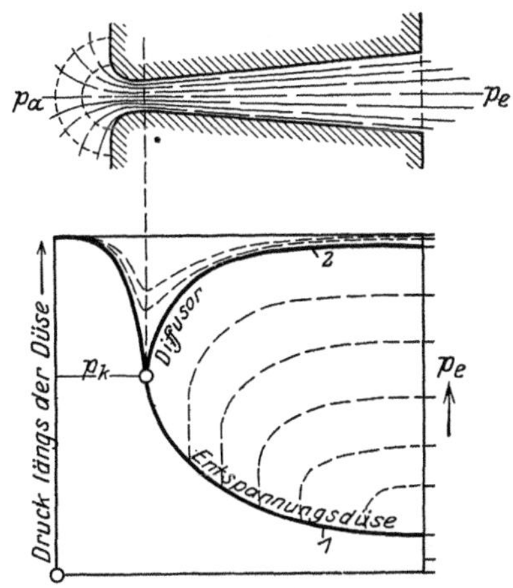

Abb. 50. Druckverlauf längs einer Lavaldüse bei konstantem Anfangsdruck p_a und veränderlichem Enddruck p_e.

Statt aber unter den kritischen Druck p_k zu expandieren, kann der Dampf in der Erweiterung der Düse alle Zustände wieder rückwärts durchlaufen, die er bis zum engsten Querschnitt durchgemacht hat;

[1]) Stodola: Dampf- und Gasturbinen 6. Aufl., S. 85.

der Druck verläuft dann nach Linie *2* und die Düse wirkt als „Diffusor". Durch die Strömungsverluste in der Düse kann der Anfansgdruck nicht mehr erreicht werden, das Druckgefälle zwischen den beiden Endpunkten der Düse beträgt aber nur wenige Prozente des Druckes.

In beiden Fällen 1 und 2 ist der Verlauf bis zum engsten Querschnitt genau der gleiche, es fließt also auch die gleiche „kritische" Dampfmenge durch die Düse. Liegt der Enddruck der Düse zwischen beiden Werten, so paßt sich der Druckverlauf in der Erweiterung durch einen Dampfstoß an, sinkt der Enddruck unter den Wert des Druckverlaufes *1*,

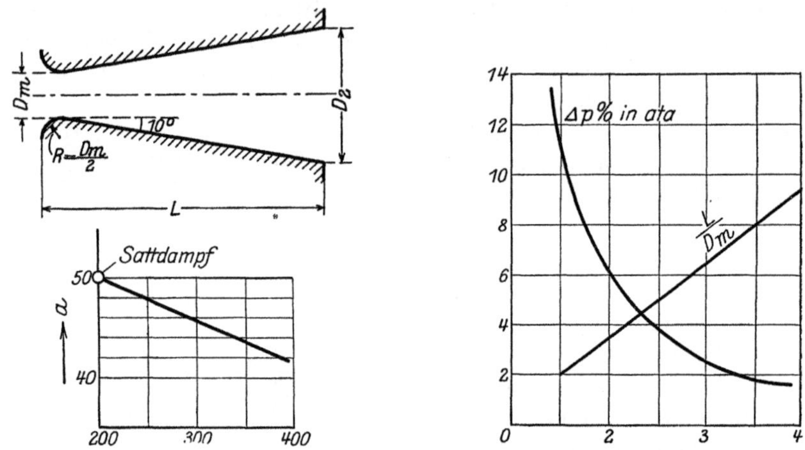

Dampftemp. °C

Bestimmung von Dm

Schluckfähigkeit $G = a \cdot p \cdot F$ in kg/h
a = dargestellter Kurvenwert in kg/ata cm²
p = Druck vor der Düse ata,
F = Engster Querschnitt cm²

$$\frac{\pi Dm^2}{4} = \frac{G}{a \cdot p}$$

Durchmesserverhältnis D_2/Dm

Bestimmung von L und D_2

D_2 kann im Grenzfall dem Rohrdurchmesser gleich sein, wenn L nicht zu groß wird, sonst so groß, daß der Druckabfall Δp zulässig bleibt. Die Werte für L sind Mindestwerte.

Abb. 51. Bestimmung der Abmessungen und des Druckabfalles Δp von Lavaldüsen.

so bleibt der Verlauf im Innern der Düse unverändert. In allen diesen Fällen geht die kritische Dampfmenge durch die Düse. Wichtig für die Eigenschaft der Düse als Begrenzungsorgan ist ferner, daß bei Erhöhung des Enddruckes über den Wert von *2* die Dampfmenge unter die kritische zurückgeht, bis sie den Wert *0* erreicht, wenn Anfangsdruck und Enddruck gleich sind. Es können also auch geringere Dampfmengen als die kritische durch die Düse strömen, niemals aber größere.

Der Einbau einer Lavaldüse in eine Rohrleitung begrenzt die Dampfmenge auf den kritischen Wert, der durch den engsten Querschnitt der Düse fließt. Die kritische Dampfmenge wird schon durch einen ganz geringen Druckabfall erreicht, bei weiterer Senkung des Enddruckes bleibt die Dampfmenge unverändert. Die kritische Dampfmenge hängt nur vom Druck vor der Düse (und der Überhitzung) ab.

Den engsten Durchmesser D_m bestimmt man nach dem Dampfzustand vor der Düse und der Höchstdampfmenge (Abb. 51). Bei der Erweiterung der Düse soll ein Winkel von 10^0 nicht überschritten werden, um Strahlablösung zu vermeiden. Der Endquerschnitt der Düse kann im äußersten Fall dem Rohrdurchmesser gleich sein, daraus ergibt sich die Länge der Düse. Zum Schutz gegen Wirbelbildung bei ungenauer Ausführung und überstehender Packung ist aber der Endquerschnitt immer einige Millimeter kleiner auszuführen als der Rohrdurchmesser. Je größer der Endquerschnitt ist, um so kleiner wird der Druckabfall, die Düsen können aber unbequeme Längen erhalten. Aus Abb. 51 lassen sich die Abmessungen nach Länge und Druckabfall wählen. Der Wert des Druckabfalls ist den Arbeiten von Forner[1]) entnommen.

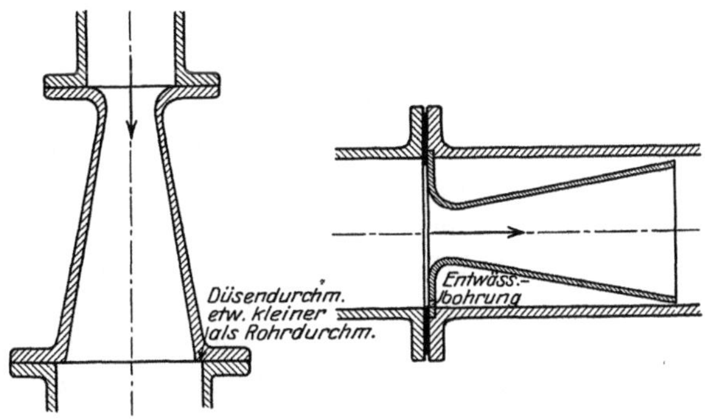

Abb. 52. Einbau der Begrenzungsdüsen als Rohrformstück (links) nur in senkrechte Rohrleitungen; als Einsatz mit Entwässerung (rechts) beliebig.

Die Düsen können als Rohrformstück ausgebildet sein (Abb. 52). Sie lassen sich dann im allgemeinen nur in senkrechte Rohrleitungen einbauen, da sonst Wassersäcke entstehen können. Die Anordnung als Rohrformstück verhindert, daß bei gelegentlichen Arbeiten an der Rohrleitung der Einbau der Düse vergessen wird. In wagerechte Rohrleitungen kann man die Düse als Einsatz einbauen und durch eine Entwässerungsbohrung den freien Ablauf des Kondensates sichern. Der Einsatz ist zweckmäßig so auszubilden, daß die Packung ohne Ausbau der Düse ersetzt werden kann.

b) Begrenzung bei konstantem Druckgefälle.

Im allgemeinen führen zu einem Dampfnetz drei verschiedene Arten von Verbindungen mit Netzen höheren Druckes (Abb. 53).

---

[1]) Z. V. d. I. 1919, S. 77.

1. Teile von Kraftmaschinen mit Dampfabgabe,
2. Gesteuerte Ventile und parallel dazu für Störungsfälle:
3. Handbediente Absperrventile in Umgehungsleitungen.

Außerdem können Kessel vorhanden sein, die nach Vorschrift durch Rückschlagventil zu sichern sind; jeder Kessel hat ein Sicherheitsventil für seine Leistung, und das Rückschlagventil dient dazu, ein Rückströmen von Dampf höherer Spannung zum Kessel zu verhindern. Mit diesen Maßnahmen ist für das Abblasen der Dampfleistung der Kessel gesorgt, und man braucht diese Dampfmengen nicht weiter zu berücksichtigen.

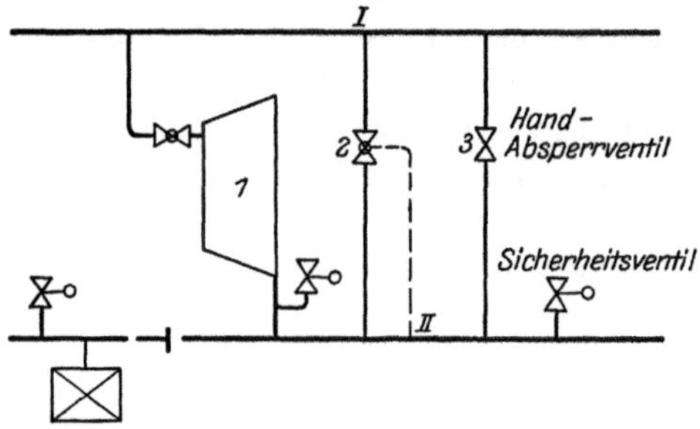

Abb. 53. Allgemeiner Sicherheitsplan.

Für die Schluckfähigkeit von Kraftmaschinen und Ventilen (*1, 2, 3*) ist der höchste auftretende Druck maßgebend, auf den das Netz *I* gesichert ist. Im Netz *II* muß dann die Summe der Dampfmengen abblasen können, die bei voller Öffnung, höchstem Anfangsdruck und dem höchsten für die Sicherheit des Netzes *II* zulässigen Enddruck zufließt. Für diese Dampfmengen müssen die Sicherheitsventile ausreichen. Besonders bei Ventilen mit großem Sitzdurchmesser würden aber sehr große Sicherheitsventile erforderlich sein, um diese Bedingung zu erfüllen; deshalb sind besondere Begrenzungsmaßnahmen zweckmäßig.

1. Hubbegrenzung der Ventile. Die Begrenzung des Hubes muß so vorgenommen werden, daß die höchste Dampfmenge, welche das Ventil liefern soll, noch beim t i e f s t e n Druck geschluckt wird, der in der Leitung *I* auftritt; für die Bemessung der Sicherheitsventile ist aber die Schluckfähigkeit bei höchstem Anfangsdruck maßgebend.

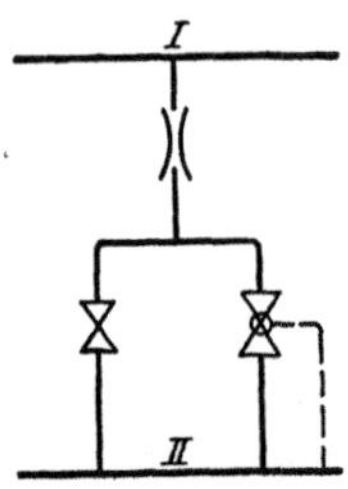

Abb. 54. Gemeinsame Begrenzungsdüse für gesteuertes Ventil und Umgehungsleitung.

2. Begrenzungsdüse. Will man sich für den Fall sichern, daß gesteuertes Ventil und Umgehungsventil beide offen stehen, so müssen die Sicherheitsventile für die Summe beider Dampfmengen, also für das Doppelte des Dampfbedarfes, bemessen sein. Man kann in solchen Fällen vor beide Ventile eine Lavaldüse setzen (Abb. 54); die Düse ist für die höchste Leistung des gesteuerten Ventils bemessen und die Hubbegrenzung kann fortfallen.

c) Begrenzung bei veränderlichem Druckgefälle.

Bei der Anwendung von Ruthsspeichern und beim Anschluß einer Leitung an ein Netz, das mit schwankendem Druck arbeitet, kommen nur Lavaldüsen in Betracht (Abb. 55); sie müssen beim tiefsten Druck mit geringem Druckverlust den Höchstbedarf durchlassen (Überhitzung berücksichtigen). Bleibt aber das Ventil in offener Stellung stehen, wenn der Druck vor der Düse den höchsten Druck p_h erreicht hat, so treibt der höhere Dampfdruck ein Vielfaches dieser Dampfmenge durch die Düse. Diese Dampfmenge müssen die Sicherheitsorgane beim höchsten Druck p_s abblasen können, der für die Leitung zulässig ist. Für die Bemessung gelten also folgende Regeln:

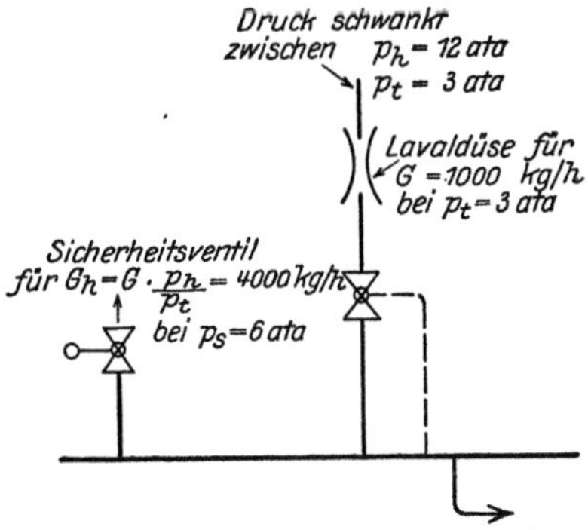

Abb. 55. Bemessung von Lavaldüse und Sicherheitsventilen bei veränderlichem Druckgefälle.

Dampfbedarf $G = 1000$ kg/h,

Düse für $G = 1000$ kg/h bei $p_t = 3$ ata und 300° C,

$$a = 46 \text{ (Abb. 51, S. 60).} \quad F = G : (a \cdot p) = \frac{1000}{(3 \cdot 46)} = 7{,}25 \text{ cm}^2.$$

Engster Durchmesser $D_m \sim 30$ mm.

Sicherheitsventile. Beim höchsten Anfangsdruck p_h geht durch die Düse die Dampfmenge

$$G_h = G \cdot \frac{p_h}{p_t}, \quad \begin{matrix} p_h = 12 \text{ ata} \\ p_t = \ \ 3 \text{ ata} \end{matrix} \quad G_h = 4000 \text{ kg/h}$$

welche beim Druck $p_s = 6$ ata (Überhitzung berücksichtigen) abblasen muß.

III. Dynamik der Druckregelung.

Übersicht: Im Dampfbedarf treten nur bei der Versorgung von Kraftverbrauchern sprungartige Änderungen auf. Für Heizdampfverbraucher ändert sich die Dampfmenge gleichförmig, die entstehenden Druckausschläge sind dann gering, sie können aber durch wiederholte Änderungen selbst bei stetigem Verlauf der Dampfverbrauchskurve unzulässig wachsen, wenn keine Dämpfung der Regelschwingung vorhanden ist. Die Dämpfung entsteht bei den Reglern ohne Rückführung durch den Strömungsdruckabfall in der angeschlossenen Rohrleitung. Regler mit Öldruckverbindung verhalten sich grundsätzlich dynamisch wie Regler mit Rückführung mit starrem Übertragungsgestänge. Zur Versorgung von Verbrauchern mit gleichförmigen Verbrauchsänderungen durch mittelbar gesteuerte

Regler ist die Anwendung einer Schlußzeit von 2,5 bis 4 Sek. zweckmäßig. Bei plötzlichen Belastungsänderungen ist oft die Verminderung der Schlußzeit bis auf 1 Sek. erwünscht, für die Regelung einer einzigen Kolbenmaschine ist die dämpfende Wirkung der pulsierenden Schwankungen zu berücksichtigen. Kurvenblätter dienen zur Ermittlung der maßgebenden Größen. Für gesteuerte Regler, die ein veränderliches Druckgefälle drosseln, ist oft die Erweiterung des Rohrleitungsvolumens durch Anwendung eines zusätzlichen Pufferraumes erforderlich.

Bei mittelbarer Schaltung eines Reglers für den Kesseldruck ist die Druckentnahmestelle an den Dampfraum des Kessels zu legen. Die Anlaufzeit des Kessels muß groß sein gegen die Schlußzeit der Regler, besonders bei stark veränderlichem Druckgefälle des gesteuerten Ventils. Die Anlaufzeit einer zwischengeschalteten Anzapfmaschine muß ferner groß sein gegen die Anlaufzeit der Anzapfrohrleitung; diese Bedingungen werden bei Anwendung einer Verbundsteuerung gemildert.

Die Dynamik der Regelvorgänge für mittelbare Geschwindigkeitsregler ist von Tolle[1]) ausführlich behandelt worden. In den vorliegenden Untersuchungen werden die dort aufgestellten Grundgleichungen benutzt und den beschriebenen Konstruktionen der Dampfdruckregler angepaßt. Sämtliche Veränderungen des Druckes und der Stellungen von Steuerschieber und Kraftgetriebe sind in Verhältniszahlen ausgedrückt. Außer diesen enthalten die Gleichungen nur Zeitkonstanten, wie sie von Stodola eingeführt worden sind. Durch diese Darstellung lassen sich Vorgänge, bei denen Geschwindigkeitsregler und Druckregler zusammenwirken (Maschinenregelungen), einheitlich behandeln und allgemeine Gesetze, die für Geschwindigkeitsregler gelten, auf Druckregler übertragen.

1. Grundlagen.

a) Besondere Merkmale der Druckregelung.

Für die Regelung der Geschwindigkeit gilt der allgemein anerkannte Satz, daß durch mittelbare Regler ohne Rückführung kein stabiler Regelvorgang durchgeführt werden kann; solche Regler sind also unbrauchbar[2])[3]). Trotzdem arbeiten eine ganze Reihe von Dampfdruckreglern ohne Rückführung, und die Erfahrung zeigt, daß damit auch in den meisten Fällen eine stabile Regelung erreicht wird. Eine Erklärung dafür fehlte bisher, und man hat sich damit begnügt, anzunehmen, daß Reibungen den Schwingungsvorgang der Regelung zum Stillstand bringen. Tatsächlich bewirkt aber die Reibung eine Verschärfung der Schwingung. Die Druckregler ohne Rückführung sollen deshalb besonders eingehend untersucht werden, um festzustellen, durch welche besonderen Verhältnisse die Rückführung entbehrlich ist.

---

[1]) Tolle: Regelung der Kraftmaschinen. 3. Auflage, S. 743ff. Berlin: Julius Springer 1921. [2]) S. 821, 822.

[3]) Stodola: Dampf- und Gasturbinen. 6. Auflage, S. 451. Berlin: Julius Springer.

Erschwerend für die Druckregelung wirkt die Veränderlichkeit der äußeren Verhältnisse. Ein Geschwindigkeitsregler wird für ganz bestimmte Maschinen gebaut, deren Anlaufzeit bekannt und unveränderlich ist. Für diese Maschinen soll beim Regelvorgang ein Höchstwert der Geschwindigkeitsabweichung nicht überschritten werden und die Schwingungen sollen schnell genug abklingen. Die gleichen Forderungen werden für die Druckabweichung an einen Druckregler gestellt. Die Anlaufzeit wird hier durch das Volumen der angeschlossenen Rohrleitung bestimmt, das je nach dem Anwendungsfall verschieden und dem Erbauer des Dampfdruckreglers unbekannt ist.

Ferner gibt es bei der Druckregelung mittelbare Schaltungen. Dabei steht das gesteuerte Organ mit dem Netz, von dem aus es geregelt wird, nur durch Vermittlung anderer gesteuerter Ventile in Verbindung, mit denen gemeinsam ein geschlossener Regelvorgang durchgeführt wird. Durch die vielen abhängigen Größen entstehen Gleichungen, die sich praktisch nur lösen lassen, wenn man alle Einflüsse wegläßt, die auf Grund der beschriebenen Konstruktionen vernachlässigt werden dürfen. So ist es bei allen Dampfdruckreglern zulässig, mit einem massenlosen Regelorgan zu rechnen, da besondere Mittel angewendet werden, um Masse und Hub der Regelorgane klein zu halten. Außerdem braucht der Regler an sich keine Masse zu haben. Seine Masse wird nur durch das Gewicht des Übertragungshebels zum Steuerschieber gebildet (wenn nicht Kondenswassermengen vorhanden sind, die sich mit dem Regler zusammen bewegen). Dagegen muß ein Geschwindigkeitsregler Masse besitzen, um die Schwungkraft auszuüben, durch welche die Geschwindigkeit gemessen wird. An Stelle der Schwungkraft der Massen tritt beim Druckregler die Druckkraft. Auch für die Federkraftkurve liegen die Verhältnisse beim Druckregler einfach und günstig. Der Druck wird meist mit einer Federkraft ins Gleichgewicht gebracht, woraus sich von selbst die gewünschte lineare Beziehung zwischen Druckänderung und Reglerhub ergibt; diese Bedingung wird bei Geschwindigkeitsreglern im allgemeinen nur angenähert erfüllt.

Für die Bewegung des Kraftgetriebes macht Tolle die Voraussetzung, daß die Geschwindigkeit des Kraftgetriebes konstant oder daß sie der Steueröffnung proportional ist. Diese Verhältnisse werden näher untersucht und festgestellt, daß hier im allgemeinen die Annahme proportionaler Geschwindigkeit berechtigt ist.

b) Aufbau der Differentialgleichungen.

Man könnte sich einen ganz unmittelbaren Regelvorgang denken, bei dem ein Regelorgan (Leistungsmesser, Dampfmengenmesser) in jedem Augenblick den Leistungsbedarf mißt und sofort danach das gesteuerte Organ entsprechend einstellt. Bei dieser Art der Regelung gäbe es nur Beharrungszustände, eine Differentialgleichung entsteht nicht.

In Wirklichkeit läßt man aber den Unterschied von Dampfzufluß und Verbrauch (Kraft oder Dampf) erst auf einen Puffer (Schwungmoment der Maschine, Volumen der Rohrleitungen) wirken, dessen Zustand (Drehzahl, Druck) auf das Regelorgan einwirkt. Die Mengenverhältnisse verändern dabei den zeitlichen Differentialquotienten des Druckes. Wird ein mittelbarer Regler verwendet, so ist wiederum die Geschwindigkeit des Kraftgetriebes, also der Differentialquotient seines Hubes, dem Druck proportional. Jeder Puffer und jeder mittelbare Regler, die zusammenwirken müssen, um einen Regelvorgang durchzuführen, erhöhen also die Ordnung der Differentialgleichung um einen Grad. Jede Masse, die bewegt werden muß, braucht eine Kraft, die der Beschleunigung (zweiter Differentialquotient) proportional ist. Sie gibt also ein Glied einer um 2 Grad höheren Ordnung als der Bewegung ihres Hubes (Regler, Kraftgetriebe) entspricht.

Hieraus läßt sich ohne weiteres die Ordnung der entstehenden Differentialgleichung bestimmen. Da durchweg Proportionalität zwischen den einzelnen Gliedern des Regelvorganges angenommen wird, sind die Gleichungen linear. Die Änderung der Regelgröße setzt sich dann bei einer Gleichung n-ter Ordnung aus n Exponentialfunktionen zusammen. Je zwei (konjugiert komplexe) Glieder können zusammen eine Sinusschwingung mit einem Exponentialfaktor bilden. Bedingung für stabile, d. h. abklingende Regelung ist, daß alle Glieder einzeln abklingen; die reellen Exponenten müssen also negativ sein, woraus Tolle[1]) folgende Beziehungen ableitet:

Gleichung:	Lösung klingt ab, wenn:
$c_0 \varphi'' + c_1 \varphi' + c_2 \varphi$	alle Faktoren positiv $c_1 > 0$
$c_0 \varphi''' + c_1 \varphi'' + c_2 \varphi' + c_3 \varphi$	$c_1 c_2 - c_0 c_3 > 0$
$c_0 \varphi'''' + c_1 \varphi''' + c_2 \varphi'' + c_3 \varphi' + c_4 \varphi$	$(c_1 c_2 - c_0 c_3) c_3 - c_1^2 c_4 > 0$
$c_0 \varphi''''' + c_1 \varphi'''' + c_2 \varphi''' + c_3 \varphi'' + c_4 \varphi' + c_5 \varphi$	$(c_1 c_2 - c_0 c_3)(c_3 c_4 - c_2 c_5) - (c_1 c_4 - c_0 c_5)^2 > 0.$

Setzt man in irgendeiner dieser Gleichungen den Faktor von $\varphi' = 0$, so kann keine der Bedingungen erfüllt werden. So liegen aber die Verhältnisse, wenn die Geschwindigkeitsänderung auf den Steuerschieber und dieser wieder auf das Geschwindigkeitsänderung des Kraftgetriebes (Glied 2. Ordnung) wirkt; das Glied 1. Ordnung fehlt, die Regelung ist nicht stabil. Dem fehlenden Glied 1. Ordnung entspricht

[1]) Tolle: Regelung der Kraftmaschinen. 3. Auflage, S. 766ff. Berlin: Julius Springer.

die Stellung des Kraftgetriebes (da die Geschwindigkeit des Kraftgetriebes dem Glied 2. Ordnung entspricht). Es ist erforderlich, diese Stellung auf die Öffnung des Steuerschiebers wirken zu lassen; dies ist die Bedeutung der Rückführung.

Man muß bei Aufstellung der Gleichungen vielfach vereinfachende Annahmen treffen, um lösbare lineare Differentialgleichungen zu erhalten. Darin braucht kein Grund zu mangelnder Übereinstimmung mit der Wirklichkeit hinsichtlich des Schwingungscharakters zu liegen. Übersichtlich lösbar sind nur lineare Differentialgleichungen; sie entstehen bei linearen Beziehungen zwischen den einzelnen Regelgrößen. Geringe Abweichungen der wirklichen Beziehungen, die zu sehr schwer lösbaren Gleichungen führen würden, brauchen nicht Schwingungen mit ganz anderem Verlauf zu geben, es treten nur Abweichungen vom genauen Sinuscharakter auf, der allein sich rechnerisch einfach erfassen läßt. Die gleichen Vereinfachungen sind in der Wechselstromtechnik allgemein üblich und für den Regelvorgang um so eher zulässig, als hier nur wenige Werte zahlenmäßig wichtig sind:

1. Die Bedingungen für stabile, d. h. abklingende Regelung.
2. Der größte Ausschlag bei Auftreten einer bestimmten Belastungsänderung.
3. Die Dauer einer Regelperiode, für die ein praktisch zulässiger Wert nicht unterschritten werden darf.

c) Charakter der Änderungen im Dampfverbrauch.

Als die erste Anzapfturbine mit Druckregelung gebaut wurde, befürchtete man sehr große Pendelungen, die auch auf die Leistung der Maschine zurückwirken und eine stabile Regelung unmöglich machen würden. Deshalb baute man einen großen Pufferkessel in die Leitung, der aber später als überflüssig ausgeschaltet wurde. Nicht große Aufnahmefähigkeit der Rohrleitungen, sondern der sanfte Verlauf der Dampfverbrauchsänderungen ist der Grund für das günstige Verhalten der Druckregelung.

Die Annahme einer plötzlichen Belastungsänderung, wie sie bei Geschwindigkeitsreglern allein üblich ist, muß also erst nachgeprüft werden.

Plötzlich heißt für den Regelvorgang eine Veränderung, die eine Zeit kleinerer Größenordnung braucht als die Periode einer Regelschwingung. Die Größenordnung einer Regelperiode ist 1 Sek. Hiernach sind die Verbraucher zu beurteilen, die sich in Verbraucher für Heizdampf und Kraftdampf einteilen lassen.

Bei **Heizdampfverbrauchern** kann der Dampf direkt eingeblasen oder in Heizflächen mittelbar niedergeschlagen werden. In beiden Fällen geschieht das Zu- und Abschalten des Verbrauches von Hand durch Betätigung eines Ventils und fast immer braucht der einzelne

Apparat nur einen Bruchteil der Gesamtdampfmenge. Direkte Verbraucher nehmen eine Dampfmenge auf, die zu Anfang der Zahl der geöffneten Spindelgänge angenähert proportional ist, weitere Öffnung vermehrt den Dampfzufluß nur noch wenig. Der Vorgang des Öffnens sei dann z. B.: 1 Sek. Betätigung des Ventils mit konstanter Geschwindigkeit, 1 Sek. Pause, 1 Sek. Betätigung usw., bis nach z. B. zehn (nicht vollen) Umdrehungen die ganze Dampfmenge durchgeht (Abb. 56). Eine plötzliche sprungweise Veränderung entsteht also nicht, sondern absatzweise mit konstanter Geschwindigkeit eine Zunahme der Dampfmenge. Um die Geschwindigkeit der Dampfverbrauchszunahme zu erfassen, wird die Schlußzeit T_0 des Verbrauchers eingeführt; das ist die Zeit, die erforderlich wäre, um bei gleicher Öffnungsgeschwindigkeit den Gesamtdampfverbrauch des Dampfdruckreglers zu- oder abzuschalten.

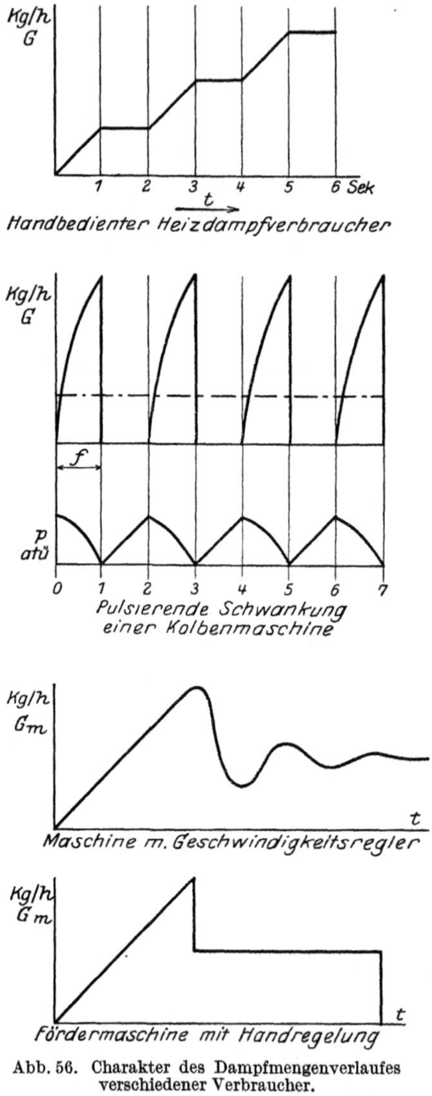

Abb. 56. Charakter des Dampfmengenverlaufes verschiedener Verbraucher.

T_0 = Zeit für eine Betätigung × Zahl der Betätigungen für volle Öffnung × Vielfaches des Gesamtdampfverbrauches.

Bei 10 Drehungen zu 1 Sek. für volle Öffnung eines Verbrauchers und einem sechsmal höheren Gesamtdampfverbrauch ist $T_0 = 10 \times 1 \times 6 =$ 60 Sek. G_0 sei der Dampfverbrauch zur Zeit $t = 0$, G_n die Höchstmenge des Dampfdruckreglers, dann ist während der Öffnung des Verbrauchers der Dampfzufluß

$$G = G_0 + \frac{t}{T_0} \cdot G_n .$$

Eine weitere Milderung dieser Dampfverbrauchsänderungen entsteht beim Zuschalten mittelbarer Heizdampfverbraucher mit Heizfläche. Ehe hier eine vergrößerte Wärmemenge an das beheizte Gut abgegeben werden kann, muß erst das Material der Heizfläche auf eine höhere Temperatur gebracht werden, wozu eine Zeit in der Größenordnung einer Minute nötig ist. Erst nach dieser Zeit kann dem Verbraucher die volle neu eingestellte Dampfmenge zufließen. Beim Abstellen vermindert sich der Zufluß sofort, die Wärme wird dann aus dem Material der Heizfläche entnommen, die sich abkühlt. Die Heizfläche wirkt als Wärmespeicher, der bei zunehmender Öffnung die Dampfverbrauchsänderung mildert.

Bei den **Kraftdampfverbrauchern** ist eine scharfe Unterscheidung zu treffen zwischen den Dampfschwankungen durch Belastungswechsel und den pulsierenden Schwankungen, wie sie bei jedem Hub einer Kolbenmaschine auftreten. Die Regelorgane werden in den wenigsten Fällen so gebaut, daß sie bei jedem Hub der Kolbenmaschine öffnen und schließen. Vielmehr ist man bemüht, diese Pendelungen vom Regelorgan möglichst fernzuhalten. Zur Beurteilung der Dampfverbrauchsänderungen kommen dann nur die Belastungsänderungen der Maschine in Betracht.

Man kann annehmen, daß der mittlere Dampfverbrauch über einen Hub der Drehzahl der Maschine und dem zeitlichen Füllungsgrad proportional ist (Abb. 56). Während des Anfahrens steigt also der Dampfverbrauch mit der Drehzahl der Maschine gleichmäßig an, und es liegt der gleiche Fall vor wie bei einem Heizdampfverbraucher. Die Zeit T_0 ist hier die Anlaufzeit der Maschine.

Bei einer Maschine, welche durch einen Geschwindigkeitsregler gesteuert wird, nachdem sie ihre volle Drehzahl erreicht hat, ändert sich der Dampfverbrauch mit der Bewegung der Maschinenregelung, auch wenn die Maschine plötzlichen Belastungsänderungen unterworfen ist, ihr Dampfverbrauch kann sich nur nach dem Gesetz der gedämpften Schwingung ihres Reglers ändern. Auch hier kommt die Annahme einer plötzlichen Dampfverbrauchsänderung nicht in Betracht.

Anders ist es, wenn die Maschine von Hand bedient wird, wie z. B. bei Förderanlagen. Der Dampfverbrauch geht nach dem Anfahren von einem Hub zum nächsten auf die Beharrungsmenge zurück und beim Abstellen auf Null. Noch krasser sind die Verhältnisse bei Dampfhämmern, die regellos mit vollem Dampf einsetzen und wieder stillstehen. Nur für diese Verbraucher muß mit plötzlicher Änderung des Dampfbedarfs gerechnet werden.

Wenn G_n die größte Durchflußmenge des Dampfdruckreglers bedeutet und λ der Anteil, um den sich diese Dampfmenge sprungweise ändert, so ist

$$G = G_0 + \lambda \cdot G_n .$$

Die Einführung sprungartiger und gleichförmiger Dampfverbrauchsänderungen wird den großen Unterschied der Wirkungen beider Einflüsse auf die Regelvorgänge zeigen.

d) Grundgleichungen der Regelung.

Ein Regelsystem ist in Beharrung, wenn Verbrauch und Lieferung übereinstimmen. Verlangt der Verbrauch eine veränderte Lieferung, so muß das System aperiodisch oder mit gedämpften Schwingungen in den neuen Zustand übergehen. Die Schwingung pendelt in jedem Augenblick um eine Gleichgewichtslage, die dem Verbrauch zu dieser Zeit entspricht. Diese Feststellung ist besonders wichtig, da außer plötzlichen Änderungen eine lineare Änderung des Verbrauches mit der Zeit angenommen werden soll. Alle Bewegungen der Regelorgane werden also von der Gleichgewichtslage aus gemessen, die dem Verbrauch in jedem Augenblick entspricht.

Am Beispiel eines Zuflußventils (Abb. 57) werden in Übereinstimmung mit Tolle die folgenden Größen eingeführt. Regler mit nachgiebiger Rückführung (Gleichdrucksteuerung) sollen dabei nicht berücksichtigt werden.

	Abweichungen von der Beharrung		
	wirkliche	größte	Verhältnis
Druck	$\varphi = \frac{\Delta p}{p}$ (ata)	δ	$\frac{\varphi}{\delta}$
Stellung des Steuerschiebers	y	y_{max}	$\eta = \frac{y}{y_{max}}$
Steueröffnung.	s	s_{max}	$\sigma = \frac{s}{s_{max}}$
Stellung des Kraftgetriebes	m	m_{max}	$\mu = \frac{m}{m_{max}}$
Schlußzeit des Reglers bei größter Steueröffnung ($\sigma = 1$)	T_s		
Schlußzeit des Verbrauchers	T_0		
Sprungweise Verbrauchsänderung .	ΔG	G_n	$\lambda = \frac{\Delta G}{G_n}$

Die größte Druckabweichung δ tritt zwischen voller Öffnung und vollem Schluß des Ventils im Beharrungszustand ein. Der vollen Öffnung des Ventils entspricht der Hub m_{max}, der größten Steueröffnung die Strecke s_{max} und dem größten Hub des Steuerschiebers die Strecke y_{max}. Rechnet man statt mit diesen Strecken selbst mit Verhältniswerten μ, σ, η, so ist es gleichgültig, ob die Strecken unter sich gleich sind oder nicht. Sie können auch durch Hebelübersetzungen einander angepaßt werden. Zur besseren Übersicht ist eine Anordnung dargestellt, bei der die Strecken m_{max}, s_{max} und y_{max} gleich sind. Unabhängig von der besonderen Ausführung der Steuerung kann die Bewegungsgleichung für den Regler und für die Druckänderung in Abhängigkeit von der Stellung des Kraftgetriebes aufgestellt werden.

Wird der Dampfdruck mit einer Gegenfeder ins Gleichgewicht gebracht und ist der Regler selbst massenlos, so bewegt sich der Steuerschieber proportional mit der Druckänderung. Jeder Druckabweichung φ entspricht eine Abweichung des Steuerschiebers y, der größten Druckabweichung δ die Stellung y_{max} des Steuerschiebers. Wegen der Proportionalität beider Veränderungen schreibt sich die Reglergleichung

$$\frac{y}{y_{max}} = \eta = \mp \frac{\varphi}{\delta}.$$

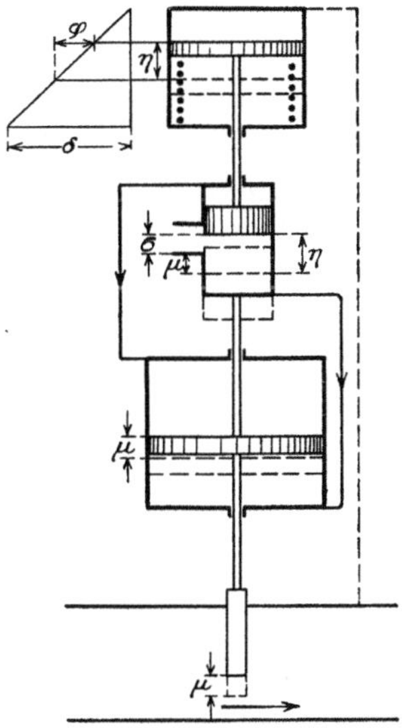

Abb. 57. Schema eines Dampfdruckreglers mit Rückführung.

Das —-Zeichen gilt für ein Zuflußventil (Öffnung mit sinkendem Druck), das +-Zeichen für ein Überströmventil (Öffnung bei steigendem Druck).

Für das Gesetz der Druckänderung durch die Bewegung des Kraftgetriebes soll angenommen werden, daß sich der Dampfdurchgang durch das Ventil proportional mit dem Hub m des Kraftgetriebes ändert. Die Dampfgeschwindigkeit im Ventilsitz ist abhängig vom Druck vor und hinter dem Ventil. Wenn man die geringen Druckabweichungen während des Regelvorganges vernachlässigt, dann ist die Dampfgeschwindigkeit im Ventilsitz konstant (bis auf die Fälle S. 115), die Dampfmenge also der freigegebenen Öffnung des Ventilsitzes proportional. Diese Öffnung kann durch besondere Formgebung im Ventilsitz dem Ventilhub genau proportional gemacht werden.

Beim Askaniaregler (Seite 54) wird ein Übersetzungsgestänge angewendet, durch welches das Ventil und damit die Dampfmenge für eine bestimmte Hubänderung des Kraftgetriebes bei großer Öffnung des Ventils stark verstellt wird, bei kleinen Ventilöffnungen hingegen um einen bedeutend geringeren Betrag. Die abgeleiteten Beziehungen gelten in solchen Fällen nur für eine bestimmte Öffnung des Ventils.

Bei Proportionalität zwischen dem Hub des Kraftgetriebes und der Dampfmenge entspricht dem vollen Hub m_{max} die größte Dampfmenge G_n des Ventils, einer Abweichung der Dampfmenge um ΔG_1 von der Gleichgewichtsdampfmenge eine Abweichung m des Kraftgetriebes. Ist G_0 die Gleichgewichtsdampfmenge zur Zeit $t = 0$, so ist die Dampfmenge bei der Abweichung m des Kraftgetriebes

$$G_1 = G_0 + \Delta G_1 = G_0 + \frac{m}{m_{\max}} \cdot G_n = G_0 + \mu \cdot G_n .$$

Der Verbrauch soll nach früheren Feststellungen eine gleichförmige Änderung $\Delta G_2 = \frac{t}{T_0} G_n$ und eine sprungweise Änderung $\Delta G_3 = \lambda \cdot G_n$ erfahren. Dann ist der Dampfbedarf des Verbrauches zur Zeit t

$$G_2 = G_0 + \Delta G_2 + \Delta G_3 = G_0 + \frac{t}{T_0} G_n + \lambda \cdot G_n .$$

Der Unterschied der Dampfmengen $G_1 - G_2 = \Delta G$ bringt den Druck im Volumen V der zwischenliegenden Rohrleitung zum Steigen. Die Dampfmenge ΔG im Zeitelement dt wird vom Volumen V aufgenommen, wobei sich das spez. Gewicht um $d\gamma$ erhöht. $\Delta G \cdot dt = V d\gamma$.

D ist der Dampfinhalt der Rohrleitung in kg $= V \cdot \gamma$

$$\Delta G \cdot dt = V \cdot \gamma \frac{d\gamma}{\gamma} = D \frac{d\gamma}{\gamma} .$$

Das spez. Gewicht ist dem absoluten Druck angenähert proportional

$$\frac{d\gamma}{\gamma} \sim \frac{dp}{p}, \qquad \Delta G \cdot dt = D \frac{dp}{p} .$$

Man drückt ferner dp in der verhältnismäßigen Druckänderung $p\,d\varphi$ aus

$$\Delta G \cdot dt = D \cdot p \frac{d\varphi}{p}, \qquad \Delta G = D \cdot \varphi',$$

$$\Delta G = G_1 - G_2 = \mu G_n - \frac{t}{T_0} G_n - \lambda G_n = D \cdot \varphi',$$

$$\frac{D}{G_n} \varphi' = \mu - \frac{t}{T_0} - \lambda .$$

Der Wert $D : G_n$ hat die Dimension einer Zeit und entspricht im Aufbau der Gleichungen genau der Anlaufzeit der Maschine bei Geschwindigkeitsregelung. Er soll deshalb

$$\text{Anlaufzeit der Rohrleitung } T_a = \frac{D}{G_n}$$

genannt werden, das ist die Zeit, welche nötig ist, um durch die Höchstdampfmenge des Ventils die angeschlossene Rohrleitung zu füllen. Bei einer einzigen Rohrleitung gleichen Durchmessers mit der Länge L, dem Querschnitt F und der Höchstgeschwindigkeit w_n ist

$$T_a = \frac{L \cdot F \cdot \gamma}{w_n \cdot F \cdot \gamma} = \frac{L}{w_n} .$$

Danach braucht der Dampf die Anlaufzeit T_a, um bei höchster Geschwindigkeit (voller Ventilöffnung) die Länge der Rohrleitung zurückzulegen.

Bei einer Leitungslänge von 60 m und einer höchsten Dampfgeschwindigkeit von 30 m/s ist $T_a = 2$ Sek.

Anlaufzeiten ganz anderer Größenordnung sind vorhanden, wenn an die Rohrleitung ein Kessel angeschlossen ist. Der Wasserinhalt der Kessel kann unter Druckänderung sehr große Dampfmengen abgeben. Diese Speicherfähigkeit S läßt sich in kg Dampf je m³ Wasserraum des Kessels angeben. Dann ist

$$\Delta G \cdot dt = H \cdot W \cdot S \cdot dp,$$

$$\Delta G = H \cdot W \cdot S \frac{dp}{dt} = H \cdot W \cdot S \cdot p \frac{d\varphi}{dt} = D \cdot \varphi',$$

H = Heizfläche der Kessel in m²,
W = Wasserinhalt der Kessel in m³/m² Heizfläche,
S = Speicherfähigkeit in kg/ata m³ Wasserinhalt,
B = Dampfleistung der Kessel in kg/h m² Heizfläche,
G_k = Gesamtdampferzeugung der Kessel,
G_v = Höchstdampfmenge des Ventils.

An Stelle des Dampfinhalts D der Rohrleitung tritt der Wert $H \cdot W \cdot S \cdot p$, also wird

$$T_a = \frac{D}{G_n} = \frac{H \cdot W \cdot S \cdot p}{G_n},$$

$$G_n = \frac{G_v}{G_k} \cdot H \cdot B,$$

$$T_a = \frac{G_k}{G_v} \frac{H \cdot W \cdot S \cdot p}{H \cdot B} = \frac{G_k}{G_v} \frac{W \cdot S \cdot p}{B} \cdot 3600 \text{ Sek.}$$

Die nachfolgende Zusammenstellung zeigt die Werte von T_a bei einem normalen Flammrohr- und Wasserrohrkessel unter der Voraussetzung, daß der Dampfdruckregler für die ganze Kesselleistung bemessen ist ($G_k = G_v$).

	Flammrohrkessel	Wasserrohr- oder Steilrohrkessel
Wasserinhalt W m³/m²	0,2	0,05
Dampfleistung B kg/m²	25	30
Dampfdruck atü	10	20
Speicherfähigkeit $S \cdot p$	88	105
Anlaufzeit T_a Sek.	2500	630

Zur Feststellung der Anlaufzeiten von Rohrleitungen und Kesseln im Einzelfall dienen die Kurvenscharen (Abb. 58 und 59). Die Dampfmenge G_n ist die Schluckfähigkeit des Ventils bei voller Öffnung (bei Anwendung der Kurvenschar für Feuerungsregelung die Vollast-Dampferzeugung der Kesselanlage). Als Volumen einer Rohrleitung (Kurvenschar, Abb. 58) ist die Summe des Rauminhaltes aller Rohrleitungen und der etwa eingeschalteten Pufferräume einzusetzen. Der Wasserinhalt (Kurvenschar, Abb. 59) bezieht sich auf den vollen Wasserraum der Kesselanlage (ohne Rauchgasvorwärmer). Um die „Wasseranlaufzeit“ besonders zu kennzeichnen, wird ihr Wert T_w genannt, aber nur

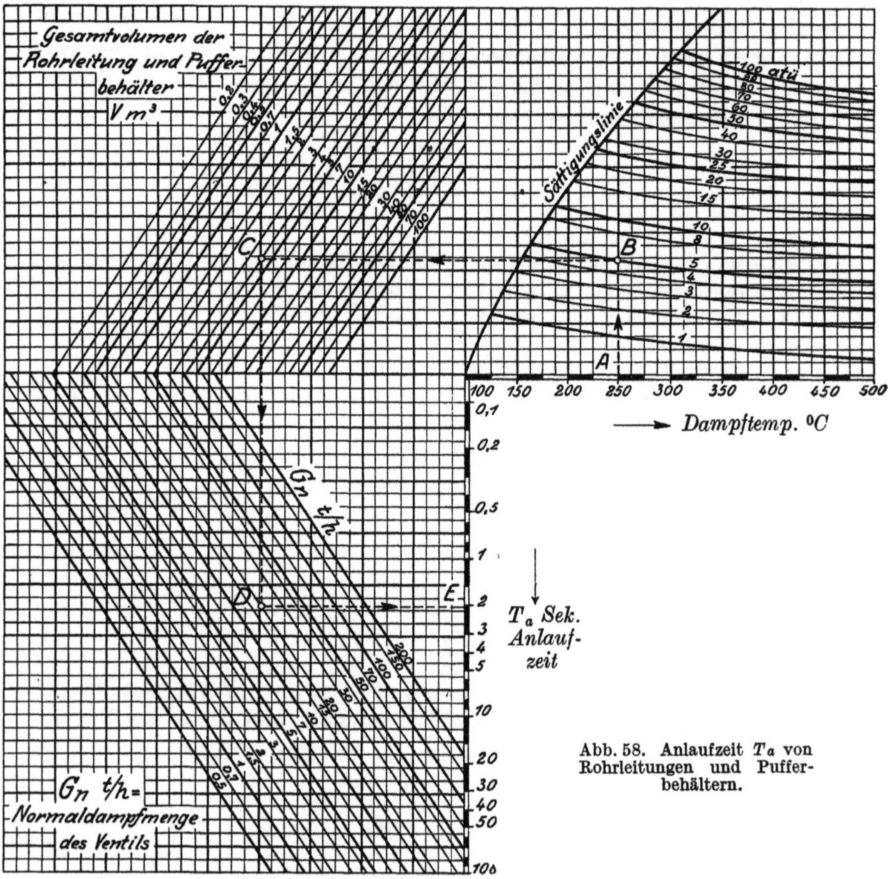

Abb. 58. Anlaufzeit T_a von Rohrleitungen und Pufferbehältern.

zur Unterscheidung. Grundsätzlich gilt das allgemeine

Gesetz der Druckänderung $\pm T_a \varphi' = \mu - \frac{t}{T_0} - \lambda$.

Das $+$-Zeichen gilt hier für ein Zuflußventil (bei öffnendem Ventil steigt der Druck an der Regelstelle), das $-$-Zeichen für ein Überströmventil.

Soweit lassen sich die Beziehungen allgemein ohne Berücksichtigung der besonderen Bauart erfassen. Um die vollständige Bewegungs-

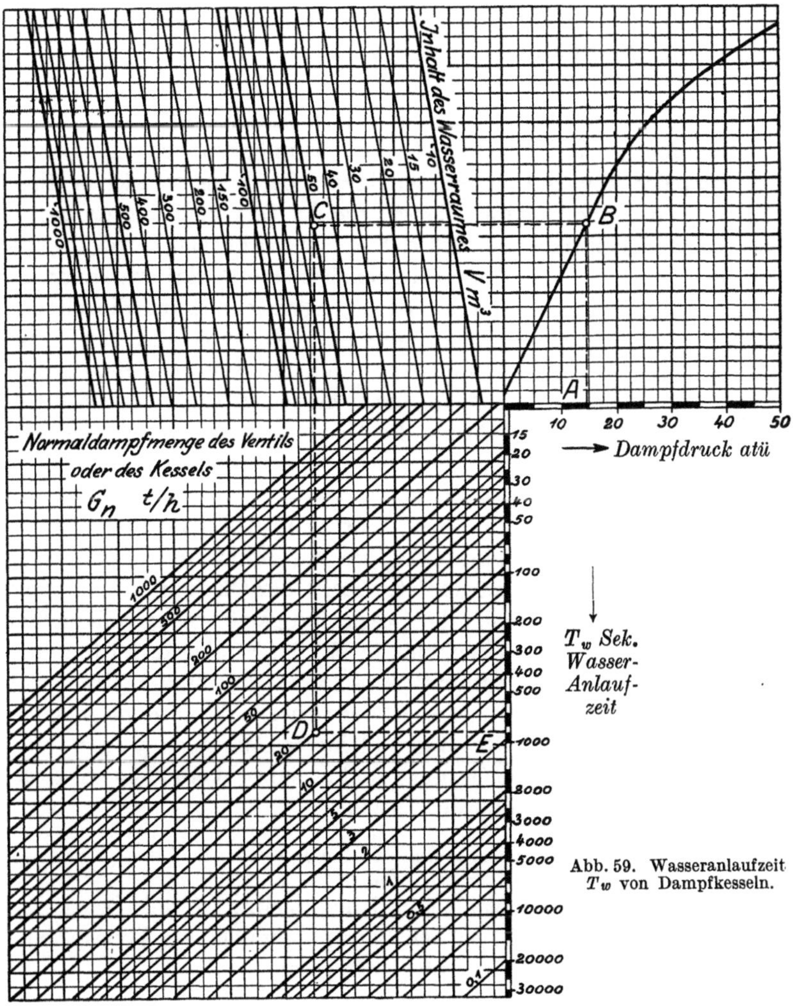

Abb. 59. Wasseranlaufzeit T_w von Dampfkesseln.

gleichung aufzustellen, muß aber der Ring Druckabweichung—Regler—Steuerschieber — Steueröffnung — Bewegung des Kraftgetriebes — Druckänderung geschlossen werden. Dazu muß man die einzelnen Bauarten untersuchen.

2. Regler ohne Rückführung.

Die Regler ohne Rückführung sind zur Geschwindigkeitsregelung unbrauchbar, haben sich aber für die Druckregelung bewährt. Sie werden hier eingehend behandelt, um den Grund und die Grenze ihrer Brauchbarkeit festzustellen, ferner können an der einfachen Form ihres

Schwingungsverlaufs allgemeine Gesetze abgeleitet werden, die sich auf Regler mit Rückführung übertragen lassen.

a) Gleichung der Druckänderung.

Die übliche Annahme für die Geschwindigkeit des Kraftgetriebes ist entweder konstante Geschwindigkeit bei noch so kleiner Steueröffnung, oder eine Geschwindigkeit, die der Steueröffnung proportional ist. Da die Möglichkeit besteht, daß in dem wirklichen Bewegungsgesetz des Kraftgetriebes eine Rückführwirkung liegt, soll die Bewegungsgleichung im Einzelfall aufgestellt werden. Es wird sich aber zeigen, daß im Gegenteil die Masse des Kraftgetriebes Schwingungen erzeugen würde; durch die Einführung der Masse erkennt man, welche Größen zu beeinflussen sind, um ihre Wirkung klein zu halten.

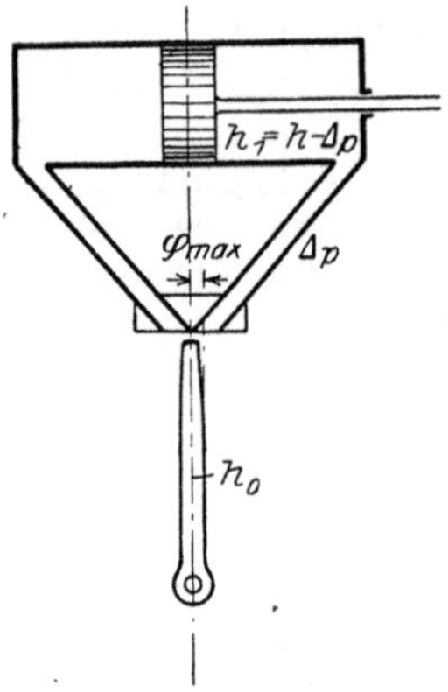

Abb. 60. Schema des Askania-Reglers mit Strahlrohr.

Beim **Askania-Regler** (Abb. 60) wird der Öldruck h_0 im Strahlrohr in Geschwindigkeit umgesetzt. Trifft der Ölstrahl auf, so wandelt sich die Geschwindigkeit wieder vollkommen in Druck um. Steht das Strahlrohr mitten vor der Öffnung (Ausschlag y_{max}), die zum Kraftgetriebe führt, so ist der Druck in der Öffnung genau $= h_0$. Bei einem kleineren Ausschlag y trifft nur ein Teil des Ölstrahls auf die Öffnung, und es entsteht ein kleinerer Druck h. Es wird angenommen, daß der Druck

$$h = h_0 \cdot \frac{y}{y_{max}} = h_0 \cdot \eta .$$

Solange das Kraftgetriebe in Ruhe bleibt, ist der Druck h_1 am Kraftkolben $= h$, sobald er sich bewegt, entsteht ein Druckabfall Δp im Zuleitungsrohr und im Rückleitungsrohr

$$h_1 = h - \Delta p .$$

Der Druckabfall Δp sei der Geschwindigkeit w in der Leitung proportional. F_1 ist der Querschnitt der Leitung, F der Querschnitt des Kolbens. Bei der Stellung y ist w_y die Geschwindigkeit in der Leitung, m' die Geschwindigkeit des Kraftgetriebes. Wenn sich der Kolben mit der höchsten Geschwindigkeit m'_{max} bewegt, so legt er den Weg m_{max} in der Schlußzeit T_s zurück, also ist $m'_{max} = m_{max} : T_s$. Die Kontinuitätsgleichung für den Ölstrom ergibt dann

$$w_{max} \cdot F_1 = m'_{max} \cdot F = \frac{m_{max}}{T_s} \cdot F ,$$

$$w_y \cdot F_1 = m' \cdot F ,$$

$$\frac{\Delta p}{\Delta p_{\max}} = \frac{w_y}{w_{\max}} = \frac{m'}{m_{\max}} \cdot T_s = \mu' T_s .$$

Der höchste Druckabfall $\Delta p_{\max}$ bei der höchsten Geschwindigkeit des Kraftkolbens ist ein bestimmter Bruchteil des gesamten Öldruckes. Der Druck $h_0 - \Delta p_{\max}$ ist erforderlich, um die Widerstände zu überwinden. Nennt man $\Delta p_{\max} = n . h_0$, so ist

$$\Delta p = \mu' \cdot T_s \cdot \Delta p_{\max} = h_0 \cdot n \cdot T_s \cdot \mu' ,$$

$$h_1 = h - \Delta p = h_0 \cdot \eta - h_0 \cdot n \cdot T_s \cdot \mu' ,$$

$$\frac{h_1}{h_0} = \eta - n\, T_s \cdot \mu' .$$

Der Druck h_1 wirkt auf die Kolbenfläche F, um seine Masse M zu bewegen:

$$M \cdot m'' = P = h_1 \cdot F = \frac{h_1}{h_0} \cdot h_0 \cdot F = \frac{h_1}{h_0} \cdot E = E(\eta - n\, T_s \cdot \mu') .$$

Der Wert $E = h_0 \cdot F$ wird als Stellkraft des Kraftkolbens bezeichnet (ähnlich der Stellkraft eines Geschwindigkeitsreglers).

Der Begriff der Stellkraft kann dazu dienen, die Bedeutung des Faktors n zu erkennen. Läuft der Kolben bei vollem Ausschlag $y_{\max}$ ($\eta = 1$) mit seiner höchsten Geschwindigkeit $m'_{\max}$, dann braucht die Druckkraft $h_1 \cdot F$ keine Beschleunigungskraft zu liefern; sie muß nur die Reibungskraft R überwinden, also ist in diesem Fall $h_1 \cdot F = R$. Außerdem ist $\eta = 1$ und

$$\mu' = \mu_{\max} = \frac{m_{\max}}{m_{\max}} = \frac{1}{m_{\max}} \cdot \frac{m_{\max}}{T_s} = \frac{1}{T_s} ,$$

$$\frac{h_1}{h_0} = \frac{h_1 F}{h_0 F} = \frac{R}{E} = 1 - n \frac{T_s}{T_s} , \qquad n = 1 - \frac{R}{E} \sim 1 .$$

Die Stellkraft E ist immer ein Vielfaches der Reibungskraft R; man kann $n = 1$ setzen, da ohnehin die Reibungskraft vernachlässigt wurde, weil ihre wechselnde Richtung die einfache mathematische Behandlung verbietet. Da $m'' = \mu'' \cdot m_{\max}$ und $n = 1$, ist

$$\frac{M \cdot m_{\max}}{E} \cdot \mu'' = \eta - T_s \mu' .$$

Benutzt man die früher abgeleitete Reglergleichung und die Gleichung für die Druckänderung (Zuflußventil), dann ist

$$\eta = -\frac{\varphi}{\delta} , \quad \mu = T_a \varphi' + \frac{t}{T_0} + \lambda ,$$

$$\frac{M \cdot m_{\max}}{T_s \cdot E} \cdot \varphi''' + \varphi'' + \frac{\varphi}{\delta\, T_a\, T_s} + \frac{1}{T_a\, T_0} = 0 .$$

Die Gleichung hat die Form (nach Seite 66)

$$c_0 \varphi''' + c_1 \varphi'' + c_3 \varphi, \qquad c_2 = 0$$

und die Stabilitätsbedingung lautet

$$c_1 c_2 - c_0 c_3 > 0.$$

Da $c_2 = 0$ ist, muß auch $c_0 c_3 \sim 0$ sein, also

$$\frac{M \cdot m_{\max}}{T_a \cdot \delta T_s^2 \cdot E} \sim 0.$$

Die Stellkraft muß danach im Verhältnis zur Masse groß sein, besonders bei kleiner Schlußzeit, kleiner Anlaufzeit, geringer Ungleichförmigkeit und großem Hub. Bei Vernachlässigung des Gliedes dritter Ordnung bleibt als Rumpfgleichung

$$\varphi'' + \frac{\varphi}{\delta T_a T_s} + \frac{1}{T_a T_0} = 0$$

die Gleichung einer harmonischen ungedämpften Sinusschwingung von der Form

$$\varphi'' + q^2 \varphi + k = 0,$$

wobei die Kreisfrequenz q und die Dauer T einer Periode den Wert haben

$$q = \frac{1}{\sqrt{\delta T_a T_s}}, \qquad T = \frac{2\pi}{q} = 2\pi \sqrt{\delta T_a T_s}.$$

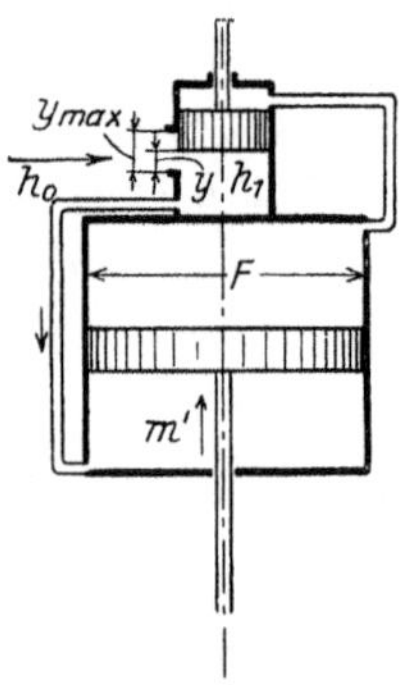

Abb. 61. Schema des Arca-Reglers ohne Rückführung.

Der **Arca-Regler** (Abb. 61) wirkt ohne Rückführung auf den Hub eines Steuerschiebers.

Ist h_0 der Öldruck vor, h_1 der Öldruck hinter dem Schieber und Δp der Druckabfall im Schieber, so gilt

$$h_1 = h_0 - \Delta p, \qquad \frac{h_1}{h_0} = 1 - \frac{\Delta p}{h_0}.$$

U sei der Umfang des Schiebersitzes, F der Querschnitt des Kolbens, w die Ölgeschwindigkeit im Schiebersitz bei der Kolbengeschwindigkeit m', $w_{\max}$ die höchste Geschwindigkeit bei der größten Öffnung $y_{\max}$ und der Kolbengeschwindigkeit $m'_{\max} = m_{\max} : T_s$. Dann ist die Kontinuitätsgleichung

$$w \cdot U \cdot y = m' \cdot F,$$

$$w_{\max} \cdot U \cdot y_{\max} = m'_{\max} \cdot F = \frac{m_{\max}}{T_s} \cdot F,$$

$$\frac{w \cdot y}{w_{\max} \cdot y_{\max}} = \frac{w}{w_{\max}} \cdot \eta = T_s \frac{m'}{m_{\max}} = T_s \mu'.$$

Der Druckabfall des Ölstroms kann entweder linear oder quadratisch mit der Geschwindigkeit wachsen, es wird deshalb der Exponent x angenommen

$$\left(\frac{w}{w_{\max}}\right)^x = \frac{\Delta p}{\Delta p_{\max}} = T_s^x \left(\frac{\mu'}{\eta}\right)^x.$$

Nach früheren Feststellungen ist bei großer Stellkraft und geringer Reibungskraft $\Delta p_{\max} = n h_0 \sim h_0$

$$\Delta p_1 = h_0 \cdot T_s^x \left(\frac{\mu'}{\eta}\right)^x, \qquad \frac{h_1}{h_0} = 1 - T_s^x \left(\frac{\mu'}{\eta}\right)^x,$$

$$M \cdot m'' = P = h_1 F = \frac{h_1}{h_0} \cdot h_0 \cdot F = \frac{h_1}{h_0} E = E\left(1 - T_s^x \left(\frac{\mu'}{\eta}\right)^x\right).$$

Da es hier hauptsächlich darauf ankommen soll, den Einfluß des Exponenten x festzustellen, und weil außerdem bei Berücksichtigung der Masse keine übersichtliche Gleichung entsteht, wird nur der Fall des masselosen Kraftkolbens untersucht ($M = 0$)

$$1 - T_s^x \left(\frac{\mu'}{\eta}\right)^x = 0, \qquad \eta = T_s \cdot \mu'.$$

Die Geschwindigkeit des masselosen Kraftkolbens ist also der Steueröffnung (bei Reglern ohne Rückführung zugleich der Abweichung des Steuerschiebers) proportional, unabhängig davon, ob der Abfall des Öldruckes proportional oder quadratisch mit der Ölgeschwindigkeit in der Steueröffnung wächst.

Setzt man in der früheren Gleichung $M = 0$, so erkennt man die vollkommene Übereinstimmung.

Der Dampfdruckregler von **Hübner und Mayer** besteht grundsätzlich aus einem Kraftgetriebe (Kolben), das vom Dampfdruck gesteuert wird (Abb. 62) und einem Dämpfungskolben, welcher der Bewegung entgegenwirkt. Unter dem Kraftkolben ist der konstante Druck p, über dem Kolben der geregelte Druck $p + \Delta p$.

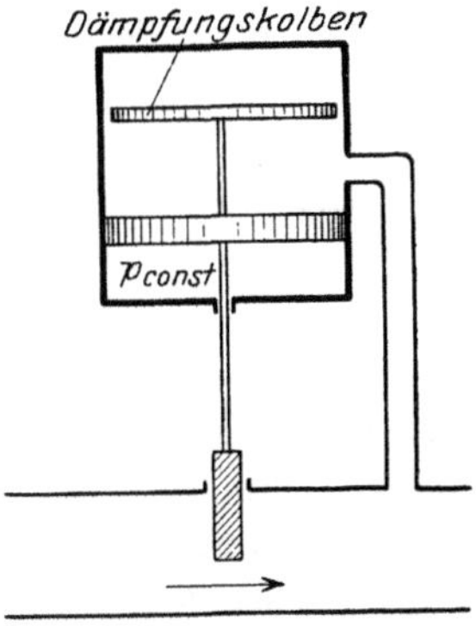

Abb. 62. Schema des Reglers von Hübner und Mayer.

M ist die Masse des Reglers, F der Querschnitt und $E = p \cdot F$ die Stellkraft. Ferner gilt die Gleichung für die Druckänderung

$$\mu = T_a \cdot \varphi' + \frac{t}{T_0}.$$

Der Dämpfungskolben übt eine Bremskraft aus, die proportional der Reglergeschwindigkeit m' ist, also wird die Bewegungsgleichung

$$M \cdot m'' = -\Delta p \cdot F - k \cdot m', \qquad \Delta p \cdot F = \varphi \cdot p \cdot F = \varphi \cdot E.$$

Um k als Zeitgröße auszudrücken, kann man sich denken, daß die Stellkraft E auf den Kolben wirkt, wobei eine Geschwindigkeit $m'_{\max}$ entsteht, durch die der volle Hub $m_{\max}$ in der Dämpfungszeit T_d zurückgelegt wird.

$$k \cdot m'_{\max} = E, \qquad k = \frac{E}{m'_{\max}} = \frac{E \cdot T_d}{m_{\max}},$$

$$M \cdot m'' = - E \cdot \varphi - \frac{E\,T_d}{m_{\max}} \cdot m',$$

$$\frac{M \cdot m_{\max}}{E} \cdot \mu'' + T_d \mu' + \varphi = 0,$$

$$\frac{M \cdot m_{\max}}{T_d \cdot E}\, \varphi''' + \varphi'' + \frac{\varphi}{T_a T_d} + \frac{1}{T_a T_0} = 0,$$

$$c_0 \varphi''' + c_1 \varphi'' + c_3 \varphi.$$

Die Stabilitätsbedingung lautet, da $c_2 = 0$

$$c_1 c_2 > c_0 c_3, \qquad c_0 c_3 = \frac{M \cdot m_{\max}}{T_a T_d^2 \cdot E} \sim 0.$$

Man erkennt daraus, daß bei großer Masse, großem Hub, kleiner Anlaufzeit und kleiner Stellkraft große Dämpfungszeit T_d, also starke Dämpfung vorhanden sein muß. Wenn man das erste Glied 0 setzt, entsteht die Rumpfgleichung

$$\varphi'' + \frac{\varphi}{T_a T_d} + \frac{1}{T_a T_0} = 0,$$

$$\varphi'' + q^2 \varphi + k = 0,$$

$$q = \frac{1}{\sqrt{T_a T_d}}, \qquad T = 2\pi \sqrt{T_a T_d}.$$

Die Gleichung stimmt mit der eines Reglers ohne Rückführung überein, nur steht an Stelle von $\delta\, T_s$ die Dämpfungszeit T_d. Starke Wirkung des Dämpfkolbens, d. h. großes T_d, verlängert die Periode $T = 2\pi\sqrt{T_a T_d}$ der Regelschwingung und vermindert den Einfluß der Masse. T_d selbst ist keine leicht meßbare Größe; hingegen darf zur Schonung des Reglers die Dauer einer Schwingungsperiode T einen bestimmten Wert nicht unterschreiten, z. B. $T = 2$ Sek. Ist ferner die Anlaufzeit der Rohrleitung 1 Sek. (Länge 30 m, Dampfgeschwindigkeit 30 m/s), dann muß $T_d = 1 : \pi^2 \sim 0{,}1$ Sek. sein.

Die Berücksichtigung der Kolbenmasse bei Reglern ohne Rückführung zeigt, daß selbst, um harmonische Schwingungen zu erreichen, eine Rückführwirkung (Glied mit φ') vorhanden sein müßte. Die genauere Untersuchung der Bewegungsgleichung des Kraftkolbens gibt also keine Erklärung dafür, daß in der Praxis solche Regler einen abklingenden Schwingungsverlauf haben, im Gegenteil erschwert die Kolbenmasse den Regelvorgang.

b) Gleichförmige und plötzliche Belastungsänderung.

Es soll jetzt das Verhalten eines Reglers mit masselosem Krafttriebe bei Belastungsänderungen festgestellt werden. Die Gleichung für den Druckverlauf φ und ihre allgemeine Lösung lauten:

$$\varphi'' + q^2 \varphi + k = 0,$$

$$\varphi = c_1 \cos q t + c_2 \sin q t + c_3 .$$

Für die Bestimmung der Konstanten gelte als Anfangsbedingung, daß zur Zeit $t = 0$ Beharrung ($\varphi = 0$) ist und daß in diesem Augenblick eine plötzliche und eine gleichförmige Dampfverbrauchsänderung einsetzt. Die plötzliche Änderung um $\Delta G = \lambda \cdot G_n$ wird aus dem Dampfinhalt D der Rohrleitung gespeist, wobei nach früher die Druckabsenkung φ_0' eingeleitet wird, und da $D : G_n = T_a$, ist zur Zeit $t = 0$

$$\Delta G = \lambda G_n = - D \cdot \varphi_0', \qquad \varphi_0' = - \frac{\lambda}{T_a},$$

$$\varphi = 0 .$$

Daraus bestimmen sich die Konstanten, und es entsteht die Gleichung

$$c_3 = - \frac{k}{q^2}, \qquad c_1 = - c_3 = \frac{k}{q^2}, \qquad c = - \frac{\lambda}{q\,T_a},$$

$$\varphi = \frac{k}{q^2} \cos q t - \frac{\lambda}{q\,T_a} \sin q t - \frac{k}{q^2} .$$

Zunächst werden die gleichförmigen und plötzlichen Änderungen einzeln betrachtet (Abb. 63). Beim Einsetzen der gleichförmigen Änderung des Verbrauchs ($\lambda = 0$) entsteht eine Verschiebung der Schwingungsachse um $- k : q^2$, die solange anhält, als die Änderung fortdauert. Der Druck schwingt um diese Achse mit maximal $\pm k : q^2$, erreicht also nach einer vollen Periode T wieder die Nullstellung usf. Bei der plötzlichen Änderung schwingt der Druck um die Nullage (geschlossener Steuerschieber) mit der Amplitude $\mp \lambda : q T_a$. Die zugehörige Stellung μ des Kraftgetriebes erhält man aus der Bewegungsgleichung

$$\mu = T_a \cdot \varphi' + \frac{t}{T_0} .$$

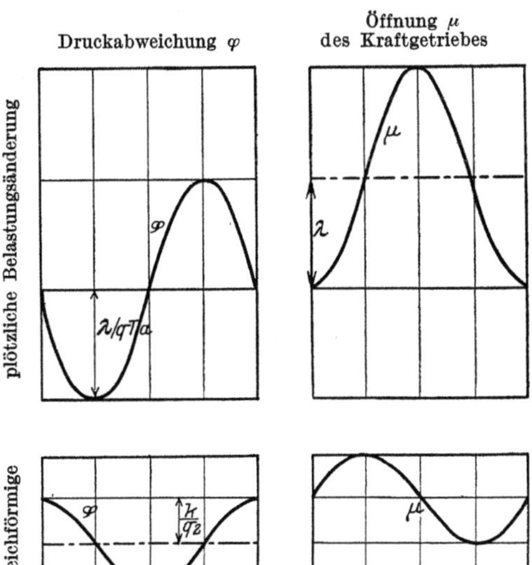

Abb. 63. Schwingungsverlauf der Abweichungen φ und μ.

Das zweite Glied $t : T_0$ ist die Verbrauchsänderung, der die Stellung μ des Kraftkolbens folgen soll. Für das Schwingungsgesetz interessiert nur die Abweichung des μ-Wertes vom Bedarf in jedem Augenblick, also $T_a \cdot \varphi'$. Dann lautet die Gleichung für μ

$$\mu = T_a \cdot \varphi' = -\frac{k\,T_a}{q} \sin q\,t - \lambda \cos q\,t\,.$$

Die gleichförmige Verbrauchsänderung ($\lambda = 0$) verursacht eine sinusförmige Schwingung der Ventilöffnung (um die Beharrungslage in jedem Augenblick), die der Druckschwingung um 90^0 nacheilt. Bei plötzlicher Änderung um $-\lambda$ ist die Ventilöffnung zu klein, und es entsteht eine Schwingung um die neue Beharrungslage mit der Amplitude $\pm\lambda$. Auch hier eilt die Öffnung μ des Ventils (Kraftkolben) der Druckänderung um 90^0 nach.

Man kann berechnen, **wie klein der entstehende Ausschlag der Druckschwingung bei gleichförmiger Verbrauchsänderung** im Vergleich zu einer plötzlichen Änderung ist. Die berechneten Werte gelten für **einmalige** Änderungen im Dampfverbrauch.

Größter Druckausschlag $\varphi_{\max}$.

Gleichförmige Änderung:	Arca- und Askania-Regler		Hübner- und Mayer-Regler
Der größte Druckausschlag ist $\varphi_{\max}$		$\frac{k}{q^2}$	
Dabei ist k		$\frac{1}{T_a T_0}$	
$\frac{1}{q^2}$	$\delta T_a T_s$		$T_a T_d$
$\varphi_{\max}$	$\delta \cdot \frac{T_s}{T_0}$		$\frac{T_d}{T_0}$
Beispiel:			
Ungleichförmigkeit δ	3%		
Schlußzeit des Reglers T_s	3 Sek.		
Dämpfungszeit (siehe S. 80) T_d . .			0,1 Sek.
Schlußzeit des Verbrauchers (s. S. 86) T_0		60 Sek.	
$\varphi_{\max}$	**0,15%**		**0,166%**
Plötzliche Änderung:			
Der größte Druckausschlag $\varphi_{\max}$ . . .		$\frac{\lambda}{q\,T_a}$	
$\frac{1}{q}$	$\sqrt{\delta T_a T_s}$		$\sqrt{T_a T_d}$
$\varphi_{\max}$	$\lambda \cdot \sqrt{\delta \frac{T_s}{T_a}}$		$\lambda \cdot \sqrt{\frac{T_d}{T_a}}$
Beispiel mit den gleichen Werten wie oben und T_a		1 Sek.	
$\varphi_{\max}$	$\lambda \cdot$ **30%**		$\lambda \cdot$ **31,6%**

Die Druckabweichung $\varphi_{\max}$ ist bei gleichförmiger Dampfverbrauchsänderung nur ein Bruchteil der Ungleichförmigkeit, und zwar wächst sie mit dem Verhältnis der Schlußzeiten von Ventil und Verbrauch, sie ist aber von der Anlaufzeit T_a der Rohrleitung unabhängig. Die entstehenden Druckschwankungen haben einen kaum meßbaren Wert im Gegensatz zu den großen Ausschlägen bei plötzlichen Veränderungen, die von der Anlaufzeit der Rohrleitung abhängig sind.

c) Wiederholte Belastungsänderungen.

Bei Geschwindigkeitsreglern mit abklingendem Verlauf des Regelvorganges beschränkt man sich auf die Untersuchung einer einmaligen Belastungsänderung in der Annahme, daß die Schwingung abgeklungen ist, bis ein neuer Belastungsstoß einsetzt. Würde man hier ebenso verfahren, so käme man zu dem Ergebnis, daß ein Regler ohne jede Rückführwirkung bei gleichförmigen Änderungen verwendbar ist, da die entstehenden Druckausschläge verschwindend klein sind. Es soll aber gezeigt werden, daß dieser Ausschlag bei wiederholten Änderungen beliebig wachsen kann.

Die Formel für die Druckabweichung φ (Seite 81) hat ein konstantes Glied $k:q^2$, das bei der Aufzeichnung des Schwingungsverlaufes als Achsenverschiebung der Schwingung gegenüber der Lage des geschlossenen Steuerschiebers erkannt wurde. Die Schwingungsachse entspricht also immer der augenblicklichen gleichförmigen Dampfverbrauchszunahme, deren Wert durch k bestimmt ist. Zur Bestimmung des Druckausschlages kann die weitere Untersuchung auf die Schwingungsachse in jedem Augenblick bezogen werden, und es bleiben dann die Gleichungen

$$\varphi = \frac{k}{q^2}\cos q t - \frac{\lambda}{q\,T_a}\sin q\,t\,,$$

$$\mu = -\frac{k\,T_a}{q}\sin q\,t - \lambda\cos q\,t\,.$$

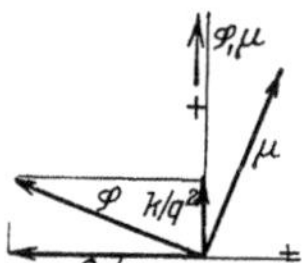

Abb. 64. Vektordiagramm für den Schwingungsverlauf von φ und μ.

Wie in der Wechselstromtechnik lassen sich diese Werte in einem Kreisdiagramm durch Vektoren darstellen (Abb. 64). Positiv seien die Richtungen nach rechts und oben und die Drehung entgegen dem Uhrzeigersinn. Dann können zur Zeit $t = 0$, $k:q^2$ und $-\lambda:qT_a$ eingetragen und zusammengesetzt werden, woraus sich bei gleichzeitiger kontinuierlicher und plötzlicher Änderung der Wert ergibt ($k = 1:T_a T_0$)

$$\varphi = \sqrt{\frac{k^2}{q^4} + \frac{\lambda^2}{q^2\,T_a^{\,2}}} = \frac{1}{q}\sqrt{\frac{1}{q^2\,T_a^{\,2}\,T_0^{\,2}} + \frac{\lambda^2}{T_a^{\,2}}} = \frac{1}{q\,T_a}\sqrt{\frac{1}{q^2\,T_0^{\,2}} + \lambda^2}\,.$$

Die Wurzel stellt die Länge des drehenden Druckvektors φ dar, der so lange unverändert bleibt, bis eine neue Störung eintritt. Er bildet bei seiner Drehung eine Sinusschwingung mit Amplituden von der Größe des Vektors. Ebenso ließe sich μ durch einen Vektor eintragen, der immer um 90° nacheilt. Es sollen jetzt die ungünstigsten Fälle für gleichförmige und plötzliche Verbrauchsänderungen dargestellt werden.

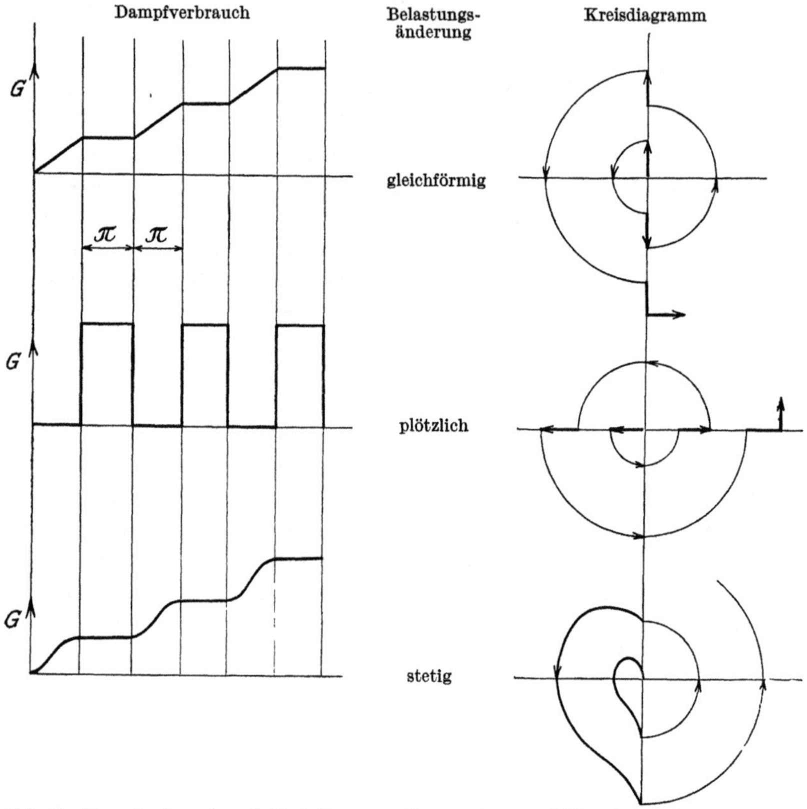

Abb. 65. Dampfverbrauch und Kreisdiagramm für verschiedene Fälle wiederholter Belastungsänderungen (mit Resonanz).

Als gleichförmige Änderung (Abb. 65) wird der Fall behandelt, daß man ein Verbraucherventil absatzweise öffnet (Seite 68). Zur Zeit $t = 0$ entsteht eine Zunahme der Geschwindigkeit, also ein Ausschlag $k : q^2$ senkrecht nach oben. Die Geschwindigkeit der Verbraucheröffnung bleibt über die Zeit π einer halben Periode konstant, der Ausschlag ist also unverändert. Nach dieser Zeit hört die Verbraucheröffnung auf, was mit einer Abnahme der Öffnungsgeschwindigkeit um denselben Betrag gleichbedeutend ist; es entsteht also zur Zeit $t = \pi$ ein Ausschlag $k : q^2$ nach unten. Das Aufhören der Verbraucheröffnung bringt hier nicht etwa den Ausschlag wieder auf 0 zurück, sondern zum ursprünglichen Ausschlag kommt ein gleich großer hinzu, und die Größe des Vektors φ verdoppelt sich. Der Vorgang setzt sich in der gleichen Art immer weiter fort, es entsteht also eine Art Resonanz, die den Ausschlag ständig vergrößert. Diese Verhältnisse können sehr wohl vorliegen. Man kann im allgemeinen mit 1 Sek. Öffnungszeit und 1 Sek. Pause (siehe Seite 68) für das Verbraucherventil rechnen und bei der angemessenen Schwingungsdauer T des Reglers von 2 Sek. ist tatsächlich Resonanz vorhanden. Ebenso gut kann bei einem späteren Öffnen oder Schließen eines weiteren Ventils der Ausschlag wieder ganz oder zum Teil rückgängig gemacht oder auch verschlimmert werden. Öffnen und Schließen des Verbrauchers wirken genau gleich, wenn die Zeit, zu der sie einsetzen, um $t = \pi$ verschoben ist. Es ist also eine Sache des Zufalls oder der Wahrscheinlichkeit, ob sich die Ausschläge bei jeder neuen Änderung vergrößern oder verkleinern.

Ähnliche Resonanzerscheinungen können bei plötzlichen Veränderungen auftreten. Zur Zeit $t = 0$ sei der Regler in Beharrung, also $\lambda = 0$, und es setzt eine Dampfverbrauchsänderung λ ein, es entsteht ein Ausschlag $\lambda : qT_a$ nach links. Der Dampfverbrauch bleibe über die Dauer einer halben Periode unverändert, dann geht er auf den früheren Wert zurück, was einer plötzlichen Verbrauchsänderung $-\lambda$ und einer Änderung von φ um $\lambda : qT_a$ nach rechts entspricht, so daß sich der Ausschlag verdoppelt usf. Derartige Veränderungen können z. B. bei jedem Hub einer sehr langsam laufenden Kolbenmaschine auftreten. Die Zeit eines Kolbenhubes sei z. B. 0,5 Sek. und die Füllung 50 %. Dann arbeitet die Maschine angenähert mit dem dargestellten Dampfdiagramm, wobei die Zeitdauer π einer halben Periode 0,25 Sek. beträgt. Es ist dann Resonanz vorhanden, wenn die Regelperiode 2π den Wert von 0,5 Sek. hat. Ist sie hingegen genau 1 Sek., dann kommen nach jeder Viertelsperiode $(\pi/2)$ wechselnde Ausschlagsänderungen, die sich gegenseitig aufheben, was sich leicht durch Aufzeichnen des Kreisdiagramms feststellen läßt. Die wirklichen Verhältnisse liegen zwischen der vollkommenen Resonanz und der vollkommenen Aufhebung, jedenfalls werden die Ausschläge aber ständig wachsen. Bei unregelmäßigen plötzlichen Änderungen, wie sie z. B. der Betrieb von Dampfhämmern aufweist, würden ohne abklingenden Schwingungsverlauf je nach dem zufälligen Zeitpunkt der Änderung wechselnde Ausschläge entstehen. Da die Ausschlagsänderung bei plötzlichen Stößen sehr groß ist, würde in all diesen Fällen der Regler in kürzesten Zeitabschnitten zwischen voller Öffnung und vollem Schluß pendeln.

Diese unbrauchbare Arbeitsweise von Reglern ohne Rückführung ist auch unter besonders ungünstigen Verhältnissen festgestellt worden, während die gleichen Regler unter günstigeren Verbrauchsbedingungen gut gearbeitet haben. Man könnte also vermuten, daß die Annahmen über den Verlauf der Dampfkurve auch bei „gleichförmiger Änderung" zu ungünstig sind und daß hierin der Grund für die Brauchbarkeit dieser Regler zu suchen ist. In dem angenommenen Verlauf der gleichförmigen Dampfverbrauchsänderung ist immerhin noch eine Unstetigkeit vorhanden, da ein knickartiger Übergang vom konstanten Dampfverbrauch zum gleichförmig anwachsenden Dampfverlauf zugrunde gelegt ist. In der Tat zeigte der Rechnungsgang, daß nur dieser Knick (gleichgültig ob bei Einsetzen oder Aufhören des Öffnens) auf den Druckausschlag einwirkt, bei gleichförmig anwachsendem Dampfverbrauch bleibt der Druckausschlag unverändert, für die Schwingungsverhältnisse ist es also belanglos, ob der Dampfverbrauch konstant ist oder ob er gleichförmig anwächst.

d) Stetige Belastungsänderungen.

Es bleibt der Fall eines vollkommen stetigen Dampfverlaufs zu untersuchen (Abb. 66). Man weicht damit von der bisherigen Methode ab, bei der die Dampfverbrauchskurve nur benutzt wurde, um die Anfangsbedingungen für einen sonst selbständigen Schwingungsvorgang zu bestimmen. Es soll unmittelbar die Abhängigkeit des Druckausschlages vom Dampfverbrauch in jedem Augenblick ermittelt und festgestellt werden, welche Eigenschaften der Dampfkurve auf den Druckausschlag einwirken. Übrigens haben die wirklichen Dampfverbrauchskurven, abgesehen von plötzlichen Veränderungen (siehe Seite 68) tatsächlich meist einen stetigen Verlauf, so z. B. der Dampfverbrauch einer Maschine mit Geschwindigkeitsregelung (gedämpfte Schwingung). Auch bei Öffnung eines Dampfventils von Hand ist für jede Drehung anfangs ein Übergang von der Ruhe auf die Öffnungsgeschwindigkeit vorhanden.

Zur Zeit t habe der Ausschlag eine bestimmte Größe φ und Phase qt. Für die Dampfkurve werden nicht die wirklichen Dampfmengen G (kg/h) dargestellt, sondern die Verhältniswerte, bezogen auf die Höchstdampfmenge des Ventils. Der Verhältniswert $G : G_n$ soll mit ν bezeichnet werden. Ferner wird an Stelle des Augenblickswertes φ des Druckausschlages der Vektor $\mathfrak{p}$ eingeführt. Um die Beziehung zwischen dem unstetigen Verlauf und der stetigen Kurve zu finden, werden beide nebeneinander dargestellt. Für den unstetigen Verlauf wurde der Ausschlag durch T_0 berechnet

$$\varDelta\,\mathfrak{p} = \frac{k}{q^2} = \frac{1}{T_a\,T_0\,q^2}\,.$$

T_0 bestimmt die Größe der Dampfverbrauchszunahme. Man erkennt aus der Zeichnung, daß

$$\frac{d\nu}{dt} = \frac{G_n}{T_0} = \frac{1}{T_0}\,.$$

Danach läßt sich T_0 durch die Dampfverbrauchszunahme sowohl bei der unstetigen wie bei der stetigen Dampfkurve als Differentialkurve von ν darstellen. Eine Änderung des Druckausschlages erfolgt nur, wenn sich zu einem bestimmten Zeitpunkt der Wert von $1 : T_0$ ändert. Dies tritt aber auch bei der stetigen Dampfkurve auf, und zwar wenn man das Zeitelement dt betrachtet

$$\frac{d}{dt}\left(\frac{1}{T_0}\right) = \frac{d\nu'}{dt} = \nu''.$$

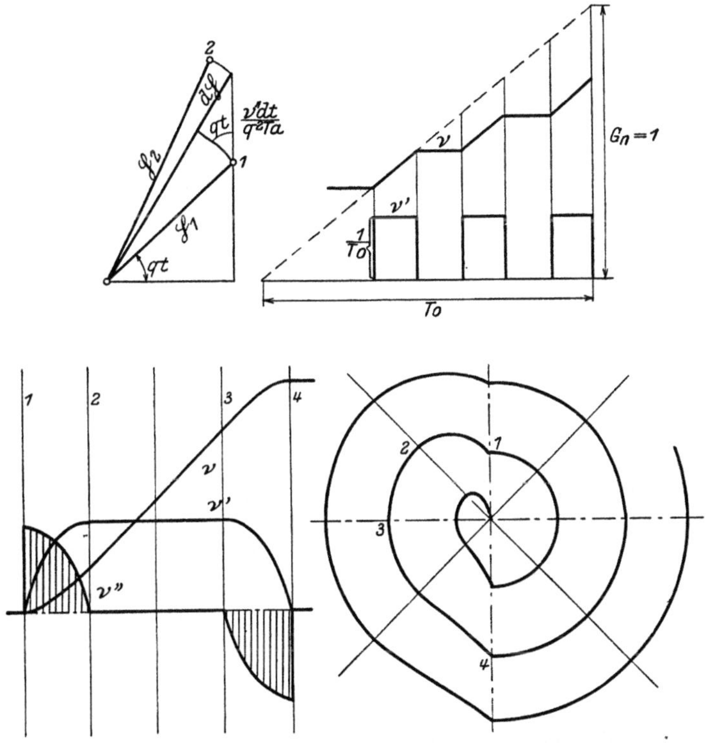

Mengenverlauf ν Kreisdiagramm der Abweichung φ

Abb. 66. Erregung von Schwingungen bei stetiger Belastungsänderung.

Der entstehende Ausschlag ist (geometrisch)

$$d\mathfrak{p} = \frac{1}{T_a\, q^2} \cdot d\left(\frac{1}{T_0}\right) = \frac{\nu''\, dt}{T_a\, q^2}.$$

Dieser Ausschlag muß im Kreisdiagramm senkrecht nach oben eingetragen werden. Man erhält so den neuen Gesamtausschlag $\mathfrak{p} + d\mathfrak{p}$ und es ergibt sich nach Einsetzen des Wertes von q nach Seite 78

$$\frac{d\mathfrak{p}}{dt} = \frac{1}{T_a\, q^2} \cdot \nu'' \sin q\, t = \delta\, T_s\, \nu'' \sin q\, t.$$

Man erkennt daraus das allgemeine Gesetz, daß in jedem Augenblick die Beschleunigung der Verbrauchsänderung als Erregung für den Schwingungsvorgang des Reglers wirkt. Danach verursacht auch jede stetige Dampfverbrauchskurve eine Veränderung des Ausschlages, und in der Annahme derartiger Verbraucher ist keine Erklärung für die Brauchbarkeit der Regler ohne Rückführung zu finden. Es ist bemerkenswert (Abb. 66), daß auch für vollständig stetigen und tangentialen Übergang der Dampfverbrauchskurve von einem sinusähnlichen Verlauf in eine Gerade (*2*) und umgekehrt (*3*) eine knickartige Änderung der Beschleunigungslinie ν'' entsteht, beim tangentialen Übergang des sinusähnlichen in einen konstanten Verlauf (*1* und *4*) sogar eine sprungweise Änderung des Wertes von ν''. Danach ist jeder Übergang von einer mathematischen Gesetzmäßigkeit in eine andere als schwingungerregende Störung anzusehen, auch bei stetigem tangentialen Übergang. Der entstehende Verlauf des Ausschlages wurde für das Beispiel der Öffnung eines Verbraucherventils mit stetigen Übergängen von der Ruhe zur Öffnungsgeschwindigkeit graphisch integriert unter Aufteilung des Vorganges in eine größere Zahl endlich kleiner Zeitabschnitte. Das Kreisdiagramm hat grundsätzlich den gleichen Verlauf wie bei Annahme eines Knickes in der Dampfverbrauchskurve; da auch hier die Zeitdauer π für das Öffnen, dann eine Pause von der Dauer π zugrunde gelegt ist, tritt wie früher Resonanz ein.

Um ein vollständiges Bild über die Einwirkung der Verbrauchsänderung auf den Schwingungsvorgang zu erhalten, soll noch die früher gefundene Tatsache (siehe Seite 81) einer Verschiebung der Schwingungsachse um den Betrag $-k:q^2$ näher erläutert werden. Der Wert $k:q^2$ gibt die Geschwindigkeit der Dampfverbrauchszunahme an. Würde der Regler ohne jede Schwingung arbeiten, so müßte er bei einer gleichförmigen Verbrauchsänderung auch sein Kraftgetriebe mit entsprechend gleichförmiger Geschwindigkeit bewegen. Diese Geschwindigkeit des Kraftgetriebes entspricht einer bestimmten Stellung η des Steuerschiebers und damit einem bestimmten Beharrungsdruck φ_0; der Wert $k:q^2$ ist die Abweichung von φ_0 gegenüber dem Druck bei geschlossenem Schieber. Um dieses φ_0 herum schwingt der Regelvorgang, also um den Beharrungsdruck in jedem Augenblick. Jede Veränderung der Geschwindigkeit in der Dampfverbrauchszunahme verändert den Wert $k:q^2$ und damit auch den Beharrungsdruck. Die Kurve für die Geschwindigkeit der Verbrauchsänderung (ν') stellt den Verlauf des Beharrungsdruckes dar, um den der Regelvorgang schwingt. Durch Beschleunigung ν'' und Geschwindigkeit ν' ist damit die vollkommene Beziehung zwischen der Verbrauchskurve und dem Regelvorgang bei stetigem Verlauf in jedem Augenblick gegeben.

Da bei den beschriebenen Dampfdruckreglern das Regelorgan sich meist in Öl bewegt, liegt es nahe, eine dämpfende Wirkung des Öls auf den Regler anzunehmen, die der Arbeitsweise einer Ölbremse gleichkommt. Für die Geschwindigkeitsregelung mit direkten Reglern ist es bekannt, daß ein abklingender Schwingungsverlauf nur bei Vorhandensein einer Bremswirkung (durch besondere Ölbremse oder Reibung) erreicht werden kann [siehe z. B. Stodola[1])], sonst entstehen harmonische Schwingungen genau wie beim Dampfdruckregler ohne Rückführwirkung. Man könnte also vermuten, daß auch für den Dampfdruckregler durch eine derartige Bremswirkung der beobachtete abklingende Verlauf zu erklären ist. Wie aber Tolle[2]) nachweist, kann eine Ölbremse nur dazu dienen, die Wirkung der Massen zu dämpfen, darüber hinaus erzeugt sie Schwingungen, statt sie zu dämpfen.

Eine andere gebräuchliche Annahme über das Abklingen der Schwingungen ist, daß Reibungen den Regelvorgang zur Ruhe bringen. Diese Vorstellung gründet sich auf den Vergleich mit anderen Schwingungsvorgängen, z. B. mit dem Abklingen der Eigenschwingung eines federnden Eisenbahnwagens bei Aufhören der Störung; hier kommt aber die Schwingung zum Stillstand, weil ihre Energie durch die Reibung aufgezehrt wird. Beim Regelvorgang wird hingegen die Bewegungsenergie von außen in unverminderter Größe immer wieder zugeführt.

Reibungen im Kolben und im Regler, sowie Undichtigkeiten und toter Gang durch Spiel oder Elastizität des Übertragungsgestänges äußern sich als Unempfindlichkeit des Reglers. Es sei hier ebenfalls auf die ausführlichen Untersuchungen von Tolle[3]) verwiesen, nach denen die Unempfindlichkeit den Regelvorgang nur ungünstig beeinflussen kann.

e) Rückführwirkung des Strömungsdruckabfalles.

Eine nachweisbare Ursache, durch welche Schwingungen eines Dampfdruckreglers ohne Rückführung abklingen, liegt außerhalb des Regelorgans in der Rückführwirkung eines Druckabfalls in der angeschlossenen Rohrleitung. Bisher wurde nur das Volumen der Rohrleitung berücksichtigt und der Druckabfall bei veränderlichem Dampfzufluß nicht beachtet.

Bevor versucht wird, diesen Einfluß rechnerisch zu verfolgen, soll die Wirkung des Druckabfalls beschrieben werden. Die Dampfentnahme des Verbrauchers aus der Rohrleitung bleibe während des betrachteten Zeitabschnittes unverändert. Öffnet das Kraftgetriebe

---

[1]) Stodola: Dampf- und Gasturbinen. 6. Auflage, S. 450. Berlin: Julius Springer 1925.

[2]) Tolle: Regelung der Kraftmaschinen. 3. Auflage, S. 807. Berlin: Julius Springer 1921. [3]) 814ff.

des Dampfdruckreglers durch einen Schwingungsvorgang das Ventil, so strömt dem Volumen der Rohrleitung eine Dampfmenge zu, die der Stellung μ des Kraftkolbens proportional ist. Da der Verbrauch unverändert bleibt, muß die Rohrleitung durch den Dampf aufgefüllt werden, der Druck beginnt längs der ganzen Rohrleitung zu steigen, was bereits berücksichtigt wurde.

$$\mu = T_a \cdot \varphi' .$$

Um aber den entlegensten Punkten des Rohrnetzes den Dampf zur Füllung zuzuführen, entsteht außerdem in der davorliegenden Leitung, welche dieser Dampf durchströmt, ein Druckabfall, der, wie bei einem Strömungsmesser, unmittelbar ein Maß für die Dampfmenge ist, die der Rohrleitung zuströmt. Der Strömungsdruckabfall ist also auch ein Maß für die Öffnung des Ventils, d. h. die Stellung des Kraftgetriebes. Die Stellung des Kraftgetriebes wirkt durch den Strömungsabfall auf den Regler und dieser auf die Steueröffnung, das bedeutet aber mittelbar eine Rückführung. Die Rückführwirkung des Strömungsdruckabfalls muß als das fehlende Glied mit φ' in der Differentialgleichung der Druckänderung erscheinen.

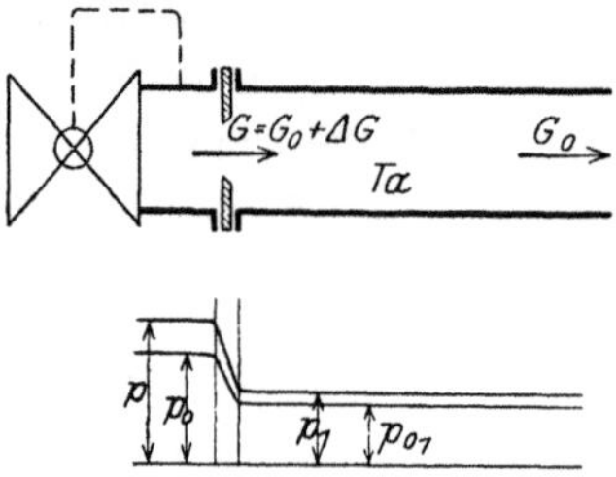

Abb. 67. Schema des Strömungsdruckabfalls.

Zur Vereinfachung der Rechnung wird angenommen, daß der ganze Druckabfall an einer Stelle am Anfang der Rohrleitung konzentriert ist (z. B. in einem Ventil oder Drosselflansch, Abb. 67). Von der dahinterliegenden Rohrleitung wird nur das Volumen (ohne Druckabfall) berücksichtigt und wie bisher durch die Anlaufzeit T_a ausgedrückt. Der Verbraucher entnimmt die Dampfmenge G_0. Bei Beharrung durchströmt den Dampfdruckregler und den Drosselflansch ebenfalls die Beharrungsmenge G_0, wobei vor dem Drosselflansch der Druck p_0 herrscht, dahinter der Druck p_{01}. Bei einer bestimmten abweichenden Stellung des Kraftgetriebes strömt durch Dampfdruckregler und Drosselflansch die Dampfmenge $G = G_0 + \varDelta G$ $(\varDelta G = \mu \cdot G_n)$, und es herrschen die Drücke p und p_1. Der Druckabfall im Drosselflansch ist dem Quadrat der Dampfmenge proportional, also

$$p - p_1 = a \cdot G^2 , \qquad G^2 = (G_0 + \varDelta G)^2 = G_0^2 \left(1 + \frac{\varDelta G}{G_0}\right)^2 .$$

Bei kleinen Änderungen von G, die für Dampfdruckregler angenommen werden können, sei es zulässig zu setzen

$$\left(1 + \frac{\varDelta G}{G_0}\right)^2 = 1 + 2\,\frac{\varDelta G}{G_0} + \left(\frac{\varDelta G}{G_0}\right)^2 \sim 1 + 2\,\frac{\varDelta G}{G_0} .$$

Statt der Drücke p und p_1 sollen die verhältnismäßigen Abweichungen (siehe Seite 70) von den Beharrungsdrücken eingeführt werden.

$$p = \varphi \cdot p + p_0 ,$$
$$p_1 = \varphi_1 \cdot p + p_{01} ,$$
$$p - p_1 = p\left(\varphi - \varphi_1 + \frac{p_0 - p_{01}}{p}\right) = a\,G_0^2\left(1 + 2\frac{\varDelta G}{G_0}\right).$$

$(p_0 - p_{01}) : p$ ist der verhältnismäßige Druckabfall bei Beharrung (Menge G_0), der mit φ_a bezeichnet wird. Man vergleicht ferner mit den vorliegenden Verhältnissen den Fall, bei dem im Beharrungszustand G_n statt G_0 durch das Ventil geht; an Stelle von φ_a tritt der Höchstdruckabfall δ_a (ferner $\varDelta G = 0$ und $\varphi - \varphi_1 = 0$, weil Beharrung). Aus beiden Gleichungen lassen sich dann p und der Faktor a entfernen.

$$p(\varphi - \varphi_1 + \varphi_a) = a\,G_0^2\left(1 + 2\frac{\varDelta G}{G_0}\right),$$
$$p \cdot \delta_a = a\,G_n ,$$
$$\frac{\varphi - \varphi_1}{\delta_a} + \frac{\varphi_a}{\delta_a} = \left(\frac{G_0}{G_n}\right)^2\left(1 + \frac{2\,\varDelta G}{G_0}\right).$$

Für das Verhältnis $G_0 : G_n$ wird die Belastung z eingeführt. Die Druckabfälle φ_a und δ_a wachsen mit den zugehörigen Dampfmengen quadratisch.

$$\frac{G_0}{G_n} = z , \qquad \frac{\varphi_a}{\delta_a} = \left(\frac{G_0}{G_n}\right)^2 = z^2 ,$$
$$\frac{\varphi - \varphi_1}{\delta_a} + z^2 = z^2 + 2\,z^2\frac{\varDelta G}{G_0}.$$

Ferner ist

$$\varDelta G = \mu\,G_n , \qquad \frac{\varDelta G}{G_0} = \mu\frac{G_n}{G_0} = \frac{\mu}{z}.$$

Gesetz des Strömungsdruckabfalles
$$\boxed{\varphi - \varphi_1 = 2\,z\,\delta_a\,\mu = 2\,z\,\delta_a\frac{\varDelta G}{G_n}.}$$

Im Volumen der Rohrleitung mit der Anlaufzeit T_a findet eine Drucksteigerung φ_1' statt, es gelten weiter die Gleichungen

Gesetz der Druckänderung $\quad \varphi_1'\,T_a = \mu ,$

Bewegung des Kraftgetriebes $\quad \mu' = \dfrac{\eta}{T_s}.$

Reglergleichung $\quad \eta = -\dfrac{\varphi}{\delta}.$

Daraus entsteht die

Differentialgleichung der Druckänderung bei Rückführwirkung durch Strömungsdruckabfall
$$\varphi_1'' + \frac{2\,z\,\delta_a}{\delta\,T_s}\varphi_1' + \frac{\varphi_1}{\delta\,T_a\,T_s} = 0 ,$$

charakteristische Gleichung $$w^2 + \frac{2\,z\,\delta_a}{\delta\,T_s}\,w + \frac{1}{\delta\,T_a\,T_s} = 0\,.$$

z = Beharrungsdampfmenge G_0: Normaldampfmenge G_n.

$\delta_a = \frac{\Delta\,p_a}{p}$ = Wirksamer Druckabfall in der Rohrleitung bei Durchgang der Normaldampfmenge,

$\delta = \frac{\Delta\,p}{p}$ = Druckabweichung zur vollen Öffnung des Steuerschiebers,

T_s = Schlußzeit des Kraftgetriebes bei der Druckabweichung δ,

T_a = Anlaufzeit der Rohrleitung.

Es liegt die Gleichung einer gedämpften Schwingung vor, das Glied mit φ' bildet die Dämpfung des Regelvorganges, deren zahlenmäßiger Einfluß bei Behandlung der Regler mit Rückführung festgestellt wird. Es ist noch zu berücksichtigen, daß statt der wirklichen Verhältnisse die vereinfachte Annahme eines Druckabfalls am Anfang der Rohrleitung und eines Rohrleitungsvolumens ohne Druckabfall getroffen wurde. Die Annahme deckt sich gut mit den tatsächlichen Verhältnissen, wenn am Eingang der Rohrleitung ein Absperrorgan mit einem Druckabfall vorhanden ist, demgegenüber der Leitungsdruckabfall vernachlässigt werden kann. Ist dies nicht der Fall, so muß man sich die ganze Länge der Rohrleitung in Elemente aufgeteilt denken. Jedes dieser Elemente dl hat einen Druckabfall dp und ein Volumen $F \cdot dl$. Für den Druck müßte die partielle Differentialgleichung mit Zeit und Länge der Rohrleitung als Veränderlichen integriert werden, was aber zu keiner genügend einfachen Lösung führt, besonders bei Berücksichtigung eines verzweigten Rohrnetzes mit verschiedenen Leitungsdurchmessern. Statt dessen wurde die ganze Rohrleitung als ein einziges Element betrachtet. Es kann angenommen werden, daß die Ergebnisse der Integration sich durch ein reduziertes Volumen (Anlaufzeit) und einen reduzierten Druckabfall (wirksamer Druckabfall) dem vereinfachten Rechnungsgang anpassen ließen, die von gleicher Größenordnung wie das Gesamtvolumen und der Gesamtdruckabfall sind. Da festgestellt wurde, daß bei gleichförmigen (im Gegensatz zu plötzlichen) Verbrauchsänderungen verschwindend kleine Ausschläge entstehen, die sich aber beim Fehlen jeder Rückführwirkung beliebig summieren können, genügt zunächst der Nachweis, daß überhaupt eine Rückführwirkung vorhanden ist.

Reicht diese Rückführwirkung aus, um das Anwachsen der Ausschläge zu verhindern, so zeichnet sich der Regler ohne Rückführung durch große Genauigkeit der Druckregelung bei einfacher Bauart aus. Man muß beachten, daß ein solcher Regler bei Beharrung, also stillstehendem Kraftgetriebe, keine Druckabweichung bei verschiedenen durchgehenden Dampfmengen besitzt. Ist das Kraftgetriebe in Ruhe, dann ist der Steuerschieber in der Mittellage, der ein ganz bestimmter

Druck entspricht; dieser Druck ist bei voller Öffnung und vollem Schluß des Ventils der gleiche. Der Regler hat also **keine Ungleichförmigkeit**. Nur während des Regelvorganges treten verschwindend kleine Druckabweichungen auf, die aber unter der Wirkung des Strömungsdruckabfalls wieder abklingen. Der Regler arbeitet also **genau wie eine Gleichdrucksteuerung**, wobei die Gleichdruckrückführung durch den Strömungsdruckabfall ersetzt ist.

Bei plötzlichen Änderungen kann es Fälle geben, in denen der Strömungsdruckabfall nicht ausreicht, um die entstehenden Schwingungen zu dämpfen. Dadurch ist der Brauchbarbeit von Reglern ohne Rückführung eine Grenze gesetzt.

3. Regler mit Rückführung.

Bei Reglern mit Rückführung beeinflußt die Stellung des Krafttriebes die Steueröffnung nicht auf dem Umweg über Strömungsdruckabfall—Regler—Steuerschieber, sondern unmittelbar durch ein Übertragungsgestänge. Es wird hier nur der Fall der starren Rückführung behandelt, da die abweichenden Eigenschaften einer nachgiebigen Rückführung von Tolle[1]) ausführlich untersucht worden sind.

a) Gleichung der Druckänderung.

Der **AEG-Dampfdruckregler** arbeitet mit Rückführung durch starres Gestänge. Eine Stange, die mit dem Kraftgetriebe in Verbindung steht, greift am Hebel des Steuerschiebers ein und ordnet jeder Kolbenstellung eine andere Schlußstellung des Schiebers zu. Dem vollen Hub m_{max} des Ventils entspricht ein bestimmter Hub y_{max}, um den die Schlußlage verschoben wird. Rechnet man nicht mit den Hüben selbst, sondern mit den Verhältniswerten μ und η, so ist es zulässig, ein vereinfachtes Schema (Abb. 68) zu benützen. Die Geschwindigkeit des Kraftgetriebes ist hier nicht mehr der Reglerabweichung η proportional, sondern der Steueröffnung σ, die durch den Unterschied der Reglerabweichung und der Kolbenabweichung μ gebildet wird.

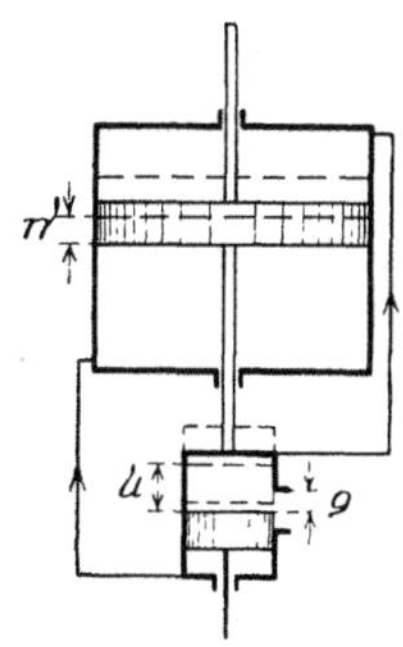

Abb. 68. Schema des AEG-Reglers mit Rückführung.

$$\text{Steueröffnung } \sigma = \eta - \mu, \qquad \mu' = \frac{\sigma}{T_s} = \frac{\eta - \mu}{T_s},$$

$$\text{Reglergleichung } \eta = -\frac{\varphi}{\delta}.$$

---

[1]) Tolle: Regelung der Kraftmaschinen. 3. Auflage. Berlin: Julius Springer 1921. S. 818.

Druckänderung $\mu = T_a \cdot \varphi'$,

Differentialgleichung der Druckänderung bei starrem Gestänge

$$\varphi'' + \frac{\varphi'}{T_s} + \frac{\varphi}{\delta\, T_a\, T_s} = 0.$$

Es entsteht eine gedämpfte Schwingung mit dem Dämpfungsfaktor $1 : T_s$.

Der **BBC-Regler** arbeitet mit Öldruckverbindung zwischen Steuerschieber und Kraftgetriebe. Jeder Stellung des Schiebers entspricht bei Beharrung eine andere Stellung des Kraftgetriebes, und es soll nachgewiesen werden, daß durch diese Eigenschaft eine Rückführung ohne mechanische Verbindung vorhanden ist (Abb. 69). Der Regler beeinflußt die Durchflußmenge eines Ölstroms, der durch eine Öffnung F_2 austritt. Je nach der Durchflußmenge entsteht unter dem Kolben F_k ein bestimmter Druck, der, mit einer Schlußfeder ins Gleichgewicht gesetzt, den Kolben in eine bestimmte Stellung bringt. Statt dessen kann die Drosselstelle des Ölstromes auch hinter dem Kraftkolben liegen; es gelten dann ähnliche Beziehungen.

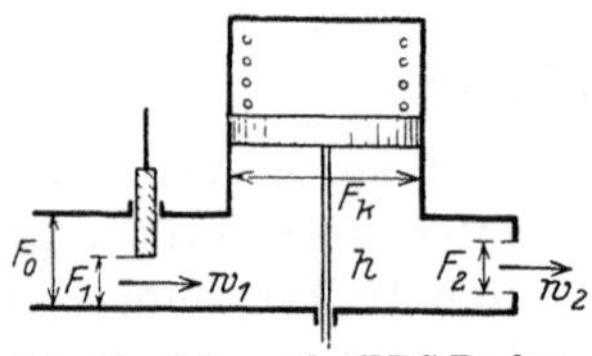

Abb. 69. Schema des BBC-Reglers mit Öldruckverbindung.

Zur Vereinfachung der Berechnung werden folgende Annahmen gemacht:

1. Der Kolben ist massenlos, hat kein Gewicht und keine Reibung.
2. In der Schlußlage des Kolbens ist die Schlußfeder ungespannt.
3. Aus 1. und 2. folgt, daß der Öldruck h für die Schlußlage 0 ist, da weder eine Reibung zu überwinden, noch Gewicht oder Federkraft im Gleichgewicht zu halten sind.
4. Unter dem Einfluß der Gegenfeder ist die Stellung des Kraftkolbens dem Druck h proportional. Im Gegensatz zur früheren Benennung (Seite 70) ist hier m die Öffnung des Kraftgetriebes bei Beharrung und Δm die Abweichung von der Beharrung, also

$$\frac{h}{h_{\max}} = \frac{m + \Delta m}{m_{\max}}.$$

5. Der Öldruckabfall h im Austrittsquerschnitt F_2 ist der Geschwindigkeit w_2 proportional.

$$\frac{w_2}{w_{2\max}} = \frac{h}{h_{\max}} = \frac{m + \Delta m}{m_{\max}}.$$

6. Bei größter Last ($z = 1$) ist der Öldruck h unter dem Kolben am höchsten, $h = h_{\max}$. Die Ölgeschwindigkeit w_1 im Steuerschieber, die dem Druckunterschied $h_0 - h$ proportional sein soll (h_0 konstant angenommen), hat bei größter Last durch den geringen Druckunterschied

$h_0 - h_{max}$ den kleinsten Wert. Für die Bestimmung der Durchflußgeschwindigkeit werden die Abweichungen des Druckes h von der Beharrung vernachlässigt, man setzt also die Abweichung Δm des Kraftgetriebes ~ 0 und erhält, wenn $z = m : m_{max}$ die Belastung des Druckreglers ist,

$$h = \frac{m + \Delta m}{m_{max}} h_{max} \sim z\, h_{max},$$

$$\frac{w_1}{w_{min}} = \frac{h_0 - h}{h_0 - h_{max}} = \frac{h_0 - z\, h_{max}}{h_0 - h_{max}},$$

$$\frac{h_{max}}{h_0} = a, \qquad \frac{1 - a z}{1 - a} = \beta, \qquad w_1 = \beta\, w_{min}.$$

7. Der Steuerschieber steht bei Beharrung in der Lage y, und Δy sei die Abweichung von der Beharrung. Ist F_0 der größte, F_1 der eingestellte Schieberquerschnitt, dann gilt

$$\frac{F_1}{F_0} = \frac{y + \Delta y}{y_{max}}.$$

Die zufließende Ölmenge $w_1 F_1$ verteilt sich auf die Ölmenge zur Bewegung des Kolbens mit der Geschwindigkeit m' und dem Querschnitt F_k und auf die Ausflußöffnung F_2

$$w_1 F_1 = w_2 F_2 + F_k \cdot m'$$

also

$$\beta\, w_{min} F_0 \frac{y + \Delta y}{y_{max}} = w_{2\,max} F_2 \frac{m + \Delta m}{m_{max}} + F_k \cdot m'.$$

Bei Beharrung ist

$$\Delta y = 0, \qquad \Delta m = 0 \quad \text{und} \quad m' = 0,$$

$$\beta\, w_{min} F_0 \frac{y}{y_{max}} = w_{2\,max} F_2 \frac{m}{m_{max}}.$$

Indem man beide Gleichungen voneinander abzieht, erhält man das Gesetz der Abweichungen Δy und Δm

$$\frac{\Delta y}{y_{max}} \cdot \beta\, w_{min} F_0 = \frac{\Delta m}{m_{max}} w_{2\,max} F_2 + F_k m',$$

$$\eta \cdot \beta\, w_{min} F_0 = \mu \cdot w_{2\,max} F_2 + F_k \cdot m_{max} \cdot \mu'.$$

Reglergleichung $\eta = -\frac{\varphi}{\delta}$, Druckänderung $\mu = T_a \varphi'$, daraus:

$$\varphi'' + \frac{w_{2\,max} F_2}{F_k \cdot m_{max}} \varphi' + \frac{\beta \cdot w_{min} F_0}{F_k \cdot m_{max}} \frac{1}{\delta\, T_a} \varphi = 0.$$

In Beharrung bei größter Last bewegt sich der Kolben nicht, die vom Steuerschieber eingestellte Ölmenge ist deshalb der Ausflußmenge durch F_2 gleich. Der Steuerschieber hat volle Öffnung F_0 und kleinste

Ölgeschwindigkeit $w_{\min}$, die Geschwindigkeit in der Ausflußöffnung ist am größten, $w_{2\max}$; also gilt allgemein

Vollastölmenge $\qquad F_0 \cdot w_{\min} = F_2\, w_{\max}$.

Würde diese Vollastölmenge (was praktisch nicht verwirklicht werden kann) in unveränderter Größe ausschließlich zur Öffnung des Kraftkolbens dienen, so würde dieser sich gleichförmig bewegen und nach einer (theoretischen) Schlußzeit T_s den vollen Hub $m_{\max}$ zurücklegen. Seine Geschwindigkeit wäre $m_{\max} : T_s$ und die notwendige nachströmende Vollastölmenge würde

$$F_k \cdot m_{\max} : T_s = F_0\, w_{\min} = F_2\, w_{2\max}.$$

Durch Einsetzen dieses Wertes wird die

Differentialgleichung der Druckänderung bei Öldruckverbindung
$$\varphi'' + \frac{1}{T_s}\varphi' + \beta\frac{1}{\delta\, T_a\, T_s}\varphi = 0.$$

Die Gleichung stimmt bis auf den Faktor β mit der Gleichung für starres Rückführgestänge überein. β hat bei Vollast ($z = 1$) den Wert 1, bei anderen Belastungen abweichende Werte, es ist aber immer eine Dämpfung vorhanden. Der Einfluß von β wird bei den weiteren Ableitungen nicht berücksichtigt.

b) Vergleich mit Strömungsdruckabfall.

Um den dämpfenden Einfluß der Rückführung mit der Wirkung des Strömungsdruckabfalls bei Reglern ohne Rückführung vergleichen zu können, wird der frühere Rechnungsgang (Seite 90) mit besserer Anpassung an die Wirklichkeit wiederholt. Man könnte vermuten, daß eine Dämpfung durch den Druckabfall der Rohrleitung wohl theoretisch vorhanden ist, daß sie aber durch sehr geringe Größe praktisch bedeutungslos bleibt. Statt die ganze Rohrleitung, die sich aus unendlich vielen Elementen der Länge dl mit Volumen und Druckabfall zusammensetzt, nur als ein einziges solches Element zu betrachten, wird sie jetzt in zwei gleiche Elemente zerlegt (Abb. 70). Jedes dieser beiden Elemente soll die Anlaufzeit $T_a/2$ und den Druckabfall $\delta_a/2$ der ganzen Rohrleitung haben. Der erste Drosselflansch wird von der Dampfmenge μ durchströmt, wobei der Druckabfall entsteht:

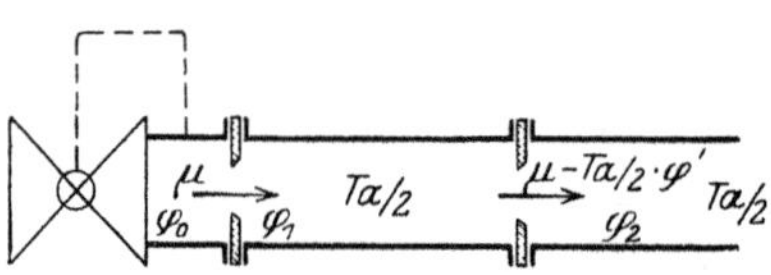

Abb. 70. Schema des Strömungsdruckabfalls mit 2 Rohrleitungs-Elementen.

$$\frac{\varphi_0 - \varphi_1}{2\, z\, \delta_a/2} = \mu.$$

Durch den zweiten Drosselflansch fließt die Dampfmenge μ abzüglich der Dampfmenge $T_a/2 \cdot \varphi_1'$, die vom Element 1 durch Druckänderung aufgenommen wird. Der Dampf fließt dem Element 2 zu und erzeugt dort die Drucksteigerung $T_a/2 \cdot \varphi_2'$

$$\frac{\varphi_1 - \varphi_2}{z\,\delta_a} = \mu - \frac{T_a}{2}\varphi_1' = \frac{T_a}{2}\varphi_2'.$$

Es gilt ferner für den Regler:

Bewegung des Kraftgetriebes durch den Druck φ_0 gesteuert $\quad T_s\,\mu' = \eta = -\frac{\varphi_0}{\delta}.$

Daraus ergeben sich drei simultane Differentialgleichungen für $\varphi_0 \varphi_1 \varphi_2$

$$\mu' = \frac{\varphi_0' - \varphi_1'}{z\,\delta_a} = -\frac{\varphi_0}{\delta\,T_s},$$

$$\frac{\varphi_1' - \varphi_2'}{z\,\delta_a} = -\frac{\varphi_0}{\delta\,T_s} - \frac{T_a}{2}\cdot\varphi_1'',$$

$$\frac{\varphi_1 - \varphi_2}{z\,\delta_a} = \frac{T_a}{2}\cdot\varphi_2'.$$

Für das Gleichungssystem läßt sich nach dem bekannten Ansatz die charakteristische Gleichung bilden

$$\frac{z\,\delta_a\,T_a}{2}\,w^3 + \left(2 + \frac{z^2\,\delta_a^2\,T_a}{2\,\delta\,T_s}\right)w^2 + \frac{3\,z\,\delta_a}{\delta\,T_s}\,w + \frac{2}{\delta\,T_a\,T_s} = 0.$$

Nach Vernachlässigung des zweiten Gliedes vor w^2 und Division durch 2 entsteht

$$\frac{z\,\delta_a\,T_a}{4}\,w^3 + w^2 + \frac{3\,z\,\delta_a}{2\,\delta}\cdot\frac{1}{T_s}\,w + \frac{1}{\delta\,T_a\,T_s} = 0.$$

Der Faktor vor w stellt die Dämpfung des Regelvorganges dar. Ein Teil dieser Dämpfung wird gebraucht, um den Einfluß des Gliedes dritter Ordnung aufzuheben. Dieser Anteil x des Faktors vor w wird durch Einsetzen von x und Bestimmung der Stabilitätsbedingung nach Seite 66 berechnet.

$$\frac{z\,\delta_a\,T_a}{4}\cdot w^3 + w^2 + x\,\frac{3\,z\,\delta_a}{2\,\delta}\cdot\frac{1}{T_s}\cdot w + \frac{1}{\delta\,T_a\,T_s} = 0.$$

Stabilität, wenn $\quad x\cdot\frac{3\,z\,\delta_a}{2\,\delta\,T_s} \geq \frac{z\,\delta_a\,T_a}{4\,\delta\,T_a\,T_s} \quad x = \frac{1}{6}.$

Es genügt also $^1/_6$ des Dämpfungsfaktors, um die Einwirkung des Gliedes mit w^3 aufzuheben, man kann das Glied also vernachlässigen. Abgekürzte charakteristische Gleichung

$$w^2 + \frac{3\,z\,\delta_a}{2\,\delta\,T_s}\,w + \frac{1}{\delta\,T_a\,T_s} = 0.$$

Der Dämpfungsfaktor stimmt bis auf die Zahl $\frac{3}{2}$ statt 2 mit dem früheren Wert (Seite 91) überein. Der Charakter der Schwingung hat sich also durch die Unterteilung der Rohrleitung in zwei Elemente nicht geändert, der Dämpfungsfaktor ist im Verhältnis $2:\frac{3}{2}$ zurückgegangen. Bei einer immer weitergehenden Unterteilung in eine größere Zahl von Elementen nähert man sich voraussichtlich asymptotisch einem Grenzwert für unendlich viele Elemente, und zwar bringen allgemein die ersten Schritte der Unterteilung schon eine gute Näherung an den Grenzwert. Es soll angenommen werden, daß sich der Zahlenfaktor (2, $\frac{3}{2}$ usw.) dem Grenzwert 1 nähert. Die charakteristische Gleichung geht dann über in

charakteristische Gleichung bei Strömungsdruckabfall $$w^2 + \frac{z\,\delta_a}{\delta\, T_s}\,w + \frac{1}{\delta\, T_a\, T_s} = 0\,.$$

Dagegen ist die

charakteristische Gleichung für Regler mit Rückführung $$w^2 + \frac{1}{T_s}\,w + \frac{1}{\delta\, T_a\, T_s} = 0\,.$$

Die Gegenüberstellung beider Gleichungen zeigt, daß der Dämpfungsfaktor in beiden Fällen gleich ist, wenn

$$\frac{z\,\delta_a}{\delta\, T_s} \sim \frac{1}{T_s}\,, \qquad z\,\delta_a \sim \delta\,.$$

Daraus ergibt sich der Satz: Der Druckabfall $z\delta_a$ in einer Rohrleitung ist ebenso wirksam wie die Rückführung eines Reglers, wenn er gleiche Größenordnung hat, wie die Ungleichförmigkeit δ des Reglers.

Es ist deshalb zulässig, mit der gesamten Anlaufzeit T_a und dem gesamten Druckabfall δ_a der Rohrleitung zu rechnen, und die allgemeine Formel für den Strömungsabfall wird:

Angenäherte Größe des Strömungsdruckabfalles $\Delta\,\varphi = z\,\delta_a \cdot \mu\,.$

Der Druckabfall in einer Rohrleitung beträgt tatsächlich bei Vollast meist ein Vielfaches von δ, auch bei reichlich bemessener Rohrleitung können Druckabfälle von etwa 10 % bei Vollast ($z = 1$) auftreten, während die gut ausgebildeten Regler eine Ungleichförmigkeit von 2—4 % haben. Die Rückführwirkung sinkt aber mit den Belastungen ($z < 1$). Für Regler mit Rückführung ist die eigene Dämpfung von der Belastung des Ventils unabhängig, sie wird durch den Strömungsdruckabfall verstärkt.

Leitet man für einen Regler mit Rückführung und Strömungsdruckabfall die Gleichung der Druckänderung ab unter Anwendung des Wertes $\Delta\,\varphi = z\delta_a\mu$, so entsteht die

charakteristische Gleichung für Regler mit Rückführung und Strömungsdruckabfall $$w^2 + \left(1 + \frac{z\,\delta_a}{\delta}\right)\frac{1}{T_s}\,w + \frac{1}{\delta\, T_a\, T_s} = 0.$$

4. Verlauf der Regelung.

Um den Einfluß der verschiedenen Größen und die Möglichkeit ihrer Veränderung durch Einstellung des Reglers und bauliche Maßnahmen festzustellen, wird die charakteristische Gleichung der Druckänderung in bekannter Weise aufgelöst. Damit Regler mit und ohne Rückführung berücksichtigt werden können, schreibt man die Gleichung in der Form

$$w^2 + \frac{\delta_1}{\delta T_s} w + \frac{1}{\delta T_a T_s} = 0,$$

für Regler mit Rückführung ist $\delta_1 = \delta + z\,\delta_a$,
für Regler ohne Rückführung ist $\delta_1 = z\,\delta_a$,

$$w = -\frac{\delta_1}{2\,\delta T_s} \pm \sqrt{\frac{\delta_1^2}{4\,\delta^2 T_s^2} - \frac{1}{\delta T_a T_s}}.$$

Der Verlauf ist aperiodisch, wenn die Wurzel positiv ist.

$$\delta_1^2 T_a > 4\,\delta T_s.$$

Dieser Fall kommt nur für Überströmventile in Betracht, welche direkt vom Kesseldruck (ohne zwischenliegenden Druckabfall) gesteuert werden. Die Anlaufzeit beträgt bei einem Wasserrohrkessel etwa 500 Sek., bei einem Flammrohrkessel noch mehr.

$$T_a = 500 \text{ Sek.}, \quad \delta_1 \sim \delta = 4\%$$

aperiodisch, wenn

$$T_s < 5 \text{ Sek.}$$

Muß hingegen mit der Anlaufzeit einer Rohrleitung in der Größenordnung von $T_a = 1$ Sek. gerechnet werden, dann treten immer Schwingungen auf mit der Frequenz

$$q = \sqrt{\frac{1}{\delta T_a T_s} - \frac{1}{4\,T_s^2}}.$$

Für die vorkommenden Werte von der Größenordnung $\delta \sim 4\%$, $T_a \sim 2$ Sek., $T_s \sim 2$ Sek. kann das zweite Glied immer vernachlässigt werden, so daß man für q und die Dauer T einer Schwingung erhält

$$q = \sqrt{\frac{1}{\delta T_a T_s}}, \qquad T = \frac{2\pi}{q} = 2\pi\sqrt{\delta T_a T_s},$$

also genau die gleichen Formeln wie bei der harmonischen Schwingung. Der Unterschied besteht jedoch im Auftreten einer Dämpfung nach der Gleichung

$$\varphi = e^{-pt}(c_1 \cos q t + c_2 \sin q t)$$

$$p = -\frac{a}{2} = -\frac{1}{2\,T_s}\frac{\delta_1}{\delta}, \qquad q = \sqrt{\frac{1}{\delta T_a T_s}}$$

und, da der Klammerausdruck der Druckänderung φ_h der harmonischen Schwingung entspricht, kann man schreiben:

Dämpfung der Druckänderung $$\varphi = e^{-\frac{\delta_1}{\delta}\frac{t}{2T_s}} \cdot \varphi_h = f_d \cdot \varphi_h.$$

In erster Linie interessiert der Einfluß der Dämpfung auf den größten Druckausschlag, der nach $^1/_4$ Periode, also der Zeit $t = \pi/2$ auftritt. Der größte Ausschlag ist, wenn $\varphi_{\max h}$ den größten Ausschlag der harmonischen Schwingung bedeutet (Seite 82),

$$\varphi_{\max h} = \frac{\lambda}{q\,T_a},$$

größter Ausschlag bei plötzlicher Belastungsänderung $$\varphi_{\max} = e^{-\frac{\pi\delta_1}{4\delta T_s}} \cdot \frac{\lambda}{q\,T_a}.$$

Die Regelung muß folgende Forderungen erfüllen:

1. Der größte Druckausschlag $\varphi_{\max}$ soll klein sein.
2. Die Dauer einer Regelperiode darf nicht zu kurz sein, da sonst die Steuerung zu schnell hin und her gerissen wird.

Die Forderungen sind die gleichen wie bei der Geschwindigkeitsregelung, die Bedingungen, unter denen die Regler arbeiten, sind aber andere. Die Anlaufzeit der Rohrleitung ist um ein Vielfaches kleiner als die einer Maschine (im allgemeinen 0,2—3 Sek. gegen 10—20 Sek.). Das verschlechtert alle maßgebenden Regelgrößen: Die Dämpfung ist weniger wirksam, der größte Ausschlag nimmt bei plötzlichen Änderungen sehr hohe Werte an und auch die Ausschläge bei pulsierenden Schwankungen können eine Größe erreichen, wie sie bei Geschwindigkeitsreglern ganz unbekannt ist. Es muß deshalb festgestellt werden, unter welchen Verhältnissen eine Regelung mit dieser kurzen Anlaufzeit durchgeführt werden kann und wann eine künstliche Vergrößerung der Anlaufzeit nötig ist.

a) Regelung bei gleichförmigen Änderungen.

Bei gleichförmigen Änderungen ist der entstehende Ausschlag verschwindend klein auch ohne Berücksichtigung einer Dämpfung:

Druckausschlag bei gleichförmigen Änderungen $$\boxed{\varphi_{\max} = \delta\,\frac{T_s}{T_0}}$$ (Seite 82),

z. B.

$T_s = 4$ Sek., $T_0 = 60$ Sek., $\delta = 3\,^0/_0$, $\varphi_{\max} = 0{,}2\,^0/_0$.

Der Strömungsdruckabfall verursacht eine Dämpfung, die ausreicht, um das Anwachsen der Schwingungen bei wiederholten Belastungsänderungen zu verhindern, eine Rückführung ist also nicht erforderlich.

Auch die Bedingung, daß die Periode einer Regelschwingung nicht zu klein sein darf, läßt sich leicht erfüllen, ohne daß die Einstellung der Schlußzeit bei Inbetriebsetzung erforderlich ist. Als Grenzfälle großer und kleiner Anlaufzeit T_a können etwa folgende Werte angenommen werden, wenn L die Länge der Rohrleitung und w die Dampfgeschwindigkeit bei größter Last ist.

	L_m	$w_{m/s}$	T_a Sek
Kleinster Wert	10	40	0,25
Größter Wert.	150	30	5

Die Schlußzeit des Reglers ist so zu wählen, daß bei der kleinsten Anlaufzeit $T_a = 0{,}25$ Sek. die Periode von $T = 1$ Sek. nicht unterschritten wird.

$$T = 2\pi \sqrt{\delta T_a T_s}, \quad T = 1; \quad T_a = 0{,}25; \quad \delta = 3\,\%$$

$$T_s = \frac{T^2}{4\pi^2 \delta T_a} = 3{,}3 \text{ Sek.}$$

Benutzt man den gleichen Regler für die größte Anlaufzeit $T_a = 5$ Sek., dann wird die Periode

$$T = 2\pi \sqrt{\delta T_a T_s} = 4{,}45 \text{ Sek.},$$

was durchaus noch zulässig ist.

Regler für gleichförmige Belastungsänderungen mit einer Ungleichförmigkeit $\delta = 2$—$4\,\%$ sind zweckmäßig mit einer Schlußzeit von 4—2,5 Sek. auszuführen. Voraussetzung ist ein annähernd konstantes Druckgefälle für das gesteuerte Ventil (vgl. Seite 112).

Hierzu gehören auch druckgeregelte Kolbenmaschinen, die auf ein Heizdampfnetz arbeiten, oder Zuflußventile, die mit Kolbenmaschinen parallel geschaltet sind, welche von einem Geschwindigkeitsregler gesteuert werden. Die pulsierenden Schwankungen haben bei den großen Rohrleitungsvolumen, die in solchen Fällen vorhanden sind, praktisch keinen Einfluß auf den Regelvorgang. Außerdem treten plötzliche Dampfverbrauchsänderungen nicht auf, selbst wenn die Kolbenmaschine mit schwankender Belastung arbeitet; denn der Geschwindigkeitsregler steuert die Maschine nach dem Gesetz einer gedämpften Schwingung (Seite 68).

b) Plötzliche Belastungsänderungen.

Anders liegen die Verhältnisse, wenn durch gesteuerte Zuflußventile oder Gegendruckmaschinen Dampfhämmer oder handbediente Kolbenmaschinen (z. B. Fördermaschinen) zu versorgen sind. Kolbenmaschinen haben plötzliche Belastungsänderungen und außerdem pulsierende Schwankungen im Dampfverbrauch bei jedem Kolbenhub. Handelt es sich um ein Dampfnetz mit einer größeren Zahl derartiger Verbraucher, so mildert sich der Einfluß der pulsierenden Schwankungen, und man braucht nur die Wirkung der plötzlichen Belastungsänderungen auf den Druckregler zu berücksichtigen. Eine plötzliche Belastungsänderung entsteht beim Einschalten und Abschalten von Maschinen. Ist ΔG die Belastungsänderung und G_n die Normaldampfmenge des Ventils bei voller Öffnung, so bedeutet $\lambda = \Delta G : G_n$ die Änderung als Bruchteil der Gesamtbelastung.

Bei plötzlichen Belastungsänderungen wird man immer bemüht sein, die Dämpfung des Verganges möglichst wirksam zu machen, indem man die Periode der Regelschwingung auf einen Wert von 1—2 Sek. herunterdrückt. Für eine bestimmte Ungleichförmigkeit und Anlaufzeit läßt sich die Periode durch Einstellung der Schlußzeit T_s beeinflussen.

$$T = 2\pi\sqrt{\delta\, T_a\, T_s}, \qquad T_s = \frac{T^2}{4\pi^2\,\delta\, T_a}, \qquad \frac{1}{q} = \frac{T}{2\pi}.$$

Da der zulässige Mindestwert der Periode maßgebend ist (wenn nicht unausführbar kleine Schlußzeiten entstehen, was am Ende der Rechnung nachzuprüfen ist), wird in der Gleichung des größten Ausschlages $\varphi_{\max}$ (Seite 100) der Wert von T_s durch T ersetzt

$$\varphi_{\max} = e^{-\frac{\pi\,\delta_1}{4\,\delta\, T_s}} \cdot \frac{\lambda}{q\cdot T_a} = e^{-\frac{\pi^3\,\delta_1\, T_a}{T^2}} \cdot \frac{\lambda\cdot T}{2\pi\, T_a}.$$

Es ist festzustellen, ob bei den gegebenen Werten von T_a, δ_1 und λ der Ausschlag $\varphi_{\max}$ in zulässigen Grenzen bleibt, oder wie ein Puffer zur künstlichen Vergrößerung der Anlaufzeit bemessen sein muß, damit ein festgesetzter Ausschlag $\varphi_{\max}$ nicht überschritten wird. Um diese Aufgabe durch Aufzeichnung einer Kurvenschar zu erleichtern, müßte für den zweiten Fall ein einziger Linienzug vorhanden sein mit den Werten von T_a und $\varphi_{\max}$ an den beiden Endpunkten. In der Formel erscheint aber T_a zweimal, man müßte also probeweise Werte von T_a wählen, um den gewünschten Wert von $\varphi_{\max}$ zu erhalten. Durch eine Umformung der Formel wird

$$\varphi_{\max} = e^{-\frac{\pi^3\,\delta_1\, T_a}{T^2}} \cdot \frac{T^2}{\pi^3\,\delta_1\, T_a} \cdot \frac{\pi^3\,\delta_1}{T} \cdot \frac{\lambda}{2\pi} = e^{-a} \cdot \frac{1}{a} \cdot \frac{\pi^2\,\delta_1\,\lambda}{2\,T}.$$

Der Wert von T_a ist dann nur einmal erforderlich, um den Ausdruck $e^{-a}\cdot 1/a$ zu bilden, und es entsteht danach die Kurvenschar (Abb. 71). Aus den Kurven kann außerdem festgestellt werden, wie die Schlußzeit T_s zu bemessen ist, um den gewählten Wert der Periode T (1—2 Sek.) einzuhalten. Für δ_1 ist einzusetzen:

Linienzug $T_a \rightleftarrows \varphi_{\max}$:

Regler mit Rückführung $\qquad \delta_1 = \delta + z\,\delta_a$

Regler ohne Rückführung $\qquad \delta_1 = z\,\delta_a$

Linienzug $T_a \rightarrow T_s$: $\qquad \delta_1 = \delta$.

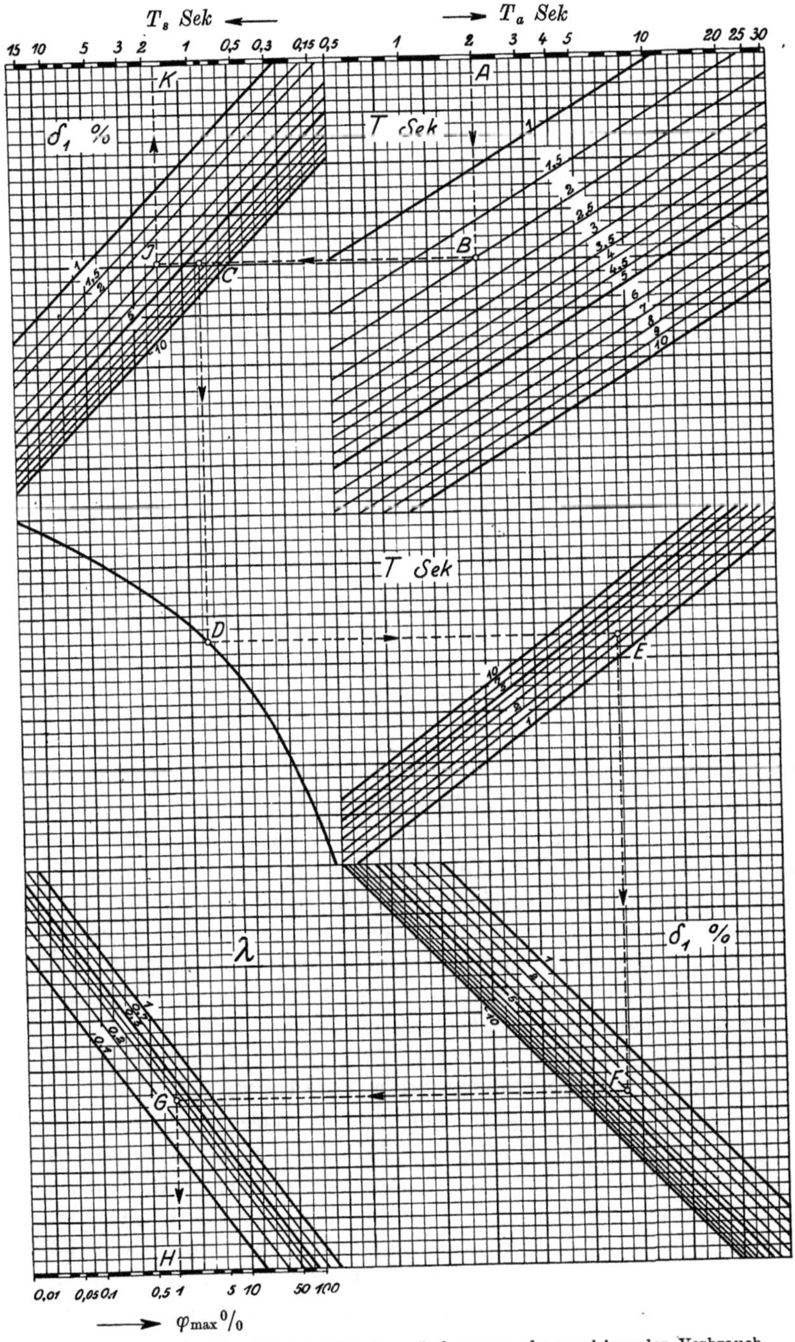

Abb. 71. Kurvenschar für plötzliche Belastungsänderungen ohne pulsierenden Verbrauch. T_a = Anlaufzeit der Rohrleitung (S. 74); T = Periode einer Regelschwingung (1—2 Sek. annehmen, siehe auch S. 114); δ_1 = siehe S. 102. λ = plötzliche Belastungsänderung bezogen auf die Normaldampfmenge; φ_{max} = größter Druckausschlag, T_s = Schlußzeit des Reglers.

Es bedeutet:

δ = Ungleichförmigkeit des Reglers,
δ_a = Druckabfall in der Rohrleitung bei der Normaldampfmenge,
z = Belastung = wirkliche Dampfmenge : Normaldampfmenge.

Beispiel. Ein Dampfnetz, das mehrere Maschinen versorgt, hat 2 Maschinen, die je $40\,^0/_0$ der Normaldampfmenge des Ventils brauchen; es ist damit zu rechnen, daß im schlimmsten Fall beide Maschinen gleichzeitig abgestellt werden, also $\lambda = 2 \times 0{,}4 = 0{,}8$. Die Belastung z ist nach Abstellen $z = 0{,}2$ und der Dampfdruck für die übrigen Verbraucher soll beim Abstellen um nicht mehr als $\varphi_{\max} = 5\,^0/_0$ abweichen. Der Druckabfall in der Rohrleitung, durch den für Regler ohne Rückführung die Dämpfung gebildet, für Regler mit Rückführung die Dämpfung unterstützt wird, beträgt bei der Normaldampfmenge $\delta_a = 5\,^0/_0$. Die Periode der Regelung wird auf $T = 1{,}5$ Sek. heruntergesetzt. Ungleichförmigkeit des Reglers $\delta = 3\,^0/_0$. Der Mindestwert der Anlaufzeit ist zu bestimmen und die erforderliche Schlußzeit T_s festzustellen.

Linienzug $\varphi_{\max} \rightarrow T_a$:

$\varphi_{\max} = 5\,^0/_0$, $\lambda = 0{,}8$, δ_1, $T = 1{,}5$ Sek, δ_1, T, T_a

		Mindestwert von T_a nach Kurvenschar Sek.
Regler mit Rückführung	$\delta_1 = \delta + z\delta_a = 3 + 1 = 4\,^0/_0$	1,6
Regler ohne Rückführung	$\delta_1 = z\,\delta_a = 1\,^0/_0$	2,7

Linienzug $T_a \rightarrow T_s$:

	T_a Sek.	$\delta_1 = \delta$	T_s nach Kurvenschar Sek.
Regler mit Rückführung	1,6	$3\,^0/_0$	1,2
Regler ohne Rückführung	2,7	$3\,^0/_0$	0,7

Man erkennt an diesem Beispiel das abweichende Verhalten der Regler ohne Rückführung bei starken plötzlichen Belastungsänderungen (auf geringe Belastung z). Die Anlaufzeit $T_a = 1{,}6$ Sek. wird bei der Versorgung mehrerer Maschinen im allgemeinen vorhanden sein, seltener eine Anlaufzeit von 2,7 Sek. (Seite 74). Jedenfalls ist eine Herabsetzung und Einstellung der Schlußzeit T_s (etwa 1 Sek. gegen 2,5—4 Sek. bei gleichförmigen Belastungsänderungen) zweckmäßig, um durch Kürzung der Periode die Mindestanlaufzeit klein zu halten.

c) Pulsierender Verbrauch.

Versorgt ein gesteuertes Zuflußventil oder eine druckgeregelte Gegendruckmaschine eine einzige Kolbenmaschine, die durch Handbedienung plötzliche Belastungsänderungen erfährt (z. B. eine Fördermaschine), so darf man im allgemeinen die pulsierenden Schwankungen bei jedem Kolbenhub nicht außer acht lassen. In solchen Fällen können kurze Rohrleitungen mit geringer Anlaufzeit vorhanden sein. Es ist nachzuprüfen, ob nicht zur Herabsetzung der pulsierenden Druckschwankungen die Anlaufzeit der Rohrleitung durch Einbau eines

Puffers künstlich vergrößert werden muß. Bleiben die pulsierenden Druckschwankungen in zulässigen Grenzen, so ist wiederum der größte Druckausschlag $\varphi_{\max}$ bei Belastungsänderung für die Bestimmung der Mindestanlaufzeit maßgebend. Durch das eigenartige Verhalten massenloser Regler mit hoher Empfindlichkeit können aber die pulsierenden Druckschwankungen den Dämpfungsvorgang des Regelungsverlaufes unterstützen, so daß günstigere Verhältnisse vorliegen, als sie sich aus den bisherigen Rechnungen ergeben.

Man muß 2 Vorgänge unterscheiden:

1. Bei jedem Hub der Kolbenmaschine pulsiert der Dampfverbrauch zwischen 0 und einem Höchstwert; der mittlere Dampfverbrauch kann dabei konstant bleiben. Sind außer der Kolbenmaschine noch andere (nicht pulsierende) Verbraucher vorhanden, so ist die mittlere Vollastdampfmenge der Maschine nur ein Teil der Gesamtdampfmenge G_n, für welche das gesteuerte Zuflußventil gebaut ist. Ist die Maschine nur teilweise belastet, dann bezeichnet z den mittleren Dampfverbrauch im Verhältnis zum Gesamtdampfverbrauch G_n. Die Periode T_p der pulsierenden Schwankung ist die Dauer eines Kolbenhubes:

$$\text{Periode der pulsierenden Schwankungen} \quad T_p = \frac{30}{n}\ \text{Sek.},$$

$$\text{z. B.} \quad n = 60\,, \quad T_p = 0{,}5\ \text{Sek}\,.$$

Diese Schwankungen sind nicht als Belastungsänderungen anzusehen, das gesteuerte Organ soll darauf möglichst wenig ansprechen.

2. Der mittlere Dampfverbrauch der Maschine kann von einem Hub zum nächsten von Hand plötzlich verstellt werden, z. B. von 1/1 auf 0 oder von 1/2 auf 1/1-Last. Der Anteil der Verstellung im Verhältnis zum Gesamtdampfverbrauch ist die plötzliche Laständerung λ.

Die pulsierenden Schwankungen treten auch bei Geschwindigkeitsregelung auf. Durch die große Anlaufzeit der Maschine (der Rohrleitung gegenüber) sind die Geschwindigkeitsausschläge aber klein im Verhältnis zur Ungleichförmigkeit des Reglers, und ihre Periode ist auch meist viel kürzer als die der Reglerschwingung, so daß man sie nicht zu berücksichtigen braucht. Abb. 72 zeigt den von Stodola[1]) aufgenom-

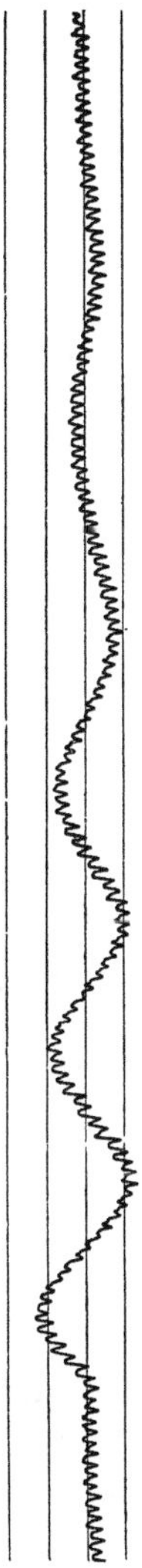

Abb. 72. Drehzahl einer Kolbenmaschine während der Regelung: kurze und kleine pulsierende Schwankungen innerhalb einer Regelperiode.

[1]) Stodola: Dampf- und Gasturbinen. 6. Auflage, S. 450. Berlin: Julius Springer 1925.

menen Verlauf der Drehzahländerungen einer Kolbenmaschine; die kurzen und geringen Schwankungen lagern sich über die Reglerschwingung.

Es soll jetzt berechnet werden, welche Druckausschläge für pulsierende Schwankungen einer Kolbendampfmaschine bei der kleinen Anlaufzeit der Rohrleitungen entstehen. Um diesen Vorgang von den Belastungsänderungen zu unterscheiden, wird eine konstante Belastung angenommen (Abb. 73). Der Dampfverbrauch G der Maschine ist angenähert der Kolbengeschwindigkeit s' in jedem Augenblick proportional, solange die Steuerung offen steht.

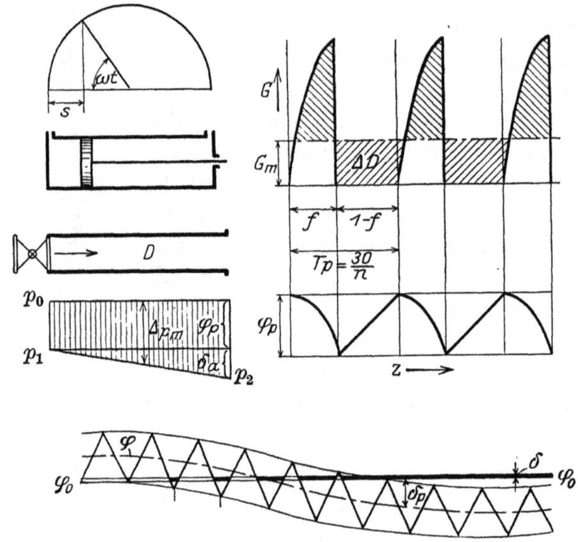

Abb. 73. Verlauf der pulsierenden Schwankungen und des Regeldruckes einer Kolbenmaschine.

$$s = 1 - \cos \omega t,$$

$$G \sim s' = \omega \sin \omega t.$$

Der Dampfverbrauch ist also der Anfang einer Sinuslinie bis zum Höchstwert, dann schließt die Steuerung, und er geht auf 0 zurück, bis sich der Vorgang beim nächsten Hub wiederholt. Der Dampfdruckregler soll unverändert die mittlere Dampfmenge G_m liefern, der Ausgleich erfolgt durch das Volumen der Rohrleitung. Die der Rohrleitung entnommene Dampfmenge und damit die Druckänderung ist dem Kolbenhub s proportional, so daß sich während der Füllung der Maschine der Druck proportional zum Hub ändert.

$$p = p_0 (1 - \cos \omega t).$$

Bei Abschluß der Maschinensteuerung steigt durch die konstant anfallende Dampfmenge G_m der Druck linear mit der Zeit. Nach diesem Vorgang des Aufladens der Leitung wird der Druckausschlag berechnet unter der Annahme eines Druckabfalls δ_a in der Rohrleitung durch die Dampfmenge G_m.

Der Dampfinhalt D der Rohrleitung ändert sich durch die Steigerung des Druckes von der Linie $p_1 p_2$ auf p_0. Setzt man

$$\gamma \sim \frac{p}{2} \qquad \varphi \cdot p_0 = \Delta p$$

so ist

$$\Delta D = V \cdot \Delta \gamma = \frac{V}{2} \Delta p_m = \frac{V}{2} \cdot p_0 \left(\varphi_p + \frac{\delta_a}{2}\right) = D_0 \left(\varphi_p + \frac{\delta_a}{2}\right),$$

was sich unmittelbar aus der Zeichnung ergibt. D_0 ist der Dampfinhalt beim Druck p_0. Der Dampfinhalt ΔD ist die Menge G_m, welche während der Zeit $\Delta t = (1 - f)\, T_p$ anfällt; $G_m = z\, G_n$ (G_n ist die Normaldampfmenge des Ventils, z die Belastungsänderung, f der zeitliche Füllungsgrad)

$$G_m \cdot \Delta t = z\, G_n (1 - f)\, T_p = D_0 \left(\varphi_p + \frac{\delta_a}{2}\right).$$

$D_0 : G_n$ ist die Anlaufzeit T_a der Rohrleitung. Man setzt für T_p den Wert $30 : n$ ein und erhält

$$\varphi_p = z(1 - f) \frac{T_p}{T_a} - \frac{\delta_a}{2} = z(1 - f) \frac{30}{n\, T_a} - \frac{\delta_a}{2}.$$

Zur Vereinfachung wird an Stelle der tatsächlichen Kurve des pulsierenden Druckes ein geradlinig zackiger Verlauf angenommen und für den zeitlichen Füllungsgrad $f = 0{,}5$. Der Druck pulsiert dann symmetrisch um eine Mittellinie und der größte Ausschlag δ_p von dieser Linie ist $\varphi_p/2$:

Pulsierender Druckausschlag $$\delta_p = \frac{\varphi_p}{2} = z \cdot \frac{7{,}5}{n\, T_a} - \frac{\delta_a}{4}$$

z. B. Belastung $z = 1$, Anlaufzeit der Rohrleitung $T_a = 1{,}5$ Sek., Drehzahl der Maschine $n = 60$ Uml./Min., Druckabfall $\delta_a = 4\%$, $\delta_p = 8{,}4 - 1\% = 7{,}4\%$.

Bei den Werten des Beispiels, die als durchaus normal betrachtet werden können, sind die pulsierenden Druckausschläge ein Vielfaches der Ungleichförmigkeit δ des Reglers (2—4%).

Trotzdem die Periode dieser Schwingung kleiner als $^1/_2$ Sek. (bei $n = 60$, $T_p = {}^1/_2$ Sek.) ist, machen die „massenlosen" Regler diese Schwingungen bei den beschriebenen Bauarten fast vollständig mit. Durch Masse und Reibung bleibt aber meist das träge Kraftgetriebe von diesen schnellen Veränderungen praktisch unberührt. Die Arbeitsweise der Steuerung wird dann durch die pulsierenden Schwankungen vollkommen verändert. Solange die Belastung konstant bleibt, pulsiert der Druck um eine Mittellinie φ. Bei Belastungsänderungen verändert sich der Mitteldruck φ und die Steuerung des Kraftkolbens wird folgendermaßen eingeleitet:

Die Ungleichförmigkeit δ, durch welche der Schieber vollkommen öffnet, sei verschwindend klein gegen die pulsierende Schwankung δ_p. Zu den Zeiten, in denen der Druck tiefer ist als der Mitteldruck, steht dann der Schieber voll offen, die übrige Zeit vollständig zu (in der Zeichnung mit schwarzer und weißer φ_0-Linie angedeutet). Bei Zusammenfallen der Mittellinie φ der Druckschwingung und der Ruhestellung φ_0 des Steuerschiebers wird die Druckschwingung symmetrisch geteilt, die Zeiten der Öffnung sind also den Zeiten des Schließens gleich, und das Kraftgetriebe bleibt in Ruhe. Verschiebt sich die Mittellinie der Druckänderung φ gegen die Mittelstellung φ_0 z. B. nach unten, wie in der Zeichnung, so überwiegen die Zeiten, in denen der Ölstrom auf Öffnen des Ventils wirkt, gegen die Zeiten des Schließens. Die dauernd offene Stellung des Steuerschiebers wird aber erst erreicht, wenn die Drucksenkung φ so groß ist, daß die Mittelstellung φ_0 die Spitze der Zacke nicht mehr erreicht. In diesem Falle ist die Änderung des Mitteldruckes δ_p. Diese Änderung ist erforderlich, um dauernd volle Öffnung des Steuerschiebers zu erreichen. Erst bei der Abweichung des Mitteldruckes φ von der Ruhestellung φ_0 des Steuerschiebers um δ_p ist der Steuerschieber so weit geöffnet, daß der Kraftkolben seinen vollen Hub in der Schlußzeit T_s zurücklegt. Bei geringeren Abweichungen $\varphi - \varphi_0$ bewegt sich der Kraftkolben langsamer. Man kann nachweisen, daß bei geradlinigen Zacken für den Verlauf der pulsierenden Druckänderung und kleiner Ungleichförmigkeit δ gegen δ_p die Geschwindigkeit des Kraftkolbens dem Druckunterschied $\varphi - \varphi_0$ proportional ist; auch wenn δ nicht verschwindend klein ist gegen δ_p, gelten ähnliche Verhältnisse. Die Wirkung der Ungleichförmigkeit δ wird also ersetzt durch den pulsierenden Druckausschlag δ_p, und für die Reglerabweichung gilt die Formel:

Reglerabweichung bei pulsierendem Druckausschlag $\quad \eta = \mp \frac{\varphi}{\delta_p}$.

B e i p u l s i e r e n d e n D r u c k ä n d e r u n g e n w i r d d e r V e r l a u f d e s R e g e l v o r g a n g e s n i c h t d u r c h d i e U n g l e i c h f ö r m i g k e i t δ d e s R e g l e r s , s o n d e r n d u r c h d e n p u l s i e r e n d e n D r u c k a u s s c h l a g δ_p b e s t i m m t .

Die Beeinflussung des Reglers durch die große Ungleichförmigkeit δ_p der pulsierenden Schwankung hat aber den bedeutenden Vorteil, daß eine s t a r k e D ä m p f u n g der Ausschläge des Mitteldruckes eintritt; die Ausschläge des Mitteldruckes werden deshalb für bestimmte Belastungsänderungen viel kleiner, als sie beim Fehlen pulsierender Schwankungen sein würden. Für den Ausschlag des Mitteldruckes gilt die Formel

$$\varphi_{\max} = e^{-\frac{\pi}{4 T_s}} \cdot \frac{\lambda}{q\, T_a}.$$

Auch hier darf die Schwingungsdauer T einen bestimmten Wert nicht unterschreiten. Die Schlußzeit T_s und q sind durch T zu ersetzen und für δ der Wert von δ_p zu berücksichtigen. Der Druckabfall δ_a ist klein gegen δ_p und wird vernachlässigt.

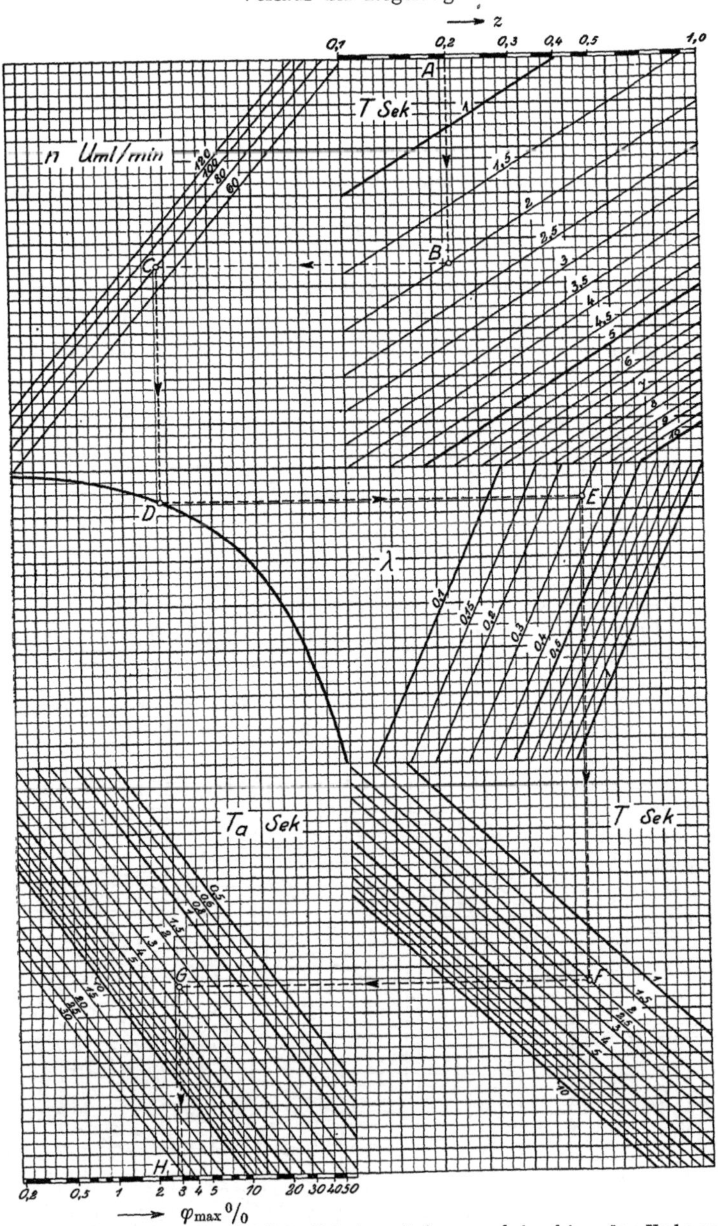

Abb. 74. Kurvenschar für plötzliche Belastungsänderungen bei pulsierendem Verbrauch.
z = Belastung;
T = Periode einer Regelschwingung (1—2 Sek.);
n = Drehzahl der Maschine;
λ = plötzliche Belastungsänderung bezogen auf die Normaldampfmenge;
T_a = Anlaufzeit der Rohrleitung, S. 74;
φ_{max} = größter Druckausschlag.
Kurvenschar nur gültig, wenn
$\delta_p > \delta$ δ_p nach Abb. 75, δ = Ungleichförmigkeit des Druckreglers in %.

$$T = 2\pi\sqrt{\delta_p \cdot T_a T_s}, \qquad \delta_p = z\frac{7{,}5}{n \cdot T_a}, \qquad T^2 = \frac{4\pi^2 T_a T_s \cdot z \cdot 7{,}5}{n T_a},$$

$$\frac{\pi}{4 T_s} = \frac{7{,}5 \cdot \pi^3 \cdot z}{n T^2}, \qquad T = \frac{2\pi}{q},$$

Druckausschlag bei pulsierendem Verbrauch

$$\varphi_{\max} = e^{-7{,}5\frac{\pi^3 z}{n T^2}} \cdot \frac{\lambda T}{2\pi T_a}.$$

Die Werte der Formel sind in Kurvenschar (Abb. 74) dargestellt. Für T ist der zulässige Mindestwert einzusetzen. Der Verkürzung der Schwingungsdauer ist hier nicht nur mit Rücksicht auf die Schonung

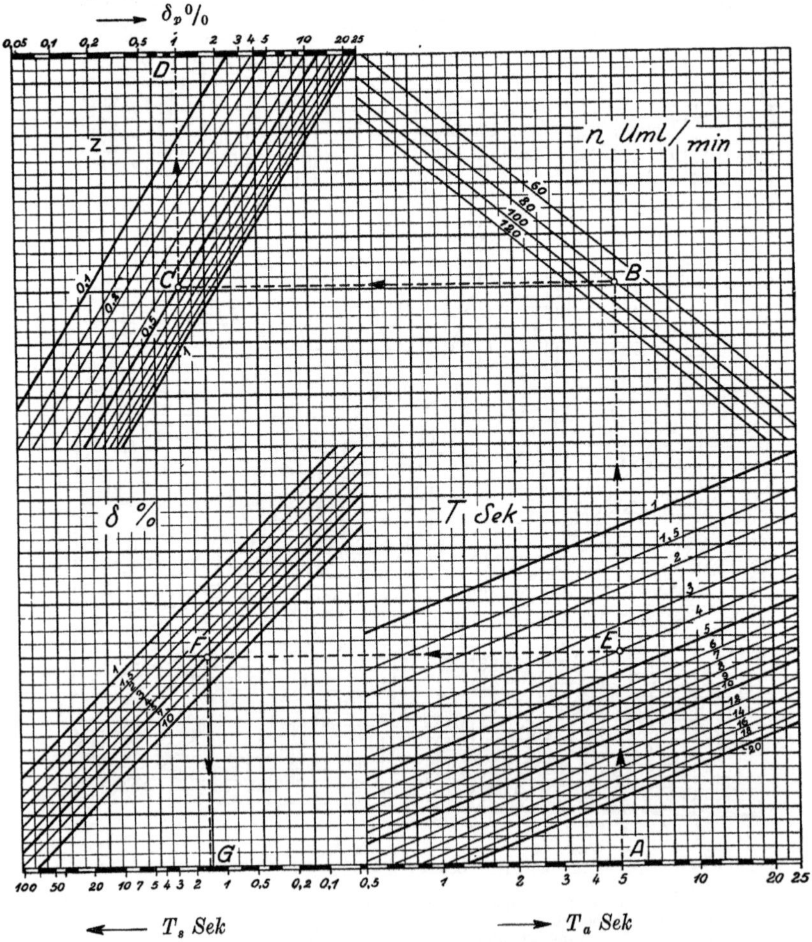

Abb. 75. Ergänzungskurvenschar zu Abb. 76.

δ_p = Pulsierender Druckausschlag in %; δ = Ungleichförmigkeit des Druckreglers; T_a = Anlaufzeit der Rohrleitung, S. 74; T_s = Schlußzeit des Kraftgetriebes; T = Periode einer Regelschwingung; n = Drehzahl der Maschine; z = Belastung.

des Reglers eine Grenze gesetzt, die Periode T muß auch um ein Vielfaches größer sein als die Periode der pulsierenden Druckschwankung, damit der Regelvorgang nicht gestört wird. Die Langsamläufer mit $n = 60$ Uml./Min. haben eine Periode $T_v = 30 : 60 = 0{,}5$ Sek. Eine Schwingungsdauer $T = 1{,}5$ Sek. ist dreimal länger und wird in den meisten Fällen zulässig sein, um ungünstige Beeinflussung (teilweise Resonanz) des Regelvorganges durch die pulsierenden Schwankungen zu verhindern (Seite 85).

Außerdem müssen aber noch andere Größen des Regelvorganges nachgeprüft werden, die aus diesem Rechnungsgang nicht unmittelbar entnommen werden können. Dazu dient die Kurvenschar Abb. 75, aus der die Schlußzeit und der pulsierende Druckausschlag δ_p aus T_a und T ermittelt werden.

$$\delta_p = \frac{7{,}5 \cdot z}{n \cdot T_a} \qquad T_s = \frac{T^2}{4\pi^2 \delta T_a}$$

Die Schlußzeit darf je nach der Bauart des Reglers nicht kürzer sein als 0,5—2 Sek. — Der Druckausschalg δ_p ist durch die Art des Verbrauchers nach oben begrenzt. Aber es muß auch festgestellt werden, ob δ_p bei der gewählten Anlaufzeit nicht etwa kleiner ist als die Ungleichförmigkeit δ des Reglers. Dann haben die Werte von $\varphi_{\max}$ nach der Kurvenschar (Abb. 74) keine Gültigkeit; denn sie sind unter der Voraussetzung abgeleitet, daß $\delta_p > \delta$. Bei kleinerem δ_p als δ wird der Regelvorgang durch die Ungleichförmigkeit δ bestimmt, und es gilt die Kurvenschar (Abb. 71). Man muß die Verhältnisse für die einzelnen Belastungsfälle an Hand eines Dampfdiagrammes getrennt untersuchen.

Beispiel: Bei einer Fördermaschine (Abb. 76) steigt der Dampfverbrauch zunächst bei größter Füllung gleichförmig, bis die größte Drehzahl erreicht wird. Dann vermindert man plötzlich die Dampfmenge um $\lambda = 60\,\%$ auf $z = 40\,\%$ und fährt mit konstanter Drehzahl und Geschwindigkeit, bis der Dampf um $\lambda = 40\,\%$ auf $z = 0$ abgestellt wird. Die Drehzahl der Maschine ist $n = 60$ Uml./Min. Der Regler mit einer Ungleichförmigkeit von $\delta = 2\,\%$ hat Rückführung, der Druckabfall in der kurzen Rohrleitung zwischen Regler und Maschine ist vernachlässigbar klein. Die Anlaufzeit soll trotz der kurzen Rohrleitung so groß sein, daß die pulsierende Schwankung für die höchste Dampfbedarfsspitze ($z = 1$)

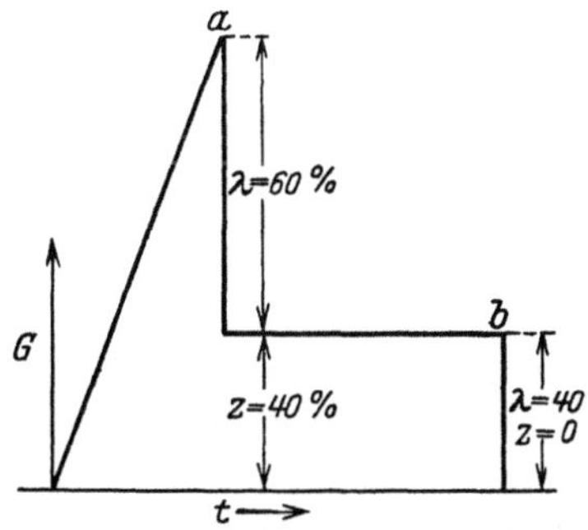

Abb. 76. Dampfverbrauch einer Fördermaschine während eines Zuges.

den Wert von $\delta_p = 10\,\%$ nicht überschreitet und daß bei einer Periode $T = 1{,}5$ Sek. für keine der plötzlichen Belastungsänderungen der Druckausschlag größer als $\varphi_{max} = 5\,\%$ wird; die Schlußzeit T_s zur Einhaltung der Periode ist nachzuprüfen.

Pulsierende Schwankung . . . . . $\delta_p = 10\,\%$, $z = 1$, $n = 60$
Mindestwert von T_a nach Kurvenschar Abb. 75 $T_a = 1{,}25$ Sek.
Größter Druckausschlag bei Belastungsänderungen . . . . $\varphi_{max} = 5\,\%$, $T = 1{,}5$ Sek. $n = 60$

Belastungsfall	λ	z	nach Kurvenschar	T_a Sek. mindestens	T_s Sek.
a	0,6	0,4	Seite 109	1,45	1,9
b	0,4	0	Seite 103, da bei $z = 0$ auch $\delta_p = 0$	1,35	2,1

Die Kurvenschar (Seite 109) gilt nur, wenn $\delta_p > \delta$ ($\delta = 2\,\%$); die Nachprüfung ergibt, daß in Fall a $\delta_p = 3{,}4\,\%$ ist; in Fall b ist $\delta_p = 0$, es muß also in Fall b die Kurvenschar (Seite 103) **ohne** pulsierende Schwankungen benützt werden. In Fall a ist durch die Dämpfung des pulsierenden Schwankungen der Mindestwert der Anlaufzeit T_a nur wenig größer als im Fall b, trotz der wesentlich stärkeren Belastungsschwankung; statt 1,35 Sek. würde die Rechnung ohne pulsierende Schwankungen 2 Sek. ergeben.

d) Regelung bei veränderlichem Druckgefälle.

Bisher wurde angenommen, daß der Dampfdruckregler zwei Netze konstanten Druckes verbindet. Abgesehen von den kleinen Druckschwankungen zur Durchführung des Regelvorganges war dabei das Druckgefälle und damit die Dampfgeschwindigkeit im Netz des Regelventils konstant. Es gibt aber Fälle, in denen ein Netz mit veränderlichem Druck durch einen Dampfdruckregler mit einem Netz konstanten Druckes verbunden wird.

Das veränderliche Druckgefälle verändert die Geschwindigkeit im Ventilsitz. Das Ventil muß imstande sein, die Normaldampfmenge G_n bei der kleinsten Geschwindigkeit w_n abzugeben, die beim kleinsten Druckgefälle auftritt. Beim größten Druckgefälle steigert sich die Geschwindigkeit auf w_{max} und bei voller Öffnung strömt eine Dampfmenge G_{max} durch das Ventil. Das Verhältnis der Dampfmengen wird durch den Durchflußfaktor v berücksichtigt.

$$\text{Durchflußfaktor} \quad v = \frac{G_{max}}{G_n}.$$

Man muß 2 Fälle unterscheiden:

1. Anfangsdruck konstant, Enddruck veränderlich.

Die Geschwindigkeit steigt bis zum kritischen Wert und bleibt dann konstant (Seite 36).

2. Anfangsdruck veränderlich, Enddruck konstant.

Die Geschwindigkeit wächst bis zum kritischen Druckverhältnis stark an und verändert sich dann weiter proportional zum absoluten Anfangsdruck.

Nach der Formel (Seite 37) wurden die Werte von v ermittelt und in Abb. 77 dargestellt für verschiedene Werte von Druckverhältnis und Normalgeschwindigkeit w_n des Ventils.

Den Normalverhältnissen bei kleinstem Druckgefälle gegenüber geht beim größten Gefälle durch das Ventil bei den gleichen Werten

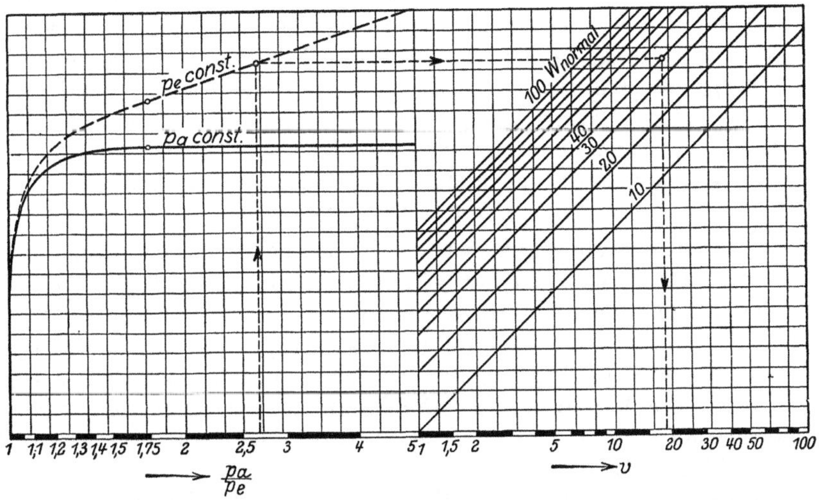

Abb. 77. Kurvenschar des Durchflußfaktors v in Abhängigkeit vom größten Druckverhältnis p_a/p_e und der (kleinsten) Normalgeschwindigkeit w_n.
p_a = Anfangsdruck vor dem Ventil, p_e = Enddruck hinter dem Ventil.

von φ, η und μ die v-fache Dampfmenge. Dies hat Einfluß auf die Gleichungen der Druckänderung und des Strömungsdruckabfalls. An Stelle des Wertes μ kommt die Größe $v \cdot \mu$

Gleichung der Druckänderung $v \cdot \mu = T_a \cdot \varphi'$,

Strömungsdruckabfall $\Delta\varphi = v \cdot z\,\delta_a\,\mu$.

Um den Einfluß des Durchflußfaktors v zu erkennen, wird die Differentialgleichung für einen Regler mit Rückführung und Strömungsdruckabfall aufgestellt, wobei φ_1 der Regeldruck am Ventil ist, φ der Druck am Verbraucher, also

$$\varphi_1 - \varphi = v \cdot z\,\delta_a\,\mu = z\,\delta_a\,T_a\,\varphi_1',$$

Reglergleichung $$\eta = -\frac{\varphi_1}{\delta},$$

Bewegung des Kraftgetriebes

$$T_s \mu' = \eta - \mu = -\frac{\varphi_1}{\delta} - \mu,$$

Differentialgleichung der Druckänderung beim Durchflußfaktor v

$$\varphi_1'' + \left(\frac{\delta_a z}{\delta T_s} v + \frac{1}{T_s}\right)\varphi_1' + \frac{v}{\delta T_a T_s}\cdot\varphi_1 = 0\,.$$

Der Durchflußfaktor wirkt auf die Schwingungsdauer, die sich auf den Wert T_v erhöht.

$$T_v = \frac{2\pi}{q} = 2\pi\sqrt{\frac{\delta T_a T_s}{v}} = \frac{T}{\sqrt{v}}\,.$$

Die Schwingungsdauer ist kleiner als bei Normalverhältnissen (Faktor $1/\sqrt{v}$). Wenn der Regler also bei Normalverhältnissen die kleinste zulässige Periode T hat, z. B. 1,5 Sek., so sinkt sie bei $v = 25$ auf $^1/_5$, also 0,3 Sek., was ganz unzulässig ist. Die Regelung muß so eingerichtet werden, daß erst beim höchsten Durchflußfaktor v die kleinste zulässige Schwingungsdauer z. B. $T_{\min} = 1{,}5$ Sek. erreicht wird. Bei Normalverhältnissen muß die Schwingungsdauer betragen

$$T_n = T_{\min}\cdot\sqrt{v}\,.$$

Auf den Dämpfungsfaktor der Differentialgleichung (Glied mit φ') hat der Durchflußfaktor nur beim Strömungsdruckabfall unmittelbaren Einfluß, und zwar verbessert sich die Dämpfung mit wachsendem v. Außerdem sinkt der größte Druckausschlag $\varphi_{\max}$ (Seite 102) mit abnehmender Schwingungsdauer. Die Dämpfung des Druckausschlages wächst also bei steigendem Durchflußfaktor (kleinere Schwingungsdauer) auf jeden Fall. Bei Normalverhältnissen ($v = 1$) wird der Druckausschlag am größten. Die Periode T_n muß dann groß sein, damit sie bei erhöhtem Durchfluß den Wert $T_{\min} \sim 1{,}5$ Sek. nicht unterschreitet. Durch diese Bedingung ist die Dämpfung bei Normalverhältnissen schwach und die Anlaufzeit T_a muß so groß gemacht werden, daß der Druckausschlag zulässig bleibt. Die Ausschläge bei erhöhtem Durchfluß sind dann jedenfalls kleiner. Für T_a ergeben sich bei veränderlichem Druckgefälle so große Werte, daß die pulsierenden Schwankungen verschwinden. Es gilt also die Regel:

Bei veränderlichem Druckgefälle ist der Druckausschlag für das kleinste Druckgefälle festzustellen und mit einer Schwingungsdauer T zu rechnen die $\sqrt{v}$ mal größer ist als der zulässige Mindestwert. (Kurvenschar Seite 103 ohne pulsierende Schwankungen benutzen.)

Beispiel. $\lambda = 1$, $v = 20$, $\delta = 3\,^0/_0$, $\varphi_{\max} = 5\,^0/_0$, $T_{\min} = 2$ Sek., $T_n = \sqrt{v}\cdot T_{\min} = 9$ Sek. Nach Kurvenschar (Seite 103) $T_a = 22$ Sek., $T_s = 3$ Sek. δ_p hat bei $n = 60$ Uml/Min. den Wert von $0{,}7\,^0/_0$, ist also in der Tat viel kleiner als $\delta = 3\,^0/_0$.

Durch besondere Maßnahmen kann man mit wesentlich kürzerer Periode bei geringem Druckgefälle arbeiten, ohne daß bei großem Druckgefälle eine unzulässige Verkürzung der Periode eintritt. Der Dampfdruckregler von Askania (Seite 54) hat ein Übersetzungsgestänge, durch welches das Kraftgetriebe bei geringem Druckgefälle, also großen Ventilhüben, eine starke Verstellwirkung auf das Ventil ausübt; bei großem Gefälle, das die Anwendung kleiner Ventilhübe erfordert, ist die Verstellung des Ventils bei der Bewegung des Kraftgetriebes um einen gleich großen Hub wesentlich geringer. Wenn das Verhältnis der Verstellung des Ventils bei größten und kleinsten Hüben dem Durchflußfaktor v gleich ist, dann erhält man trotz der veränderlichen Druckgefälles angenähert Proportionalität zwischen der Hubänderung des Kraftgetriebes und der Mengenänderung des gesteuerten Dampfes. Die Schwierigkeiten des veränderlichen Druckgefälles fallen dann fort oder sie werden gemildert. Derartige Anordnungen können bei mittelbaren Schaltungen (Seite 126) die Stabilitätsbedingungen verbessern.

Ein anderes Mittel, durch welches eine ähnliche Wirkung erreicht wird, besteht in der Anwendung eines besonders geformten Drosselansatzes, der bei annähernd geschlossenem Ventil nur ganz geringe Querschnitte freigibt.

e) Anordnung von Puffern.

Wenn ein zusätzlicher Pufferraum angeordnet werden muß, so ist auf die Einbaustelle zu achten. Nach bisherigen Anschauungen war man meist bemüht, den Puffer möglichst nahe an den Dampfdruckregler zu legen und den Regeldruck am Puffer zu entnehmen. Man glaubte damit Unregelmäßigkeiten vom Regelvorgang fernzuhalten. Bei dieser Anordnung haben aber Regler ohne Rückführung unter schwierigen Verhältnissen versagt und man nahm an, daß sie für diesen Zweck überhaupt unbrauchbar sind. Der Grund des Versagens lag aber in der Aufhebung der Rückführwirkung eines Strömungsdruckabfalls, der nur Einfluß haben kann, wenn er zwischen der Druckentnahmestelle und dem Pufferraum auftritt. Der Pufferraum ist möglichst nahe an den Verbraucher zu legen und der Regeldruck muß unmittelbar hinter dem Ventil entnommen werden.

Die Größe des Pufferraumes wird nach Kurvenschar (Abb. 58, Seite 74) bestimmt.

5. Stabilität mittelbarer Schaltungen.

Eine Schaltung ist mittelbar, wenn gesteuerte Organe vorhanden sind, die von einer Stelle aus geregelt werden, mit der sie nur durch Vermittlung anderer Regelorgane verbunden sind. Für ein derartiges abhängiges System von Regelorganen genügt es nicht, daß jeder Regler für sich nach den bisherigen Feststellungen stabil arbeitet, sondern die gesamte Anlage muß bestimmte Bedingungen erfüllen, die hier näher untersucht werden sollen.

Die bisherige Praxis hat nur ergeben, daß bei Anwendung mittelbarer Schaltungen fast immer Pendelungen aufgetreten sind; man schließt oft daraus, daß Stabilität grundsätzlich nicht erreicht werden kann und vermeidet die Schaltungen nach Möglichkeit. Sofern es sich um Lade- und Entladeorgane von Speichern handelt, kommt zur Schwierigkeit der mittelbaren Schaltung der stark veränderliche Durchflußfaktor v (Seite 112), der vom Druckgefälle des Ventils abhängig ist. Er soll deshalb bei allen Rechnungen berücksichtigt werden.

Alle vorkommenden Schaltungen lassen sich grundsätzlich auf zwei Fälle zurückführen (Abb. 78).

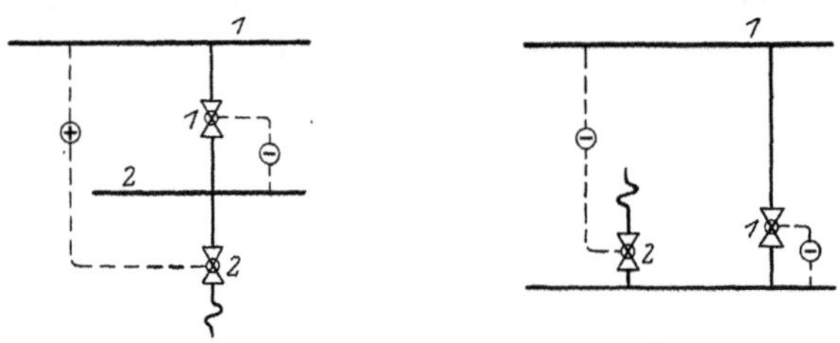

Fall A Fall B

Abb. 78. Grundformen mittelbarer Schaltungen.

φ = Druckabweichung;
δ = Ungleichförmigkeit der Druckregelung im steuernden Dampfnetz in %;
T_a, T_1, T_2 = Anlaufzeiten der Rohrleitungen;
T_{s1}, T_{s2} = Schlußzeiten der Steuerungen;
v = Durchflußfaktor, S. 113.
Der Index bezieht sich auf die Dampfnetze und Regler nach Abbildung.

Fall A (z. B. mittelbare Ladung eines Speichers). Es sind zwei Drucknetze *1* und *2* vorhanden und zwei Regelorgane *1* und *2*. Aus dem Drucknetz *2* wird über das Ventil *2* einem Speicher Dampf zugeführt, der mit veränderlichem Druck arbeitet, was durch die Schlangenlinie angedeutet ist. Das Ventil *2* öffnet bei steigendem Druck in *1* (Kesseldruck) und entnimmt der Leitung *2* Dampf, der durch Ventil *1* bei sinkendem Druck ersetzt wird. Der Überschuß im Netz *1* wird auf diesem Umweg abgeführt, der Kreislauf des Regelvorganges ist geschlossen und der neue Gleichgewichtszustand kann sich einstellen.

Fall B (z. B. mittelbare Entladung eines Speichers). Ventil *2* führt bei sinkendem Druck in *1* Dampf nach der Leitung *2*. Hier steigt der Druck, vermindert den Dampfzufluß durch Ventil *1*, so daß die Leitung *1* entlastet wird. Der Druck in Leitung *1* erholt sich, und es kann ein neuer Gleichgewichtszustand entstehen.

Es wird sich zeigen, daß beide Fälle die gleiche Stabilitätsbedingung liefern. Verschiedene Bedingungen gelten aber je nach der Art der zwischengeschalteten Regelorgane, nämlich:

Direkte Regler,
Mittelbar gesteuerte Regler,
Anzapfmaschine mit Einzelsteuerung,
Anzapfmaschine mit Verbundsteuerung.

a) Direkte Regler.

Man muß die Art der Schaltung und die Arbeitsweise der Regler streng auseinander halten. Es handelt sich hier um eine mittelbare Schaltung von Reglern, welche direkt (ohne Kraftgetriebe) arbeiten. In jedem Augenblick stimmt also die Stellung μ des Ventils mit dem entsprechenden Regeldruck φ überein. Wo zwei Vorzeichen verwendet werden, gilt das obere für Fall A, das untere für Fall B.

$$\mu_1 = -\frac{\varphi_2}{\delta_2}, \quad \mu_2 = \pm\frac{\varphi_1}{\delta_1}.$$

Zur Vereinfachung wird angenommen, daß die Normaldampfmengen für beide Ventile gleich sind. Es ist dann T_1 die Anlaufzeit der Leitung *1* und T_2 für Leitung *2*. Im Netz *1* sinkt der Druck, wenn μ_1 öffnet.

$$T_a \varphi' = \pm \mu, \qquad T_1 \varphi_1' = -\mu_1.$$

Netz *2* erfährt durch den Dampfzufluß von μ_1 eine Drucksteigerung, durch die Ventilöffnung μ_2 eine Senkung im Fall A und eine Steigerung im Fall B. Da die Normaldampfmengen bei voller Öffnung gleich angenommen wurden, kann man beide Einflüsse unmittelbar addieren. Es ist noch das veränderliche Druckgefälle für Ventil *2* durch einen Durchflußfaktor v zu berücksichtigen.

$$T_2 \varphi_2' = \mu_1 \mp v\,\mu_2,$$

$$T_2 \varphi_2' + \frac{\varphi_2}{\delta_2} + v\frac{\varphi_1}{\delta_1} = 0,$$

$$T_1 \varphi_1' + \frac{\varphi_2}{\delta_2} = 0.$$

Schon hier sieht man die Übereinstimmung der Fälle A und B, da die Vorzeichen und die Größen beide Male die gleichen werden. Beseitigt man φ_2, so entsteht die charakteristische Gleichung des Regelvorganges:

$$w^2 + \frac{1}{\delta_2 T_2}\,w + \frac{v}{\delta_1 \delta_2 T_1 T_2} = 0.$$

Die Regelung ist für die Gleichung zweiten Grades immer stabil. Die Dämpfung (Glied mit w) ist um so besser, je kleiner die Anlaufzeit des puffernden Zwischennetzes *2* ist, und sie vermindert sich mit steigendem Durchflußfaktor v. Damit die Regelung aperiodisch verläuft, muß die Wurzel der Lösung Null sein, woraus die Bedingung entsteht:

$$\text{Regelung aperiodisch, wenn } \frac{T_1}{T_2} > 4\,v\,\frac{\delta_2}{\delta_1}.$$

Die charakteristische Gleichung hat große Ähnlichkeit mit der eines Reglers mit Rückführung; der Wert $\delta_2 T_2$ entspricht der Schlußzeit T_s. Die Verzögerung durch die Bewegung des Kraftgetriebes hat danach die gleiche Wirkung wie die Verzögerung durch die Anlaufzeit einer Rohrleitung, jede derartige Verzögerung erhöht die Ordnung der Differentialgleichung um einen Grad. Bei Untersuchung der gleichen Schaltung für mittelbare Regler sind zwei Verzögerungen durch Kraftgetriebe und zwei weitere durch die Anlaufzeiten der beiden Leitungen vorhanden, es muß also eine Gleichung vierter Ordnung entstehen.

b) Mittelbar gesteuerte Regler.

Die beiden mittelbar gesteuerten Regler sollen mit Rückführung arbeiten. Das Gesetz der Druckänderung in den Leitungen *1* und *2* ist gleich wie früher; da Fall A und B gleichwertig sind, wird nur A berücksichtigt.

$$T_1\,\varphi_1' = -\mu_1\,,$$
$$T_2\,\varphi_2' = \mu_1 - \mu_2\,.$$

Für die Regler gelten die bekannten Gleichungen, es ist nur auf die richtige Bezeichnung der Regeldrücke zu achten.

	Regler 1:	Regler 2:
Reglergleichung	$\eta_1 = -\frac{\varphi_2}{\delta_2}$,	$\eta_2 = +\frac{\varphi_1}{\delta_1}$,

Bewegung des Kraftgetriebes:

$$T_{s1}\,\mu_1' = +\eta_1 - \mu_1\,, \qquad T_{s2}\,\mu_2' = \eta_2 - \mu_2\,,$$
$$T_{s1}\,\mu_1' = -\frac{\varphi_2}{\delta_2} - \mu_1\,, \qquad T_{s2}\,\mu_2' = +\frac{\varphi_1}{\delta_1} - \mu_2\,.$$

Daraus entstehen bei Ersatz der Werte von μ zwei simultane Differentialgleichungen:

$$T_1\,T_{s1}\,\varphi_1'' + T_1\,\varphi_1' - \frac{\varphi_2}{\delta_2} = 0,$$

$$T_1\,T_{s2}\,\varphi_1'' + T_1\,\varphi_1' + \frac{\varphi_1}{\delta_1}\,v + T_2\,T_{s2}\,\varphi_2'' + T_2\,\varphi_2' = 0$$

deren charakteristische Gleichung nach dem bekannten Rechnungsverfahren folgende Form erhält:

$$\delta_2\,T_{s1}\,T_{s2}\,T_1\,T_2\,w^4 + \delta_2\,T_2\,T_1\,(T_{s1} + T_{s2})\,w^3 + T_1\,(T_{s2} + \delta_2\,T_2)\,w^2 + T_1\,w + \frac{v}{\delta_1} = 0.$$

Die Stabilitätskriterien (Seite 66) liefern nach einigen Vereinfachungen die Bedingung:

$$\text{Regelung stabil, wenn: } \frac{T_1}{T_2} > v\frac{\delta_2}{\delta_1}\left(1+\frac{T_{s1}}{T_{s2}}\right)^2.$$

Der Durchflußfaktor verschlechtert die Stabilitätsbedingungen um einen Betrag, der weder durch die Abstimmung der Ungleichförmigkeiten δ beider Regler noch durch die Schlußzeiten ausgeglichen werden kann. Die Schlußzeit des Ventils *1* soll klein sein gegen Ventil *2*. Selbst wenn sie aber Null ist, bleibt noch immer in der Klammer ein Faktor 1. Sind die Schlußzeiten gleich, so geht die Bedingung über in die Form:

$$T_{s1} = T_{s2}, \qquad \frac{T_1}{T_2} > 4v\frac{\delta_2}{\delta_1}.$$

Die Bedingung für Stabilität bei mittelbarer Schaltung mit mittelbaren Reglern ist genau die gleiche wie für aperiodischen Verlauf bei direkten Reglern. Man kann danach den Regelungsverlauf der direkten Regler als Dämpfung ansehen, welche die Schwingungen der beiden Kraftgetriebe zur Ruhe bringt. Jedenfalls genügt es aber nicht, festzustellen, daß bei einer bestimmten Anordnung Stabilität für direkte Regler erreicht wird, das Bewegungsgesetz der Kraftgetriebe muß mit in Rechnung gezogen werden.

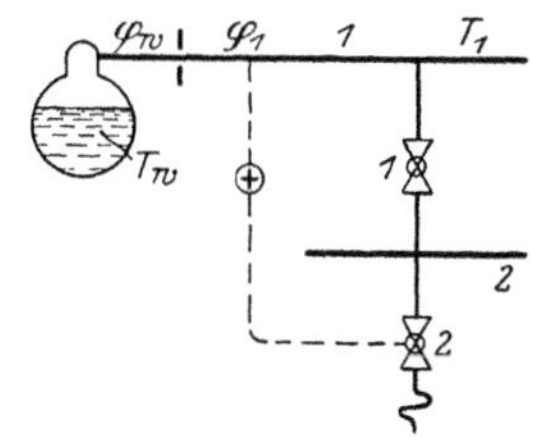

Abb. 79. Regelung des mittelbar geschalteten Ventils bei Druckabfall zwischen Kessel und Druckentnahmestelle.

φ = Druckabweichung
δ = Ungleichförmigkeit der Regelung im steuernden Dampfnetz
δ_k = Druckabfall vom Kessel zur Druckentnahmestelle bei Normallast
z = Belastung als Bruchteil der Normallast;
v = Durchflußfaktor S. 113;
T_w, T_1, T_2 = Anlaufzeiten;
T_s = Schlußzeiten der Regler.
Index w bezieht sich auf den Kessel (Wasserraum), Index 1 und 2 auf die Rohrleitungen und Steuerungen.

Auf den ersten Blick scheint die Stabilität des Regelvorganges ohne weiteres erreichbar zu sein, wenn das mittelbare Ventil *2* von einem Rohrnetz *1* gesteuert wird, das mit dem Kessel in Verbindung steht. Der Kessel hat eine so große Anlaufzeit T_1 (500—2000 Sek., Seite 73), daß auch bei großen Werten von v (z. B. 20) die Stabilitätsbedingung erfüllt ist. Man muß aber bedenken, daß zwischen dem Kesseldruck und einer beliebigen Entnahmestelle des Regeldruckes ein Strömungsdruckabfall entsteht, der quadratisch mit der Dampflieferung des Kessels wächst. Schon die Absperrventile des Kessels, geringe Rohrleitungslängen, besonders aber der Überhitzer verursachen einen Druckabfall, der die Größenordnung der Ungleichförmigkeit δ des Reglers hat.

Die Berücksichtigung des Druckabfalls zwischen dem Kessel mit der Anlaufzeit T_w (500—2000 Sek.) und der Rohrleitung mit der Anlaufzeit T_1 (1—3 Sek.) gibt folgende Rechnung (Abb. 79). Die Dampfmenge, welche den Druckabfall erzeugt, wird aus dem Kessel geliefert und vermindert seinen Druck:

$$\varDelta \varphi = \varphi_w - \varphi_1 = 2 z \delta_k \cdot \frac{\varDelta G}{G_n} = - z \delta_k T_w \cdot \varphi_w'.$$

Die Dampfmenge durch das Ventil *1* wird aus dem Kessel (T_w) und der Rohrleitung (T_1) durch Drucksenkung entnommen.

$$\mu_1 = - T_1 \varphi_1' - T_w \varphi_w'.$$

Die Druckänderung im Netz 2 entsteht durch den Unterschied der Dampfmengen durch Ventil *1* und *2* (oberes Vorzeichen Fall A, unteres Fall B). Für Ventil *2* ist mit einem Durchflußfaktor v zu rechnen:

$$T_2 \varphi_2' = \mu_1 \mp v \cdot \mu_2.$$

Ferner gelten die Bewegungsgleichungen der Kraftgetriebe

$$T_{s1} \mu_1' = - \frac{\varphi_2}{\delta_2} - \mu_1,$$

$$T_{s2} \mu_2' = \pm \frac{\varphi_1}{\delta_1} - \mu_2.$$

Die Werte von μ lassen sich ersetzen, und es entstehen die drei simultanen Differentialgleichungen:

$$T_{s1} T_1 \varphi_1'' + T_{s1} T_w \varphi_w'' + T_1 \varphi_1' + T_w \varphi_w' - \frac{\varphi_2}{\delta_2} = 0,$$

$$T_2 T_{s2} \varphi_2'' + T_1 T_{s2} \varphi_1'' + T_w T_{s2} \varphi_w'' + T_2 \varphi_2' + T_1 \varphi_1' + T_w \varphi_w' + \frac{\varphi_1}{\delta_1} v = 0,$$

$$\varphi_w - \varphi_1 = - z \delta_k T_w \varphi_w'.$$

Die charakteristische Gleichung wird bei Vernachlässigung von additiven Gliedern kleinerer Größenordnung und Einsetzen von:

$$\delta_1 = \delta_2 = \delta, \qquad T_{s1} = T_{s2} = T_s,$$

$$\delta^2 z \delta_k T_w T_s^2 T_1 T_2 w^5 + \delta^2 T_w T_s^2 T_2 w^4 + (2 \delta^2 T_w T_s T_2 + z \cdot \delta \delta_k T_w T_s T_1) w^3 + \delta T_s T_w w^2 + (z \delta_k \cdot v \cdot T_w + \delta T_w) w + v = 0.$$

Nach Seite 66 bestimmt sich die Stabilitätsbedingung bei Vernachlässigung von Gliedern kleinerer Ordnung:

$$\delta T_w > v z \delta_k T_w.$$

Beide Seiten der Formel können durch T_w geteilt werden, d. h. der Wasserraum des Kessels mit seiner großen Anlaufzeit beteiligt sich am Regelvorgang überhaupt nicht.

Der kleinste Strömungsdruckabfall zwischen Kessel und Entnahmestelle für den Regeldruck genügt, um den Einfluß des Kessel-Wasserraumes auf den Regelvorgang abzuschneiden.

Der Regelvorgang wird nicht mehr durch die Druckänderung im Kessel gesteuert, sondern durch den entstehenden Strömungsdruckababfall. Jede Änderung der Dampfentnahme aus dem Kessel durch Bewegung des Ventils 1 verändert den Druckabfall hinter dem Kessel und leitet einen Schwingungsvorgang ein, der sich schon lange ausgewirkt hat, ehe sich der Kesseldruck zu ändern beginnt. Der Regelvorgang, den der Druckabfall diktiert, vollzieht sich um ein Vielfaches schneller als die Druckänderung im Kessel. Für diesen Vorgang kann der Kesseldruck als konstant angesehen werden, d. h. der Kessel wirkt so, als hätte er unendlich lange Anlaufzeit, die tatsächliche Anlaufzeit ist belanglos. Das bedeutet noch nicht, daß eine Regelung durch den Strömungsdruckabfall hinter dem Kessel überhaupt undurchführbar ist, vielmehr lautet die Stabilitätsbedingung nach Teilung durch T_w

$$\delta > v z \delta_k .$$

Die Ungleichförmigkeit δ des Reglers *2* müßte um den Durchflußfaktor v größer sein als der Strömungsdruckabfall $z \cdot \delta_k$, um eine stabile Regelung durch den Strömungsdruckabfall zu erreichen. Dies ist aber praktisch nicht erfüllbar.

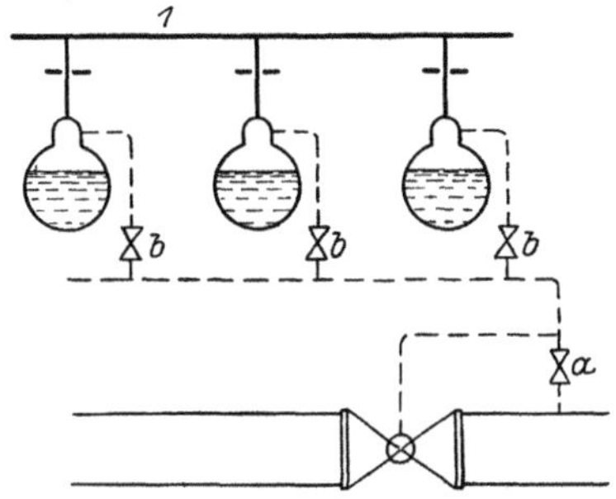

Abb. 80. Anordnung der Kesseldruckentnahmeleitungen bei mittelbaren Schaltungen.

Mittelbare Schaltungen mit Hilfe von mittelbaren Reglern lassen sich nur durchführen, wenn das mittelbar geschaltete Ventil direkt vom Dampfraum eines Kessels aus gesteuert wird, so daß ein Druckabfall zwischen Kessel und Entnahmestelle des Regeldruckes ausgeschlossen ist.

Durch diese Anordnung ist eine stabile Regelung meist erreichbar. Eine besondere Abstimmung der Regler, durch welche Pendelungen vermieden werden sollen, ist dann überflüssig. Die Anlaufzeit T_1 der Leitung *1* ist der großen Anlaufzeit des Kessels gleich und bei gleichen Schlußzeiten beider Ventile $T_{s1} = T_{s2}$ und $\delta_1 = \delta_2$ gelten z. B. folgende Bedingungen:

$$\frac{T_1}{T_2} > 4v . \qquad v = 20 \qquad T_1 = 500 \qquad T_2 = 2 \qquad 250 > 80 .$$

Sind mehrere Kessel vorhanden, so genügt es, die Druckentnahmestelle an einen der Kessel zu legen, um dabei doch die Anlaufzeit sämtlicher Kessel in Anspruch zu nehmen (Abb. 80). Jede Änderung der Dampfentnahme aus der Sammelleitung *1* verteilt sich durch die zwischengeschalteten Druckabfälle auf sämtliche Kessel, so daß der Wasserraum des einzelnen Kessels nur dem Anteil seiner Dampflieferung entsprechend in Anspruch genommen wird. In der Fernleitung des Steuerdruckes zum Dampfdruckregler darf sich kein Kondenswasser ansammeln, da dies auf den Regler gleichen Einfluß hätte wie eine große Reglermasse. Es ist deshalb erforderlich, eine geringe Dampfmenge durchfließen zu lassen, die genügt, um eine vollkommene Kondensation zu vermeiden. Diese Dampfmenge kann der Rohrleitung hinter dem Dampfdruckregler zugeführt werden, da dort immer ein tieferer Druck herrscht. Die Dampfmenge wird durch ein Absperrventil a eingestellt; über dem Ventil a wird der Steuerdruck ohne Störung durch Kondenswasser entnommen. Wird der Kessel, an welchen der Regler angeschlossen ist, abgestellt, so muß durch Ventil b ein anderer Kessel angeschlossen werden, man darf aber immer nur einen Kessel anschließen, da der Druck in den verschiedenen Kesseln nie ganz gleich ist.

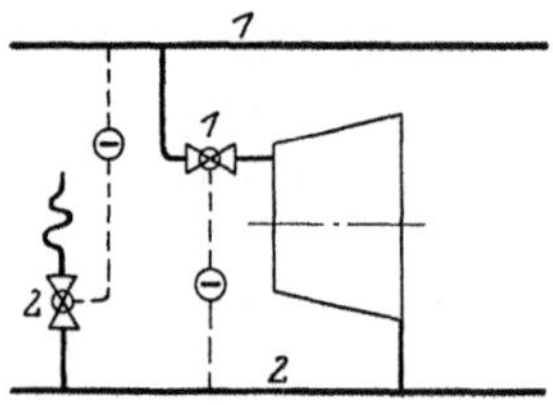

Abb. 81. Mittelbar geschaltete Kesseldruckregelung mit Gegendruckmaschine, die in ein Stromnetz speist.

An Stelle des Dampfdruckreglers *1* kann eine Gegendruckmaschine vorhanden sein, die dem Dampfbedarf in der Leitung *2* entsprechend belastet wird (Abb. 81). Wie bei einem Dampfdruckregler wird der Dampfzufluß zur Maschine vom Druck in der Leitung *2* gesteuert. Es entsteht eine vom Dampfbedarf abhängige Leistung, die in ein Stromnetz gespeist wird, die Stabilitätsbedingungen werden dadurch nicht berührt.

c) Anzapfmaschine mit Einzelsteuerung.

In vielen Fällen ist zwischen die Netze *1* und *2* der Hochdruckteil einer Anzapfmaschine geschaltet (Abb. 82). Die Bewegung irgendeines Steuerorgans an der Maschine verändert gleichzeitig Dampfmenge und Leistung, so daß neue und erschwerte Bedingungen zur Einhaltung der Stabilität zu erfüllen sind.

Die Maschinenregelung besitzt eine Steuerung vor dem Hochdruckteil und eine Steuerung *2* vor dem Niederdruckteil. Jede Öffnung einer dieser Steuerungen verursacht eine Leistungsänderung und damit eine Drehzahländerung der Maschine. Die Drehzahländerung wirke bei Einzelsteuerung nur auf den Hochdruckteil, die Anzapfdampfmenge verändert sich also, was erst wieder durch die Steuerung des Niederdruckteils unter Druckänderung im Anzapfnetz ausgeglichen wird. Die Verwendung von Verhältniswerten für die Stellungen des Reglers und die Einführung von Anlaufzeiten ermöglicht es, die Vorgänge der Geschwindigkeitsregelung und Druckregelung gemeinsam zu behandeln. Für die Geschwindigkeitsänderung der Maschine gilt die Bedingung, daß sowohl die Hochdrucksteuerung als die Niederdrucksteuerung mit wachsender Öffnung die Maschine beschleunigen. Ist φ_3 die Geschwindigkeitsänderung der Maschine und T_3 ihre Anlaufzeit, dann gilt

Geschwindigkeitsänderung der Maschine: $$T_3 \varphi_3' = \mu_1 + \mu_2 .$$

In dieser Darstellung liegt eine Vereinfachung. Die Anlaufzeit T_3 ist für den Hochdruckteil und den Niederdruckteil nicht die gleiche, da die Normaldampfmenge (bei voller Öffnung der Steuerung) und die Wärmegefälle von Hoch- und Niederdruckteil verschieden sein können. Maßgebend für die Anlaufzeit ist die Normalleistung eines Kraftmaschinenteils (Hoch- oder Niederdruckteil) bei voller Öffnung der Steuerung. Im allgemeinen sind die Normalleistungen für Hoch- und Niederdruckteil annähernd der halben Leistung bei reinem Kondensationsbetrieb gleich, und es kann die Regel gelten:

Die Anlaufzeit T_3 einer Anzapfmaschine ist angenähert das Doppelte der Anlaufzeit bei reinem Kondensationsbetrieb.

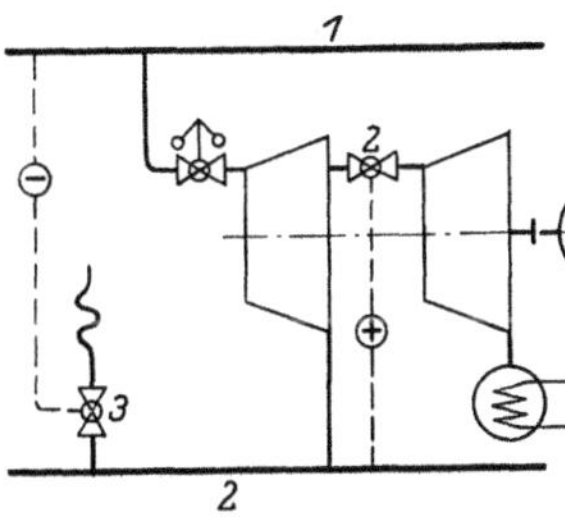

Abb. 82. Mittelbar geschaltete Kesseldruckregelung bei Kraftmaschine mit Einzelsteuerung von Geschwindigkeitsregler und Anzapfregler.

δ = Ungleichförmigkeit der Druckregelung im steuernden Dampfnetz;
v = Durchflußfaktor S. 113;
T_1 = Anlaufzeit des Kesselwasserraumes (bei Druckentnahme im Dampfraum S. 75);
T_2 = Anlaufzeit der Anzapfrohrleitung S. 74;
T_3 = Anlaufzeit der Maschine durch die Dampfmenge des HD-Teiles;
T_s = Schlußzeit der Maschinensteuerung.

Die Berücksichtigung der Kraftgetriebe ist nur für die Steuerorgane der Maschine unbedingt erforderlich. Der vom Kesseldruck gesteuerte Regler *3* bewegt sich mit der Druckänderung im Dampfraum ganz langsam im Verhältnis zu den Schwingungsvorgängen der Maschinensteuerung. Man kann diese Druckänderung als eine gleichförmige Belastungsänderung mit langer Schlußzeit T_0 des Verbrauchers ansehen, und es wurde nachgewiesen, daß bei Reglern mit Rückführung verschwindend kleine Druckausschläge um den Beharrungszustand in jedem Augenblick entstehen. Der Regler *3* arbeitet also praktisch wie ein direkt gesteuertes Ventil. Es bleiben dann als Verzögerungen, welche die Ordnung der Differentialgleichung erhöhen, drei Anlaufzeiten für Kessel, Anzapfnetz und Maschine und zwei weitere Verzögerungen durch die beiden mittelbar geregelten Steuerungen der Maschine, so daß eine Differentialgleichung 5. Ordnung entsteht. Die Ungleichförmigkeiten δ des Geschwindigkeitsreglers und Anzapfreglers werden gleichgesetzt, ebenso die Schlußzeiten T_s von Hoch- und Niederdrucksteuerung. Für das direkt gesteuerte Ventil *3*, das mit der Ungleichförmigkeit δ_1 im Netz *1* geregelt wird, gilt die Gleichung

Regelung des Ventils *3* $\qquad \mu_3 = -\frac{\varphi_1}{\delta_1}.$

Der Druck im Netz *1* senkt sich mit öffnender Steuerung des Hochdruckteils:

Druckänderung im Kesselnetz: $\quad T_1 \varphi_1' = -\mu_1.$

Das Anzapfnetz erfährt eine Druckzunahme durch Öffnen der Steuerungen *3* und 1, eine Abnahme durch Öffnen der Steuerung *2*. Das Ventil *3* arbeitet mit veränderlichem Druckgefälle, was durch den Durchflußfaktor v berücksichtigt wird.

Druckänderung im Anzapfnetz: $T_2 \varphi_2' = + v \mu_3 + \mu_1 - \mu_2.$

Außerdem gilt für die beiden Steuerungen der Maschine mit Rückführung:

Bewegungsgleichungen der Maschinensteuerungen:

$$T_s \mu_2' = + \frac{\varphi_2}{\delta} - \mu_2,$$

$$T_s \mu_1' = - \frac{\varphi_3}{\delta} - \mu_1.$$

Die 6 Gleichungen lassen sich durch Ersatz der μ-Werte in drei simultane Differentialgleichungen zusammenfassen:

$$T_s T_1 \varphi_1'' + T_1 \varphi_1' - \frac{\varphi_3}{\delta} = 0,$$

$$T_2 \varphi_2' + 2 T_1 \varphi_1' + \frac{v}{\delta_1} \varphi_1 + T_3 \varphi_3' = 0,$$

$$T_s T_3 \varphi_3'' + T_s T_1 \varphi_1'' + T_3 \varphi_3' + T_1 \varphi_1' - \frac{\varphi_2}{\delta} = 0,$$

deren charakteristische Gleichung lautet:

$$\delta_1 \delta^2 T_s^2 T_1 T_2 T_3 w^5 + 2 \delta_1 \delta^2 T_s T_1 T_2 T_3 w^4 + (\delta_1 \delta T_s T_1 (T_2 + T_3) + \delta_1 \delta^2 T_1 T_2 T_3) w^3 + \delta_1 \delta T_1 (T_2 + T_3) w^2 + 2 \delta_1 T_1 w + v = 0.$$

Die Stabilitätsbedingung wird:

$$(T_2 + T_3)^2 (2 \delta_1^2 T_1^2 - v \delta_1 T_1 T_s) > T_2 T_3 (4 \delta_1 T_1 - v T_s)^2.$$

Es soll angenommen werden, daß die Anlaufzeit des Anzapfnetzes klein ist gegen die Anlaufzeit der Maschine, dann ergibt sich vereinfacht und zusammengefaßt: $\quad (T_2 \ll T_3)$,

Stabilitätsbedingung:

$$2 \left(\frac{\delta_1 T_1}{v T_s}\right)^2 \left(\frac{T_3}{T_2} - 8\right) - \left(\frac{\delta_1 T_1}{v T_s}\right) \left(\frac{T_3}{T_2} - 8\right) > 1.$$

Ein Grenzfall für Stabilität ist erreicht, wenn jeder der beiden Klammerausdrücke, aus denen sich die Bedingung zusammensetzt, gleich 1 ist (2 — 1 = 1). Man erkennt daraus, daß zwei getrennte Bedingungen erfüllt sein müssen, um stabile Regelung zu erreichen. Die genauere Prüfung der möglichen Grenzfälle bei Veränderung beider Klammerausdrücke gibt die zwei Bedingungen:

I. Bedingung des mittelbar geschalteten Ventils:

$$\frac{\delta_1 T_1}{v T_s} > 0{,}5 \text{ bis } 1,$$

II. Bedingung der Maschine:

$$\frac{T_3}{T_2} > 9.$$

Nicht nur das vom Kesseldruck geregelte Ventil 3, sondern auch die Anzapfmaschine stellt ihre eigene Forderung, damit das ganze Regelsystem stabil ist. Die ertse Bedingung lautet, daß die Anlaufzeit des Kessels sehr groß sein muß gegen die Schlußzeiten der Steuerung, d. h. der Steuervorgang der Maschine muß schnell vor sich gehen, um die Kesseldruckregelung durch Ventil *3* nicht zu stören. Die zweite Bedingung fordert eine kurze Anlaufzeit T_2 der Anzapfleitung gegenüber der Anlaufzeit T_3 der Maschine, damit Leistungsänderungen nacheinander durch Hoch- und Niederdrucksteuerung schnell genug ausgeglichen werden, um ein Pendeln der trägeren Maschine zu vermeiden.

I. Die Anlaufzeit T_1 des Kessels, von dessen Dampfraum aus Ventil 3 gesteuert wird, mit der Ungleichförmigkeit δ_1 des Kesseldruckes multipliziert, muß größer sein als die mit dem Durchflußfaktor v multiplizierte Schlußzeit.

II. Die Anlaufzeit T_3 der Anzapfturbine (das Doppelte der Anlaufzeit bei reinem Kondensationsbetrieb) muß mindestens neunmal größer sein als die Anlaufzeit der Anzapfrohrleitung.

Beispiel. Wasserrohrkessel für die doppelte Dampfmenge, welche die Anzapfmaschine bei Vollast und größter Entnahme aufnimmt. Die Anlaufzeit für die Dampflieferung des Kessels sei $T_a = 600$ Sek. (S. 75), da der Wasserraum einer doppelt so großen Kesselanlage zur Verfügung steht, ist $T_1 = 2 \times 600 = 1200$ Sek.

Anzapfleitung: Länge 120 m, Dampfgeschwindigkeit $w_n = 40$ m/s.

$$T_2 = \frac{L}{w_n} = 3 \text{ Sek}.$$

Anlaufzeit der Maschine bei reinem Kondensationsbetrieb: 15 Sek.

$$T_3 = 2 \times 15 \text{ Sek.} = 30 \text{ Sek.}$$

$$\delta_1 = 0{,}03\,.$$

Größtes Druckgefälle für das Ventil *3* von 7 auf 2,5 ata, also $p_a/p_e = 2{,}8$, Enddruck p_e konstant. Normalgeschwindigkeit bei voller Öffnung

$w_n = 40$ m/s. Durchflußfaktor nach Kurvenschar (Seite 113)

$$v = 20.$$

Ferner $T_s = 1{,}8$ Sek.

$$\frac{\delta_1 T_1}{v T_s} = \frac{0{,}03 \cdot 1200}{20 \cdot 1{,}8} = 1{,}0 ,$$

$$\frac{T_3}{T_2} = \frac{30}{3} = 10 ,$$

$$2 \times 1{,}0^2 \times (10 - 8) - 1{,}0 (10 - 8) = 2 > 1 .$$

Als Mittel zur Verbesserung der Stabilität in kritischen Fällen können angewendet werden:

Verkürzung der Schlußzeiten der Maschinensteuerung.

Herabsetzung des Durchflußfaktors v durch Zulassung einer höheren Normalgeschwindigkeit,

Anwendung einer veränderlichen Übersetzung zwischen Kraftgetriebe und Ventil (Seite 115).

Es ist zu beachten, daß bei dieser Ableitung kein Druckabfall und kein Rohrleitungsvolumen zwischen dem mittelbar geschalteten Ventil *3* und der Anzapfung der Maschine angenommen wurde. Verbindungsrohrleitungen bringen durch Volumen und Druckabfall weitere Verzögerungen in den Regelvorgang und verschlechtern die Stabilität. In kritischen Fällen wird man deshalb gut tun, das mittelbar geschaltete Ventil *3* direkt neben der Maschine anzuordnen.

d) Anzapfmaschine mit Verbundsteuerung.

Eine Milderung der Stabilitätsbedingungen entsteht bei der Anwendung einer Verbundsteuerung. Zur Vereinfachung wird angenommen, daß Wärmegefälle und Wirkungsgrad von Hoch- und Niederdruckteil der Maschine gleich sind. Die erzeugte Leistung ist als Fläche darstellbar (Abb. 83), wenn in vertikaler Richtuug die Dampfmengen in horizontaler Richtung die Wärmegefälle (*kWh/kg*) abgetragen werden. Für die Normalanzapfmenge G_A ist die Normalleistung der Maschine die Fläche *1, 2, 3, 4, 5, 6*, die Dampfmenge G_H des Hochdruckteils ist die Strecke *1, 2* und die Dampfmenge G_N des Niederdruckteils die Strecke *3, 4*. Wird die gleiche Leistung im reinen Kondensationsbetrieb erzeugt, so stellt das Rechteck *8, 2, 3, 7* die Leistung dar. Wegen des gleichen Gefälles für Hoch- und Niederdruckteil wird die Strecke *1, 9* durch Punkt *8* halbiert.

Die Verbundsteuerung wird für die Normalanzapfmenge G_A und die Normalleistung ausgelegt, und zwar soll sie bei Beharrung zwangläufig die richtige Einstellung der Ventile vornehmen für:

a) Unveränderte Anzapfmenge bis zu reinem Gegendruckbetrieb herunter durch Schließen von Hoch- und Niederdruckteil.

b) Unveränderte Leistung bei verminderter Anzapfmenge bis zum reinen Kondensationsbetrieb durch Schließen des Hochdruckteils und Öffnen des Niederdruckteils.

Das Verbundgestänge soll für den Normalfall horizontal liegen (Normalleistung und Anzapfmenge G_A).

Fall a. Das Gestänge schließt Hoch- und Niederdrucksteuerung proportional, der Druckregler bildet einen Festpunkt, der Geschwindigkeitsregler x_3 senkt die Steuerung. Die unterste Lage des Gestänges soll reinen Gegendruckbetrieb darstellen. Der Hochdruckteil schließt um die Strecke *2, 9* entsprechend $y_{31\,\max}$, der Niederdruckteil schließt ganz entsprechend $y_{32\,\max}$.

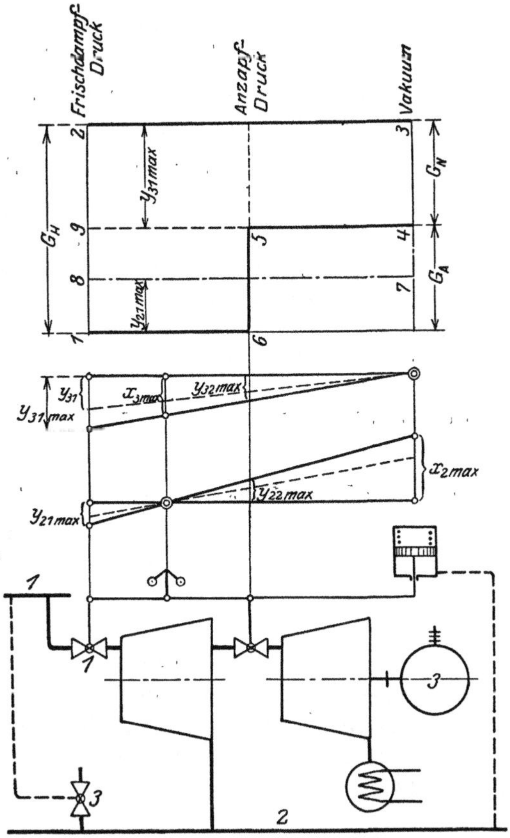

Abb. 83. Schema einer Verbund-Anzapfsteuerung mit mittelbar geschalteter Kesseldruckregelung.
G_H = HD-Dampfmenge, x = Hübe der Regler,
G_A = Anzapfdampfmenge, y = Hübe der Steuerschieber,
G_N = ND-Dampfmenge,
übrige Bezeichnungen wie Abb. 82.

Fall b. Das Gestänge dreht sich um den Geschwindigkeitsregler als Festpunkt unter Einfluß des Druckreglers x_2. Der Grenzfall ist reiner Kondensationsbetrieb, der Hochdruckteil hat um die Strecke *1, 8* entsprechend $y_{21\,\max}$ geschlossen, der Niederdruckteil um die Strecke *4, 7* entsprechend $y_{22\,\max}$ geöffnet.

Die verhältnismäßigen Abweichungen η der Steuerschieber *1* und *2* sind also für eine Zwischenlage den verhältnismäßigen Reglerabweichungen ξ gleich:

$$\eta_{31} = \frac{y_{31}}{y_{31\,\max}} = \frac{x_3}{x_{3\,\max}} = \xi_3,$$

$$\eta_{32} = \frac{y_{32}}{y_{32\,\max}} = \xi_3,$$

$$\eta_{21} = \frac{y_{21}}{y_{21\,\max}} = \xi_2,$$

$$\eta_{22} = \frac{y_{22}}{y_{22\,\max}} = \xi_2.$$

Aus der Eintragung der Werte von $y_{31\,\max}$, $y_{32\,\max}$ usw. in das Diagramm geht ferner hervor, daß bei den getroffenen Annahmen:

$$y_{31\,\max} = 2\,y_{21\,\max} = y_{1\,\max},$$

$$y_{32\,\max} = 2\,y_{22\,\max} = y_{2\,\max}.$$

Für eine gleichzeitige Veränderung beider Regler muß der Einfluß der Reglerbewegungen auf die Hübe der Steuerschieber addiert werden, um den gesamten Hub y des Steuerschiebers zu erhalten. Ändern sich die Hübe des Steuerschiebers im gleichen Sinn wie der Regler, dann wird das positive Vorzeichen eingesetzt, umgekehrt das negative.

$$y_1 = y_{31} - y_{21} = y_{31\,\max}\cdot\eta_{31} - y_{21\,\max}\cdot\eta_{21} = y_{1\,\max}\left(\xi_3 - \frac{\xi_2}{2}\right),$$

$$y_2 = y_{32} + y_{22} = y_{32\,\max}\cdot\eta_{32} + y_{22\,\max}\cdot\eta_{22} = y_{2\,\max}\left(\xi_3 + \frac{\xi_2}{2}\right),$$

$$\eta_1 = \frac{y_1}{y_{1\,\max}} = \xi_3 - \frac{\xi_2}{2},$$

$$\eta_2 = \frac{y_2}{y_{2\,\max}} = \xi_3 + \frac{\xi_2}{2}.$$

Die Reglerabweichungen ξ stehen unter dem Einfluß von Geschwindigkeit und Druck. Die hier als positiv angenommene Bewegung nach oben vollzieht sich bei sinkender Geschwindigkeit und steigendem Druck, also:

Stellung für den Geschwindigkeitsregler: $\xi_3 = -\frac{\varphi_3}{\delta_3}.$

Druckregler: $\xi_2 = +\frac{\varphi_2}{\delta_2},$ $\delta_3 = 2\,\delta_2 = \delta.$

Die Ungleichförmigkeit δ ist die Druckänderung zum Schließen der Hochdrucksteuerung um $y_{1\,\max} = {}^1/_4$ und $y_{2\,\max} = {}^1/_2$ des ganzen Hubes. Zur Vereinfachung werden diese Werte halb so groß angenommen, wie die Ungleichförmigkeit des Geschwindigkeitsreglers.

Bewegungsgleichungen der Steuerschieber:

$$\eta_1 = -\frac{\varphi_3}{\delta} - \frac{\varphi_2}{\delta},$$

$$\eta_2 = -\frac{\varphi_3}{\delta} + \frac{\varphi_2}{\delta}.$$

Unter den getroffenen Annahmen, die den Fall einer **idealen Verbundsteuerung** kennzeichnen sollen, sagt die Bewegungsgleichung der Steuerschieber aus, daß die Änderungen von Geschwindigkeitsregler und Druckregler unmittelbar im richtigen Sinn auf Hoch- und Niederdrucksteuerung einwirken. Das gestattet nochmals eine Nachprüfung der Vorzeichen: Die Hochdrucksteuerung (η_1) öffnet mit sinkender Geschwindigkeit und sinkendem Druck, die Niederdrucksteuerung (η_2) mit sinkender Geschwindigkeit und steigendem Druck.

Die Druck- und Geschwindigkeitsänderungen in den Dampfnetzen *1* und *2* und für die Maschine *3* geben die Gleichungen:

$$T_1 \varphi_1' = -\mu_1,$$
$$T_2 \varphi_2' = v\mu_3 + \mu_1 - \mu_2,$$
$$T_3 \varphi_3' = \mu_1 + \mu_2.$$

Steuerung von Ventil *3:* $\quad \mu_3 - \frac{\varphi_1}{\delta_1},$

Hochdruckteil: $\quad T_s \mu_1' = -\frac{\varphi_3}{\delta} - \frac{\varphi_2}{\delta} - \mu_1,$

Niederdruckteil: $\quad T_s \mu_2' = +\frac{\varphi_2}{\delta} - \frac{\varphi_3}{\delta} - \mu_2.$

Simultane Differentialgleichungen:

$$T_s T_1 \varphi_1'' + T_1 \varphi_1'' - \frac{\varphi_2}{\delta} - \frac{\varphi_3}{\delta} = 0,$$

$$T_s T_3 \varphi_3'' + T_s T_1 \varphi_1'' + T_1 \varphi_1' + T_3 \varphi_3' + \frac{\varphi_3}{\delta} - \frac{\varphi_2}{\delta} = 0,$$

$$2 T_1 \varphi_1' + T_2 \varphi_2' + T_3 \varphi_3' + v\frac{\varphi_1}{\delta_1} = 0.$$

Charakteristische Gleichung:

$$\delta_1 \delta^2 T_1 T_2 T_3 T_s^2 w^5 + 2\delta_1 \delta^2 T_1 T_2 T_3 T_s w^4$$
$$+ 2\delta_1 \delta T_1 T_s (T_2 + T_3) w^3 + (2\delta_1 \delta T_1 (T_2 + T_3) + \delta v T_s T_3) w^2$$
$$+ (4\delta_1 T_1 + v\delta T_3) w + 2v = 0.$$

Stabilitätsbedingung vereinfacht:

$$4\frac{T_3}{T_2}\left(\frac{\delta_1 T_1}{v T_s}\right)^2 - 2\frac{T_3}{T_2}\left(\frac{\delta_1 T_1}{v T_s}\right) > 16\left(\frac{\delta_1 T_1}{v T_s}\right)^2 - 8\frac{\delta_1 T_1}{v T_s} + 1,$$

$$\frac{\delta_1 T_1}{v T_s} = a, \quad \frac{T_3}{T_2} = b, \quad 4a^2 b - 2ab > 16a^2 - 8a + 1.$$

Daraus entsteht als Beziehung zwischen a und b für den Grenzfall der Stabilität

$$a = \frac{1}{4} \pm \sqrt{\frac{1}{16} + \frac{1}{4b - 16}},$$

die sich in 2 Bedingungen zerlegen läßt:

I. $$\frac{\delta_1 T_1}{v T_3} > {}^1/_2 \text{ bis } {}^3/_4,$$

II. $$\frac{T_3}{T_2} > 5.$$

Die günstigere Arbeitsweise ist darauf zurückzuführen, daß jede Veränderung der Geschwindigkeit und des Anzapfdruckes annähernd im richtigen Verhältnis unmittelbar auf Hoch- und Niederdruckteil wirkt. Diese Bedingung ist aber nur in der Nähe der Verhältnisse, für welche die Steuerung ausgelegt ist, erfüllt. Geht bei der Normalanzapfmenge G_A, für welche die Steuerung ausgelegt ist, die Leistung zurück, so entstehen durch Drosselung des Wärmegefälles, Einfluß der Leerlaufsverluste und Änderung des Stufenwirkungsgrades Abweichungen, in erhöhtem Maße, wenn Leistungen und Anzapfmengen beide vom Normalwert abweichen. Immer wird aber ein Teil der erforderlichen Verstellung beider Steuerungen (Hoch- und Niederdruckteil) durch die Verbundregelung übernommen, so daß nur der Rest des Ausgleichs wie bei einer Maschine mit Einzelsteuerung ausgeglichen werden muß.

Das Verhalten der wirklichen Verbundsteuerung liegt zwischen dem der Einzelsteuerung und der idealer Verbundsteuerung. Die Stabilitätsbedingungen werden gemildert.

IV. Kesselbetrieb und Belastungsschwankungen.

Die Verluste der meisten Betriebseinrichtungen sind nur von ihrer Bauart abhängig, sie werden durch Bedienungsmaßnahmen nicht beeinflußt. Bei einem Elektromotor oder einer Dampfmaschine stellen sich die Verluste für verschiedene Belastungen zwangläufig ein. Die Verstellung von Organen, die der Willkür der Maschinenwärter überlassen bleibt, ändert hieran im allgemeinen nichts. Jeder Belastung entspricht ferner ein bestimmter Wirkungsgrad, gleichgültig, ob die Maschine konstant mit dieser Last betrieben wird, oder ob sie bei schwankender Last den betreffenden Belastungspunkt schnell oder langsam durchläuft. Es genügt deshalb, eine gute Bauart zu wählen und die Maschine richtig in Stand zu halten; die Werte des Wirkungsgrades von Versuchen stimmen dann mit den Durchschnittswerten des Dauerbetriebes überein.

Ganz anders verhält sich ein Dampfkessel. Vergleicht man den Kohlenverbrauch, der sich nach dem Kesselwirkungsgrad von „Paradeversuchen“ errechnet, mit dem tatsächlichen Kohlenverbrauch, z. B. von Monat zu Monat, so findet man in den meisten Fällen Überschreitungen von 10—40%, besonders in Betrieben mit stark veränderlicher Belastung. Würden die Kessel hingegen mit vollkommen konstanter Vollast Tag und Nacht betrieben, so wäre bei richtiger Wartung kein Grund für eine Abweichung des Dauerwirkungsgrades von den Paradewerten vorhanden. Daraus wird im allgemeinen nur der Schluß gezogen, daß Kessel sich für Betrieb mit geringer Belastung nicht eignen. In Wirklichkeit hat aber die veränderliche Belastung eine ganze Reihe von Wirkungen, deren Einfluß auf den Kesselwirkungsgrad scharf zu trennen ist.

1. Die Durchschnittsbelastung ist tiefer als Vollast; wie für jede andere Betriebseinrichtung ist also der Durchschnittskohlenverbrauch von den Teillast-Wirkungsgraden abhängig.

2. Die Belastung ist nicht konstant; im Gegensatz zu anderen Betriebseinrichtungen treten bei der Anpassung von Rostfeuerungen an Belastungswechsel Zusatzverluste auf.

3. Werden einzelne Kessel bei tiefer Last stillgesetzt, so entstehen während der ganzen Ruhezeit durch den Wärmevorrat des Mauerwerkes und des Wasserraumes Abkühlungsverluste, die größer sind als die Abkühlungsverluste während des Betriebes; sie müssen nachträglich während der Betriebszeit der Kessel wieder ersetzt werden, der Stillstand der Kessel verursacht deshalb Zusatzverluste.

4. Jede Verschmutzung des Kessels bedeutet praktisch eine Verkleinerung der Heizfläche durch verschlechterten Wärmeübergang, so daß der Wirkungsgrad besonders für hohe Belastungen stark abnimmt.

Um die Wirkung der verschiedenen Einflüsse zu erkennen, geht man am besten vom Wirkungsgrad bei konstanter Vollast aus, der in einem „Paradeversuch“ von genügend langer Dauer erreicht wird und untersucht die einzelnen Zusatzverluste, durch die sich der Betriebswirkungsgrad vom Versuchswirkungsgrad unterscheidet.

1. Teillastverluste bei Beharrung.

Mit einem Dauerversuch bei konstanter Vollast soll ein Versuch bei konstanter Teillast verglichen werden. Es handelt sich in beiden Fällen um Werte des Wirkungsgrades, die im Beharrungszustand des Kessels erreicht werden, nachdem durch eine vorbereitende Betriebszeit die günstigste Einstellung der Luftzufuhr ermittelt wurde; außerdem gilt als Beharrung erst der Zustand, in dem die Temperaturen des Mauerwerkes konstant geworden sind. Mit „Vollast“ wird die höchste Dauerlast des Kessels bezeichnet. Die einzelnen Meßgrößen haben dann für verschiedene Beharrungswerte der Belastung folgenden Verlauf (Abb. 84):

1. Die Abgastemperatur steigt bei Überlast und sinkt bei Teillasten, da zur Abgabe größerer Wärmemengen an die gleiche Heizfläche höhere Übertemperaturen des Rauchgases gegen den Wasserinhalt von Kessel und Rauchgasvorwärmer abzugeben sind. Bei gleichem Luftüberschuß würde sich also der Wirkungsgrad mit sinkender Last durch geringere Abgastemperatur verbessern.

2. Jeder Belastung entspricht ein wirtschaftlichster Luftüberschuß. Die Änderung dieses Wertes mit der Belastung hängt von der Feuerungsart ab:

a) Rostfeuerungen könnten immer unter den gleichen Bedingungen arbeiten, wenn bei kleiner Belastung auch die Rostfläche proportional abgedeckt würde. Der wirtschaftlichste Luftüberschuß ist aber durch die unveränderte Rostfläche bei Teillasten höher, wodurch der Wirkungsgrad die Neigung hat zu sinken. Das Maß der Steigerung des Luftüberschusses bei Teillasten hängt von der Bauart ab. (Bailey gibt als Beispiel 20% Luftüberschuß bei höchster Last, 50% bei tiefster Last.)

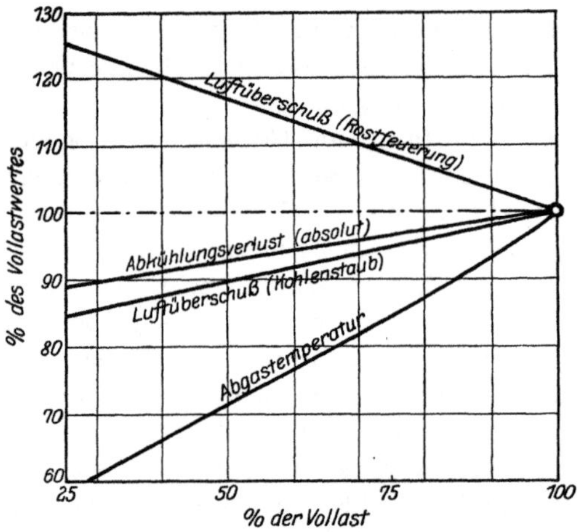

Abb. 84. Veränderung der Kesselverluste mit der Belastung.

b) Kohlenstaubfeuerungen haben bei allen Belastungen praktisch den gleichen wirtschaftlichsten Luftüberschuß. Hingegen muß zur Schonung des Feuerraumes die Verbrennungstemperatur durch Steigerung des Luftüberschusses bei hoher Last begrenzt werden; der abnehmende Luftüberschuß verbessert also den Wirkungsgrad bei Teillasten. (In einer von Bailey ausgeführten selbsttätig geregelten Anlage wurde für Vollast ein Luftüberschuß von 30—35% eingehalten, für tiefste Last 20%.)

3. Die Abkühlungsverluste sind bei allen Belastungen annähernd gleich groß (absolut). Ein Teil des Mauerwerkes erhält seine Wärme vom Wasserinhalt des Kessels, also bei allen Belastungen mit der gleichen Temperatur, und für die gasbeheizten Mauerwerksteile sind nach eingehenden Untersuchungen von Praetorius[1]) die Tempera-

[1]) Archiv f. Wärmewirtschaft 1926, Heft 1, S. 22.

turen von der Belastung nicht sehr stark abhängig, so daß bei einem Versuch für Halblast die gemessene gesamte Abkühlungswärme im Dauerbetrieb nur um etwa 11% kleiner war als bei Vollast. Den annähernd gleichbleibenden Verlusten steht für Teillasten eine geringere Nutzwärme gegenüber, so daß die Abkühlungsverluste den Teillastwirkungsgrad verschlechtern.

Sieht man von der Veränderlichkeit der übrigen Verluste ab, so gilt folgendes:

<table>
<tr><th colspan="3">Der Kesselwirkungsgrad wird bei Teillasten</th></tr>
<tr><th>durch Veränderung von</th><th>bei Rostfeuerung</th><th>Kohlenstaubfeuerung</th></tr>
<tr><td>Abgastemperatur . . . .</td><td colspan="2">besser</td></tr>
<tr><td>Luftüberschuß . . . .</td><td>schlechter</td><td>besser</td></tr>
<tr><td>Abkühlung . . . .</td><td colspan="2">schlechter.</td></tr>
</table>

Je nach der Verteilung der drei Verluste entstehen bei den besonderen Bauarten Wirkungsgrade, die unterhalb der Vollast mit abnehmender Belastung zunächst steigen, bis der zunehmende Einfluß der Abkühlung und bei Rostfeuerungen dazu der verschlechterte Luftüberschuß den Einfluß verminderter Abgastemperaturen aufheben. Abb. 85 zeigt den Verlauf des Wirkungsgrades für verschiedene Feuerungen. Man bezeichnet im allgemeinen als „Normallast“ den Belastungspunkt mit dem günstigsten Wirkungsgrad, trotzdem dieser Punkt bei neueren Feuerungen so tief unter der höchsten Dauerlast (Vollast) liegt, daß es nicht berechtigt ist, bei höheren Dampfleistungen von einer Überlastung des Kessels zu sprechen. Vielmehr muß dieser günstigste Belastungspunkt als Teillast angesehen werden, deren hoher Wirkungsgrad ein Zeichen für die gute Anpassungsfähigkeit des Kessels an geringe Lasten ist.

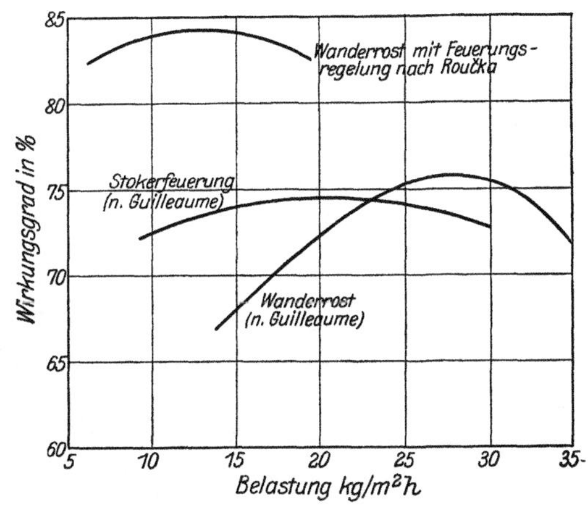

Abb. 85. Wirkungsgrad verschiedener Feuerungen.

Um das Verhalten der verschiedenen Bauarten unterhalb der „Normallast“ zu vergleichen, wurde in Abb. 86 die Wirkungsgradverschlechterung in Prozenten der Normallastverhältnisse dargestellt. Außer dem Wirkungsgrad wurde der Kohlenverbrauch in Abhängigkeit von der Belastung aufgetragen, der sich angenähert durch eine gerade Linie darstellen läßt. Denkt man sich diese Linie bis zur Nullast verlängert, so stellt der Schnittpunkt mit der Ordinate den theoretischen Leerkohlenverbrauch dar. Bei sehr tiefer Last, die aber praktisch nicht in Betracht kommt, verschlechtern sich die Verhältnisse etwas gegenüber dem angenommenen geradlinigen Verlauf (strich punktiert angedeutet). Der tatsächliche Leerlaufkohlenverbrauch wäre also etwas höher. Für das Gebiet der auftretenden Belastungsänderungen kann aber der annähernd geradlinige Verlauf des Kohlenverbrauchs mit der Belastung (Dampferzeugung) folgendermaßen ausgedrückt werden:

Kohlenverbrauch = Leerkohlenverbrauch + (spezifischer Wirkkohlenverbrauch × Belastung).

Der spez. Wirkkohlenverbrauch ist also von der Belastung unabhängig, so daß man mit dem Leerkohlenverbrauch allein rechnen kann, um verschiedene Anordnungen unter verschiedenen Belastungsverhältnissen zu vergleichen. Jeder

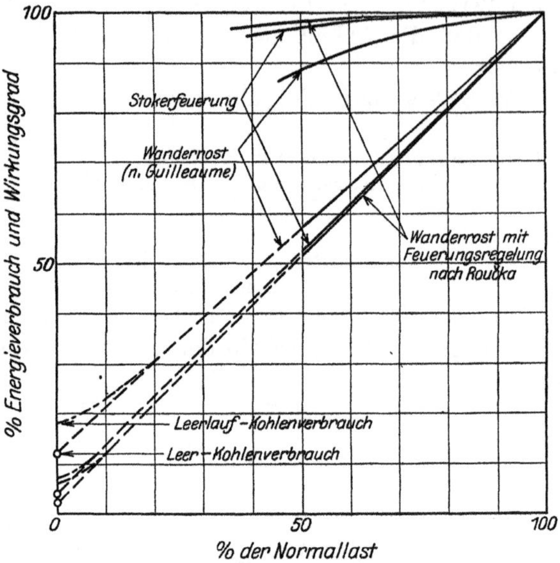

Abb. 86. Wirkungsgrad und Kohlenverbrauch bezogen auf Normallast.

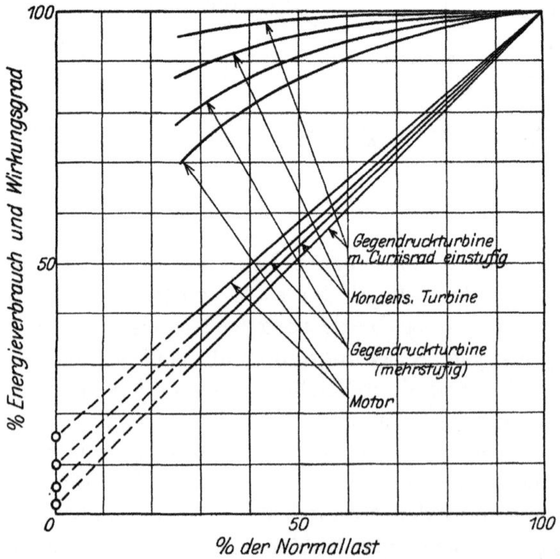

Abb. 87. Wirkungsgrad und Energieaufwand verschiedener Betriebseinrichtungen bezogen auf Normallast.

Kessel, der in Betrieb ist, kostet Leerkohle; mit der Wirkkohle braucht man nicht zu rechnen, denn sie hat auf den Wirkungsgrad bei verschiedenen Belastungen keinen Einfluß. Hingegen fällt bei geringer Last die konstante Leerkohle stärker ins Gewicht, sie bietet deshalb einen Maßstab für die Zusatzverluste bei Teillasten. Je geringer der Leerkohlenverbrauch ist, um so weniger verschlechtert sich der Wirkungsgrad mit sinkender Belastung. Der Leerverbrauch ist auch für jede andere Betriebseinrichtung ein Wert, der sich zur Beurteilung der Zusatzverluste bei Teillasten verwenden läßt. In Abb. 87 sind für eine Reihe von Betriebseinrichtungen die Wirkungsgrade in Prozenten der Normalwirkungsgrade dargestellt. Wie bei den Kesselwirkungsgraden ist auch hier ein Ersatz dieser Werte durch den Energieaufwand bei Teillasten im Verhältnis zur Normallast möglich, deren Verlauf durch den Leerverbrauch festgelegt ist.

Leerverbrauch verschiedener Betriebseinrichtungen in °/₀ des Verbrauches bei Normallast.

Kessel:	Wanderrost ohne Rauchgasvorwärmer nach Guilleaume	12 %
	Stokerfeuerung ohne Rauchgasvorwärmer nach Guilleaume	3 %
	Kohlenstaubfeuerung mit Rauchgasvorwärmer	4 %
	Wanderrost mit Feuerungsregelung nach Roučka	2 %
Kondensationsturbinen etwa		6 %
Gegendruckturbine Curtisrad		2—3 %
	mehrstufig	10—14 %
Turbinengenerator ($n = 3000$) je nach Leistung		4—6 %
Motor je nach Leistung und Drehzahl		7—16 %

Nach der Zusammenstellung passen sich die Kessel den Teillasten bei Beharrung nicht schlechter an als andere Maschinen, besonders, wenn man berücksichtigt, daß der (beste) „Normallast-Wirkungsgrad" von Kesseln meist wesentlich unter Vollast liegt; als Vollast wird hier nach den Gewohnheiten im Turbinenbau die höchste zulässige Dauerlast bezeichnet, die nur vorübergehend bis zur „Überlast" überschritten werden darf. Bei den anderen verglichenen Betriebseinrichtungen ist der Wirkungsgrad meist bei Vollast am besten (Vollast = Normallast).

Der schlechte Betriebswirkungsgrad veränderlich belasteter Kessel ist nicht auf große Teillastverluste zurückzuführen; die geringe Zunahme der Verluste mit abnehmender Belastung läßt sich durch zwei Zahlenwerte ausdrücken:

1. Normallast in Prozenten der Vollast,
2. Leerverbrauch in Prozenten der Normallast.

2. Zusatzverluste durch Belastungswechsel.

Diese günstigen Werte lassen sich aber nur erreichen, wenn der Kessel in Beharrung mit dem wirtschaftlichsten Luftüberschuß arbeitet. Um die Verluste festzustellen, die bei wechselnder Belastung auftreten können, hat Josse[1]) den gleichen Kessel während der Dauer von je 7 Stunden das eine Mal mit konstanter $^1/_1$-Last und zum Vergleich mit wechselnder $^3/_4$-Last betrieben. Das Ergebnis war eine Verschlechterung des Kesselwirkungsgrades von 83 auf 67,5$^0/_0$, was einem zusätzlichen Kohlenverbrauch von 23$^0/_0$ entspricht. Man kann drei Ursachen für die Verschlechterung des Wirkungsgrades durch Belastungswechsel unterscheiden, von denen die erste bei allen Feuerungsarten vorliegt, die zwei letzten nur bei Rostfeuerungen.

1. Unwirtschaftliche Einstellung des Luftüberschusses durch den Heizer wegen mangelnder Anpassung an den augenblicklichen Belastungszustand.

2. Um bei Rostfeuerungen eine Belastungssteigerung einzuleiten, muß der Luftüberschuß zur Erhöhung der Brenngeschwindigkeit gesteigert, zur Senkung vermindert werden. In beiden Fällen weicht während dieser Zeiten der Luftüberschuß vom wirtschaftlichsten ab und zwar um so mehr, je schneller die Brenngeschwindigkeit verändert werden soll. Der Wirkungsgrad der Kesselanlage ist deshalb nicht nur von der Belastung, sondern von der Beschleunigung der Belastungsänderungen abhängig. Diese Beschleunigung könnte an sich durch die Speicherfähigkeit des Wasserraumes im Kessel gemildert werden, im praktischen Betrieb geschieht aber im allgemeinen das Gegenteil. Das Einsetzen einer Zunahme der Belastung kann der Heizer zunächst nicht erkennen, wenn nicht besondere Meldevorrichtungen, Lastanzeiger oder Dampfmesser, ihn darauf vorbereiten. Der Kesseldruck, nach dem er seine Maßnahmen richtet, weicht erst vom Solldruck ab, wenn die zunehmende Belastung schon eine Zeit lang gewirkt hat; während dieser Zeit ist aber die Spanne zwischen steigender Belastung und gleichbleibender Dampferzeugung schon groß geworden. Hat der Kesseldruck merkbar abgenommen, so steigert der Heizer durch erhöhte Luftzufuhr die Brenngeschwindigkeit; er ist bestrebt, den Kesseldruck möglichst schnell wieder auf den Solldruck zu bringen. Dazu muß die Verbrennung erst die erhöhte Belastung einholen und darüber hinaus die Wärme zum Aufladen des Wasserraumes liefern. Die Beschleunigung der Verbrennung, die mit unwirtschaftlichem Luftüberschuß verbunden ist, wird also jedenfalls größer sein als die Beschleunigung der Belastung. Es wird dem Heizer auch kaum gelingen, die Verbrennung gerade in dem Augenblick der Belastung anzupassen, in welchem der Kesseldruck seinen Sollwert erreicht hat; es entsteht vielmehr, durch neue Belastungswechsel gefördert, ein Pendeln um den Solldruck, das um so lebhaftere schädliche Beschleunigungen und Verzögerungen des Verbrennungsvorganges her-

[1]) Z. V. d. I. 1922, 21. Januar. S. 62.

vorruft, je schneller und genauer der Heizer den Kesseldruck konstant zu halten sucht. Durch die verspätete Einstellung der Feuerung nach dem Kesseldruck überschreiten die unwirtschaftlichen Beschleunigungen und Verzögerungen der Brenngeschwindigkeit die Werte, welche zur Anpassung an die Belastungsänderungen nötig sind.

3. Wechselnde Brenngeschwindigkeiten verursachen bei Rostfeuerungen ein ungleichmäßiges Feuerbett und diese Ungleichmäßigkeit steigert sich durch zusätzliche Wechsel der Brenngeschwindigkeit bei verspäteter Einstellung der Feuerung. Je ungleichmäßiger das Feuerbett ist, um so höher muß der Luftüberschuß gehalten werden, damit alle Teile der Feuerung genügend Luft zur Verbrennung erhalten. Auch dadurch erhöhen sich die Verluste mit zunehmendem Wechsel der Brenngeschwindigkeit.

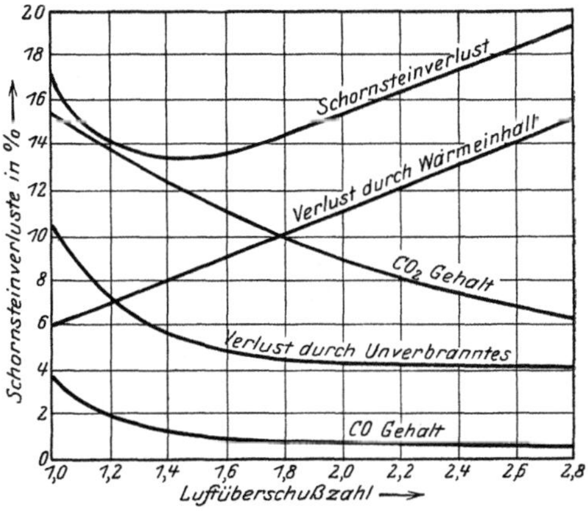

Abb. 88. Luftüberschuß und Schornsteinverlust nach Pick.

Die drei Ursachen der Zusatzverluste durch Belastungswechsel haben als gemeinsame Wirkung eine Abweichung des Luftüberschusses vom wirtschaftlichsten Wert. Der wirtschaftlichste Luftüberschuß wird, vom Einfluß auf die brennbaren Rückstände abgesehen, durch den Mindestwert des gesamten Schornsteinverlustes bestimmt. Der Schornsteinverlust setzt sich aus den Verlusten durch fühlbare Wärme und durch unvollkommene Verbrennung zusammen. Mit steigendem Luftüberschuß entweichen bei der gleichen Nutzlast mehr Rauchgase durch den Schornstein und steigern den Verlust durch fühlbare Wärme. Hingegen nimmt der Verlust durch unvollkommene Verbrennung mit steigendem Luftüberschuß ab. Beide Einflüsse wirken sich entgegen, so daß der Schornsteinverlust, als Summe der Verluste, für einen bestimmten Luftüberschuß einen Mindestwert aufweisen muß. Pick[1]) hat durch Versuche festgestellt, daß auch bei höchstem Luftüberschuß der CO-Gehalt nicht zu verschwinden braucht (Abb. 88). Rodhe[2]) nimmt an, daß der höchste Luftüberschuß, bei dem noch CO auftritt, 45% beträgt (Abb. 89). Für „schwer brennbare“ Kohle

[1]) Die Wärme. 1923, 7. September.

[2]) Transactions World Power Conference 1924, Bd. II.

steigt der CO-Gehalt bei vermindertem Luftüberschuß sehr schnell an, für leicht brennbare Kohle nur allmählich. Dadurch würde sich auch der Verlauf des Schornsteinverlustes in der Gegend des Mindestwertes ändern. Bei leicht brennbarer Kohle entsteht ein flacher Verlauf des Schornsteinverlustes, und der Mindestwert tritt bei einem kleineren Luftüberschuß auf. Die Verhältnisse ändern sich nicht nur mit der Kohlenbeschaffenheit, sondern außerdem durch Bauart und Belastung der verschiedenen Feuerungen.

Für die Beurteilung der Zusatzverluste durch Abweichung vom wirtschaftlichsten Luftüberschuß ergeben sich aus dem Verlauf des Schornsteinverlustes folgende Schlüsse:

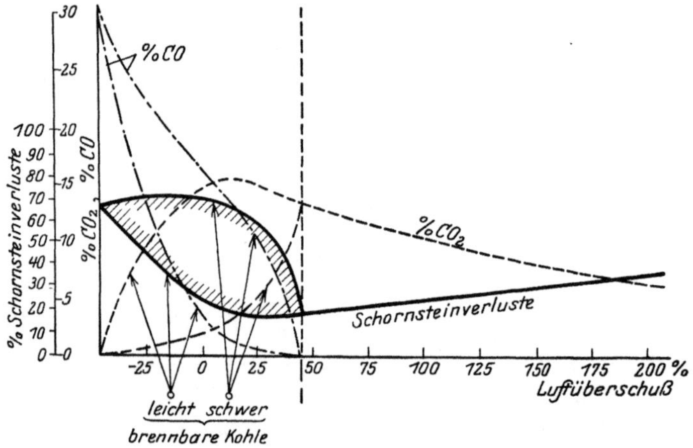

Abb. 89. Luftüberschuß und Schornsteinverlust nach Rodhe.

1. Jede Abweichung vom wirtschaftlichsten Luftüberschuß erhöht den Schornsteinverlust, gleichgültig, ob der Luftüberschuß zu groß oder zu klein ist. Geringe Abweichungen haben aber keinen bedeutenden Einfluß auf den Schornsteinverlust (besonders bei leicht brennbarer Kohle). Fehlerhafte Einstellung des Luftüberschusses im Beharrungszustand (für verschiedene Belastungen) verschlechtert also in allen Fällen den Kesselwirkungsgrad.

2. Dazu kommt bei Rostfeuerungen die Beschleunigung und Verzögerung der Brenngeschwindigkeit zum Einleiten von Belastungsänderungen. Beide Änderungen der Brenngeschwindigkeit verschlechtern durch abweichenden Luftüberschuß den Wirkungsgrad mit zunehmender Heftigkeit der Änderungen.

Verhindert man zusätzliche Beschleunigungen und Verzögerungen, die durch verspätete Einstellung der Feuerung entstehen, so läßt sich annähernd der Wirkungsgrad der Beharrung erreichen. Beschleunigung und Verzögerung der Brenngeschwindigkeit und Ungleichmäßigkeiten im Feuerbett beschränken sich dann auf die Werte, welche durch die Belastungsänderungen selbst hervorgerufen werden. Die geringen übrigbleibenden Abweichungen haben besonders bei leicht brennbarer Kohle geringen Einfluß auf die Wirtschaftlichkeit.

3. Bei Kohlenstaubfeuerungen muß die Luftzufuhr der Kohlenzufuhr sehr schnell angepaßt werden, weil der Verbrennungsraum keinen Brennstoffvorrat enthält. Durch die gute Mischung von Luft und Kohlenstaub ist der wirtschaftlichste Luftüberschuß so klein, daß sich schon durch eine geringe vorübergehende Unterschreitung Rauch entwickelt. Gelingt es nicht, während der Regelvorgänge die Abweichung vom wirtschaftlichsten Wert so zu beschränken, daß Rauch durch Luftmangel vermieden wird, dann ist es besser, bei jeder Belastungsänderung zur Sicherheit vorübergehend mit einem gesteigerten Luftüberschuß zu fahren. Man läßt dann bei zunehmender Last die Kohlenzufuhr der Luftzufuhr nacheilen, bei sinkender Last muß die Kohlenzufuhr schneller abnehmen als die Luftzufuhr.

Wenn es gelingt, die Kohlenzufuhr und Luftzufuhr in jedem Augenblick genau nach der Belastung einzustellen, so können die Beharrungswirkungsgrade bei Kohlenstaubfeuerungen und bei Rostfeuerungen bis auf eine geringe Abweichung auch im Dauerbetriebe mit wechselnder Belastung eingehalten werden.

3. Zusatzverluste durch Stillstand.

Über die Verluste durch Stillstand der Kessel wurden von Guilleaume[1]) und Praetorius[2]) Versuche ausgeführt.

Aus den Versuchen von Praetorius läßt sich ableiten, daß die gespeicherte Wärmemenge, die der untersuchte Kessel bei Vollast und Beharrung in Mauerwerk und Wasserraum enthielt, dem Vollastkohlenverbrauch von mehr als 6 Stunden entspricht. Die Abkühlungsverluste während des Betriebes waren 5,6% des Vollastverbrauches, die gespeicherte Wärme entspricht also dem vollen Abkühlungsverlust von $4^1/_2$ Tagen. Aus dieser großen Wärmequelle wird nach Stillsetzen der Kessel weiter Wärme abgegeben, ohne daß der Wärmevorrat während längerer Stillstandszeit erschöpft würde. Die Wärmeverluste sind zu Beginn der Stillstandszeit größer als die Abkühlungsverluste während des Betriebes, da auch die Innenwände des Kessels bei Stillstand Wärme abgeben. Der Kesseldruck und die Mauerwerkstemperaturen sinken. Die Abkühlungsverluste vermin-

[1]) Z. V. d. I. 1915, 27. März, S. 263ff.

[2]) Archiv f. Wärmewirtschaft 1925, Heft 2 und 11, 1926, Heft 1.

dern sich dadurch unbedeutend, nach 24 Stunden auf 75% des Anfangswertes.

Wird der Kessel wieder in Betrieb gesetzt, so müssen die Abkühlungsverluste der Stillstandszeit ersetzt werden, ehe sich der Kessel wieder im Beharrungszustand befindet. Während Guilleaume nur die Anheizkohlenmenge berücksichtigt, die erforderlich ist, um den gesunkenen Kesseldruck wieder auf die volle Höhe zu bringen, bestimmt Praetorius außerdem die Wärmemengen, welche in der „Einlaufzeit" verloren gehen, bevor die Mauerwerkstemperaturen den Beharrungszustand erreicht haben. Im 8stündigen Tagesbetrieb wird dieser Beharrungszustand für Teile des Kessels mit großer Speicherfähigkeit und geringer Leitfähigkeit während der Betriebszeit überhaupt nicht erreicht und nach Stillsetzen des Kessels über Sonntag war erst am Dienstag der Zustand vom vorhergehenden Sonnabend wieder hergestellt. Die Summe des Kohlenverbrauches für das Anheizen und Einlaufen soll als Stillstandskohlenverbrauch bezeichnet werden. Dazu gehört auch der zusätzliche Abgasverlust, der beim Anfahren entsteht, bis der Rost seine volle Brenngeschwindigkeit erreicht hat. Abb. 90 zeigt nach Praetorius den gemessenen Verlauf der verschiedenen Zusatzverluste während des Anheizens und Einlaufens. Am Ende der Betriebszeit von 8 Stunden ist annähernd Beharrung erreicht, die Verluste können zu dieser Zeit als Beharrungsverluste angesehen werden. Die Belastung war während der Versuchsdauer praktisch konstant, die Zusatzverluste vor Eintreten der Beharrung sind deshalb nur auf den Stillstand während der Nacht (16 Stunden) zurückzuführen. Zu den Verlusten für das Anwärmen von Wasserinhalt und Mauerwerk als Ersatz für die Abkühlung bei Stillstand kommt der zusätzliche Abgasverlust durch das Anfahren. Mit dem Anheizkohlenverlust bis zum Beginn der Dampfentwicklung als Folge des Stillstandes wird allgemein gerechnet. Damit ist aber erst ein Teil der Stillstandsverluste ersetzt. In der Einlaufzeit dient immer noch Verlustkohle zur Erwärmung des Mauerwerkes statt zur Dampfentwicklung.

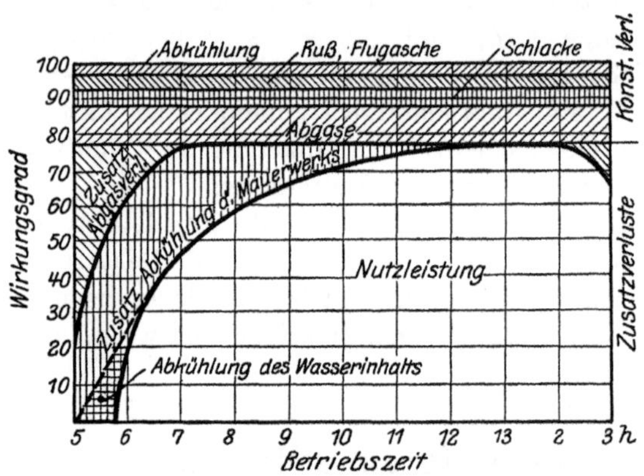

Abb. 90. Zusatzverluste beim Anheizen und Einlaufen nach Praetorius.

Aus späteren Versuchen von **Praetorius** am gleichen Kessel lassen sich etwa folgende Werte ableiten:

Stündliche Abkühlungsverluste:	in $^0/_0$ des Wärmeaufwandes bei Vollast	in $^0/_0$ des Abkühlungsverlustes während des Betriebes
Abkühlungsverluste während des Betriebes bei Beharrung	3,8	100
Gesteigerte Abkühlungsverluste bei Beginn des Stillstandes	5,13	135
Durch sinkende Übertemperaturen bei einem Stillstand von 16 Stunden vermindert sich die Abkühlung auf einen Durchschnittswert von	4,82	127
Auf eine Stunde Stillstand entfällt ein Anteil der zusätzlichen Abgasverluste beim Anfahren	2,58	67
Gesamte Zusatzverluste je Stunde Stillstand	7,35	194

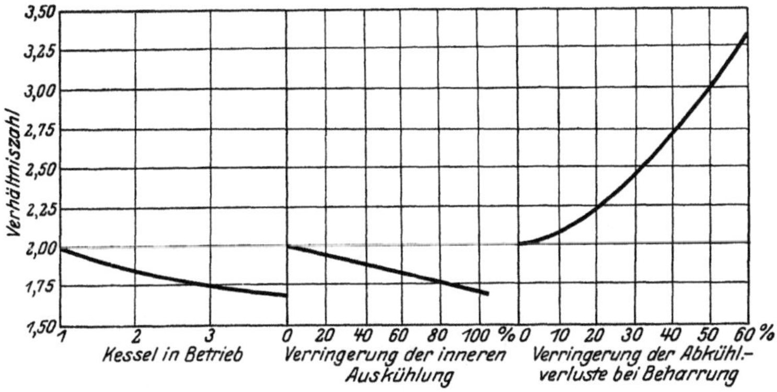

Abb. 91. Abhängigkeit der Verhältniszahl Stillstandsverlust: Abkühlungsverlust von den Betriebsbedingungen (nach Praetorius).

Nach Versuchen von **Guilleaume** ist der Anheizkohlenverbrauch annähernd der Stillstandszeit proportional. Danach kann man annehmen, daß die stündlichen Zusatzverluste unabhängig von der Dauer der Stillsetzung praktisch gleich sind. Jede Stunde Stillstand verursacht Zusatzverluste, die **schätzungsweise doppelt so groß** sind wie der Abkühlungsverlust bei Betrieb des Kessels im Beharrungszustand.

Die Verhältniszahl Stillstandsverlust: Abkühlungsverlust bei Beharrung hängt nach **Praetorius**[1]) von der Kesselzahl, der inneren Abkühlung und von der Größe der Beharrungsverluste ab (Abb. 91), solange es sich nur um Stillstandszeiten von weniger als 24 Stunden

[1]) Brieflich mitgeteilt.

handelt. Man kann mit einem Mindestwert von 1,5 und einem Höchstwert von 2,5 rechnen, die Verhältniszahl 2 gibt also einen brauchbaren Anhaltspunkt.

Für einen 8stündigen Tagesbetrieb entstehen durch den Stillstand von 16 Stunden unvermeidliche Zusatzverluste, deren Größe sich abschätzen läßt. Hat der Kessel 3,5% Abkühlungsverlust bei Vollast in Beharrung, so ist der Stillstandsverlust etwa 7,0%. Auf jede Betriebsstunde fallen 2 Stillstandsstunden, so daß im Tagesdurchschnitt ein Zusatzverlust von 14% des Vollast-Kohlenverbrauches entsteht. Arbeitet der Kessel den Tag über durchschnittlich mit Halblast, so wären das 28% des täglichen Kohlenverbrauches. Tatsächlich ist der Stillstandsverlust für Halblastbetrieb etwa um $^1/_{10}$ geringer als für Vollast, es bleibt aber immer noch ein Zusatzkohlenverbrauch von 25%. Ungefähr die Hälfte dieser Kohlenmenge fällt auf die Anheizkohle vor Beginn der Dampferzeugung, der übrige zusätzliche Kohlenverbrauch entsteht während der Betriebszeit (zur Temperatursteigerung des Mauerwerkes). Die Frage, ob es wirtschaftlicher wäre, die Kessel nachts unter Feuer zu halten, hat keine praktische Bedeutung, da man die Kessel stillsetzt, um Bedienung zu sparen.

Anders liegen die Verhältnisse für Kraftwerke mit geringem Belastungsfaktor. Man ist geteilter Meinung darüber, ob es wirtschaftlich ist, bei geringer Last Kessel stillzusetzen oder die ganze Kesselanlage parallel auf kleine Last herunterzuregeln. Betriebstechnisch sind meist beide Verfahren anwendbar, für die Einführung selbsttätiger Feuerungsregelung kommt aber vorwiegend der Parallelbetrieb in Betracht. Die Werte von Leerkohlenverbrauch und Stillstandskohlenverbrauch sollen Anhaltspunkte zur Entscheidung dieser Frage geben. Sie läßt sich allgemein nur für Kraftwerke mit einer größeren Zahl gleicher Kessel beantworten. Die Stillsetzung einzelner Kessel nacheinander kann in einem solchen Fall annähernd kontinuierlich geschehen.

In Abb. 92 sind nach Klingenberg[1]) zwei Beispiele von Belastungskurven für die Kraftwerke einer Großstadt und einer Industriestadt zusammengestellt. Maßgebend für Betriebszeit und Stillstand einzelner Kessel ist die Stundenzahl, während der die verschiedenen Belastungen im Laufe eines Tages erreicht oder überschritten werden. Es entsteht dann für jede Belastungskurve ein zugehöriges Schaubild der Betriebszeit, das sehr häufig zwischen höchster und tiefster Last annähernd linear verläuft. Dieser Verlauf läßt sich durch das allgemeine Schaubild (Abb. 93) ersetzen. Der höchsten Last entspricht die Vollast der Kessel, und bis herunter auf Normallast kommt ein Stillsetzen von Kesseln nicht in Betracht. Sollen unterhalb der

[1]) Klingenberg: Bau großer Elektrizitätswerke, 2. Auflage, S. 10. Berlin: Julius Springer 1926.

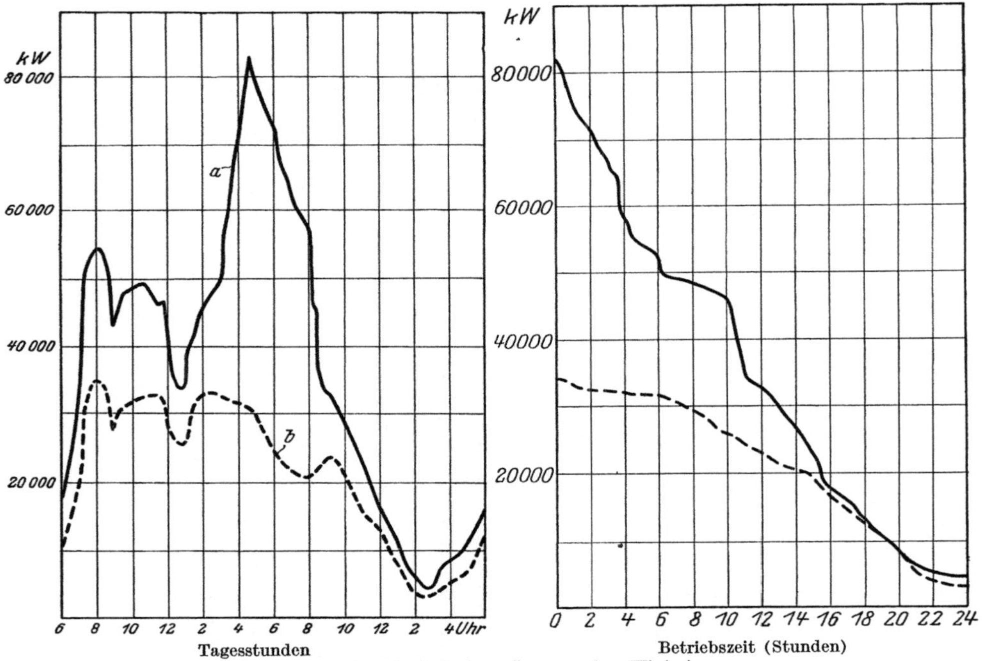

Großstadt-Belastung (a = Sommer, b = Winter)

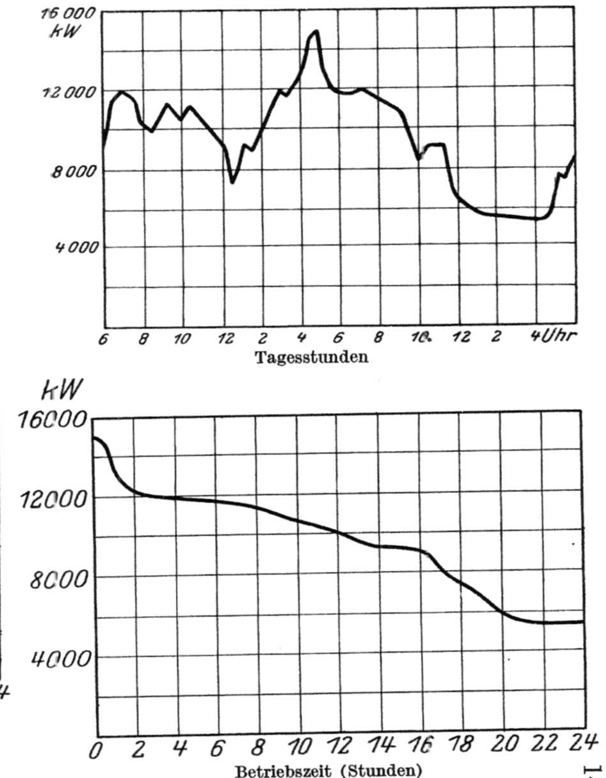

Industriestadt-Belastung

Abb. 92. Kurven der Belastung und Betriebszeit für Kraftwerke einer Großstadt und Industriestadt.

Normallast Kessel stillgesetzt werden, so entspricht die Zahl der stillgesetzten Kessel und die Dauer des Stillstandes der wagrecht schraffierten Fläche, während die darunter liegende Fläche die Betriebszeit der Kessel darstellt.

Für jede Stunde, die ein Kessel in Betrieb ist, entsteht ein Leerkohlenverbrauch (nur der Überschuß über den Leerkohlenverbrauch ist nutzbar) und ruhende Kessel verursachen einen Stillstandskohlenverbrauch (der beim Anheizen und Einlaufen später aufzubringen ist). Bezeichnet man mit z_u die tiefste Last auf Normallast bezogen, so arbeiten z_u% der Kessel durchgehend und verbrauchen Leerkohle. $(1 - z_u)$% der Kessel sind die Hälfte der Zeit in Betrieb (Leerkohle) und ruhen die halbe Zeit (Stillstandskohle). Der Leerkohlenverbrauch sei K_l und der Stillstandskohlenverbrauch K_s, beide in Prozenten des Kohlenverbrauches der Normallast berechnet. Danach ist über den Durchschnitt der betrachteten Zeit, während welcher die Normallast unterschritten wird, die Summe von:

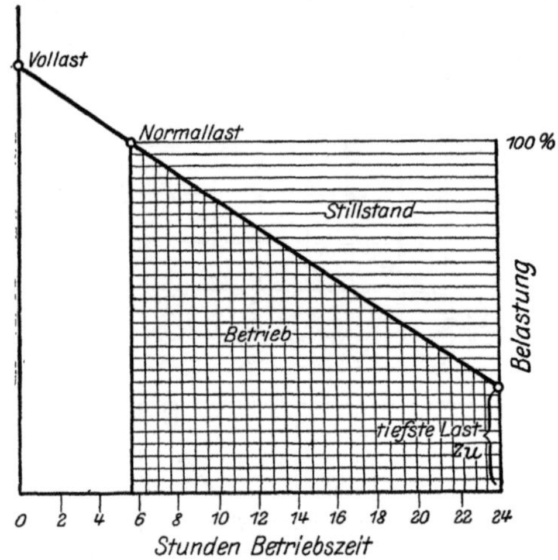

Abb. 93. Allgemeines Schaubild über Betriebs- und Stillstandszeiten einer Kesselanlage (Verlauf linear angenommen).

Leerkohle + Stillstandskohle beim Stillsetzen von Kesseln $z_u K_l + \dfrac{(1 - z_u)(K_l + K_s)}{2}$.

Werden die Kessel hingegen nicht stillgesetzt, sondern parallel mit verminderter Last weiter betrieben, so ist für alle Kessel Leerkohle K_l aufzuwenden. Gleichgültig, ob Kessel stillgesetzt werden oder nicht, muß außer diesen Beträgen in beiden Fällen der Wirkkohlenverbrauch K_w aufgewendet werden, um die Belastung zu decken. Bildet man den Unterschied des Gesamtkohlenverbrauches

	Gesamtkohlenverbrauch:
Parallelbetrieb ohne Stillstand	$K_w + K_l$,
Betrieb mit Stillsetzen von Kesseln. .	$K_w + z_u K_l + \dfrac{1 - z_u}{2}(K_l + K_s)$,
Mehrkohlenverbrauch bei Parallelbetrieb	$K_l(1 - z_u) - \dfrac{1 - z_u}{2}(K_l + K_s) = \dfrac{(K_l - K_s)(1 - z_u)}{2}$

so fällt der Wirkkohlenverbrauch aus der Rechnung heraus. z_u ist die tiefste Last im Verhältnis zur Normallast, $1 - z_u$ ist also positiv. Es entsteht danach unabhängig von der Größe der tiefsten Last ein positiver

Mehrkohlenverbrauch bei Parallelbetrieb, wenn $\underline{K_l > K_s}$,

Leerkohlenverbrauch > Stillstandskohlenverbrauch.

Leerkohlenverbrauch = Theoretischer Kohlenverbrauch bei Leerlauf in Prozent der Normallast (S. 134, Abb. 86).

Stillstandskohlenverbrauch = Kohlenverbrauch zum Ersatz der Abkühlungsverluste je Stunde Stillstand, schätzungsweise das Doppelte der Abkühlungsverluste für Beharrung in Prozent des Kohlenverbrauches bei Normallast. (Die Kohle wird nach Schluß der Stillstandszeit beim Anheizen und Einlaufen des Kessels verbraucht.)

Anmerkung. Der Anhaltspunkt Stillstandsverlust = doppelter Abkühlungsverlust der Beharrung soll dazu dienen, das Ergebnis der Versuche von Praetorius sinngemäß auf andere Kessel zu übertragen, um die Zusammenhänge klarzustellen, nicht um den Stillstandsverlust aus Wirkungsgrad-Versuchen zu ermitteln. Die Abkühlungsverluste, als Restglied bestimmt, sind dafür viel zu ungenau. Die Stillstandsverluste lassen sich leicht bei konstanter Belastung aus dem Unterschied des besten Wirkungsgrades (Beharrung) nach der Einlaufzeit und des Durchschnittswirkungsgrades über die ganze Betriebszeit (von Praetorius „Wirkungsfaktor“ genannt) bestimmen.

Bei Kesseln mit flachem Verlauf der Wirkungsgradkurve kann der Leerkohlenverbrauch kleiner sein als der Stillstandsverbrauch, so daß es unwirtschaftlich ist, Kessel bei kleiner Last stillzusetzen. Für Anlagen mit geringer Kesselzahl und einem anderen Verlauf der Betriebszeitkurve können sich die Verhältnisse verschieben, immer bieten aber die Werte von Leerkohle und Stillstandskohle einen Maßstab für den Vergleich beider Betriebsarten. Die praktische Notwendigkeit, die Kessel bei selbsttätiger Feuerungsregelung parallel zu betreiben, bedeutet für Kessel mit flachem Verlauf der Wirkungsgradkurve also keinen Verlust; man ersetzt vielmehr die größeren Stillstandsverluste durch die geringeren Leerkohlenverluste.

4. Zusatzverluste durch Verschmutzung.

Durch Verschmutzen der Kesselheizfläche sinkt der Wärmeübergang. Für die Wärmeübertragung hat das genau den gleichen Einfluß wie eine Verkleinerung der Kesselheizfläche. Bei der gleichen Dampferzeugung müssen die Rauchgase eine größere Übertemperatur gegen den Wasserinhalt des Kessels haben, um ihre Wärme abzugeben; die Abgastemperatur steigt und der Wirkungsgrad sinkt. Die einzelnen Kessel werden nacheinander gereinigt, so daß gleichzeitig immer Kessel mit verschiedenem Grad der Verschmutzung in Betrieb sind. Würde man die Kessel alle gleichmäßig belasten, so müßten, besonders bei hoher Last, die verschmutzten Kessel mit wesentlich höherer Abgastemperatur arbeiten. Nach Roučka beschränkt man diese Zusatzverluste auf ein Mindestmaß, wenn die frisch gereinigten Kessel stärker und die verschmutzten Kessel schwächer belastet werden. Diese zweckmäßigste Lastverteilung muß für alle Belastungen eingehalten werden.

5. Mittel zur Verminderung der Zusatzverluste.

a) Ausgleich durch Speicherung. Ruths hat Wärmespeicher eingeführt, durch welche die Belastungsschwankungen des Betriebes von der Kesselanlage ferngehalten werden. In vielen Anlagen ist dadurch ein vollkommener Ausgleich möglich, durch den die Kessel konstant mit der günstigsten Last betrieben werden können, so daß im Dauerbetrieb Verhältnisse vorliegen, die für „Paradeversuche" erst künstlich hergestellt werden müssen. Einige Werte von Kohlenersparnissen, die durch den Ausgleich erreicht wurden, sind in der folgenden Zahlentafel zusammengestellt:

Kohlenersparnisse durch Ruthsspeicher.

Roh- und Weißzuckerfabrik Stöbnitz	10,2 %
Textil-Ausrüstungs-Gesellschaft, Crefeld	10 %
Bahnkraftwerk Altona	20 %
Tuchfabrik Eberle, Forst	22 %
Zuckerfabrik Gothenburg	15,1 %
Knochenmehlfabrik Stockholm	16,2 %
Papierfabrik Grycksbo	14,5 %
Eisenwerk Sandviken	15,7—20 %
Zellstoffabrik Edsvalla	23 %
Zellstoffabrik Säffle (Billeruds A. B.)	20 %
Zellstoffabrik Raumo	15 %

Der Ausgleich ist um so leichter durchzuführen, je häufiger die Belastungswechsel auftreten; bis zu Schwankungen von der Dauer mehrerer Stunden läßt sich ein vollkommener Ausgleich durchführen. Darüber hinaus kommt nur ein Teilausgleich von Belastungsspitzen und Tälern in Betracht. Für eine große Zahl von Betrieben, besonders für Kraftwerke mit veränderlicher Belastung, sind deshalb noch andere Mittel anzuwenden.

b) Selbsttätige Feuerungsregelung. Werden alle Organe des Kessels, welche Luft- und Kohlenzufuhr beeinflussen, in jedem Augenblick ohne Verzögerung und mit großer Genauigkeit selbsttätig eingestellt, so lassen sich die Zusatzverluste auf einen ganz geringen Betrag heruntersetzen, wodurch praktisch die „Paradewirkungsgrade" erreicht werden können.

Mit einer von Smoot[1]) ausgeführten Regelanlage für Rostfeuerungen wurde im Dauerbetrieb bei einem Verhältnis der tiefsten Last zur

---

[1]) Electrical World. 1925, 26. September.

Höchstlast von 1 : 4 ein Durchschnittswirkungsgrad erreicht, der 1—2% unter dem besten gemessenen Versuchswirkungsgrad liegt. Im Kraftwerk der Stadt Prag[1]) wurde mit selbsttätiger Feuerungsregelung von Roučka bei einem Lastverhältnis 1 : 10 ein Durchschnittswirkungsgrad von 82,8% über 24 Stunden gemessen; es ist anzunehmen, daß dieser Wert auch durch günstigste Versuchsbedingungen nicht überschritten werden könnte.

V. Feuerungsregelung.

Schon vor mehreren Jahrzehnten versuchte man, einzelne Organe des Kessels selbsttätig zu steuern. Mit Regelverfahren, die in den letzten Jahren ausgebildet wurden, ist es gelungen, Kesselanlagen vollkommen selbsttätig zu betreiben.[2]) Man erkennt aus den verschiedenen Bauarten, daß folgende Grundbedingungen zu erfüllen sind:

1. Die gesteuerten Organe des Kessels müssen bei Belastungsänderungen möglichst schnell und genau in die richtige Stellung gebracht werden.

2. Ein Stillsetzen einzelner Kessel kommt nicht in Betracht. Die Belastung wird auf alle Kessel gleichmäßig verteilt. Der Anteil des einzelnen Kessels an der Gesamtdampferzeugung wird nach seiner Leistungsfähigkeit und dem Grad der Verschmutzung (nachstellbar) festgelegt.

3. Wird der Luftüberschuß geregelt, so ist eine Anpassung des geregelten Wertes an die Belastung des Kessels erforderlich. Bei Rostfeuerungen wird der höchste Luftüberschuß für geringe Lasten eingehalten. Bei Kohlenstaubfeuerungen regelt man auf größten Luftüberschuß bei höchster Last, um den Feuerraum vor unzulässigen Temperaturen zu schützen; man vermeidet auch vorübergehenden Luftmangel während des Regelvorganges, um Rauchentwicklung zu verhindern.

4. Die Steuerung der Luftzufuhr geschieht in allen ausgeführten Anlagen für jeden Kessel getrennt. Gesteuerte Generalschieber geben erfahrungsgemäß wegen der verschiedenen Widerstände der einzelnen Kessel keine gleichmäßige Verteilung des Rauchgasstromes auf die verschiedenen Feuerungen.

5. Bis auf Einzelfälle werden nur mittelbare Steuerungen mit Kraftgetriebe verwendet. Regelvorgänge und Schaltungen müssen stabil sein.

Je nach der Art der Feuerung und der Zuganlage werden folgende Organe des Kessels selbsttätig gesteuert:

---

[1]) Braunkohle. 1926, Januar.

[2]) Schulz: Z. V. d. I. 1926, 22. Mai und 19. Juni.

1. Für Feuerungen, bei denen sich die Geschwindigkeit der Kohlenzufuhr nicht beeinflussen läßt (z. B. Treppenroste) kommt nur eine Belastungsregelung durch veränderte Luftzufuhr in Betracht.

2. Bei Wanderrosten arbeitet man ausschließlich mit konstanter Schütthöhe und steuert die Rostgeschwindigkeit.

3. Die Förderschnecken von Kohlenstaubbrennern werden meist einzeln angetrieben und nicht mit dem Gebläse der Primärluft gekuppelt. Eine Regelung der Primärluft selbst wird selten angewendet.

4. Zur Regelung der Luftzufuhr können alle vorhandenen Organe (Rauchgasschieber, Saugzuganlage, Unterwindgebläse, Unterwindklappe Sekundärluftklappen) gesteuert werden. Bei einzelnen Bauarten der Regelung verzichtet man auf die Steuerung des Unterwindgebläses.

Alle Organe erfüllen gemeinsam die Aufgabe, Luft und Kohle in der richtigen Menge und im richtigen Verhältnis dem Kessel zuzuführen. Belastung und Luftüberschuß lassen sich durch verschiedene Mittel messen und zur Regelung verwenden. Die Bauarten der Feuerungsregler unterscheiden sich durch die gewählten Meßgrößen und durch ihre Verbindung mit den einzelnen gesteuerten Organen. Um eine Übersicht zu gewinnen, werden erst die regelnden Meßgrößen, dann die Schaltungen behandelt und zuletzt die einzelnen Bauarten beschrieben.

1. Regelnde Meßgrößen.

a) Dampfdruck (der Sammelleitung).

Jeder Kessel, der in eine Sammelleitung speist, muß einen Druckabfall von etwa 3—10% in Absperrorganen und im Überhitzer überwinden, um Dampf abgeben zu können. Der Druckabfall wächst quadratisch mit der Dampfleistung des einzelnen Kessels, die Kesseldrücke (im Dampfdom) sind also höher als der Druck in der Sammelleitung. Eine ideale Feuerungsregelung würde so arbeiten, daß sie in jedem Augenblick die Dampferzeugung vollkommen dem Bedarf anpaßt. Die Speicherfähigkeit des Wasserraumes der Kessel würde dann nicht in Anspruch genommen und die Kesseldrücke wären konstant.

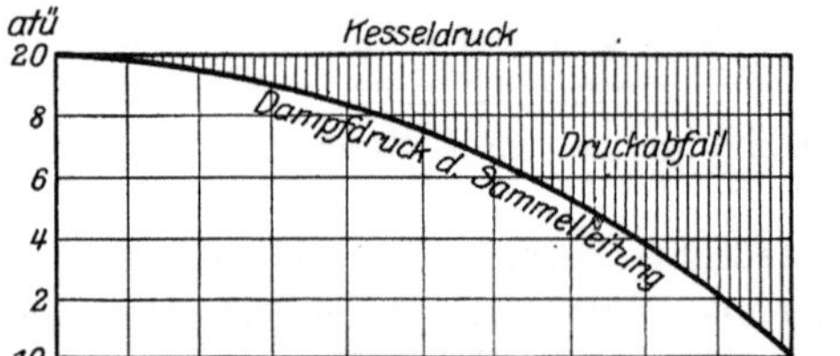

Abb. 94. Dampfdruck der Sammelleitung als Maßstab der Belastung.

Bei konstanten Kesseldrücken ist der Druck in der Sammelleitung (kurz Dampfdruck im Gegensatz zum Kesseldruck genannt) ein Maßstab für die Belastung (Abb. 94). Der geringe Druckunterschied zwischen Kessel und Sammelleitung, den man sonst unberücksichtigt läßt, ist wie bei einem Dampfmesser für die Feuerungsregelung ein Mittel, jede Belastungsänderung sofort auf den Regler wirken zu lassen, bevor noch eine Veränderung des Kesseldruckes erfolgt. Die allgemein angewendete Regelung nach dem Dampfdruck ist dadurch von einer Regelung des Kesseldruckes selbst grundsätzlich verschieden. Ein sehr vollkommener Dampfdruckregler könnte mit der Genauigkeit eines Dampfmessers alle Organe sämtlicher Kessel in jedem Augenblick mit dem Bedarf in Übereinstimmung bringen, der durch den Dampfdruck angezeigt wird. Damit ließe sich nicht nur die Gesamtdampferzeugung steuern, sondern auch die Belastung gleichmäßig auf die einzelnen Kessel verteilen. Die Kesseldrücke würden sich nur vorübergehend ändern, bis sich nach Belastungsänderungen die geregelte Wärmezufuhr, durch Trägheit von Rost und Wasserraum verzögert, vollständig ausgewirkt hat. Bei dieser Regelung werden die unvermeidlichen Druckabfälle zur Mengenmessung benutzt und der Kesseldruck konstant auf dem Konzessionsdruck gehalten, also voll ausgenutzt. Ohne zusätzliche Druckabfälle zu erzeugen, gewinnt man dadurch einen größeren Druckbereich zu Regelzwecken als er gewöhnlich für Dampfmesser mit besonders eingebauten Meßflanschen zur Verfügung steht.

Dauernde Veränderungen des Kesseldruckes entstehen durch Ungenauigkeiten der Regeleinrichtung, die sich nie vollkommen vermeiden lassen. Stellt die Regelung die Organe der Kessel nicht richtig nach dem Dampfdruck ein, so verursacht der Unterschied von Wärmezufuhr und Wärmeverbrauch eine Änderung des Kesseldruckes. Gleichzeitig ändert sich aber auch der um den Druckabfall tiefere Dampfdruck der Sammelleitung und verstellt die Regelung genau wie bei einer Änderung des Dampfbedarfes, bis das Gleichgewicht hergestellt ist.

Der Dampfdruck der Sammelleitung wirkt als Dampfmesser für die augenblickliche Belastung und zeigt außerdem die Kesseldruckänderungen an, welche durch mangelnde Übereinstimmung von geregelter Dampferzeugung und Dampfbedarf entstehen.

b) Differentialdruckregelung.

Die Änderung der Wärmezufuhr zum Kessel verursacht erst eine erhöhte Dampfabgabe, nachdem der Wasserinhalt des Kessels auf höhere Temperatur gekommen und dadurch der Kesseldruck gestiegen ist. Diese verspätete Änderung des Kesseldruckes erschwert die Durchführung der Regelvorgänge; es muß eine Rückführung vorgesehen werden, die sich bei elektrischen Regelverfahren mit Steuerung durch Fernkontakte nur schwer ausbilden ließe. Die Rückführung kann aber fortfallen, wenn es gelingt, die Mengenänderungen von Wärmezufluß und

Dampfentnahme unmittelbar zu messen; Bailey hat zu diesem Zweck ein neuartiges Verfahren entwickelt. Der Vorgang einer Änderung des Kesseldruckes bei mangelnder Übereinstimmung von Wärmezufluß und Dampfentnahme läßt sich mit der Änderung des Wasserspiegels in einem Behälter mit Wasserzufluß und Abfluß vergleichen. Sind zufließende und abfließende Wassermenge gleich groß, so ändert sich der Wasserspiegel nicht. Überwiegt der Zufluß um einen bestimmten un veränderlichen Betrag, so steigt der Wasserspiegel gleichförmig, ohne zum Stillstand zu kommen. Der Wasserspiegel verändert sich danach bei konstantem Überschuß, die Höhe des Wasserstandes ist also kein Maßstab für die Größe des Überschusses. Trotzdem kann man am Wasserspiegel erkennen, ob Überschuß oder Mangel im Wasserzufluß vorhanden ist. Bleibt der Wasserspiegel unverändert, dann besteht Gleichgewicht, steigt er, dann ist Überschuß vorhanden, sinkt er, dann ist der Zufluß zu gering. Diese Änderung des Wasserspiegels kann aber auch benutzt werden, um die Größe des augenblicklichen Mengenunterschiedes festzustellen, wenn man die Änderung des Wasserspiegels in der Zeiteinheit mißt.

Genau das gleiche gilt für die Änderung des Kesseldruckes. Stimmt der Wärmezufluß mit dem Dampfbedarf überein, so bleibt der Kesseldruck unverändert. Überwiegt der Wärmezufluß, so wird der Kessel durch den Überschuß aufgeladen, die Sattdampftemperatur steigt und damit der Druck. Je größer der Überschuß ist, um so schneller ändert sich der Kesseldruck.

Die Kesseldruckänderung Δp in der Zeiteinheit Δt ist ein Maßstab für den Mengenunterschied zwischen dem gesteuerten Wärmezufluß und dem Dampfbedarf.

Durch Anwendung einer Vorrichtung, die in kleinen Zeitabständen die Geschwindigkeit $\Delta p/\Delta t$ der Kesseldruckänderung mißt, erhält man für jeden Zeitabschnitt Δt eine Mengenmessung des Unterschiedes von Zufluß und Verbrauch. Sind die Zeitabschnitte Δt klein genug, so hat man es praktisch mit einer Messung des Differentialquotienten dp/dt der Druckänderung zu tun.

Wird eine derartige Vorrichtung nicht durch den Kesseldruck selbst, sondern durch den Dampfdruck der Sammelleitung beeinflußt, so mißt sie auch dort jede Kesseldruckänderung, da sich der Druck in der Sammelleitung mit dem Kesseldruck ändert. Außerdem entsteht durch jeden Wechsel der Belastung ein veränderter Druckabfall. Die Vorrichtung spricht also auf Belastungsänderungen und mangelndes Gleichgewicht von Erzeugung und Verbrauch an; sie kann deshalb an Stelle eines Dampfdruckreglers zu Regelzwecken dienen. Um den grundsätzlichen Unterschied zu kennzeichnen, soll ein Regler, der nach diesem Verfahren arbeitet, Differentialdruckregler genannt werden.

c) Regelung durch Strömungsmengen.

Zur **Dampfmessung** baut man besondere Stauflanschen in die Dampfleitung ein; der gemessene Druckabfall zu beiden Seiten des Stauflansches wächst quadratisch mit der Dampfmenge. Besondere Stauflanschen werden auch verwendet, um bei Gemischreglern für Gasfeuerungen die Gasmenge und die Luftmenge auf den Regler wirken zu lassen.

Die **Rauchgasmenge** wird allgemein durch den Druckabfall bestimmt, der in den Kesselzügen entsteht. Man mißt also den Zugunterschied zwischen zwei Punkten des Kessels. Voraussetzung für eine unveränderliche Beziehung zwischen Rauchgasmenge und Zugverbrauch in den Kesselzügen ist natürlich das Fehlen von zwischenliegenden verstellbaren Klappen, durch welche der Widerstand wesentlich verändert würde. Auch der Grad der Verschmutzung der Kesselrohre hat Einfluß auf den Widerstand. Man darf aber diese Verschmutzung ohnehin nicht weit fortschreiten lassen, da sonst verminderter Wärmeübergang durch erhöhte Abgastemperaturen den Kesselwirkungsgrad verschlechtert. Nach Bailey ist bei Kesselreinigung in normalen Zeitabständen die größte Abweichung in der Mengenmessung zwischen frisch gereinigtem und verschmutztem Kessel nicht größer als $5\,\%$.

Der Zug im Feuerraum ändert sich mit der Luftzufuhr und der Rauchgasmenge, die zum Kessel strömt. Man ist bestrebt, den Zug konstant zu halten oder ihn der Belastung anzupassen. Läßt man diesen Zug auf einen Regler wirken, so kann dadurch die Luftzufuhr (bei Unterwind) gesteuert werden.

Ist der Unterdruck im Feuerraum konstant, so dient der Zug vor dem Rauchgasschieber allein als Maß für die Rauchgasmenge, die durch den Kessel strömt; denn er liegt um den Zugverbrauch im Kessel tiefer als der konstante Unterdruck im Feuerraum.

d) Luftüberschußregler.

Bei **Gasfeuerungen** lassen sich Luft und Gas durch Stauflanschen messen. Der Luftbedarf je m^3 Gas ändert sich mit dem Heizwert angenähert proportional; die brennbaren Bestandteile CO und H_2 haben je m^3 gleichen Heizwert und brauchen gleiche Luftmengen zur Verbrennung ($CO + {}^1/_2 O_2 = CO_2$, $H_2 + {}^1/_2 O_2 = H_2O$, also Sauerstoffbedarf und damit Luftbedarf je Molvolumen gleich). Um den Luftüberschuß konstant zu halten, müßte bei steigendem Heizwert jedem m^3 Gas mehr Luft zugeteilt werden. Bei annähernd konstantem Heizwert des Gases genügt jedoch die Regelung auf konstantes Gasluftgemisch, wie sie von Askania durchgeführt wird.

Während man sich bei einzelnen Bauarten für **Kohlenfeuerung** darauf beschränkt, Luftzufuhr und Kohlezufuhr einzeln zu steuern, war zuerst Bailey bestrebt, den Luftüberschuß unmittelbar zur Regelung des Mengenverhältnisses von Luft und Kohle zu benutzen. Die Kohlenmenge läßt sich nicht fortlaufend mit der gleichen Genauigkeit messen wie eine Gasmenge. Außerdem soll die veränderliche Beschaffenheit der Kohle berücksichtigt werden. Deshalb wird die erzeugte Dampfmenge als Maßstab für den Luftbedarf der zugeführten Kohle verwendet. Der Luftbedarf zur theoretischen Verbrennung (ohne Luftüberschuß) von 1 kg Kohle ändert sich stark mit dem Heizwert der Kohle. Es ist aber bemerkenswert, daß bei der gleichen Kohlenart der Luftbedarf dem Heizwert annähernd proportional ist. D. h.: Zur Entwicklung der gleichen Wärmemenge bei Verbrennung von Kohle ist immer annähernd die gleiche Luftmenge erforderlich. Man kann also der zugeführten Kohle die richtige Luftmenge zuteilen, wenn es gelingt, die entwickelte Wärme und die zugeführte Luft zu messen. Ein Maßstab für die entwikkelte Wärme ist (bei gleichem Wirkungsgrad) die erzeugte Dampfmenge, und die zugeführte Luftmenge steht zur Rauchgasmenge in einem bestimmten Verhältnis. In Abb. 95 ist nach Herberg[1]) für verschiedene Kohlenarten zusammengestellt, wieviel kg Dampf je kg Rauchgas entwickelt werden (Annahmen: Luftüberschuß 0, Wirkungsgrad der Dampferzeugung 100%, Erzeugungswärme für 1 kg Dampf = 670 kcal.

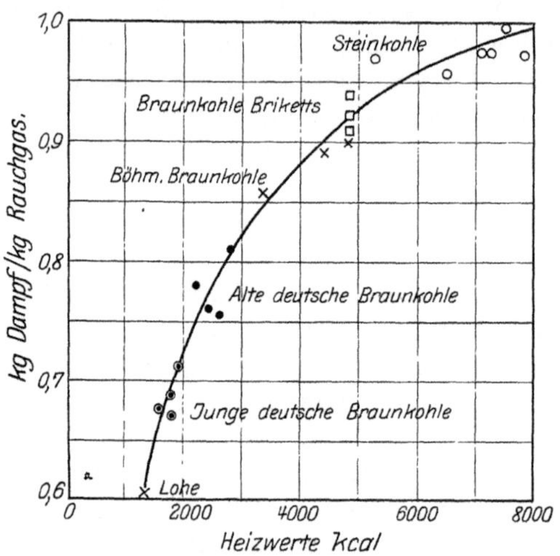

Abb. 95. Dampfmenge/Rauchgasmenge in kg für verschiedene Kohlenarten bei theoretischer Verbrennung.

Für Steinkohle ist das Verhältnis Dampf/Rauchgas vom Heizwert nahezu unabhängig; dies ist wegen der häufigen Mischung verschiedener Steinkohlenarten wichtig. Der Verhältniswert ändert sich bei Rohbraunkohle mit dem Alter der Kohle, eine Mischung verschiedener Arten kommt aber vielfach wegen der geringen Transportfähigkeit nicht vor. Man kann deshalb das Dampf/Luftverhältnis (oder Dampf/Rauchgasverhältnis) meist mit guter Annäherung zur Regelung des Luftüberschusses benützen. Je nach dem Wirkungsgrad des

[1]) Handbuch der Feuerungstechnik und des Dampfkesselbetriebes. Berlin, Julius Springer.

Kessels und dem gewählten Luftüberschuß wird das Dampf/Luftverhältnis anders eingestellt, es kann dann aber konstant gehalten, oder der Belastung angepaßt werden.

e) Regelung durch physikalische Rauchgasprüfer.

Ein anderes Mittel zur Luftüberschußregelung, das bisher noch nicht angewendet wurde, besteht in der Übertragung der Meßanzeige eines Rauchgasprüfers auf den Feuerungsregler. Rauchgasprüfer zeigen den CO_2-Gehalt des Rauchgases an. Der CO_2-Gehalt ist ein unmittelbarer Maßstab für das Verhältnis verbrannte Kohle: zugeführte Luft, was für den Verbrennungsvorgang ebenso kennzeichnend ist wie der Luftüberschuß. Falls das Rauchgas infolge unvollkommener Verbrennung noch CO enthält, so ist der Gehalt an $CO_2 + CO$ für das Kohle/Luftverhältnis maßgebend. Man kann das Rauchgas vor der Messung einer Nachverbrennung unterziehen, so daß auch das CO, in CO_2 umgewandelt, gemessen wird. Chemische Rauchgasprüfer kommen wohl wegen des Mangels einer fortlaufenden Anzeige mit geringerer Zeitverzögerung weniger in Betracht. Physikalische Rauchgasprüfer messen physikalische Eigenschaften des Rauchgases, die sich mit dem CO_2-Gehalt ändern.

Das Rauchgas besteht bei vollkommener Verbrennung oder Nachverbrennung aus drei Hauptbestandteilen, die sich folgendermaßen bilden: Luft wird bei der Verbrennung von Kohle vom Kohlenstoff und dem freien Wasserstoff verbraucht. (Der Einfluß von Schwefel soll vernachlässigt werden.) Der Kohlenstoff bildet CO_2, das an Stelle des Luftsauerstoffes im Rauchgas erscheint, Wasserstoff bildet Wasserdampf, der sich niederschlägt und nicht gemessen wird. Das Rauchgas enthält außerdem den Luftrest R (Luft minus verbrannter Sauerstoff = Stickstoff + Edelgase) und die überschüssige Luft L. Trotzdem es sich um ein Gemisch von drei Bestandteilen handelt, kann man den CO_2-Gehalt durch eine einzige physikalische Messung bestimmen, wenn eine Eigenschaft der Rauchgase benutzt wird, die sich mit dem CO_2-Gehalt stark ändert.

Mit besonderem Erfolg sind bisher zwei Eigenschaften zur Messung verwendet worden, das spezifische Gewicht und die Wärmeleitfähigkeit der Rauchgase. Die spezifischen Werte der Rauchgasbestandteile auf Luft = 100 bezogen, sind folgende:

	Spezifisches Gewicht:	Wärmeleitfähigkeit:
Luft L	100	100
CO_2	152	59
Luftrest R	97,2	~ 100
H_2	6,9	700
H_2O	62	130

Am Beispiel der CO_2-Messung durch das spezifische Gewicht der Rauchgase hat König[1]) mit Hilfe einer graphischen Darstellung gezeigt, daß der CO_2-Gehalt der Änderung des spezifischen Gewichtes $\Delta\gamma$ proportional ist (Abb. 96).

Trägt man als Abszisse den CO_2-Gehalt auf, als Ordinate die Abweichung $\Delta\gamma$ des spezifischen Gewichtes gegenüber Luft, so entspricht dem Wert $CO_2 = 100\%$ reine Kohlensäure mit einer Abweichung $\Delta\gamma = 52\%$. Der Luftrest R hat eine Abweichung von $\Delta\gamma = -2{,}8\%$. Reiner Luftrest entsteht bei theoretischer Verbrennung von Wasserstoff mit dem Luftüberschuß O (der Sauerstoff der Luft wird verbraucht, $CO_2 = 0$), der Punkt R liegt also auf der Ordinate. Die Brennstoffe bestehen aus Wasserstoff und Kohlenstoff, ihr Rauchgas ist deshalb bei theoretischer Verbrennung (Luftüberschuß = O) ein Gemisch von Luftrest R und CO_2, das spezifische Gewicht liegt also auf einer Geraden zwischen diesen beiden Grenzpunkten. Für reinen Kohlenstoff ist der höchste CO_2-Gehalt 21% (der ganze Sauerstoff der Luft ist durch CO_2 ersetzt, Punkt C). Das spezifische Gewicht aller möglichen Brennstoffe (aus Kohlenstoff und Wasserstoff) liegt also bei theoretischer Verbrennung auf der Geraden zwischen R und C. Die einzelnen Brennstoffe lassen sich durch den bekannten höchsten CO_2-Gehalt einzeichnen, z. B. für Steinkohle und Braunkohle etwa 19%, Punkt K.

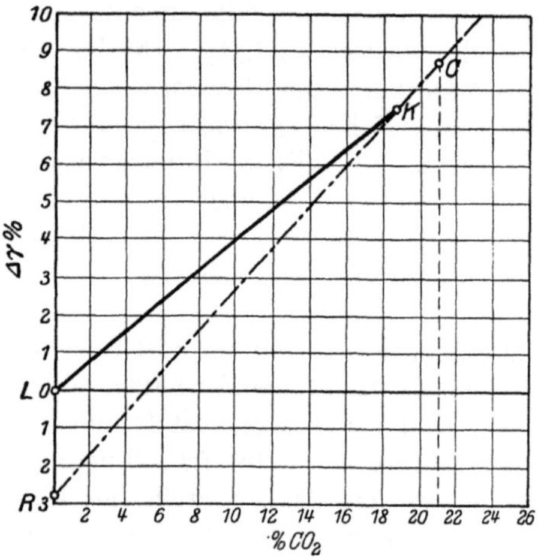

Abb. 96. Spez. Gewicht und CO_2-Gehalt der Rauchgase. L = Luft, C = Kohlenstoff, R Luftrest, K = Kohle.

Verbrennt man diese Kohle mit einem Luftüberschuß, so ist das Rauchgas ein Gemisch von Luft (Punkt L) mit Rauchgas der Zusammensetzung K. Das spezifische Gewicht für diese Mischung liegt also auf einer geraden Linie zwischen L und K. Da der Punkt K für alle Kohlenarten praktisch der gleiche ist, liegt auch die Gerade LK fest und ihre Neigung bestimmt die proportionale Beziehung zwischen CO_2-Gehalt und $\Delta\gamma$, wenn der Rauchgasprüfer die Änderung des spezifischen Gewichtes gegenüber Luft anzeigt.

Die Gerade LK weicht in ihrer Neigung unwesentlich von der Geraden $R - CO_2$ ab, da Luftrest und Luft annähernd gleiches spezifisches Gewicht haben. Geringe Verschiebungen des Punktes K durch Änderung des höchsten CO_2-Gehaltes haben dann kleinen Einfluß auf die Messung, da die Neigung der Geraden LK nahezu unverändert bleibt.

Statt der Abweichungen $\Delta\gamma$ könnten die Abweichungen Δk der Wärmeleitfähigkeit oder einer anderen geeigneten physikalischen Größe eingetragen werden.

Der CO_2-Gehalt ist unter folgenden Bedingungen mit der Änderung einer einzigen physikalischen Eigenschaft der Rauchgase proportional:

---

[1]) Archiv für Wärmewirtschaft 1923, H. 6, S. 113.

1. CO_2 muß einen starken Einfluß auf die physikalische Eigenschaft des Rauchgases haben.

2. Es ist der Verhältniswert der physikalischen Eigenschaft des Rauchgases gegen Luft zu messen, die Änderung dieses Wertes ist dem CO_2-Gehalt proportional.

3. Luft und Luftrest sollen sich angenähert gleich verhalten, geringe Abweichungen sind aber zulässig.

Außerdem müssen die Einflüsse anderer Bestandteile des Rauchgases ausgeschaltet werden. Wasserstoff hat auf Wärmeleitfähigkeit und spezifisches Gewicht starken Einfluß; er läßt sich durch Nachverbrennung in Wasser umwandeln. Das Rauchgas enthält Wasserdampf durch den gebundenen und freien Wasserstoff der Kohle, Feuchtigkeit der Luft und Undichtigkeiten des Kessels. Ein Teil dieses Wasserdampfes schlägt sich durch Abkühlung vor Eintritt in den Rauchgasprüfer nieder, ein weiterer Betrag kann durch künstliche Kühlung entfernt werden und der Rest ist durch die Meßeinrichtung zu kompensieren.

Um das Meßergebnis zur Feuerungsregelung zu benützen, müssen die Verstellkräfte des Instrumentes so groß sein, daß sich die Anzeige auf einen Regler übertragen läßt.

f) Berücksichtigung unvollkommener Verbrennung.

In der Verfeinerung der Regelverfahren ist man bis zur Anpassung des geregelten Luftüberschusses an die Belastung gegangen. Man sucht dadurch für verschiedene Belastungen in die Nähe des Luftüberschusses zu kommen, für den der gesamte Schornsteinverlust am kleinsten ist (Seite 137). Falls dies Mittel bei wechselnder Kohlebeschaffenheit nicht ausreicht, müßte außer dem Luftüberschuß der Verlust durch Unverbranntes ($CO + CH_4$) auf den Regler wirken. Es soll hier noch kurz angedeutet werden, auf welche Weise CO-Messer gemeinsam mit Meßeinrichtungen für den Luftüberschuß zur Feuerungsregelung benutzt werden könnten.

1. Der CO-Messer wirkt als Grenzregler, der den Luftüberschußregler ausschaltet, wenn der CO-Gehalt einen bestimmten Wert, z. B. $^1/_2{}^0/_0$ überschreitet.

2. Der CO-Messer wird mit einem Luftüberschußmesser und einem Temperaturmeßgerät zu einer Einrichtung verbunden, die den gesamten Schornsteinverlust unmittelbar anzeigt. Die vereinigte Meßvorrichtung soll dann die Feuerung so beeinflussen, daß sich immer der kleinste Schornsteinverlust (Umkehrpunkt) einstellt.

Zunächst wird der Zusammenhang der drei Größen in vereinfachter Form dargestellt, indem man sich den Verlust durch Unverbranntes in einen Temperaturunterschied umgewandelt denkt. Könnte man im Fuchs des Kessels das unvollkommen verbrannte Rauchgas von der Temperatur Δt katalytisch nachverbrennen, so würde eine Temperaturerhöhung Δt_u entstehen. Je größer der Verlust durch Unverbranntes ist, um so größer wäre die Temperaturerhöhung Δt_u durch Nachverbrennung. Es ist also angenähert $\Delta t_u = c_1 \cdot CO$. Die Rauchgase würden vollkommen verbrannt mit der erhöhten Temperatur $\Delta T = \Delta t + \Delta t_u$ zum Schornstein strömen, der gesamte Schornsteinverlust entspricht also einem reinen Verlust durch freie Wärme mit einer Abgastemperatur $\Delta T = \Delta t + \Delta t_u$. Die Messung dieser gedachten Temperaturerhöhung Δt_u geschieht natürlich nicht im Kessel selbst, sondern außerhalb an einer Rauchgasprobe durch irgendeinen der bekannten CO-Messer. Sinngemäß muß man aber den Ausschlag des CO-Messers mit dem Ausschlag des Abgastemperaturmessers (Δt) addieren, um den Schornsteinverlust zunächst in einen reinen Verlust durch freie Wärme mit der Abgastemperatur $\Delta T = \Delta t + \Delta t_u$ umzuwandeln.

Das Rauchgas besteht aus trockenem Rauchgas und aus Wasserdampf. Menge und spezifische Wärme des trockenen Rauchgases ändern sich angenähert proportional mit dem CO_2-Gehalt (wenn das Rauchgas vor der CO_2-Messung nachverbrannt wird (s. Abschn. V 3f). Die Menge des Wasserdampfes hängt von der Kohlenart ab. In die bekannte Formel für den Verlust durch freie Wärme wird statt der wirklichen Abgastemperatur Δt der erhöhte Wert ΔT eingesetzt.

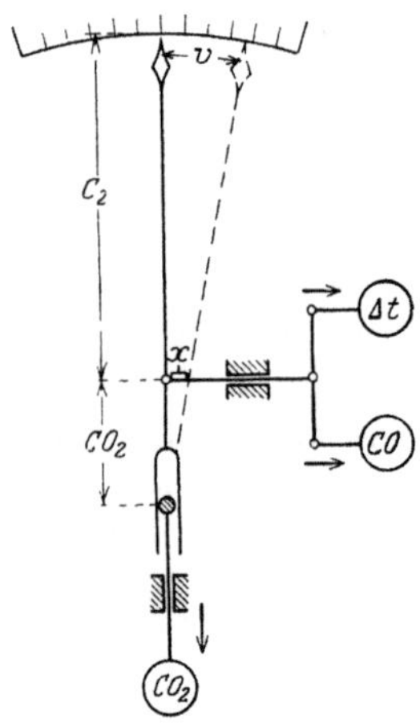

Abb. 97. Schema eines Meßgerätes für den Schornsteinverlust.

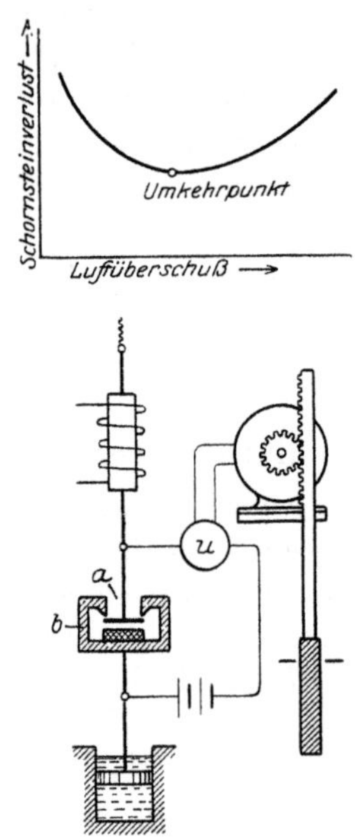

Abb. 98. Umkehrpunkt-Steuerung des Rauchgasschiebers.

$$\text{Schornsteinverlust } v = \left(w + \frac{c_2}{CO_2}\right)(\Delta t + c_1 \cdot CO)$$

Die Formel gibt an, in welcher Weise die Anzeigen von CO_2, CO und Δt zusammengesetzt werden müssen, was sich z. B. durch eine Hebelübersetzung nach Abb. 97 verwirklichen läßt. Die Kreise Δt, CO und CO_2 sollen Meßapparate andeuten, welche bei zunehmender Anzeige in Richtung der Pfeile auf die Hebelübersetzung einwirken. Die Ausschläge von Δt und $c_1 . CO$ addieren sich und geben zusammen den Hub x. Der Ausschlag von CO_2 verschiebt den Hebelarm, mit welchem x auf die Gesamtskala v übertragen wird.

$$v = x\left(\frac{CO_2 + c_2}{CO_2}\right) = \left(1 + \frac{c_2}{CO_2}\right)(\Delta t + c_1 \cdot CO).$$

Die Veränderung von v stimmt genau mit der Formel des Schornsteinverlustes überein, wenn die Hebelverhältnisse so gewählt werden, das durch die Größe *1* in der ersten Klammer der Wasserdampfgehalt w der Rauchgase berücksichtigt wird. Die Skala v zeigt also unmittelbar den Schornsteinverlust an.

Zur Regelung der Feuerung nach dem Umkehrpunkt (Minimum) des Schornsteinverlustes (Abb. 98) könnte der Ausschlag v, z. B. elektrisch, auf die Stellung a eines Kontaktes übertragen werden. Der Kontakt betätigt einen Umschalter u, welcher die Drehrichtung des Antriebsmotors eines Rauchgasschiebers wechselt. Dadurch pendelt die Anordnung folgendermaßen um den Umkehrpunkt: Der Kontakt a steigt und sinkt mit dem Schornsteinverlust v. Geht der Kontakt nach oben, so stößt er auf den Gegenkontakt b, schließt den Stromkreis des Umschalters und schleppt b mit; bewegt sich hingegen a nach unten (sinkender Schornsteinverlust), so öffnet sich der Kontakt. Der Motor habe eine bestimmte Drehrichtung, durch welche die Bewegung des Rauchgasschiebers auf eine Verminderung von v wirkt. Der Kontakt a sinkt dann, bleibt vom Gegenkontakt b losgelöst, der Umschalter wird nicht betätigt, der Motor läuft in der gleichen Richtung, bis nach Erreichen des Umkehrpunktes der Schornsteinverlust wieder zu steigen beginnt. Der Kontakt wird jetzt geschlossen, der Motor ändert die Drehrichtung, so daß sich der Luftüberschuß wieder gegen den Umkehrpunkt bewegt, um den die Steuerung ständig pendelt, gleichgültig, welches die absolute Größe des Schornsteinverlustes ist. Grundsätzlich könnte also eine derartige Steuerung unabhängig von der Belastung und der Beschaffenheit des Brennstoffes auf das Minimum des Schornsteinverlustes regeln, wenn das Bedürfnis nach einer derartigen Verfeinerung der Regelverfahren auftritt und sich die konstruktiven Schwierigkeiten überwinden lassen.

2. Schaltungen der Regler.

Die Zusatzverluste bei Belastungsänderungen lassen sich nur vermeiden, wenn es gelingt, in jedem Augenblick Luftzufuhr und Kohlezufuhr mit der Belastung in Übereinstimmung zu bringen. Änderungen der Belastung verändern wie bei einem Dampfmesser augenblicklich den Dampfdruck der Sammelleitung. Es genügt aber nicht, diese Druckänderungen durch gewöhnliche Dampfdruckregler auf die einzelnen Organe der Kohle- und Luftzufuhr zu übertragen.

Ein gewöhnlicher Dampfdruckregler mit Rückführung arbeitet in Beharrung (nach Beendigung des Regelvorganges zum Übergang in eine andere Stellung) wie ein direkter Regler. Der Hub des gesteuerten Kraftgetriebes ändert sich proportional mit dem regelnden Dampfdruck. Die Kraftgetriebe wirken auf Kohlezufuhr und Luftzufuhr ein. Sieht man zunächst von Ungenauigkeiten der Schalteinrichtung ab, so kann der Antrieb der Kohlenzufuhr (Rostgeschwindigkeit, Geschwindigkeit der Förderschnecke bei Kohlenstaubfeuerungen) derart eingerichtet werden, daß die Antriebsgeschwindigkeit dem Hub des Kraftgetriebes proportional ist. Ebenso öffnet sich ein Rauchgasschieber proportional mit dem Hub des gesteuerten Kraftgetriebes. Die Rauchgasmengen, die den Schieber durchströmen, sind aber außer von der Schieberöffnung vom Zugunterschied zu beiden Seiten des Schiebers abhängig, der sich mit der Belastung stark ändert. Ferner ändert sich der Hub der Kraftgetriebe proportional mit der Druckänderung der Sammelleitung, also quadratisch mit der Belastung (Seite 148). Abb. 99 zeigt, wie sich Luftmenge und Kohlenmenge mit der Belastung ändern, wenn man die augenblickliche Druckänderung allein zur Steuerung benutzen würde. Selbst wenn Luftzufuhr und Kohlezufuhr bei größter und kleinster Last im richtigen Verhältnis stehen, treten doch bei Mittellasten ganz bedeutende Abweichungen auf. Eine derartige Anordnung hat folgende Nachteile:

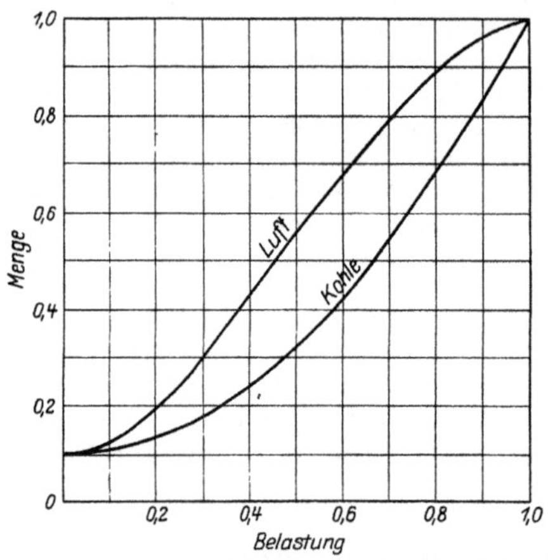

Abb. 99. Luft- und Kohlenmenge für verschiedene Belastungen bei proportionaler Verbindung von Regler und Kraftgetriebe.

1. Es gelingt nicht annähernd, durch die augenblickliche Druckänderung der Sammelleitung die Steuerorgane sofort in die richtige Lage zu bringen. Jede Abweichung von Zufuhr und Bedarf verursacht aber eine Störung des Gleichgewichts, die unter Änderung des Kesseldruckes durch einen langsamen Regelvorgang ausgeglichen werden muß. Die Abweichungen während dieses Vorganges verursachen einen Teil der Zusatzverluste, wie sie bei handgeregeltem Betrieb auftreten.

2. Nach Herstellung eines neuen Beharrungszustandes ist wohl Gleichgewicht von Dampferzeugung und Dampfbedarf vorhanden, Luft und Kohle sind aber in ganz anderem Maße verstellt worden, so daß sich ihr Verhältnis, d. h. der Luftüberschuß, unwirtschaftlich verändert hat.

3. Sind in der Anlage mehrere Kessel vorhanden, so kann sich noch durch die Ungenauigkeiten der Regelung die Zuteilung von Luft und Kohle zu den verschiedenen Kesseln ungleichmäßig verteilen, so daß einzelne Kessel mit besonders ungünstigem Luftüberschuß fahren.

Alle besonderen Bauarten verfolgen den Zweck, diese Fehler ganz oder zum Teil zu vermeiden, indem der Dampfdruckregler durch andere Meßgrößen ergänzt oder ersetzt wird.

a) Dampfdruck und Zug im Feuerraum.

Carrick verwendet außer einem Dampfdruckregler einen Zugregler für jeden Kessel in allen Kombinationen, die bei verschiedenen Feuerungen und Antriebsarten möglich sind. Während der Dampfdruck der Sammelleitung sich mit der Gesamtbelastung der ganzen Anlage ändert, ist der Zug im Feuerraum ein Maßstab für die Belastungsverhältnisse des einzelnen Kessels. Die Regelung dieses Zuges ist nicht Selbstzweck, sondern ein Mittel, um Luft- und Kohlezufuhr des einzelnen Kessels in möglichst gute Übereinstimmung zu bringen und damit einen Teil der Fehler zu vermeiden, die bei starrer Verbindung

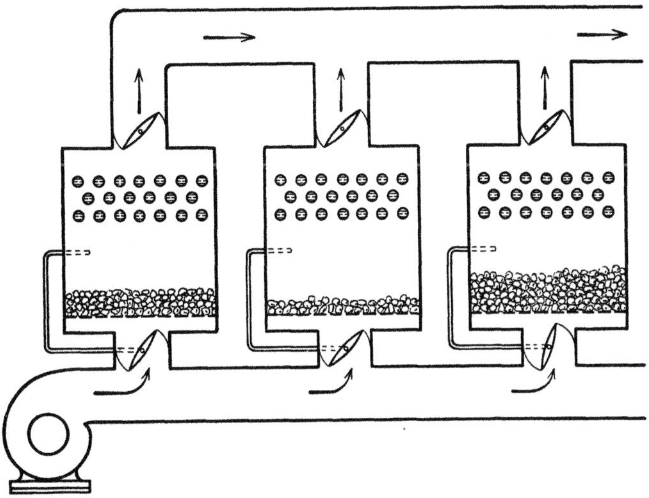

Abb. 100. Unterwindregler verteilen Luft gleichmäßig trotz verschiedener Dicke des Brennstoffbettes nach dem Zug im Feuerraum (Carrick).

aller Organe mit dem Dampfdruck durch Ungenauigkeiten entstehen würden. Nach den Grundsätzen der möglichen Schaltungen (Seite 24) kann jedes einzelne Steuerorgan mit dem Dampfdruck- oder dem Zugregler verbunden werden und außerdem sind Schaltungen möglich, bei denen beide Regler gemeinsam das gleiche Organ steuern. Die vielfältigen Lösungen[1]) sind Abarten des gleichen Grundgedankens, der allgemeinen Regelung durch den Dampfdruck eine Regelung des Einzelkessels durch den Zug zuzuordnen. Es genügt deshalb, das Grundsätzliche an einem Beispiel zu erläutern.

Mehrere Rostfeuerungen arbeiten mit gemeinsamen Unterwind (Abb. 100). Durch Abweichungen in der Kohlenzufuhr zu den drei dargestellten Kesseln hat auch jede Feuerung eine andere Dicke des Brennstoffbettes. Wären die Widerstände von Unterwindklappe, Kesselzügen

[1]) In einer Druckschrift der Gesellschaft sind 33 Systeme dieser Art angegeben.

und Rauchgasklappe für alle drei Kessel gleich, dann würde der Kessel mit der stärksten Kohlenzufuhr, also dem dicksten Feuerbett, den größten Widerstand für den Luftstrom bieten und die kleinste Luftmenge erhalten. Für die größte Kohlenmenge würde dann die kleinste Luftmenge zur Verfügung stehen und der Kessel könnte sich am wenigsten an der Dampferzeugung beteiligen, was gerade verkehrt ist. Jeder Kessel erhält deshalb einen Zugregler für den Feuerraum, der unter Konstanthaltung des Zuges die Stellung der Unterwindklappe dem Widerstand des Brennstoffbettes anpaßt. Sind die Öffnungen der Rauchgasklappen und der Widerstand der Kesselzüge für die Rauchgasströme ungefähr gleich, so stimmen auch die drei Rauchgasmengen unabhängig von der Höhe der Brennstoffschicht überein, da in Kesselzügen und Rauchgasklappen für alle drei Kessel das gleiche Zuggefälle Feuerraum/Schornstein zur Verfügung steht. Die Ungenauigkeit in der Zuteilung von Luft und Kohle beschränkt sich also auf die Abweichungen in der Einstellung von Luft- und Kohlezufuhr, die zusätzlichen Ungenauigkeiten der Luftzufuhr durch verschiedene Dicke des Brennstoffbettes werden dadurch ausgeschaltet.

Theoretisch wäre dieser Ausgleich des Brennstoffwiderstandes durch die Unterwindklappen allein bei allen Belastungen durchführbar. Für sehr kleine Belastungen können aber so geringe Klappenöffnungen entstehen, daß eine genaue Regelung um Bruchteile der Luftmengen praktisch nicht mehr möglich ist. Deshalb kann man außerdem die Drehzahl des Unterwindventilators steuern, z. B. durch den Dampfdruck; es entstehen dann für tiefe Lasten kleinere Überdrucke, denen bei gleicher Luftmenge größere Klappenöffnungen entsprechen. Diese *Vorsteuerung der Luftmenge durch den Antrieb des Ventilators, verbunden mit Feinstellung durch Klappen* oder Schieber, wird bei der Feuerungsregelung vielfach angewendet. Die Organe, welche gemeinsam die gleiche Regelaufgabe erfüllen, können von den gleichen oder verschiedenen Meßgrößen aus geregelt werden, wodurch die Mannigfaltigkeit der möglichen Anordnungen entsteht.

Trotz der Anwendung des Zugreglers werden die Regler durch die Druckänderungen in der Sammelleitung bei Belastungsänderungen nicht sofort in die richtige Lage gebracht, so daß zur Anpassung an die Belastung ein Regelvorgang unter Änderung des Kesseldruckes eingeleitet wird. Der Druckregler ist deshalb besonders empfindlich ausgebildet, damit kleinste Änderungen des Kesseldruckes genügen, um den Regelvorgang durchzuführen.

b) Dampfdruckregler mit Antriebs- und Mengenrückführung.

Man könnte die Belastungsänderungen durch den Dampfdruck der Sammelleitung im richtigen Maß zur Verstellung der Antriebe (Rostantrieb, Förderschnecke der Kohlenstaubfeuerungen) benutzen, indem man die Antriebsgeschwindigkeit mit dem Hub des Kraftgetriebes quadratisch verbindet. Es ist dann:

Hub des Kraftgetriebes ändert sich mit Antriebsgeschwindigkeit quadratisch,

Dampfdruck der Sammelleitung ändert sich mit Belastung quadratisch,

Hub des Kraftgetriebes ändert sich mit Dampfdruck proportional, also Antriebsgeschwindigkeit ändert sich mit Belastung proportional.

Es gelingt aber nicht, auf dem Weg, Dampfdruck — Reglerhub — Kraftgetriebe—quadratische Übersetzung — Stellung eines elektrischen Widerstandes- Geschwindigkeit des Antriebes, Ungenauigkeiten zu vermeiden. Schon die Geschwindigkeit gleichartiger elektrischer Antriebe mit gleicher Zahl von Widerstandsstufen zeigt beim Einschalten der gleichen Widerstandsstufe Abweichungen, nach Messungen von Smoot[1]) (Abb. 101). Besonders wenn man nicht den ganzen Verlauf der Geschwindigkeit nach der Stufenzahl, sondern die Änderungen zwischen je zwei oder drei Stufen beachtet, findet man große Abweichungen der Geschwindigkeitserhöhung mit der Stufenzahl. Zur Ausschaltung aller Ungenauigkeiten zwischen Regler und Antriebsgeschwindigkeit hat Smoot ein neues Verfahren eingeführt.

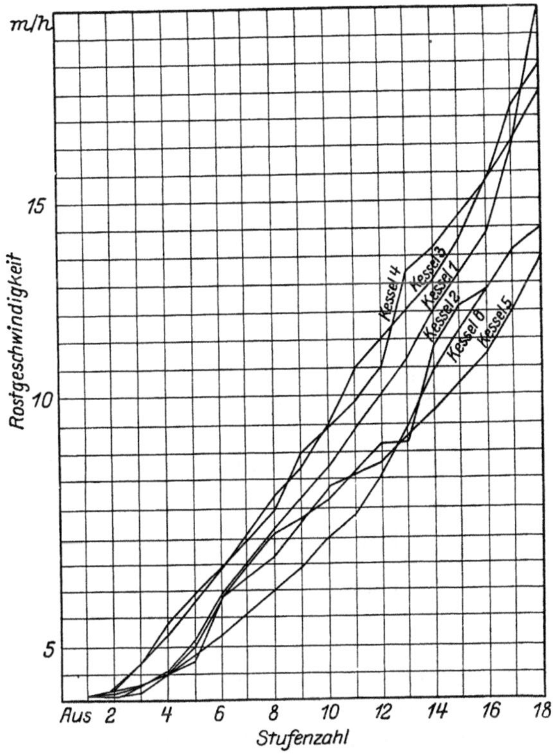

Abb. 101. Ungenauigkeit der eingestellten Rost-Geschwindigkeit bei verschiedener Stufenzahl des Regelwiderstandes.

Statt die Rückführung der Steuerung mit der Stellung des Kraftgetriebes zu verbinden, wird die Rückführung

[1]) Iron and Steel Engineer, 1925, Juli.

unmittelbar von der Geschwindigkeit des Antriebes beeinflußt und der Rückführhub in quadratische Abhängigkeit zur Antriebsgeschwindigkeit gebracht.

Diese Antriebsrückführung wird durch einen Fliehkraftregler betätigt, der sich mit der Geschwindigkeit des Antriebes dreht, so daß Hübe entstehen, die der Drehzahl des Antriebes quadratisch zugeordnet sind (Abb. 102). Bei steigender Belastung vergrößert sich der Druckabfall zur Sammelleitung quadratisch, der Druck sinkt, der Druckregler hebt sich von 0 nach 1 und öffnet den Steuerschieber, da der Fliehkraftregler noch in der ursprünglichen Lage 0 bleibt. Das Kraftgetriebe bewegt sich nach oben und schaltet Widerstandsstufen

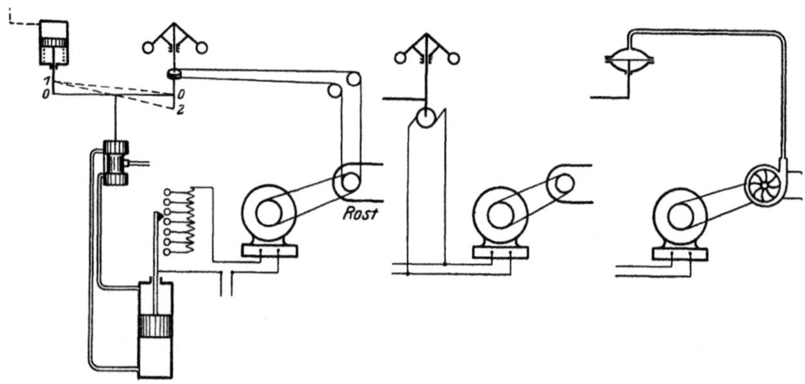

Abb. 102. Antriebsrückführungen.

ab, die Drehzahl des Motors steigt, der Hub des Fliehkraftreglers senkt sich und bringt den Steuerschieber zur Ruhe, wenn er sich durch Drehzahländerung des Antriebes um die Strecke 02 bewegt hat. Ist für beide Regler der größte Hub gleich, so sind auch die Strecken 01 und 02 gleich. Die Hübe des Dampfdruckreglers und des Fliehkraftreglers ändern sich beide quadratisch mit Belastung und Antriebsgeschwindigkeit; gleiche Hübe bei Übergang von einem Beharrungszustand in den anderen entstehen also, wenn auch Belastung und angetriebene Kohlenmenge sich um einen gleichen Betrag geändert haben. Dieser Vorgang der Stellungsregelung des Antriebes nach der Belastung beansprucht nur wenige Sekunden, während eine Regelung bei Änderung des Kesseldruckes viele Minuten braucht (siehe Abschnitt VI, 4a, b).

Die Antriebsrückführung stellt augenblicklich den Antrieb nach der Belastung mit einer Genauigkeit ein, die nur von der Arbeitsweise des Dampfdruckreglers und des

Rückführreglers abhängig ist, während Ungenauigkeiten zwischenliegender Steuereinrichtungen ausgeschaltet sind.

Eine Verbindung zwischen Kraftgetriebe und Steueröffnung besteht nicht. Das Kraftgetriebe gleicht dadurch alle Ungenauigkeiten der Schalteinrichtungen aus und gibt die Anpassung an die quadratische Beziehung zur Antriebsgeschwindigkeit; denn der Hub des Kraftgetriebes kann sich so lange bewegen, bis Rückführregler und Dampfdruckregler im Gleichgewicht sind. Verändert sich z. B. durch Verschmutzung der Kontakte der Widerstand oder ändert sich die Speisespannung des Motors, so entspricht der gleichen Drehzahl eine andere Widerstandsstufe, die das Kraftgetriebe ungehindert einschalten kann.

Bei der Drehzahlregelung des Antriebsmotors durch Änderung der Betriebsspannung (Leonardschaltung) kann man zum Betrieb des Fliehkraftreglers einen kleinen Hilfsmotor verwenden, der durch die gleiche Betriebsspannung gespeist wird wie der Antriebsmotor. Das Kraftgetriebe verändert dann durch die Erregung die Betriebsspannung des Generators, welcher den Antriebsmotor speist. Dadurch können Antrieb und Regler räumlich getrennt angeordnet sein.

Askania verwenden ein anderes Hilfsmittel für die Fernübertragung einer zur Antriebsdrehzahl quadratischen Regelgröße. Ein Hilfsventilator, der mit dem Antrieb gekuppelt ist, erzeugt einen Meßdruck, welcher quadratisch mit der Drehzahl wächst. Die erzeugte Druckkraft wird mit dem Zug vor dem Rauchgasschieber, der ebenfalls zur Belastung angenähert quadratisch ist, ins Gleichgewicht gesetzt. Bei jeder Abweichung der Druckkräfte wird ein Regelvorgang eingeleitet, der das Gleichgewicht wieder herstellt.

Die Beziehung zwischen Belastungsänderung—Dampfdruckänderung—Hub des Kraftgetriebes und Mengenveränderung von Rauchgas und Luft ist bei der Steuerung von Klappen und Schiebern im Fuchs und Unterwindkanal noch größeren Abweichungen unterworfen als die Steuerung der Kohlenzufuhr. Die Durchflußmenge der Gase ist nicht nur von der Stellung der Schieber und Klappen, sondern auch vom Zugunterschied zu beiden Seiten dieser Drosselorgane abhängig. Der Zugunterschied ändert sich mit der Belastung und Ungenauigkeiten der übrigen Steuerorgane, außerdem aber mit dem Schornsteinzug. Um alle diese Abweichungen zu beseitigen, benutzt Smoot unmittelbar die gesteuerten Gasmengen zur Rückführung und bringt sie mit dem Dampfdruckregler ins Gleichgewicht. Die Gasmengen (Rauchgas und Luft) werden durch einen Zugunterschied gemessen, der mit der Menge quadratisch wächst, der Dampfdruck ändert sich ebenfalls quadratisch mit der Belastung. Bei Gleichgewicht der Kräfte des Mengenreglers und Dampfdruckreglers gilt also:

Dampfdruck ändert sich mit der Belastung quadratisch,

Druckkraft des Mengenreglers ändert sich mit den Mengen quadratisch,

Druckkräfte beider Regler ändern sich proportional,

Gasmengen ändern sich mit der Belastung proportional.

Die Mengenrückführung besteht aus einem Regler für die gesteuerte Gasmenge (Rauchgas oder Luft), der mit dem Dampfdruckregler verbunden wird. Bei Gleichgewicht beider Reglerkräfte stellen sich die Gasmengen unabhängig von der Genauigkeit zwischenliegender Steuereinrichtungen proportional zur Belastung ein.

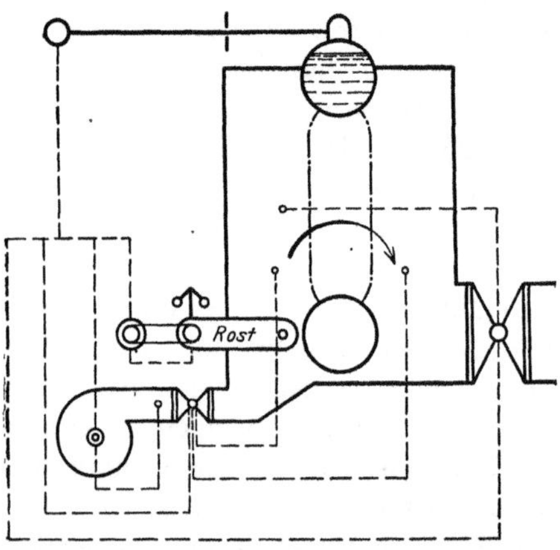

Abb. 103. Parallel geschaltete Dampfdruckregler mit Antriebs- und Mengenrückführung (Smoot).

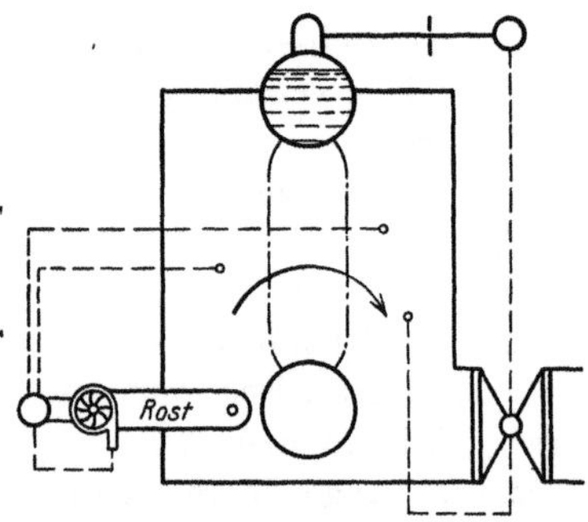

Abb. 104. Hintereinander geschaltete Regler für Luft und Kohle (Askania).

Der Dampfdruckregler kann auch mit einem Regler für den Zug im Feuerraum verbunden werden, um diesen Zug der Belastung anzupassen.

Der Dampfdruck der Sammelleitung ist bei kontantem Kesseldruck der Lastanzeiger des Gesamtdampfbedarfs, nach dem mit Hilfe von Antriebs- und Mengenrückführung alle Organe der Kohle- und Luftzufuhr jedes einzelnen Kessels mit einer Verzögerung von wenigen Sekunden nach der Belastung eingestellt werden.

Ungenauigkeiten, die bei dieser Anordnung nur von dem Zusammenwirken des Dampfdruckreglers mit den Rückführreglern abhängen, müssen unter Änderung des Kesseldruckes ausgeglichen werden. Abb. 103 zeigt das Bild einer Schaltung von Smoot mit Rostantrieb, Rauchgasschieber, sowie Gebläse und Klappe für den Unterwind. Der Dampfdruck wirkt auf alle Steuerorgane. Er verändert nach der Belastung: durch den Rostantrieb mit Antriebsrückführung die Kohlenzufuhr, durch den Rauchgasschieber den Zug im Feuerraum, durch die Unterwindklappe die Luftmenge mit Mengenrückführung (nach dem Zugverbrauch als Maß für die Rauchgasmenge), das Gebläse nach dem Druck des Unterwindes (um zu geringe Klappenöffnungen zu vermeiden, siehe S. 160).

Askania (Abb. 104) steuern bei Rostfeuerungen zunächst den Rauchgasschieber durch den Dampfdruck mit Mengenrückführung nach dem Zug im Fuchs (als Maßstab für die Rauchgasmenge). Nachdem auf diese Weise die Rauchgasmenge der Belastung angepaßt ist, wirkt ein Mengenregler (durch den Zugverbrauch im Kessel) auf die Rostgeschwindigkeit und steuert sie mit Antriebsrückführung. An Stelle der parallelen Regelung von Luft und Kohle (Smoot) tritt also eine Hintereinanderschaltung der Regler für Rauchgasschieber und Rostgeschwindigkeit. Bei Kohlenstaubfeuerung wirkt umgekehrt der Dampfdruck zunächst auf die Kohlenzufuhr, und der Rauchgasschieber wird nach der sich einstellenden Geschwindigkeit der Kohlenstaubbrenner gesteuert.

Mit derartigen Feuerungsreglern kann Luft und Kohle bei verschiedenen Belastungen für jeden Kessel zwangläufig in einem bestimmten Verhältnis zugeteilt und damit bei jeder Belastung ein bestimmter Luftüberschuß eingehalten werden unter zwei Voraussetzungen:

1. Die zugeführte Kohlenmenge muß der Antriebsgeschwindigkeit genau proportional sein.

2. Die Kohlenbeschaffenheit darf sich nicht ändern, da Kohle mit höherem Heizwert mehr Luft zur Verbrennung braucht.

c) Differentialdruck mit Dampf/Luftregler.

Nach Angaben von Bailey treten besonders bei Kohlenstaubfeuerungen in der zugeführten Kohlenmenge Abweichungen bei gleicher Antriebsgeschwindigkeit auf, die bis zu 30 % betragen können. Um diese Ungenauigkeiten auszuschalten, verwendet er einen Dampf/Luftregler (Seite 152), welcher der übrigen Regelung parallel geschaltet ist. Bailey arbeitet ausschließlich durch Steuerung mit Hilfe elektrischer Fernkontakte. Diese Anordnung würde durch Benutzung irgend einer Rückführung für die Kohlenzufuhr sehr verwickelt. Durch Differentialdruckregelung gelingt es, ohne Rückführung bei Rostfeuerung und Kohlenstaubfeuerung die Antriebsgeschwindigkeit stabil zu steuern (siehe Abschnitt VI, 4d, e, f).

An Stelle des Dampfdruckes dient ein zentraler Differentialdruckregler als Kommandostelle, von der aus alle Belastungsänderungen gleichzeitig auf sämtliche Steuerorgane der Luft- und Kohlezufuhr einwirken (Abb. 105, Differentialdruck—Beeinflussung durch Doppellinien angedeutet).

Außerdem hat jeder einzelne Kessel einen Dampf/Luftregler, der im allgemeinen nur den Rauchgasschieber beeinflußt und ihn unabhängig von der Steuerung des Differentialdruckes verstellen kann. Ändert sich durch Ungenauigkeiten der Regeleinrichtung, Abweichungen in der Zuteilung von Kohle oder Wechsel in der Beschaffenheit der Kohle, der Luftüberschuß, so äußert sich das in der Verschiebung des Verhältnisses von zugeführter Luft und erzeugtem Dampf (Seite 152). Der Dampf/Luftregler weicht von seiner Ruhelage ab und verstellt den Schieber, bis das Gleichgewicht wieder hergestellt ist. Die Belastungsregelung geschieht aber ausschließlich durch den Differentialdruck.

Der Differentialdruck wirkt auf alle Steuerorgane gleichzeitig und regelt die Belastung, der Dampf/Luftregler korrigiert durch die Luftzufuhr den Luftüberschuß.

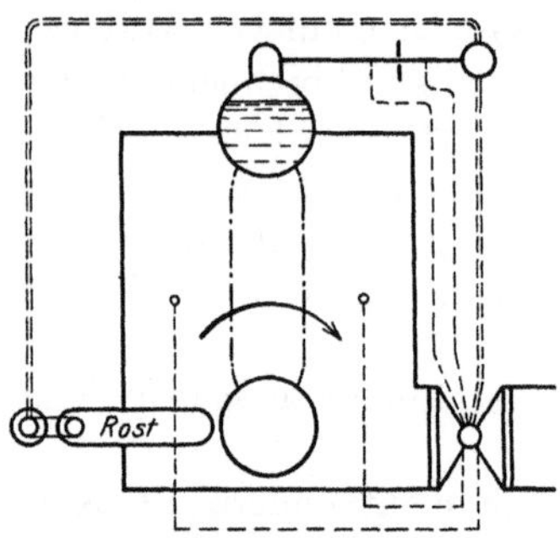

Abb. 105. Schaltung mit Differentialdruckregler (Bailey).

Für **Kohlenstaubfeuerung** trifft Bailey noch eine besondere Maßnahme, um Luftmangel während des Regelvorganges unter allen Umständen zu vermeiden. Arbeitet man bei Beharrung in der Nähe des günstigsten Luftüberschusses (Seite 137), so ist es für den Wirkungsgrad gleichgültig, ob unvermeidliche Abweichungen während der Regelung in der Richtung von steigendem oder fallendem Luftüberschuß vorgenommen werden. Hingegen ist Luftmangel mit Rauchentwicklung verbunden, die Regler sollen deshalb immer während des Regelvorganges einem zu großen Luftüberschuß zustreben (der nachträglich durch den Dampf/Luftregler korrigiert wird) gleichgültig, ob die Last steigt oder fällt.

Die Änderung der Luftmenge soll für Kohlenstaubfeuerung bei steigender Belastung der Kohlenänderung voreilen, bei sinkender Belastung nacheilen, um Luftmangel zu vermeiden.

Der Differentialdruckregler wirkt gleichzeitig auf alle Steuerorgane. Wären auch die Schlußzeiten für den Antrieb der Kohlenzufuhr und zur Steuerung der Luftzufuhr gleich, dann würden die Kraftgetriebe mit gleicher Geschwindigkeit verstellt (Abb. 106). Die Kohlenzufuhr ist der Verstellung des Kraftgetriebes annähernd proportional.

Hingegen ist die Luftzufuhr nicht nur von der Öffnung des Rauchgasschiebers, sondern außerdem vom Zugunterschied zwischen Fuchs und Schornstein abhängig. Dieser Zugunterschied, der das Rauchgas durch den Schieber treibt, ist bei tiefer Belastung groß und bei hoher

Belastung klein. Die Luftzufuhr nimmt deshalb bei kleinen Lasten durch Öffnung des Rauchgasschiebers schnell zu, während bei hoher Last die Verstellung des Rauchgasschiebers nur noch geringen Einfluß auf die Luftmenge hat. Bevor der Dampfluftregler zur Wirkung kommt, würde sich bei gleicher Verstellgeschwindigkeit von Rauchgasschieber und Kohlezufuhr folgendes abspielen:

Fall 1. Belastung hoch und steigend: Im dargestellten Zeitabschnitt werden die Kraftgetriebe für Luft und Kohle (bei gleicher Schlußzeit) um den gleichen Betrag verstellt. Die Kohlenmenge wächst dann proportional von 0 nach K_1, die Luftmenge hingegen von 0 nach L_1. Die Luftmenge nimmt langsamer zu und es entsteht Luftmangel.

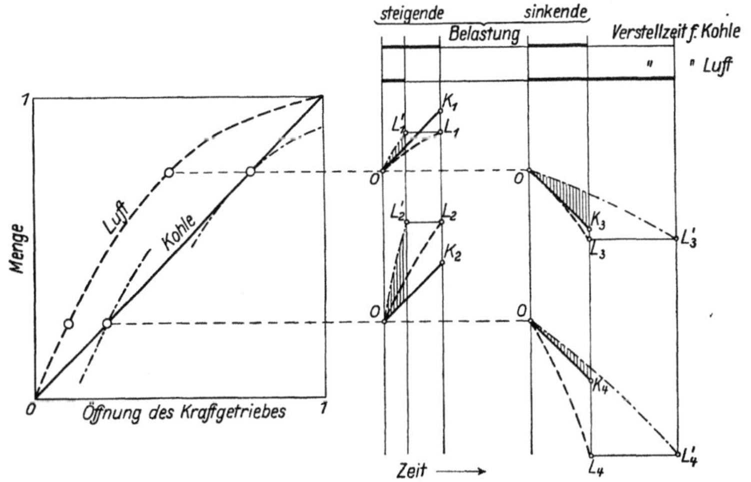

Abb. 106. Verlauf der Mengenänderungen bei Parallelregelung von Luft und Kohle (Kohlenstaubfeuerung).

Fall 2. Belastung tief und steigend: Die Luft (0 L_2) nimmt schneller zu als der Brennstoff 0 K_2, also steigender Luftüberschuß.

Fall 3. Belastung hoch und sinkend: Die Luft (0 L_3) sinkt schneller als der Brennstoff (0 K_3), also Luftmangel.

Fall 4. Belastung tief und sinkend: Die Luft (0 L_4) läuft schneller als der Brennstoff (0 K_4), also Luftmangel.

Um bei der gleichzeitigen Verstellung von Luft und Kohle Luftmangel zu vermeiden, der erst verspätet durch den Dampf/Luftregler ausgeglichen würde, muß die Schlußzeit des Luft-Kraftgetriebes für zunehmende Öffnung kleiner und für abnehmende Öffnung größer sein als die Schlußzeit des Kohlen-Kraftgetriebes.

Stimmt man die Schlußzeiten der Kraftgetriebe aufeinander ab, dann verhält sich die Regelung z. B. im 1. Fall folgendermaßen: Läuft die Luft schneller als die Kohle, so erreicht sie den Wert L_1' schon nach einer kürzeren Verstellzeit; die Luftmenge ändert sich dann nach der Kurve 0 L_1' und der Luftüberschuß nimmt zu. Ebenso erhöht sich der Luftüberschuß für sinkende Belastung (Fall 3 und 4), wenn die Bewegung des Kraftgetriebes für abnehmende Luftmenge verlangsamt wird.

Es entsteht also vorübergehend ein Luftüberschuß, den der Dampf-Luftregler ausgleichen muß. Bei häufigen und großen Belastungsänderungen weichen Kohle und Luft nach kurzer Zeit um sehr große Beträge ab, und es entsteht (besonders in Fall 2 und 3) ein immer zunehmender Luftüberschuß, falls der Dampf/Luftregler nicht schnell genug diese Abweichungen zur Ruhe bringen kann. In diesen Fällen begnügt sich Bailey nicht damit, jeder Bewegungsrichtung eine andere

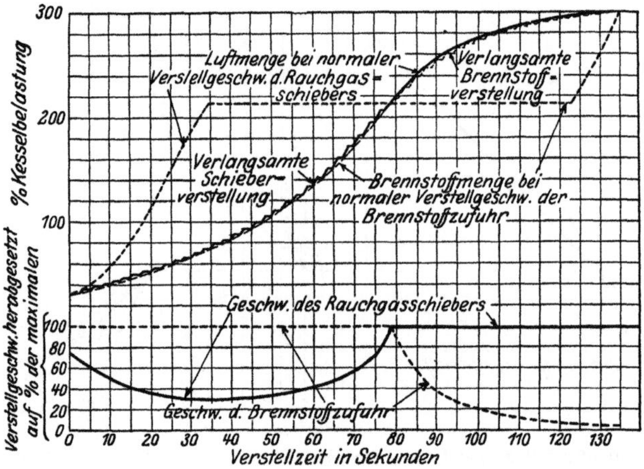

Abb. 107. Herabgesetzte Verstellgeschwindigkeit des Rauchgasschiebers bei kleiner und der Brennstoffzufuhr bei großer Last verhindern auch bei schnellen Belastungsänderungen zu starken Luftüberschuß (den der Dampf/Luftregler nicht schnell genug ausgleichen könnte).

Schlußzeit zuzuordnen, sondern er paßt die Verstellgeschwindigkeit der Kraftgetriebe der Belastung an. Für geringe Öffnungen der Kraftgetriebe, also kleine Last, wird die Verstellgeschwindigkeit der Rauchgassteuerung herabgesetzt, damit die Luft nicht übermäßig schnell ansteigt, für hohe Belastungen umgekehrt die Verstellgeschwindigkeit der Kohle. Abb. 107 zeigt den Fall einer Zunahme der Belastung zwischen Tieflast und Höchstlast in einer Zeit von 130 Sek. Zu Beginn würde bei gleichen Schlußzeiten die Luft nach der gestrichelten Linie ansteigen. Durch eine Vorrichtung, welche, vom Hub des Kraftgetriebes betätigt, dessen Verstellgeschwindigkeit herabsetzt, verläuft die Luft nach der ausgezogenen Linie, wobei der Dampf/Luftregler Zeit hat, Luft und Kohle in Übereinstimmung zu bringen. Hat die

Luftsteuerung die normale Geschwindigkeit erreicht, so wird umgekehrt die Verstellgeschwindigkeit der Kohlezufuhr herabgesetzt.

Auch bei der Dampfdruckregelung mit Antriebs- und Mengenrückführung treten während des Regelvorganges vorübergehende Abweichungen von Luft- und Kohlenmenge auf, die bei Kohlenstaubfeuerungen beachtet werden müssen.

Tritt eine Belastungsänderung ein, so wirkt bei Parallelschaltung (Smoot) im ersten Augenblick nur der Druckregler auf beide Steuerungen, und er verstellt Luft- und Kohlenmenge je nach den Belastungsverhältnissen um einen abweichenden Betrag, da sich die Luftmenge nicht proportional zur Öffnung des Kraftgetriebes ändert. Erst die Wirkung der Mengen- und Antriebsrückführung hebt diese Abweichungen wieder auf. Deshalb dind ähnliche Schutzmaßnahmen erforderlich, wie sie Bailey vorsieht.

Bei hintereinander geschalteten Reglern der Kohle- und Luftzufuhr (Askania) ist dafür zu sorgen, daß die nachgeschaltete Luftsteuerung wesentlich schneller regelt als die vorgeschaltete Regelung der Kohlenzufuhr nach dem Kesseldruck. Belastungsänderungen wirken dann nur langsam auf die Kohlezufuhr ein und die Luftsteuerung hat Zeit, den Veränderungen der Kohlenmenge mit geringen Abweichungen zu folgen.

Im Abschnitt über das dynamische Verhalten der Feuerungsregelung S. 236—239 finden sich Angaben über den zeitlichen Verlauf der verschiedenen Regelvorgänge.

d) Dampfdruck- mit Dampf/Luftregler.

Roučka benutzt bei Rostfeuerungen einen Dampfdruckregler mit Mengenrückführung durch den Zug im Fuchs (Abb. 108). Da außerdem der Zug im Feuerraum durch einen Zugregler konstant gehalten wird, ist der Zug im Fuchs ein genauer Maßstab für die Belastung. Die Luftüberschußregelung durch Dampf/Luftmesser geschieht hier nicht als Korrektur mit Vorsteuerung durch andere Regler.

Der Dampf/Luftregler an jedem Kessel steuert den Rostantrieb vollkommen selbständig. Dies ist bei Rostfeuerungen nur unter Anwendung einer Rückführung möglich, deren Ausbildung bei elektrischer Fernsteuerung Schwierigkeiten bereiten würde.

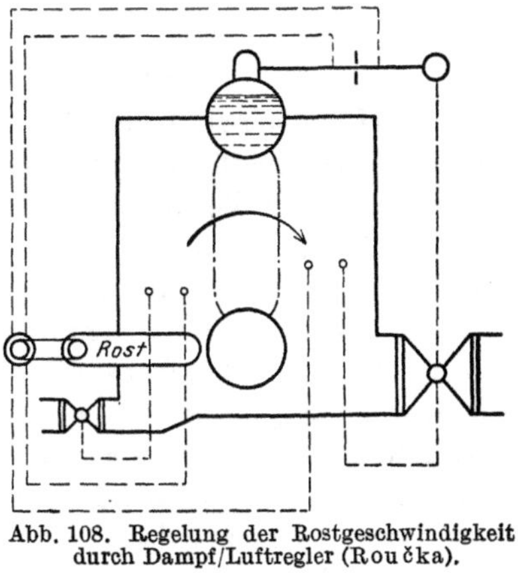

Abb. 108. Regelung der Rostgeschwindigkeit durch Dampf/Luftregler (Roučka).

Die Rückführung geschieht durch die Stellung des Kraftgetriebes; es genügt aber nicht, durch diese Maßnahme für stabile Regelung zu sorgen. Vielmehr muß die Rückführung so genau ausgebildet sein, daß sie (in Bruchteilen einer Minute) als Vorsteuerung annähernd die richtige Rostgeschwindigkeit einstellt. Die Rückwirkung fehlerhafter Einstellung der Kohlenzufuhr wird durch Trägheit von Rost und Wasserraum derart verzögert, daß Abweichungen erst durch einen Regelvorgang von sehr langer Dauer ausgeglichen werden; in der Zwischenzeit würden Zusatzverluste entstehen. Die Vorsteuerung wirkt ähnlich wie eine Belastungsregelung durch den Dampfdruck, bei der sofort durch den Druckabfall zur Sammelleitung das gesteuerte Organ eingestellt wird, so daß nur geringe Abweichungen unter Änderung des Kesseldruckes ausgeglichen werden müssen. Beim Dampf/Luftregler wird ebenfalls die Rostgeschwindigkeit sofort nach dem Dampf/Luftverhältnis gesteuert und kleine Abweichungen in der Genauigkeit der Kohlenzufuhr wirken durch veränderte Dampferzeugung auf den Regler zurück.

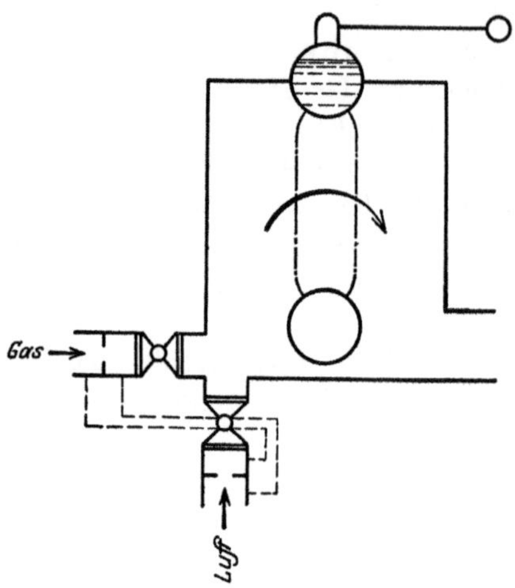

Abb. 109. Gemischregelung von Gasfeuerungen (Askania).

Askania steuern bei Gasfeuerungen (Abb. 109) die Gaszufuhr nach dem Dampfdruck und stellen die Luftzufuhr durch einen Gemischregler ein.

e) Dampfdruck und Rauchgasprüfer.

Die Hauptschwierigkeit für die Regelung durch Rauchgasprüfer liegt in der unvermeidlichen Zeitverzögerung zwischen Änderung des CO_2-Gehaltes an der Verbrennungsstelle und Anzeige.

Bei Kohlenstaubfeuerungen muß der Dampfdruck zur Belastungsregelung auf die Kohlenzufuhr wirken, da die erzeugte Dampfmenge durch veränderte Luftzufuhr praktisch nicht beeinflußt wird (Abb. 110). Der Rauchgasprüfer steuert den Rauchgasschieber. Gleicht er Abweichungen des CO_2-Gehaltes nicht schnell genug aus, so kann ein Dampfdruckregler als Vorsteuerung wirken. Die Dampfdruckregelung läßt sich mit allen Mitteln der Mengen- und Antriebsrückführungen ausrüsten, es bleibt dann Aufgabe des Rauchgasprüfers, den Abweichungen in Menge und Beschaffenheit der Kohlenzufuhr durch Nachstellung der Luftzufuhr der einzelnen Kessel zu folgen.

Eine Vorsteuerung z. B. durch den Kesseldruck ist bei Rostfeuerungen unbedingt erforderlich (Abb. 111). Die Nachstellung durch den Rauchgasprüfer muß hier umgekehrt nicht den Rauchgasschieber,

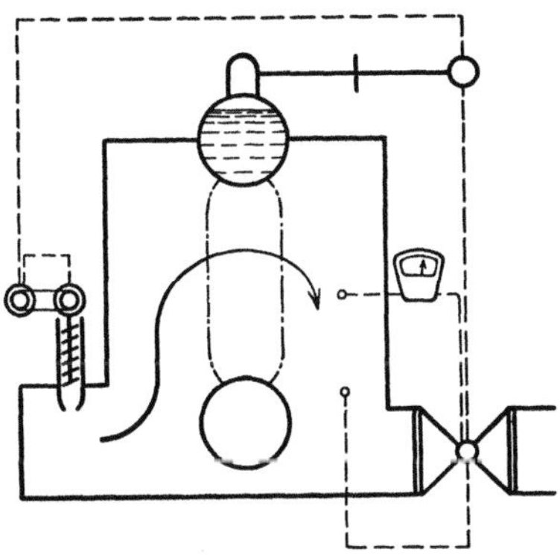

Abb. 110. Rauchgasprüfer regelt den Rauchgasschieber bei Kohlenstaubfeuerungen (mit Vorsteuerung).

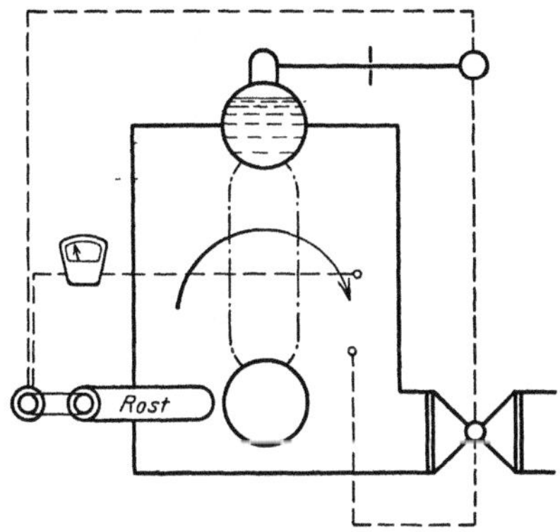

Abb. 111. Rauchgasprüfer regelt die Rostgeschwindigkeit (mit Vorsteuerung).

sondern den Rostantrieb beeinflussen. Bei dem großen Kohlenvorrat des Rostes geschieht die Belastungsregelung praktisch ausschließlich durch veränderte Luftzufuhr. Der Kesseldruck verändert als Lastanzeiger auch den Rostantrieb, und bei Abweichungen der einzelnen Kessel erfolgt eine Nachstellung durch den Rauchgasprüfer.

3. Bauarten der Feuerungsregler.

a) Dampfdruckregler.

Der Druckabfall vom Kessel zur Sammelleitung ist bei größter Belastung 3—10 % des Kesseldruckes. Es genügt für die Feuerungsregelung nicht, daß der Regler auf diesen Bruchteil des Gesamtdruckes anspricht; innerhalb des kleinen Druckunterschiedes, der den ganzen Bereich zwischen offenem und geschlossenem Kraftgetriebe beherrscht, ist noch die größte Genauigkeit erforderlich. Die erhöhten Anforderungen entstehen durch folgende neue Aufgaben, die bisher wohl nur bei der Feuerungsregelung aufgetreten sind:

1. Der Regler hat nicht nur ein einzelnes Organ zu steuern, sondern er muß mehrere Organe vollkommen parallel betätigen; von der Genauigkeit des Parallelbetriebes hängt Lastverteilung und Luftüberschuß (Mengenverhältnis), also die Wirtschaftlichkeit der Feuerungsregelung ab.

2. Die Regler wirken zum Teil nicht allein auf die Steuerung, sondern sie werden mit anderen Reglern ins Gleichgewicht gebracht. Die Abweichungen beider Reglerwirkungen innerhalb des Regelbereiches verursachen Ungenauigkeiten der gesteuerten Mengen.

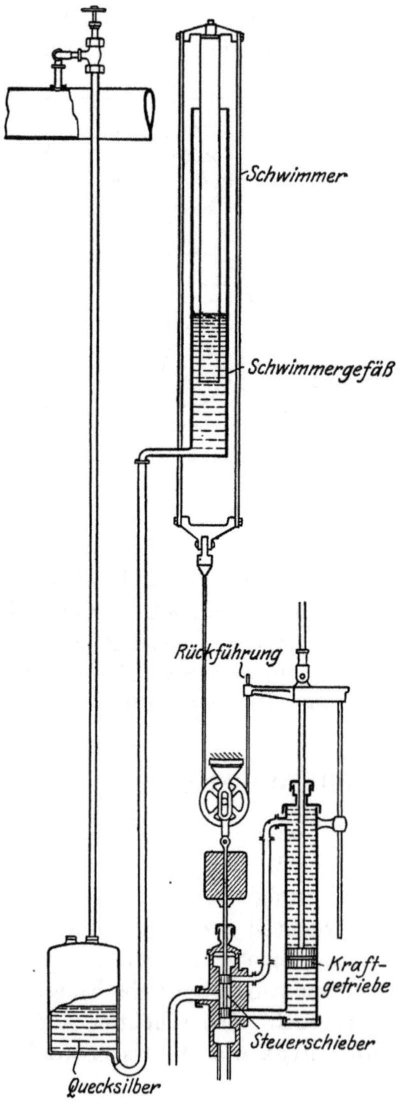

Abb. 112. Dampfdruckregler von Carrick.

Man darf dieses Zusammenarbeiten von zwei Reglern nicht mit der Regelung eines gesteuerten Drosselorganes für Dampfleitungen durch mehrere Regler verwechseln, wie sie z. B. bei der Steuerung von Ruthsspeichern gefordert wird. Dort handelt es sich um Regler, die wechselweise die Steuerung des gleichen Organs einzeln übernehmen und sich beim Übergang von einer Regelart zur anderen gegenseitig ausschalten. Selbst wenn es sich um zwei Regler handelt, die vom gleichen Dampfnetz aus gesteuert werden, braucht nur die obere Druckgrenze des einen Organs auf die untere des anderen abgestimmt zu sein, so daß bei Änderungen des Dampfdruckes die Steuerungen nacheinander zur Wirkung kommen. Es handelt sich also um Genauigkeiten in der Größenordnung des gesamten Druckbereiches (Ungleichförmigkeit), nicht um Bruchteile desselben.

3. Innerhalb des Regelbereiches wachsen die Regelkräfte nicht proportional mit der Belastung wie bei anderen Regelaufgaben, sondern quadratisch. Wird eine Steuerung z. B. bis herunter auf $^1/_5$-Last gefordert, so steht nur $^1/_{25}$ der größten Regelkraft zur Verfügung. Diese Kraft muß noch genügen, um eine genaue Regelung durchzuführen. Bei einem Dampfdruckregler mit 5% Druckabfall bei Vollast bleibt $^1/_{500}$ der gesamten Druckkraft übrig.

Daraus erklärt sich die Anwendung neuer Mittel bei der Ausbildung der verschiedenen Bauarten.

Carrick benützt eine Quecksilbersäule mit Schwimmer (Abb. 112), die dem vollen Dampfdruck das Gleichgewicht hält, das Schwimmergefäß ist also nach oben hin offen. Am tiefsten Punkt der Quecksilbersäule befindet sich ein Behälter. Wählt man seinen Inhalt größer als den des Schwimmergefäßes, so bewegt sich bei Druckänderungen der Spiegel des Behälters nur wenig. Der Hub des Schwimmers entspricht dann angenähert der vollen Druckänderung in mm Quecksilber; er beträgt etwa 300 mm Hg, der Schwimmerregler hat also eine Ungleichförmigkeit von etwa 0,4 at. Innerhalb dieses großen Hubes soll der Regler mit einer Genauigkeit von $1^0/_0 = 3$ mm $= 0{,}004$ at regeln, bei 20 atü wäre das $^1/_{5000}$ des Gesamtdruckes. Das Kraftgetriebe wird durch einen Steuerschieber der bekannten Bauart beeinflußt. Reglerhub und Hub des Kraftgetriebes wirken beide über eine Rolle auf den Steuerschieber, es handelt sich also um einen Regler mit (mechanischer) Rückführung durch das Kraftgetriebe. Die kleinste Änderung der Schwimmerstellung bewegt den Steuerschieber aus seiner Mittellage und leitet eine Bewegung des Kraftgetriebes ein, die erst zur Ruhe kommt, wenn der Steuerschieber durch die Rückführung in seine Mittelstellung zurückkehrt. Im Beharrungszustand ist der Steuerschieber immer in der gleichen Ruhelage, der Mittelpunkt der Rolle steht also fest. Das Kraftgetriebe folgt deshalb genau der Stellung des Schwimmers, als wären beide über den Seilzug starr verbunden. Der größte Hub des Kraftgetriebes ist deshalb dem Schwimmerhub gleich.

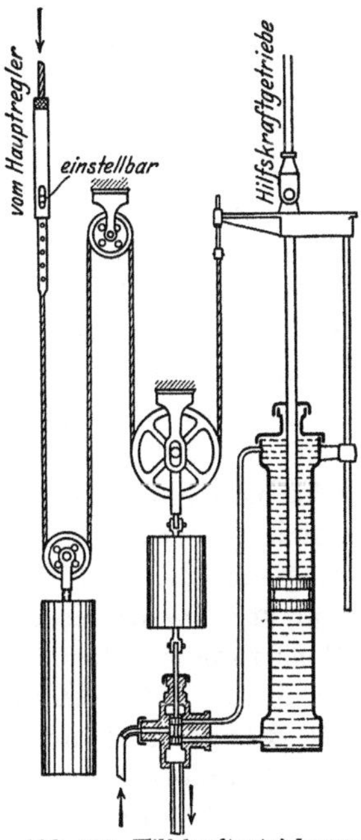

Abb. 113. Hilfskraftgetriebe von Carrick.

Bei einer Sonderausführung des Reglers ist in die Rückführung eine verstellbare Hebelübertragung eingeschaltet, um dem vollen Hub des Kraftgetriebes eine andere Ungleichförmigkeit des Dampfdruckreglers zuzuordnen. In allen Fällen wird der Hub des Kraftgetriebes als Maßstab für die Belastung durch ein Zeigerinstrument mit großem Durchmesser dem Heizer kenntlich gemacht.

Das Kraftgetriebe dieses Hauptreglers betätigt entweder die Organe des Kessels unmittelbar oder es bewegt über eine Steuerwelle mehrere Hilfsgetriebe (Abb. 113), die mit einer ähnlichen Steuerung den Hub des Hauptreglers auf die einzelnen Hilfskraftgetriebe überträgt. Die Verbindung der Hilfsgetriebe mit der Steuerwelle des Hauptreglers ist einstellbar, um Abweichungen auszugleichen und die Belastung auf die einzelnen Kessel verteilen zu können. Die Hilfsgetriebe können gleiche Steuerkraft besitzen wie der Hauptregler. Für besonders schwere oder zahlreiche vereinigte Antriebe läßt sich die Steuerkraft bei einem Zylinderdurchmesser des Kraftkolbens von 250 mm und 7 atü Öldruck auf 3400 kg steigern. Zum Betrieb der Kraftzylinder wird statt Drucköl auch Wasser und Druckluft verwendet. Außerdem lassen sich die Kraftzylinder durch elektrischen Antrieb ersetzen, an Stelle des Steuerschiebers treten zwei elektrische Kontakte, die einen Motor mit wechselnder Drehrichtung einschalten.

Roučka beeinflußt den Regler nicht durch den Dampfdruck selbst, sondern durch den Druckunterschied gegen einen Solldruck z. B. 15 atü. Dieser Solldruck entspricht dem Kesseldruck, der konstant zu halten ist. Ändert sich der Dampfbedarf, so ändert sich auch der Druckabfall vom Kessel zur Sammelleitung. Der Druckabfall als Maßstab der Belastung wird mit dem Zug im Fuchs als Maßstab für die Rauchgasmenge ausgewogen, und durch die Abweichung der ausgeübten Druckkräfte beider Meßgrößen wird die Steuerung des Rauchgasschiebers betätigt (Abb. 114). Es handelt sich also um eine Regelung durch den Druckabfall zwischen Kessel und Sammelleitung mit Mengenrückführung durch den Zug im Fuchs. Der Dampfdruck wirkt durch die Membran *1* auf den Hebel. Das Gewicht *3* übt eine Gegenkraft aus, die dem Solldruck das Gleichgewicht hält. Der wirkliche Dampfdruck ist um den Druckabfall kleiner als der Solldruck, es wirkt also eine Kraft *4* auf die Regelung ein, die dem Unterschied von Solldruck und Dampfdruck entspricht. Dieser Kraft hält der Zugregler *5* das Gleichgewicht. Bei Beharrung sind beide Kräfte einander gleich, und der Steuerschieber *6* ist in der Mittelstellung, das Kraftgetriebe also in Ruhe. Je größer die Belastung ist, um so größer ist der Dampfdruckabfall, um so tiefer der Dampfdruck und um so größer die Kraft *4*. Die nach unten gerichtete Kraft *5* des Zugreglers muß also bei hoher Last groß sein. Der größten Belastung wird dadurch der stärkste Zug, d. h. die größte Rauchgasmenge, also die höchste Dampferzeugung des einzelnen Kessels zugeordnet. Das Verhältnis der Kräfte von Dampfdruckregler und Zugregler und damit die Dampferzeugung des einzelnen Kessels läßt sich durch Drehpunktverschiebung der Hebelübersetzung mit Hilfe der Rolle *7* einstellen.

Überwiegt bei steigender Last, also sinkendem Dampfdruck die Kraft *4* gegenüber der Kraft des Zugreglers *5*, so bewegt sich der Steuerschieber *6* nach unten, das Kraftgetriebe *8* öffnet den Rauchgasschieber, der Zug am Kesselende wird stärker. Dieser Vorgang dauert so lange, bis sich der Zug, welcher auf den Zugregler *5* wirkt, dem erhöhten Dampfbedarf angepaßt hat, so daß bei Gleichgewicht der Regelkräfte *5* und *4* der Steuerschieber *6* wieder in die Mittelstellung kommt. Damit dieser Regelvorgang stabil verläuft, wird das Öl, welches aus dem Kraftgetriebe zurückfließt, unter zwei Ölbremsen *9* geführt, welche auf das Regelgestänge entgegengesetzte Kräfte ausüben. Je nach der Bewegungsrichtung des Kraftgetriebes erhält die eine beider Ver-

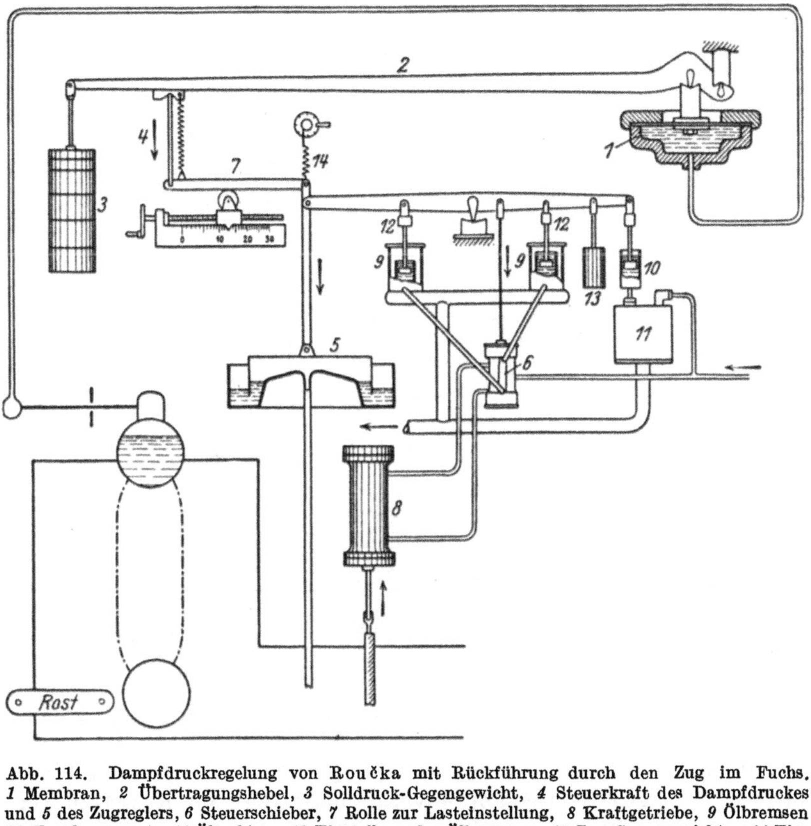

Abb. 114. Dampfdruckregelung von Roučka mit Rückführung durch den Zug im Fuchs. *1* Membran, *2* Übertragungshebel, *3* Solldruck-Gegengewicht, *4* Steuerkraft des Dampfdruckes und *5* des Zugreglers, *6* Steuerschieber, *7* Rolle zur Lasteinstellung, *8* Kraftgetriebe, *9* Ölbremsen *10* Unruheapparat, *11* Ölturbine, *12* Einstellung der Ölbremsen, *13* Zug-Gegengewicht, *14* Einstellung der Mindestzugstärke.

bindungsleitungen und damit eine der Ölbremsen rückfließendes Öl, den beiden Bewegungsrichtungen entsprechen also auch entgegengesetzte Kraftwirkungen auf das Regelgestänge. Die Geschwindigkeit des Kraftgetriebes, welche der Geschwindigkeit des rückfließenden Öles proportional ist, wirkt also auf die Steuerung zurück. Die Anwendung von Ölbremsen ist bei federlosen Reglern unentbehrlich (S. 245).

Um die Unempfindlichkeit der Reibung auszuschalten, wird eine Ölbremse *10* durch eine kleine ölangetriebene Turbine *11* von etwa $^1/_{300}$ PS langsam auf und ab bewegt. Die Wirksamkeit aller Ölbremsen kann durch Handräder *12* eingestellt werden. Das Gewicht *13* dient als Gegengewicht zur Glocke des Zugreglers *5*. Außerdem wirkt der Glocke eine Feder *14* entgegen, welche die Kraft *4* des Dampfdruckreglers verstärkt. Sinkt der Kraftbedarf auf 0, so ist der Solldruck (Kesseldruck) dem Druck der Sammelleitung gleich, die Kraft *4* wäre

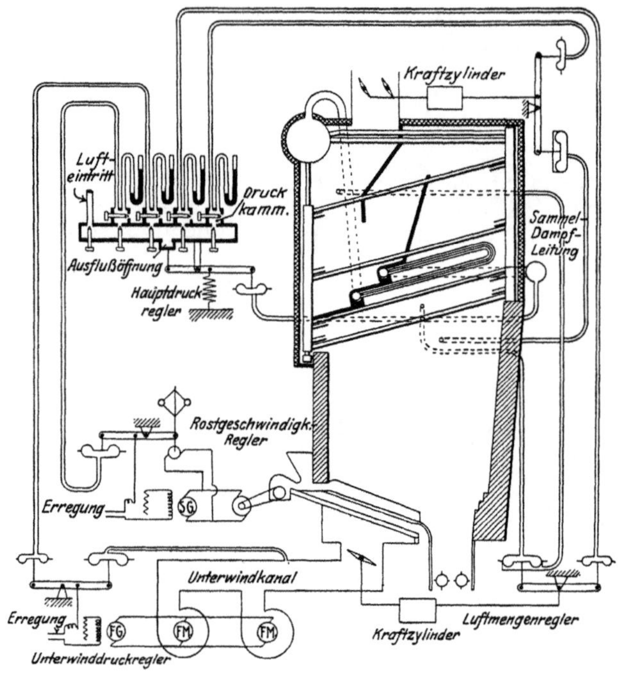

Abb. 115. Schema der Regelung von Smoot mit Mengen- und Antriebsrückführung.

also 0. Es muß aber auch bei der Dampferzeugung 0 ein Zug übrigbleiben, um Explosionsgefahr unverbrannter Gase im Kessel zu verhindern; dieser Mindestzug hält der willkürlich einstellbaren Federkraft *14* das Gleichgewicht. Das Kraftgetriebe arbeitet mit einem Öldruck von etwa $5^1/_2$ at.

Bei der Regelung von **Smoot**[1]) wirkt der Dampfdruck nicht unmittelbar auf die Regelorgane der einzelnen Antriebe, sondern er steuert mittelbar einen Hilfsluftdruck, welcher die einzelnen Regler betätigt (Abb. 115). Ein Gebläse erzeugt einen Luftdruck von etwa 1 at. Der Hauptdampfdruckregler besteht aus einer federbelasteten Membran,

[1]) Holmes, Electrical World 1925, Sept.

welche eine Ausflußöffnung für die Druckluft einstellt. Überschreitet der Dampfdruck einen bestimmten Betrag, so überwindet er die Feder-

Abb. 116. Hauptregler von Smoot steuert Hilfsluftdruck.

Abb. 117. Smoot-Regler mit Antriebsrückführung.

kraft und öffnet den Ausfluß. Die Ausflußöffnung, die den Änderungen des Dampfdruckes proportional ist, beeinflußt die ausströmende Luftmenge. Die strömende Luftmenge muß einen einstellbaren Widerstand überwinden, so daß sich der Luftdruck des Hauptreglers mit der ausströmenden Menge, also mit dem steuernden Dampfdruck, verändert. Der Luftdruck des Hauptreglers dient dann zur Betätigung aller einzelnen Regelorgane. Hierzu durchströmen Teilluftmengen Druckkammern mit verstellbarem Einlaß und Auslaß. Der Steuerdruck in den Kammern ist also ein bestimmter einstellbarer Bruchteil des Luftdruckes im Hauptregler. Dieser Steuerdruck wird mit anderen Reglern ins Gleichgewicht gebracht, welche durch die Geschwindigkeit der Antriebe, Druck des Unterwindes, Zug im Feuerraum, Zugverbrauch im Kessel zur Messung der Rauchgasmenge, beeinflußt werden. An-

Abb. 118. Smoot-Regler mit Mengenrückführung.

triebsgeschwindigkeiten, Zug und Rauchgasmenge passen sich der Belastung an, welche durch Vermittlung des Hilfsluftdruckes angezeigt wird. Es entsteht eine Dampfdruckregelung mit Antriebs- und Mengenrückführung, bei der sich die Beteiligung des einzelnen Kessels an der Gesamtdampferzeugung und das Verhältnis Luft/Kohle = Luftüberschuß einstellen läßt.

Abb. 116 zeigt die Ansicht des federbelasteten Hauptreglers, der den Luftdruck steuert, Abb. 117 und 118 die Einzelregler mit Antriebs- und Mengenrückführung. Auf der Oberseite ist der Drehzahlregler und der Mengenregler erkennbar, die das Kraftgetriebe im unteren Teil des Gehäuses steuern. Im Schaltbild 115 arbeiten die Rauchgasklappen und Unterwindklappen mit Drucköl. Die Gleichstrommotoren des Rostantriebes und des Gebläses werden durch Dynamos mit veränderlicher Betriebsspannung (Leonard-Schaltung) gespeist, deren Erregung vom Feuerungsregler gesteuert wird. Der Fliehkraftregler des Rostantriebes ist mit einem Hilfsmotor gekuppelt, der durch die Spannung des Hauptmotors gespeist wird, so daß er auch die gleiche Drehzahl hat.

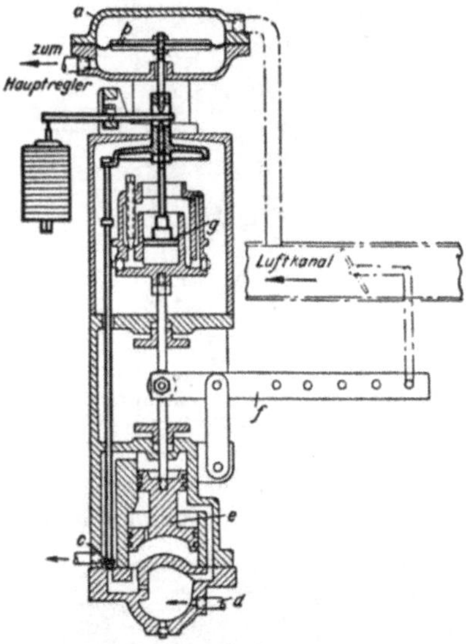

Abb. 119. Regler von Smoot. *a* Membrangehäuse, *b* Membran, *c* Steuerventil, *d* Druckölzufluß, *e* Kraftgetriebe.

Abb. 119[1]) zeigt die Einwirkung des Mengenreglers auf das Kraftgetriebe. Der Hilfsluftdruck des Hauptreglers und der Zug im Fuchs halten sich im Membrangehäuse *a* das Gleichgewicht. Die Stellung der Membran *b* wird auf das Steuerventil *c* übertragen, das den Durchfluß des Öles steuert, welches bei *d* eintritt und über eine unveränderliche Drosselöffnung strömt. Je nach der gesteuerten Ölmenge entsteht zu beiden Seiten der Drosselöffnung ein anderer Druckunterschied, der auf beide Seiten des teilweise entlasteten Kolbens *e* übertragen wird. Bei dieser Anordnung wird durch ein einfaches Steuerventil (nicht Doppelschieber) das Kraftgetriebe nach beiden Seiten bewegt. Es ist bemerkenswert, daß weder am Regler noch am Kraftgetriebe Federkräfte angreifen, ebensowenig ist eine mechanische Rückführung vorhanden. Hingegen braucht eine derartige Regeleinrich-

[1]) Schulz, Z. V. d. J. 1926, 19. Juni.

tung eine Ölbremse *g* um die Federkräfte zu ersetzen, wie auf S. 245 nachgewiesen wird.

Askania benutzen ihren Strahlrohrregler, um eine ähnliche Anordnung durchzuführen. Der Hauptdampfdruckregler, welcher einen Hilfsluftdruck erzeugt, hat den Aufbau des Reglers Abb. 45, Seite 54. Das Strahlrohr folgt den Änderungen des Dampfdruckes, so daß jedem Druck ein bestimmter Ausschlag des Strahlrohres entspricht, durch welches Druckluft gegen die Steueröffnungen strömt; der Hilfsluftdruck in den Steueröffnungen ändert sich also mit dem Dampfdruck der Sammelleitung, er wird zur Betätigung der Regler für Kohle- und Luftzufuhr benützt. Die Einzelregler mit Mengen- und Antriebsrückführung arbeiten nach Abb. 130, Seite 189, mit zwei Membranen, deren eine vom Hilfsluftdruck des Dampfdruckreglers gesteuert wird, während die andere unter dem Einfluß der Rauchgasmenge oder der Antriebsgeschwindigkeit der Kohlenzufuhr steht. Die Membranen üben bei Abweichungen des Strahlrohrs von der Mittellage Federkräfte aus, durch welche sich die Anwendung einer Ölbremse erübrigt. Es handelt sich um praktisch masselose Federregler.

b) Differentialdruckregler.

Bailey arbeitet mit einer Steuerung, bei der periodisch Kontakte geschlossen werden, die das elektrische Kraftgetriebe mit unveränderlicher Geschwindigkeit in Gang setzen. Der Weg, den das Kraftgetriebe in jeder Schaltperiode zurücklegt, hängt von der Zeitdauer der Kontakte ab. Je größer die Druckänderungen sind, um so mehr ist das Kraftgetriebe zu verstellen. Durch zunehmende Reglerabweichung muß also die Zeitdauer der Kontakte vergrößert werden. Außerdem soll der Regler nicht auf die Druckabweichung von der Mittellage ansprechen (Seite 150), sondern auf die Druckänderung, welche während einer Schaltperiode (als Zeiteinheit) eintritt.

Nach Abb. 120 wirkt der Dampfdruck im Innern eines spiralförmigen Federrohrs auf eine Nadel, welche die Druckausschläge von einer Mittellage anzeigt. Durch die Ausschläge der Nadel müssen Kontakte von veränderlicher Dauer geschlossen werden. Die periodische Schaltung wird durch eine drehende Nockenscheibe (Abb. 121) eingeleitet, welche über ein Joch einen doppelten Stufenkeil hin und her bewegt. Ist die Nadel in der Mittelstellung, so gleitet sie bei dieser Bewegung zwischen zwei Mitnehmern durch, ohne sie zu berühren. Wenn die Nadel aber durch Dampfdruckänderung nach einer Richtung ausschlägt, liegt sie zwischen einem der Stufenkeile und dem zugehörigen Mitnehmer. Sobald bei der Bewegung nach links der Stufenkeil die Nadel erreicht hat, stößt er den Mitnehmer vor sich her, der mit einem Schaltarm fest verbunden ist. Der Schaltarm schließt die Kontakte eines Kontaktarmes.

Dadurch wird ein Stromstoß von bestimmter Dauer über ein Relais (Abb. 120) nach dem Kraftgetriebe übertragen. Der Kontaktarm sitzt lose auf einer Welle. Er verschiebt sich deshalb so lange, bis der Schaltarm bei seiner Bewegung nach links den äußersten Punkt erreicht und bleibt dann stehen, während der Schaltarm sich ablöst und nach rechts umkehrt. Je stärker die Nadel von der Mittelstellung abweicht, um so

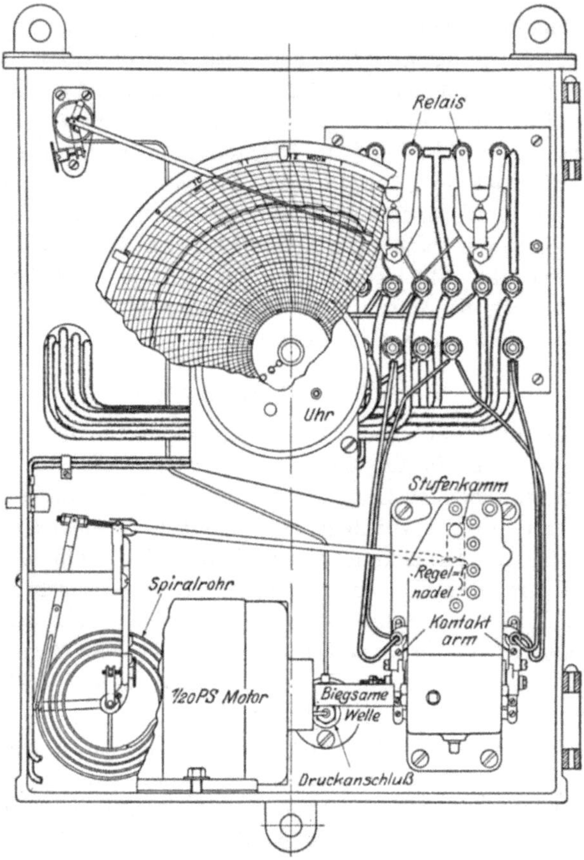

Abb. 120. Differentialdruckregler von Bailey.

früher erreicht der Keil bei seiner Linksbewegung die Nadel, um so mehr rückt auch der Umkehrpunkt des Schaltarmes nach links. Jedem Druckausschlag entspricht also ein bestimmter Umkehrpunkt des Schaltarms. Der Kontakt wird aber erst geschlossen, wenn der Schaltarm den Kontaktarm erreicht hat. Bleibt der Druck und damit der Nadelausschlag von einer Schaltperiode bis zur nächsten unverändert, so kehrt der Schaltarm gerade an dem Punkt um, wo der Kontaktarm bei der letzten Periode stehen geblieben ist, und es wird kein Kontakt geschlossen. Nur wenn in der Zwischenzeit der Ausschlag größer geworden ist, rückt der Schaltarm weiter nach links, verschiebt den Kontaktarm auf seiner Welle und schließt während dieser Zeitdauer einen Kontakt. Je größer die Druckänderung und damit der Nadelausschlag zwischen zwei Schaltperioden war, um so länger ist die Berührung und damit die Zeitdauer des Kontaktes. Die Schaltzeit (Dauer des Kontaktes) ist also der Änderung des Dampfdruckes während einer Schaltperiode proportional.

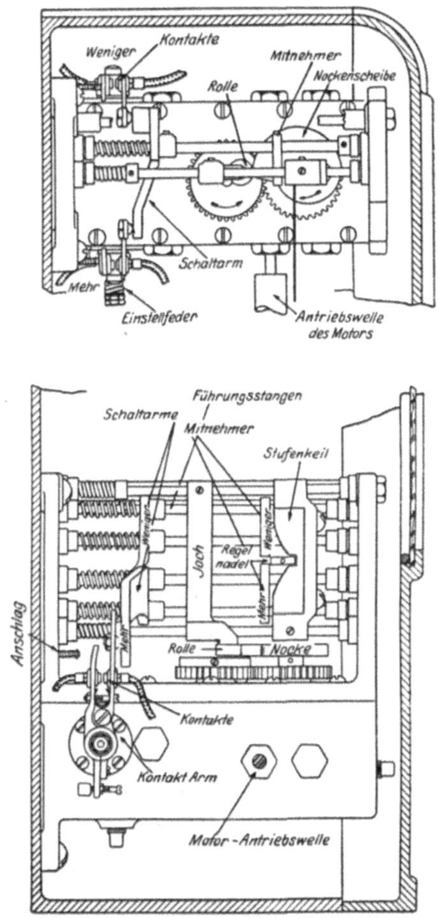

Abb. 121. Kontakteinrichtung des Differentialdruckreglers.

Den beiden Bewegungsrichtungen „mehr“ und „weniger“ des Kraftgetriebes entspricht je eine Seite des doppelten Stufenkeils mit zugehörigem Mitnehmer, Schaltarm und Kontaktarm. Bei Mittelstellung der Nadel werden keine Kontakte geschlossen, Druckänderungen nach einer Richtung schalten das Kraftgetriebe auf „mehr“, nach der anderen auf „weniger“. Abb. 122 zeigt verschiedene Lagen des Kontaktarms, die Stellungen A, B, C gelten für „mehr“-Schaltung, wobei sich die Nadel nach unten bewegt, die Stellung D für die Schaltung von „weniger“-Kontakten bei einem Ausschlag der Nadel von der Mittellage nach oben. Die Stellungen A, B, C zeigen nacheinander die Drehung des Kontaktarmes bei zunehmender Druckänderung. In der Stellung B erreicht der Kontaktarm bei der Druckabweichung δ_1 einen Anschlag; überschreitet er ihn, so wird beim Rücklauf des Schaltarms der Kontakt wieder an die gleiche Stelle δ_1 gebracht. Die Schaltzeit hängt dann von der Zunahme der Druckabweichung gegen δ_1 ab. An Stelle der Differentialdruckregelung tritt also eine gewöhnliche Druckregelung für die Abweichungen gegenüber dem Druck δ_1. Je stärker die Abweichung,

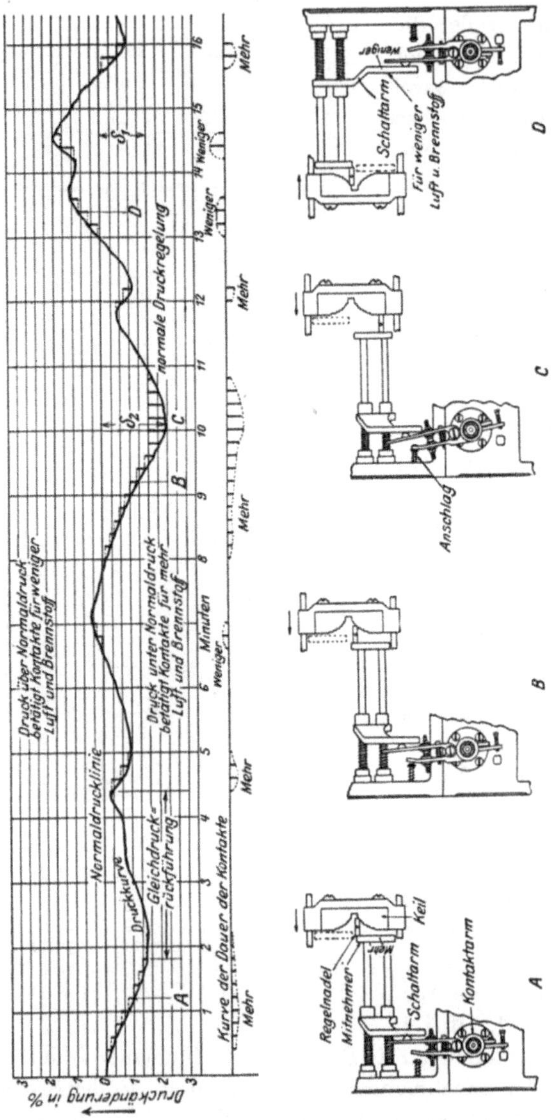

A Druckabweichung zwischen 0 und δ_1: Differentialdruckregelung

B Zwischen δ_1 und δ_2: Druckregelung mit veränderlicher Geschwindigkeit des Kraftgetriebes

C Druckabweichung größer als δ_2: konstante Geschwindigkeit des Kraftgetriebes

D Druck über Normaldruck: weniger Luft und Brennstoff

Druck unter Normaldruck: mehr Luft und Brennstoff.

Abb. 122. Arbeiten der Kontaktarme bei verschiedenen Druckverhältnissen.

um so länger ist die Zeitdauer der Kontakte, bis in der Stellung *C* die Nadel den obersten Punkt des Stufenkeils überschritten hat, der einer Druckabweichung δ_2 entspricht. Es werden dann Kontakte von konstanter Dauer geschlossen, bis die Druckabweichung wieder auf die Werte δ_2 und dann δ_1 zurückgeht.

Sobald aber die Druckabweichung so gering geworden ist, daß der Schaltarm den Kontaktarm nicht mehr erreicht, werden gar keine Kontakte mehr geschlossen und der Kontaktarm würde in seiner Lage stehen bleiben. Um die Regelung wieder in die Mittellage des Dampfdruckes zu bringen, wird die Welle, auf welcher der Kontaktarm sitzt, dauernd ganz langsam im Uhrzeigersinn gedreht (etwa 1 Umdrehung

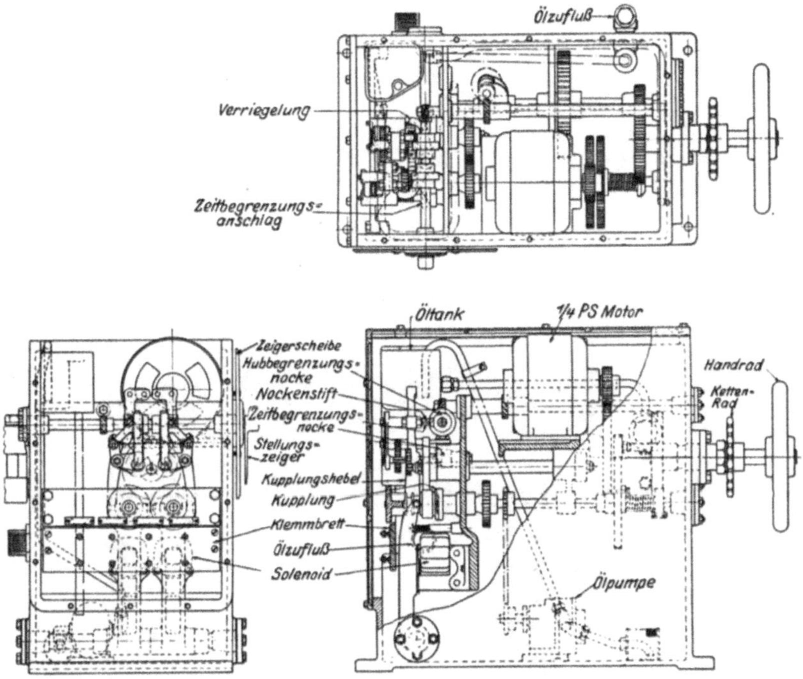

Abb. 123. Durch Fernkontakte betätigtes elektrisches Kraftgetriebe von Bailey.

in der Stunde). Dadurch entsteht eine Gleichdruckrückführung. Die Rückführbewegung wirkt der Bewegung des Kontaktarms durch den Druckregler entgegen, beide Bewegungen zusammen bestimmen die Zeitdauer der Kontakte, wie es am abgebildeten Druckverlauf erkennbar ist.

Das Kraftgetriebe muß sich während der Schlußdauer der Kontakte (Schaltzeit) nach der einen oder anderen Richtung bewegen, je nachdem der Kontakt für „mehr" oder „weniger" geschlossen wird. Die Motoren mit umkehrbarer Drehrichtung wurden von Bailey verlassen, da durch ihre Anlaufzeit Verzögerungen entstehen, die besonders bei kleinen Schaltzeiten zu Ungenauigkeit der Regelung Anlaß geben.

Statt dessen verwendet Bailey ein Umkehrgetriebe, das einen Motor mit konstanter Drehgeschwindigkeit über die Dauer der Kontakte auf den Antrieb (elektrischer Widerstand, Stellung einer Klappe) schaltet. Abb. 123 zeigt die kleinste Ausführung des Kraftgetriebes mit je einem Schaltarm für „mehr“ und „weniger“ zur Steuerung durch einen einzigen Regler (z. B. Differentialdruck). Je nachdem der eine oder andere Kontakt geschlossen ist, wird durch ein Solenoid der eine von beiden Schaltarmen angezogen. Der Schaltarm rückt eine Kupplung ein, so

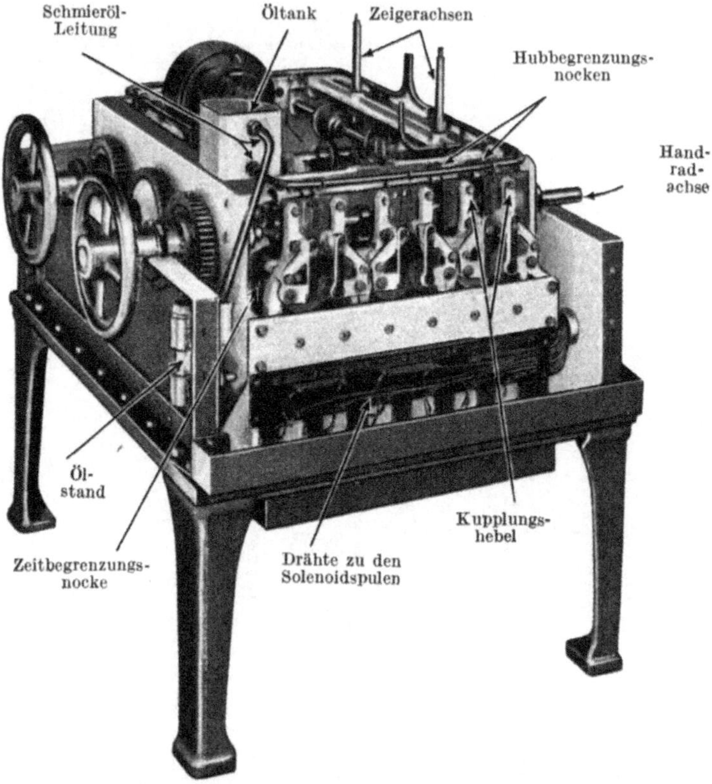

Abb. 124. Kraftgetriebe von Bailey mit 3 Regeleinflüssen.

daß der Motor über Zahnräder ein Handrad treibt, an welches der Antrieb durch Kette angeschlossen ist. Zum Abschalten und Anfahren eines Kessels oder bei Störungen kann dadurch die Handbetätigung jederzeit eingreifen. Die Stellung des Kraftgetriebes ist an einem Zeiger erkennbar. Die Zahnräder übertragen die Bewegung des Motors durch verschiedene Kupplungen in umgekehrter Richtung und mit einem anderen Übersetzungsverhältnis, so daß jede Bewegungsrichtung eine andere Schlußzeit zwischen 2 und 5 Minuten erhalten kann (Seite 167).

Außerdem läßt sich durch eine besondere Unterbrechervorrichtung die Schlußzeit des Kraftgetriebes seinem Hub anpassen. Die Vorrichtung verursacht innerhalb der Schaltzeit der Regler in der Bewegung des Kraftgetriebes Unterbrechungen von veränderlicher Dauer. Eine Nockenwelle, von der die Unterbrechungen ausgehen, steht mit dem Handrad in Verbindung und verändert die Schlußzeit mit der Stellung des Kraftgetriebes (Seite 168). Abb. 124 zeigt die Ansicht eines Kraftgetriebes mit drei Regeleinflüssen. Wenn der Antrieb (Widerstand, Rauchgasschieber) seine Grenzlage erreicht hat, verhindert eine Nockenwelle die weitere Betätigung der Schaltarme. Diese Nockenwelle zur Hubbegrenzung ist mit dem Antrieb durch Zahnräder verbunden. In der Grenzlage stößt ein Stift des Schaltarms gegen einen Nocken der Welle und verhindert das Einrücken der Kupplung.

Es kann vorkommen, daß es bei Kohlenstaubfeuerung nicht genügt, die Grenzhübe für Luft und Kohle getrennt und unabhängig voneinander zu begrenzen. Bei mangelnder Übereinstimmung von Luft- und Kohlensteuerung kann trotzdem Luftmangel auftreten. Die Kraftgetriebe verriegeln sich dann in den Grenzlagen gegenseitig (Schaltbild, S. 208). Hat die Luft ihren Höchstwert erreicht, so schaltet die Nockenwelle des Luft-Kraftgetriebes nicht nur die eigene Bewegung aus, sondern sperrt durch einen elektrischen Fernkontakt das Kohlenkraftgetriebe. Umgekehrt wird bei tiefster Kohlenmenge durch Fernkontakt die weitere Verminderung der Luftzufuhr verhindert.

Ferner wirkt eine zweite Welle als Zeitrelais, um einem Durchgehen des Kraftgetriebes bei Kurzschlüssen des Reglers vorzubeugen. Der einmalige Dauerkontakt verursacht nur eine Verstellung um 2 % des vollen Hubes. Erst die Unterbrechung des Kontaktes, die nur beim normalen Regelvorgang eintritt, gibt den Schaltarm für weitere Verstellungen wieder frei. Bei dem Dauerkontakt im Falle von Kurzschluß bleibt das Kraftgetriebe also stehen. — Die zugehörigen Schaltarme für „mehr" und „weniger" sind gegenseitig verriegelt, um in Störungsfällen das gleichzeitige Einrücken beider Kupplungen auszuschließen. — Eine besondere „Schnellschlußkupplung" kann den Motor des Kraftgetriebes derart mit dem Antrieb verbinden, daß er in wenigen Sekunden in die Nullstellung zurückkehrt. — Eine Pumpe fördert Schmieröl in einen Behälter, von wo aus das Öl an die wichtigsten Stellen verteilt wird.

c) Zugregler.

Carrick mißt den Unterdruck durch eine Glocke, die unter dem Einfluß des Zuges steht (Abb. 125). Die Glocke taucht in Öl, sie wird durch ein Gegengewicht ausgewogen. Der Hub eines derartigen Gasometers ändert sich proportional mit dem Zug. Bei Abweichungen des

Zuges kommt deshalb der Steuerschieber aus seiner Mittellage und leitet eine Verstellung des Kraftgetriebes ein, bis sich der Zug verändert hat und der Schieber in seine Mittellage zurückkehrt. Dieser Vorgang braucht keine Rückführung (S. 235). Eine ähnliche Anordnung mit zwei Glocken, die sich entgegenwirken, dient zur Messung von Druckunterschieden zwischen zwei Stellen des Rauchgasstromes, also zur Regelung der Rauchgasmenge. Bei einer Sonderausführung kann das Gegengewicht durch den Hauptdampfdruckregler in Abhängigkeit von der Belastung verstellt werden, so daß verschiedenen Belastungen veränderte Werte des Zuges zugeordnet sind. Der Regler soll eine Empfindlichkeit von $^1/_{40}$ mm WS haben.

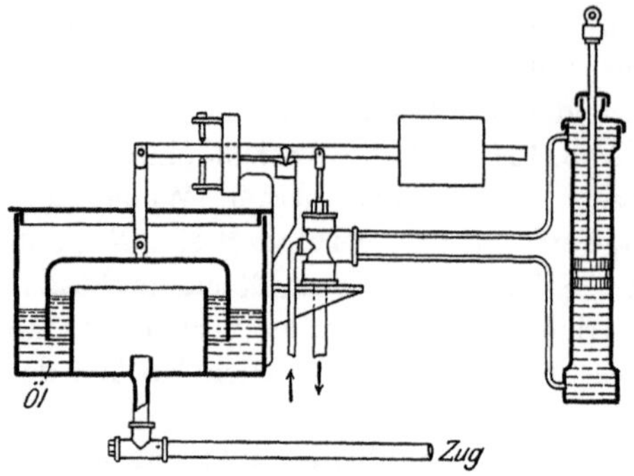

Abb. 125. Zugregler von Carrick.

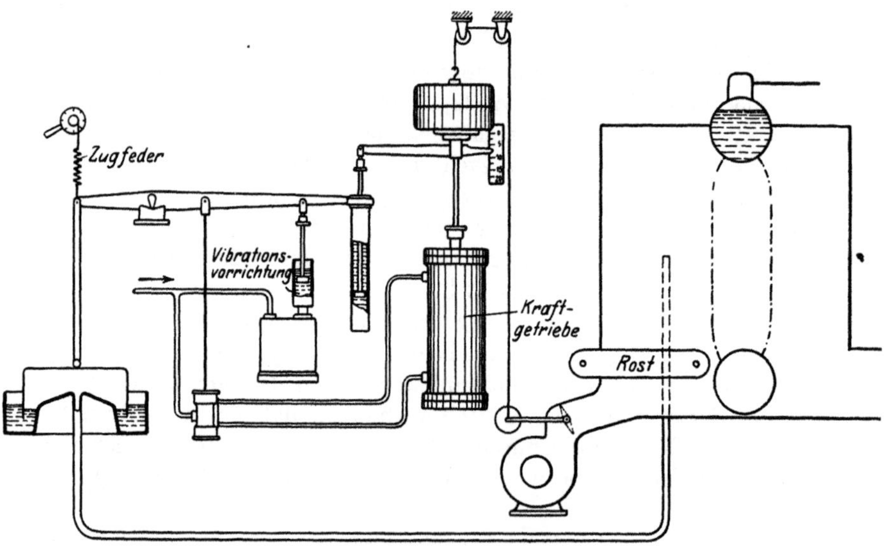

Abb. 126. Zugregler von Roučka.

Roučka verwendet ebenfalls eine Glocke, welche durch die Veränderungen des Zuges einen Steuerschieber verstellt (Abb. 126). Der Wert des geregelten Unterdruckes kann durch Spannen einer Zugfeder verändert werden. Wie beim Dampfdruckregler (Seite 175) wirkt die Geschwindigkeit des Kraftgetriebes auf die Steuerung zurück. Da sich hier das Kraftgetriebe in der Nähe des Reglers unterbringen läßt, kann das Kraftgetriebe unmittelbar am Kolben der Ölbremse eingreifen, welche mit dem Gestänge des Steuerschiebers verbunden ist. Das Gestänge ist ferner mit einer Vibrationsvorrichtung verbunden, durch welche die Unempfindlichkeit des Reglers praktisch aufgehoben wird.

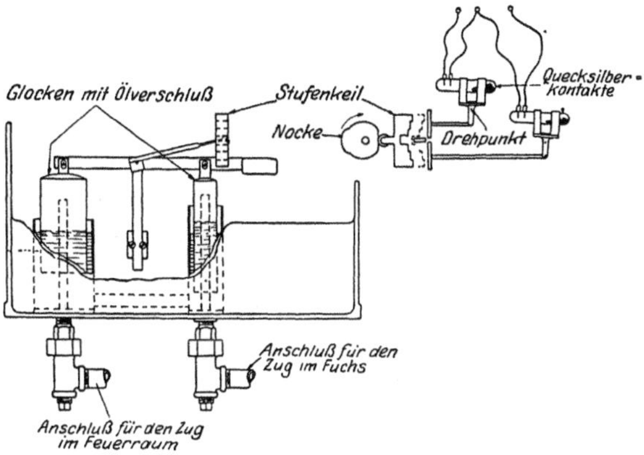

Abb. 127. Zugregler von Bailey.

Bailey verbindet den Zeiger eines Glockenzugmessers (Abb. 127) mit einem doppelten Stufenkeil, durch welchen Fernkontakte zur Bewegung des Kraftgetriebes geschlossen werden. Schaltarme, die das Kraftgetriebe (Seite 183) in der Richtung „mehr" oder „weniger" in Gang setzen, sind mit je einem Quecksilberschalter des Zugreglers verbunden. Je nachdem der Zeiger des Zugmessers nach oben oder unten ausschlägt, wird einer der beiden Quecksilberkontakte eingeschaltet, die in Abb. 128 dargestellt sind. Durch Drehung des Schalters gleitet das Quecksilber von einem Endpunkt einer Röhre zum anderen. An einem Endpunkt sind zwei Kontakte angeordnet, welche vom Quecksilbertropfen kurzgeschlossen werden. Wie beim Differentialdruckregler (Seite 181) bewegt sich der Stufenkeil periodisch hin und her. Bei der Mittelstellung des Zeigers, also Gleichgewicht des Zuges, gleitet die Nadel des Zeigers zwischen den beiden Mitnehmern der Kontakte durch. Je größer der Druckausschlag ist, um so früher erreicht der Stufenkeil bei seiner Bewegung nach rechts die Nadel des Zeigers und um so länger wird einer der Mitnehmer aus seiner Ruhelage nach rechts geschoben, wobei er den Quecksilberkontakt einschaltet. Die Ver-

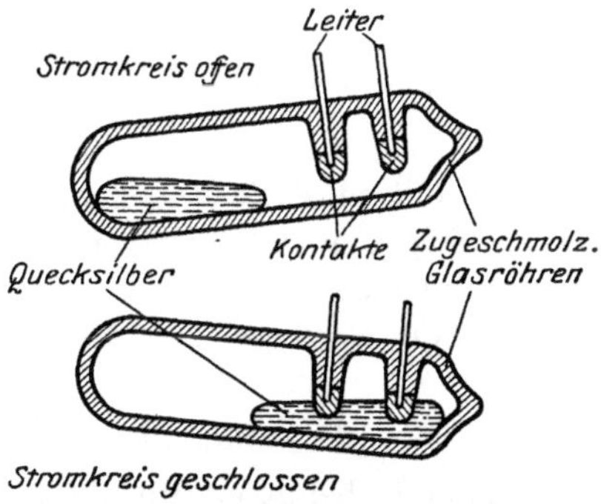

Abb. 128. Quecksilberschalter.

stellung des Kraftgetriebes nimmt also mit der Druckabweichung zu. Weitere Bedingungen sind auch bei diesem elektrischen Regler ohne Rückführung nicht zu erfüllen, um Stabilität zu erreichen (S. 235). Außer der Hauptglocke, welche den Zug im Feuerraum mißt, kann eine zweite kleinere Glocke angeordnet werden, die unter dem Einfluß des Zuges im Fuchs steht. Durch die Rückwirkung dieser Glocke wird eine Kraft ausgeübt, die sich mit dem Zug im Fuchs, also mit der Belastung ändert, wodurch sich der Zug im Feuerraum der Belastung anpassen läßt, z. B. 2 mm bei tiefster und 4 mm bei höchster Last.

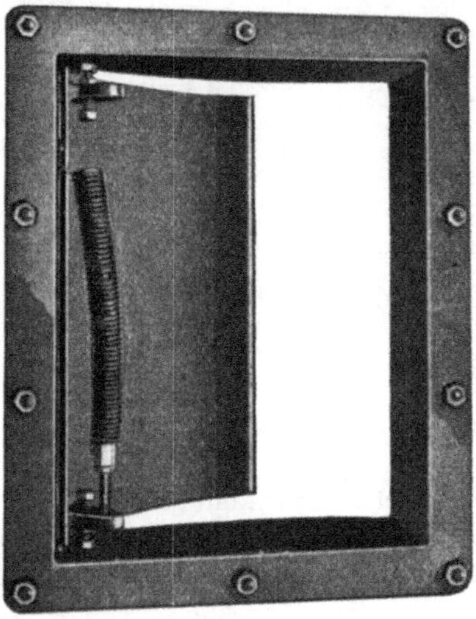

Abb. 129. Direkt wirkende Zugklappen von Bailey (ohne Kraftgetriebe).

Für die Sekundärluft von Kohlenstaubfeuerungen hat Bailey direkt wirkende Zugklappen (ohne Kraftgetriebe) ausgebildet (Abb. 129). Besonders bei hohen Feuerräumen würden durch Zugunterschiede die tiefer liegenden Klappen bei gleicher Öffnung mehr Luft erhalten als die höher liegenden und das Mengenverhältnis ändert sich mit der Belastung. Die Klappen arbeiten deshalb mit einstellbaren Federn zur Anpassung an die Höhenlage.

Als Zugregler mit Kraftgetriebe würden außer den bisher benutzten Ausführungen besonders Bauarten in Betracht kommen, wie sie **Askania** für Gemischregler ausgebildet haben.

d) Gemischregler für Gasfeuerungen.

Askania[1]) benutzen für ihren Gemischregler zur Mengenmessung nicht Glocken, sondern hochempfindliche Membranen (Abb. 130). Gasstrom und Luftstrom werden durch Stauflansch gemessen. Die Druckabfälle wirken einzeln auf beide Seiten je einer Membran. Die Druckkräfte beider Membranen halten sich das Gleichgewicht. Abweichungen der Kräfte entstehen, wenn der Gasmenge nicht die richtige Luftmenge zugeordnet ist. Das Strahlrohr kommt dann unter Überwindung der Federkraft der Membran aus seiner Mittellage und verursacht durch Verstellung des Kraftgetriebes eine Änderung der Luftzufuhr, bis das

[1]) Die „Wärme“ 1926, Heft 1.

Gleichgewicht wieder hergestellt ist. Verschiebt man den Angriffspunkt der beiden Druckkräfte, so ändern sich die wirksamen Hebellängen, wodurch einer bestimmten Gasmenge eine andere Luftmenge zugeordnet wird. Durch Verschiebung des Angriffspunktes läßt sich also der geregelte Luftüberschuß einstellen.

e) Dampf/Luftregler.

Dampfmenge und Luftmenge werden durch Druckabfälle gemessen, die mit den Mengen quadratisch wachsen. Die Vorrichtung, welche den Regler betätigt, muß das Verhältnis beider Mengen messen. Dieses Verhältnis ist nicht bei allen Belastungen konstant zu halten, sondern man muß verschiedenen Belastungen andere Werte zuordnen (für Rostfeuerungen den

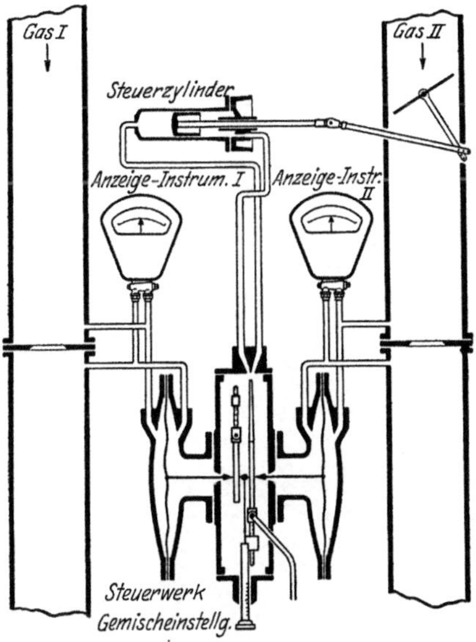

Abb. 130. Gemischregler von Askania.

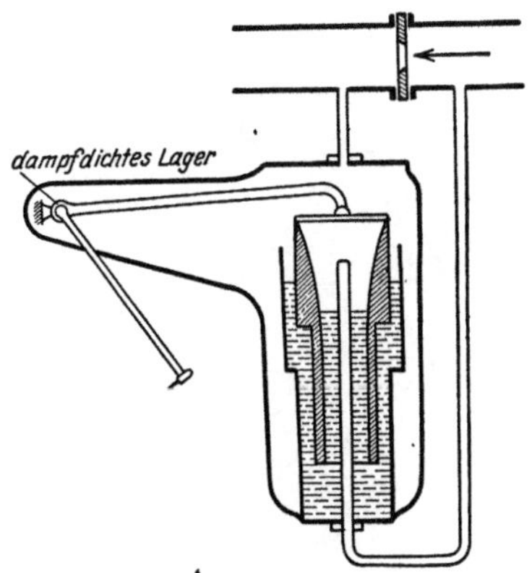

Abb. 131. Dampfmesser von Bailey mit linearem Ausschlag.

größten Luftüberschuß bei tiefster Last, für Kohlenstaubfeuerungen umgekehrt, Seite 132). Um diese Bedingung erfüllen zu können, ist ein Regelumformer erforderlich; die Druckabfälle, welche quadratisch mit den Strömungsmengen wachsen, müssen Reglerhübe erzeugen, die mit den Mengen proportional zunehmen (Abschnitt VI, 5g). Da der Dampf/Luftregler die Bedingungen des einzelnen Kessels regelt, braucht jeder Kessel eine derartige Vorrichtung.

Bailey erreicht lineare Reglerhübe durch Anordnung besonders geformter Schwimmerkörper. Für den Dampfmesser wird durch Einbau einer scharfkantigen Stauscheibe zwischen zwei Flansche der Dampfrohrleitung ein Druckabfall erzeugt. Der Druck hinter der Stauscheibe wird auf den Meßraum (Abb. 131) übertragen, der höhere Dampfdruck vor der Stauscheibe wirkt im Innern einer Glocke, die in Quecksilber schwimmt. Bei der Dampfmenge 0 ist der Druckunterschied 0, der Quecksilberspiegel ist innerhalb und außerhalb der Glocke gleich und die Glocke selbst ist in ihrer tiefsten Lage. Steigt der Druckabfall, so entsteht in der Glocke ein Überdruck, und sie steigt wie ein Gasometer. Dabei sinkt der Quecksilberspiegel im Innern, bis der Höhenunterschied des Quecksilbers dem Abfall des Dampfdruckes entspricht. Durch besondere Form der Glocke gelingt es, den äußeren Quecksilber-

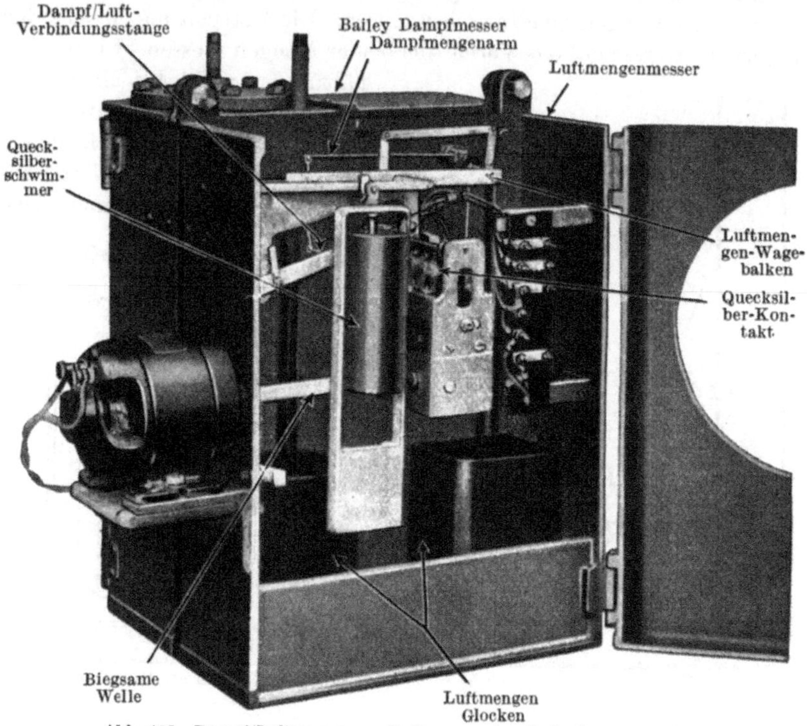

Abb. 132. Dampf/Luftmesser von Bailey von der Luftseite aus gesehen.

spiegel annähernd konstant zu halten und den Hub der Glocke proportional mit der Dampfmenge wachsen zu lassen. Dieser Hub wird durch einen Hebel über ein dampfdichtes Lager mit Lederpackung nach außen übertragen.

Der Rauchgasmengenmesser (Abb. 132) arbeitet mit zwei Glocken, die in Öl tauchen. Die Glocken stehen mit dem Zug im Fuchs und im Feuerraum in Verbindung und messen durch den Zugunterschied die Rauchgasmenge. Die beiden Zugkräfte greifen an einem Gestänge an, das mit einem Quecksilberschwimmer in Verbindung steht. Der Auftrieb des Schwimmers ändert sich mit dem Hub und wirkt den Zugkräften entgegen. Durch besondere Form des Schwimmers erreicht man auch hier Reglerhübe, die der Rauchgasmenge linear zugeordnet sind. Die Lage des Schwimmergefäßes kann verschoben und der Schwimmer selbst ausgewechselt werden, um den Mengenmesser verschiedenen Zugbedingungen der Kessel anzupassen.

Dampfmesser und Luftmengenmesser werden zusammengebaut und ihre Ausschläge durch Gestänge verbunden. Im Mittelpunkt des Gestänges ist die Regelnadel angebracht, welche den Stufenkeil der Kontakteinrichtung betätigt (Abb. 133). Die Regelnadel ist im Beharrungs-

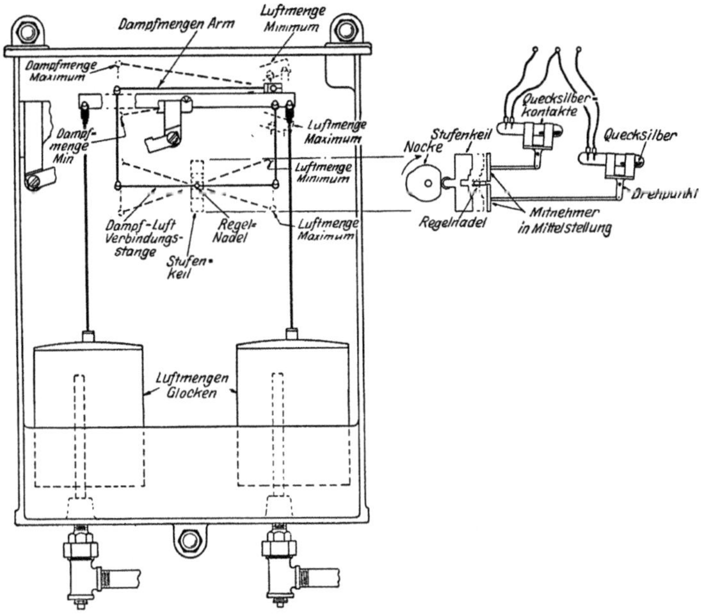

Abb. 133. Dampf/Luftregler von Bailey (der Dampfmesser liegt hinter dem Luftmengenmesser).

zustand, d. h. bei Gleichgewicht von Dampfmenge und Luftmenge, immer an der gleichen Stelle. Sie bildet also für verschiedene Belastungen den festen Drehpunkt, durch den die Hübe des Dampf- und Luftmengenmessers miteinander gekuppelt sind. Durch die starre Verbindung des Gestänges ändern sich also die zugehörigen Hübe beider Meßeinrichtungen proportional. In der Abbildung sind die beiden Grenzfälle tiefster und höchster Last eingezeichnet. Für diese Grenzfälle kann man die Regler so einstellen, daß ein bestimmter Luftüberschuß eingehalten wird, z. B. für Kohlenstaubfeuerung 32% bei höchster Last und 20% bei tiefster Last. Für zwischenliegende Belastungen geht dann (bei linearer Mengenmessung) der geregelte Luftüberschuß gleichförmig von einem Wert zum anderen über (Abschnitt VI, 5e, g).

Der Stufenkeil wird durch den Nocken einer Kammwelle hin und her bewegt. Ist die Regelnadel in der Mittellage, so wird keiner der Quecksilberschalter betätigt, und das Kraftgetriebe bleibt in Ruhe. Weicht hingegen das Verhältnis von Dampf zu Luft ab, so kommt die Nadel aus ihrer Mittellage und verursacht durch einen der Schalter Kontakte, welche um so länger sind, je stärker die Abweichung von der Mittellage ist. Die Kontakte des Dampf/Luftmessers rücken durch Schaltarme des Kraftgetriebes die Kupplung einer besonderen Welle ein, die mit der Welle des Differentialdruckreglers über ein Differentialgetriebe gemeinsam auf den Antrieb wirkt.

Abb. 134. Quecksilberwage von Roučka zur Messung der Dampfströmung.

Differentialdruckregler und Dampf/Luftregler können dadurch den Antrieb unabhängig voneinander verstellen.

Roučka mißt die Dampfmenge durch eine Quecksilberwage (Abb. 134). Die Wage besteht aus zwei Schenkeln, die zusammen eine kommunizierende Röhre mit Quecksilberfüllung bilden. Der Druckabfall in der Dampfleitung wird durch Einbau einer Mündung erzeugt und mit Hilfe von elastischen Spiralrohren auf beide Schenkel der Wage übertragen.

Abb. 135. Doppelte Ölwage von Roučka zur Messung der Rauchgasströmung.

Durch den Druckunterschied steigt das Quecksilber in einem Schenkel, so daß eine Kraft ausgeübt werden muß, um die Wage im Gleichgewicht zu halten; diese Gegenkraft dient zur Messung des Druckunterschiedes, d. h. der Dampfmenge; genau nach dem gleichen Grundsatz mißt die Ölwage (Abb. 135) den Zugunterschied. Wegen der geringen Zugkräfte sind die Schenkel der kommunizierenden Rohre als ölgefüllte Kästen mit großer Oberfläche ausgebildet. Um die Grundfläche der Apparatur nicht unnötig zu vergrößern, sind zwei gleichartige Ölwagen übereinander angeordnet.

Der Regelumformer besteht aus einem Getriebe, welches periodisch eine Gegenkraft erzeugt, die der Wage (Dampfwage oder Luftwage) das Gleichgewicht hält (Abb. 136). Zu diesem Zweck wirkt die Druckkraft der Feder *1* über einen beweglichen Angriffspunkt *2* der Zugkraft *3* der Wage entgegen. Die Nockenscheibe *4* dreht sich gleichförmig durch einen Synchronmotor und verschiebt periodisch den Angriffspunkt *2*, wodurch sich der Hebelarm der Kräfte *1* und *3* verändert. Bei der Bewegung nach rechts steigert sich die Wirkung der Kraft *1* immer mehr, bis sie an einem bestimmten Punkt die Zugkraft *3* der Wage überwindet. In diesem Augenblick hebt sich die Wage, und es wird über den Kontakt *5* ein Stromstoß abgegeben. Die Zugkraft *3* der Wage richtet sich nach der Strömungsmenge (Dampf oder Luft) und jeder Größe der Zugkraft entspricht ein bestimmter Gleichgewichtspunkt *2*, der wiederum den Zeitpunkt für den Stromstoß festlegt. Der Zeitpunkt, in dem innerhalb einer Periode der Stromstoß auftritt, ist also ein Maßstab für die Strömungsmenge.

Die Stromstöße beider Strömungsmesser werden auf den Dampf/Luftregler übertragen. Dieser besteht aus zwei Steuerstangen *6* für Dampf und Luft, die ebenfalls, durch Synchronmotor und Nockenscheibe angetrieben, mit genau der gleichen Periode wie der Geber auf und ab bewegt werden und zwar bewegen sich beide Steuerstangen immer in entgegengesetzter Richtung. Die Verstellkraft beträgt 5—10 kg. Jede Steuerstange hat einen Bremsklotz *7*, der in der ersten Hälfte der Periode durch den Anschlag *8* abgehoben, und vom Auslöser *9* festgehalten wird. In der zweiten Hälfte der Periode folgt die Steuerstange der Bewegung des antreibenden Nockens bis zu dem Augenblick, in dem durch den Stromstoß des Gebers der Auslöser den Bremsklotz freigibt, so daß die Steuerstange stehen bleibt. Der Nocken löst sich ab und nimmt die Steuerstange erst bei seiner Umkehr in der nächsten Halbperiode wieder mit. In der Zwischenzeit hat jede der Steuerstangen einen Hub, der vom Zeitpunkt des Stromstoßes, also von der Strömungsmenge, abhängig ist, die der Geber mißt. Dabei gelingt es, die Nockenscheibe *4* des Gebers so auszubilden, daß die Hübe der Steuerstangen den Strömungsmengen proportional sind;

durch die Nockenform wird der Zeitpunkt bestimmt, in welchem der Angriffspunkt die verschiedenen Gleichgewichtsstellungen erreicht, denen die gemessenen Strömungsmengen entsprechen.

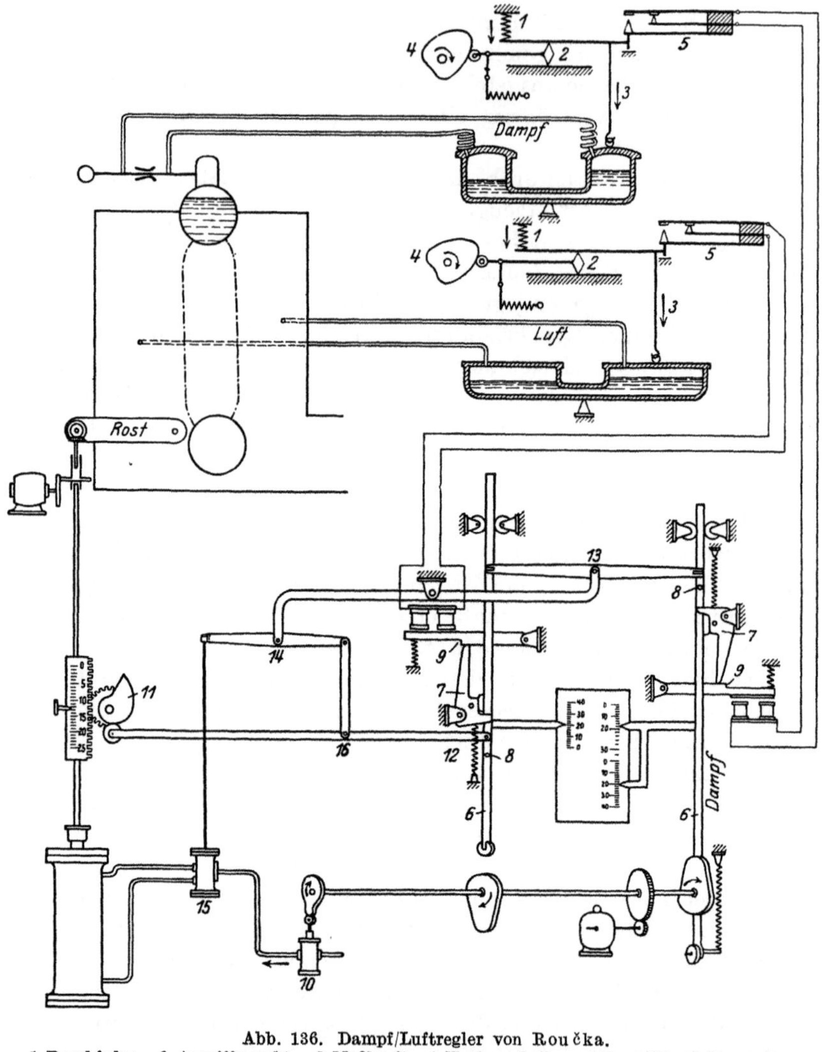

Abb. 136. Dampf/Luftregler von Roučka.
1 Druckfeder, *2* Angriffspunkt, *3* Meßkraft, *4* Nockenscheibe, *5* Kontakt, *6* Steuerstangen, *7* Bremsklötze, *8* Anschläge, *9* Auslösung, *10* Unterbrecher, *11* Rückführ-Nockenscheibe, *15* Steuerschieber.

Die lineare Beziehung läßt sich auf den abgebildeten Skalen ablesen und man kann danach die Grenzwerte der Dampf- und Luftmenge für höchste und tiefste Last einstellen. Dadurch erhält man für diese Grenzwerte je einen bestimmten geregelten Luftüberschuß, und bei Zwischenbelastungen wird auf Zwischenwerte des Luftüberschusses geregelt. Die Steuerstange der Dampfmenge hat zwei Zeiger, von denen der obere die wirkliche Dampfmenge angibt, der untere den Wert, der bei den verschiedenen Belastungen der Luftmenge zugeordnet ist (durch den veränderlichen Luftüberschuß).

Zwischen zwei Schaltungen sind die Steuerstangen in Ruhe und können wie bei einer anderen Regelung einen Steuerschieber betätigen, wenn ein Unterbrecher *10* dafür sorgt, daß der Ölstrom nur zu diesen Zeiten freigegeben wird. Roučka beeinflußt durch seinen Dampf/Luftregler den Rostantrieb und braucht dazu eine Rückführung (Abschnitt VI, 5g). Die Rückführung wirkt über eine Nockenscheibe *11* durch das Kraftgetriebe auf das Steuergestänge. Roučka verbindet diesen Hub an der Stelle *12* mit demjenigen der Luftsteuerstange und erhält dadurch eine Vorsteuerung der Kohlezufuhr. Bei einer Erhöhung des Dampfbedarfes würde zunächst der Rauchgasschieber durch den Kesseldruck die richtige Luftmenge einstellen (Seite 175), so daß die Steuerstangen von Dampf und Luft sich um einen gleichen Betrag entgegengesetzt verschieben, der Punkt *13* und *14* bleibt also fest. Hingegen hebt sich Punkt *12* und öffnet den Steuerschieber *15* so lange, bis die Öffnung des Kraftgetriebes durch den Nocken *11* den Punkt *16* wieder in die ursprüngliche Lage gebracht hat. Dieser Vorgang kommt je nach der Schlußzeit des Kraftgetriebes in Bruchteilen einer Minute zur Ruhe. Ist die Nockenform so ausgebildet, daß der Luftmenge immer die richtige Kohlenmenge zugeteilt wird, so ist damit der Regelvorgang beendet; denn der Dampf/Luftregler kommt nicht aus dem Gleichgewicht. Würde hingegen beim Fehlen einer Vorsteuerung die Kohlenmenge nicht im richtigen Maß verstellt, so könnte die entstehende Abweichung erst mit großer Verzögerung auf die Dampferzeugung zurückwirken, so daß der Dampf/Luftregler nur durch einen Regelvorgang von sehr langer Dauer den Gleichgewichtszustand wieder herstellt. Sind sowohl Vorsteuerung als auch die Regelung des Rauchgasschiebers durch den Dampfdruck genau durchgebildet, so beschränkt sich die Tätigkeit des Dampf/Luftreglers auf eine geringe Nachstellung und die Anpassung an veränderliche Kohlenbeschaffenheit.

f) Regelung durch Rauchgasprüfer.

Die **Wärmeleitfähigkeit** der Rauchgase (Seite 153) wird durch einen strombeheizten Platindraht *1* gemessen, der von Rauchgas umgeben ist (Abb. 137). Je geringer die Leitfähigkeit, um so stärker erwärmt sich der Draht. Ein zweiter beheizter Draht *2* ruht in Luft, die durch eine Patrone *4* getrocknet wird. Beide Drähte liegen in Brückenschaltung und erhalten einen konstanten Speisestrom. Würde der Draht *1* die gleiche trockene Luft erhalten wie Draht *2*, so wären auch die Temperaturen und Widerstände gleich und das Millivoltmeter *3* würde keinen Ausschlag geben. Das CO_2-haltige Rauchgas in *1* hat jedoch geringere Leitfähigkeit, die Temperatur des Drahtes *1* steigt, der Widerstand ändert sich und das Voltmeter *3* zeigt einen Ausschlag, der dem CO_2-Gehalt proportional ist. Dieses Meßverfahren wird von Siemens und Halske, Cambridge und anderen Firmen angewendet.

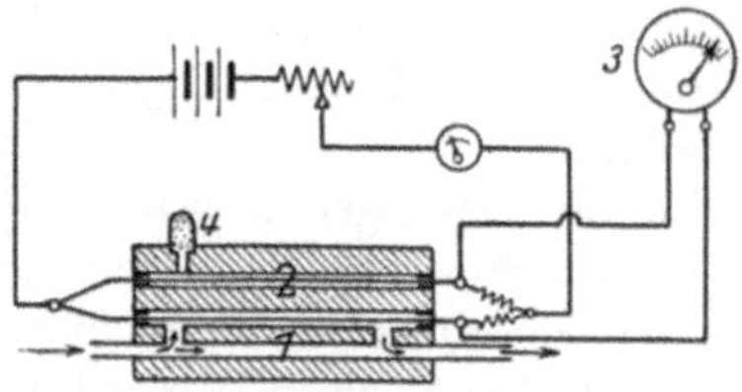

Abb. 137. Rauchgasprüfung durch Wärmeleitfähigkeit.

Der Rauchgasprüfer von Siemens und Halske (Abb. 138) arbeitet mit einem Geber, bei dem für Luft und Rauchgas je zwei Platindrähte in einem Metallklotz gemeinsam untergebracht sind. Außer einem Anzeigeinstrument mit einer Zeigerlänge von 120 mm für den Heizer, kann ein schreibendes Instrument für das Betriebsbüro angeschlossen werden. Die Skalen beider Instrumente sind in $^0/_0$ CO_2 eingeteilt.

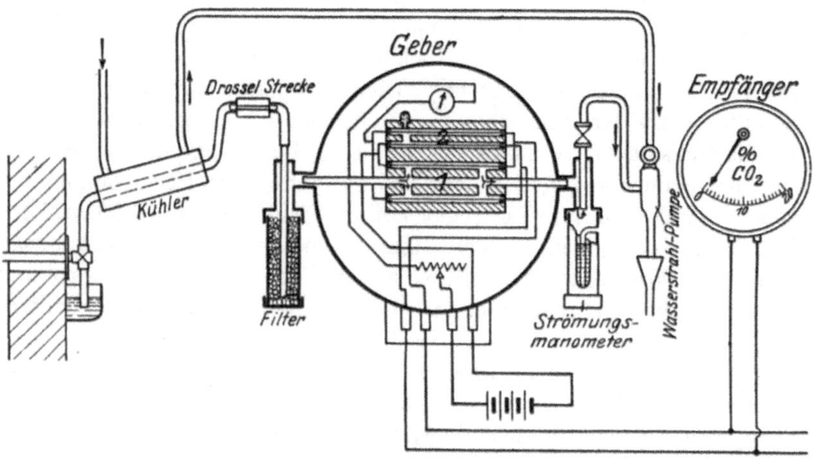

Abb. 138. Rauchgasprüfer von Siemens und Halske.

Als Stromquelle diente ursprünglich eine Akkumulatorenbatterie, die mit Erfolg durch Anschluß an ein Gleichstromnetz über eine Eisendrahtlampe oder an Wechselstrom unter Zwischenschaltung eines Glühkathodengleichrichters ersetzt worden ist. Der Geber wird mit kurzer Rauchgasleitung in der Nähe der Entnahmestelle angeordnet, von der er fortlaufend etwa 20 l/h Rauchgas erhält. Das gefilterte Rauchgas wird von einer Wasserstrahlpumpe angesaugt und gelangt durch die Rauchgasleitung nach einem Kühler, dessen Kühlwasser zum Antrieb der Strahlpumpe dient, von dort durch eine Drosselstrecke über ein Feinfilter mit Watte, durch ein Rohr, zu dem die Meßkammer *1* einen Nebenschluß bildet, dann über ein Strömungsmanometer zur Wasserstrahlpumpe. Drosselstrecke und Strömungsmanometer haben den Zweck, eine konstante Rauchgasmenge anzusaugen, um Meßfehler durch veränderte Kühlung des Meßdrahtes bei veränderlicher Rauchgasmenge zu vermeiden. Der Wasserdampf des Rauchgases kondensiert zum Teil in der Rauchgasleitung und im Kühler. Das Rauchgas verläßt den Kühler gesättigt mit der Temperatur des Kühlwassers. Der Einfluß dieses Restes von Wasserdampf gegenüber der trockenen Luft in der Luftkammer *2* kann durch Einstellung des Nullpunktes und durch Eichung des Instrumentes ausgeglichen werden.

Die Rauchgasprüfung durch das **spezifische Gewicht** bildet die Meßgrundlage für den Ranarex-Rauchgasprüfer der AEG und einen von Ühling entwickelten amerikanischen Apparat.

Beim Ranarex-Rauchgasprüfer werden in zwei Meßkammern für Rauchgas und Luft Gaswirbel erzeugt (Abb. 139 und 140). Bringt man

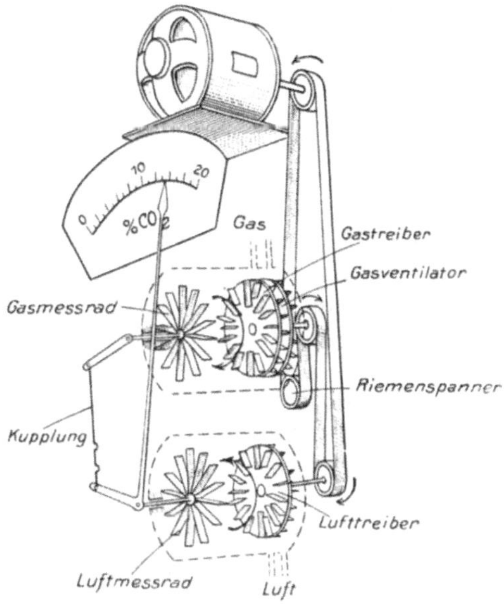

Abb. 139. Aufbau des Ranarex-Rauchgasprüfers der AEG.

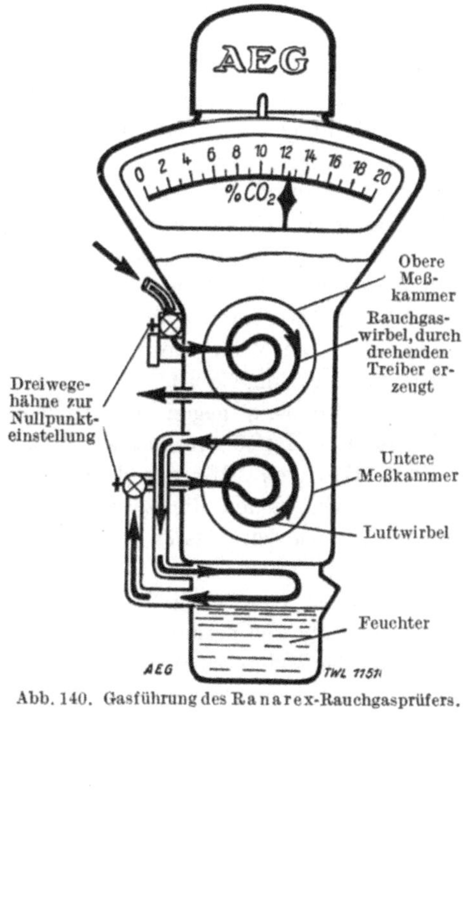

Abb. 140. Gasführung des Ranarex-Rauchgasprüfers.

ein ruhendes Flügelrad in einen derartigen Wirbel, so übt der Wirbel ein Drehmoment auf das Flügelrad aus; das Drehmoment ist unter sonst gleichen Bedingungen dem spezifischen Gewicht des Gases proportional, in dem sich dieser Vorgang abspielt. Bildet man zwei derartige Meßkammern aus, die eine für Rauchgas, die andere für Luft, so können beide spezifischen Gewichte durch die Drehmomente der Flügelräder gemessen und gegenseitig ausgewogen werden.

Ein Elektromotor von $^1/_{10}$ PS bewegt zwei Treiber mit gleicher Drehzahl und in umgekehrtem Drehsinn, die in zwei Meßkammern gegenläufige Wirbel erzeugen. Die Wirbel wirken auf die Flügelräder, deren Achsen durch die abgebildete Kupplung miteinander verbunden sind. Die untere Achse trägt außerdem einen Zeiger von 300 mm Länge. Je nach der Zeigerstellung ändern sich die Hebelarme, mit denen die Zugkraft der Verbindungsstange auf die Achsen wirkt, jeder Zeigerstellung entspricht also ein bestimmtes Verhältnis der Drehmomente. Da die obere Meßkammer Rauchgas, die untere Luft enthält, stellt sich der Zeiger nach dem Verhältnis der spezifischen Gewichte von Rauchgas und Luft ein und mißt dadurch den CO_2-Gehalt. Ein kleiner Ventilator, der mit dem Treiber der Rauchgaskammer verbunden ist, saugt eine Rauchgasmenge bis zu 250 l/h an, so daß die Rauchgase die Verbindungsleitung von Entnahmestelle zum Apparat in kurzer Zeit durchströmen. In der Rauchgasleitung kühlt sich das Rauchgas bis auf Kesseltemperatur ab; der Wasserdampf schlägt sich bis auf einen Rest nieder, der dieser Temperatur entspricht. Um den Einfluß des Wasserdampfgehaltes auf die Messung auszugleichen, wird die Vergleichsluft der unteren Meßkammer im Kreislauf über einen Feuchter geleitet, wodurch sie sich ebenfalls bei Kesselhaustemperatur mit Wasserdampf sättigt. Für die Nullpunkteinstellung leitet man durch Umstellung der abgebildeten Dreiwegehähne Kesselhausluft in beide Meßkammern. Die Einstellung selbst geschieht durch seitliche Verschiebung des oberen Flügelrades. Nähert man auf diese Weise das Flügelrad dem Mittelpunkt des Wirbels, so verstärkt sich das Drehmoment und umgekehrt.

Die Bedenken gegen die Anwendung von Rauchgasprüfern zur Regelung des Luftüberschusses gründen sich größtenteils auf die Mängel älterer Bauarten. Mit gut durchgebildeten physikalischen Rauchgasprüfern, von denen die zwei bekanntesten deutschen Apparate beschrieben wurden, lassen sich die Schwierigkeiten voraussichtlich überwinden:

1. Anzeigeverzögerung. Bei fortlaufender physikalischer Messung im Gegensatz zur periodischen Messung chemischer Analysierapparate braucht die Meßvorrichtung nur den Bruchteil einer Minute, um veränderte Zusammensetzung des Rauchgases anzuzeigen, mit dem die

Meßkammer angefüllt ist. Außer dieser eigentlichen Meßverzögerung ist die Zeit zum Zurücklegen des Rauchgasweges zwischen Entnahmestelle und Apparat erforderlich und ferner die Zeit zur fortlaufenden Erneuerung des Gases in der Meßkammer. Die Summe dieser Verzögerungen, die sich für die beschriebenen Bauarten aus den Einzelteilen verschieden zusammensetzt, läßt sich auf Zeitwerte von 30 bis 60 Sekunden herunterdrücken. Dazu kommt die Zeit, die das Rauchgas im Kessel für den Weg vom Feuerraum zur Entnahmestelle braucht. Durch besondere Maßnahmen kann aber ein schädlicher Einfluß dieser Verzögerungen vermieden werden.

2. Der CO_2-Gehalt ist im allgemeinen über den Querschnitt des Rauchgaskanals nicht an allen Stellen gleich. Man darf sich deshalb nicht auf die Messung des CO_2-Gehaltes an einem bestimmten Punkt beschränken, sondern muß durch die Entnahmevorrichtung möglichst eine Durchschnittsprobe ansaugen. Zu diesem Zwecke können die von Uhling eingeführten und von Siemens und Halske in Röhrenform ausgebildeten Karborundumfilter im Rauchgaskanal besonders angeordnet werden. Siemens und Halske verwenden einseitig verschlossene Karborundumröhren von 115 mm Länge, 30 mm Innendurchmesser und 6 mm Wandstärke, deren Porosität bei einer angesaugten Rauchgasmenge von 20 l/h einen Widerstand von etwa 15 bis 20 mm WS bietet. Auch wenn man derartige Filterrohre wesentlich länger ausführt, saugt der Unterdruck über die ganze Länge des Rohres gleichmäßig Rauchgasproben an. Eine lange Karborundumröhre entnimmt also einen Mittelwert und schützt außerdem durch ihre Filterwirkung die Rauchgasleitung und den Apparat vor Verschmutzung.

3. Während der Zeiten, in denen das Rauchgas größere Mengen von Unverbranntem enthält, ist der CO_2-Gehalt kein Maßstab für den Luftüberschuß. Schaltet man aber vor den Apparat eine katalytische Nachverbrennung, so verbrennen CO und CH_4 und der CO_2-Gehalt zeigt den Luftüberschuß richtig an. Gleichzeitig verbrennen Spuren von Wasserstoff, die das Meßergebnis fälschen könnten.

Durch Anwendung der Nachverbrennung ist man auch nicht darauf angewiesen, die Entnahme des Rauchgases an einer Stelle des Kessels vorzunehmen, hinter der keine Verbrennung mehr stattfindet; falls die Gleichmäßigkeit der Rauchgase es zuläßt, könnte die Entnahmestelle z. B. hinter den ersten Zug verlegt werden, wenn ein Karborundumrohr genügender Länge zur Entnahme dient. Der Rauchgasweg im Kessel würde dadurch wesentlich abgekürzt.

4. Die Verstellkräfte der Rauchgasprüfer können ausreichen, um bei den heutigen Mitteln der Zeigerübertragung Steuerungen zu regeln. Abb. 141 zeigt die Steuerung eines Askania-Reglers durch einen Ranarex-Rauchgasprüfer. Das Verstellmoment der Zeigerachse be-

trägt für die Abweichung um 1% CO_2 etwa 1,5 cmg. Mit dem Zeiger ist ein kleines Strahlrohr gekuppelt, das zwei Steueröffnungen gegenübersteht, die mit der Membran des Reglers verbunden sind. Der Raum, in den das Strahlrohr bläst, steht unter Schornsteinzug oder einem Unterdruck, der durch einen besonderen Hilfsventilator erzeugt wird. Das Strahlrohr steht mit der Außenluft in Verbindung; es bewegt sich mit den Zeigerabweichungen aus seiner Mittellage. Bei der größten Zeigerabweichung von etwa 1% CO_2 nach einer Richtung steht das Strahlrohr genau vor einer der Steueröffnungen. Die im Strahlrohr entwickelte Strömungsgeschwindigkeit setzt sich vollkommen in Druck um, so daß die eine Seite der Reglermembran durch die Steueröffnung unter Atmosphärendruck steht, die andere Seite unter Schornsteinzug. Bei diesem Zugunterschied erfährt auch das Strahlrohr des Reglers durch die Membran den größten Ausschlag und verursacht die höchste Verstellgeschwindigkeit des Kraftgetriebes.

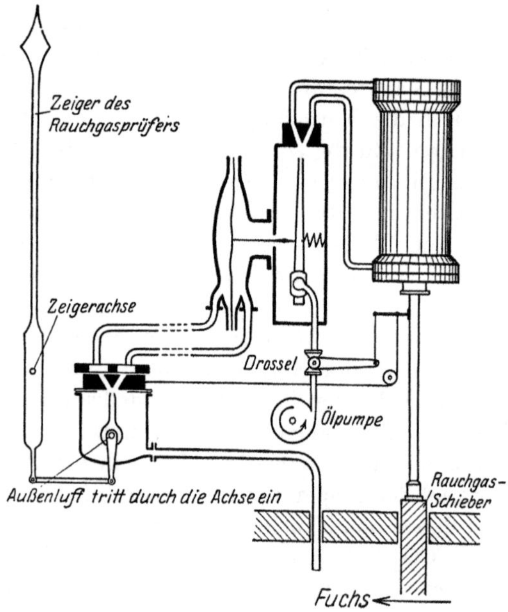

Abb. 141. Schema der Steuerung eines Rauchgasschiebers durch Ranarex-Rauchgasprüfer mit Askaniaregler.

Ist der Zeiger des Rauchgasprüfers hingegen in der Mittellage, so steht auch das Luftstrahlrohr zwischen den Steueröffnungen, der Zugunterschied zu beiden Seiten der Membran ist 0 und das Strahlrohr des Reglers ist ebenfalls in seiner Mittellage, das Kraftgetriebe steht still. Zwischen diesen Grenzfällen steigert sich die Geschwindigkeit des Kraftgetriebes annähernd proportional mit der Reglerabweichung. Außer dieser Regelung ist eine Drosselvorrichtung im Ölzufluß des Strahlrohres vorgesehen. Die Drosselvorrichtung steht mit dem Kraftgetriebe in Verbindung, dessen Hub sich mit der Belastung ändert. Die Geschwindigkeit des Kraftgetriebes wird dadurch 1. von der Abweichung des CO_2-Gehaltes und 2. von der Belastung gesteuert. Die Anpassung des geregelten Beharrungs-CO_2-Gehaltes an die Belastung kann z. B. durch zwangläufige Verschiebung der Steueröffnungen gegen die Mittellage des Luftstrahlrohres geschehen. Soll der Regler zur Steuerung eines Rauchgasschiebers dienen, so läßt sich die Wirkung der Anzeigeverzögerung durch eine Aussetzregelung aufheben. Ein Unterbrecher gibt den Ölstrom nur für wenige Sekunden zur Verstellung des Kraftgetriebes frei und sperrt ihn während der Dauer der Verzögerung ab, so daß sich in der Zwischenzeit der Rauchgasprüfer auf den CO_2-Gehalt einstellen kann, der durch die veränderte Stellung des Kraftgetriebes entstanden ist.

Bei einem Werkstattversuch mit einer ähnlichen Anordnung wurde der CO_2-Gehalt durch einen Ranarex-Rauchgasprüfer mit einer Genauigkeit von $\pm$ $^1/_4$% CO_2 geregelt[1]).

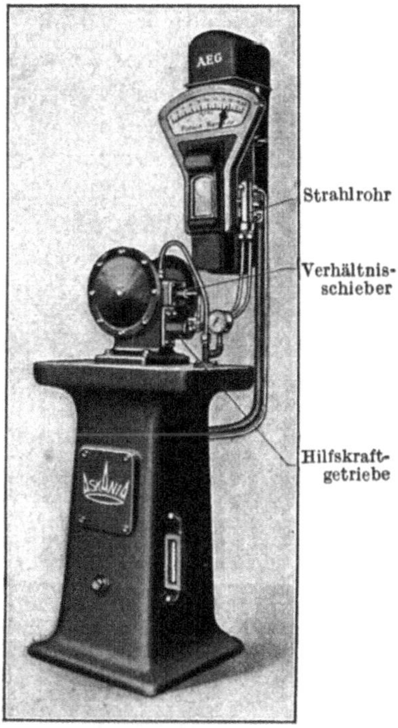

Abb. 142. Ranarex-Rauchgasprüfer verschiebt durch Ölstrahlrohr das Kräfteverhältnis der Vorsteuerung des Askania-Reglers.

Abb. 142 zeigt eine neuere Anordnung bei welcher durch den Zeiger des Rauarexapparates unmittelbar ein Ölstrahlrohr bewegt wird, welches ein Hilfskraftgetriebe verstellt. Das Hilfskraftgetriebe ist über einen Hebel mit einem Schieber verbunden, welcher den Angriffspunkt und damit das Verhältnis der Kräfte verstellt, die von den beiden Membranen des Askania-Reglers ausgeübt werden. Auf die beiden Membranen, deren Kräfte sich das Gleichgewicht halten, wirken zur Vorsteuerung Rauchgasmenge und Antriebsgeschwindigkeit der Brennstoffzufuhr. Das Drucköl für das Hilfskraftgetriebe fließt aus einem Unterbrecher zu, der vom Motor der Ölpumpe angetrieben wird.

g) Steuerung der Antriebe.

Regler und Kraftgetriebe müssen so ausgebildet sein, daß sie den verschiedensten Ausführungen von Schiebern und Klappen, sowie den Kraftantrieben für Kohlenzufuhr und Gebläse angepaßt werden können. Ein Umbau der vorhandenen Einrichtungen kommt in den seltensten Fällen in Betracht.

Die vorhandene Anlage muß aber bestimmte Grundbedingungen erfüllen, damit sie selbsttätig geregelt werden kann, in der Hauptsache folgende:

[1]) Die „Wärme“ 1926, Heft 1.

1. Schieber und Klappen für Luftzufuhr und Rauchgas müssen so dicht sein, daß sich bei abgeschlossenem Steuerorgan dauernd die tiefste Last einstellen läßt. Die freigegebenen Querschnitte der Schieber und Klappen sollen dem Hub des Antriebes angenähert proportional sein. Die Steuerung von Zentralschiebern für mehrere Kessel kommt nicht in Betracht, da auch bei genau gleicher Bauart durch Verschiedenheiten der Widerstände keine gleichmäßige Verteilung der Rauchgasströme auf parallel arbeitende Kessel möglich ist.

2. Die Kraftantriebe (Elektromotoren und Dampfmaschinen) müssen sich bis auf die kleinste vorkommende Last kontinuierlich oder in möglichst vielen untereinander gleichen Stufen regeln lassen. Motoren sollen in 10—20 Stufen zwischen höchster und tiefster Last geschaltet werden können.

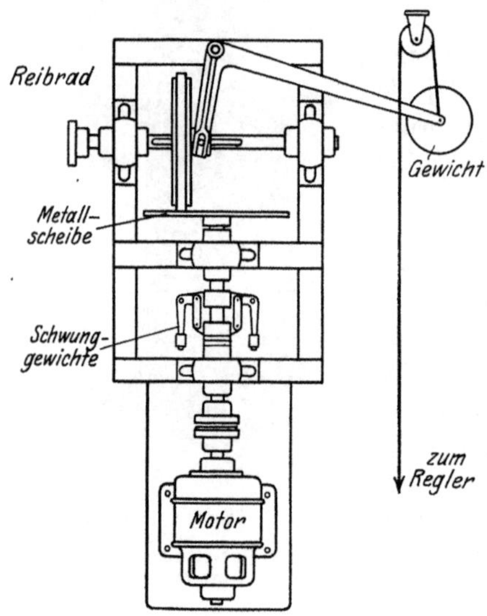

Abb. 143. Reibradgetriebe von Roučka.

3. Roste müssen imstande sein, mit unveränderlicher Schütthöhe auch bei geringer Last wirtschaftlich zu arbeiten. Die Primärluft von Kohlenstaubbrennern wird im allgemeinen nicht geregelt, die Brenner müssen dann auch bei geringer Staubzufuhr richtig arbeiten.

4. Die Steuerungen sind derart mit den Antrieben zu verbinden, daß jederzeit die Handbedienung eingreifen und den Betrieb übernehmen kann.

Für die Beeinflussung der Regelorgane des Kessels durch das Kraftgetriebe sind besondere Einrichtungen entwickelt worden.

Bei Drehstrommotoren mit konstanter Drehzahl kann man Reibradgetriebe zur Änderung der Antriebsdrehzahl verwenden. Abb. 143 zeigt eine Ausführung von Roučka. Der Motor treibt über eine Metallscheibe das Reibrad an. Auf der Welle zwischen Motor und Metallscheibe sitzen Schwunggewichte, die bei wachsender Drehzahl die Metallscheibe mit zunehmender Kraft gegen das Reibrad drücken, während bei ruhendem Motor Metallscheibe und Reibrad getrennt sind. Dadurch kann der Motor leer anlaufen und man vermeidet außerdem bei längerem Stillstand Druckstellen am Reibungsbelag, die durch ständiges Anpressen entstehen würden. Die Regelung verschiebt das Reibrad auf seiner Achse entgegen der Wirkung eines Gewichtes und ändert dadurch die Drehzahl des Antriebes.

Zur Drehzahländerung durch regulierbare Motoren war bisher eine Anpassung an folgende Antriebsarten vorhandener Anlagen erforderlich:

1. Nebenschlußregelung von Gleichstrommotoren.
2. Nebenschlußregelung von Steuerdynamos bei Leonardschaltung.
3. Regelung durch Bürstenverstellung.
4. Regelung von Schleifringmotoren.
5. Motoren mit selbsttätiger Sterndreieckumschaltung ohne sprungweise Veränderung der Drehzahl im Augenblick der Umschaltung.
6. Wechselweise Einschaltung eines großen und kleinen Motors für hohe und tiefe Last.
7. Übergang von natürlichem Zug auf Saugzug bei einer bestimmten Belastung durch Einschalten des Saugzugmotors.
8. Gleichzeitige Verstellung der Antriebsmotoren verschiedener Kohlenstaubbrenner des gleichen Kessels mit einstellbaıer Beteiligung der einzelnen Brenner.
9. Bei Ausfall des Stromes für die Antriebsmotoren sollen alle Regulierwiderstände durch Schnellschluß auf Nullast zurückgestellt werden, damit der Motor bei wieder einsetzendem Strom keinen Schaden nimmt.

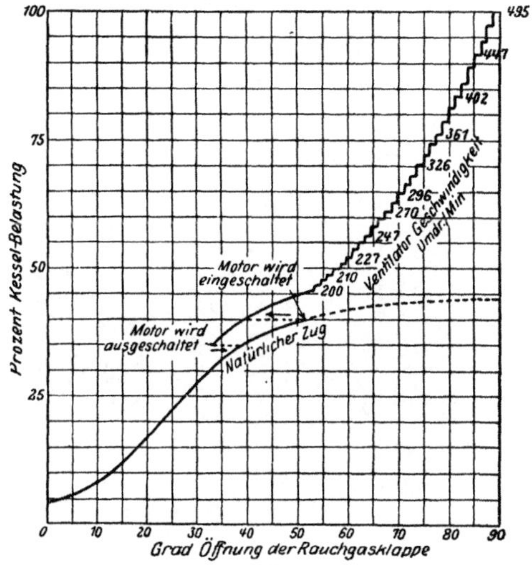

Abb. 144. Regelung mit Übergang vom natürlichen Zug zum Saugzug bei hoher Last.

Für einzelne dieser Betriebsfälle hat Bailey besondere Schalteinrichtungen getroffen:

Abb. 144 zeigt den Verlauf einer Regelung durch natürlichen Zug allein bei kleiner Last und durch Saugzug bei hoher Last (Fall 7). Von der tiefsten Last ausgehend, wird bei steigender Belastung der Hilfsmotor des Kraftgetriebes mit der Rauchgasklappe gekuppelt. Hat das Kraftgetriebe eine bestimmte Stellung erreicht, dann löst es einen Quecksilberschalter aus, der den Saugzugmotor in Gang setzt. Steigt die Belastung weiter, so wird der Hilfsmotor nicht mehr mit der Rauchgasklappe, sondern mit der Drehzahlsteuerung des Saugzugmotors gekuppelt, so daß sich der Zug von da ab durch den Saugzugmotor steigert.

Mit Hilfe einer Auslösung von Kontakten und Umschaltung der Verbindung zwischen Kraftgetriebe und Antrieb bei einer bestimmten Stellung des Kraftgetriebes lassen sich auch zwei verschiedene Motoren für tiefe und hohe Last wechselweise einschalten (Fall 6).

Die selbsttätige Umschaltung von Stern auf Dreieck wird durch die Grenzstellung des Regulierwiderstandes selbst eingeleitet (Fall 5). Bei geringer Drehzahl läuft der Motor in Sternschaltung. Mit steigender Drehzahl kommt der Regulierwiderstand in die Grenzlage, welche eine Umstellung auf Dreieck erforderlich macht. Würde der Widerstand bei der Umschaltung seine Grenzlage beibehalten, so käme der Motor sprungweise auf seine höchste Drehzahl. Um einen stetigen Übergang zu erreichen, muß der Widerstand im Augenblick der Umschaltung in die Nullage zurückgebracht werden. Er betätigt deshalb in der Grenzlage durch Quecksilberkontakte außer der Sterndreieckvorrichtung einen Schaltarm, der den Hilfsmotor des Kraftgetriebes über eine Schnellschlußkupplung mit dem Widerstand verbindet, so daß er mit hoher Geschwindigkeit in die Nullage zurückgeht. Von da ab wirkt das Kraftgetriebe bei steigender Last wieder gleichförmig auf den Regulierwiderstand ein.

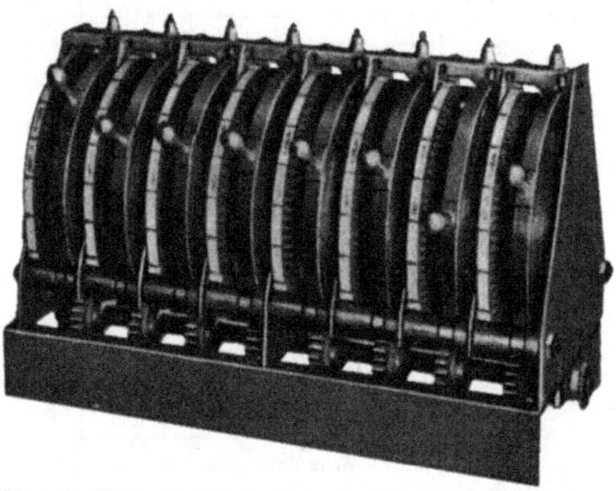
Abb. 145. Verbundwiderstand von Bailey für Kohlenstaubbrenner.

Fällt der Strom für die Motoren in Störungsfällen aus, so können von einem Nullspannungsrelais ausgelöst, sämtliche Regulierantriebe durch Einrücken einer Schnellschlußkupplung des Kraftgetriebes auf Null zurückgestellt werden (Fall 9).

Für die parallele und einzeln einstellbare Regelung der Kohlenstaubbrenner des gleichen Kessels (Fall 8) hat Bailey einen Verbundwiderstand entwickelt (Abb. 145). Die Drehwiderstände der einzelnen Brenner bestehen aus Scheiben von 380 mm Durchm. mit je 70 Widerstandsstufen. Eine durchgehende Welle, die vom Kraftgetriebe gedreht wird, bewegt alle Widerstände gleichzeitig. Die Lage jedes Einzelwiderstandes gegen die Welle kann aber von Hand verschoben werden.

Man kann für Wechselstrommotore statt der Metallwiderstände auch Wasserwiderstände zur Regelung benutzen. wie sie z. B. von Askania ausgeführt werden.

Carrick hat besondere Vorrichtungen zur Steuerung von Dampfantrieben ausgebildet. Bei der gemeinsamen Regelung aller Schieber, Klappen und Antriebsmaschinen durch den Dampfdruck allein muß zum mindesten bei Vollast die Antriebsgeschwindigkeit in eine genau einstellbare Beziehung zur Stellung des Rauchgasschiebers usw. gebracht werden. Die Steuerung durch ein gewöhnliches Ventil, das die Dampfzufuhr zur Antriebsmaschine drosselt, genügt nicht; die Hübe sind für eine genaue Regelung zu gering und der größte Durchflußquerschnitt für Vollast läßt sich nicht einstellen. Das Ventil (Abb. 146) hat einen Drehkolben, dessen Hub durch das Kraftgetriebe beeinflußt wird, während die Drehung von Hand während des Betriebes ein-

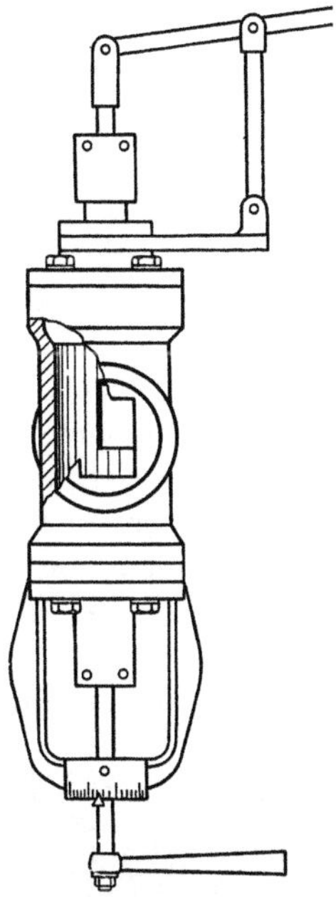

Abb. 146. Regelventil von Carrick für Dampfantriebe.

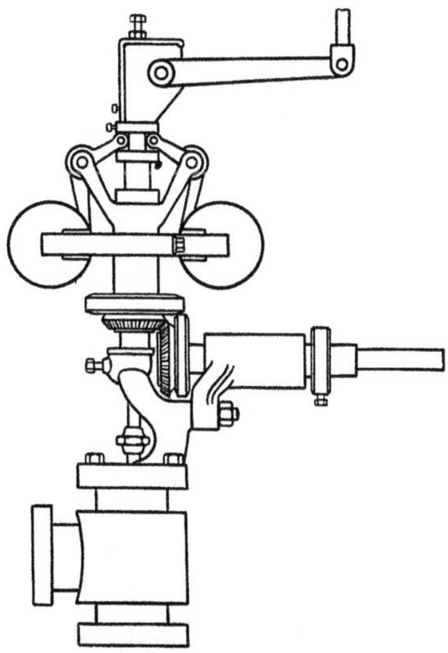

Abb. 147. Geschwindigkeitsregler von Carrick zur Verstellung durch Feuerungsregler.

gestellt werden kann. Der Drehkolben gibt einen rechteckigen Durchlaßquerschnitt frei, dessen Höhe vom Hub des Kraftgetriebes abhängig und dessen Breite durch die eingestellte Drehung bestimmt ist. Statt dessen kann die Steuerung der Maschine auch mit einem besonders gebauten Fliehkraftregler (Abb. 147) versehen werden. Die Drehzahl, welche der Regler konstant hält, läßt sich durch eine Verstellvorrichtung beeinflussen, die mit dem Kraftgetriebe des Feuerungsreglers verbunden ist.

h) Ausgeführte Anlagen.

1. **Smoot-Regelung für Rostfeuerung**[1]) in der Hudson Avenue Station, Brooklyn (New York). Mit Feuerungsregelung ausgerüstet

[1]) Holmes, W. C.: Electrical World 1925, Sept.

sind 12 Kessel von je 1825 m^2 Heizfläche für 19 atü mit Wanderrost, Unterwindgebläse und Regelklappen für Rauchgas und Unterwind. Alle Klappen laufen auf Kugellagern. Die Kessel sind in 2 Gruppen zusammengefaßt, von denen jede einen Satz Motorgeneratoren (1 Satz steht außerdem in Reserve) zur Drehzahländerung der Antriebe erhält (Leonard-Schaltung), die 60 m entfernt in einem Schalthaus untergebracht sind. Jeder Satz besteht aus einer Steuerdynamo von 1000 kW für die Gebläse, von 200 kW für die Rostantriebe und 100 kW für Schlackenmahlwalzen und Erregung. 7 Gebläse arbeiten auf ein gemeinsames Netz für alle

Abb. 148. Smoot-Regler für Rauchgas- und Unterwindklappen an jedem Kessel.

Abb. 149. Smoot-Regler der Rost- und Gebläseantriebe in 2 Sätzen für je 8 Kessel.

Kessel mit 3 Abzweigen für je 4 Feuerungen. Jede Feuerung hat aber einzeln geregelte Unterwind- und Rauchgasklappen. Drucköl von 5 at und Druckluft von 1 at zur Betätigung der Regelorgane wird in einem einzigen Aggregat (1 Satz Reserve) für die ganze Anlage erzeugt.

Die Regelung geschieht nach Schaltbild (Abb. 115, Seite 176) und zwar für Rostantrieb und Ventilatoren durch 2 Reglereinheiten für die ganze Anlage (Abb. 148), für Rauchgas- und Unterwindklappen durch je einen Regelsatz an jedem einzelnen Kessel (Abb. 149). Zur Anpassung der einzelnen Rostgeschwindigkeiten innerhalb einer parallel geregelten Gruppe von 8 Kesseln ist ein Verstellbereich von 10% vor-

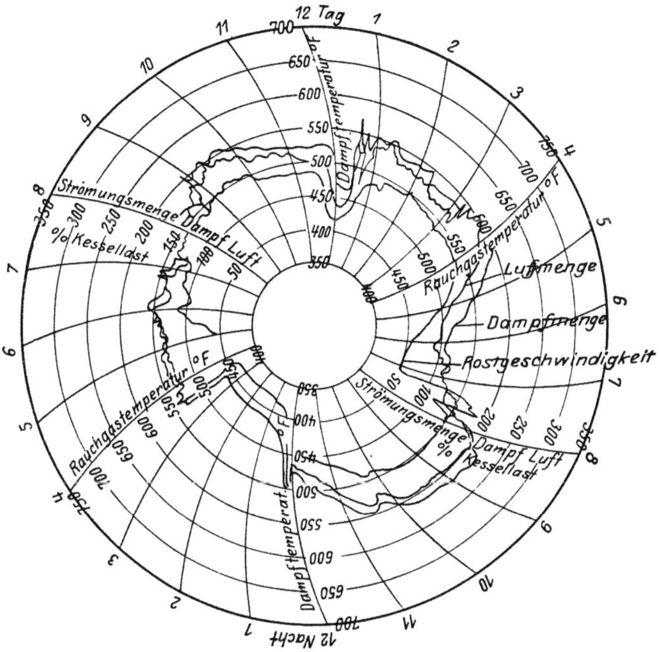

Abb. 150. Kreisdiagramm für Dampfströmung, Luftströmung und Rostgeschwindigkeit einer Kesselanlage mit Smoot-Regelung.

gesehen. Die ganze Regeleinrichtung arbeitet mit einem Durchschnittswirkungsgrad bei Dauerbetrieb, der 1—2% unter dem besten Versuchswirkungsgrad für konstante Belastung liegt; die Belastung ändert sich dabei in den Grenzen 1 : 4. Abb. 150 stellt ein aufgenommenes Tagesdiagramm von Dampfströmung, Luftströmung und Rostgeschwindigkeit dar, das die zwangläufige Verbindung der 3 Größen durch die Regelung zeigt.

2. **Bailey-Regelung für Kohlenstaubfeuerung** der Lake Shore Station Cleveland. Es werden 4 Stirling-Zwillings-Kessel von je 2×1425 m² mit gemeinsamem Feuerraum von 736 m³ (über Kühlrost) und getrenntem Fuchs für jede Kesselhälfte geregelt (Abb. 151). Die gesamte Heiz-

fläche des Rauchgasvorwärmers von $2 \times 1045\ m^2$ ist ebenfalls in 2 Hälften geteilt. Jeder Kessel hat 2×8 Kohlenstaubbrenner mit regelbarem Gleichstrommotor für jede Zuteilschnecke einzeln. Zur Unterstützung des Schornsteinzuges bei hoher Last dienen 2 Saugzugventilatoren mit Geschwindigkeitsregelung durch Bürstenverstellung. Die Kessel haben außerdem federbelastete Sekundärluftklappen (Seite 188).

Der zentrale Differentialdruckregler wirkt auf die Luft- und Kohlezufuhr aller Kessel gleichzeitig. Durch Dampf/Luftregler wird die

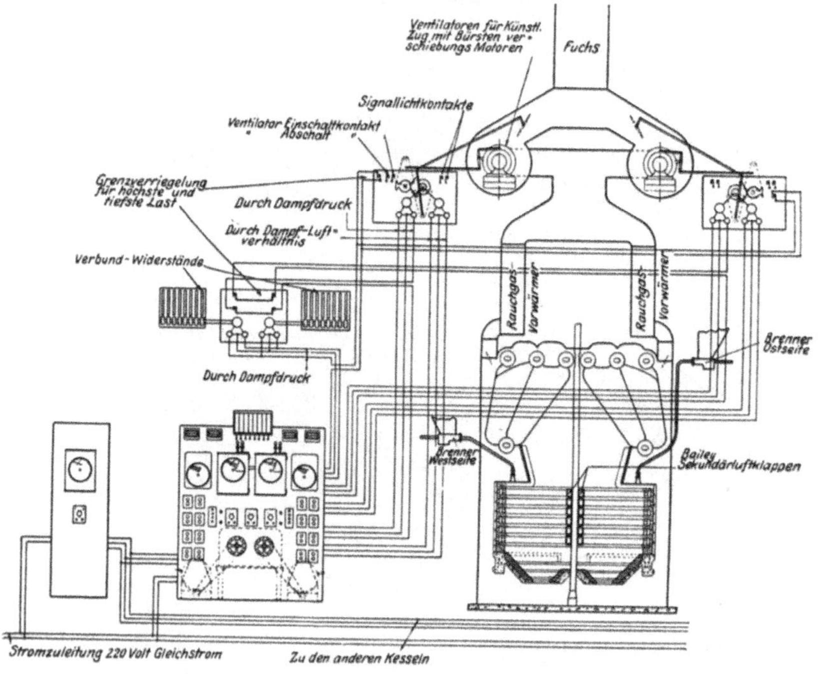

Abb. 151. **Bailey**-Regelung für Kohlenstaubfeuerung der Lake Shore Station Cleveland.

Luftmenge einzeln für jede Kesselhälfte nachgestellt. Der geregelte Luftüberschuß ist 32% bei höchster und 20% bei tiefster Last. Das Kraftgetriebe der Kohlenzufuhr wirkt auf den Verbundwiderstand (Seite 204) der Kohlenstaubbrenner für die beiden Kesselhälften. Rauchgasklappe und Saugzugmotor jeder Kesselhälfte erhalten wegen der großen Entfernungen getrennte Kraftgetriebe. Bei kleiner Last öffnet das Kraftgetriebe nur die Rauchklappe, der Saugzugmotor steht still. Er wird erst bei einer bestimmten Stellung des Kraftgetriebes durch Quecksilberkontakt eingeschaltet und von da ab betätigt das Kraftgetriebe die Bürstenverstellung zur Drehzahlsteigerung (Seite 203).

Weitere Quecksilberkontakte verriegeln die Kraftgetriebe von Luft und Kohle gegenseitig bei höchster und tiefster Last, um Luftmangel zu vermeiden. Wegen der großen Entfernungen ist außer Handrädern zur Verstellung der Kraftgetriebe eine Druckknopfbetätigung von der Schalttafel jedes Einzelkessels aus vorgesehen. Dadurch kann jeder Antrieb einzeln verstellt werden. Außerdem dienen zum Anfahren und Abstellen Schalttrommeln in der Mitte der Schalttafel, durch die mehrere Antriebe gemeinsam verstellt und dann auf selbsttätigen Betrieb umgeschaltet werden. Den 4 Stellungen der Schalttrommeln entsprechen folgende Betriebsarten:

1. Druckknöpfe betätigen Brennstoff allein,
2. Druckknöpfe betätigen Luft allein,
3. Druckknöpfe betätigen Luft und Brennstoff parallel,
4. Antriebe sind an die selbsttätigen Regler angeschlossen.

3. Roučka-Regelung für Rostfeuerung im Kraftwerk der Stadt Prag[1]). 3 Steilrohrkessel Bauart Breitfeld-Danek von 15,5 atü mit Kettenrost und Unterwind werden durch Feuerungsregler gesteuert. Die Heizfläche der Kessel beträgt je 500 m² mit 120 m² Überhitzer, 260 m² Ekonomiser und 17,6 m² Rostfläche. Die Regelung der Rauchgasschieber erfolgt durch den Dampfdruck der Sammelleitung mit Rückführung durch den Zug im Fuchs; jeder Kessel hat außerdem einen Zugregler für den Feuerraum zur Steuerung der Unterwindklappe und einen Dampf/Luftregler, der durch Reibradgetriebe die Rost-

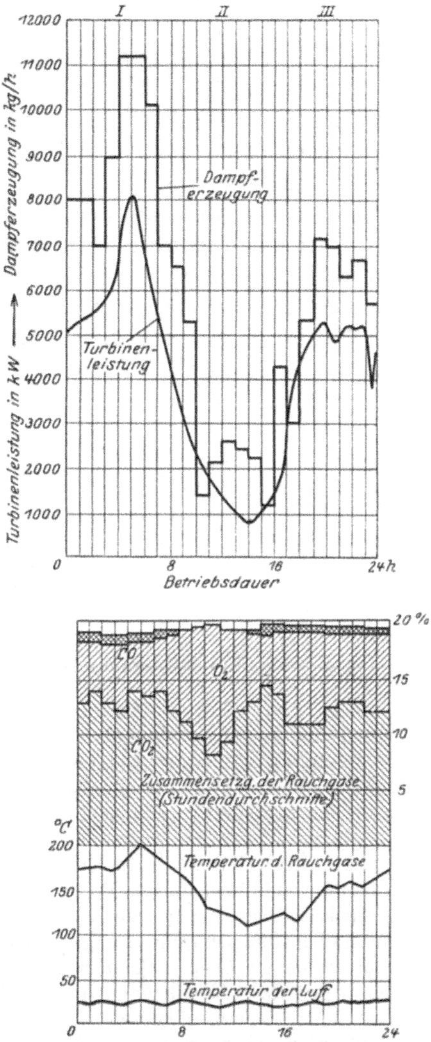

Abb. 152. Belastung und Meßergebnisse einer Kesselanlage mit Feuerungsregelung von Roučka.

[1]) Berner, Dr. Ing.: Braunkohle 1926, 30. Januar.

geschwindigkeit einstellt. In einem 24stündigen Versuch des Kesselüberwachungsvereines wurde diesen 3 Kesseln mit einem vierten handgefeuerten Kessel zusammen ein bestimmter Anteil der Gesamtbelastung des Kraftwerkes zugewiesen und an einem der selbsttätig geregelten Kessel laufend Messungen vorgenommen. Abb. 152 zeigt die Belastung des Turbogenerators (Leistung 9000 kW); der in den Grenzen 1 : 10 arbeitet und die Dampferzeugung des einen der Kessel mit einem Lastverhältnis 1 : 9, ferner die Meßwerte des Kessels über die Versuchsdauer. Die Kessel hatten beim Versuch schon eine längere Betriebszeit seit der letzten Reinigung hinter sich. Während des Versuches durfte kein Eingriff in die Regelung erfolgen, die Anlage war also 24 Stunden sich selbst überlassen. Für je 8 Stunden wurden folgende Durchschnittswerte durch Siemens-Wassermesser, Abwiegen der Kohle, Proben von Brennstoff und Rückstand, und durch Orsatanalysen ermittelt.

Brennstoff: Böhmische Braunkohle, Unterer Heizwert 4532 kcal.

	I	II	III	Tagesmittel
Heizflächenbelastung kg/m² . . .	18,6	6,6	12,4	12,5
Rauchgastemperatur	181,8	132,9	151,9	156,8
CO_2-Gehalt %	13,4	11,6	11,9	12,4
Wirkungsgrad	82,77	82,71	84,14	82,83

VI. Dynamik der Feuerungsregelung.

Übersicht: Für Rostfeuerungen mit ihrem großen brennenden Kohlenvorrat und Kohlenstaubfeuerungen, bei denen die Verbrennung in 2—4 Sek. abgeschlossen ist, gelten verschiedene dynamische Gesetze. Bei der Regelung der Kohlenmenge mit Antriebsrückführung sind schädliche Zeitverzögerungen zu vermeiden. Die Steuerung der Luftzufuhr nach dem Zug erfordert keine mechanische Rückführung und keine Ölbremsen, wenn massenlose Federregler angewendet werden. Beim Zusammenarbeiten mit einem Unterwindregler sind die Schlußzeiten abzustimmen. Ölbremsen sind für federlose Regler erforderlich. Für parallel- und hintereinandergeschaltete Steuerungen von Luft und Kohle werden die Schlußzeiten berechnet, welche bei Kohlenstaubfeuerungen einzuhalten sind, um Luftmangel zu vermeiden oder zu beschränken. Bei der Belastungsregelung von Kohlenstaubfeuerungen durch den Dampfdruck kann durch Zeitverzögerungen der Steuereinrichtung die Stabilität aufgehoben werden; das Zusammenarbeiten der Regelung von Luft und Kohle wird näher untersucht. Abweichungen der Kohlenzufuhr wirken bei Rostfeuerungen nur sehr langsam auf die Belastungsregelung zurück. Für die Differentialdruckregelung mit Hilfe elektrischer Aussetzsteuerung lassen sich durch Grenzübergang Differentialgleichungen aufstellen. Der Verlauf der Regelung ist bei Kohlenstaubfeuerungen aperiodisch, bei Rostfeuerungen entsteht eine Gleichung zweiter Ordnung mit gedämpftem Verlauf.

Die Gesetze der Mengenregelung nach dem Luftüberschuß werden abgeleitet. Bei Dampf/Luftreglern lassen sich Regelumformer nicht vermeiden, welche eine lineare Beziehung zwischen den gemessenen Werten und den Regeleinwirkungen herstellen. Die Regelung durch Rauchgasprüfer wird zweckmäßig mit einer Vorsteuerung verbunden; bei Kohlenstaubfeuerungen kann durch Aussetzregelung die Wirkung der Anzeigeverzögerung ausgeschaltet werden.

Die beschriebenen Feuerungsregler sind bis auf wenige Ausnahmen in Amerika entwickelt worden, wo ganz andere technische und wirtschaftliche Voraussetzungen gelten. Große Kesseleinheiten, hohe Löhne, große Kraftanlagen mit starker Zentralisierung zur Überwindung der weiten Entfernungen, vor allem aber die leichte Beschaffung von Anlagekapital gestatten die erfolgreiche Anwendung von teueren Regelmaschinen an jedem Kessel. Für europäische Verhältnisse kommt aber die Feuerungsregelung außer bei öffentlichen Kraftwerken für die große Zahl von Kraftanlagen der Industrie in Betracht. Die Feuerungsregelung wird sich dann einführen, wenn es gelingt, einfache Regeleinrichtungen als Zubehör jedes Kessels auszubilden, wobei im allgemeinen auf eine weitgehende Zentralisierung von Regelorganen, Betätigungstafeln und Meßanzeigen verzichtet werden kann.

In Europa liegen zur Zeit noch wenig Erfahrungen über Feuerungsregelung vor; jedoch sind in den letzten Jahren große Fortschritte im Bau von Regeleinrichtungen und Rauchgasprüfern gemacht worden. Es genügt nicht, derartige Vorrichtungen mit großer Genauigkeit auf die einzelnen Organe des Kessels wirken zu lassen, die eingeleiteten Regelvorgänge müssen auch stabil sein. Ein Teil der Anordnungen an den beschriebenen Bauarten von Feuerungsreglern dienen dem Zweck, die Stabilität der Regelung zu sichern. Um beurteilen zu können, wie weit man in der Vereinfachung der Regeleinrichtungen gehen darf, werden deshalb die dynamischen Vorgänge der Feuerungsregelung untersucht.

Die Gesetze der Geschwindigkeitsregler und Druckregler der Kraftmaschinen und Drosselorgane in Dampfleitungen lassen sich nicht ohne weiteres auf die Vorgänge übertragen, die sich bei der Regelung von Kesselanlagen abspielen. Die Feuerungsregelung hat in der Hauptsache folgende besonderen Merkmale:

1. Bei vollständig selbsttätigem Betrieb müssen zwei Mengen, Luft und Kohle, durch eine größere Zahl von Steuerorganen beeinflußt werden.

2. In der Kette von Regelvorgängen treten eine Reihe von Verzögerungen (Anlaufzeiten) auf, deren Größe und Einfluß bestimmt werden muß. Neben diesen unendlich kleinen Verzögerungen kommen endliche Verzögerungen vor (z. B. Anzeigeverzögerung).

3. Durch die Öffnung des Regelorgans wird bei Geschwindigkeits- und Dampfdruckregelung der Ladezustand eines Puffers (Schwungrad, Rohrleitungsvolumen) verändert. Nach dem Zustand des Puffers (Drehzahl, Druck) wird das Regelorgan gesteuert. Außer diesem Ver-

fahren, das als Zustandsregelung bezeichnet werden soll, läßt man Mengen und Mengenverhältnisse (Luftmenge, Dampf/Luftverhältnis, CO_2-Gehalt) auf die Steuerungen wirken. Als eine Mengenregelung ist auch die Differentialdruckregelung (Bailey, Seite 179) anzusehen. Bei der Mengenregelung hat die Rückführung eine ganz andere Bedeutung als bei der Zustandsregelung.

4. Bei einzelnen Regelvorgängen übt die gesteuerte Menge keine Rückwirkung auf den steuernden Regler aus (die Luftmengenregelung von Kohlenstaubfeuerungen nach der Belastung ändert praktisch die erzeugte Dampfmenge nicht). Es handelt sich dann nicht mehr um einen geschlossenen Regelvorgang, sondern um eine reine Stellungsregelung, bei der einer bestimmten Stellung des Reglers eine Stellung des Steuerorgans zugeordnet wird; sie braucht unter allen Umständen eine Rückführung. Vielfach ist ein geschlossener Regelvorgang vorhanden (Luftmengenregelung bei Rostfeuerung), die Rückwirkung kommt aber so spät, daß man es praktisch mit einer Stellungsregelung zu tun hat.

5. Statt durch die Stellung des Kraftgetriebes können die Rückführungen durch Strömungsmengen oder durch die Drehzahl der Antriebe beeinflußt werden. Zur Mengenrückführung kann auch der Zug an einer einzigen Stelle des Kessels dienen.

6. Außer den bisher bekannten fortlaufend arbeitenden Regelungen wendet man Einrichtungen an, bei denen das Kraftgetriebe mit zwischenliegenden Pausen periodisch eingeschaltet wird. Der Verlauf dieser Aussetzregelung läßt sich angenähert wie eine fortlaufende Regelung berechnen oder er kann auf eine geometrische Reihe zurückgeführt werden.

1. Einfluß der Mengenänderungen.

Luftzufuhr und Kohlenzufuhr müssen bei vollkommen selbsttätiger Regelung so eingestellt werden, daß der Kessel die richtige Dampfmenge liefert und daß die Kohle mit dem günstigsten Luftüberschuß verbrennt. Wird irgendeine Regelgröße, z. B. die Rostgeschwindigkeit, verstellt, so ist damit nicht im gleichen Augenblick auch schon eine entsprechende Menge von Kohle verbrannt und Dampf entwickelt. Es ist bekannt, daß besonders bei Rostfeuerungen sehr lange Zeit vergeht, ehe Eingriffe in die Feuerführung auf die Veränderung der Dampferzeugung wirken. Diese Zeit setzt sich aus einer Reihe von Verzögerungen zusammen, die den Regelvorgang beeinflussen. Bei Kohlenstaubfeuerung fällt ein Teil der Verzögerungen fort. Die Vorgänge müssen für Rostfeuerung und Kohlenstaubfeuerung getrennt verfolgt werden.

a) Rostfeuerung.

Wenn der Heizer mehr Dampf braucht, dann reißt er den Rauchgasschieber auf. Die erhöhte Luftzufuhr verstärkt die Brenngeschwindigkeit der Kohle auf dem Rost. Dauert aber dieser Zustand zu lange an, dann brennt das Brennstoffbett herunter und die Dampfleistung sinkt, wenn die Kohlenzufuhr nicht verstärkt wird. Die Dampfleistung wird sowohl durch die Luftzufuhr als auch durch die Kohlenzufuhr gesteigert. Die Luftzufuhr verändert die Brenngeschwindigkeit und wirkt dadurch schnell, aber nur vorübergehend. Die Kohlenzufuhr steigert die Menge der brennenden Kohle und wirkt dadurch langsam aber anhaltend. Als Maßstab für die Trägheit beider Vorgänge wird die Luftanlaufzeit T_l und die Kohlenanlaufzeit T_k eingeführt.

Die Wärme der vergasten und verbrannten Kohle wird von den Feuergasen aufgenommen und an die Heizfläche abgegeben. Auch dies erfordert eine Zeit, die aber (im Gegensatz zu den Verhältnissen bei Kohlenstaubfeuerung) der Anlaufzeit von Luft und Kohle gegenüber vernachlässigt werden kann. Die Wärme wird dem Wasserinhalt des Kessels zugeführt, wobei sich der Kesseldruck steigert, so daß mehr Dampf entwickelt werden kann. Der Wasserinhalt des Kessels verursacht eine Verzögerung, welche durch die Wasseranlaufzeit T_w berücksichtigt werden soll. Damit wäre der Verlauf einer Belastungssteigerung durch Luft- und Kohleänderung abgeschlossen.

Bevor aber überhaupt eine Mengenänderung der Luft durch Öffnung des Rauchgasschiebers eintritt, geschieht folgendes: Bei Öffnung geht durch den Rauchgasschieber sofort eine größere Rauchgasmenge, die zunächst dem Raum hinter den letzten Rohren des Kessels oder Rauchgasvorwärmers entnommen wird, wodurch sich der Gasdruck senkt. Durch den sinkenden Druck strömt eine größere Rauchgasmenge über die Heizfläche, die aus dem Gasvolumen des Kessels entnommen wird. Der Gasdruck im Feuerraum sinkt und verursacht erst wieder eine verstärkte Luftströmung durch die Brennstoffschicht, so daß die Brenngeschwindigkeit gesteigert werden kann. Es entsteht eine Verzögerung durch die Gasanlaufzeit T_g des Kessels. Damit wäre der Verlauf einer Belastungssteigerung durch Luft- und Kohleänderung bestimmt. Bei Braunkohle und Treppenrost rutscht beim Abbrand die Kohle von selbst nach, es kommt also nur Veränderung der Luftzufuhr in Betracht.

Genau den gleichen Verlauf nehmen die Vorgänge bei selbsttätiger Regelung. Beeinflußt man die Steuerung des Rauchgasschiebers durch den Dampfdruck, um die Brenngeschwindigkeit dem Dampfbedarf anzupassen, so ändert sich die Luftmenge erst nach Verzögerung durch die Gasanlaufzeit und beeinflußt die Brenngeschwindigkeit, nachdem die Trägheit des Rostes (Luftanlaufzeit) überwunden ist; eine weitere Verzögerung tritt durch die Wasseranlaufzeit ein, bevor die entstehende

Druckänderung auf den Regler zurückwirkt. Diese Rückwirkung kommt viel zu spät, um ein Überregulieren zu verhindern. Die Regelung muß so eingerichtet sein, daß sie die Stellung des Rauchgasschiebers steuern kann, ohne darin von der Rückwirkung der veränderten Luftmenge auf den Dampfdruck unterstützt zu werden. Man hat es also praktisch mit einer Stellungsregelung des Rauchgasschiebers nach dem Dampfdruck zu tun. Damit dieser Vorgang stabil ist, muß eine Rückführung vorhanden sein.

Wird die Kohlenzufuhr (z. B. durch einen Dampf/Luftregler) eingestellt, so vollzieht sich dieser Vorgang wiederum viel langsamer als die Belastungsänderung durch die Luftzufuhr, welche den Abbrand der Kohle verändert. Es ist deshalb zulässig, auch diese Regelung als unabhängigen Vorgang zu betrachten, der nur für sich allein stabil zu sein braucht.

Durch die Eigenart der Rostfeuerung zerfällt danach der dynamische Verlauf der Regelung in drei Teilvorgänge, die getrennt untersucht werden:

1. Regelung der Luftzufuhr durch die beteiligten Organe (Rauchgasschieber, Unterwindklappe) nach dem Dampfdruck mit Verzögerungen durch die Gasanlaufzeit T_g des Kessels.

2. Regelung der Brenngeschwindigkeit nach dem Dampfdruck mit Verzögerungen durch Luftanlaufzeit T_l und Wasseranlaufzeit T_w.

3. Regelung der Kohlenzufuhr (nach Dampfdruck, Dampf/Luftverhältnis, Rauchgasprüfer) mit Verzögerungen durch Kohleanlaufzeit T_k und Wasseranlaufzeit T_w.

b) Kohlenstaubfeuerung.

Ganz anders verhält sich die Kohlenstaubfeuerung bei Änderung der Luft- und Kohlezufuhr. Die lange Verzögerung durch die Trägheit des Rostes fällt fort. Die zugeführte Kohle verbrennt im Feuerraum in 2—4 Sekunden, bevor die Rauchgase die Heizfläche erreicht haben. Die entwickelte Wärmemenge ist praktisch vom Luftüberschuß unabhängig, sie wird also nur von der zugeführten Kohlenmenge beeinflußt. Soll die Belastung bei sinkendem Dampfdruck gesteigert werden, so bleibt die Öffnung des Rauchgasschiebers ohne Einfluß auf die Wärmeentwicklung, sie hat nur Einfluß auf die Wirtschaftlichkeit der Verbrennung. Die Regeleinwirkung für die Belastung (nach dem Dampfdruck) muß also im Gegensatz zur Rostfeuerung nicht auf die Luftzufuhr, sondern auf die Kohlezufuhr wirken.

Der Kohlenstaub gibt beim Eintritt in den Feuerraum seine Verbrennungswärme nicht sofort an die Heizfläche ab, sondern es entsteht eine Verzögerung, die bei der Kohlenstaubfeuerung nicht vernachlässigt werden darf. In rohen Zahlen ausgedrückt, spielt sich bei

Vollast etwa folgendes ab: Während der Verbrennung längs des Flammenweges im Feuerraum wird rund $^1/_3$ der Wärme durch Strahlung an die ersten Rohrreihen abgegeben, bis nach 2—4 Sekunden die Rauchgase die Rohre erreichen. Es ist bemerkenswert, daß jetzt die Wärmeabgabe sofort dem Temperaturgefälle von Rauchgas und Wasser entsprechend einsetzt, da die Rohre (von Kesselstein und Verschmutzung abgesehen) Wassertemperatur haben. Durch das große Temperaturgefälle gibt das Rauchgas im ersten Zug wiederum mindestens $^1/_3$ der Wärme ab und zwar in der kurzen Zeit von schätzungsweise 1 Sekunde. In den weiteren Zügen wird dann das letzte Drittel der Wärme abgegeben. Jedenfalls tritt eine endliche Verzögerung t_v ein, bevor nach einer Änderung der Kohlenzufuhr die Wärme durch die Heizfläche an das Wasser abgegeben wird.

Die Wärmezufuhr zum Wasserraum steigert erst wieder dessen Temperatur und Druck, was sich wie bei Rostfeuerung durch die Wasseranlaufzeit T_w berücksichtigen läßt. Ebenso wird die Gasanlaufzeit T_g in Anspruch genommen, um durch irgendeines der beschriebenen Verfahren die Luftzufuhr zu regeln.

2. Die Zeitkonstanten und Grundgleichungen.

Bei starrer Verbindung zwischen Reglern, Steuerorganen und ihrer Rückwirkung auf die Regler würde ein dynamischer Regelvorgang überhaupt nicht entstehen. In die Kette Regler—Steuerung—Mengenänderung—Druckänderung usw. sind aber Puffer eingeschaltet, Gasvolumen, Wasserräume, die aufgeladen werden, und mittelbare Regler, die mit eingeschalteten Hilfskräften arbeiten. Der dynamische Regelvorgang entsteht durch die unendlich kleine Zeitverzögerung, die jeder neue Puffer mit sich bringt. Stellt man für diese Vorgänge Differentialgleichungen auf, so entsteht durch jeden Puffer eine Erhöhung der Ordnung dieser Gleichungen um einen Grad. Die einzige Eigenschaft der Puffer, welche für die Differentialgleichungen Bedeutung hat, ist die Zeit, welche nötig wäre, um die volle Speicherfähigkeit des Puffers zu erschöpfen. Auf den unendlich kleinen Zeitabschnitt dt, für den die Differentialgleichung aufgestellt wird, entfällt ein Differential dieser Zeit. Darum lassen sich auch hier alle Vorgänge durch die von Stodola eingeführten Zeitkonstanten erfassen.

a) Gasanlaufzeit T_g.

Die Anlaufzeit T_g des Rauchgasinhaltes im Kessel wird ähnlich berechnet wie die Anlaufzeit des Dampfvolumens einer Rohrleitung (siehe S. 72). Jedoch muß die Verschiedenheit der spezifischen Gasgewichte längs des Rauchgasweges berücksichtigt werden, welche durch die Abkühlung von Verbrennungstemperatur t_v auf Abgastemperatur t_a entsteht. Für den Regelvorgang ist die Abweichung Δp des Gasdruckes vom Beharrungsdruck p maßgebend. $\varphi = \Delta p : p$ (ata) ist die verhältnismäßige Druckabweichung. Es ist festzustellen, welchen Einfluß eine Abweichung ΔG der Rauchgasmenge auf die Abweichung φ des Gasdruckes hat. Die Luftzufuhr zum Rost entspreche der stündlichen Beharrungsmenge G_0. G_n ist die Rauchgasmenge bei Vollast und $\mu = \Delta G : G_n$ die verhältnismäßige Rauchgasmenge. Der Unterschied der ein- und austretenden Gasmenge wird aus dem Gasraum V des Kessels entnommen, wodurch sich das spezifische Gewicht vermindert.

$$(G - G_0)\,dt = \Delta G\,dt = -V\,d\gamma = -\gamma V \frac{d\gamma}{\gamma}.$$

Gasgleichung:

$$p \cdot v = R\,\mathfrak{T}_m, \qquad \Delta G\,dt = -\gamma \cdot V\,d\varphi,$$

$$p = \gamma R\,\mathfrak{T}_m, \qquad \frac{\Delta G}{G_n} = \mu,$$

$$dp = d\gamma\,R\,\mathfrak{T}_m, \qquad \mu = -\frac{\gamma V}{G_n}\frac{d\varphi}{dt} = -T_g\,\varphi',$$

$$\frac{dp}{p} = \frac{d\gamma}{\gamma} = d\varphi, \qquad T_g = \frac{\gamma \cdot V}{G_n}.$$

Der Ausdruck $\gamma \cdot V : G_n$ hat die Dimension einer Zeit und wird als Gasanlaufzeit T_g bezeichnet. Der Zähler $\gamma \cdot V$ stellt die kg Rauchgas dar, welche das Kesselvolumen umschließt, G_n die in der Zeiteinheit durch den Kessel strömende Rauchgasmenge.

Die gesamte Gasanlaufzeit T_g des Kessels ist die Zeit, welche das Rauchgas braucht, um den Weg durch den Kessel von der Brennstelle bis zum Rauchgasschieber zurückzulegen.

Ist die mittlere Geschwindigkeit w_m und die Länge L des Rauchgasweges bekannt, so ergibt sich T_g ohne weiteres aus

$$T_g = \frac{L}{w_m}.$$

Die Berechnung nach Rauminhalt V, dem spez. Gewicht γ und der Rauchgasmenge G_n geschieht folgendermaßen:

Vom ummauerten Volumen V_0 des Kessels ist das Volumen der Heizfläche abzuziehen. Bei Röhrenkesseln kann man sich die Heizfläche in ein fortlaufendes Rohr der Länge L mit dem Durchmesser D umgewandelt denken. Es ist dann:

Volumen $$V_H = \frac{\pi D^2}{4} L,$$

Heizfläche $H = \pi D L$,

$$V_H : H = \frac{D}{4}, \qquad V_H = \frac{D}{4} \cdot H,$$

Rauchgasvolumen $V = V_0 - \frac{D}{4} \cdot H$,

V_0 = Ummauertes Rauchgasvolumen des Kessels m^3,
H = Heizfläche m^2,
D = Durchmesser der Heizrohre m.

Das mittlere spezifische Gewicht γ_m des Rauchgases entspricht der mittleren Temperatur t_m. Zur Vereinfachung wird der Temperaturabfall linear angenommen, und man erhält dann, wenn

$$t_m = \frac{t_v + t_a}{2}, \qquad \gamma_m = \frac{p}{R\,\mathfrak{T}_m} = \frac{10000}{R \cdot (t_m + 273)}.$$

t_v = Verbrennungstemperatur in ^{0} C,
t_a = Abgastemperatur in ^{0} C,
p = Atmosphärendruck = 10000 kg/m^2
R = Gaskonstante für Rauchgas etwa 28.

Die sekundliche Rauchgasmenge in kg ist

$$G_n = \frac{H \cdot B \cdot n}{3600}.$$

H = Heizfläche m^2,
B = Dampfleistung bei Vollast in kg/$h m^2$ Heizfläche,
n = kg Rauchgas/kg Dampf = etwa 1,75 (nach Seite 152 zu bestimmen unter Berücksichtigung von Wirkungsgrad und Luftüberschuß).

Soll die Gasanlaufzeit für einzelne Teile des Kessels (z. B. Feuerraum oder Raum hinter dem Rauchgasvorwärmer) bestimmt werden, so ist die mittlere Temperatur an der betreffenden Stelle abzuschätzen.

Die Gasanlaufzeit für den ganzen Gasraum des Kessels hat die Größenordnung von 5 Sek.

b) Luftanlaufzeit T_l des Rostes.

Bei Beharrung arbeite die Feuerung mit einem bestimmten Luftfaktor n_0 (Luftfaktor = Luftmenge : Kohlenmenge ist umgekehrt proportional zum CO_2-Gehalt). Soll die Belastung gesteigert werden, so ist es unvermeidlich, vorübergehend mit einem erhöhten Luftüberschuß zu fahren, um den Kohlenvorrat des Rostes auf eine erhöhte Brenngeschwindigkeit zu bringen.

Wird der Schieber hierzu um ein bestimmtes Stück geöffnet und dann in dieser Stellung gelassen, so stellt sich mit der Zeit ein neuer Beharrungszustand ein, welcher der erhöhten Luftmenge entspricht. Der Überschuß über den Luftfaktor n_0 der bisherigen Beharrung dient also zur Beschleunigung der Brenngeschwindigkeit, bis durch die entstehende Erhöhung der verbrennenden Kohlenmenge ein neuer Beharrungszustand eintritt. Statt dessen soll angenommen werden, daß der Luftfaktor zur Steigerung der Brenngeschwindigkeit dauernd verdoppelt werde, bis sich die Brenngeschwindigkeit ebenfalls verdoppelt hat. T_l sei die hierzu erforderliche Zeit. Ist dann G die mit der Brenngeschwindigkeit steigende verbrennende Kohlenmenge, dann ist dG/dt die Steigerung der Brenngeschwindigkeit. G_0 sei die verbrennende Kohlenmenge bei Beharrung. Da sich G nach der Zeit T_l von G_0 auf $2\,G_0$ verdoppeln soll, ist der Unterschied nach dieser Zeit $= G_0$, also

$$T_l \cdot \frac{dG}{dt} = G_0 .$$

Es wird ferner angenommen, daß die Steigerung der Brenngeschwindigkeit dG/dt mit der Abweichung des Luftfaktors vom Beharrungswert proportional ist.

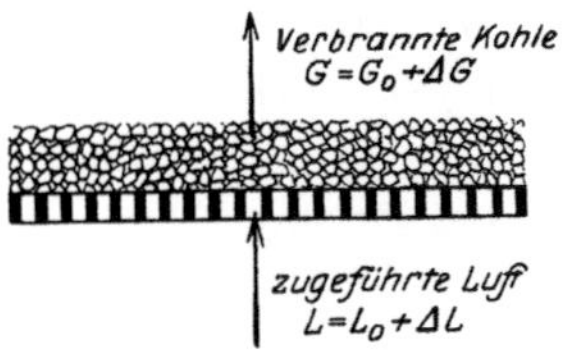

Abb. 153. Luftzufuhr und Brenngeschwindigkeit.

$$T_l \cdot \frac{dG}{dt} = G_0 \left(\frac{n - n_0}{n_0}\right).$$

Die eintretende Luftmenge ist nach der Abb. 153 $L = L_0 + \Delta L$, die verbrannte Kohle $G = G_0 + \Delta G$. $L_0 = G_0$ sind die Mengen bei Beharrung.

Der Luftfaktor ist

$$n = \frac{L}{G}, \qquad n_0 = \frac{L_0}{G_0} = 1,$$

$$T_l \cdot \frac{dG}{dt} = G_0 (n - 1) = G_0 \left(\frac{L - G}{G}\right) = G_0 \frac{\Delta L - \Delta G}{G}.$$

Es sollen nur kleine Abweichungen vom Beharrungswert betrachtet werden. Man kann dann mit guter Annäherung schreiben

$$G_0 \frac{\Delta L - \Delta G}{G} = G_0 \frac{\Delta L - \Delta G}{G_0 + \Delta G} \sim G_0 \frac{(\Delta L - \Delta G) - \Delta G}{G_0} = \Delta L - 2\,\Delta G.$$

Der doppelte Einfluß von ΔG entsteht folgendermaßen: Um die Steigerung der Brenngeschwindigkeit, also die Beschleunigung der Verbrennung konstant zu halten, ist ein bestimmter Luftüberschuß erforderlich. Die Luftmenge muß also mit der Zeit durch die gesteigerte verbrennende Kohlenmenge wachsen und darüber hinaus muß immer noch der gleiche Luftüberschuß eingehalten werden, woraus sich die zweifache Wirkung durch die Änderung der Kohlenmenge ΔG erklärt.

Ferner werde die Gleichung beidseitig durch die Vollastmenge G_n geteilt und für die verhältnismäßigen Abweichungen von Luft und Kohle gesetzt:

$$\zeta_1 = \frac{\Delta L}{G_n}, \qquad \zeta_2 = \frac{\Delta G}{G_n}, \qquad \zeta_2' = \frac{1}{G_n} \frac{dG}{dt},$$

$$\frac{1}{G_n} \cdot T_l \cdot \frac{dG}{dt} = \frac{\Delta L - 2\,\Delta G}{G_n}.$$

Änderung der Brenngeschwindigkeit durch Luftzufuhr:

$$\boxed{\zeta_1 - 2\,\zeta_2 = T_l \cdot \zeta_2'.}$$

Soll T_l versuchsmäßig bestimmt werden, so ist eine Umrechnung der praktisch gefundenen Werte erforderlich. T_l ist ein theoretischer Wert, der aus der Abweichung des CO_2-Gehaltes bei einer beobachteten Laständerung bestimmt wird.

1. Beharrung: Luftfaktor $= n_0$ (da es nur auf den Verhältniswert ankommt, kann man $n = 1 : CO_2$-Gehalt setzen).

Dampfleistung $= G_0$ kg/m² Dampf.

2. Laststeigerung bei unveränderlicher Kohlenzufuhr, Kesseldruck und Speisung

Luftfaktor $= n_1$,
Dampfleistung $= G_1$,
nach der Zeit T.

Nach Seite 218 wird mit $\dfrac{dG}{dt} = \dfrac{G_1 - G_0}{T}$,

$$T_l \cdot \frac{G_1 - G_0}{T} = G_0 \left(\frac{n_1 - n_0}{n_0}\right),$$

Luftanlaufzeit
$$T_l = \frac{G_0}{G_1 - G_0} \, \frac{n_1 - n_0}{n_0} \, T.$$

Während des Versuches ist auf Dampfdruck, Speisung und Anzeigeverzögerung des Rauchgasprüfers zu achten.

Der Wert der Anlaufzeit T_l hat die Größenordnung von etwa 1 Minute.

c) Kohleanlaufzeit T_k des Rostes.

Steigert man die Luftzufuhr nach der Belastung, ohne auch die Kohlenmenge entsprechend einzustellen, dann sinkt mit der Zeit die entwickelte Wärme. Man kann annehmen, daß (bei unveränderter Brenngeschwindigkeit) die entwickelte Wärme dem Kohlenvorrat K des Rostes proportional ist. Nach Abb. 154 sei G_1 die stündlich zugeführte Kohlenmenge, G_2 die stündlich verbrannte Menge. Handelt es sich um einen Wanderrost, bei dem man mit unveränderlicher Schütthöhe arbeitet, so wird die Kohlezufuhr bei verschiedener Last ausschließlich durch die Rostgeschwindigkeit geregelt.

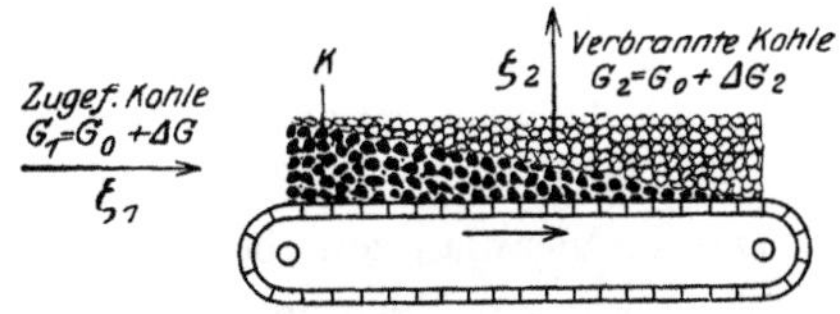

Abb. 154. Kohlenzufuhr und Wärmeentwicklung.

Als Maßstab der Rostgeschwindigkeit dient die Zeit, in welcher die Kohle die Länge des Rostes durchläuft. Diese Zeit sei bei Vollast T_k.

Bei der Teillast z (z. B. Halblast $z = 0{,}5$) ist in Beharrung die Rostgeschwindigkeit z-mal so groß wie bei Vollast (Schütthöhe konstant), die Laufzeit T des Rostes ist also $T = T_k : z$. Es wird vorausgesetzt, daß die Kohle über die Laufzeit des Rostes gleichförmig verbrennt und am Ende dieser Zeit gerade ausgebrannt ist. Die Abweichungen der Laufzeit T während des Regelvorganges werden vernachlässigt. Die in der Zeiteinheit verbrennende Kohlenmenge G_2 ist dann

$$G_2 = \frac{K}{T} = z\frac{K}{T_k}.$$

Der Kohlenvorrat K auf dem Rost ändert sich durch den Unterschied der zufließenden Kohlenmenge G_1 und der verbrennenden Menge G_2 im Zeitelement dt um dK

$$(G_1 - G_2)\,dt = dK, \qquad (\varDelta G_1 - \varDelta G_2)\,dt = dK,$$

$$K = G_2\frac{T_k}{z} = (G_0 + \varDelta G_2)\frac{T_k}{z}.$$

Man führt wiederum die Mengenverhältnisse bezogen auf die Volllast G_n ein

$$\frac{\varDelta G_1}{G_n} = \zeta_1, \qquad \frac{\varDelta G_2}{G_n} = \zeta_2,$$

$$\frac{K}{G_n} = \left(\frac{G_0}{G_n} + \frac{\varDelta G_2}{G_n}\right)\frac{T_k}{z} = \left(\frac{G_0}{G_n} + \zeta_2\right)\frac{T_k}{z}.$$

Da G_0 die konstante Kohlenmenge bei Beharrung ist, wird

$$\frac{dK}{G_n} = d\zeta_2\frac{T_k}{z} = \left(\frac{\varDelta G_1}{G_n} - \frac{\varDelta G_2}{G_n}\right)dt = (\zeta_1 - \zeta_2)\,dt.$$

Änderung der Verbrennung durch Kohlenzufuhr

$$\boxed{\zeta_1 - \zeta_2 = \frac{T_k}{z}\zeta_2'.}$$

ζ_1 = zugeführte Kohlenmenge, bezogen auf Vollast,
ζ_2 = verbrennende Kohlenmenge,
T_k = Kohleanlaufzeit des Rostes = Laufzeit des Rostes bei Vollast,
$z = G_0 : G_n$ = Belastung bei Beharrung.

Die Kohleanlaufzeit beträgt 10—15 Minuten. Bei Kohlenstaubfeuerung war zur Verbrennung eine Zeit von 2—4 Sek. erforderlich.

d) Wasseranlaufzeit T_w des Kessels.

Diese Anlaufzeit wurde schon bei der Dampfdruckregelung Seite 73 berechnet. Da hier nur Dampfentnahme und Speicherfähigkeit eines Kessels von Bedeutung sind, vereinfacht sich die Formel

$$T_w = \frac{W \cdot S \cdot p}{B} \cdot 3600 \text{ Sek.}$$

W = Wasserinhalt der Kessel m^3/m^2 Heizfläche,
S = Speicherfähigkeit in kg Dampf/ata $\cdot m^3$ Wasserinhalt,
p = Dampfdruck *ata*,
B = Dampfleistung des Kessels kg/h m^2 Heizfläche.

Der Kesseldruck ändert sich durch den Unterschied der Wärmezufuhr ζ_1 und die Dampfentnahme ζ_2. Die Druckerhöhung φ'_w ist also dem Mengenunterschied $\zeta_1 - \zeta_2$ proportional.

Änderung des Kesseldruckes

$$\boxed{\zeta_1 - \zeta_2 = T_w \cdot \varphi_w'.}$$

ζ_1 = von den Rauchgasen abgegebene Wärmemenge,
ζ_2 = durch Dampfentnahme abfließende Wärmemenge,
T_w = Anlaufzeit des Wasserraumes,
φ_w = verhältnismäßige Druckabweichung von der Beharrung.

Die Anlaufzeit T_w ist bei Flammrohrkesseln etwa 2000 Sekunden, bei Wasserrohrkesseln etwa 600 Sekunden, sie kann aber bei Hochdruckkesseln mit geringem Wasserraum noch kleinere Werte annehmen.

e) Schlußzeit und Regelgesetz.

Man kann auch das Kraftgetriebe als Puffer ansehen, der die Regelbewegung mit Verzögerung durch die Schlußzeit T_s auf das Kraftgetriebe überträgt.

Bei der vollen Steueröffnung $\sigma = 1$ (Seite 70) legt das Kraftgetriebe seinen größten Hub $m = 1$ in der Schlußzeit T_s zurück, die höchste Geschwindigkeit ist also $1 : T_s$. Die Steueröffnung entspricht dem Unterschied von Reglerabweichung η und Rückführabweichung μ_r, demnach ist $\sigma = \eta - \mu_r$. Alle Feuerungsregler sind so eingerichtet, daß ihre Geschwindigkeit μ' der Steueröffnung σ angenähert proportional ist.

$$\mu' = \sigma \frac{1}{T_s},$$

Bewegungsgleichung des Kraftgetriebes

$$T_s \mu' = \eta - \mu_r,$$

T_s = Schlußzeit des Reglers,
η = verhältnismäßige Reglerabweichung, bezogen auf den größten Reglerhub,
μ_r = verhältnismäßige Rückführabweichung.

Schreibt man die Gleichung in der Form

$$T_s \mu' + \mu_r = \eta$$

dann erkennt man folgendes: Wird die Schlußzeit $T_s = 0$, so bleibt die Gleichung einer starren Verbindung zwischen Regler und Rückführung übrig, es handelt sich also um einen direkten Regelvorgang ohne Verzögerung durch das Kraftgetriebe. Die Fassung der Gleichung wird im folgenden wegen ihrer Übersichtlichkeit mehrfach angewendet.

Bei der Steuerung des Kraftgetriebes durch einen masselosen Federregler ist der Reglerhub der Druckabweichung φ proportional. Die größte Druckabweichung δ entspricht dem vollen Reglerhub, also ist die

Regleröffnung $$\eta = \pm \frac{\varphi}{\delta}.$$

Das positive Vorzeichen gilt, wenn der Regler mit steigendem Druck eine Öffnung des Kraftgetriebes einleitet und umgekehrt. Die Regelgesetze für federlose Regler, Differentialdruckregelung und Mengenregelung werden später abgeleitet.

f) Endliche Zeitabschnitte.

Die Differentialgleichungen werden für einen unendlich kleinen Zeitabschnitt aufgestellt, man kann deshalb endliche Zeitunterschiede in den Ansätzen nicht ohne weiteres berücksichtigen. Ein endlicher Zeitabstand zwischen zwei abhängigen Regelvorgängen ließe sich wohl als zeitliche Phasenverschiebung mathematisch fassen. Man kann leicht eine derartige Zeitverschiebung in eine angenommene Lösung der Gleichung, z. B. eine Sinus- oder Exponentialfunktion einsetzen, erhält aber dadurch nur partikuläre Integrale, aus denen sich die vollständige Lösung zusammensetzt. Statt diesen Weg zu gehen, soll hier ein rohes Näherungsverfahren gewählt werden, um einen Anhaltspunkt über die Wirkung einer Zeitverzögerung t_v zu gewinnen.

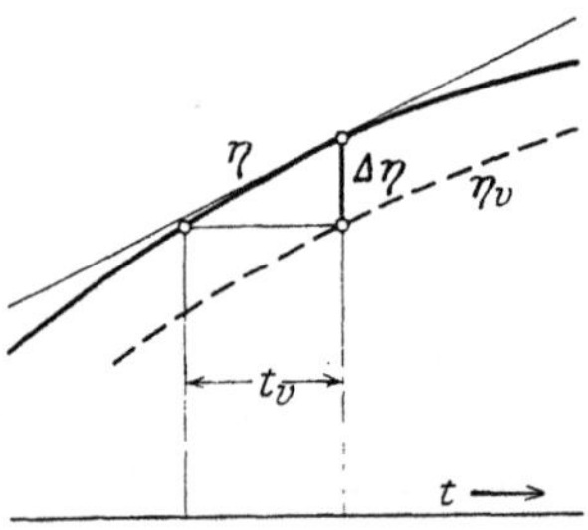

Abb. 155. Regelung nach der um t_v verzögerten Regelkurve η_v.

η sei der Verlauf der Größe, nach der ein Vorgang geregelt werden sollte (Abb. 155), statt dessen tritt eine Verzögerung t_v ein, so daß der Regler auf den um die Zeit t_v zurückliegenden Wert von η anspricht. Es entsteht also an Stelle der Kurve η eine verspätete Kurve η_v, nach der die Regelung vor sich geht. Ist die Zeit t_v sehr klein, so ist der zeitlich zurückliegende Punkt der Kurve annähernd auf einer Tangente und man kann schreiben:

Näherungsformel für endliche Verzögerung

$$\eta_v \sim \eta - t_v \cdot \eta'.$$

Die endliche Verzögerung t_v kann natürlich auch zwischen zwei anderen Vorgängen liegen, z. B. kann die Verstellung μ des Kraftgetriebes verspätet auf das gesteuerte Organ wirken, die Formel gilt dann sinngemäß auch für diese Vorgänge und gibt einen Anhaltspunkt darüber, welche Zeitkonstanten beeinflußt werden können, um die Wirkung der Zeitverzögerung unschädlich zu machen.

Um die endlichen Zeitabschnitte von den Zeitkonstanten deutlich zu unterscheiden, werden dafür kleine Buchstaben gewählt; das gilt außer für die Zeitverzögerung t_v auch für die Schaltzeit t_s und die Aussetzzeit Δt der Aussetzregelung.

g) Viertelwertszeit.

Die Untersuchungen sollen darüber Aufschluß geben, ob eine gewählte Anordnung stabile Vorgänge einleitet und wie stark die Dämpfung ist, mit der Abweichungen (von der Beharrung) abklingen. Man kann dazu die Zeit feststellen, in welcher die Abweichung auf einen bestimmten Bruchteil, z. B. $^1/_4$, des Anfangswertes zurückgeht.

In der Viertelwertszeit $T_{1/4}$ vermindern sich die Abweichungen von der Beharrungslage auf den vierten Teil.

In der doppelten Zeit gehen die Abweichungen auf $^1/_{16}$ zurück usf., so daß die Kenntnis der Größenordnung genügt, um zu wissen, nach welcher Zeit die Abweichung praktisch auf 0 abklingt.

Dabei kann der Vorgang aperiodisch oder nach einer gedämpften Schwingung verlaufen, die Viertelwertszeit gilt dann nicht für den Augenblickswert des Ausschlages, sondern für die Dämpfung des Schwingungsverlaufs. Um die Viertelwertszeit mit einiger Annäherung zu bestimmen, kann in den meisten Fällen mit zulässigen Vernachlässigungen eine abgekürzte charakteristische Gleichung erster oder zweiter Ordnung gebildet werden.

1. Gleichung erster Ordnung:

$$y' + a y = 0,$$

Charakteristische Gleichung: $w + a = 0$,

Lösung: $y = e^{-pt}$, $\quad p = w = -a$,

$$^1/_4 = e^{-p T_{1/4}}, \qquad \boxed{T_{1/4} = \frac{1{,}38}{a}.}$$

2. Gleichung zweiter Ordnung:

$$y'' + a y' + b y = 0,$$

Charakteristische Gleichung: $w^2 + a w + b = 0$,

Lösung:

$$y = c_1 e^{w_1 t} + c_2 e^{w_2 t},$$

$$w = -\frac{a}{2} \pm \sqrt{\frac{a^2}{4} - b}.$$

2a) gedämpfte Schwingung, wenn Wurzel imaginär:

$$b > \frac{a^2}{4},$$

Lösung: $y = e^{pt}(c_1 \cos q t + c_2 \sin q t)$,

p ist der reelle Teil der Lösung, also

$$p = -\frac{a}{2}.$$

Dämpfung: $f_d = e^{pt}, \quad {}^1/_4 = e^{p\,T_{1/4}},$

$$\boxed{T_{1/4} = \frac{2{,}77}{a}.}$$

2b) Aperiodisches Gebiet, wenn

$$\frac{a^2}{4} > b.$$

Es überlagern sich 2 Exponentialkurven, deren Dämpfung sich mit zunehmendem Wert der Wurzel immer mehr unterscheidet. Der Anteil beider Exponentialfunktionen an der gesamten Abweichung richtet sich nach den Anfangsbedingungen; man kann deshalb kein allgemein gültiges Dämpfungsgesetz aufstellen, nach dem sich die Viertelwertszeit berechnen läßt. Sind die Verhältnisse dem periodischen Gebiet nahe, also $\frac{a^2}{4} \sim b$, so gibt die Viertelwertszeit der gedämpften Schwingung einen Anhaltspunkt über den Verlauf der Dämpfung. Ist hingegen die Dämpfung sehr stark, so muß man versuchen, den Regelvorgang auf eine Gleichung erster Ordnung zurückzuführen.

3. Stellungsregelung.

Bei der Stellungsregelung beeinflußt ein Regler die Steuerung, ohne daß die gesteuerte Menge auf den Regler zurückwirkt. Der Dampfdruck beeinflußt z. B. den Rauchgasschieber einer Kohlenstaubfeuerung, um die Rauchgasmenge und damit die Luftmenge der Belastung anzupassen. Die gesteuerte Luftmenge übt aber keine Rückwirkung auf den Regler aus. Es handelt sich also nicht um einen geschlossenen Regelvorgang. Derartige Regelungen müssen auf alle Fälle eine Rückführung haben, damit das gesteuerte Organ zur Ruhe kommt und dabei die Stellung einnimmt, welche der Regler vorschreibt.

Die Rückführung kann durch den Hub des Kraftgetriebes betätigt werden (mechanische Rückführung). Statt dessen kann der Antrieb, den das Kraftgetriebe steuert, zur Rückführung die Steuerung beeinflussen (Antriebsrückführung, Seite 162) oder die gesteuerten Rauchgasmengen können durch einen Mengenregler auf die Steuereinrichtung zurückwirken (Mengenrückführung, Seite 164). Die Stellungsregelung durch den Dampfdruck soll immer die Aufgabe erfüllen, die gesteuerten Mengen nach der Belastung einzustellen. Dabei ändert sich der Dampfdruck quadratisch mit der Belastung, deshalb muß auch die Wirkung der Rückführungen quadratisch mit den gesteuerten Mengen wachsen, damit bei Gleichgewicht von Dampfdruckregler und Rückführregler Belastung und Menge einander proportional zugeordnet sind (Seite 161). Man kann zur Rückführung den Zug vor dem Rauchgasschieber auf die Regelung wirken lassen, da sich der Zug mit der gesteuerten Rauchgasmenge ändert. Bei Anwendung von Unterwind läßt sich außerdem die Luftzufuhr nach dem Zug im Feuerraum steuern. Für beide Regelvorgänge tritt eine Verzögerung durch die Gasanlaufszeit des Kessels ein, die beteiligten Organe müssen derart zusammenwirken, daß sie gemeinsam die Luftzufuhr stabil regeln, die sich dann in wenigen Sekunden nach dem Dampfdruck einstellt.

Die gesteuerte Luftzufuhr leitet durch Änderung der Brenngeschwindigkeit einen Regelvorgang ein, der durch die Trägheit des Rostes (Luftanlaufzeit) sehr langsam verläuft. Die Verzögerungen bei der Einstellung der Luftmenge nach dem Dampfdruck können deshalb vernachlässigt werden (wenn dieser Vorgang für sich stabil ist) und es entsteht ein Regelkreislauf: Dampfdruck—Brenngeschwindigkeit—Dampfdruck, der, durch Luftanlaufzeit und Wasseranlaufzeit verzögert, stabil sein muß.

a) Quadratisches Rückführgesetz.

Das Gesetz für die Einwirkung einer quadratischen Rückführung läßt sich am einfachsten graphisch ableiten (Abb. 156). Als Abszisse wird die Belastung z aufgetragen, d. h. die eingestellte Menge (Luft, Kohle) im Verhältnis zur Menge bei Vollast (z. B. bei Halblast $z = 0{,}5$). Der Dampfdruckregler, dem die Rückführung folgen soll, um die Stellung des Antriebes bei Beharrung festzulegen, bewegt sich quadratisch mit der Belastung (ebenso bewegt sich ein Luftmengenregler mit dem quadratischen Druckabfall, den die geregelte Luftmenge erzeugt). Der Stellung des Antriebes muß also bei den verschiedenen Belastungen auch ein Rückführhub entsprechen, der nach einem quadratischen Gesetz verläuft. Bei Beharrung, also Ruhestellung des Steuerschiebers, stimmt der Rückführhub mit dem Reglerhub überein. Ist die Menge (z. B. Dampfmenge), die den Regler (Dampfdruckregler) betätigt, auf das Doppelte angewachsen, so ist die Druckänderung,

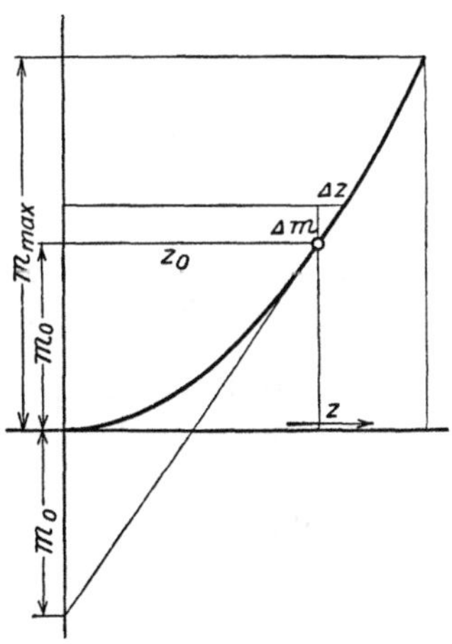

Abb. 156. Rückführhub m und Belastung z bei quadratischer Rückführung.

also der Reglerhub, viermal größer. Bei Beharrung stellt sich also ein viermal größerer Rückführhub ein, der angibt, daß auch der Antrieb die doppelte Menge eingestellt hat.

$m_{\max}$ sei der größte Rückführhub bei der Belastung $z = 1$. Um das dynamische Rückführgesetz zu bestimmen, muß von einem Beharrungszustand $z = z_0$ ausgegangen werden, dem der Hub m_0 entspricht. Um diese Beharrungslage bewegen sich die Abweichungen während des Regelvorganges. Zu einem bestimmten Zeitpunkt sei der Rückführhub m, was der Belastung z entspricht. Bei der Abweichung der Belastung Δz des Antriebes ändert sich also der Rückführhub um Δm. Es sollen nur kleine Abweichungen vom Beharrungszustand betrachtet werden; man kann deshalb annehmen, daß der Belastungspunkt z auf der Tangente der Parabel liegt, die das quadratische Rückführgesetz darstellt. Für die Parabel ist die Subtangente $= 2\, m_0$. Aus der Zeichnung ergibt sich, daß

$$\frac{\Delta m}{\Delta z} = \frac{2\, m_0}{z_0}, \qquad \frac{\Delta m}{m_0} = 2 \frac{\Delta z}{z_0}.$$

Die verhältnismäßige Rückführabweichung $\Delta m : m_0$ wird mit μ_r bezeichnet. Bei Antriebsrückführung kann die ganze Einrichtung vom Steuerschieber über die Schaltorgane (Widerstand, Motor) als ein einziges Kraftgetriebe angesehen werden, das dem Zweck dient, die Belastung des Antriebes einzustellen; $\Delta z : z_0$ bedeutet die Antriebsabweichung. Es ist dann

quadratische Antriebsrückführung: $\mu_r = 2\, z \mu$.

z = Belastung,
μ = Abweichung des Antriebes von der Beharrungsanlage.

Wirkt die geregelte Menge (z. B. Rauchgasmenge) als Rückführung, so ist die Abweichung der Belastung $\Delta z : z$ der Mengenabweichung ζ gleich.

Quadratische Mengenrückführung: $\mu_r = 2\, z\, \zeta$.

ζ = Abweichung der gesteuerten Menge von der Beharrung.

b) Bewegungsgleichung der Stellungsregelung.

Die Differentialgleichung eines Regelvorganges ist eine Festlegung der Beziehungen von Größen, die in ihrem zeitlichen Verlauf voneinander abhängig sind. Der Dampfdruck, der auf den Regler wirkt, ist aber von der Bewegung der Steuerung vollkommen unabhängig. Der Dampfdruck diktiert den Beharrungszustand; die Differentialgleichung stellt den Vorgang der Abweichungen vom Beharrungszustand dar. Die Abweichung des Dampfdruckes und damit die Reglerabweichung vom Beharrungszustand sind beide Null und die Differentialgleichung des Kraftgetriebes erhält die Form

$$T_s \mu' + \mu_r = \eta, \qquad \eta = 0,$$

Bewegungsgleichung des Kraftgetriebes bei Stellungsregelung

$$T_s \mu' + \mu_r = 0,$$

T_s = Schlußzeit,
μ = Bewegung des Kraftgetriebes,
μ_r = Bewegung der Rückführung.

Quadratische Antriebsrückführung

$$\mu_r = 2 z \mu, \qquad T_s \mu' + 2 z \mu = 0,$$

Quadratische Mengenrückführung

$$\mu_r = 2 z \zeta, \qquad T_s \mu' + 2 z \zeta = 0.$$

Die Rückführung steuert das Kraftgetriebe allein und dieser Vorgang muß stabil sein. Die erste Bedingung dafür ist, daß die Rückführung im richtigen Bewegungssinn auf die Steuerung einwirkt, d. h. im Beharrungszustand muß die Rückführung wie ein direkter Regler wirken und eine positive Ungleichförmigkeit haben. Außerdem sind die auftretenden Verzögerungen zu berücksichtigen. Bei der Antriebsrückführung können endliche Zeitverzögerungen den Regelvorgang beeinflussen. Die Mengenrückführung, z. B. durch die Rauchgasmenge, die vom Rauchgasschieber gesteuert wird, erfährt eine Verzögerung durch die Gasanlaufzeit des Kessels. Ist außerdem eine Steuerung von Unterwindklappen durch den Zug im Feuerraum vorhanden, so steuern Rauchgasschieber und Unterwindklappen die Luftzufuhr gemeinsam, und es sind die Bedingungen festzustellen, unter denen dieser Vorgang stabil verläuft. Besondere Wichtigkeit hat die Frage, ob es möglich ist, diese Regelorgane ohne mechanische Rückführung durch das Kraftgetriebe auszuführen.

c) Zeitverzögerung bei Antriebsrückführung.

Wirkt das Kraftgetriebe nicht unmittelbar auf den Antrieb (z. B. Kettenrost), sondern erst über eine Reihe von Schaltvorgängen (Hilfsmotoren mit wechselnder Drehrichtung zur Stellung von Widerständen auf „mehr“ und „weniger“, Bewegung des Widerstandes, Drehzahländerung des Antriebsmotors nach der verstellten Spannung), so treten endliche Zeitverzögerungen auf.

μ entspricht der Stellung des Kraftgetriebes, die erst nach der Zeit t_v auf den Antrieb μ_v einwirkt. Nach Seite 222 ist

$$\mu_v \sim \mu - t_v \mu'.$$

Der Antrieb soll durch eine quadratische Rückführung μ_r auf den Regler wirken

$$\mu_r = 2 z \mu_v \sim 2 z (\mu - t_v \mu'),$$

$$T_s \mu' + \mu_r = T_s \mu' + 2 z \mu - 2 z t_v \mu' = 0.$$

Antriebsrückführung mit Zeitverzögerung t_v

$$(T_s - 2 z t_v) \mu' + 2 z \mu \sim 0.$$

Zur Stabilität müssen bei einer Gleichung erster Ordnung beide Glieder gleiches Vorzeichen haben. Diese Bedingung ist nur erfüllt, wenn

$$\boxed{2\,z\,t_v < T_s}\,.$$

T_s = Schlußzeit des Kraftgetriebes,
t_v = Zeitverzögerung zwischen Kraftgetriebe und Antrieb,
z = Belastung bezogen auf Vollast.

Bei Stellungsregelung mit Antriebsrückführung muß die Zeitverzögerung t_v zwischen Verstellung des Kraftgetriebes und Verstellung des Antriebes klein sein gegen die Schlußzeit des Kraftgetriebes. Besonders bei quadratischer Rückführung und großer Belastung z können Zeitverzögerungen t_v die Stabilität der Regelung aufheben.

Die Gleichung zeigt, daß es wohl möglich ist, durch verlängerte Schlußzeit dem schädlichen Einfluß der Zeitverzögerung entgegenzuwirken. Man muß aber oft freie Hand haben, die Schlußzeit nach anderen Gesichstpunkten einzustellen (Seite 167). Die Antriebsrückführung vermeidet wohl die Ungenauigkeiten zwischenliegender Schaltvorgänge, hebt aber die Wirkung ihrer Verzögerungen nicht auf. Alle Apparate, die zum Ein- und Ausschalten Zeit brauchen (besonders Umkehrantriebe) eignen sich deshalb schlecht für selbsttätige Regelungsvorgänge und sind möglichst durch Einrichtungen zu ersetzen, die sich immer in gleicher Richtung bewegen, wie dies z. B. beim elektrischen Kraftgetriebe von Bailey durchgeführt ist (Seite 183). Ist keine Verzögerung vorhanden ($t_v = 0$), so ist nach Seite 223 die

Viertelwertszeit $$T_{1/4} = \frac{0{,}69}{z}\,T_s.$$

d) Mengenrückführung mit Federreglern.

Die vom Kraftgetriebe (z. B. Rauchgasschieber) eingestellte Menge (Rauchgasmenge) wird durch den Druckunterschied gemessen, welchen die Rauchgasmenge zwischen zwei Punkten hervorruft (z. B. zwischen Feuerraum und Druck vor dem Rauchgasschieber). In vielen Fällen genügt es auch, die Rauchgasmenge durch den Zug vor dem Schieber allein zu messen, da der Unterdruck im Feuerraum annähernd konstant ist. Der Druckregler der Mengenrückführung muß mit dem Regler des Dampfdruckes (oder eines Hilfsdruckes, der sich mit dem Dampfdruck ändert) zunächst bei Beharrung richtig zusammenarbeiten. Die Verbindung beider Einflüsse durch die für Feuerungsreglung bisher nur wenig benutzten massenlosen Federregler ist besonders vorteilhaft; dies kann auf zwei verschiedene Arten geschehen. Ist keine mechanische Rückführung vorhanden, dann ist bei Beharrung der Steuerschieber immer in der gleichen Lage. Bei dieser Lage des Steuerschiebers kann die Beziehung zwischen Stellungsregler und Rückführregler durch die Hübe der Regler oder durch die ausgeübten Kräfte hergestellt werden.

1. Hubverbindung. (Abb. 157). An einem Gestänge greifen ein Stellungsregler *S* und ein Rückführregler *R* ein. Beide Regler arbeiten vollkommen unabhängig voneinander; die Druckkraft jedes Reglers wird mit seiner Federkraft ins Gleichgewicht gesetzt und dadurch ein bestimmter Hub *h* eingestellt. Jeder Regler bewegt sich frei und stellt den Hub unabhängig vom anderen ein. Die Regler sind jedoch über das Gestänge des Steuerschiebers miteinander verbunden. Sobald der Steuerschieber *y* nicht in der Nullage ist, wird ein Regelvorgang eingeleitet. Bei Beharrung ist jedoch der Punkt *y* ein fester Punkt, so daß bei verschiedenen Belastungen *y* als Drehpunkt wirkt, um den sich der Hebel bewegt. Dadurch werden bei verschiedenen Belastungen die Reglerhübe h_s und h_r einander proportional zugeordnet, wie es sein muß.

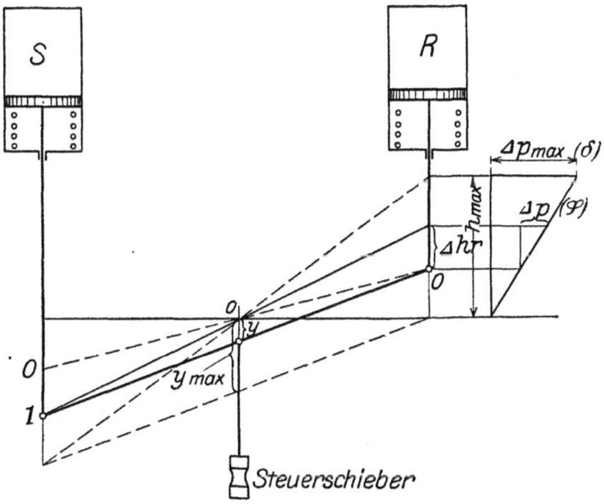

Abb. 157. Federregler mit Hubverbindung.

Da sich aber jeder Regler frei bewegen kann, ist es nicht erforderlich, die bewegenden Kräfte (z. B. Dampfdruck und Zug) miteinander ins Gleichgewicht zu bringen, sondern es müssen nur die Hübe einander durch den Übersetzungshebel *SR* angepaßt werden. Das gibt die Möglichkeit, Druckänderungen verschiedener Größenordnung (z. B. Zugänderung um 10 mm = $^1/_{1000}$ at, Dampfdruckänderung um 1 at gibt Verhältnis der Druckänderungen 1 : 1000) ohne Anpassung der Reglerkräfte unmittelbar auf die gleiche Steuerung einwirken zu lassen, wenn sich das Druckmeßgerät mit genügend großen Hüben und Verstellkräften ausführen läßt.

Das Reglergesetz soll im einzelnen an einem Beispiel dargestellt werden: Bisher habe der Stellungsregler einen Hub *0* eingestellt. Bei Beharrung war der Steuerschieber in der Nullage und der Rückführregler ebenfalls an der Stelle *0*. Der Stellungsregler geht jetzt an die

Stelle *1*. Da sich zu dieser Zeit der Antrieb noch nicht bewegt hat, bleibt der Rückführregler an der bisherigen Stelle *0* und der Steuerschieber öffnet um den Hub y. Bezogen auf die neue Beharrungslage *1* ist also eine Abweichung des Rückführhubes um Δh_r vorhanden. $\varphi = \Delta p : p$ ist die zugehörige Druckabweichung des Rückführdruckes von der Beharrung (z. B. erforderlicher Zug bei Beharrung = 5 mm; in Wirklichkeit sind 6 mm vorhanden, also $\Delta p = 1$ mm. p ist 1 at = 10000 mm, also $\varphi = \Delta p : p = 1 : 10000$). $\delta = \Delta p_{\max} : p$ ist die größte Druckabweichung zwischen Vollast und Leerlauf (z. B. sei der Zug bei Leerlauf 2 mm, bei Vollast 12 mm, also $\Delta p_{\max} = 10$ mm und $\delta = \Delta p_{\max} : p = 10 : 10000 = {}^1/_{1000}$).

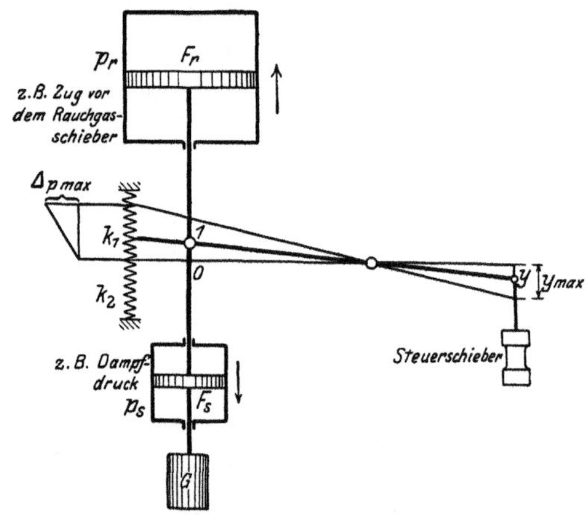

Abb. 158. Federregler mit Kraftverbindung.

Der Reglerhub ist bei einem Federregler der Druckabweichung proportional, also

$$\frac{\Delta h_r}{h_{\max}} = \frac{\varphi}{\delta}.$$

Die größte Druckabweichung δ beim Reglerhub $h_{\max}$ verursacht eine Steueröffnung $y_{\max}$. Aus der Zeichnung geht hervor, daß

$$\frac{y}{y_{\max}} = \frac{\Delta h_r}{h_{\max}}.$$

$\eta = y : y_{\max}$ ist die (verhältnismäßige) auf die Steueröffnung wirksame Reglerabweichung, also

$$\eta = \frac{\varphi}{\delta}$$

wie bei einem normalen Druckregler mit Federbelastung.

2. Federregler mit Kraftverbindung (Askania). Bei dieser Anordnung (Abb. 158) bringt man die Kräfte, welche die Reglerdrücke ausüben, über ein Hebelsystem mit einander ins Gleichgewicht. Dient der D a m p f d r u c k zur Stellungsregelung, so will man nicht den Dampfdruck selbst, sondern seine Abweichung von einem Sollwert (z. B. Sollwert 15 atü, tatsächlicher Wert 14,8 atü, Abweichung 0,2 at) mit dem Rückführdruck ins Gleichgewicht setzen. Eine dem Sollwert entsprechende Kraft muß deshalb (z. B. durch ein Gewicht G) ausgewogen werden. Gleichgewicht ist vorhanden, wenn die Druckkräfte, die evtl. durch eine Übersetzung übertragen werden können, einander gleich sind. Für das Übersetzungsverhältnis *1* ist bei Gleichgewicht

$$p_r \cdot F_r = p_s \cdot F_s,$$

wenn F_r und F_s die wirksamen Flächen bedeuten, welche der Druckwirkung ausgesetzt sind. Sind die Kräfte einander nicht gleich, dann bewegt sich der Steuerschieber y unter Überwindung einer der Federn K_1 oder K_2 aus der Mittellage. An Stelle des Steuerschiebers kann auch ein Strahlrohr vorhanden sein, die Federn lassen sich durch die Elastizität von Membranen ersetzen, auf welche die Kräfte einwirken (s. z. B. Abb. 130 S. 189). In den Beharrungszuständen bei verschiedenen Stellungsdrücken p_2 ist y immer in der Mittellage, in welcher die Wirkung der Federkräfte K_1 und K_2 Null sein soll. Bei Beharrung wirkt also dem Stelldruck p_s nur der Rückführdruck p_r entgegen, um ihm das Gleichgewicht zu halten, die Regeldrücke des Stellungsreglers und des Rückführreglers ändern sich also nach obiger Gleichung proportional und somit ist die Gleichgewichtsbedingung für Beharrung erfüllt.

Eine Änderung des Stellungsdruckes verursacht eine Kraftänderung, welche das Gestänge aus der bisherigen Beharrungslage *0* unter Überwindung der Federkraft K_1 in die Lage *1* bringt. Der Rückführregler müßte also eine ebensolche Kraft nach der anderen Richtung ausüben, um das Gestänge wieder in die Beharrung zu bringen oder: auf die neue Beharrung bezogen ist eine Druckabweichung Δp_r vom Beharrungsdruck vorhanden. Der auf die Steueröffnung reduzierte Reglerhub ist y. Die Druckabweichung $\Delta p_{\max}$ wäre erforderlich, um den Steuerschieber auf den vollen Hub $y_{\max}$ zu bringen. Auch hier ist wieder Proportionalität vorhanden zwischen

$$\frac{\Delta p_r}{\Delta p_{\max}} = \frac{\varphi}{\delta} = \frac{y}{y_{\max}} = \eta .$$

Für die Mengenrückführung durch masselosen Federregler gilt also das

allgemeine Reglergesetz $\quad \eta = \pm \frac{\varphi}{\delta}$

wie bei jedem anderen Dampfdruckregler mit Federkraft. Das $+$-Zeichen gilt, wenn das gesteuerte Organ unter steigendem Druck öffnen soll und umgekehrt. Da die Steuerung wie eine mittelbare Druckregelung ohne (mechanische) Rückführung wirken soll, gilt die Gleichung:

Bewegungsgleichung des Kraftgetriebes

$$T_s \mu' = \eta = \pm \frac{\varphi}{\delta}.$$

T_s = Schlußzeit der Steuerung,
μ = Abweichung des Kraftgetriebes,
φ = Druckabweichung,
δ = größte Druckabweichung.

Bei einer Mengenrückführung des Rauchgasschiebers durch den Zug vor dem Schieber (Abb. 159) ist φ die Zugabweichung, und die Rauchgasmenge wird durch die Öffnung μ des Rauchgasschiebers geregelt. Es genügt, die Rauchgasmenge durch den Zug vor dem Schieber allein zu messen, da der Druck im Feuerraum annähernd konstant ist.

Die Rauchgasmenge ist nicht nur von der Öffnung des Schiebers, sondern auch vom Druckgefälle vor und hinter dem Schieber abhängig, das die Strömungsgeschwindigkeit bestimmt.

Öffnet der Schieber den Querschnitt um ΔF (Abb. 160), so vergrößert sich die Rauchgasmenge um ΔG. Die Öffnung bei Vollast

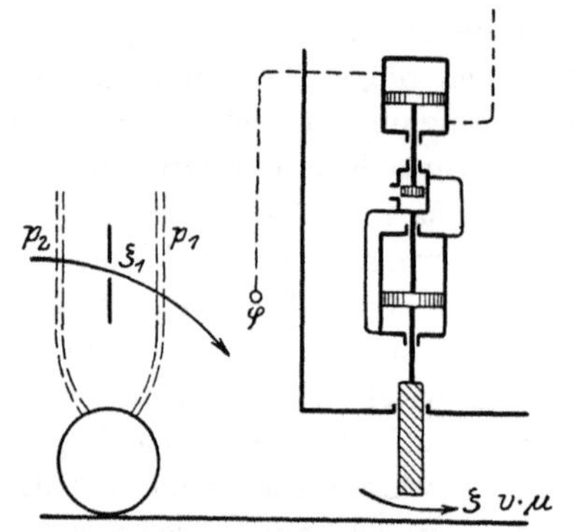

Abb. 159. Mengenrückführung des Rauchgasschiebers durch den Zug.

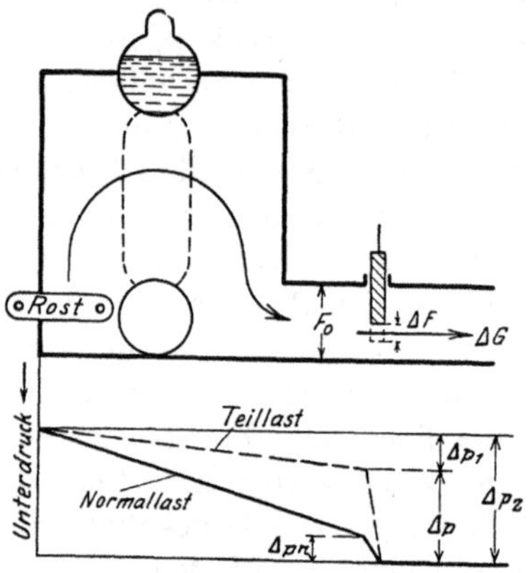

Abb. 160. Druckabfall längs des Rauchgasstromes in Kesselzügen und Schieber bei verschiedenen Belastungen.

ist F_n, die Rauchgasmenge G_n. Außerdem sei w die Rauchgasgeschwindigkeit für die betreffende Belastung, w_n für Vollast. Es ist dann

$$\frac{\Delta G}{G_n} = \frac{\Delta F}{F_n} \cdot \frac{w}{w_n}.$$

Ist die Schieberöffnung dem Hub des Kraftgetriebes proportional, so ist die Querschnittsänderung $\Delta F : F_n$ der Hubabweichung $\mu = \Delta m : m$ gleich. Das Geschwindigkeitsverhältnis $w : w_n$ wird wie bei der Dampfdruckregelung als Durchflußfaktor v bezeichnet. Die Mengenänderung $\zeta = \Delta G : G_n$ unter dem Einfluß einer Hubänderung μ des Kraftgetriebes wird

$$\zeta = \frac{\Delta F}{F_n} \cdot \frac{w}{w_n} = \mu \cdot v,$$

Durchflußfaktor $$v = \frac{w}{w_n}.$$

Der Durchflußfaktor ist vom Druckgefälle Δp des Rauchgasschiebers abhängig. Ist Δp der Druckabfall bei Teillast und Δp_n bei Normallast, so gilt

$$v = \frac{w}{w_n} = \sqrt{\frac{\Delta p}{\Delta p_n}}.$$

Δp_z sei der gesamte Zug vom Feuerraum bis zum Schornstein. Dieser Zug wird zum Teil im Kessel verzehrt (Δp_1), zum Teil im Schieber (Δp). Der Zug hinter dem Schieber soll bei allen Belastungen konstant angenommen werden, also Δp_z = konstant

$$\Delta p_1 + \Delta p = \Delta p_z, \qquad \Delta p = \Delta p_z - \Delta p_1.$$

Bei Vollast wird der größte Teil des Zuges im Kessel aufgezehrt, für den Schieber bleibt ein kleines Gefälle Δp_n übrig; bei richtig bemessenem Schornstein ist nämlich noch ein Zug Δp_n bei Vollast vorhanden, um bei Abweichungen von der Beharrung noch einen Regulierbereich zu haben. Der Druckabfall Δp_1 im Kessel wächst mit der Belastung quadratisch und erreicht bei Vollast ($z = 1$) den Wert $\Delta p_z - \Delta p_n$

$$\Delta p_1 = z^2 (\Delta p_z - \Delta p_n),$$
$$\Delta p = \Delta p_z - z^2 (\Delta p_z - \Delta p_n),$$
$$\frac{\Delta p}{\Delta p_n} = \frac{\Delta p_z}{\Delta p_n}(1 - z^2) + z^2,$$

Durchflußfaktor $\boxed{v = \sqrt{\frac{\Delta p}{\Delta p_n}} = \sqrt{\frac{\Delta p_z}{\Delta p_n}(1 - z^2) + z^2}}\,.$

Δp_z = Zugunterschied Feuerraum/Fuchs hinter Rauchgasschieber,
Δp_n = Zugabfall im Rauchgasschieber bei Normallast,
z = Belastung = Rauchgasmenge: Normalrauchgasmenge.

Bei kleiner Last $z \sim 0$ gilt

Durchflußfaktor bei Nullast $v_u \sim \sqrt{\frac{\Delta p_z}{\Delta p_n}}$

z. B. Δp_z = Zug Feuerraum/Schornstein = 16 mm,
Δp_n = Zugunterschied zu beiden Seiten des Rauchgasschiebers bei Vollast = 4 mm,
$v_u = 2$.

Die Öffnung des Rauchgasschiebers vermehrt die durchfließende Rauchgasmenge um den Betrag $\zeta = v \cdot \mu$. Diese Rauchgasmenge wird zunächst dem Raum vor dem Schieber unter Absenkung des Druckes im Gasraum zwischen dem Ende der Heizfläche und dem Schieber entnommen. Würde man annehmen, daß der dynamische Regelvorgang wie bei der Dampfdruckregelung mit dieser Druckänderung beendet ist, so wäre

Druckänderung im Gasraum $T_g \cdot \varphi' = -v \cdot \mu,$

Steuergleichung $T_s \cdot \mu' = +\frac{\varphi}{\delta},$

Differentialgleichung der Druckänderung $\varphi'' + v\frac{\varphi}{\delta\, T_g\, T_s} = 0$

und es entsteht die Gleichung einer harmonischen Schwingung, der Vorgang ist nicht stabil. Der sinkende Druck erhöht aber das Druckgefälle durch die Kesselzüge und verursacht eine Änderung der Rauchgasströmung durch die Züge um den Wert ζ_1. Die Druckänderung φ im Gasraum des Kessels ist nicht von der Menge ζ_1 allein abhängig, sondern vom Unterschied der Mengen ζ_1 und ζ. Die Gleichung der Druckänderung im Gasraum T_g des Kessels lautet also

$$T_g \varphi' = \zeta_1 - \zeta = \zeta_1 - v \mu .$$

Die Druckabweichung steht aber selbst wiederum zur Abweichung ζ_1 der Rauchgasmenge in einer festen Beziehung, da der Druckabfall im Kessel quadratisch mit der Rauchgasmenge wächst. Für einen quadratischen Druckabfall wurde (Seite 91) gefunden

$$\Delta \varphi = 2 z \delta_a \mu$$

wobei μ die Mengenänderung durch Öffnung eines Ventils war. Statt dessen handelt es sich hier um eine Mengenänderung ζ, so daß die Formel gilt:

Quadratischer Druckabfall bei Mengenänderung

$$\Delta \varphi = 2 z \delta_a \zeta ,$$

$\Delta \varphi$ = Unterschied der Druckabweichungen vor und hinter der Stelle des Druckabfalls,
δ_a = Druckabfall bei der Normalgasmenge (Vollast),
z = Belastung, bezogen auf Vollast,
ζ = Abweichung der durch die Abfallstelle strömenden Gasmenge.

Der Druck p_z vor der Abfallstelle (im Feuerraum) wird konstant angenommen, also Druckabweichung $\varphi_2 = 0$, der Druck hinter der Abfallstelle ist φ, also wird

$$\Delta \varphi = - \varphi = 2 z \delta_a \zeta_1 .$$

Die Steuerung soll so wirken, daß der Rauchgasschieber durch steigenden Gasdruck vor dem Schieber öffnet, für die Bewegungsgleichung des Kraftgetriebes gilt also die Gleichung (Seite 222) mit dem positiven Vorzeichen. Es gelten die 3 Gleichungen:

Bewegung des Kraftgetriebes $T_s \mu' = + \frac{\varphi}{\delta}$,

Quadratischer Druckabfall $\frac{\varphi}{\delta_a} = - 2 z \zeta_1$,

Druckänderung im Gasraum $T_g \varphi' = \zeta_1 - \mu \cdot v$.

Durch Einsetzen ergibt sich als Gleichung für die Druckänderung: Differentialgleichung der Druckänderung im Gasraum vor dem Schieber

$$\varphi'' + \frac{1}{2 z \delta_a T_g} \varphi' + v \frac{\varphi}{\delta T_s T_g} = 0 .$$

Die Gleichung ist die einer **gedämpften** Schwingung mit dem Dämpfungsfaktor $1 : 2 z \delta_a T_g$. Man muß beachten, daß der Druckregler, der Mengenrückführung **ohne Rückführung durch das Kraftgetriebe arbeitet und trotzdem stabil regelt** und daß der Druckabfall δ_a in den Kesselzügen, der dies ermöglicht, im Dämpfungsfaktor erscheint.

Charakteristische Gleichung
$$w^2 + \frac{1}{2z\delta_a T_g} w + \frac{v}{\delta T_s T_g} = 0,$$

$$w = -\frac{1}{4z\delta_a T_g} \pm \sqrt{\frac{1}{16z^2\delta_a^2 T_g^2} - \frac{v}{\delta T_s T_g}}.$$

Aperiodisch, wenn Wurzel reell
$$\delta T_s > 16 v z^2 \delta_a^2 T_g.$$

T_s = Schlußzeit des Reglers bei Öffnung des Steuerschiebers durch die Druckabweichung,
δ_a = Druckabfall im Gasraum des Kessels von Feuerraum zum Fuchs, im allgemeinen gleich groß wie
δ = Ungleichförmigkeit des Reglers,
T_g = Gasanlaufzeit des Gasraums zwischen den letzten Rohrreihen des Kessels oder Rauchgasvorwärmers und dem Fuchs.

Der Wert von $v.z^2$ ist bei Vollast am größten $v = 1$, $z = 1$. T_g ist nur ein Teil der gesamten Gasanlaufzeit des Kessels (Seite 217) und hat die Größenordnung von 2 Sek. Der Druckabfall δ in den Kesselzügen ist etwa 10 mm WS oder $^1/_{1000}$ des Atmosphärendruckes, also $\delta = {}^1/_{1000}$, die Bedingungen für aperiodischen Verlauf sind also unter allen Umständen erfüllt und es ist zulässig $\delta\, T_g = 0$ zu setzen. Dadurch entsteht die

abgekürzte charakteristische Gleichung
$$\delta_a T_g w^2 + \frac{1}{2z} w + \frac{\delta_a v}{\delta T_s} = 0,$$

$$w + \frac{2z\delta_a v}{\delta T_s} = 0$$

und für $\delta_a = \delta$

Viertelwertszeit
$$T_{1/4} = \frac{0{,}69}{z \cdot v} T_s.$$

Da sich der Dampfdruckregler an diesem dynamischen Vorgang nicht beteiligt, gelten die Ableitungen auch für jeden beliebigen Rückführ- oder Mengenregler (z. B. für Unterwind), so daß sich für massenlose Federregler folgende Schlüsse ergeben:

1. Um die Stabilität zu sichern, genügt es, den Zug an einer einzigen Stelle des Kessels zu messen und auf den Regler zu übertragen. Wird der Zugunterschied zwischen zwei Punkten des Kessels zur Mengenrückführung benützt, so geschieht das nur zur Erhöhung der statischen Genauigkeit. Die abgeleiteten Gesetze gelten also auch für **jeden Zugregler**.

2. Eine mechanische Rückführung (durch die Stellung des Kraftgetriebes) oder Ölbremsen ist nicht erforderlich. Im Beharrungszustand hat deshalb der Steuerschieber immer die gleiche Nullage. Man kann also unmittelbar die quadratischen Reglerhübe oder -kräfte miteinander verbinden, ohne daß die Nullage des Verbindungspunktes beider Regler durch einen Rückführhub des Steuerschiebers verfälscht wird. Nur unter dieser Voraussetzung kann man Dampfdruckregler und Rückführregler zusammenarbeiten lassen, ohne ihre quadratische Abhängigkeit von den Mengenänderungen umzuformen (vgl. Abschn. 5g).

3. Die Regelung verläuft immer aperiodisch mit einer Dämpfung, die von der verschwindend kleinen Verzögerung durch die Gasanlaufzeit abhängig ist. Vergleicht man die Viertelwertszeit mit derjenigen der Antriebsrückführung (Seite 228)

	Mengenrückführung (Luft)	Antriebsrückführung (Kohle)
Viertelwertszeit $T_{1/4}$	$\frac{0,69}{v \cdot z} T_s$	$\frac{0,69}{z} T_s$

so erkennt man als einzigen Unterschied die Wirkung des Durchflußfaktors v der Rauchgasmenge. Die Formeln können dazu dienen, für **Kohlenstaubfeuerungen** die Schlußzeiten zum Öffnen und Schließen **parallel geschalteter** Steuerungen von Luft und Kohle festzustellen (Seite 169). Um Luftmangel auch bei den vorübergehenden Abweichungen zu verhindern, die entstehen, bis Mengenrückführung und Antriebsrückführung zur Ruhe kommen, müssen folgende Bedingungen erfüllt sein.

a) Steigende Last. Kohle muß langsamer laufen als Luft. Die Kohle wird mit Antriebsrückführung gesteuert, die Luft mit Mengenrückführung. Die Viertelwertszeit der Kohle muß länger sein.

$$\frac{0,69}{z} T_{sk} > \frac{0,69}{v \cdot z} T_{sl}\,, \qquad T_{sl} < v\, T_{sk}\,,$$

wenn T_{sk} und T_{sl} die Schlußzeiten von Kohle und Luft sind. Der maßgebende kleinste Wert des Durchflußfaktors v (Seite 233) tritt bei größter Last auf und ist $v = 1$:

Einstellung der Schlußzeiten bei steigender Last

$$T_{sl} < T_{sk}.$$

b) Sinkende Last. Die Luft muß langsamer zurückgehen als die Kohle

$$T_{sl} > v\, T_{sk}.$$

Der größte Wert des Durchflußfaktors tritt bei kleinster Last auf und hat angenähert den Wert

$$v_u = \sqrt{\frac{\Delta p_z}{\Delta p_n}},$$

Einstellung der Schlußzeiten bei sinkender Last

$$T_{sl} > v_u\, T_{sk} \sim \sqrt{\frac{\Delta p_z}{\Delta p_n}} \cdot T_{sk}.$$

T_{sl} = Schlußzeit der Kraftgetriebe für Rauchgasschieber,
T_{sk} = Schlußzeit der Kraftgetriebe für Kohlenstaubbrenner,
Δp_z = Zugunterschied Feuerraum/Schornstein,
Δp_n = Zugunterschied zu beiden Seiten des Rauchgasschiebers bei Vollast.

Diese Ableitungen gelten nur unter der Voraussetzung, daß es sich bei der Steuerung der Kohlenstaubbrenner um reine Stellungsregelung mit Antriebsrückführung handelt; die Rückwirkung der veränderten Wärmezufuhr auf den Dampfdruck ist dabei vernachlässigt, was aber nicht immer zulässig ist, wie in Abschnitt 4a nachgewiesen wird.

Eine weitergehende Anpassung der Verstellgeschwindigkeit der Kraftgetriebe könnte durch Einwirkung der Stellung des Luft-Kraftgetriebes auf den Ölzufluß der Steuerung in ähnlicher Weise durchgeführt werden, wie für die Regelung durch Rauchgasprüfer (Seite 200).

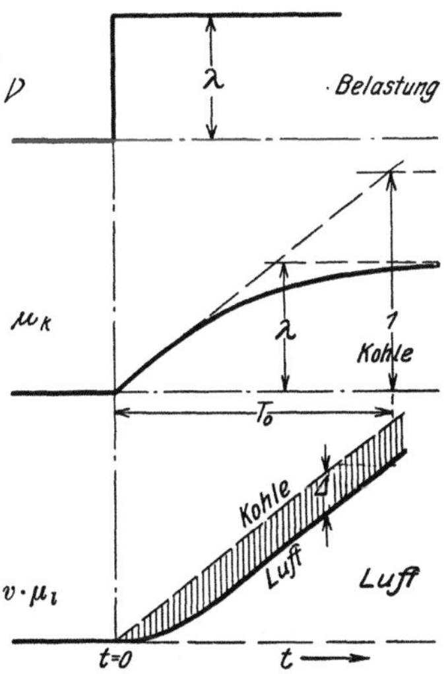

Abb. 161. Entstehung der Mengenabweichung Δ von Kohle und Luft bei einer Belastungsänderung λ für hintereinandergeschaltete Regler.

4. Für **hintereinandergeschaltete** Regler der Kohle- und Luftzufuhr von Kohlenstaubfeuerungen (Seite 169) kann man berechnen, wie groß die Abweichungen des Luftüberschusses während des Regelvorganges sind. Der Dampfverbrauch v (Abb. 161) soll eine plötzliche Belastungsänderung um den Wert λ erfahren, welcher die Kohlenzufuhr μ_k unter dem Einfluß des Reglers folgen muß. Für einen direkten Regler würde die Beziehung gelten $\mu_k = \lambda$, entsprechend ergibt sich für einen mittelbaren Regler mit quadratischer Rückführung

$$T_{sk}\,\mu_k' + 2\,z\,\mu_k = 2\,z\,\lambda$$

für die Schlußzeit $T_{sk} = 0$ entsteht dann das gleiche Gesetz wie bei einem direkten Regler. μ_k geht aperiodisch in die Lage λ über und kommt dann zur Ruhe. Die größte Geschwindigkeit μ_k' tritt zur Zeit $t = 0$ auf, wenn der Regler sich noch in seiner ursprünglichen Lage befindet, so daß die Rückführabweichung $2z\mu_k = 0$ ist.

Geschwindigkeit des Kraftgetriebes zur Zeit $t = 0$ $\qquad \mu_k' = \frac{2\,z}{T_{sk}}\,\lambda.$

Zur Vereinfachung wird jetzt angenommen, daß μ_k mit der Geschwindigkeit μ_k' gleichförmig (in Richtung der Tangente) weiterläuft. Da man die Verzögerung des Regelvorganges, der durch die Gasanlaufzeit T_g des Kessels entsteht, vernachlässigen kann und der nachgeschaltete Luftregler durch die Bewegung des Kohle-Kraftgetriebes, also durch die Antriebsrückführung $2z\mu_k$ gesteuert wird, lautet die Bewegungsgleichung des Luftkraftgetriebes (mit Rückführung durch die Luftmenge $v\cdot\mu_l$ und $T_g \sim 0$)

$$T_{sl}\mu_l' + 2zv\mu_l = \eta = 2z\mu_k,$$

$$\mu_l' = \frac{2z}{T_{sl}}(\mu_k - v\mu_l).$$

Die Geschwindigkeit μ_l' ist also der Abweichung $\Delta = \mu_k - v\mu_l$ von Kohle- und Luftmenge proportional. Die Luftmenge $v\mu_l$ nähert sich aperiodisch einem zu μ_k parallelen Verlauf, wobei $v\cdot\mu_l' = \mu_k'$ ist

$$v\cdot\mu_l' = \mu_k' = \frac{2zv\Delta}{T_{sl}}.$$

Die Abweichungen Δ von Luft und Kohle beziehen sich auf den vollen Hub des Kraftgetriebes. Δ ist also bei der Belastung $z = 1$ die Abweichung des Luftüberschusses. Bei geringeren Belastungen z ist die

Abweichung des Luftüberschusses $\qquad \Delta n = \frac{\Delta}{z}.$

Durch Einsetzen der Werte für μ_l' und μ_k' entsteht für

plötzliche Belastungsänderung um λ $\qquad \Delta = \frac{T_{sl}\lambda}{T_{sk}v}, \qquad \boxed{\Delta n = \frac{T_{sl}}{T_{sk}}\cdot\frac{\lambda}{z\cdot v}.}$

T_{sl} = Schlußzeit des Kraftgetriebes für Luft,
T_{sk} = Schlußzeit des Kraftgetriebes für Kohle,
λ = Plötzliche Belastungsänderung,
z = Belastung.
v = Durchflußfaktor (S. 233).

Beispiel:

$$\frac{T_{sl}}{T_{sk}} = 0{,}1, \qquad \lambda = 0{,}1, \qquad z = 0{,}2, \qquad v = 2, \qquad \Delta n = 2{,}5\,\%.$$

Durch Abstimmung der Schlußzeiten von Kohle- und Luftkraftgetriebe kann man also die Abweichungen des Luftüberschusses auf Werte heruntersetzen, die für Kohlenstaubfeuerungen auch bei vermindertem Luftüberschuß zulässig sind. Die wirklichen Werte von Δn sind geringer, als die nach diesem Näherungsverfahren berechneten, da die Annahme eines tangentialen Verlaufes von μ_k zu ungünstig ist.

Im allgemeinen wird man es nicht mit plötzlichen, sondern mit gleichförmigen Belastungsänderungen zu tun haben, deren Größe sich durch die Schlußzeit T_0 des Verbrauchers (Seite 68) ausdrücken läßt. μ_k und μ_l müssen dann auch den Dampfverbrauchsänderungen folgen, wobei die Geschwindigkeit $\mu_k' = v \cdot \mu_l' = \frac{1}{T_0}$ ist.

$$\frac{1}{T_0} = \frac{2 z v \Delta}{T_{sl}}.$$

Gleichförmige Änderung $\Delta = \frac{T_{sl}}{2 z v T_0}$, $\boxed{\Delta n = \frac{T_{sl}}{2 z^2 v T_0},}$

z. B. Schlußzeit des Verbrauchers $T_0 = 250$ Sek., des Kraftgetriebes der Luft $T_{sl} = 1$ Sek., Belastung $z = 0{,}2$, $v = 2$; $\Delta n = 2{,}5\%$.

4. Die Dämpfung der Regelung kommt durch einen ähnlichen Vorgang zustande, wie beim Strömungsabfall in einer Dampfleitung (Seite 89). Hingegen ist hier kein Druckabfall zwischen Rauchgasschieber und Gasvolumen hinter den Kesselzügen angenommen worden, so daß die Druckentnahmestelle an einer beliebigen Stelle dieses Raumes angeordnet werden kann. Mit der Regelung des gesteuerten Drosselorgans einer Dampfleitung hat die Steuerung des Rauchgasschiebers gemeinsam, daß in beiden Fällen ein Druckabfall entsteht, durch den die gesteuerte Menge auf den Regler zurückwirkt. Nur dadurch ist eine stabile Regelung ohne mechanische Rückführung möglich. In beiden Fällen handelt es sich nicht mehr um eine reine Zustandsregelung durch den Druck, sondern um einen Übergang zur Mengenregelung, bei der eine Rückführung überhaupt nicht erforderlich ist.

e) Zusammenarbeiten mit Zugregler.

Bei Anwendung von Unterwind kann ein Zugregler die Unterwindklappe steuern, um die Luftmenge einzustellen, die der Strömung durch den Rauchgasschieber entspricht. Bisher wurde nur der Nachweis geführt, das Mengenrückführung des Rauchgasschiebers und Zugreglers einzeln keine mechanische Rückführung brauchen, es ist aber noch festzustellen, ob für das stabile Zusammenwirken beider Steuerungen nicht besondere Bedingungen zu erfüllen sind.

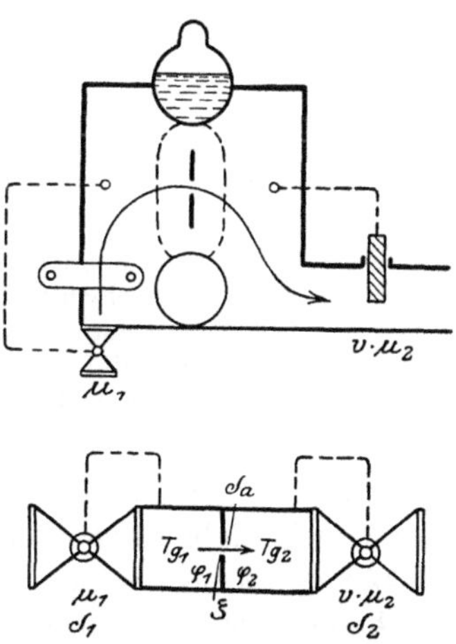

Abb. 162. Zusammenarbeiten der Mengenrückführung des Rauchgasschiebers mit Zugregelung des Unterwindes.

Schematisch dargestellt (Abb. 162) handelt es sich um ein Zuflußventil *1* (Unterwindklappe), das bei sinkendem Druck öffnet, und ein Überströmventil *2* (Rauchgasschieber); zwischen beiden

Druckräumen liegt ein quadratischer Druckabfall mit dem Höchstwert δ_a bei Vollast.

Quadratischer Druckabfall $\Delta\varphi = \varphi_1 - \varphi_2 = 2z\delta_a \cdot \zeta$,

Steuergleichungen $T_s \mu_1' = -\frac{\varphi_1}{\delta_1}$, $\quad T_s \mu_2' = +\frac{\varphi_2}{\delta_2}$.

Für den Unterwind wird ein unveränderlicher Überdruck angenommen, also $v = 1$.

Druckänderung durch Mengenunterschied

$$\mu_1 - \zeta = T_{g1}\varphi_1', \qquad \zeta - v\mu_2 = T_{g2}\varphi_2'.$$

Aus diesen 5 Ansätzen entsteht folgende charakteristische Gleichung

$$2\,\delta_1\delta_2\delta_a z\, T_{s1} T_{g1} T_{s2} T_{g2} w^4 + \delta_1\delta_2 T_{s1} T_{s2}(T_{g1} + T_{g2}) w^3$$
$$+ 2\delta_a z (v\delta_1 T_{s1} T_{g1} + \delta_2 T_{s2} T_{g2}) w^2 + (v\delta_1 T_{s1} + \delta_2 T_{s2}) w$$
$$+ 2vz\delta_a = 0,$$

Stabilitätsbedingung nach Vereinfachung (z und δ_a fallen heraus)

$$(T_{g1} + T_{g2})(v\delta_1 T_{s1} T_{g1} + \delta_2 T_{s2} T_{g2})$$
$$- T_{g1} T_{g2}(v\delta_1 T_{s1} + \delta_2 T_{s2}) > \frac{v\delta_1\delta_2 T_{s1} T_{s2}(T_{g1} + T_{g2})^2}{v\delta_1 T_{s1} + \delta_2 T_{s2}},$$

Abkürzung $\qquad \frac{T_{g1}}{T_{g2}} = a, \qquad \frac{T_{s1}}{T_{s2}} = b,$

$$(a+1)(v\delta_1 ab + \delta_2) - a(v\delta_1 b + \delta_2) > \frac{v\delta_1\delta_2 b}{v\delta_1 b + \delta_2}(a+1)^2$$

$$\delta_2^2 + v^2\delta_1^2 a^2 b^2 > 2abv\delta_1\delta_2, \qquad a \cdot b = x,$$

$$x^2 - \frac{2\,\delta_2}{v\,\delta_1}x + \left(\frac{\delta_2}{v\,\delta_1}\right)^2 = 0; \qquad x = \frac{\delta_2}{v\,\delta_1}.$$

Schaltung stabil, wenn

$$\delta_1 T_{s1} T_{g1} > \frac{1}{v}\delta_2 T_{s2} T_{g2}.$$

Index 1 = Unterwindklappe,
„ 2 = Rauchgasschieber,
T_s = Schlußzeit,
δ = zur Schlußzeit gehörige Ungleichförmigkeit,
T_g = Gasanlaufzeit vor bzw. hinter den Kesselzügen,
v = Durchflußfaktor des Rauchgasschiebers (siehe S. 233).

Es ist bemerkenswert, daß die Stabilitätsbedingung von der Größe des Druckabfalls in den Zügen und von der Belastung vollkommen unabhängig ist, es ist nur notwendig, daß überhaupt ein Druckabfall vorhanden ist. Der einzige Unterschied zwischen den beiden Regelorganen besteht darin, daß der Rauchgasschieber (2) in der Strömungsrichtung des Rauchgases hinter der Unterwindklappe (1) liegt. Die

Stabilitätsbedingung verlangt, daß die charakteristischen Zeiten der Unterwindklappe größer sind als diejenigen des Rauchgasschiebers, die später einsetzende Regelung der Unterwindklappe kann dann so langsam vor sich gehen, daß sie Zeit hat, die durch zwischenliegende Puffer verzögerte Wirkung des anderen Reglers abzuwarten.

Wenn die Rauchgasmenge nacheinander auf 2 Druckregler einwirkt, die gemeinsam Zufluß und Abfluß steuern sollen (z. B. durch Unterwindklappe und Rauchgasschieber), so muß der Zuflußregler langsamer arbeiten als der Abflußregler. Die Abstimmung erfolgt durch Einstellung der Schlußzeiten.

Es sind also auch bei zwei massenlosen Federreglern keine mechanischen Rückführungen oder besondere Dämpfungseinrichtungen erforderlich, um Stabilität zu erreichen.

f) Mengenrückführung mit federlosen Reglern.

Besondere Dämpfungseinrichtungen kommen bei der Mengenrückführung in Betracht, wenn federlose Regler angewendet werden (Smoot, Roučka). Für diese Regler sind die Bewegungsgesetze besonders abzuleiten.

Als Beispiel soll ein Dampfdruckregler dienen, der die Stellung eines Rauchgasschiebers mit Mengenrückführung durch den Zug im Fuchs steuert (Roučka). Abb. 163 zeigt diese Anordnung schematisch. Zur Vereinfachung ist der Regler so dargestellt, als ob Dampfdruck und Zug zu beiden Seiten des gleichen Kolbens wirken würden. In Wirklichkeit handelt es sich um zwei getrennte, durch Gestänge verbundene Regler für Dampfdruck und Zug. Der Soll-Dampfdruck ist durch ein Gegengewicht ausgewogen, es treten also nur die Abweichungen vom Solldruck als wirksame Druckkräfte auf.

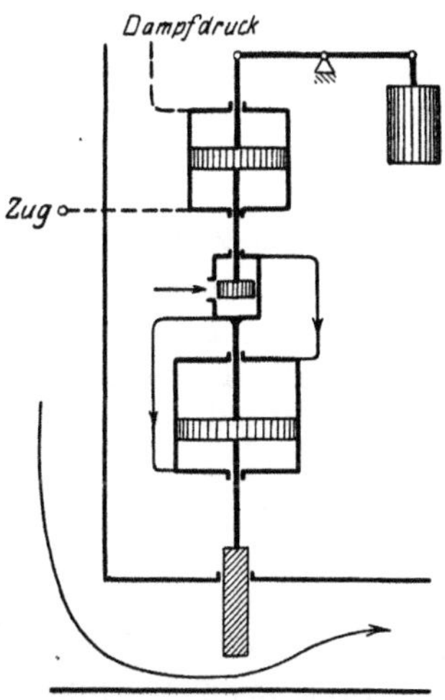

Abb. 163. Stellungsregelung des Rauchgasschiebers mit federlosem Regler (ohne Ölbremse).

Jeder Abweichung des Dampfdruckes entspricht ein bestimmter Zug, der den Kolben im Gleichgewicht hält. Damit ist wie bei einem Federregler die statische Bedingung der Regelung erfüllt. Abweichung des Dampfdruckes und des Zuges ändern sich im Beharrungszustand bei den verschiedenen Belastungen proportional. Die Druckänderungen sind quadratisch von den Mengen (Dampf und Rauchgas) abhängig, die Mengen werden dadurch einander ebenfalls proportional zugeordnet.

Durch den Dampfdruck über dem Reglerkolben wird also ein bestimmter Zug festgelegt, der bei Beharrung erreicht werden muß. Da es sich um Stellungsregelung durch den Dampfdruck handelt, nimmt dieser am dynamischen Regelvorgang nicht teil, sondern der Zug muß sich allein auf den vom Dampfdruck vorgeschriebenen Beharrungswert einstellen. Im Gegensatz zur Federregelung sind aber keine Kräfte vorhanden, welche von der Stellung des Reglers abhängen. Bei der Federregelung waren diese Kräfte in der Ruhestellung (geschlossener Steuerschieber) des Reglers 0 und sie stiegen proportional mit der Abweichung des Reglers von der Ruhestellung. Hier entspricht der Schieberöffnung nur eine bestimmte Bewegungsgeschwindigkeit des Kraftgetriebes, welche eine Änderung des Zuges hervorruft und diese Zugänderung allein muß den Regler zur Ruhe bringen.

Die Bewegung des Reglers mit der Masse M geschieht durch die Druckabweichung $\varDelta p$ des Zuges vom Beharrungsdruck. Ist F die Kolbenfläche und y'' die Beschleunigung der Reglerbewegung, so gilt

$$\varDelta p \cdot F = M \cdot y''.$$

$\varDelta p_{\max}$ soll die größte Druckabweichung sein, welcher die Ungleichförmigkeit $\varDelta p_{\max} : p = \delta$ entspricht; der Druckabweichung $\varDelta p$ entspricht die verhältnismäßige Druckabweichung $\varphi = \varDelta p : p$

$$\frac{\varphi}{\delta} = \frac{\varDelta p}{\varDelta p_{\max}} = \frac{M \cdot y''}{F \cdot \varDelta p_{\max}}.$$

Um eine Zeitkonstante zu gewinnen, welche Masse, Hub und Druckkraft kennzeichnet, denkt man sich, daß der Regler unter dem Einfluß der größten Druckabweichung $\varDelta p_{\max}$ den Reglerhub $y_{\max}$ zurücklegt. Dabei entsteht eine gleichförmig beschleunigte Bewegung; man bestimmt die Zeit t, welche dieser Vorgang erfordert.

$$y''_{\max} = \frac{\text{Kraft}}{M} = \frac{\varDelta p_{\max} \cdot F}{M},$$

$$y_{\max} = \frac{\varDelta p_{\max} \cdot F}{M} \cdot \frac{t^2}{2}.$$

Statt der Zeit t führt man zur Vereinfachung die Reglerzeit T_R ein

$$T_R{}^2 = \frac{M \cdot y_{\max}}{\varDelta p_{\max} \cdot F}$$

und erhält die

Reglergleichung ohne Dämpfung $$\frac{\varphi}{\delta} = T_R{}^2 \cdot \eta'',$$

wobei $\eta'' = y'' : y_{\max}$ ist. Es soll jetzt festgestellt werden, ob ein derartiger Regler imstande ist, unter den früher bestimmten Bedingungen stabil zu regeln. Um zu erkennen, ob er dabei durch eine mechanische Rückführung unterstützt würde, verwendet man die

Steuergleichung mit
Rückführung $$T_s \mu' + a \mu = \eta .$$

Das Glied mit μ, welches die Rückführung darstellt, erhält den Faktor a, damit man in der fertigen Differentialgleichung erkennen kann, welche Rolle die Rückführung spielt. Außerdem gelten die Gleichungen:

Druckänderung $$\zeta - v \cdot \mu = T_g \cdot \varphi',$$

Quadratischer Druckabfall $$-\varphi = 2 z \delta \zeta ,$$

Differentialgleichung

$$2 z \delta T_R^2 T_s T_g \varphi'''' + T_R^2 (T_s + 2 a z \delta T_g) \varphi''' + a T_R^2 \varphi'' + 2 z v \varphi = 0 .$$

Die mechanische Rückführung liefert ein Glied zweiter Ordnung (Faktor a), aber es fehlt das Glied erster Ordnung, so daß die Stabilität nicht erfüllt ist (vgl. Bedingungen S. 66).

Die Sicherung der Stabilität verlangt die Einführung einer Ölbremse und man kann sich auch ein Bild darüber machen, an welcher Stelle sie eingreifen muß.

1. Die Bewegung der Reglermassen selbst muß gedämpft werden, damit Beschleunigungen und Verzögerungen der Massen nicht die Einwirkung des Druckes auf den Regler stören.

2. Durch die Druckabweichung allein wird die Stellung des Steuerschiebers nicht bestimmt, da keine von der Stellung des Steuerschiebers abhängigen Federkräfte vorhanden sind. Eine solche Kraft muß eingeführt werden. Die Stellung (Öffnung) des Steuerschiebers ist der Geschwindigkeit des Kraftgetriebes proportional. Um die Stellung des Schiebers auf den Regler wirken zu lassen, kann man also eine Kraft ausüben, die der Geschwindigkeit des Kraftgetriebes proportional ist. Die mechanische Rückführung erfüllt diese Aufgabe nicht, denn sie gibt nicht die Geschwindigkeit, sondern den Weg des Steuerschiebers an und darum führt sie auch nicht zur Stabilität.

Beide Bedingungen lassen sich durch einen gemeinsamen Dämpfungszylinder erreichen, der zwischen Regler und Kraftgetriebe geschaltet ist. Die Einrichtung ist in Abb. 164 schematisch dargestellt. Die Dämpfung muß so eingerichtet sein, daß beide Dämpfungskräfte der Reglerbewegung entgegenwirken, um der Druckkraft das Gleichgewicht zu halten. Bewegt sich der Regler y nach oben, um ebenfalls eine Verstellung des Kraftgetriebes nach oben einzuleiten, dann muß diese Verstellung eine Zugkraft nach unten ausüben, um ihr entgegenzuwirken.

Die Zugkraft Z der Dämpfungseinrichtung ist dem Ölunterdruck h proportional, welcher bei laminarer Strömung in der Kapillare F_0 der Ölgeschwindigkeit w proportional ist. F_1 ist der Querschnitt des Kolbens

$$Z = h \cdot F_1 = c \cdot w \cdot F_0 .$$

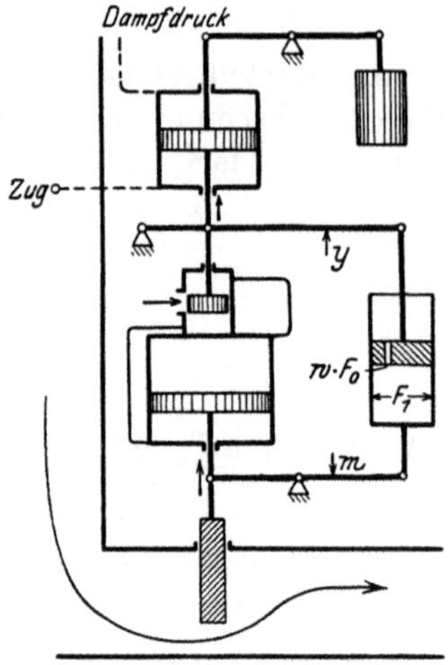

Abb. 164. Einschaltung der Ölbremse zwischen Bewegung des Steuerschiebers y und des Kraftgetriebes m.

Da der Reglerhub y und der Hub des Kraftgetriebes m in entgegengesetzter Richtung wirken, ist das eingesaugte Ölvolumen im Zeitelement dt

$$w \cdot F_0 \cdot dt = (dy + dm) F_1 ,$$

$$Z = c \cdot w \cdot F_0 = c F_1 (y' + m').$$

Die Zugkraft Z der Ölbremse, welche der Druckkraft des Reglers das Gleichgewicht hält, ist also der Summe der Geschwindigkeiten von Regler und Kraftgetriebe proportional. k sei Proportionalitätsfaktor zwischen Kraft und Geschwindigkeit. Die Druckkraft $\Delta p . F$ des Reglers dient also bei Vorhandensein der Ölbremse außer zur Massenbeschleunigung $M . y''$, zur Überwindung der Dämpfungskraft $Z = k (y' + m')$

$$\Delta p \cdot F = M \cdot y'' + k (y' + m'),$$

$$\frac{\varphi}{\delta} = \frac{M \cdot y''}{F \cdot \Delta p_{\max}} + \frac{k}{F \cdot \Delta p_{\max}} (y' + m'), \qquad \frac{\Delta p}{\Delta p_{\max}} = \frac{\varphi}{\delta}.$$

Für die Dämpfung werden ebenfalls Zeitkonstanten eingeführt. Die Dämpfungszeit T_d ist erforderlich, um unter dem Einfluß der größten Druckabweichung $\Delta p_{\max}$ entgegen der Kraft der Ölbremse den Hub des Reglers bzw. des Kraftgetriebes zurückzulegen.

$$\Delta p_{\max} \cdot F = y'_{\max} \cdot k = \frac{y_{\max}}{T_{dr}} \cdot k ,$$

$$\Delta p_{\max} \cdot F = m'_{\max} \cdot k = \frac{m_{\max}}{T_{dk}} \cdot k .$$

Durch Einsetzen der Zeitkonstanten (Index r für Regler, Index k für Kraftgetriebe) und der früher bestimmten Reglerzeit T_R entsteht die neue

Reglergleichung mit Dämpfung

$$\frac{\varphi}{\delta} = T_R^2 \cdot \eta'' + T_{dr} \cdot \eta' + T_{dk} \cdot \mu' .$$

Da die mechanische Rückführung aus statischen Gründen unzweckmäßig ist (Ungleichförmigkeit stört die genaue Beziehung der Stellungsregelung), wird Steuerung ohne Rückführung angenommen:

Steuergleichung ohne Rückführung $T_s \mu' = \eta .$

Durch Verbindung mit den übrigen, unverändert gültigen Gleichungen entsteht die

Differentialgleichung

$$2 z \delta T_R^2 T_s T_g \varphi'''' + (2 z \delta T_{dr} T_s T_g + T_R^2 T_s) \varphi''' + (2 z \delta T_{dk} T_g + T_{dr} T_s) \varphi'' + T_{dk} \varphi' + 2 z v \varphi = 0,$$

Stabilitätsbedingung $T_{dr} T_s - 2 z \delta T_g T_{dk} > \dfrac{2 z v T_R^2 T_s}{T_{dk}}$,

Vernachlässigung $T_{dk} \sim T_{dr}, \quad \delta T_g \ll T_s,$

$$\boxed{T_{dr} \cdot T_{dk} > 2 z v T_R^2 .}$$

Sowohl der Geschwindigkeit des Reglers als auch der Geschwindigkeit des Kraftgetriebes müssen also Dämpfungskräfte entsprechen. (Weder T_{dr} noch T_{dk} darf 0 sein.) Denkt man sich die Dämpfungszeiten von Regler und Kraftgetriebe gleich, so ergibt sich für Vollast ($z = 1$), daß die Dämpfungszeiten größer sein müssen als die Reglerzeit, d. h.: die Zeit, welche erforderlich ist, um unter dem Einfluß einer Druckänderung den vollen Reglerhub zu durchlaufen, muß bei Einwirkung der Druckkraft auf die Ölbremse länger sein als die Zeit, welche die Druckkraft braucht, um beim Fehlen einer Ölbremse den Reglerhub unter Beschleunigung der Reglermasse zurückzulegen. Auch wenn $T_R = 0$ ist, (massenloser Regler), muß immer noch eine Ölbremse vorhanden sein. Es handelt sich hier nicht nur um die Dämpfung der Massen, sondern darüber hinaus müssen Druckkräfte entwickelt werden, welche die Aufgabe der Federn ersetzen, die sonst die Abweichung des Schiebers von der Ruhelage durch Kräfte anzeigen.

Im Gegensatz dazu dient bei anderen Reglern (Geschwindigkeitsregler und Dampfdruckregler) die Ölbremse nur zur Massendämpfung; beim massenlosen Regler kann die Ölbremse Schwingungen erzeugen (siehe Tolle, 3. Aufl., S. 807).

Bei Mengenrückführung mit federlosen Reglern muß eine Ölbremse angewendet werden, die, von der Geschwindigkeit des Schiebers und des Kraftgetriebes beeinflußt, der Druckkraft entgegenwirkt. Die Ölbremse muß stärker sein als zur Dämpfung der Massenbewegung erforderlich ist, da sie außerdem die Wirkung der Federkräfte zu ersetzen hat.

Die Ölbremse kann unmittelbar zwischen Regler und Kraftgetriebe geschaltet werden (Smoot); es ist auf den richtigen Bewegungssinn beider Einflüsse zu achten. Roučka verwendet ferner bei seinem Regler für die Brenngeschwindigkeit ein besonderes Verfahren, um die Geschwindigkeit der Bewegung eines entfernt liegenden Kraftgetriebes auf den Regler wirken zu lassen (S. 175). Bei seiner Bewegung verdrängt der Kraftkolben eine Ölmenge, die zum Steuerschieber zurückfließt. Die Ölmenge, die der Geschwindigkeit der Kolbenbewegung genau proportional ist, wird in Dämpfungszylinder geführt, die mit dem Regler verbunden sind. Es sind zwei Dämpfungszylinder vorhanden, die in entgegengesetztem Sinn wirken; je nach der Bewegungsrichtung des Kraftkolbens strömt dem einen oder dem anderen Dämpfungszylinder rückfließendes Öl zu. Öffnet der Kolben, dann erzeugt er eine Druckkraft in der einen Richtung, beim Schließen in der umgekehrten Richtung. Öffnen und Schließen des Kraftgetriebes wird aber auch durch entgegengesetzte Druckkräfte eingeleitet; so kann die Dämpfungskraft der Druckkraft immer entgegenwirken.

4. Belastungsregelung.

Es genügt nicht, mit genauen Stellungsreglern alle Organe des Kessels nach dem Dampfbedarf einzustellen, um die Gewähr dafür zu haben, daß auch die richtige Dampfmenge erzeugt wird, selbst wenn die zugeführte Kohle von unveränderlicher Beschaffenheit und ihre Menge nur von der Rostgeschwindigkeit abhängig wäre, wenn Mengenrückführung aller Luftsteuerorgane angewendet und der Einfluß des Schornsteinzuges ausgeschaltet würde; die kleinsten Abweichungen in der Regelgenauigkeit müssen doch mit der Zeit Erzeugung und Verbrauch aus dem Gleichgewicht bringen.

Benutzt man den Dampfdruck der Sammelleitung zur Regelung, so gewinnt man dadurch nicht nur einen Dampfmesser, der jede Änderung des Dampfbedarfes augenblicklich anzeigt. Der Druckabfall Δp von den Kesseln zur Sammelleitung ist ein Maßstab für den Dampfbedarf, der Kesseldruck (in den Dampfdomen) selbst ändert sich aber mit jeder Abweichung der Wärmeerzeugung vom Bedarf, da hierdurch die Speicherfähigkeit des Wasserraums in Anspruch genommen wird. Der um Δp tiefere Sammelleitungsdruck macht alle diese Schwankungen des Kesseldruckes mit.

Im Gegensatz zur Stellungsregelung handelt es sich hier um einen geschlossenen Regelvorgang: Der Dampfdruck wirkt auf das Regelorgan und verstellt es, die eintretende Veränderung wirkt über verschiedene Puffer durch die veränderte Wärmeentwicklung wieder auf den Dampfdruck ein. Auf diesem Wege soll sich für den Dampfdruck ein Beharrungswert einstellen, und es ist Bedingung, daß der Vorgang stabil verläuft.

Diese Regelung kommt für folgende Mengenänderungen in Betracht:

1. Kohlenstaubfeuerung: Während die Luftzufuhr (innerhalb bestimmter Grenzen) nur auf den Luftüberschuß einwirkt, ändert die Kohlenzufuhr die Wärmeentwicklung. Als Puffer wirkt nur der Wasserraum des Kessels.

2. Rostfeuerung: Sowohl die Luftzufuhr als auch die Kohlenzufuhr ändern die Wärmeentwicklung. Außer der Wasseranlaufzeit des Kessels muß die Pufferwirkung durch Luftanlaufzeit und Kohlenanlaufzeit berücksichtigt werden.

Man wendet zwei verschiedene Regelverfahren an, welche beide für jede der Feuerungsarten geeignet sind, trotzdem bei Kohlenstaubfeuerung nur ein Puffer, bei Rostfeuerung zwei Puffer zu überwinden sind.

1. Die Steuerung ist genau wie eine Stellungsregelung eingerichtet. Bei Belastungsänderung verändert sich der Druckabfall, der Dampfdruck regelt in Verbindung mit mechanischer oder Mengenrückführung den Antrieb auf eine neue Stellung. Die entstehende Mengenänderung verändert die Wärmeentwicklung, der Dampfdruck ändert sich bei mangelnder Übereinstimmung mit dem Bedarf und wirkt wiederum auf die Regelung ein. Hier wird die Stellungsregelung als Vorsteuerung benutzt; je vollkommener sie ist, um so weniger ist eine Nachregelung durch den Umweg über den Kesseldruck nötig. Die Stellungsregelung wirkt außerdem als Rückführung. Es handelt sich also um eine Dampfdruckregelung mit Rückführung.

2. Die Steuerung arbeitet ohne Rückführung mit Regelung nach der Geschwindigkeit der Dampfdruckänderung $\frac{d\varphi}{dt}$. Dieser Wert ändert sich mit dem Mengenunterschied von Wärmezufluß zum Wasserraum und Dampfverbrauch. Im Gegensatz zur Zustandsregelung durch den Dampfdruck handelt es sich um Mengenregelung. Die Verzögerung durch Pufferwirkung des Wasserraums wird dadurch ausgeschaltet, was nötig ist, um stabile Regelung ohne Rückführung zu erhalten. Im Gegensatz zur Dampfdruckregelung soll das Verfahren Differentialdruckregelung genannt werden.

a) Dampfdruckregelung bei Kohlenstaubfeuerung.

Der Dampfdruck φ_1 wirkt nach Abb. 165 auf den Brennstoffantrieb μ. Um die Kohlenzufuhr den Dampfverbrauchsänderungen möglichst anzupassen, wird quadratische Rückführung angenommen.

Steuergleichung $$T_s \mu' + 2 z a \mu = -\frac{\varphi_1}{\delta}.$$

Der Faktor a soll dazu dienen, in den Stabilitätsbedingungen den Einfluß der Rückführung zu erkennen. Zwischen der Verstellung der Kohlenzufuhr und der Erhöhung der Wärmeaufnahme durch den Kessel findet eine Verzögerung statt, die durch einen Zeitabschnitt t_v berücksichtigt wird, um überschlägig zu erkennen, welche Größen zur Beseitigung der schädlichen Wirkungen einer endlichen Zeitverzögerung maßgebend sind. Die Wärmezufuhr ζ_1 zum Kessel ist also nicht μ, sondern nach der Näherungsformel (Seite 222).

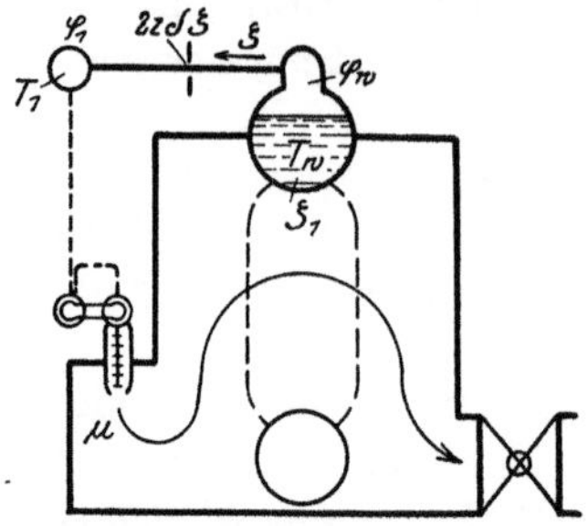

Abb. 165. Dampfdruckregelung bei Kohlenstaubfeuerung.

Wärmezufuhr $\zeta_1 = \mu - t_v \mu'$.

Die Dampfentnahme aus dem Kessel ist ζ, der Unterschied $\zeta_1 - \zeta$ verursacht eine Druckänderung φ_w im Kessel.

Druckänderung im Kessel $\zeta_1 - \zeta = T_w \varphi_w'$.

Die Menge ζ dient dazu, das Rohrleitungsnetz unter Druckänderung φ_1 aufzuladen.

Druckänderung im Rohrleitungsnetz $\zeta = T_1 \varphi_1'$.

ζ verursacht zwischen Kessel und Rohrleitung einen quadratischen Druckabfall $\varphi_w - \varphi_1 = 2 z \delta \cdot \zeta$,

Charakteristische Gleichung

$$2 z \delta^2 T_w T_1 T_s w^3 + [\delta T_s (T_1 + T_w) + 4 a z^2 \delta^2 T_w T_1] w^2 + [2 a z \delta (T_1 + T_w) - t_v] w + 1 = 0 .$$

Stabilitätsbedingung $2 a z \delta T_w - t_v > 2 z \delta T_1$,

vernachlässigt: $T_1 \ll T_w$.

1. Keine Zeitverzögerung $t_v = 0$.

Stabil wenn $a T_w > T_1$.

T_w ist die Wasseranlaufzeit des Kessels, etwa 600 Sek., T_1 die Anlaufzeit der Rohrleitung, etwa 2 Sek.; die Gleichung ist also nur erfüllt, wenn eine Rückführung vorhanden ist ($a = 1$). Hingegen kann die Schlußzeit ohne Einfluß auf die Stabilität beliebig verändert werden, da sie in der Stabilitätsbedingung nicht erscheint.

2. Mit Zeitverzögerung

Vernachlässigt $\delta T_1 \sim 0$; Rückführung vorhanden $a = 1$.

Stabil wenn $t_v \ll 2 z \delta T_w$.

Die Formel gilt als rohe Näherung, die keine zahlenmäßige Gültigkeit hat; sie sagt aus, daß die Zeitverzögerung zwischen Verstellung der Kohlenstaubbrenner und Wärmeaufnahme des Kessels bei kleiner

Wasseranlaufzeit T_w, geringem Druckabfall δ zur Sammelleitung und tiefer Last z die Stabilität der Regelung gefährden kann.

3. Zur Berechnung der Schlußzeiten bei der Abstimmung der parallel geschalteten Steuerungen von Luft und Kohle wurde Seite 237 angenommen, daß die Wärmezufuhr keine Rückwirkung auf den Dampfdruck ausübt. Die Regelung der Kohlenzufuhr hat dann das Gesetz der Antriebsrückführung (Seite 227).

Antriebsrückführung

$$T_s \mu' + 2 z \mu = 0\,, \qquad w + \frac{2z}{T_s} = 0, \qquad w = -\frac{2z}{T_s}.$$

Bildet man für den hier abgeleiteten Verlauf der Regelung unter den Annahmen $T_1 = 0$, $t_v = 0$, $a = 1$ die

abgekürzte charakteristische Gleichung $\quad w^2 + \frac{2z}{T_s} \cdot w + \frac{1}{\delta T_w T_s} = 0,$

so enthält diese Gleichung zwei Lösungen. Die Rückwirkung der Wärmezufuhr auf den Dampfdruck ist am trägsten, wenn die Schlußzeit klein ($T_s \sim 0$) und die Wasseranlaufzeit sehr groß ist ($T_w \sim \infty$). Setzt man diese Grenzwerte einzeln in die charakteristische Gleichung ein, so erhält man außer einem Wert $w_0 = 0$ zwei Lösungen für w, denen die Gleichung zustrebt

$$T_w \sim \infty, \qquad w^2 + \frac{2z}{T_s} w = 0, \qquad w_1 = -\frac{2z}{T_s}, \qquad w_0 = 0,$$

$$T_{1/4} = \frac{0{,}68}{z} T_s,$$

$$T_s \sim 0, \qquad T_s w^2 + 2 z w + \frac{1}{\delta T_w} = 0, \qquad w_2 = -\frac{1}{2 z \delta T_w},$$

$$T_{1/4} = 2{,}77\, z\, \delta\, T_w.$$

Jeder der Lösungen entspricht eine Exponentialfunktion mit einer Viertelwertszeit und aus diesen beiden Funktionen setzt sich der Verlauf des Regelvorganges zusammen. Neben der ersten Funktion, welche genau der Antriebsrückführung entspricht, besteht also noch eine zweite, viel trägere, welche durch die Kesseldruckänderung (unter Überwindung der Wasseranlaufzeit T_w) hinzukommt. Über den Anteil beider Funktionen an der Gesamtabweichung macht man sich am besten durch Überlegung der Grenzfälle ein Bild.

Arbeitet die Vorsteuerung durch die Antriebsrückführung ganz genau und sehr schnell, dann findet eine Änderung des Kesseldruckes praktisch nicht statt und die Abweichung verläuft nur nach der ersten der beiden Gleichungen. Ist die Schlußzeit 0, eine Vorsteuerung aber nicht vorhanden, so klingt die Abweichung von der Belastung nach dem trägen Verlauf durch Kesseldruckänderung ab. Die Vorsteuerung durch Druckabfall muß also sehr genau sein, damit sie die Abweichung auf einen geringen Betrag herabsetzt; das langsame Abklingen der Abweichung ist dann bedeutungslos.

Diese Verhältnisse gelten aber nur, wenn die Viertelwertszeiten beider Vorgänge verschiedene Größenordnung haben, so daß sich eine Vorsteuerung und eine Nachsteuerung unterscheiden läßt. Mit abnehmender Belastung, zunehmender Schlußzeit und für kleine Wasseranlaufzeiten nähern sich die Viertelwertszeiten einander immer mehr, bis sich beide Exponentialkurven gleichwertig überlagern, stören und in eine gedämpfte Schwingung übergehen, wenn beide Viertelwertszeiten gleich geworden sind. Daß dies tatsächlich die innere Ursache des Überganges vom aperiodischen in das Schwingungsgebiet ist, erkennt man aus der Wurzel der charakteristischen Gleichung

$$w = -\frac{z}{T_s} \pm \sqrt{\frac{z^2}{T_s^2} - \frac{1}{\delta\, T_w\, T_s}}$$

aperiodisch, wenn $T_s < 4\, z^2\, \delta\, T_w$.

Der Grenzfall $T_s = 4z^2 \delta T_w$ ergibt sich auch, wenn man die Viertelwertszeiten einander gleich setzt. Im aperiodischen Gebiet nähert man sich bei kleinen Schlußzeiten und genauer Antriebsrückführung den Idealverhältnissen, wie sie auf Seite 236 abgeleitet wurden. Kommt man hingegen in das periodische Gebiet hinein, dann entstehen Schwingungen mit Abweichungen der Kohlenzufuhr um die Beharrungslage. Gleichzeitig schwingt der Druck um seinen Beharrungswert und verursacht durch die Stellungsregelung der Luft parallel verlaufende Pendelungen. Unübersichtlicher werden die Verhältnisse noch durch den endlichen Wert der Rohrleitungsanlaufszeit T_1, die hier $= 0$ angenommen wurde und die endliche Zeitverzögerung zwischen Verstellung der Kohlenzufuhr und Wärmeaufnahme, so daß auf eine nähere rechnerische Untersuchung verzichtet wird.

Als Ergebnis dieser Feststellungen erkennt man, daß es nicht genügt, die Schlußzeiten von Luft- und Kohlensteuerung aufeinander abzustimmen. Die Schlußzeiten selbst müssen außerdem möglichst klein sein, besonders bei Kesseln mit geringen Wasserraum (T_w klein), geringem Druckabfall δ zwischen Kessel und Sammelleitung und tiefer Last, bis zu der herunter eine selbsttätige Regelung durchgeführt werden soll.

b) Dampfdruckregelung bei Rostfeuerung.

Die Belastungsregelung der Rostfeuerung hat folgende besonderen Merkmale:

1. Sowohl die Luftmenge als auch die Kohlenmenge wirken auf die Wärmeentwicklung ein.

2. Beide Einflüsse brauchen Zeit, um sich auszuwirken und zwar ist die Trägheit der Wärmeentwicklung durch Kohlenänderung viel größer als durch die Luftänderung (Kohlenanlaufzeit $T_k \sim 10$ Min., Luftanlaufzeit $T_l \sim 1$ Min.). Je länger die Anlaufzeit, um so länger ist auch die Periode der Regelschwingung. Haben zwei Regelschwingungen Perioden anderer Größenordnung, so bleiben im wesentlichen beide Schwingungen bestehen, ohne daß sie sich gegenseitig stören. Es braucht also nur untersucht zu werden, unter welchen Bedingungen Regelung der Kohlezufuhr und Regelung der Luftzufuhr, jede für sich, stabil sind.

3. Der Luftänderung selbst ist aber wiederum die Stellungsregelung des Rauchgasschiebers (Seite 224) vorgeschaltet, bei der die Anlaufzeit des Gasraumes zu überwinden ist (die wirksame Gasanlaufzeit ist $\delta\, T_g$, da nur das Intervall δ als höchste Druckänderung im Gasraum in Betracht kommt. $T_g \sim 2$ Sek., $\delta \sim 10$ mm WS $= {}^1/_{1000}$ at; $\delta\, T_g = {}^1/_{500}$ Sek.). Diese Verzögerung ist verschwindend gegen die Luftanlaufzeit, die Trägheit des Rostes schneidet also die Rückwirkung ab, welche die veränderliche Luftmenge auf die Wärmeentwicklung und damit auf den Dampfdruck ausübt. Es ist deshalb zulässig, die Einstellung des Schiebers durch den Dampfdruck auch bei Rostfeuerung als reine Stellungsregelung anzusehen, welche die Aufgabe hat, dem Dampfdruck eine bestimmte Rauchgasmenge zuzuordnen. Die Bedingungen für die Stabilität dieser Vorsteuerung sind bei der Stellungsregelung bestimmt worden. Werden die Bedingungen eingehalten, so erfolgt die Vorsteuerung aperiodisch in kürzester Zeit. Die Steuerung des Rauchgasschiebers durch den Dampfdruck kann also für den langsamen Vorgang der durch Luftzufuhr veränderten Wärmeentwicklung als direkte Regelung (ohne Kraftgetriebe, Schlußzeit $T_s = 0$) angesehen werden.

4. Die Einstellung der Luftzufuhr nach dem Dampfdruck erfolgt so schnell, daß es zulässig ist, statt des Dampfdruckes selbst die (durch Stellungsregelung gesteuerte) Rauchgasmenge zur Belastungsregelung zu benutzen. (Z. B. ist die Einstellung der Kohlenmenge nach der Rauchgasmenge mit Antriebsrückführung bei Askania eine mittelbare Dampfdruckregelung der Kohlenzufuhr, Seite 165.) Man schaltet damit die Ungenauigkeiten aus, welche in der Parallelschaltung mehrerer Dampfdruckregler liegen, die auf verschiedene Antriebe (Luft und Kohle) etwas abweichend einwirken können. Der Rauchgasmengenregler wirkt auf die mittelbare Steuerung der Kohlenzufuhr ein. Er bewegt sich genau gleich, wie die Mengenrückführung des Rauchgasschiebers, die selbst wieder allen Änderungen des Dampfdruckes folgt.

Die mittelbare Steuerung des Rostantriebes arbeitet also genau so, wie wenn sie direkt vom Dampfdruck aus geregelt würde.

5. Danach zerfällt die Untersuchung der Dampfdruckregelung bei Rostfeuerung unabhängig von der besonderen Ausführungsart (Roučka für Luftregelung, Smoot und Askania für Luft und Kohle) in zwei getrennte Aufgaben:

Regelung der Luftzufuhr durch direkte Dampfdruckregelung (ohne Kraftgetriebe),

Regelung des mittelbaren Rostantriebes durch den Dampfdruck (auch wenn die Regelung durch die Rauchgasmenge, welche vom Dampfdruck gesteuert wird, erfolgt).

Man kann bezweifeln, daß es zulässig ist, die Vorgänge so anzusehen, als wären sie voneinander unabhängig, da sie sich tatsächlich überlagern. Es kann aber angenommen werden, daß der Sinn der Stabilitätsbedingungen etwa folgender ist: Damit bei zusammenwirkenden Vorgängen (z. B. mittelbare Schaltung von Reglern) Stabilität erreicht wird, müssen die Vorgänge erstens für sich allein stabil sein und ferner darf die Periode der einzelnen Vorgänge nicht übereinstimmen oder ein bestimmter Vorgang muß langsamer ablaufen als ein anderer. Die bisherigen Ergebnisse, bei denen die Stabilitätsbedingungen Anwendung gefunden haben, würden diese Deutung bestätigen. Es wäre eine lohnende Aufgabe, den Inhalt der Stabilitätsbedingungen in dieser Richtung näher zu untersuchen.

Die Änderung der Luftzufuhr durch den Dampfdruck erfolgt durch Stellungsregelung nach einem quadratischen Gesetz. Da angenommen werden soll, die Steuerung des Rauchgasschiebers wirke wie ein direkter Regler, ist in die Steuergleichung für quadratische Rückführung die Schlußzeit $T_s = 0$ zu setzen

$$T_s \mu' + 2z\mu = \eta, \quad T_s = 0, \quad 2z\mu = \eta.$$

Der Rauchgasschieber öffnet nach dem Schaltbild (Abb. 166) mit sinkendem Dampfdruck φ_1, also ist

$$\eta = -\frac{\varphi_1}{\delta}, \quad 2z\mu = -\frac{\varphi_1}{\delta}.$$

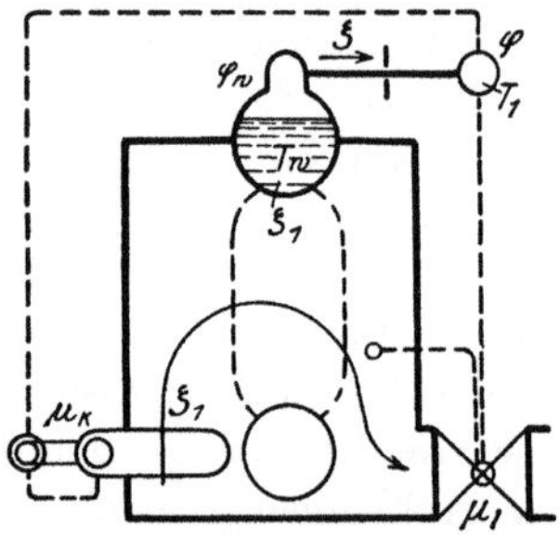

Abb. 166. Dampfdruckregelung bei Rostfeuerung μ_l = Luft, μ_k = Kohle.

Die Luftmenge μ steigert die Verbrennung ζ_1 mit einer Verzögerung durch die Luftanlaufzeit T_l des Rostes (Seite 219).

Änderung der Brenngeschwindigkeit $\mu - 2\zeta_1 = T_l \zeta_1'$.

Die entwickelte Wärme ζ_1 wird von der Heizfläche aufgenommen.

ζ ist die vom Kessel abgegebene Wärmemenge, der Mengenunterschied dient zur Aufladung des Kessels unter Änderung des Kesseldruckes

Änderung des Kesseldruckes $\quad T_l \varphi_w' = \zeta_1 - \zeta.$

Die abgegebene Dampfmenge ζ erzeugt einen quadratischen

Druckabfall $\quad \varphi_w - \varphi_1 = 2 z \delta \zeta,$

sie strömt dann dem Rohrleitungsnetz zu und verursacht eine Änderung des Dampfdruckes $\quad T_1 \varphi_1' = \zeta,$

Differentialgleichung der Dampfdruckänderung

$$2 z \delta T_l T_w T_1 \varphi_1''' + [4 \delta T_w T_1 + T_l(T_1 + T_w)] \varphi_1' + 2(T_1 + T_w)\varphi_1' + \frac{1}{2 z \delta} \varphi_1 = 0,$$

vernachlässigt $\quad T_1 \ll T_w, \quad \delta T_1 \ll T_l,$

Stabilitätsbedingung $\quad 2 T_w > T_1, \quad T_w \sim 500$ Sek., $T_1 \sim 2$ Sek.

immer erfüllt.

Da die Anlaufzeit T_1 der Rohrleitung immer verschwindend klein ist gegen T_l und T_w, kann sie gleich 0 gesetzt werden. Es entsteht dann die

Abgekürzte charakteristische Gleichung

$$w^2 + \frac{2}{T_l} w + \frac{1}{2 z \delta T_l T_w} = 0.$$

Die Dämpfung des Vorganges ist durch die Luftanlaufzeit T_l bestimmt, sie ist um so stärker, je kürzer T_l ist. Die Regelung verläuft aperiodisch, wenn $\quad 2 z \delta T_w > T_l,$

z. B. $\quad T_l = 60$ Sek., $\quad T_w = 600$ Sek., $\quad \delta = 0{,}1,$

aperiodisch über Halblast $z = 0{,}5$.

Als Maßstab für die Größenordnung der Trägheit des Vorganges kann die Viertelwertszeit im periodischen Gebiet dienen; im aperiodischen Gebiet verläuft die Regelung langsamer.

Viertelwertszeit $\quad T_{1/4} > 1{,}38\, T_l.$

Die Abweichungen der Dampferzeugung, welche durch Ungenauigkeiten der Stellungsregelung des Rauchgasschiebers entstehen, klingen bei großer Last im allgemeinen aperiodisch ab. Die Viertelwertszeit der Dämpfung hat die Größenordnung von einer Minute. Für Braunkohlenfeuerungen mit Rosten, bei denen die Kohle von selbst nachrutscht, beschränkt sich die Regelung auf diesen Vorgang (Treppenroste).

Für die Steuerung der Kohlenzufuhr nach dem Dampfdruck wird ein Regler mit quadratischer Rückführung angenommen.

Steuergleichung $T_s \mu' + 2 a z \mu = \eta = -\frac{\varphi}{\delta}$.

Durch den Faktor a im Rückführglied soll die Wirkung der Rückführung in der Differentialgleichung kenntlich gemacht werden. μ ist hier die Stellungsänderung des Antriebes, also zugleich die Änderung der Kohlenmenge, welche nach Seite 220 eine Steigerung der Wärmeentwicklung ζ_1 einleitet

Änderung der Verbrennung $\mu - \zeta_1 = \frac{T_k}{z} \cdot \zeta_1'$.

Es gelten ferner wie früher die Gleichungen

Änderung des Kesseldruckes $\zeta_1 - \zeta = T_w \varphi_w'$.

Quadratischer Druckabfall $\varphi_w - \varphi_1 = 2 z \delta \zeta$,

Änderung des Dampfdruckes $\zeta = T_1 \varphi_1'$.

Differentialgleichung der Druckänderung

$$2 z \delta T_1 T_w T_k T_s \varphi_1'''' + [2 z^2 \delta T_1 T_w (T_s + 2 a T_k) + T_k T_s (T_1 + T_w)] \varphi_1''' + [z (T_1 + T_w)(T_s + 2 a T_k) + 4 a z^3 \delta T_1 T_w] \varphi_1'' + 2 z^2 a (T_1 + T_w) \varphi_1' + z \frac{\varphi}{\delta} = 0,$$

zu vernachlässigen $T_1 \ll T_w$, $\delta T_1 \ll T_k$, $\delta T_1 < T_s$,

$T_1 \sim 2$ Sek., $T_w \sim 600$ Sek., $\delta \sim 0{,}1$, $T_s = 1$ bis 10 Sek.

Ohne Rückführung ($a = 0$) würde das Glied erster Ordnung fehlen, ohne das die Regelung unmöglich stabil sein kann (da Rückführung erforderlich, wird $a = 1$ gesetzt).

Stabilitätsbedingung

$$2 \delta z^2 T_w (T_s + 2 T_k - 4 \delta z^2 T_1) > T_s T_k,$$

$$T_s \ll T_k, \quad \delta T_1 \ll T_k,$$

$$\boxed{T_s < 4 \delta z^2 T_w.}$$

Bei den oben angenommenen Werten

$$T_s < 240 \cdot z^2 \text{ Sek.}$$

Bei Dampfdruckregelung der Kohlenzufuhr von Rostfeuerungen muß die Schlußzeit klein sein, da sonst für geringe Last die Stabilität der Regelung aufgehoben wird. Rückführung ist unbedingt erforderlich.

Da die Schlußzeit ohnehin kurz sein muß und die Anlaufzeit T_1 der Rohrleitung verschwindend klein ist, kann man $T_s = 0$, $T_1 = 0$ setzen, um ein Bild über die Trägheit der Regelung zu gewinnen.

Abgekürzte charakteristische Gleichung $$w^2 + \frac{z}{T_k} w + \frac{1}{2\,\delta\, T_k\, T_w} = 0,$$

aperiodisch, wenn $$z^2\,\delta\, T_w > 2\, T_k,$$

z. B.: $T_k \sim 9$ Min., $T_w \sim 10$ Min., $\delta \sim 10\,{}^0/_0$,

also immer gedämpfte Schwingung mit

Periode $$T \sim 2\,\pi \sqrt{\delta\, T_k\, T_w} = \underline{18{,}8 \text{ Min.}},$$

Viertelwertszeit $$T_{1/4} = \frac{2{,}77}{z}\, T_k = \underline{\frac{25 \text{ Min.}}{z}}.$$

Eine Druckänderung durch abweichende Kohlenzufuhr entsteht, wenn die Belastungsregelung durch Luftzufuhr mit der Steuerung der Kohlenzufuhr nicht genau zusammenarbeitet. Der Regelvorgang braucht sehr lange Zeit, um das Gleichgewicht wieder herzustellen. Es ist deshalb notwendig, die Mengen- und Antriebsrückführungen möglichst genau auszubilden, um die Abweichungen der Kohlenzufuhr auf ein Mindestmaß zu beschränken.

c) Steuergleichung der elektrischen Aussetzregelung.

Statt durch Steuerung des Ölstromes ein Kraftgetriebe zu beeinflussen, kann man bei elektrischer Betätigung das Kraftgetriebe nach der Stellung eines Reglers periodisch mehr oder weniger lang einschalten. Eine derartige Regelung arbeitet in endlichen Zeitabschnitten. Das Kraftgetriebe wird bei Abweichung des Reglers von seiner Ruhestellung für kurze Zeit eingeschaltet und zwar um so länger, je größer die Abweichung ist. Diese Schaltzeit t_s ist also von der Stellung des Reglers abhängig, z. B. 0—1 Sek. Der Schaltvorgang wird nach einer bestimmten unveränderlichen Zeit wiederholt, z. B. alle 4 Sekunden. Die Zeit vom Beginn eines Schaltvorganges bis zum nächsten soll Aussetzzeit Δt genannt werden. Ist der Reglerausschlag 0, dann wird überhaupt keine Bewegung des Kraftgetriebes eingeleitet. Bei einem bestimmten Ausschlag η des Reglers ist innerhalb der Aussetzzeit Δt das Kraftgetriebe während der Zeit t_s in Gang, während der Zeit $\Delta t - t_s$ steht es still.

Die Steuerung kann so eingerichtet werden, daß auch bei voller Reglerabweichung $\eta = 1$ die Schaltzeit nur ein Bruchteil der Aussetzzeit ist (z. B. 1 Sek. gegen 4 Sek.). Die Schlußzeit T_s des Kraftgetriebes ist dann das Vielfache der Zeit, welche nötig ist, um bei ununterbrochener Einschaltung den vollen Hub des Kraftgetriebes zurückzulegen; ist diese Zeit z. B. 5 Sek., die größte Schaltzeit $t_s = 1$ Sek. und $\Delta t = 4$ Sek., dann ist das Kraftgetriebe nur $^1/_4$ der Zeit in Bewegung, die Schlußzeit ist also $4 \times 5 = 20$ Sek.

Bei voller Öffnung des Reglers ($\eta = 1$) ist die Schlußzeit T_s erforderlich, um den vollen Hub $m_{\max}$ des Kraftgetriebes zurückzulegen. Die Hubänderung Δm, welche auf den Zeitabschnitt Δt entfällt, ist also

Hubänderung bei voller Öffnung des Reglers

$$\Delta m = \frac{\Delta t}{T_s} m_{\max},$$

bei der Regleröffnung η $\quad \Delta m = \eta \frac{\Delta t}{T_s} m_{\max}.$

$\Delta m : m_{\max}$ ist die verhältnismäßige Hubabweichung $\Delta\mu$ des Kraftgetriebes. Es entsteht die

Steuergleichung der Aussetzregelung $\quad T_s \frac{\Delta \mu}{\Delta t} = \eta,$

woraus bei kleinen Zeitabschnitten Δt im Grenzfall die bisherige Gleichung entsteht

$$T_s \mu' = \eta.$$

Wird die Schaltvorrichtung durch einen gewöhnlichen Druckregler betätigt, dann ist wie früher

$$\eta = \pm \frac{\varphi}{\delta},$$

wenn φ die Druckabweichung von der Beharrung und δ die Ungleichförmigkeit des Reglers ist.

d) Differentialdruckregler.

Statt dessen soll aber der Regler so ausgebildet sein, daß er nicht auf die Druckabweichung gegen die Ruhestellung anspricht, sondern auf die Druckänderung, welche in der Aussetzzeit eingetreten ist. (S. 179.)

Die Nockenwelle (Abb. 167) bewegt das Joch periodisch gleichförmig nach unten und läßt es dann wieder zurückgehen. Beim Druckausschlag Null wird dadurch der Schaltarm nicht bewegt. Der Schaltarm wird erst bei einer Druckabweichung mitgenommen und er legt ein längeres Stück gleichförmig zurück, wenn die Druckabweichung größer ist. Würde er bei Überschreiten der Ruhelage einen Kontakt einschalten, so wäre die Schaltzeit der gleichförmig zurückgelegten Strecke und damit der Druckabweichung proportional.

Die Herstellung des Kontaktes geschieht aber durch den Kontaktarm, der mit dem Schaltarm nicht verbunden ist, sondern beweglich auf einer Achse sitzt. Der Kontakt wird erst geschlossen, wenn der Schaltarm den Kontaktarm bei seiner Abwärtsbewegung erreicht hat, dann stößt der Schaltarm den Kontaktarm vor sich her, indem er ihn auf seiner Achse verdreht. Im Augenblick, in dem das Joch zurückläuft (Beginn der neuen Aussetzzeit) bleibt der Kontaktarm stehen, er zeigt also den Druck zu Anfang der neuen Aussetzzeit Δt an. Am Schluß dieser Zeit wird der Schaltarm durch das Joch wieder abwärts bewegt, entsprechend dem Druck zu dieser Zeit. Es sind verschiedene Fälle möglich.

1. Ist die Druckabweichung am Ende der Aussetzzeit Δt kleiner als am Anfang, so wird **kein Kontakt** geschlossen, da der Schaltarm zurückläuft, ehe er den Kontaktarm erreicht hat.

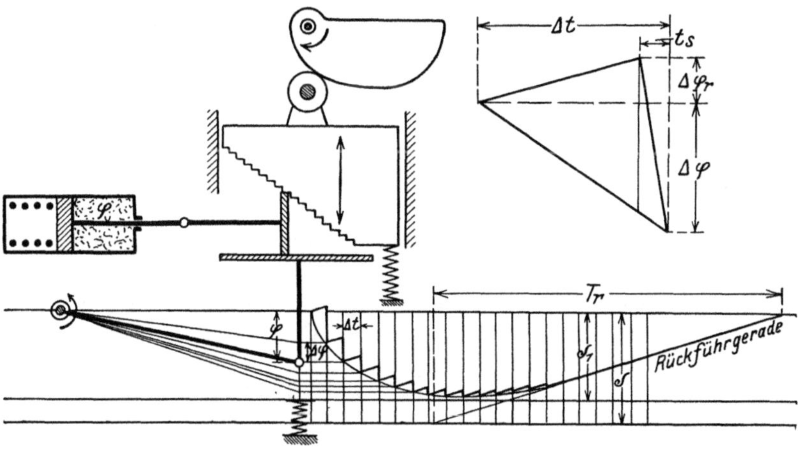

Abb. 167. Schema der Differentialdruckregelung von Bailey.

2. Ist die Druckabweichung nach der Zeit Δt größer als am Anfang dieser Zeit, so berührt der Schaltarm den Kontaktarm, schließt den Kontakt und stößt den Schaltarm so lange vor sich her, bis das Joch wieder zurückläuft. Die Dauer des Kontakts entspricht also der **Zunahme der Druckabweichung** $\Delta\varphi$, die während der Aussetzzeit Δt eintritt. Ist δ die größte Druckabweichung, so wird die verhältnismäßige

Regleröffnung $$\eta = \pm \frac{\Delta\varphi}{\delta}.$$

Das Vorzeichen richtet sich danach, ob der Regler bei steigendem oder sinkendem Druck öffnet.

3. Dieser Vorgang setzt sich in jeder folgenden Aussetzzeit fort, bis die Druckabweichung so groß ist (δ_1), daß der Kontaktarm den **Anschlag** erreicht. Der Kontaktarm wird dann festgehalten und der Kontakt geschlossen, wenn der Schaltarm an den Anschlag stößt. Die Regleröffnung entspricht dann den Druckabweichungen $\pm$ $(\varphi - \delta_1)$

Regleröffnung $\eta = \pm \frac{\varphi - \delta_1}{\delta}$.

Der Regler arbeitet wie ein gewöhnlicher Druckregler.

4. Steigt die Druckabweichung über den Wert, welcher der vollen Regleröffnung entspricht, dann arbeitet die Steuerung mit konstanter voller Geschwindigkeit ($\eta = 1$).

Bisher wurde angenommen, daß die Achse, auf welcher der Kontaktarm sich dreht, fest ist. In Wirklichkeit führt sie aber eine Drehung aus, welche bestrebt ist, den Kontaktarm in die Nullage zurückzuführen. Diese Vorrichtung wirkt als Gleichdruckrückführung. Um die gleichförmige Drehgeschwindigkeit der Achse zu kennzeichnen, wird die Rückführzeit T_r eingeführt.

Die Rückführzeit T_r ist erforderlich, um den Kontaktarm (ohne Eingriff des Schaltarms) von der Lage, welche der Druckabweichung δ entspricht, nach der Nullage zu drehen.

Der Kontaktarm bleibt also nicht, wie bisher angenommen, von einem Schaltvorgang zum nächsten in Ruhe, sondern er durchläuft in der Aussetzzeit Δt einen Bruchteil $\Delta t : T_r$ des Drehwinkels. Die wirkliche Kontaktzeit entspricht also nicht der Zunahme $\Delta \varphi$ der Druckabweichung, sondern sie wird um einen Betrag vermehrt, welcher der Rückführabweichung $\Delta \varphi_r$ entspricht. Da die Rückführabweichung nach Definition in der Zeit T_r der Druckabweichung δ entspricht, ist der Teilbetrag in der Zeit Δt

Rückführabweichung $\frac{\Delta \varphi_r}{\delta} = \frac{\Delta t}{T_r}$.

Die tatsächliche Regleröffnung η ist die Summe von Rückführabweichung und Druckänderung, in der Zeit Δt also

Regleröffnung mit Rückführung $\eta = \pm \frac{\Delta \varphi}{\delta} + \frac{\Delta t}{T_r}$.

Setzt man den Wert von η in die Steuergleichung (Seite 256) ein, so wird

Steuergleichung mit Gleichdruckrückführung $T_s \frac{\Delta \mu}{\Delta t} = \pm \frac{\Delta \varphi}{\delta} + \frac{\Delta t}{T_r}$.

Die Rückführung $\Delta t : T_r$ hat anderes Vorzeichen als eine gewöhnliche Rückführung. Dies ist bei Gleichdruck- (und Isodrom-)rückführungen immer der Fall. Die Differentialdruckregelung dient dazu, die Rückführung, welche bei Zustandsregelung erforderlich ist, entbehrlich zu machen. Die Gleichdruckrückführung wirkt aber der gewöhnlichen Rückführung immer entgegen, denn sie hat die Aufgabe, die Ungleichförmigkeit aufzuheben, welche beim Regler mit Rückführung wie beim direkten Regler auftritt.

Wenn man die Gleichung in der Form schreibt

$$\frac{\Delta\mu}{\Delta t} = \frac{\Delta t}{T_s}\left(\pm\frac{\Delta\varphi}{\Delta t}\cdot\frac{1}{\delta} + \frac{1}{T_r}\right)$$

erkennt man, daß die Geschwindigkeit $\Delta\mu/\Delta t$ des Kraftgetriebes, von der Rückführung abgesehen, dem Differenzenquotienten $\Delta\varphi/\Delta t$ proportional ist. Das Wesen der Steuerung besteht also in der Regelung des Kraftgetriebes durch $\Delta\varphi/\Delta t$ (und die Rückführung); der Faktor

$$c = \frac{\Delta t}{T_s}$$

kennzeichnet die Zuordnung von Differenzenquotient der Druckänderung und Geschwindigkeit des Kraftgetriebes. Baut man die Steuerung mit einem kleineren Δt und stellt man zugleich die Bedingung, daß die Zuordnung von $\Delta\mu/\Delta t$ und $\Delta\varphi/\Delta t$ unverändert bleiben soll, dann muß auch der Faktor $c = \Delta t/T_s$ unverändert bleiben; d. h. man muß bei kleinerem Δt auch die Schlußzeit T_s verkleinern, damit bei gleichen Werten von $\Delta\varphi/\Delta t$ die gleiche Steuergeschwindigkeit des Kraftgetriebes $\Delta\mu/\Delta t$ entsteht. Beim Grenzübergang auf die Geschwindigkeit $\mu' = d\mu/dt$ und $\varphi' = d\varphi/dt$ bleibt also der Faktor c konstant, und es entsteht die

Gleichung der Differentialdruckregelung

$$\mu' = c\left(\pm\frac{\varphi'}{\delta} + \frac{1}{T_r}\right),$$

$$\frac{T_s}{\Delta t}\mu' = \left(\pm\frac{\varphi'}{\delta} + \frac{1}{T_r}\right).$$

e) Differentialdruckregelung bei Kohlenstaubfeuerung.

Der Differentialdruckregler wirkt auf ein elektrisches Kraftgetriebe zur Steuerung der Kohlenstaubbrenner. Zur Zeit $t = 0$ soll der Druck im Gleichgewicht sein, jedoch der Brenner um einen Betrag μ_0 zu wenig öffnen (Abb. 168). Die Folge davon ist eine zu geringe Wärmezufuhr zum Kessel und ein Sinken des Druckes φ, der die Regelung in Tätigkeit setzt. Um das allgemeine Gesetz der Veränderung zu erkennen, betrachtet man einen Zeitabschnitt Δt. Der Hub des Kraftgetriebes, welcher im früheren Zeitabschnitt vom Regler eingestellt wurde, sei μ. Diese Stellung bleibt während der Zeit Δt unverändert; die Abweichung μ der Wärmezufuhr vom Bedarf verursacht eine gleichförmige Änderung des Kesseldruckes um $\Delta\varphi$ in der Zeit Δt.

Kesseldruckänderung $T_w\cdot\varphi' = \mu, \quad \varphi' = \frac{\Delta\varphi}{\Delta t}.$

Am Ende der Aussetzzeit verursacht der Regler eine Bewegung $\Delta\mu$ des Kraftgetriebes, welche von der Druckänderung $\Delta\varphi$ und der Rückführabweichung abhängig ist. Dieser Schaltvorgang beansprucht einen so kleinen Bruchteil der Aussetzzeit Δt, daß man annehmen kann, das Kraftgetriebe würde am Ende dieser Zeit sprungweise um $\Delta\mu$ verstellt, wofür beim Grenzübergang auf unendliche kleine Aussetzzeiten die Seite 259 abgeleitete Steuergleichung gilt.

$$\frac{T_s}{\Delta t}\mu' = -\frac{\varphi'}{\delta} + \frac{1}{T_r}.$$

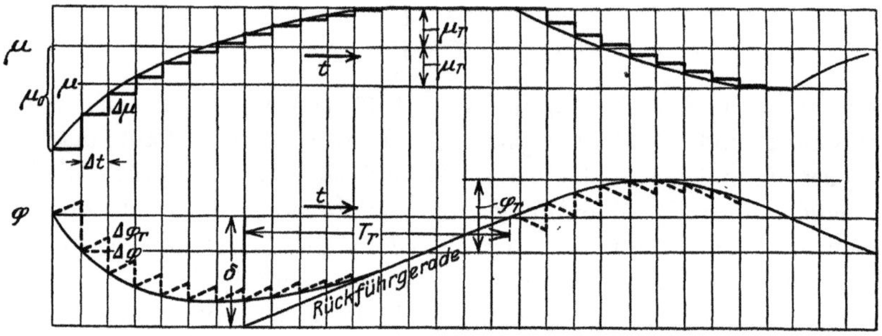

Abb. 168. Bewegung des Kraftgetriebes μ und des Druckes φ. μ_0 = Anfangswert, μ_r und φ_r Rückführschwingung.

Das negative Vorzeichen vor φ' bedeutet Öffnen des Kraftgetriebes bei sinkendem Druck. Aus den beiden Gleichungen kann φ' eliminiert werden; es entsteht die

Differentialgleichung $$\frac{T_s}{\Delta t}\mu' + \frac{1}{\delta T_w}\mu - \frac{1}{T_r} = 0.$$

Die Gleichung ist erster Ordnung. Die Trägheit des Wasserraumes ist bei diesem Vorgang ausgeschaltet, denn der Regler mißt alle Änderungen der zugeführten Wärmemengen, d. h. der Brennstoffzufuhr. Die Regelung ist aperiodisch stabil ohne Rückführung. Der aperiodische Verlauf ist bei Kohlenstaubfeuerungen grundlegend wichtig, um bei allen Belastungsverhältnissen Luftmangel zu verhindern (Seite 166 und 250). Die Rückführung ist entbehrlich, weil es sich um eine Mengenregelung handelt. Man darf sich nicht durch das Vorhandensein einer Gleichdruckrückführung beirren lassen, die Gleichdruckrückführung kann die Stabilität nicht fördern, dazu müßte sie im Sinn einer positiven Ungleichförmigkeit wirken wie ein direkter Regler, sie wirkt aber gerade umgekehrt.

Zur Lösung der Gleichung wird der Ansatz gemacht

$$\mu = A\,e^{-pt} + c.$$

Anfangsbedingungen $\quad t = 0, \quad \mu = \mu_0$

und es entsteht das Bewegungsgesetz des Kraftgetriebes

$$\mu = \left(\mu_0 - \frac{\delta\, T_w}{T_r}\right) e^{-\frac{\Delta t}{\delta\, T_w T_s} t} + \frac{\delta\, T_w}{T_r}.$$

Der ursprüngliche Ausschlag μ_0 klingt bis auf ein Glied $\delta\, T_w : T_r$ ab, die Gleichung einer Geraden, deren Neigung von der Rückführzeit T_r abhängt, weshalb sie Rückführgerade genannt werden soll. Die Rückführung veranlaßt zunächst eine Umkehr des Druckverlaufs gegen die Nullage und der Druck läuft dann asymptotisch in die Rückführgerade ein. Ist dieser Zustand erreicht, dann werden keine Kontakte mehr geschlossen, das Kraftgetriebe bleibt stehen und der Druck bewegt sich genau mit der Geschwindigkeit der Rückführung zum Nullpunkt; die Rückführung durchläuft den Druckunterschied δ in der Rückführzeit T_r, also ist die Geschwindigkeit $\Delta\varphi : \Delta t$ der Druckänderung $= \delta : T_r$. Da sich aber der Druck ändert, ist die erreichte Stillstandslage des Kraftgetriebes nicht die Beharrungsstellung, sondern es ist eine Rückführabweichung μ_r des Kraftgetriebes vorhanden, das die gleichförmige Druckänderung hervorruft

$$\mu_r = T_w \cdot \varphi' = T_w \cdot \frac{\Delta\varphi}{\Delta t} = \frac{\delta\, T_w}{T_r}.$$

Die Gleichung für μ läßt sich also in der Form schreiben

$$\mu = (\mu_0 - \mu_r)\, e^{-\frac{\Delta t}{\delta\, T_w T_s} t} + \mu_r.$$

Bei der Gleichdruckrückführung des Regeldruckes nach der Nullstellung muß eine Abweichung μ_r des Kraftgetriebes von der Beharrung vorhanden sein. Während der Druck durch die Rückführung auf die Richtung der Rückführgeraden abgebogen wird, klingt der ursprüngliche Ausschlag μ_0 des Kraftgetriebes ab, überschreitet die Beharrungsstellung und geht in die Rückführabweichung μ_r über. Der Regeldruck nähert sich also asymptotisch der Rückführgeraden, das Kraftgetriebe dem Wert μ_r. Hat der Regeldruck die Nullage erreicht, so steht die Steuerung nicht still, sondern es beginnt nach der anderen Seite ein ebensolcher Regelvorgang mit dem Anfangswert μ_r für den Ausschlag des Kraftgetriebes.

Die Regelung kommt nicht in eine Ruhelage, sondern es bleibt eine Rückführschwingung des Kraftgetriebes und des Dampfdruckes übrig.

Etwas anders verläuft die Regelung bei sehr großem Ausschlag μ_0. Das abgeleitete Gesetz gilt nur unter der Bedingung, daß der Druck φ umkehrt, bevor der Kontaktarm den Anschlag (Abb. 167) erreicht. Berührt jedoch bei der Abweichung δ_1 der Kontaktarm den Anschlag, so verläuft die Regelung wie eine gewöhnliche Druckregelung nach einem Sinusgesetz (harmonische Schwingung, da keine Rückführung, Abb. 169). Überschreitet φ beim Wert δ den vollen Reglerhub, so arbeitet die Regelung wie eine Steuerung mit konstanter Geschwindigkeit des Kraftgetriebes (also gleichförmig beschleunigte Veränderung des Druckes), der Druck hat den Verlauf einer Parabel. Da eine Dämpfung während dieser Regelperiode nicht vorhanden ist, wird der Verlauf von φ und μ auf der Strecke *1 2 3 4 5* vollkommen symmetrisch.

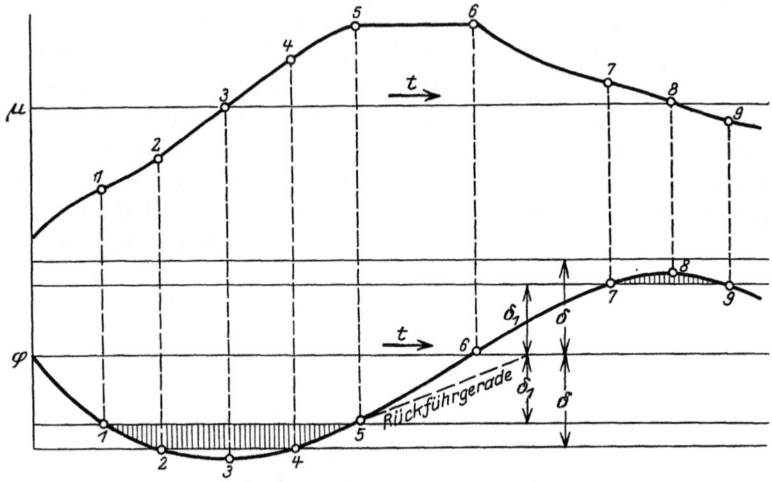

Abb. 169. Verlauf der Regelung beim Übergang von Differentialdruckregelung zur gewöhnlichen Druckregelung (*1*—*5*, *7*—*9*).

φ' und μ haben, also entgegengesetzt gleiche Werte wie im Punkt *1*. Da nun aber φ' steiler verläuft als die Rückführgerade, werden von da ab überhaupt keine Kontakte mehr geschlossen, der Schaltarm erreicht den Kontaktarm nicht mehr (Seite 257, Fall 1). Das Kraftgetriebe bleibt in Ruhe und φ kehrt gleichförmig in die Nullstellung, wo ein neuer Regelvorgang nach der anderen Seite einsetzt, der genau mit dem Wert von μ beginnt, auf welchen der ursprüngliche Wert μ_0 im Punkt *1* abgeklungen war. Rechnet man die Zeit der Unterbrechung des Regelvorganges ab, so hat man es mit einer fortlaufenden Dämpfung des ursprünglichen Ausschlages zu tun, die Stabilität wird also durch die Unterbrechung in keiner Weise verändert. Es ist aber zu beachten, daß bei Regelung nach φ statt nach $\Delta\varphi$ der Druck viel schneller umkehrt, es handelt sich also um ein Mittel, die großen Druckabweichungen herabzusetzen, welche bei reiner Differentialdruckregelung auftreten würden.

Der Anschlag schaltet die Differentialwirkung bei großen Ausschlägen aus und durch Übergang auf normale

Druckregelung wird ein übermäßiger Druckausschlag verhindert. Die weitere Dämpfung des Ausschlages setzt mit dem Wert ein, auf den der Ausschlag bei Unterbrechung der Differentialregelung zurückgegangen war.

Nach wiederholter Dämpfung wird der Ausschlag zuletzt auf den Wert μ_r herabgesetzt. Die Druckabweichung sinkt dann auf eine Rückführabweichung δ_r, welche noch berechnet werden soll. Bei der Rückführschwingung ist $-\mu_r$ der Anfangswert der Abweichung des Kraftgetriebes. Die Druckabweichung φ erreicht ihren Höchstwert δ_r, zur Zeit t_0, in der das Kraftgetriebe die Beharrungslage überschneidet. Diese Zeit t_0 läßt sich aus der Gleichung für μ berechnen. Ferner ist durch Integration die Gleichung für φ zu bilden. Setzt man in diese Gleichung den Wert t_0 ein, so erhält man den gesuchten Druckausschlag δ_r.

Rückführschwingung des Kraftgetriebes $\mu_0 = -\mu_r, \qquad \mu = -2\mu_r e^{-pt} + \mu_r,$

$$t = t_0, \qquad \mu = 0, \qquad e^{-pt_0} = \frac{1}{2}, \qquad t_0 = \frac{\ln 2}{p}, \qquad p = \frac{\Delta t}{\delta T_w T_s}.$$

Gleichung der Druckänderung

$$T_w \varphi' = \mu,$$

$$T_w \int d\varphi = -2\mu_r \int e^{-pt} dt + \mu_r \int dt,$$

$$T_w \varphi = +2\frac{\mu_r}{p} e^{-pt} + \mu_r t + c,$$

$$t = 0, \qquad \varphi = 0, \qquad c = \frac{2\mu_r}{p},$$

$$T_w \varphi = \frac{2\mu_r}{p}\left(1 + e^{-pt}\right) + \mu_r t,$$

$$t = t_0, \qquad \varphi = \delta_r,$$

$$T_w \delta_r = \frac{2\mu_r}{p}\left(1 + e^{-\ln 2}\right) + \ln 2 \frac{\mu_r}{p} = (3 + \ln 2)\frac{\mu_r}{p}.$$

Druckabweichung δ_r und Ausschlag μ_r des Kraftgetriebes bei der Rückführschwingung $\quad \frac{\delta_r}{\delta} = 3{,}7\,\mu_r \frac{T_s}{\Delta t}, \qquad \mu_r = \frac{\delta T_w}{T_r}.$

T_s = Schlußzeit des Kraftgetriebes bei der Ungleichförmigkeit δ,
δ = Ungleichförmigkeit bei voller Regleröffnung,
T_w = Wasseranlaufzeit des Kessels,
T_r = Rückführzeit für die Ungleichförmigkeit δ.

Die Regelung ist so einzurichten, daß δ_r und μ_r klein bleiben. Hierzu muß die Ungleichförmigkeit δ klein gemacht werden. Dadurch sinkt δ_r

nicht nur absolut, sondern auch im Verhältnis zu δ. Lange Rückführzeit T_r wirkt sowohl auf μ_r als auf δ_r günstig ein, man darf aber nicht zu weit gehen, da sonst der Regler bei schnellen Belastungsänderungen nicht Zeit hat, den Druck zur Ruhe zu bringen. Kurze Schlußzeit beeinflußt nur die Ungleichförmigkeit δ_r. Die Schlußzeit T_s kann klein gemacht werden. Es ist zu berücksichtigen, daß bei der Differentialdruckregelung nur ganz kleine Regelöffnungen in Betracht kommen, die der kleinen Druckänderung $\Delta\varphi$ im Zeitabschnitt Δt entsprechen, so daß das Kraftgetriebe immer viel langsamer läuft, als der vollen Regleröffnung entspricht. Arbeitet aber der Regler jenseits des Anschlages als normaler Druckregler, so sind kurze Schlußzeiten erwünscht, um die Druckausschläge herabzusetzen und die Zeiten abzukürzen, in denen der Dämpfungsvorgang unterbrochen wird.

Beispiel: $T_w = 600$ Sek.,

$T_r = 180$ „ $\qquad \mu_r = 0{,}1$

$\delta = 3\,\%$ $\qquad \dfrac{\delta_r}{\delta} = 2 \cdot 3{,}7 \cdot 0{,}1 = 0{,}74$

$\Delta t = 3$ Sek.,

$T_s = 6$ „

Durch kleine Ungleichförmigkeit und kurze Schlußzeiten läßt sich die Rückführschwingung auf Werte heruntersetzen, die praktisch vernachlässigt werden können.

Die Differentialdruckregelung hat folgende Merkmale:

1. Beim Fehlen einer Gleichdruckrückführung würde der Regeldruck stehen bleiben, sobald das Kraftgetriebe die Beharrungslage erreicht hat. Er ist aber zu dieser Zeit nicht in seiner Mittellage und es würde bei jedem folgenden Regelvorgang immer weiter von der Mittellage entfernt. Aus diesem Grund ist Rückführung in die Mittellage für die Differentialdruckregelung unbedingt erforderlich.

2. Der Druck der Sammelleitung ist dadurch im Beharrungszustand bei allen Lasten gleich. Er kann deshalb nicht mehr, wie bei der Druckregelung als Stellungsregler dienen, um die Belastung zwangläufig gleichmäßig auf die Kessel zu verteilen. Die Verteilung ist von der Genauigkeit abhängig, mit der die Kraftgetriebe der einzelnen Kessel während der Druckregelung parallel arbeiten. Ungenauigkeiten führen mit der Zeit zu ungleichmäßiger Lastverteilung, die durch Handbedienung nachgestellt wird.

f) Differentialdruckregelung bei Rostfeuerung.

Die gleiche Anordnung gibt auch bei Rostfeuerung eine stabile Regelung, es kommt aber ein weiterer Puffer durch die Trägheit des Rostes hinzu, so daß der Vorgang anders verläuft als bei Kohlenstaubfeuerung. Der Differentialdruckregler wirkt sowohl auf die Luftzufuhr als auf die Kohlenzufuhr (Seite 166) und leitet dadurch eine Veränderung der Verbrennung ζ ein. Wegen des großen Unterschiedes der Anlaufzeiten T_l und T_k für Luft und Kohle können Änderungen der Wärmeentwicklung durch Luft- und Kohlenzufuhr als zwei getrennte Vorgänge angesehen werden, die sich überlagern. μ bedeutet in beiden Fällen die Abweichung der Zufuhr, welche der Abweichung des Kraftgetriebes von der Beharrungslage gleich sein soll.

Änderung der Verbrennung

durch Luftzufuhr — durch Kohlezufuhr

$$\mu - 2\zeta = T_l \cdot \zeta', \qquad \mu - \zeta = \frac{T_k}{z}\zeta'.$$

Die entwickelte Wärme wird von der Heizfläche aufgenommen unter Steigerung des Kesseldruckes

Kesseldruckänderung $\zeta = T_w \cdot \varphi'$.

Der Kesseldruck wirkt auf die Differentialdruckregelung der Steuerung.

Differentialgleichung für die Regelung des Kraftgetriebes $\frac{T_s}{\Delta t} \cdot \mu' = -\frac{\varphi'}{\delta} + \frac{1}{T_r}$.

Aus den drei Gleichungen entsteht die Differentialgleichung der

Druckänderung durch Luftzufuhr $\frac{T_s}{\Delta t} T_w T_l \varphi''' + 2\frac{T_s}{\Delta t} T_w \varphi'' + \frac{1}{\delta}\varphi' = \frac{1}{T_r}$,

durch Kohlezufuhr $\frac{T_s}{\Delta t}\frac{T_k T_w}{z}\varphi''' + \frac{T_s}{\Delta t} T_w \varphi'' + \frac{1}{\delta}\varphi' = \frac{1}{T_r}$.

Auf der rechten Seite steht ein Glied mit der Rückführzeit T_r, das eine Störungsfunktion bildet. Der Grund besteht darin, daß die Bewegung der Rückführung eine reine Funktion der Zeit ist, ohne irgend welche Abhängigkeit von den Reglergrößen (φ, μ, ζ). Da die Störungsfunktion den Charakter der Differentialgleichung nicht beeinflußt, brauchte sie nur bei der Konstantenbestimmung berücksichtigt zu werden und es entstehen bei Erniedrigung um einen Grad die charakteristischen Gleichungen, deren Auswertung für Änderung der Luft- und Kohlezufuhr getrennt durchgeführt wird.

Änderung der

Luftzufuhr — Kohlezufuhr

Charakteristische Gleichung $w^2 + \frac{2}{T_l} w + \frac{\Delta t}{\delta T_w T_l T_s} = 0$, $w^2 + \frac{z}{T_k} w + \frac{z\,\Delta t}{\delta T_w T_k T_s} = 0$,

Wurzel $w = -\frac{1}{T_l} \pm \sqrt{\frac{1}{T_l^2} - \frac{\Delta t}{\delta T_w T_l T_s}}$, $-\frac{z}{2T_k} \pm \sqrt{\frac{z^2}{4T_k^2} - \frac{z\,\Delta t}{\delta T_w T_k T_s}}$,

	Änderung der Luftzufuhr	Änderung der Kohlenzufuhr
aperiodisch, wenn	$\frac{T_s}{\Delta t} > \frac{T_l}{\delta T_w}$,	$\frac{T_s}{\Delta t} > \frac{4}{z} \frac{T_k}{\delta T_w}$,
p = reeller Teil der Wurzel	$-\frac{1}{T_l}$,	$-\frac{z}{2 T_k}$,
Viertelwertszeit im periodischen Gebiet (Seite 224)	$2{,}77\, T_l$,	$5{,}6 \frac{T_k}{z}$.

Beispiel:

Luftanlaufzeit	$T_l = 60$ Sek.,	
Kohleanlaufzeit	$T_k = 600$ „	
Wasseranlaufzeit	$T_w = 600$ „	
Ungleichförmigkeit	$\delta = 0{,}05$	
Aussetzzeit	$\Delta t = 4$ Sek.	
Aperiodisch, wenn	$T_s > 8$ Sek.	$T_s > \frac{320}{z}$ Sek. unmöglich.
Viertelwertszeit	$T_{1/4} = 84$ Sek.	$T_{1/4} = 56$ Min.

1. Große Schlußzeiten führen bei Differentialdruckregelung zum erwünschten aperiodischen Verlauf, während bei Druckregelung dadurch die Stabilität aufgehoben wurde.

2. Abweichungen der Luftzufuhr klingen nach etwa 1 Min. auf den vierten Teil ab.

3. Abweichungen der Kohlenzufuhr verlaufen nach dem Gesetz einer schwach gedämpften Schwingung, die besonders bei kleiner Last sehr langsam abklingt. Wegen der schwachen Dämpfung kann das erste Glied unter der Wurzel vernachlässigt und die Periode bestimmt werden

$$T = 2\pi \sqrt{\delta T_w \frac{T_k}{z} \frac{T_s}{\Delta t}}$$

die sehr große Werte annimmt. Die Schwingung verläuft so langsam, daß sie praktisch neben der Belastungsregelung durch Luftzufuhr nicht zur Geltung kommt, und es genügt, ihre Stabilität nachzuweisen.

Das abgeleitete Gesetz gilt nur unter den getroffenen Voraussetzungen, nach denen der Schaltarm sich nicht schneller der Nullage nähert als der Kontaktarm durch die Rückführbewegung. Dies trifft aber nur bei aperiodischem Verlauf des Regelvorganges zu, der in Abb. 170 veranschaulicht ist. Außer μ und φ muß auch die Änderung der Verbrennung ζ verfolgt werden. Bis zum Zeitpunkt $t = 0$ soll Gleichgewicht bestehen, das durch eine Änderung um μ_0 gestört wird. Die Verbrennung ζ sinkt und veranlaßt φ, ebenfalls zu sinken. Zwischen den drei Größen besteht ungefähr folgende Beziehung

$$\mu - \zeta \sim \zeta',$$
$$\zeta \sim \varphi',$$
$$\varphi' + \frac{1}{T_r} \sim \mu'.$$

Sind zugeführte Kohle μ und verbrannte Kohle ζ einander gleich geworden, dann kehrt ζ um ($\zeta' = 0$, $\varphi'' = 0$) und φ hat einen Wendepunkt. Erreicht ζ die Nullachse ($\zeta = 0$, $\varphi' = 0$) so kehrt der Druck φ um und μ hat die Neigung $1/T_r$ der Rückführgeraden. Von da ab nähern sich μ und ζ asymptotisch dem Wert, welcher der Neigung der Rückführgeraden entspricht, in welche φ einläuft. Der Vorgang vollzieht sich also ganz ähnlich wie bei der Kohlenstaubfeuerung.

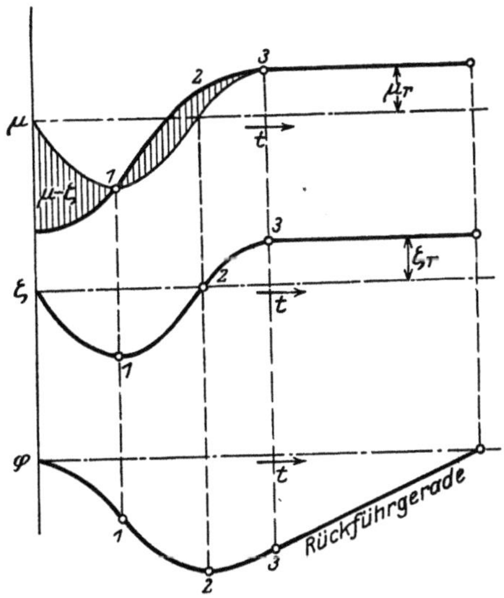

Abb. 170. Differentialdruckregelung bei Rostfeuerungen im aperiodischen Gebiet. μ = Luftmenge, ζ = Wärmemenge, φ = Dampfdruck.

Bei einer gedämpften Schwingung der Regelung (Abb. 171) löst sich aber die Bewegung des Schaltarms vom Kontaktarm ab, der in Richtung der Rückführgeraden läuft; das Regelgesetz wird dadurch unterbrochen. Die Regelung arbeitet anfangs genau wie beim aperiodischen Verlauf, φ hat einen Wendepunkt, wenn ζ umkehrt und einen Umkehrpunkt (größte Abweichung), wenn ζ die Nullachse schneidet. Die Umkehr geschieht aber nur zum kleinsten Teil durch Wirkung der Rückführung; φ kehrt um, weil es nach einem Sinusgesetz verläuft und dies würde auch geschehen, wenn die Rückführbewegung überhaupt nicht vorhanden wäre. Sobald die Druckabweichung φ unter Einfluß des Sinusgesetzes die Neigung der Rückführgeraden erreicht hat, ist die Rücklaufbewegung des Druckes schneller als die der Rückführung, es werden keine Kontakte mehr gegeben und das Krafttriebe (μ) bleibt stehen. Die Verbrennung ζ nähert sich dem Wert von μ, bis sie ihn im Punkt 4 erreicht hat. Von 4—5 sind μ und ζ konstant, φ steigt mit einer Neigung, die dieser Abweichung entspricht, zum Nullpunkt. Jetzt beginnt die bei 3 unterbrochene Dämpfung der Ausschläge nach der anderen Seite. μ hat sich zwischen 3 und 5 nicht geändert.

Verläuft die Regelung nach dem Gesetz einer gedämpften Schwingung, so löst sich bei seiner Umkehr der Druckregler von der Rückführung ab und unterbricht den Regelvorgang. Das Kraftgetriebe bleibt in Ruhe, bis der Druck die Nullage überschreitet, dann wird die Regelung fortgesetzt. Das Gesetz der Dämpfung erfährt durch diese Unterbrechung keine Veränderung.

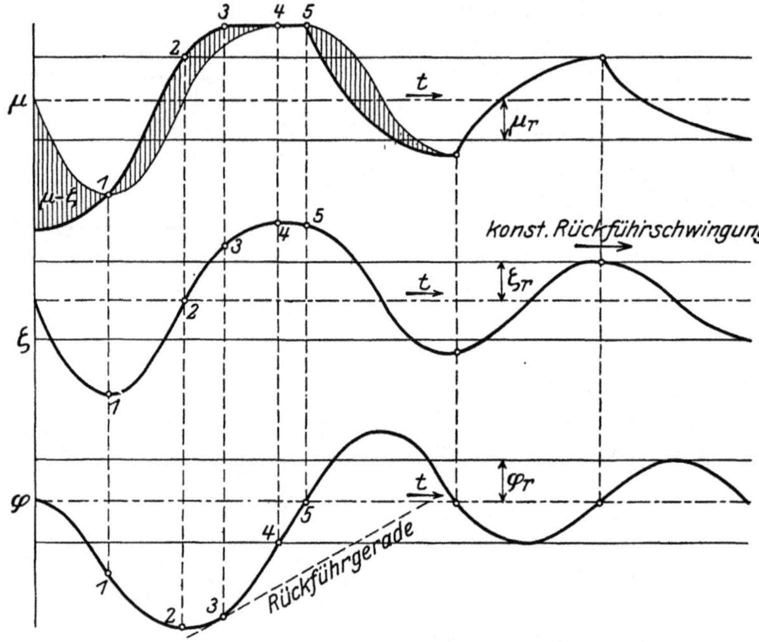

Abb. 171. Differentialdruckregelung bei Rostfeuerungen im periodischen Gebiet. μ = Kohlenmenge, ζ = Wärmemenge, φ = Dampfdruck.

In Wirklichkeit wird der Druckverlauf so oft durch neue Belastungsänderungen beeinflußt, daß diese abgeleiteten Gesetze in den Druckdiagrammen des Betriebes nicht deutlich zum Ausdruck kommen. Trotzdem gibt die Untersuchung Aufschluß über die Frage der Stabilität, die durch den Charakter der Dampfverbrauchsänderungen nicht beeinflußt wird.

5. Luftüberschußregelung.

Werden Luftzufuhr und Kohlezufuhr durch Stellungsregelung und Belastungsregelung gesteuert, so entsteht ein Luftüberschuß, der sich nach der Genauigkeit der Regelvorrichtungen einstellt. Will man den Luftüberschuß unter allen Verhältnissen zwangläufig regeln, so kann der Luftüberschußregler entweder in die übrige Steuerung nachstellend eingreifen (Bailey) oder er kann die Regelung eines Steuerorgans selbständig übernehmen (Roučka). In beiden Fällen muß die Luftüberschußregelung stabil sein, damit Abweichungen vom Beharrungszustand abklingen. Steuert der Regler das Organ selbständig, so muß er auf alle Belastungsänderungen ansprechen, nimmt er nur eine Nachstellung vor, so beschränkt sich sein Eingriff auf Abweichungen in der Genauigkeit der übrigen Regelorgane und die Anpassung an veränderte Kohlebeschaffenheit. Die Stabilität des Vorganges wird durch diesen Unterschied nicht beeinflußt. Hingegen ist das dynamische Verhalten der Regelung davon abhängig, ob die Luftzufuhr (Bailey, Askania für Gasfeuerungen) oder die Kohlenzufuhr (Roučka für Rostfeuerungen) gesteuert werden soll.

1. **Luftzufuhr.** Die Luftmenge, welche von der Steuerung eingestellt wird, wirkt unmittelbar auf den Luftmengenregler zurück ohne Verzögerung durch einen Puffer.

2. **Rostgeschwindigkeit.** Veränderte Rostgeschwindigkeit verursacht erst nach Verzögerung durch die Rostanlaufzeit und Wasseranlaufzeit eine veränderte Dampferzeugung, die auf den Regler zurückwirkt. Wegen der Trägheit dieses Vorganges muß eine Rückführung vorgesehen werden.

Vergleicht man die einfache Steuerung des Gemischreglers von Askania (Seite 189) mit den Luftüberschußreglern von Bailey (Seite 190) und Roučka (Seite 194), so erkennt man als grundsätzlichen Unterschied die Einschaltung eines Regelumformers zwischen den Strömungsmesser und das Steuerorgan, welcher die quadratischen Druckunterschiede in lineare Reglerhübe umwandelt.

Der Regelumformer verteuert die Anlage, er ist aber für Kohlefeuerungen unentbehrlich. Die Anpassung des Luftüberschusses an die Belastung und die Anwendung von Rückführungen ist nur bei linearer Einwirkung der Mengen auf die Regler durchführbar. Die einfache Bauart der Luftüberschußregelung bei Gasfeuerungen ist auf folgende günstigen Umstände zurückzuführen:

1. Die Brennstoffzufuhr zu jedem einzelnen Kessel läßt sich durch Mengenmessung des Gases leicht auf den Regler übertragen. Der Gasdruckabfall kann unmittelbar mit dem Luftdruckabfall ausgewogen werden, da beide gleiche Größenordnung haben. Statt dessen muß man wegen Ungenauigkeiten der Kohlenzufuhr bei gleicher Fördergeschwindigkeit und wechselnder Kohlenbeschaffenheit die entwickelte Dampfmenge zur Messung der Brennstoffzufuhr benutzen. Es ist also für jeden Kessel ein Dampfmesser erforderlich, der kaum unmittelbar mit dem Luftregler zusammenwirken kann; man braucht deshalb ohnehin einen Regelumformer für den Dampf.

2. Der Luftüberschuß kann bei allen Belastungen konstant sein.

Lineare Einwirkung der Mengenänderungen auf den Regler läßt sich unmittelbar durch physikalische Rauchgasprüfer erreichen, deren Ausschlag dem CO_2-Gehalt proportional ist; Regelumformer sind dann entbehrlich. Deshalb wird untersucht, wie sich Rauchgasprüfer zur Regelung des Luftüberschusses verwenden lassen.

Es genügt aber nicht, wie bei Gasfeuerungen den Luftüberschuß bei allen Belastungen konstant zu halten, sondern es sind die Bedingungen zu erfüllen:

Kohlenstaubfeuerung: zunehmender Luftüberschuß mit steigender Last,

Rostfeuerung: abnehmender Luftüberschuß mit steigender Last.

Man könnte annehmen, daß durch Anwendung einer Rückführung diese Bedingung von selbst erfüllt wird, die Rückführung wirkt aber in verkehrter Richtung.

Kohlenstaubfeuerung mit Steuerung der Luftzufuhr: zunehmende Belastung bei unveränderter Luftzufuhr erzeugt Luftmangel. Der Luftüberschußregler öffnet also den Rauchgasschieber bei sinkendem Luftüberschuß. Der geringste Luftüberschuß tritt deshalb bei größter Öffnung des Rauchgasschiebers, also höchster Last auf; (im Beharrungszustand wirkt ein Regler mit Rückführung genau wie ein direkter Regler).

Rostfeuerung mit Steuerung der Kohlezufuhr: der Luftüberschuß steigt, wenn die Last bei gleicher Dampferzeugung größer wird. Die Steuerung öffnet unter steigendem Luftüberschuß; sie regelt bei größter Last auf den höchsten Luftüberschuß.

Die Regler müssen also den Luftüberschuß nach der Belastung im umgekehrten Sinn verstellen, und bei Vorhandensein einer Rückführung muß dabei noch der Fehler ausgeglichen werden, den die Rückführung verursacht. Diese Bedingung ist nur bei Regelung nach einem linearen Gesetz, also durch einen Regelumformer, durchführbar.

Die Luftüberschußregelung ist eine reine Mengenregelung im Gegensatz zur Geschwindigkeitsregelung und Druckregelung (Zustandsregelung). Daß ein Verhältnis von zwei Mengen (Luft/Dampf oder CO_2-Gehalt = Kohle/Luft) geregelt wird, ändert hieran nichts. Der Regler steuert nur eine von beiden Größen (Luft oder Brennstoffzufuhr). Die andere Größe wirkt als Stellungsregler, die den Beharrungszustand vorschreibt, da sie durch den Regelvorgang nicht beeinflußt wird; an Stelle der Zustandsänderung $\varphi = \Delta p : p$ (Druck) tritt unmittelbar die Mengenänderung $\zeta = \Delta G : G$, durch welche der Regler beeinflußt wird. Die Ungleichförmigkeit δ des Mengenreglers ist hier der Bruchteil der Mengenänderung, welcher erforderlich ist, um das Kraftgetriebe vollständig zu öffnen.

Es kommen folgende Ausführungen in Betracht, die zu untersuchen sind:

Dampf/Luftregler mit Hubverbindung,

Dampf/Luftregler mit Kraftverbindung,

Rauchgasprüfer.

Die Regelgesetze der Dampf/Luftregler werden für quadratische und lineare Einwirkung der Mengen abgeleitet, um die Ergebnisse auch für andere Anwendungsgebiete der Mengenregelung benutzen zu können.

a) Regelgesetz für Dampf/Luftregler mit Hubverbindung.

Dampfmenge und Luftmenge verstellen die Hübe der zwei Endpunkte eines Wagebalkens (Abb. 172), in dessen Mitte ein Steuer-

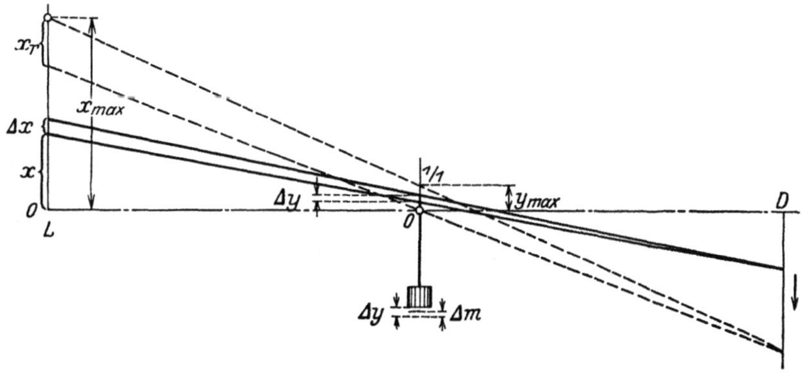

Abb. 172. Schema eines Dampf/Luftreglers (Luft links, Dampf rechts).

schieber angeordnet ist. Die Hübe x sind den Mengen entweder proportional (mit Regelumformer) oder quadratisch zugeordnet. Die Regelung soll z. B. die Kohlezufuhr steuern und eine mechanische Rückführung haben, so daß der Steuerschieber in Beharrung bei Vollast die höchste Stellung $y_{\max}$ einnimmt, bei Nullast die tiefste Stellung. Die Hübe x von Dampf- und Luftregler haben genau den gleichen Einfluß auf den Steuerschieber y. Um den Steuerschieber vollständig um $y_{\max}$ zu öffnen, ist der Reglerhub x_r erforderlich; sind die größten Hübe $x_{\max}$ im Verhältnis zur Länge des Wagebalkens klein, so hat x_r auch noch bei Nullast den gleichen Wert. Ist die Abweichung des Hubes gegenüber der Beharrung $-\Delta x$ (der Regler muß bei sinkender Menge öffnen, um die gesteuerte Menge zu vermehren), so hebt sich der Steuerschieber um Δy

$$x_r = 2\, y_{\max}, \qquad -\Delta x = 2\, \Delta y, \qquad -\frac{\Delta x}{x_r} = \frac{\Delta y}{y_{\max}}.$$

Die eigentliche Steueröffnung σ ist aber um den Hub des Kraftgetriebes kleiner, wenn eine Rückführung vorhanden ist.

$$\sigma = -\frac{\Delta x}{x_r} - \frac{\Delta m}{m}, \qquad \frac{\Delta m}{m} = \mu_r.$$

Steigen die Reglerhübe x quadratisch mit den Mengen G von Luft und Dampf (Abb. 173), so ist nach der Zeichnung, wenn z die Belastung $G_0 : G_n$ ist

$$\frac{\Delta G}{\Delta x} = \frac{G_0}{2x}, \quad \Delta x = 2\frac{\Delta G}{G_0}x = 2\frac{\zeta}{z}x, \quad \zeta = \frac{\Delta G}{G_n}; \qquad z = \frac{G_0}{G_n},$$

$$x = z^2 x_{\max}, \qquad \frac{\Delta x}{x_r} = \frac{2 z \zeta x_{\max}}{x_r} = \frac{z\zeta}{\delta}.$$

$\delta = x_r : 2x_{\max}$ ist die Ungleichförmigkeit des Luftüberschußreglers. Bei Vollast ($x = x_{\max}$) entspricht dem Hub x_r zur Öffnung eine Mengenänderung ΔG, um welche der Luftüberschuß sich ändern muß, damit der Regler voll geöffnet wird. $\Delta G : G_n$ ist die Ungleichförmigkeit des Luftüberschusses; nach der Zeichnung ist wegen des quadratischen Gesetzes $\Delta G : G_n = x_r : 2x_{\max}$. Für proportionalen Reglerhub fällt bei der Ableitung des Gesetzes der Faktor z weg, also gilt

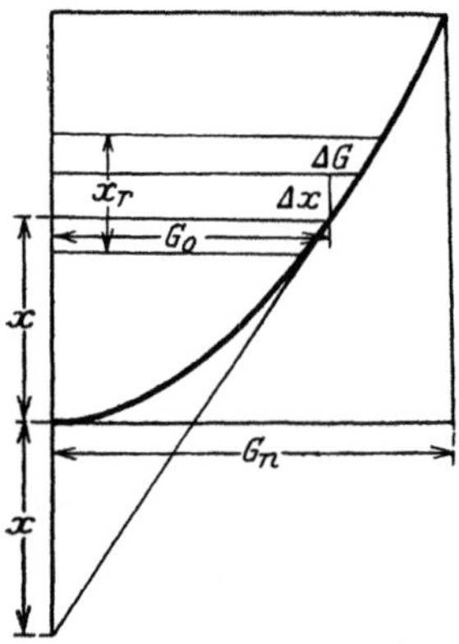

Abb. 173. Mengen G und Hübe x bei quadratischer Reglerwirkung.

Reglergesetz bei quadratischem Reglerhub $\sigma = -\frac{z\zeta}{\delta} - \mu_r$,

proportionalem Reglerhub $\sigma = -\frac{\zeta}{\delta} - \mu_r$.

Beim Fehlen einer Rückführung fällt das Glied μ_r weg.

b) Regelgesetz für Dampf/Luftregler mit Kraftverbindung.

Bei der Anordnung von Askania könnte eine Rückführung am Schieber m angebracht werden, der die Hebelarme für die angreifenden Kräfte verstellt (Abb. 174). Dieser Schieber ist bei der betreffenden Last in der eingezeichneten Lage m. Solange Beharrung ist, bleibt das Strahlrohr in der Mittellage, die beiden Membrane sind dann ungespannt und die Druckkräfte der Strömungsmesser von Dampf und Luft halten sich das Gleichgewicht, gleichgültig, ob der Regler zur Steuerung von Luft- oder Kohlezufuhr dient, es soll immer bei sinkendem Dampfbedarf (Membran rechts) öffnen. Die Druckkraft von rechts wird kleiner, das Strahlrohr bewegt sich nach rechts und öffnet den Antrieb. Die Rückführung bewegt sich nach unten, schwächt die Wirkung der Gegenkraft (links), das Strahlrohr kann dadurch in die Mittellage zurückkehren; die Rückführung arbeitet also richtig. Bei voller Last soll der Rückführschieber gerade zwischen beiden Membranen stehen. Die größten Druckkräfte P_0 bei den größten Mengen G_n halten sich dann das Gleichgewicht. Ein Bruchteil K_0 dieser Kräfte ist erforderlich, um das Strahlrohr entgegen den Federkräften auf den größten Ausschlag $y_{\max}$ zu bringen. Dieser Ausschlag ist zugleich die Durchbiegung der beiden Membranen (links und rechts). Geringere Durchbiegungen (y_2 links, $y_1 = y$ rechts) verursachen die Federkräfte

$$K_1 = \frac{y_1}{y_{\max}} K_0 = \frac{y}{y_{\max}} K_0, \quad K_2 = \frac{y_2}{y_{\max}} K_0.$$

Ferner ist wie früher (Seite 272) bei quadratischem Gesetz zwischen Menge G und Druckkraft P

$$\frac{\Delta G}{G_0} = \frac{\Delta P}{2 P_1}.$$

Darin ist

$$P_1 = z^2 P_0; \quad \frac{G_0}{G_n} = z; \quad \frac{\Delta G}{G_n} = \zeta,$$

$$\frac{\Delta G}{G_n} \cdot \frac{G_n}{G_0} = \frac{\Delta P}{2 z^2 P_0}, \quad \zeta \frac{1}{z} = \frac{1}{2 z^2} \frac{\Delta P}{P_0}$$

wenn ΔP die Kraftabweichung ist, welche durch die Mengenabweichung ΔG hervorgerufen wird.

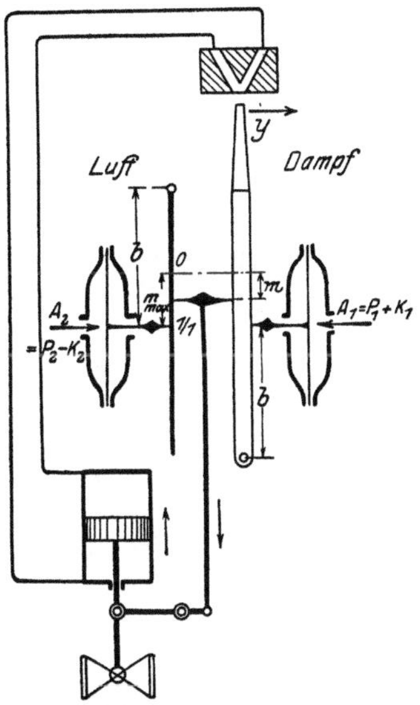

Abb. 174. Dampf/Luftregler mit Kraftverbindung und Rückführung durch Verschiebung des Angriffspunktes.

Es gilt also $\quad \zeta = \frac{1}{2z} \frac{\Delta P}{P_0}.$

Die größte Kraftabweichung $\Delta P_{\max}$, welche der Federkraft K_0 gleich ist, entspricht der größten Mengenabweichung, d. h. der Mengenungleichförmigkeit $\zeta = \delta$ bei der Belastung $z = 1$.

$$\delta = \frac{1}{2} \frac{K_0}{P_0},$$

daraus

$$\frac{\Delta P}{K_0} = \frac{\zeta}{\delta}, \quad \Delta P = \frac{\zeta}{\delta} \cdot K_0.$$

Die Rückführung verändert die Hebelarme der Gesamtkraft $A_2 = P_2 - K_2$ von links (P_2 = Druckkraft; Federkraft K_2, welche bei positivem Ausschlag y auftritt, wirkt P_2 entgegen). A_2 wird deshalb auf den Angriffspunkt der Gegenkraft A_1 reduziert ($m_{\max}$ ist klein gegen b)

$$A_{\text{red}} = A_2 \frac{b + m_{\max} - m}{b - m_{\max} + m} \sim A_2 \left(1 + 2 \frac{m_{\max}}{b} - 2 \frac{m}{b}\right).$$

Außerdem verschiebt die Rückführung das Verhältnis zwischen dem Ausschlag des Strahlrohrs und der Membran links.

$$\frac{y_2}{y} \sim 1 + 2\,\frac{m_{\max}}{b} - 2\,\frac{m}{b}$$

daraus $K_2 = \frac{y_2}{y_{\max}} \cdot K_0 = \frac{y_2}{y}\,\frac{y}{y_{\max}}\,K_0 = \frac{y}{y_{\max}}\left(1 + \frac{2\,m_{\max}}{b} - 2\,\frac{m}{b}\right) \cdot K_0.$

Die Kraft P_2 wächst quadratisch mit der Belastung, also

$$P_2 = z^2 P_0, \quad A_2 = P_2 - K_2, \quad A_{\text{red}} = (P_2 - K_2)\left(1 + 2\,\frac{m_{\max}}{b} - 2\,\frac{m}{b}\right),$$

$$A_{\text{red}} = z^2 P_0 \left(1 + 2\,\frac{m_{\max}}{b} - 2\,\frac{m}{b}\right) - \frac{y}{y_{\max}}\left(1 + 4\,\frac{m_{\max}}{b} - 4\,\frac{m}{b}\right) K_0$$

unter Vernachlässigung von Gliedern kleinerer Ordnung ($m_{\max} \ll b, m \ll b$).

Die reduzierte Kraft ist mit der Kraft A_1 von rechts im Gleichgewicht

$$A_{\text{red}} = A_1 = P_1 + K_1 = P_1 + \frac{y}{y_{\max}} \cdot K_0.$$

$$z^2 P_0\left(1 + 2\,\frac{m_{\max}}{b} + 2\,\frac{m}{b}\right) - \frac{y}{y_{\max}}\left(1 + 4\,\frac{m_{\max}}{b} + 4\,\frac{m}{b}\right) K_0 = P_1 + \frac{y}{y_{\max}} \cdot K_0.$$

P_0 wird durch K_0 ausgedrückt $P_0 = \frac{K_0}{2\,\delta}$.

$$P_1 + \frac{y}{y_{\max}}\left(2 + 4\,\frac{m_{\max}}{b} - 4\,\frac{m}{b}\right) K_0 - \frac{K_0\,z^2}{2\,\delta}\left(1 + 2\,\frac{m_{\max}}{b} - 2\,\frac{m}{b}\right) = 0.$$

Bei einer Abweichung von der Beharrung wächst P_1 auf $P_1 + \varDelta P$ und m auf $m + \varDelta m$, y ist schon selbst die Abweichung von der Ruhelage des Steuerschiebers.

$$P_1 + \varDelta P + \frac{y}{y_{\max}}\left(2 + 4\,\frac{m_{\max}}{b} - 4\,\frac{m + \varDelta m}{b}\right)$$
$$- \frac{z^2 K_0}{2\,\delta}\left(1 + 2\,\frac{m_{\max}}{b} - 2\,\frac{m + \varDelta m}{b}\right) = 0.$$

In Beharrung ist $\quad y = 0, \quad \varDelta P = 0, \quad \varDelta m = 0,$

$$P_1 - \frac{K_0\,z^2}{2\,\delta}\left(1 + 2\,\frac{m_{\max}}{b} - 2\,\frac{m}{b}\right) = 0.$$

Der Unterschied beider Gleichungen ist die Abweichung von der Beharrung

$$\varDelta P + \frac{y}{y_{\max}}\left(2 + 4\,\frac{m_{\max}}{b} - 4\,\frac{m}{b} - 4\,\frac{\varDelta m}{b}\right) + \frac{z^2 K_0}{\delta}\,\frac{\varDelta m}{b} = 0.$$

Den Wert von $m_{\max} : b$ stellt man durch folgende Überlegung fest: Ist bei Vollast der Rückführschieber in der Mittelstellung ($m = m_{\max}$), dann halten sich die Vollastkräfte $P_0 = P_0$ das Gleichgewicht. Um das Kraftgetriebe vollständig zu schließen, ist eine Erhöhung der Kraft rechts auf $P_0 + K_0$ erforderlich, wobei der Hub der Rückführung von $m_{\max}$ auf $m = 0$ zurückgeht; dann stehen die Kräfte wieder im Gleichgewicht, die Kraft P_0 von links wird durch Verschiebung der Rückführung verändert auf:

$$A_{\text{red}} = P_0\left(1 + 2\,\frac{m_{\max}}{b}\right) = P_0 + K_0, \qquad \delta = \frac{K_0}{2\,P_0}, \qquad K_0 = 2\,\delta\,P_0,$$

$$P_0\left(1 + 2\,\frac{m_{\max}}{b}\right) = P_0(1 + 2\,\delta), \qquad \delta = \frac{m_{\max}}{b},$$

ferner ist $\quad \dfrac{m}{m_{\max}} = z, \qquad \dfrac{\Delta m}{m_{\max}} = \mu_r, \qquad \dfrac{y}{y_{\max}} = \sigma,$

$$z\,\frac{\zeta}{\delta}\,K_0 + 2\,\sigma(1 + 2\,\delta - 2\,z\,\delta - 2\,\mu_r\,\delta)\,K_0 + \frac{z^2\,K_0}{\delta}\,\mu_r\,\delta = 0,$$

$\delta \sim 0{,}1$, so daß alle Glieder mit Faktor δ vernachlässigt werden.

Regelgesetz bei quadratischer Regelkraft $\quad \sigma = -\dfrac{\zeta}{2\,\delta}\,z - \dfrac{z^2}{2}\cdot\mu_r.$

Eine entsprechende Ableitung ergibt für

proportionale Regelkraft $\quad \sigma = -\dfrac{\zeta}{2\,\delta} - \dfrac{z}{2}\cdot\mu_r.$

In beiden Fällen kann man die Rückführung durch Einwirkung des Kraftgetriebes auf die Regleröffnung ersetzen, an Stelle der hier angewendeten Verschiebung des Angriffspunktes. Die Rückführabweichung subtrahiert sich dann einfach von der Reglerabweichung, wie bei den anderen Steuerungen.

c) Regelgesetz für Rauchgasprüfer.

Ein Rauchgasprüfer mißt durch den CO_2-Gehalt das Verhältnis n = verbrannte Kohle: zugeführte Luft. Steigt der CO_2-Gehalt um $^1/_{10}$, so zeigt das (mit guter Annäherung) an, daß mit der gleichen Luftmenge 10% mehr Kohle verbrannt worden sind. Durch Verbindung des Zeigers eines Rauchgasprüfers mit einer Regeleinrichtung entsteht eine Regleröffnung, die der Änderung des CO_2-Gehaltes proportional ist. Der Nullage des Reglers ist dann ein bestimmter CO_2-Gehalt zugeordnet, der konstant gehalten werden soll, z. B. 14%. Der größten Regelabweichung entspricht die größte Abweichung des CO_2-Gehaltes, z. B. 14 — 1,4 = 12,6% bei der Ungleichförmigkeit $\delta = {}^1/_{10}$.

Der Rauchgasprüfer soll z. B. durch den Rauchgasschieber die Luftzufuhr steuern. Die einzige abhängige Größe ist dann die Luftmenge, während die Kohlenmenge den Beharrungszustand festlegt, sich also am dynamischen Regelvorgang nicht beteiligt. Die Beharrungs-Kohlenmenge sei K_0, die zugehörige Luftmenge L_0. Bei einer abweichenden Luftmenge $L = L_0 + \Delta L$ ist das Verhältnis n (CO_2-Gehalt = Kohle: Luft = Kohlefaktor), das der Rauchgasprüfer anzeigt

$$n = \frac{K_0}{L_0 + \Delta L} \sim \frac{K_0 - \Delta L}{L_0} = \frac{K_0}{L_0} - \frac{\Delta L}{L_0}.$$

Der Beharrungswert der Anzeige n_0 und die Abweichung Δn sind

$$n_0 = \frac{K_0}{L_0}, \qquad \Delta n = n - n_0 = -\frac{\Delta L}{L_0}.$$

L_n ist die Vollastmenge der Luft, $\Delta L : L_n$ die Mengenabweichung ζ und $L_0 : L_n$ (Beharrungsmenge : Vollast) ist die Belastung z. Die Reglerabweichung η hat bei der Ungleichförmigkeit δ den Wert 1 und sie ist der Abweichung Δn proportional, also

$$\eta = \frac{\Delta n}{\delta} = -\frac{1}{\delta}\frac{\Delta L}{L_n}\frac{L_n}{L_0}, \qquad \frac{\Delta L}{L_n} = \zeta, \qquad \frac{L_0}{L_n} = z,$$

$$\eta = -\frac{\zeta}{z\,\delta}.$$

Läßt man den Steuerschieber auf einen Regler mit Rückführung wirken, so ist die Steueröffnung $\sigma = \eta - \mu_r$

$$\sigma = -\frac{\zeta}{z\,\delta} - \mu_r.$$

d) Allgemeines Gesetz der Mengenregler.

In allen Fällen hat das Regelgesetz die Form

$$\sigma = -a\frac{\zeta}{\delta} - b\,\mu_r.$$

ζ = Mengenabweichung ΔG im Verhältnis zur Vollastmenge G_n, also $\Delta G : G_n$,
μ_r = Rückführabweichung,
δ = Mengenungleichförmigkeit des Reglers = $\Delta G_{\max} : G_n$ zur vollen Öffnung des Kraftgetriebes.

Ein besonderes Merkmal der Mengenungleichförmigkeit δ ist, daß dieser Bruchteil der Mengenänderung genügt, um den vollen Hub des Kraftgetriebes, also $100^0/_0$ der gesteuerten Menge, zu beherrschen. Das ist notwendig, weil die gesteuerte Menge (oder das Mengenverhältnis) nicht nur von der Stellung des Kraftgetriebes, sondern auch z. B. vom Durchflußfaktor, der Beschaffenheit der gesteuerten Menge (z. B. Heizwert der Kohle) und von ungesteuerten Zusatzmengen (z. B. Undichtigkeiten des Kessels) abhängig ist; der Regler soll alle diese Fehlerquellen mit geringer Abweichung beseitigen. Er muß deshalb bei der gleichen gemessenen Menge jede Stellung des Kraftgetriebes einhalten können, ohne große Abweichung zur Änderung der Stellung des Kraftgetriebes.

Im Gegensatz dazu tritt bei einem Zustandsregler (Druck, Drehzahl) mit Rückführung in Beharrung die Ungleichförmigkeit δ beim vollen Unterschied von höchster und tiefster Last auf.

Die Werte von a in der Gleichung des Reglergesetzes haben im einzelnen folgende Größe:

	Reglerhub		
	quadratisch zur Menge	proportional zur Menge	proportional zum Mengenverhältnis (Rauchgasprüfer)
Werte von a . . .	z	1	$1/z$

Der Rückführfaktor ist bei normaler Rückführung, die mit dem Hub des Steuerschiebers verbunden wird, $b = 1$. Bei Kraftverbindung mit Rückführung durch den Angriffspunkt der Kräfte hat b den Wert $z^2/2$ für quadratischen und $z/2$ für proportionalen Reglerhub, außerdem erhält der Wert von a noch einen Faktor $^1/_2$.

e) Regelung der Luftzufuhr bei Kohlenstaubfeuerungen.

Der Regler wirkt auf die Steuerung der Luftzufuhr (z. B. Rauchgasschieber), die Steuerung stellt eine veränderte Luftmenge ein, die sofort wieder auf den Regler wirkt, ohne daß ein Puffer zwischen Kraftgetriebe und Regler geschaltet ist.

Die Mengenänderung ζ ist

$$\zeta = v \cdot \mu ,$$

wenn v der Durchflußfaktor (Seite 232) ist und μ die Abweichung des Kraftgetriebes, welches vom Mengenregler gesteuert wird. Das Regelgesetz für Mengenregler lautet

$$\sigma = - a \frac{\zeta}{\delta} - b \mu = - a v \frac{\mu}{\delta} - b \mu ,$$

worin das zweite Glied mit b die Rückführung bedeutet.

Die Regelöffnung steuert die Geschwindigkeit des Kraftgetriebes

$$T_s \mu' = \sigma = - a v \frac{\mu}{\delta} - b \mu ,$$

$$T_s \mu' + \left(\frac{a v}{\delta} + b\right) \mu = 0 .$$

Die Gleichung erster Ordnung entspricht einem aperiodisch stabilen Verlauf, auch wenn die Rückführung fehlt (Faktor $b = 0$). Wird trotzdem Rückführung angewendet, so hat sie auf die Stabilität keinen Einfluß, da das Glied $av : \delta$ ($\delta \sim 0{,}1$) viel größer ist als b, was man erkennt, wenn die richtigen Werte von a und b für die verschiedenen Regler eingesetzt werden. Der Grund ist folgender: Eine Mengenänderung um einen kleinen Bruchteil δ der Normalmenge G_n genügt schon, um den Steuerschieber vollständig zu öffnen oder zu schließen.

Die Rückführung bewegt sich aber erst um den vollen Hub des Steuerschiebers, wenn das Kraftgetriebe seinen vollen Hub zurückgelegt hat, wobei die Durchflußmenge zwischen 0 und G_n verändert wird. Bei der Rückführung entspricht dem Reglerhub die ganze Menge G_n, beim Regler der Bruchteil δ der Menge, die Ungleichförmigkeit.

Eine Rückführung kann aber bei Rauchgasprüfern dazu benutzt werden, um bei Vollast und Leerlauf anderen Luftüberschuß zu regeln. Wird keine Rückführung angewendet, so regelt der Rauchgasprüfer immer auf den gleichen Wert, z. B. 14% CO_2. Steht der Zeiger an diesem Punkt, dann ist der Steuerschieber in seiner Nullage, das Kraftgetriebe also in Ruhe. Bei jeder Abweichung wird ein Regelvorgang eingeleitet. Die Rückführung verschiebt nun diese Nullage auf einen anderen Punkt, z. B. 13% CO_2, auf welchen dann der Rauchgasprüfer regelt. Da die Rückführung dynamisch keinen Einfluß hat, kann die Verschiebung der Nullage je nach Bedarf mit steigendem Hub des Kraftgetriebes (Belastung) nach oben oder unten erfolgen. Man hat dadurch bei der Luftregelung von Kohlenstaubfeuerungen ein Mittel, um bei verschiedenen Belastungen auf andere CO_2-Gehalte zu regeln.

Die Mengenregelung braucht keine Rückführung, wenn zwischen das gesteuerte Organ und den Mengenregler kein Puffer eingeschaltet ist. Eine Rückführung kann bei Rauchgasprüfern dazu dienen, den geregelten Luftüberschuß der Belastung anzupassen, gleichgültig, ob der Luftüberschuß mit steigender Belastung größer oder kleiner werden soll.

Die Anpassung des Luftüberschusses durch die Rückführung versagt aber praktisch beim Dampf/Luftregler. Ist die Einwirkung der Menge auf den Regler linear, so ändert die Rückführung die Zuordnung einer Menge zur anderen ebenfalls linear und das Verhältnis bleibt gleich. Ist die Mengenregelung quadratisch, so verschiebt sich zwar der Luftüberschuß mit der Belastung, der Verlauf zwischen normaler und tiefster Last ist aber so ungünstig, daß die Anordnung nicht verwendet werden kann, um einen Regelumformer zu ersetzen. Die Berechnungen werden hier weggelassen, da sie zu keinem brauchbaren Ergebnis führen.

Ein anderes Mittel, den Luftüberschuß der Belastung anzupassen, besteht in der Nullpunktverstellung. Durch Verstellung des Hubes bei Hubverbindung und Anwendung einer Gegenkraft bei Kraftverbindung sorgt man dafür, daß der eine Regler bei sinkender Menge seine Nullage erreicht, bevor die Menge selbst auf Null zurückgegangen ist.

Der andere Regler ist bei der Menge Null in seiner Nullage. Für Kohlenstaubfeuerung muß bei Teillasten weniger Luftüberschuß sein als bei Vollast (siehe S. 270). Der Regler kann also derart eingerichtet werden, daß bei der Luftmenge Null die Dampfmenge z. B. noch $^1/_{10}$ der Normaldampfmenge ist (Abb. 175). Dadurch muß das Luft/Dampfverhältnis bei Teillasten sinken. Für lineare Mengenregelung ist auch die Mengenänderung des Dampfes zwischen Vollast und Leerlauf nach der Abb. 175 linear. Für quadratische Mengenregelung steigt die Dampfmenge im Verhältnis zur Luftmenge erst bei ganz kleinen Lasten; dieser Verlauf ist unbrauchbar. Es müßte umgekehrt in der Gegend der Höchstlast eine stärkere Änderung des Luftüberschusses erfolgen, um zulässige Feuerraumtemperaturen einzuhalten.

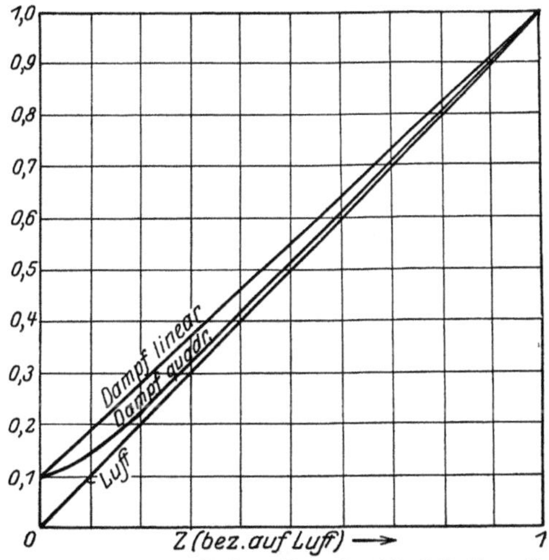

Abb. 175. Mengenverlauf von Dampf und Luft für Dampf/Luftregler mit linearer und quadratischer Mengenmessung in Abhängigkeit der Belastung z.

Eine geringe Veränderung des Luftüberschusses auf Kohle bezogen findet aber statt, wenn man das Luft/Dampfverhältnis bei allen Belastungen konstant hält. Es ist auch bei der Dampferzeugung Null die Leerlaufkohle erforderlich, um die Verluste zu decken, und der Kohlenverbrauch ändert sich zwischen Vollast und Leerlauf ungefähr linear. Also sinkt das Verhältnis Luft/Kohle mit der Belastung. Im allgemeinen ist aber eine stärkere Veränderung des Luftüberschusses erforderlich.

Um das Dampf/Luftverhältnis den Belastungen anpassen zu können, müssen die mit der Menge quadratisch wachsenden Meßdruckabfälle durch Regelumformer in Ausschläge umgewandelt werden, welche proportional zu den Mengen sind.

Treten im Regelvorgang Zeitverzögerungen auf, so darf die Schlußzeit nicht zu klein gemacht werden. Den Einfluß einer kleinen Zeitverzögerung t_v erkennt man durch das Näherungsverfahren (Seite 222). Die gemessene Mengenabweichung ζ ist dann nicht $v.\mu$, sondern angenähert

$$\zeta \sim v(\mu - t_v \mu')$$

$$(T_s - v t_v)\mu' + \left(\frac{a v}{\delta} + b\right)\mu = 0$$

$$v t_v \ll T_s.$$

Durch eine große Verzögerung t_v würde das Glied erster Ordnung negativ, was die Stabilität aufhebt. Kleine Verzögerungen können durch große Schlußzeiten unschädlich gemacht werden. Bei der Schlußzeit $T_s = 0$ zerstört die kleinste Zeitverzögerung die Stabilität. Dies bedeutet aber, daß ein direkter Regler ($T_s = 0$) für Mengenregelung unbrauchbar ist, da kleinste Zeitverzögerungen im allgemeinen nicht verhindert werden können.

Der direkte Regler, welcher für Zustandsregelung den Idealfall darstellt, kann für Mengenregelung unbrauchbar sein, da der ungünstige Einfluß endlicher Zeitverzögerungen des Regelvorganges nur durch lange Schlußzeiten behoben werden kann.

Die Mengenregelung hat ihre eigenen Gesetze. Solange kein Puffer zwischen gesteuerte und gemessene Menge (wie z. B. Trägheit des Rostes bei Rostfeuerungen) geschaltet ist, bildet hier der mittelbare Regler ohne Rückführung den Idealfall. Es ist deshalb kein Zufall, daß die bekanntesten Bauarten dieser Regler ursprünglich zum Zwecke der Mengenregelung (Arca zur Regelung der Papiermasse, Askania zur Gemischregelung) ausgebildet wurden.

Die Verlängerung der Schlußzeiten hilft aber nur bei kleinen Werten von t_v. Zeitverzögerungen in der Größenordnung von 1 Min., wie sie Rauchgasprüfer aufweisen, müssen vom Regelvorgang ferngehalten werden. Dies gelingt bei der Kohlenstaubfeuerung durch Anwendung einer Aussetzregelung.

f) Luftregelung durch Rauchgasprüfer bei Kohlenstaubfeuerung.

Die Steuerung des Rauchgasschiebers verursacht nach etwa einer Sekunde eine entsprechende Änderung der Luftmenge und damit des CO_2-Gehaltes im Feuerraum. Bevor aber dieser CO_2-Gehalt gemessen wird, muß das Rauchgas den Feuerraum und die Kesselzüge durchlaufen. Bei Vollast erfordert dieser Vorgang die Dauer der Gasanlaufzeit T_g (Seite 216). Würde bei Teillast die wesentlich kleinere Rauchgasmenge auf ihrem Weg (mit der tieferen Temperatur) das ganze Gasvolumen des Kessels gleichmäßig durchströmen, so wäre bei der Belastung z wegen der geringen Menge eine Zeit $T_g : z$ erforderlich, wegen der gesunkenen Temperatur, also des kleineren spez. Volumens, eine noch längere Zeit. Die geringen Rauchgasmengen bei Teillast füllen aber auf ihrem Weg nicht das ganze Kesselvolumen aus, es bilden sich tote Winkel, zwischen denen der Hauptteil des Rauchgases auf dem kürzesten Weg durch den Kessel zieht, ohne alle Krümmungen, besonders nicht den langen Umweg durch den unteren Teil des Feuerraumes von Kohlenstaubfeuerungen, mitzumachen. Die Temperatursenkung ist auch nicht bedeutend. Hinter dem ersten Zug sinkt die

Temperatur bei kleiner Last annähernd auf Sattdampftemperatur, vor dem ersten Zug auf die Temperatur des Gewölbes (etwa 1000° C). Solange keine Messungen bei geringer Last vorliegen, kann als Näherungswert für die Laufzeit t_k des Rauchgases im Kessel von der Brennstelle bis zur Entnahmestelle angenommen werden

Verzögerung im Kessel $$t_k \sim \frac{T_g}{\sqrt{z_u}}.$$

Außerdem ist die Zeit t_r erforderlich, um das Meßgas von der Entnahmestelle über Filter und Rauchgasleitung in den Rauchgasprüfer zu führen und die Anzeige zu bewirken.

Die größte Verzögerung tritt bei tiefster Last auf.

Gesamte Zeitverzögerung des Rauchgasprüfers $$t_v = t_r + \frac{T_g}{\sqrt{z_u}}.$$

t_r — Zeitvergrößerung von Entnahmestelle zur Anzeige z. B. 40 Sek.,
T_g = Gasanlaufzeit des Kessels bei Vollast z. B. 6 Sek.,
z_u = tiefste Teillast z. B. $z = 0{,}1$,
$t_v = 40 + 20 = 60$ Sek.

Wird die Steuerung während einer Aussetzzeit Δt stillgesetzt, die größer ist als die Anzeigeverzögerung t_v des Rauchgasprüfers, so läßt sich die Wirkung der Verzögerung vollkommen ausschalten.

Im Gegensatz zur Zustandsregelung, bei der sich der Zustand (z. B. der Druck) gleichförmig ändert, wenn das Kraftgetriebe von der Beharrungslage abweicht, entsteht bei der Mengenregelung keine Veränderung. Dabei wird wie immer angenommen, daß während des betrachteten Zeitabschnittes keine Veränderung von außen eintritt. Bei einer bestimmten Stellung des Rauchgasschiebers ist dann eine bestimmte Luftmenge und ein bestimmter CO_2-Gehalt vorhanden. Die Regelung kann während der Zeit Δt stehenbleiben, ohne daß sich an der Luftmenge und dem CO_2-Gehalt irgend etwas ändert. Nach der Zeit t_v erreicht dieser CO_2-Gehalt den Regler, der sich also auf den CO_2-Gehalt einstellen kann, welcher der gleichzeitigen noch unveränderten Stellung des Kraftgetriebes entspricht. Die Aussetzzeit Δt braucht deshalb nur länger zu sein, als die größte Zeitverzögerung t_v, um den CO_2-Gehalt richtig auf den Regler einwirken zu lassen und damit die Zeitverzögerung vollständig auszuschalten. t_v kann veränderlich und viel kleiner als Δt sein, es ist nur die Bedingung zu erfüllen

$$\Delta t > t_{v\,\max}.$$

Man kann dann den Vorgang untersuchen, als wäre keine Zeitverzögerung vorhanden. Die Steuerung wird einen kleinen Bruchteil der Aussetzzeit Δt freigeben, während dieser Schaltzeit t_s arbeitet die Steuerung normal und bewegt das Kraftgetriebe je nach der Steueröffnung σ.

$$\sigma = -\frac{\zeta}{z\,\delta} = -\frac{\mu_1 \cdot v}{z\,\delta} - \mu_1, \qquad T_s \mu' = \sigma.$$

Die Abweichung des Kraftgetriebes im ersten Zeitabschnitt sei μ_1 (Abb. 176). Am Ende dieser Zeit wird die Steuerung während der

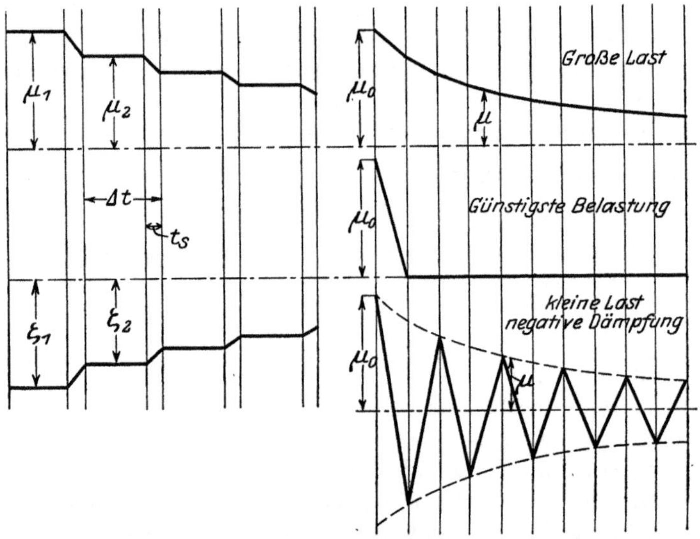

Abb. 176. Verlauf der Aussetzregelung durch Rauchgasprüfer bei Kohlenstaubfeuerungen (rechts unten Weglassung der toten Zeiten). μ = Abweichung des Rauchgasschiebers, ζ = Abweichung der Luftmenge.

Schaltzeit t_s freigegeben. Sie ändert den Hub des Kraftgetriebes um $\mu_2 - \mu_1$ gleichförmig in der Zeit t_s, also ist die Geschwindigkeit

$$\mu' = (\mu_2 - \mu_1) : t_s,$$

Bewegungsgleichung des Kraftgetriebes

$$T_s \frac{\mu_2 - \mu_1}{t_s} = -\frac{\mu_1 \cdot v}{z\,\delta} - \mu_1.$$

Auch hier ist das zweite Glied rechts, welches die Rückführung darstellt, klein gegen das erste ($1 : \delta \sim 10$) und kann vernachlässigt werden. Da in der Gleichung nur μ_2 und μ_1 vorkommen und die Beziehung auch für jeden folgenden Zeitabschnitt Δt gilt, braucht nur festgestellt zu werden, auf welchen Bruchteil sich der Ausschlag μ in jeder Schaltzeit t_s verringert. Die gleiche Verkleinerung des Ausschlages findet dann auch in jedem folgenden Zeitabschnitt statt; an Stelle einer Differentialrechnung wird hier der Verlauf der Regelung als geometrische Reihe dargestellt, von der zunächst nur das allgemeine Glied gebildet wird.

$$\mu_2 - \mu_1 = -\frac{t_s}{T_s}\frac{\mu_1 v}{z\,\delta}, \qquad \frac{\mu_2}{\mu_1} = 1 - \frac{v\,t_s}{z\,\delta\,T_s}.$$

Der Quotient $\mu_2 : \mu_1$, um den der Ausschlag bei jeder Schaltung kleiner wird, soll die Dämpfung des Ausschlages genannt werden. Sie wird Null, wenn

$$t_s = z\frac{\delta\,T_s}{v}.$$

Der Ausschlag würde immer bei der ersten Schaltung auf Null zurückgehen, wenn diese Bedingung allgemein erfüllt wäre. Das ist aber nur bei einer bestimmten Belastung z möglich. Ist die Belastung z kleiner, dann ist die Dämpfung schwächer, ist sie größer, dann überschreitet der Ausschlag die Nullachse, und es entsteht eine negative Dämpfung, der Ausschlag wird aber trotzdem vermindert, wenn $\mu_2 : \mu_1$ kleiner als -1 ist.

Positive Dämpfung $\qquad \frac{\mu_2}{\mu_1} = 1 - \frac{v\,t_s}{z\,\delta\,T_s}$,

negative Dämpfung $\qquad -\frac{\mu_2}{\mu_1} = \frac{v\,t_s}{z\,\delta\,T_s} - 1$.

Um den Dämpfungsvorgang darzustellen, kann man für positive und negative Dämpfung die Umhüllende bilden. Im günstigsten Fall liegen die Umhüllenden symmetrisch zur Achse, wenn die Schaltzeit t_s so gewählt wird, daß

Vollast $\qquad z = 1; \quad v = 1; \quad \frac{\mu_2}{\mu_1} = 1 - \frac{t_s}{\delta\,T_s}$,

tiefste Last $\qquad z = z_u; \quad v = v_u, \quad -\frac{\mu_2}{\mu_1} = \frac{v_u\,t_s}{z_u\,\delta\,T_s} - 1$

die Ausschläge in den Grenzlasten einander entgegengesetzt gleich sind. Daraus erhält man die Schaltzeit t_s

$$1 - \frac{t_s}{\delta\,T_s} = \frac{v_u\,t_s}{z_u\,\delta\,T_s} - 1, \qquad 2 = \frac{t_s}{\delta\,T_s}\left(\frac{v_u}{z_u} + 1\right) \sim \frac{t_s}{\delta\,T_s}\cdot\frac{v_u}{z_u}, \qquad z_u \sim 0,$$

nach S. 233 $\qquad v_u \sim \sqrt{\frac{\Delta p_z}{\Delta p_n}}$.

Beste Schaltzeit $\qquad t_s = 2\,z_u\sqrt{\frac{\Delta p_n}{\Delta p_z}}\,\delta\,T_s$.

Schwächste Dämpfung bei Vollast und tiefster Last $\qquad \frac{\mu_2}{\mu_1} = 1 - 2\,z_u\sqrt{\frac{\Delta p_n}{\Delta p_z}}$.

Der Ausschlag μ nach x Schaltungen wäre beim Anfangsausschlag μ_0

$$\frac{\mu}{\mu_0} = \left(1 - 2\,z_u \sqrt{\frac{\Delta\, p_n}{\Delta\, p_z}}\right)^x .$$

Die Viertelwertszeit, um den Ausschlag nach x Schaltungen auf den vierten Teil ($\mu : \mu_0 = 0{,}25$) herabzusetzen, ist $T_{1/4} = x \,.\, \Delta t$, da Δt die Zeitdauer einer Schaltung (Aussetzzeit) bedeutet.

$$x \cdot \ln\left(1 - 2\,z_u \sqrt{\frac{\Delta\, p_n}{\Delta\, p_z}}\right) = \ln 0{,}25\,, \qquad T_{1/4} = \Delta\, t \frac{-\,1{,}38}{\ln\left(1 - 2\,z_u \sqrt{\frac{\Delta\, p_n}{\Delta\, p_z}}\right)}$$

z. B. $\Delta\, p_n$ = Zugunterschied zu beiden Seiten des Rauchgasschiebers bei Vollast = 4 mm WS,
$\Delta\, p_z$ = Schornsteinzug = 16 mm WS,
z_u = tiefste Last = 0,2.

$$1 - 2\,z_u \sqrt{\frac{\Delta\, p_n}{\Delta\, p_z}} = 0{,}8\,; \qquad \ln 0{,}8 = -\,0{,}223\,; \qquad T_{1/4} \sim 6\,\Delta\, t\,.$$

Die Aussetzzeit $\Delta\, t$ muß größer gewählt werden als die Anzeigeverzögerung, sie hat also die Größenordnung von einer Minute, so daß 6 Minuten vergehen, ehe der Ausschlag auf den vierten Teil zurückgeht. Diese lange Zeit ist für höchste und tiefste Belastung erforderlich, für Zwischenwerte der Belastung arbeitet die Regelung günstiger. Dieses Verhalten hat folgenden Grund:

Der Rauchgasprüfer mißt das Mengenverhältnis Kohle/Luft unabhängig von der Größe der Belastung. Wenn bei 12% Beharrungswert der CO_2-Gehalt um 1,2% sinkt, so bedeutet das eine Mengenänderung des Verhältnisses um $^1/_{10}$. Unabhängig von der Belastung regelt dann der Rauchgasprüfer den Hub des Rauchgasschiebers immer um den gleichen Betrag, z. B. $^1/_{20}$ des Hubes. Bei voller Last, d. h. offenem Rauchgasschieber, bedeutet das $^1/_{20}$ seiner Öffnung. Ist hingegen der Rauchgasschieber bei kleiner Last nur $^1/_{10}$ offen, so ist diese Hubänderung die Hälfte seiner Öffnung. Dazu kommt noch, daß bei kleiner Last das Druckgefälle, das der Rauchgasschieber verzehrt, viel größer ist als bei Vollast, der Durchflußfaktor v ist also bei kleiner Last viel größer. Der Rauchgasschieber verursacht bei kleinen Lasten um ein Vielfaches zu große Mengenänderungen, wenn er bei Normallast richtig arbeitet.

In der Reglergleichung des Rauchgasprüfers äußert sich dieses Verhalten durch den Faktor z (Belastung) im Nenner; die Steueröffnung ist bei kleinen Lasten $1 : z$mal zu groß. Diesen Fehler zeigen die Dampf/Luftregler nicht (Seite 277). Außerdem muß aber der Durchflußfaktor v berücksichtigt werden.

Man muß bestrebt sein, die Regelung so einzurichten, daß für alle

Belastungen der Ausschlag schon bei der ersten Schaltung auf Null zurückgeht. Dies gelingt, wenn man die Geschwindigkeit des Kraftgetriebes außer von der Abweichung des Rauchgasprüfers durch den Hub des Kraftgetriebes beeinflußt.

Nennt man M den Hub des Kraftgetriebes in Bruchteilen des größten Hubes, so ist bei der Belastung z die durchströmende Rauchgasmenge $z = v.M$. Man kann die Regelung so einrichten, daß die Verstellgeschwindigkeit des Kraftgetriebes seinem Hub proportional ist. Die Verstellgeschwindigkeit hängt dann von dem Produkt Steueröffnung $\times$ Hub des Kraftgetriebes ab.

$$T_s \mu' = M\sigma, \qquad M = \frac{z}{v}, \qquad \sigma = -\frac{\mu_1 \cdot v}{z\delta} \quad \text{(Rückführung vernachlässigt).}$$

Steuergleichung $$T_s \mu' = -\frac{\mu_1}{\delta} \cdot \frac{z}{v} \cdot \frac{v}{z} = -\frac{\mu_1}{\delta}.$$

Die Steuergleichung wird also von der Belastung unabhängig, und bei Durchführung der gleichen Rechnung wie früher, erhält die Dämpfung den Wert

Dämpfung $$\frac{\mu_2}{\mu_1} = \left(1 - \frac{t_s}{\delta T_s}\right).$$

Durch richtige Wahl der Schaltzeit t_s wird die Dämpfung für alle Belastungen 0.

Schaltzeit $$t_s = \delta T_s,$$

z. B. Normal-CO_2-Gehalt = 12%, Abweichung für größten Reglerausschlag = 1,2% CO_2, also $\delta = 0,1$; Schlußzeit $T_s = 20$ Sek., Schaltzeit $t_s = 2$ Sek.

Beeinflußt man die Verstellgeschwindigkeit des Kraftgetriebes durch das Produkt von Abweichung des Rauchgasprüfers und Hub des Kraftgetriebes, so bringt der Regler für alle Belastungen die Steuerung schon mit der ersten Schaltung in die Beharrungslage (Ausführung siehe Seite 200).

Die Regelvorrichtung kann mit einer Vorsteuerung, z. B. durch den Dampfdruck, verbunden werden, falls die Geschwindigkeit des Steuervorganges nicht ausreicht. Jedenfalls müssen alle Mittel angewendet werden, die geeignet sind, die Anzeigeverzögerung herabzusetzen.

Besonders vorteilhaft ist eine Anordnung, bei welcher der Rauchgasschieber durch die Geschwindigkeit der Kohlenstaubbrenner gesteuert wird, wobei der Rauchgasprüfer bei Abweichungen des CO_2-Gehaltes das Kräfteverhältnis des Reglers der Brennergeschwindigkeit und der Rauchgasmenge verschiebt (Abb. 177). Die Vorsteuerung arbeitet im Vergleich zum Rauchgasprüfer so schnell, daß man annehmen kann, sie wirke wie ein direkter Regler, wobei das Strahlrohr im Beharrungszustand immer in der gleichen Mittellage ist. Die Verschiebung des Angriffspunktes, über den sich die Regelkräfte von Kohle und Luft das Gleichgewicht halten, verursacht eine Änderung im Mengenverhältnis von Kohle und Luft, also im CO_2-Gehalt. Die Gleichgewichtsbedingung lautet bei verschiedenen Stellungen x des Angriffspunktes unter der Annahme $x \ll b$

$$P_1(b-x) = P_2(b+x),$$

$$\frac{P_1}{P_2} = \frac{b+x}{b-x} \sim \frac{b+2x}{b} = 1 + \frac{2x}{b}.$$

Die Regelkräfte P_1 und P_2 wachsen quadratisch mit den Mengen von Kohle K und Luft L

$$\frac{P_1}{P_{1\,max}} = \left(\frac{K}{K_{max}}\right)^2,$$

$$\frac{P_2}{P_{2\,max}} = \left(\frac{L}{L_{max}}\right)^2.$$

Bei Vollast und Mittelstellung des Angriffspunktes sind die Werte von $P_{1\,max}$ und $P_{2\,max}$ und von L_{max} und K_{max} einander gleich.

$$\frac{K}{L} = \sqrt{\frac{P_1}{P_2}} = \sqrt{1 + \frac{2x}{b}} \sim 1 + \frac{x}{b}.$$

Der Wert K/L ist dem CO_2-Gehalt proportional, einer Abweichung Δn des CO_2-Gehaltes entspricht also

$$\Delta n = \frac{\Delta x}{b}.$$

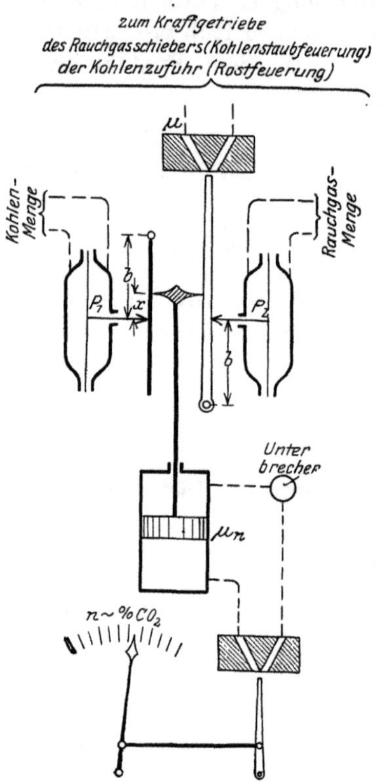

Abb. 177. Rauchgasprüfer verschiebt Kräfteverhältnis der Vorsteuerung.

Es ist bemerkenswert, daß dieses Ergebnis von der Belastung z unabhängig ist. Man kann also die Bewegungsgeschwindigkeit des Nachstell-Kraftgetriebes, welches vom Rauchgasprüfer beeinflußt wird, so einstellen, daß jeder Abweichung Δn des CO_2-Gehaltes die zugehörige Verstellung um Δx während der Schaltzeit t_s entspricht, da die Verstellgeschwindigkeit proportional zu Δn ist. Unabhängig von der Belastung wird also der CO_2-Gehalt schon mit der ersten Schaltung in die Beharrungslage gebracht.

Lassen sich die konstruktiven Schwierigkeiten überwinden, so besteht die Möglichkeit, bei Kohlenstaubfeuerungen die Dampf/Luftregler durch Rauchgasprüfer zu ersetzen.

g) Dampf/Luftregelung des Rostantriebes.

Der Dampf/Luftregler steuert die Rostgeschwindigkeit; dadurch wird mit einer Verzögerung durch die Trägheit des Rostes die Verbrennung beeinflußt, die erst wieder unter Überwindung der Trägheit des Wasserraums durch erhöhte Dampferzeugung auf den Dampfmengenregler der Steuerung zurückwirkt. Zwischen Mengenänderung der Kohlenzufuhr und Rückwirkung auf den Regler sind also zwei Puffer geschaltet. Es ist nachzuweisen, daß in solchen Fällen der Mengenregler eine Rückführung braucht (Abb. 178).

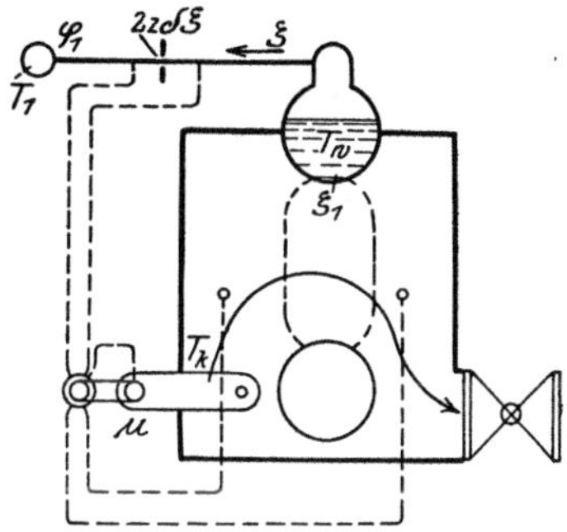

Abb. 178. Dampf/Luftregelung des Rostantriebes.

Die Gleichungen des Regelvorganges lauten:

Steuergleichung durch Mengenregler mit Rückführung $$T_s \mu' = -a\frac{\zeta}{\delta} - b\mu,$$

Änderung der Verbrennung $$\mu - \zeta_1 = \frac{T_k}{z}\zeta_1',$$

Druckänderung im Kessel $$\zeta_1 - \zeta = T_w \varphi_w',$$

Gemessener Druckabfall $$\varphi_w - \varphi_1 = 2\delta z \zeta,$$

Druckerhöhung in der Rohrleitung $$T_1 \varphi_1' = \zeta.$$

Differentialgleichung der Mengenänderung
$$\begin{aligned} 2z\delta T_1 T_w T_k T_s \zeta''' &+ [T_s T_k (T_w + T_1) \\ &+ 2z\delta T_1 T_w (z T_s + b T_k)]\zeta'' + [(b T_k \\ &+ z T_s)(T_w + T_1) + 2 b z^2 \delta T_1 T_w]\zeta' \\ &+ \left[a\frac{z T_1}{\delta} + b z (T_w + T_1)\right]\zeta = 0. \end{aligned}$$

Das Reglergesetz des Mengenreglers kommt im Faktor a zum Ausdruck (Seite 276). Es tritt in der Gleichung nur in Verbindung mit dem kleinen Wert $T_1/\delta \ll T_w$ auf. Das Regelgesetz hat also keinen Einfluß auf den Regelvorgang.

Vernachlässigt: $T_1 \ll T_w$, $T_s \ll T_k$, $\delta T_1 \ll T_s$.

Stabilitätsbedingung $b T_k > z T_s$.

Der Faktor b stellt die Rückführung dar (Seite 276). Er ist für gewöhnliche Rückführung $b = 1$; für Rückführung durch Verstellung des Übersetzungsverhältnisses bei Kraftverbindung (Seite 273) ist $b = z/2$ bei linearer und $b = z^2/4$ bei quadratischer Mengenmessung. Selbst für diese schwache Rückführung ist aber Stabilität vorhanden, da $z^2/4\, T_k$ auch bei kleiner Last größer als die Schlußzeit T_s ist. Aus dynamischen Gründen wäre also auch diese Regelung zulässig.

Die Dampf/Luftregelung braucht zur Steuerung der Rostgeschwindigkeit eine Rückführung. Die Rückführung ist bei allen untersuchten Reglergesetzen ausreichend.

Um den Verlauf des Regelvorganges besser zu erkennen, bildet man unter der Annahme $T_1 = 0$ und $b = 1$ (Rückführung vorhanden) bei Vernachlässigung von Gliedern kleiner Ordnung die

Abgekürzte charakteristische Gleichung

$$w^2 + \frac{1}{T_s} w + \frac{z}{T_k T_s} = 0,$$

$$w = -\frac{1}{2\,T_s} \pm \sqrt{\frac{1}{4\,T_s^2} - \frac{z}{T_k T_s}}$$

immer aperiodisch, da $T_k \gg 4\, z\, T_s$, $\quad T_k \sim 10$ Min.

für $T_s = 0$; $\quad w + \frac{z}{T_k} = 0$, $\quad$ Viertelwertszeit $T_{1/4} = 1{,}38\,\frac{T_k}{z}$.

Die Rückwirkung veränderter Kohlenzufuhr auf den Dampf/Luftregler durch veränderte Dampferzeugung kommt so spät, daß der Dampf/Luftregler als Vorsteuerung sehr genau ausgebildet sein muß, da Abweichungen erst durch einen Regelvorgang von sehr langer Dauer ausgeglichen werden. Für die Beurteilung verschiedener Anordnungen ist demnach in erster Linie die statische Genauigkeit maßgebend, mit welcher der Luftüberschuß der Belastung angepaßt wird. Die Rückführung ändert den Luftüberschuß mit der Belastung in verkehrter Richtung (Seite 270). Durch eine Nullpunktverstellung muß der geregelte Luftüberschuß der Belastung angepaßt und dabei der Fehler durch die Rückführung kompensiert werden. Für proportionale Einwirkung der Menge auf den Regler wird diese Bedingung bei Hub- und Kraftverbindung erfüllt.

Zur Festlegung der statischen Änderungen bei Beharrung ist es nicht mehr zulässig, von einer Belastung auszugehen, welche für alle drei Faktoren Dampf, Luft, Kohle gleich ist. Die Belastung z bezieht sich hier auf Dampf allein (Abb. 181). Denkt man sich einen Kessel vollkommen selbsttätig zwischen Vollast und Leerlauf geregelt, so muß für die Dampfbelastung 0 noch immer die Leerlaufkohle aufgebracht werden und zu ihrer Verbrennung ist die Leerlaufluft L_0 erforderlich. Der vom Wirkungsgrad abhängige Kohlenverbrauch ist zwischen Leerlauf und Vollast angenähert linear. Wählt man $L_0 \mp K_0$ und verändert die Luft ebenfalls linear, so bleibt der Luftüberschuß, auf Kohle bezogen, unverändert; wählt man L_0 größer, dann ist der Luftüberschuß, den Forderungen für Rostfeuerung gemäß, bei Leerlauf am größten, und er verändert sich gleichförmig bis zur Vollast. Unter der Annahme von

linearer Beziehung zwischen	Menge	und	Regelwirkung (Kraft oder Hub)
	Kohle	und	Dampfbelastung z
	Rückführhub	und	Kohlenmenge (Rostgeschwindigkeit)

soll nachgewiesen werden, daß auch die Luftmenge den richtigen linearen Verlauf nach der Dampfbelastung z aufweist.

1. **Hubverbindung.** (Abb. 179). Der größten Dampfmenge D_1 entspricht der größte Hub x_{d_1} des Dampfreglers. Bei dieser größten

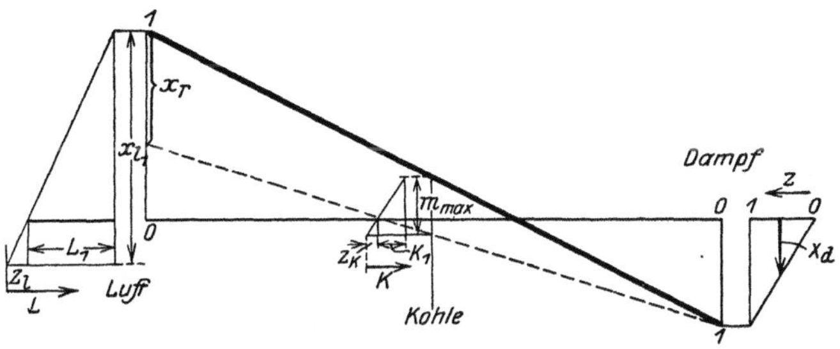

Abb. 179. Dampf/Luftregler mit Hubverbindung und Rückführung.

Dampfmenge hat die Rückführung, der verbrannten Kohlenmenge entsprechend, den Hub m_{max}. Der Luftregler ist in seiner höchsten Stellung x_{l_1}. Bei der Dampfbelastung $z = 0$ ist der Hebel wagerecht; Kohlenmenge und Luftmenge dürfen aber nicht Null sein. Nennt man K_1 und L_1 den Mengenunterschied zwischen Vollast und Leerlauf, so muß bei der Dampfbelastung $z = 0$ ein Bruchteil $K_0 = z_k K_1$ und $L_0 = z_l . L_1$ übrigbleiben, d. h. der Nullpunkt von Rückführung und Luft muß unter die Stellung für die Dampfbelastung $z = 0$ verschoben werden. Zwischen den Reglerhüben und dem Rückführhub gilt die Beziehung

$$x_l - x_{l_0} = x_d + \frac{m}{m_{max}} \cdot x_r .$$

x_r ist der Reglerhub, welcher bei Vollast erforderlich ist, um den vollen Rückführhub m_{max} zurückzulegen. Die Mengenänderung, die dem Hub x_r entspricht, bedeutet also die Ungleichförmigkeit des Reglers

$$x_r : x_{l_1} = \delta .$$

Da Hübe und Mengen linear zueinander sind, gelten für den angenommenen Verlauf von Dampf und Kohle (Rückführhub), sowie für den gesuchten Verlauf der Luft

$$x_d = z \cdot x_{d_1}, \qquad m = \frac{z + z_k}{1 + z_k} m_{\max}, \qquad x_l = x_{l_1} \frac{L}{L_1(1 + z_l)}.$$

x_{d_1}, x_{l_1} und x_{l_0} sind keine willkürlichen Größen, sondern sie müssen derart gewählt werden, daß die beiden Grenzpunkte Normallast $z = 1$ und Nullast $z = 0$ den richtigen Mengen entsprechen.

$$z = 1, \quad L = L_1(1 + z_l); \qquad z = 0, \quad L = L_1 z_l.$$

Durch diese Beziehungen können alle Reglerhübe eliminiert werden, und es entsteht das

Gesetz der Luftänderung nach der Belastung $\quad \frac{L}{L_1} = z_l + z.$

Das Gesetz ist also tatsächlich linear zur Dampfbelastung z; die Rückführung mit der Ungleichförmigkeit δ ändert hieran nichts, man schaltet ihre Wirkung durch Nullpunktverstellung aus.

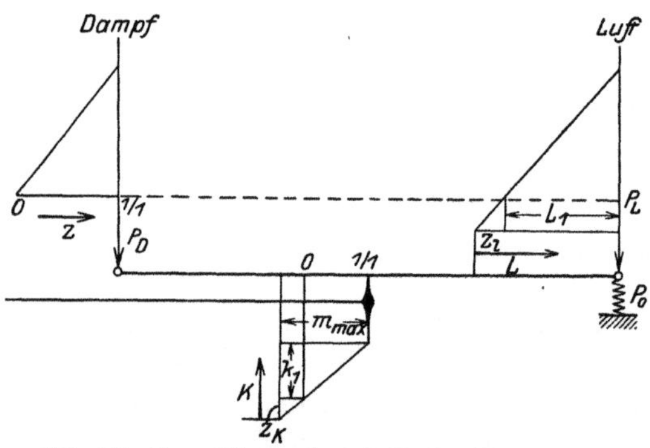

Abb. 180. Dampf/Luftregler mit Kraftverbindung und Rückführung.

An dem Ergebnis wird grundsätzlich nichts geändert, wenn die Rückführung wie bei der Anordnung von Roučka (Seite 194) mit dem Hub des Luftreglers durch einen Wagebalken verbunden und ein Punkt des Wagebalkens mit dem Steuerschieber gekuppelt wird. Die Anordnung dient nur zur genaueren Ausbildung der Rückführung. Sind sämtliche Wagebalken lang genug, so addieren sich den Übersetzungsverhältnissen entsprechend die Hübe von Dampfregler, Luftregler und Rückführung und bei der Ruhelage des Steuerschiebers ist ihre arithmetische Summe immer 0. Der Luftregler ist erstens über den Verbindungsbalken mit dem Dampfregler und zweitens über die Verbindung mit der Rückführung mit dem Steuerschieber gekuppelt, wirksam ist aber immer nur der Unterschied beider Hubeinflüsse auf den Steuerschieber.

2. **Kraftverbindung** (Abb. 180). Die Rückführung soll das Hebelverhältnis der Kräfte verstellen. Auf der Dampfseite wirkt die Kraft P_d allein. Auf der Luftseite ist eine konstante Gegenkraft P_0 vorhanden, so daß der Luftregler bei kraftlosem Dampfregler immer noch eine Kraft ausüben muß; dies entspricht der Leerlaufluftmenge $L_0 = z_l . L_1$. Das Gleichgewicht der Kräfte stellt die Bedingung dar:

$$P_d(b - m_{max} + m) = (P_l - P_0)(b + m_{max} - m)$$

$$P_d \sim (P_l - P_0)\left(1 + \frac{2\,m_{max}}{b} - \frac{2\,m}{b}\right).$$

Wenn bei Vollast die Rückführung von m_{max} nach Null verschoben wird (Rückführhub zwischen offenem und geschlossenem Kraftgetriebe), dann muß die Luftkraft P_{l_1} um P_r abnehmen, damit das Gleichgewicht wieder hergestellt ist. Auf der Dampfseite wirke dabei unverändert die volle Kraft P_{d_1} für $z = 1$. In die Gleichung für P_d sind diese Werte einzusetzen ($P_d = P_{d_1}$; $P_l = P_{l_1} - P_r$; $m = 0$)

$$P_{d_1} = (P_{l_1} - P_r - P_0)\left(1 + \frac{2\,m_{max}}{b}\right).$$

Der Kraft P_r, welche bei voller Last zwischen offenem und geschlossenem Kraftgetriebe auftritt, entspricht eine Mengenänderung, welche die Ungleichförmigkeit δ des Reglers ausmacht.

$$\delta = \frac{P_r}{P_{l_1}}.$$

Für die Kräfte bei Teillasten gelten nach der Abb. 180 die gleichen Beziehungen, wie früher für die Hübe

$$P_d = z\,P_{d_1}, \qquad m = \frac{z + z_k}{1 + z_k}\,m_{max}, \qquad P_l = P_{l_1}\,\frac{L}{L_1\,(1 + z_l)}.$$

Die Kraftkonstanten lassen sich durch Einsetzen der bekannten Mengenwerte für Normallast und Leerlauf ersetzen

$$z = 1, \quad L = L_1\,(1 + z_l); \qquad z = 0, \quad L = L_1\,z_l.$$

Gesetz der Luftänderung nach der Belastung $\qquad \dfrac{L}{L_1} = z\left(1 - \delta\,\dfrac{1 - z}{1 + z_k}\right) + z_l$

ohne Rückführung $\qquad \dfrac{L}{L_1} = z + z_l,$

$\delta = 0$ (bei Kohlenstaubfeuerung).

Bei quadratischer Wirkung der Mengen auf die Regler lassen sich durch Nullpunktverstellung nur die beiden Grenzwerte für Vollast und Nullast richtig einhalten. Das Ergebnis einer Berechnung für Rückführung mit der Ungleichförmigkeit $\delta = 0{,}1$ ist in Abb. 181 wiedergegeben. Berücksichtigt man, daß es in Wirklichkeit darauf ankommt, nicht das Dampf/Luftverhältnis, sondern den Luftüberschuß auf Kohle bezogen zu regeln, so sieht man den völlig unbrauchbaren Verlauf bei quadratischer Mengenregelung. Im Falle der Hubverbindung bleibt der Luftüberschuß (Luft/Kohle) unter den getroffenen Annahmen konstant, bei der Kraftverbindung sinkt er sogar mit der Belastung.

Man könnte daran denken, diesen ungünstigen Verlauf durch ein besonderes Rückführgesetz zu strecken. Bisher wurde angenommen, daß der Rückführhub der Rostgeschwindigkeit proportional ist. Statt dessen kann, z. B. durch Einschalten einer Nockenscheibe zwischen Hub des Kraftgetriebes und Rückführhub, eine beliebige Zuordnung nach einem anderen Gesetz erfolgen. Dabei darf man aber nicht außer acht lassen, daß der Regelvorgang zur Aufrechterhaltung der Stabilität eine positive Ungleichförmigkeit braucht, d. h. der Rückführhub muß bei jeder Beharrungslage mit der Belastung wachsen. Unter der Annahme quadratischer Mengenregelung wurde das Gesetz der Rückführung berechnet, welches eingehalten werden muß, um linearen Verlauf der Luft mit der Belastung herbeizuführen (Abb. 182). Bei großer Belastung müßte der Rückführhub mit der Belastung abnehmen. Denkt man sich einen Regelvorgang auf diesem Ast der Kurve mit einer kleinen Abweichung, so verlangt die Stabilität, daß der Rückführhub mit steigender Belastung wächst, es geschieht aber das umgekehrte, und die Regelung ist auf diesem Ast der Kurve, also gerade in Nähe der Vollast, unbrauchbar.

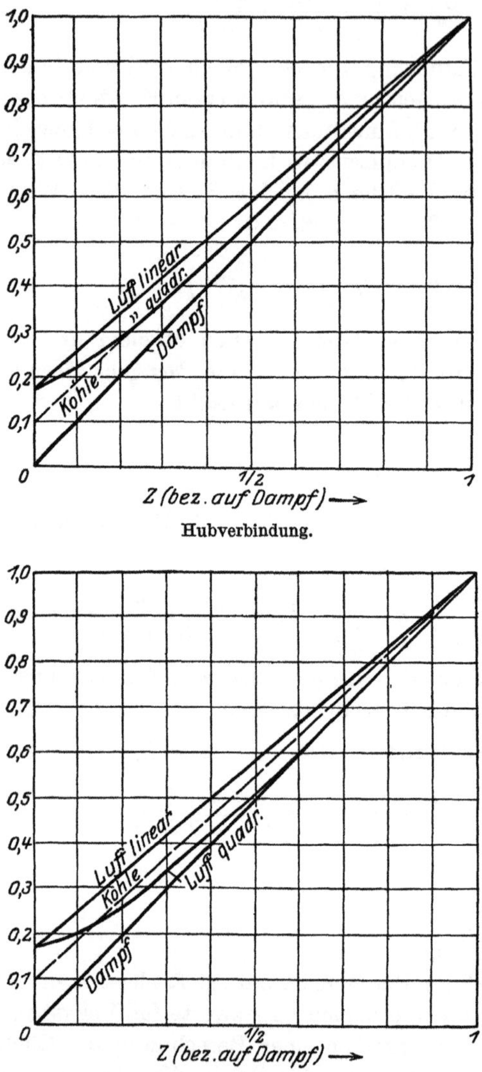

Abb. 181. Mengenverlauf von Luft und Kohle in Abhängigkeit von der Belastung z für Dampf/Luftregler mit Rückführung und einer Ungleichförmigkeit $\delta = 0{,}1$ zeigt unbrauchbares Verhältnis Luft/Kohle bei quadratischer Mengenmessung.

Für Dampf/Luftregler sind Regelumformer, welche eine lineare Beziehung zwischen den gemessenen Mengen und den Regeleinwirkungen (Hub oder Kraft) herstellen, unentbehrlich.

h) Regelung des Rostantriebes durch Rauchgasprüfer.

Bei der Steuerung von Rostfeuerungen kann die Aussetzregelung den Einfluß der Anzeigeverzögerung nicht ausschalten. Setzt man die Regelung über einen Zeitabschnitt Δt still, um dem Rauchgasprüfer für seine Anzeige Zeit zu lassen, so bleibt der CO_2-Gehalt an der Verbrennungsstelle nicht konstant, wenn die Kohlenzufuhr von der Beharrung abweicht. Er steigt vielmehr während der Zeit Δt bei zu großer Kohlenzufuhr und umgekehrt. Dieser Vorgang verläuft aber sehr langsam, so daß auch ohne Aussetzregelung trotz der Anzeigeverzögerung eine stabile Regelung möglich ist. Man muß dabei berücksichtigen, daß die Verzögerung durch die Wasseranlaufzeit des Kessels fortfällt; denn die veränderte Verbrennung der Kohle verändert unmittelbar den CO_2-Gehalt, während sie beim Dampf/Luftregler erst durch erhöhte Dampfentwicklung auf den Regler zurückwirkt; zwischen veränderter Verbrennung und veränderter Dampfentwicklung liegt dann die Verzögerung durch die Trägheit des Wasserraumes. Deshalb wären beim Fehlen einer Anzeigeverzögerung die Stabilitätsbedingungen günstiger als beim Dampf/Luftregler. Um den Einfluß der Anzeigeverzögerung t_v zu erkennen, soll die Näherungsformel (Seite 222) angewendet werden:

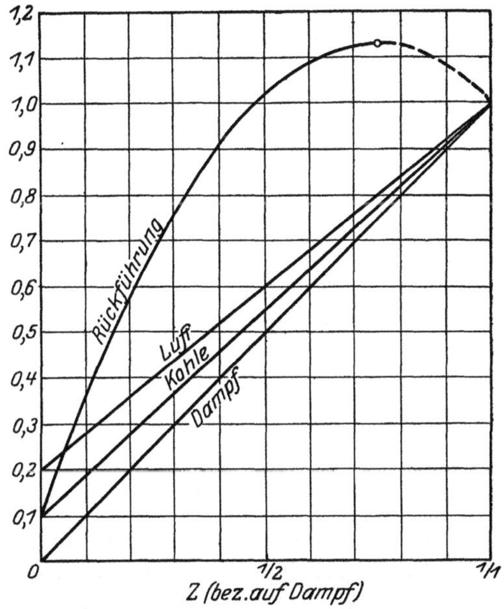

Abb. 182. Herstellung linearer Mengenänderung durch besonderes Rückführgesetz gibt unstabile Regelung.

Verzögerte Mengenanzeige $\zeta_v \sim \zeta - t_v \cdot \zeta'$.

Änderung der Verbrennung $\mu - \zeta = \frac{T_k}{z} \cdot \zeta'$.

Steuergleichung des Rauchgasprüfers mit Rückführung $T_s \mu' = -\frac{\zeta}{z\delta} - b\mu$.

$$\frac{T_s T_k}{z} \cdot \zeta'' + \left(T_s + \frac{b T_k}{z} - \frac{t_v}{z\delta}\right)\zeta' + \left(\frac{1}{z\delta} + b\right)\zeta = 0.$$

Das Dämpfungsglied erster Ordnung muß positiv sein, man erreicht dies durch zwei verschiedene Bedingungen:

I. mit Rückführung $b = 1, \quad T_s \sim 0, \quad T_k \gg \frac{t_v}{\delta}$,

II. ohne Rückführung $b = 0, \quad T_s \gg \frac{t_v}{z\delta}$.

I. Durch eine Rückführung ist die Stabilitätsbedingung nicht zu erfüllen. Der Wert der Rostanlaufzeit T_k läßt sich nicht willkürlich verändern, er hat die Größenordnung von 10 Min. Für $t_v = 1$ Min. und Ungleichförmigkeit $\delta = 0{,}1$ wäre also selbst nach dieser Näherungsformel keine Stabilität vorhanden.

II. Hingegen kann die Schlußzeit des Reglers, der mit dem Rauchgasprüfer verbunden ist, beliebig vergrößert werden. Außerdem ließe sich, ähnlich wie bei der Kohlenstaubfeuerung, die Verstellgeschwindigkeit durch den Hub des Kraftgetriebes beeinflussen. Beim Antrieb des Rostes ist dieser Hub der Belastung z angenähert proportional. Die Steuergleichung geht dann über in (keine Rückführung, $b = 0$)

$$T_s \mu' = -z\frac{\zeta_v}{z\delta} = -\frac{\zeta_v}{\delta}.$$

Diese Steuergleichung entsteht auch, wenn die Kohlenzufuhr durch die Rauchgasmenge mit Antriebsrückführung gesteuert wird, wobei der Rauchgasprüfer das Kräfteverhältnis beider Regler verändert (Abb. 177, Seite 286). Es ist dann

$$\frac{P_1}{P_2} = 1 + \frac{2x}{b}.$$

Die Kraft P_1 der Antriebsrückführung wächst quadratisch mit dem Hub m des Kohlekraftgetriebes, die Kraft P_2 des Rauchgasreglers quadratisch mit der Belastung z und die Kräfte $P_{1\max}$ und $P_{2\max}$ sind gleich

$$\frac{P_1}{P_{1\max}} = \left(\frac{m}{m_{\max}}\right)^2, \quad \frac{P_2}{P_{2\max}} = z^2 \quad \frac{P_1}{P_2} = \left(\frac{m}{z\,m_{\max}}\right)^2 = 1 + \frac{2x}{b},$$

$$\frac{m}{z\,m_{\max}} = \sqrt{1 + \frac{2x}{b}} \sim 1 + \frac{x}{b}, \quad \frac{\Delta m}{z\,m_{\max}} = \frac{\Delta x}{b}.$$

$\mu = \Delta m : m_{\max}$ ist die Abweichung des Kohlekraftgetriebes, $\mu_n = \Delta x : b$ sei die Abweichung des Kraftgetriebes, welches den Angriffspunkt des Steuerwerkes verschiebt. Für μ_n, das vom Rauchgasprüfer gesteuert wird, gilt (ohne Rückführung) die Steuergleichung

$$T_s \mu_n' = -\frac{\zeta_v}{z\,\delta}, \qquad \frac{\mu}{z} = \mu_n,$$

$$T_s \mu' = -\frac{\zeta_v}{\delta}.$$

Setzt man diese Steuergleichung den früheren Rechnungen entsprechend ein, dann entsteht die

Stabilitätsbedingung $\qquad T_s \gg \frac{t_v}{\delta}.$

Für $t_v = 1$ Min. und $\delta = 0{,}1$ müßte die Schlußzeit nach dieser angenäherten Rechnung ein Vielfaches von 10 Min. sein.

Für eine gut ausgebildete Vorsteuerung, z. B. durch Dampfdruck mit Antriebsrückführung, kann ein Rauchgasprüfer mit sehr langer Schlußzeit seiner Steuerung zur Nachstellung dienen. Die Nachstellung erfüllt dann selbsttätig die gleiche Aufgabe wie ein Aufsichtsbeamter, der von Zeit zu Zeit nach den Angaben eines Rauchgasprüfers die Lastverteilung parallel gesteuerter Roste nach den Bedingungen der einzelnen Kessel und veränderter Kohlenbeschaffenheit nachstellt. Bei der großen Trägheit der Roste kann es genügen, diese Korrektur sehr langsam vorzunehmen, da die Dampfdruckregelung die schnelle Anpassung an Belastungsänderungen übernimmt.

6. Zur Theorie der mittelbaren Steuerungen.

Dampfdruckregelung und Feuerungsregelung bringen eine Erweiterung der bisher behandelten mittelbaren Steuerungen und zeigen, daß zur richtigen Beurteilung der Vorgänge 3 Hauptgruppen von Regelverfahren zu unterscheiden sind.

1. Stellungsregelung,
2. Zustandsregelung (Dampfdruck, Drehzahl),
3. Mengenregelung (Luftmenge, Dampfmenge, Mengenverhältnisse).

In allen Fällen werden Mengen durch das gesteuerte Organ beeinflußt, (Dampfmenge, Kohlenmenge, Luftmenge und bei Kraftmaschinen Leistung) und jeder Stellung des Organs entspricht eine bestimmte Menge. Die Bedeutung einer Rückführung besteht darin, die Menge auf den Regler wirken zu lassen.

Bei der Stellungsregelung fehlt die Rückwirkung der gesteuerten Menge auf den Regler vollständig, eine Rückführung ist deshalb unter allen Umständen erforderlich. Das Gegenstück bildet der Mengenregler. Ist kein Puffer zwischen das gesteuerte Organ und den Regler geschaltet, so mißt der Regler unmittelbar und in jedem Augenblick die gesteuerte Menge, eine weitere Beeinflussung des Reglers durch die Menge mit Hilfe einer Rückführung, welche die Stellung des Kraftgetriebes anzeigt, ist also entbehrlich. Beeinflußt aber die gesteuerte Menge erst den Ladezustand eines Puffers (Dampfdruck des Rohrleitungsvolumens, Kesseldruck $\sim$ Ladezustand des Wasserraums, Drehzahl $\sim$ Ladezustand der Schwungmassen) und läßt man diesen Zustand auf den Regler wirken, nicht die Menge selbst, dann kommt die Rückwirkung „zu spät", um die Menge stabil zu steuern. Außer dem Zustand muß die Menge auf den Regler wirken, z. B. durch eine Rückführung, welche die Stellung des Kraftgetriebes (zur Messung der Menge) auf den Regler überträgt.

Es hat sich aber gezeigt, daß noch andere Einflüsse imstande sind, als Mengenmaßstab den Regler zu beeinflussen, Strömungsdruckabfälle in Dampfrohrleitungen und im Rauchgasstrom des Kessels. Sie üben eine ähnliche Wirkung aus wie die Masse eines „Beharrungsreglers", welcher Kräfte ausübt, die der Beschleunigung der Drehzahl, also der Leistung (Menge), proportional sind. Ebenso ist ein Differentialdruckregler, der die Geschwindigkeit der Druckänderung mißt, nicht mehr ein Zustandsregler, sondern ein Mengenregler, der deshalb auch andere Regelgesetze einleitet.

Verallgemeinert man diese Ergebnisse, die für massenlose Regler und Kraftgetriebe abgeleitet wurden, so kommt man zu dem Schluß, daß Mengen bei mittelbaren Steuerungen nur unter dem Einfluß der gesteuerten Mengen selbst stabil geregelt werden können.

VII. Wärmespeicher.

Seit den 70er Jahren findet man in der Patentliteratur einzelne Vorschläge für einen Ausgleich der Betriebsverhältnisse von Dampfanlagen durch Anwendung von Speichern[1]). Abgesehen von einzelnen Versuchen, die mit geringem Erfolge durchgeführt wurden, haben aber bis vor wenigen Jahren nur die Verfahren von Rateau, Harlé und Ilgner Bedeutung erlangt. In diesen Fällen handelt es sich darum, die Schwankungen von aussetzend arbeitenden Maschinen (Fördermaschinen, Walzwerksantriebe) von der Kraftanlage fernzuhalten, wodurch eine Teilaufgabe erfüllt wird. Der Ausgleich beschränkte sich auf eine Zeitdauer in der Größenordnung von einer Minute.

Es ist das Verdienst von Ruths, die Bedeutung eines Ausgleichs erkannt zu haben, der sich über Stunden erstreckt, und der auf eine große Zahl von Betriebseinrichtungen zurückwirkt, so daß die Dampf-

---

[1]) Siehe Witz: ETZ, 1925, 26. November.

anlage von Hemmungen und Beeinflussungen befreit wird, welche durch den Betrieb gefordert und durch die Betriebseinrichtungen nur unvollkommen erfüllt werden.

1. Der Zufluß zu allen Dampfnetzen muß mit dem Verbrauch übereinstimmen, damit die angeschlossenen Kraftdampf- und Heizdampfverbraucher ungehindert mit konstantem Druck betrieben werden können. Die restlose Erfüllung dieser Forderung kann bei periodisch arbeitenden Heizdampfverbrauchern (Zellstoffkocher Farbkufen usw.) durch Abkürzung der Vorgänge zu einer bedeutenden Produktionssteigerung führen. Es treten dabei sehr hohe Dampfbedarfsspitzen auf, die der Speicher abgeben muß.

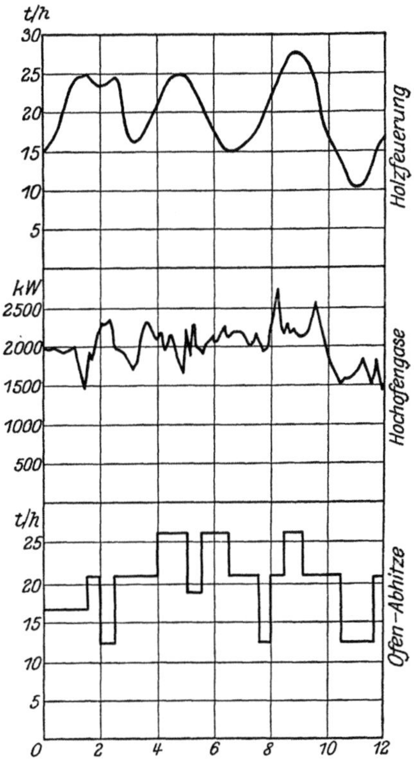

Abb. 183. Schwankender Mengenverlauf in der Wärmezufuhr.

2. Würde man stark schwankende Heizdampfmengen aus einer Kraftmaschine entnehmen, um die Arbeitsfähigkeit des Dampfes auszunutzen, so ließe sich in vielen Fällen die schwankende erzeugte Gegendruckkraft mit dem Kraftbedarf nicht in Übereinstimmung bringen. Ein Speicher zwischen Kraftmaschine und Verbraucher kann hier einen Ausgleich schaffen.

3. Bei schwankender Dampferzeugung muß die Kesselanlage für die höchste Dampfmenge bemessen sein. Heftige Schwankungen von der Dauer weniger Stunden, die sich mehrmals im Laufe eines Tages wiederholen, lassen sich durch Speicherung vielfach vollkommen ausgleichen. Die Kesselanlage deckt dann mit beschränkter Heizfläche und bestem Wirkungsgrad bei konstanter Vollast den mittleren Dampfbedarf. Man erreicht dadurch Kohlenersparnisse (Seite 146) und vermindert die Anlagekosten durch die geringere Heizfläche der Kessel.

4. Ein Ausgleich kann außerdem für die Wärmezufuhr zum Kessel erforderlich sein. Die Wärmeentwicklung im Kessel ist auch bei gleichmäßiger Brennstoffzufuhr nicht konstant; besonders für Holzfeue-

rungen, in denen Abfälle verwertet werden, hat Ruths sehr starke Schwankungen durch veränderlichen Wassergehalt festgestellt (Abb. 183). Ferner ist häufig Abfallenergie auszunutzen. Die Abhitze von Öfen ist über die Dauer ihrer Betriebszeit konstant, sie ändert sich aber durch Stillstände. Von Hochofengasmengen, die zum Antrieb von Gasmaschinen und zu Heizzwecken dienen, wird oft der schwankende Gasrest unter Kesseln verbrannt. In anderen Fällen wird Überschußstrom zur Dampferzeugung in Elektrokesseln ausgenutzt.

Ruths hat zum Ausgleich von Schwankungen einen Dampfspeicher entwickelt, der imstande ist, grundsätzlich beliebig große Dampfspitzen an die Verbraucher abzugeben. Durch zweckmäßigen Einbau des Speichers in die Dampfanlage lassen sich mehrere der beschriebenen Aufgaben gleichzeitig erfüllen. Außerdem hat Ruths zur vollen Ausnutzung der Ausgleichsmöglichkeiten Regelvorrichtungen eingeführt, welche die gesamte Dampfverteilung im Betrieb, Ladung und Entladung des Speichers und die Drücke der Dampfnetze selbsttätig regeln. Die Dampfdruckregelung war zu dieser Zeit noch auf einer so tiefen Stufe, daß Betriebsleute den weitgehenden Regelmaßnahmen vielfach Mißtrauen entgegenbrachten. Die günstigen Betriebsergebnisse von etwa 250 ausgeführten Anlagen und die lebhafte Entwicklungstätigkeit, welche durch diese Anregung einsetzte, haben aber die Druckregelung auf einen hohen Stand gebracht, so daß auch Betriebe mit geringen Schwankungen zur selbsttätigen Regelung der Dampfnetze übergehen.

Die Erfolge des Ruthsspeichers führten zur Ausbildung zahlreicher Verfahren, durch welche nach dem Vorbild von Druitt-Halpin mit Hilfe einer Speicherung von Speisewasser Belastungsschwankungen von der Feuerung ferngehalten werden. Zu diesem Zweck sind Einrichtungen von Christians, Hähnle, Kießelbach und Paul H. Müller entwickelt worden, nach denen der Speiseraum des Kessels selbst oder der Inhalt besonderer Speicher zwangläufig zum Ausgleich herangezogen werden. Bei all diesen Verfahren beschränkt sich die Leistungsfähigkeit der Speicheranlage auf die Deckung von Dampfbedarfsspitzen, welche die mittlere Dampfmenge um nicht mehr als 15—30% überschreiten. Hingegen ist die Speicherfähigkeit je m^3 Rauminhalt groß, und die Speicher brauchen zu ihrer Entladung keine Druckänderuug und keine Niederdruckverbraucher, so daß diese Gleichdruckspeicher vorwiegend in reinen Kraftanlagen Verwendung finden.

In Betrieben mit Heizdampfverbrauchern, deren Vorgänge sich durch gesteigerte Wärmezufuhr beschleunigen lassen, ist die Deckung unbeschränkter Dampfbedarfsspitzen Grundvoraussetzung für einen wirksamen Ausgleich. Die Verhältnisse dieser Anlagen werden deshalb in einem besonderen Kapitel (VIII) behandelt.

Der Wasserraum des Kessels ist ein Wärmespeicher zum Ausgleich geringer Abweichungen von Wärmezufuhr und Dampfbedarf. Zunächst sollen die Grenzen seiner Leistungsfähigkeit festgestellt werden.

1. Der Kessel als Wärmespeicher.

Der Wasserraum des Kessels kann auf zwei Arten Wärme speichern.

1. Ist die Dampfentnahme größer als die Wärmezufuhr, so sinkt der Kesseldruck. Der Wasserraum gibt durch Abkühlung Wärme ab, seine Temperatur senkt sich und damit der Sattdampfdruck. Die Dampfspitzen, welche auf diese Weise abgegeben werden, sind in ihrer Größe (kg/s.) unbegrenzt. Die abgegebenen Wärmeeinheiten entsprechen dem

Wasserinhalt des Kessels in kg × Temperaturunterschied durch Druckgefälle in ^{0} C.

Bei dem geringen Wasserinhalt der Kessel würde durch die verminderte Temperatur der Druck nach kurzer Zeit unzulässig sinken. Übersteigt die Wärmezufuhr die Dampfentnahme, so dient die überschüssige Wärme zur Temperaturerhöhung des Wasserinhalts und der Kesseldruck steigt. Dabei wurde angenommen, daß die Speisung des Kessels in jedem Augenblick mit der Dampfentnahme übereinstimmt.

2. Bei hohem Dampfbedarf stellt der Heizer die Kesselspeisung ab, und er erhöht die Speisung, wenn der Dampfbedarf zurückgeht; dadurch benützt er den Speiseraum, d. h. den Raum zwischen höchstem und tiefstem Wasserstand, als Wärmespeicher. Das Speisewasser durchströmt meist vor Eintritt in den Kessel einen Rauchgasvorwärmer, kommt aber mit einer „Warmwasser"-Temperatur in den Kessel, die mindestens 70^0 unter der „Heißwasser"-Temperatur des Wasserinhaltes liegt. Wird kein Rauchgasvorwärmer angewendet, so kann man durchschnittlich mit einem Temperaturunterschied von 140^0 rechnen. Je kg Speisewasser werden also 70—140 kcal gebraucht, um das Wasser auf Sattdampftemperatur zu erwärmen, erst die weitere Wärme, die von der Heizfläche aufgenommen wird (z. B. 470 kcal) dient zur Dampfentwicklung. Stellt man also bei unveränderter Wärmezufuhr die Speisung ab, so werden 70 bis 140 kcal je kg Speisewasser frei, die nicht mehr zur Vorwärmung, sondern zur Dampferzeugung dienen, und bei der gleichen Wärmezufuhr werden (70—140) : 470 = 15—30$^0/_0$ mehr Dampf entwickelt, bis das Wasser vom höchsten auf den tiefsten Stand gesunken ist, so daß die Speisung wieder einsetzen muß. Die Speicherfähigkeit des Kessels ist also

Wasserinhalt des Speiseraums in kg × Temperaturunterschied in ^{0} C zwischen Heißwasser und Warmwasser.

Durch reichliche Bemessung des Speiseraums kann man wohl die Speicherfähigkeit in kg Dampf steigern, die höchste Spitze (kg/s.) ist aber bei noch so großem Speiseraum immer auf 15—30% begrenzt, je nach den festliegenden Temperaturverhältnissen (außerdem darf man bei Rauchgasvorwärmern die Speisung ohne besondere Maßnahmen nicht vollständig abstellen, die erreichbare Spitze ist dann praktisch etwas niedriger). Hingegen läßt sich durch gesteigerte Speisung die Dampferzeugung beliebig heruntersetzen, im Grenzfall dient dann die ganze Wärmezufuhr zur Vorwärmung des Speisewassers von warm auf heiß. Man kann also auf diese Weise tiefe Täler überbrücken, wenn die Speisepumpen ausreichen, und wenn die ziemlich träge Veränderung der Dampferzeugung schnell genug erfolgt. Der Kesseldruck bleibt dann unverändert, so lange die Grenzen der Speicherfähigkeit (kg und kg/s.) nicht überschritten werden. Man nennt diese Art des Ausgleichs Gleichdruckspeicherung oder Speiseraumspeicherung.

a) Speicherung durch Druckgefälle.

Bei der Anwendung niedriger Dampfdrücke war es möglich, den Kessel mit großen Wasserräumen auszurüsten, wie sie besonders bei Flammrohrkesseln zu finden sind. Mit der Steigerung der Kesseldrücke und dem Übergang zum Wasserrohr- und Steilrohrkessel macht aber die Ausbildung von Obertrommeln mit großem Rauminhalt durch die Zunahme der Wandstärken erhöhte Schwierigkeiten. Man kann damit rechnen, daß Flammrohrkessel für 6—15 atü einen Wasserinhalt von 200 l/m² Heizfläche haben, Wasserrohr- und Steilrohrkessel für 15 bis 25 atü 50—60 l/m². Der spez. Wasserinhalt vermindert sich mit steigendem Druck und wachsender Heizfläche; die Kessel des Großkraftwerks Rummelsburg von 1700 m² für 35 atü haben z. B. nur noch einen Wasserraum von 29 l/m². Außerdem wächst bei Kesseln neuerer Bauart die Dampferzeugung je m² Heizfläche.

Die Zeit, in welcher bei Vollast-Wärmezufuhr und Dampfentnahme 0 der Kesseldruck um 10% steigt, dient als Maßstab für die Speicherfähigkeit des Kessels durch Druckgefälle.

Speicherfähigkeit der Kessel bei 10% Druckgefälle.

	Flammrohrkessel 10 atü	Wasserrohr- oder Steilrohrkessel 20 atü	Großkessel (Rummelsburg) 35 atü
Wasserraum l/m²	200	55	29
Dampfleistung kg/m²h Heizfläche bei höchster Dauerlast	25	30	45
Speicherfähigkeit bei 10% Druckabfall in kg Dampf/m³ Wasserraum (Seite 312)	7,8	10	12,5
in Minuten	3,74	1,1	0,48

Die Speicherfähigkeit, die bei Niederdruckkesseln mehrere Minuten beträgt, sinkt bei Hochdruckkesseln auf den Bruchteil einer Minute. Trotzdem können diese Kessel noch zum Ausgleich von Minutenschwankungen dienen. Es werden aber Höchstdruckkessel entwickelt, bei denen ein Wasserraum überhaupt fehlt, so daß sich ihre Speicherfähigkeit auf die Zeitdauer von Sekunden beschränkt. In Dampfanlagen, die mit Kesseln verschiedenen Druckes arbeiten, wird man bestrebt sein, die Hochdruckkessel möglichst konstant zu belasten und

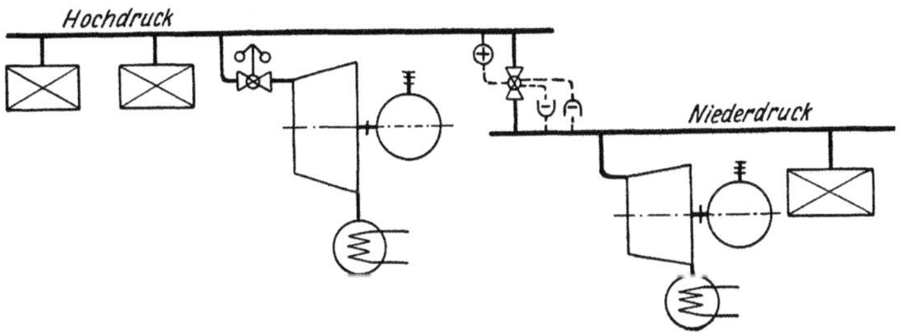

Abb. 184. Durch Dampfdruckregler werden HD-Kessel voll und konstant belastet, ND-Kessel übernehmen Belastungsschwankungen.

den anpassungsfähigen Niederdruckkesseln den Ausgleich der Belastungsschwankungen zu überlassen. Außerdem ist es wirtschaftlich, die neuzeitlichen Hochdruckkessel mit ihrem besseren Wirkungsgrad möglichst voll auszunützen und nur den Rest des Dampfbedarfes durch die Niederdruckkessel zu decken. Die Hoch- und Niederdruckkesselhäuser sind aber meist räumlich voneinander getrennt. Der Versuch, die Kesselhäuser durch ein handgesteuertes Ventil zu verbinden, bringt deshalb durch Abblaseverluste beim unrichtigen Zusammenarbeiten mehr Schaden als Nutzen, die Kesselhäuser arbeiten aus diesem Grund meist getrennt; es sind aber durch Verbindung mit Hilfe gesteuerter Ventile günstige Ergebnisse erreicht worden; zwei Beispiele werden besprochen.

In einem Kraftwerk werden die betriebsunfähigen Niederdruckkessel laufend durch neue Hochdruckkessel ersetzt (Abb. 184), für die zum Teil noch keine Hochdruckkraftmaschinen vorhanden sind: Die Hochdruckkessel werden alle mit konstanter Vollast in Betrieb gehalten, und der Überschuß, den die Hochdruckkraftmaschinen nicht brauchen, wird durch ein geregeltes Überströmventil der Niederdruckanlage zugeführt. Da aber der Hochdruck durch den Regler konstant gehalten wird, ist am Manometer des Hochdruckkesselhauses nicht erkennbar, was im Niederdruckkesselhaus geschieht. Wenn in Grenzfällen bei sinkendem oder steigendem Dampfbedarf ein Zu- oder Abschalten von ND-Kesseln nicht beabsichtigt ist, können im ND-Kesselhaus die Sicherheitsventile abblasen oder der Druck kann unzulässig absinken, wenn nicht eine Verständigung zwischen den Kesselhäusern erfolgt. Statt dessen erhält das gesteuerte Ventil einen Grenzbereichregler (Seite 19), der in diesen Fällen nach dem Druck im ND-Netz die Steuerung des Ventils übernimmt, so daß die Hochdruckkessel, deren Druck sich ändert, den Ausgleich übernehmen müssen.

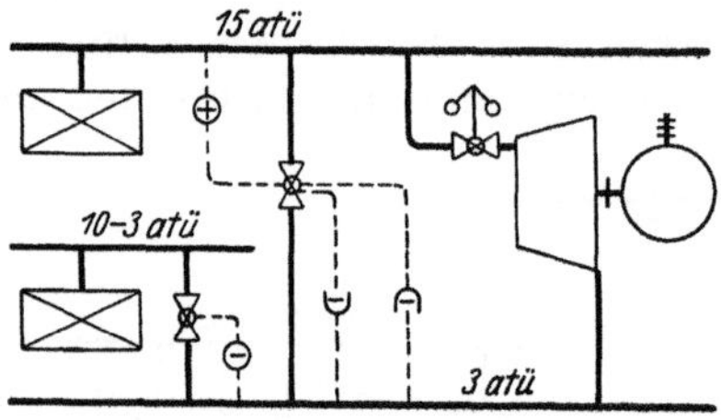

Abb. 185. Ausnützung der Speicherfähigkeit von ND-Kesseln durch starke Druckänderungen, die durch Dampfdruckregler vom ND-Netz ferngehalten werden.

Bei diesem Beispiel schwankt der Druck der ND-Kessel in den gleichen Grenzen wie beim getrennten Betrieb. Man kann aber in einzelnen Anlagen mit großem Wasserraum der Kessel einen Teil der Kessel mit stark veränderlichem Druck betreiben, um ihre Speicherfähigkeit besser auszunutzen. Durch zwischengeschaltete Regelventile werden die Kesseldruckänderungen vom Verbrauchernetz ferngehalten. Abb. 185 zeigt das Schaltbild einer Textilfabrik in Süddeutschland. Der Kraftbedarf des Werkes wird durch eine 1000 kW-Gegendruckturbine gedeckt, die zwischen 15 und 3 atü arbeitet. 4 Steilrohrkessel von 200 m² dienen zur Versorgung der Maschine, der Überschuß geht durch ein Überströmventil (mit Grenzbereichregelung für den Niederdruck) zum Niederdrucknetz. Die Fabrikation braucht aber wesentlich größere Dampfmengen, so daß aus großer Entfernung der Dampf von 3 × 270 m² Piedboeuf-Kesseln zur Deckung des Restbedarfes mit herangezogen werden muß. Die Kessel sind für 10 atü gebaut und haben zusammen etwa 100 m³ Wasserinhalt, sie können deshalb, zwischen 10 und 3 atü betrieben, bedeutende Dampfmengen speichern. Ein Zuflußventil hält diese Schwankungen vom ND-Netz fern.

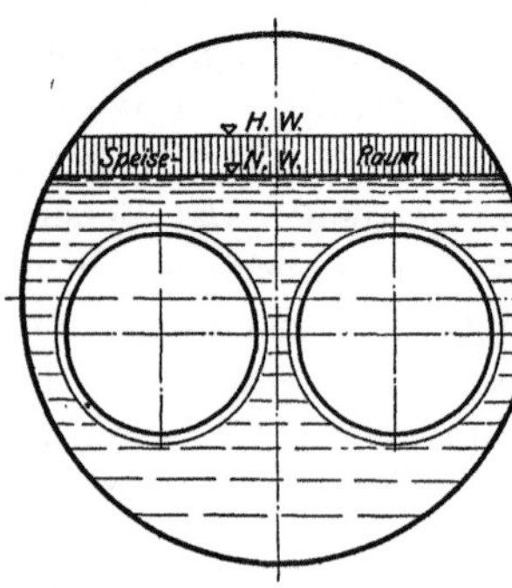

Abb. 186. Speiseraum eines Kessels.

b) Speiseraum-Speicherung.

Der Wasserspiegel im Kessel kann durch veränderliche Speisung zwischen dem höchsten und tiefsten Stand schwanken. Die Größe des Speiseraumes (Abb. 186) wird durch die Oberfläche des Wasserspiegels und den zugelassenen Höhenunterschied festgelegt. Man kann durchschnittlich den Wasserstand bei allen Kesseln unabhängig von ihrer Größe um 200 mm schwanken lassen, ohne besondere Maßnahmen zu ergreifen. Auch wenn Vorwärmung durch Dampf und Rauchgase angewendet wird, bleibt immer ein Temperaturunterschied von etwa 80° zwischen Warmwasser und Sattdampftemperatur. Bei Flammrohrkesseln findet man eine Oberfläche des Wasserspiegels, die 15% der Heizfläche beträgt, bei kleineren Wasserrohr- und Steilrohrkesseln 3—6%, während bei großen Kesseln (Großkraftwerk Rummelsburg) dieser Wert bis auf etwa 1% heruntergehen kann.

Die Zeitdauer, in der bei Dampfentnahme 0, Vollastwärmezufuhr und verstärkter Speisung ohne Druckänderung der Speiseraum angefüllt wird, dient als Maßstab für die Speicherfähigkeit.

Speicherfähigkeit des Speiseraumes für 200 mm Höhenunterschied, 80° Temperaturunterschied und konstanten Kesseldruck.

	Flammrohrkessel 100 m² 6 atü	Steilrohr- od. Wasserrohrkessel 300 m² 15 atü	Großkessel 1700 m² 35 atü
Oberfläche des Wasserspiegels			
in % der Heizfläche	15	6	1,0—1,7
in m²	15	18	16—28
Speiseraum in m³	3,0	3,6	3,3—5,7
Speicherfähigkeit in kg Dampf je m³ Speiseraum bei 80° Temperaturunterschied nach Abschn. 3a	152	156	172
in t Dampf	0,45	0,56	0,57—0,98
Vollastdampfmenge kg/m²	25	30	45
„ t/h	2,5	9	77
Speicherfähigkeit in Min.	11	3,75	0,45—0,77

Die Speicherfähigkeit, welche bei Flammrohrkesseln 11 Minuten beträgt, bei kleineren Wasserrohr- und Steilrohrkesseln noch fast 4 Minuten, sinkt aber bei großen Kesseln für hohen Druck unter 1 Minute. Es sind besondere Einrichtungen getroffen worden, um die Speicherfähigkeit des Speiseraumes zu vergrößern und sie durch selbsttätige Regelung planmäßig auszunutzen.

Beim Speiseregler, wie er von Christians und anderen gebaut wird, steuert ein Kesseldruckregler das Speiseventil des Kessels, so daß der Kesseldruck konstant bleibt, wenn die Grenzen der Leistungsfähigkeit des Speiseraums nicht überschritten werden. Erreicht der Wasserspiegel den höchsten oder tiefsten Stand, so übernimmt ein Wasserstandsregler, der auf diese Grenzlagen des Wasserspiegels anspricht, die Steuerung des Speiseventils. Abb. 187 zeigt eine Ausführung der MAN[1]). Ein ölgesteuertes Speiseventil wird durch 2 Regelgabeln beeinflußt (ähnlich wie der Ava-Dampfdruckregler Seite 51), welche

[1]) Englert: Vortrag vom 9. Januar 1925 im Fränkisch-Oberpfälzischen Bezirks-VDI.

zwei Ausflußöffnungen eines Öldruckrohres steuern. Der Dampfdruck wirkt auf die linke Regelgabel, öffnet den Ausfluß bei abnehmender Last durch steigenden Dampfdruck, vermindert dadurch den Öldruck und öffnet das Speiseventil. Der Wasserstand beeinflußt durch einen

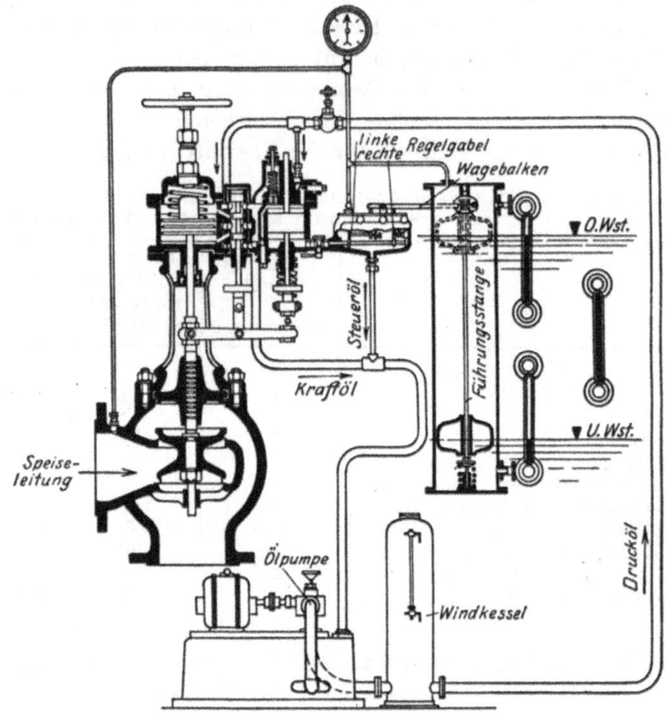

Abb. 187. Speiseregler der MAN in Abhängigkeit des Kesseldruckes mit Grenzausschaltung durch Schwimmer.

Schwimmer, welcher auf einer Führungsstange gleitet, in den Grenzlagen einen Wagebalken; beim höchsten Wasserstand schließt durch die Drehung des Wagebalkens die rechte Gabel den zweiten Ölausfluß, steigert den Öldruck und schließt das Speiseventil unabhängig von der Stellung der linken Gabel, welche vom Dampfdruck beeinflußt wird. Die Wirkung des Dampfdruckes auf die linke Regelgabel wird aufgehoben, wenn der Schwimmer umgekehrt bei tiefstem Wasserstand durch Anschlag über die Führungsstange und den Wagebalken den mittleren Regelhebel bewegt, welcher mit der linken Gabel fest verbunden ist. Entgegen der Dampfdruckwirkung öffnet der Ausfluß, der Öldruck sinkt und das Speiseventil öffnet. Der Schwimmer regelt also bei Überschreitung der Leistungsfähigkeit des Speiseraumes bei der höchsten Last auf den tiefsten Wasserstand.

Roučka ordnet wie bei einem direkt wirkenden Speiseregler mit großer Ungleichförmigkeit des Wasserstandes der größten Speisewsasermenge den tiefsten Wasserstand zu und umgekehrt. Er verwendet den Regler im Zusammenhang mit einer Feuerungsregelung, die durch den Dampfdruck die Brenngeschwindigkeit steuert (Seite 174). Um die Feuerungsregelung bei Belastungsänderungen durch Speiseraumspeicherung vorübergehend zu entlasten, benutzt Roučka die Zunahme des Wasserspiegels, welche bei erhöhter Dampfentwicklung durch

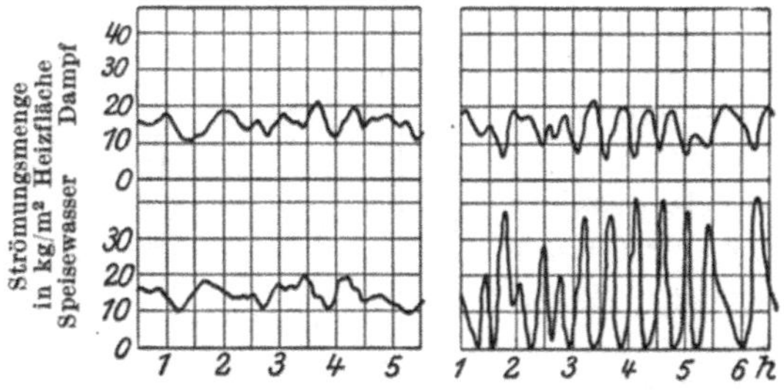

ohne Speicherwirkung übereinstimmender Verlauf von Dampf- und Speisewassermenge. — mit Speicherwirkung durch stark veränderliche Speisewassermenge

Abb. 188. Arbeitsweise des Speisereglers von Roučka.

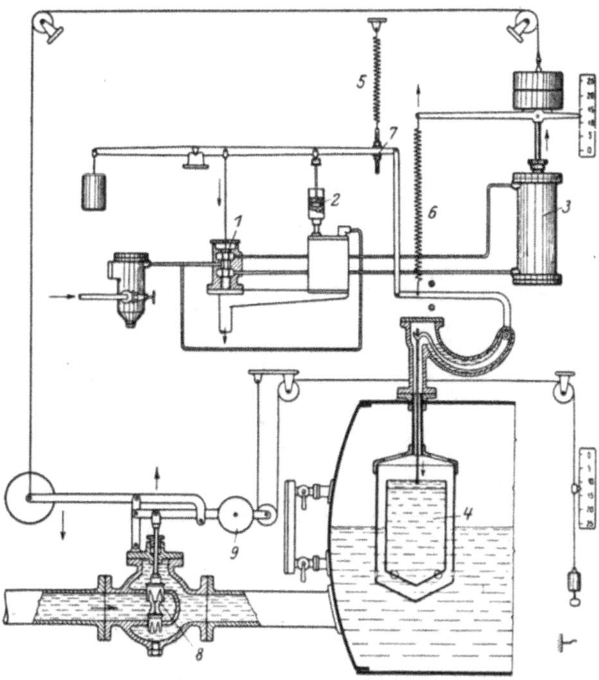

Abb. 189. Speiseregler von Roučka mit Speicherwirkung.

die vermehrte Bildung von Dampfblasen im Wasserraum eintritt, um einen Regelvorgang einzuleiten. Der Regler ist bei plötzlich steigendem

Wasserspiegel bestrebt, möglichst schnell den richtigen Wasserstand wieder herzustellen, er vermindert deshalb die Speisung, so daß die Wärmezufuhr in erhöhtem Maß zur Dampfentwicklung dienen kann. Die Speicherwirkung läßt sich am Regler einstellen. Abb. 188 zeigt links den übereinstimmenden Verlauf von Speisewassermenge und Dampfmenge, während rechts der Regler mit stark veränderlicher Speisung arbeitet. Abb. 189 zeigt den öldruckgesteuerten Regler mit Steuerschieber *1*, Vibrationsvorrichtung *2* und Kraftgetriebe *3*. Auf den Schwimmerkörper *4*, dem 2 Federn *5* und *6* das Gleichgewicht halten, wirkt durch den Wasserstand ein veränderlicher Auftrieb. Bei Beharrung ist der Steuerschieber *1* in der Mittellage und der Schwimmer *4* immer in der gleichen

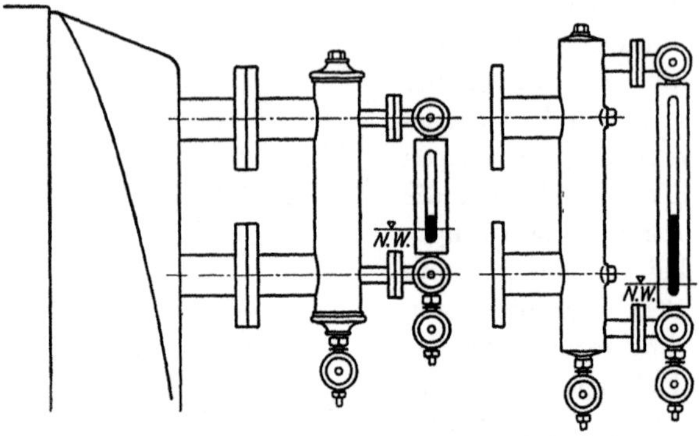

Abb. 190. Wasserstandskörper mit verlängerter Ablesehöhe bei unverändertem Stutzenabstand.

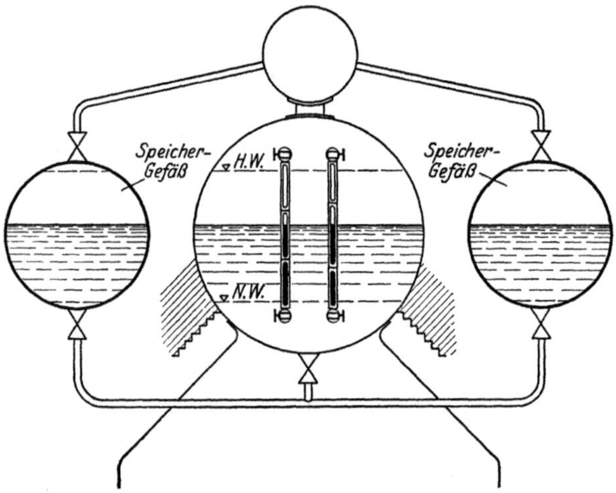

Abb. 191. Erweiterung des Speiseraumes durch Abdecken der Haupttrommeln und Anordnung von Zusatztrommeln.

Stellung. Eine Verschiebung der Feder *5* durch die Stellschrauben *7* würde der Ruhelage andere Federkraft, Auftrieb und somit anderen Wasserstand zuordnen; der Speiseraum wird dadurch nach oben und unten verschoben. Die Spannung der Feder *6* richtet sich nach der

Stellung des Kraftgetriebes und verändert dadurch den Gleichgewichtswasserstand. Das Kraftgetriebe bewegt das Speiseventil *8*, welches V-förmige Durchflußöffnungen freigibt, deren Form sich den Betriebsverhältnissen anpassen läßt. Das Gegengewicht *9* dient zum dichten Abschluß in der Grenzlage.

Cristians und Hähnle verwenden besondere Einrichtungen, um den Speiseraum des Kessels zu erweitern. Abb. 190 zeigt einen Wasserstandskörper, durch den sich ohne Änderung der Stutzen am Kessel größere Wasserstandsunterschiede ablesen lassen. Um den Speiseraum der Kessel zu vergrößern, können die Flammrohre von Kesseln tiefer gelegt werden. Bei Wasserrohrkesseln kann man den unteren Wasserspiegel durch Abdecken der Trommeln senken (Abb. 191); außerdem lassen sich Zusatztrommeln in gleicher Höhe anbringen, die dampfseitig und wasserseitig mit dem Kessel verbunden sind. Um bei hohen Drücken die teuren gezogenen Trommeln mit großem Durchmesser zu vermeiden, schlägt Langen[1]) die Anordnung einer Reihe von horizontal nebeneinanderliegenden Rohren von 300—400 mm vor, die als nahtlose Rohre hergestellt werden können.

c) Grenzen der Speicherung im Kessel.

Durch Druckgefälle lassen sich kurzseitige Spitzen beliebiger Höhe (kg/s.) decken. Auch wenn diese Belastungsänderungen nur ein Bruchteil der Vollast sind, erstreckt sich der Ausgleich nur auf Minuten; bei der Anwendung immer höherer Kesseldrücke wird man besonders für große Einheiten die Kessel selbst von diesen Minutenschwankungen entlasten müssen, wenn sie schwankenden Dampfbedarf zu decken haben. Mit Speiseraumspeicherung können Spitzen beschränkter Größe bei Kesseln niederen und mittleren Druckes längere Zeit gedeckt und Belastungstäler überbrückt werden, wenn die Speiseeinrichtungen für die verstärkte Zufuhr von Speisewasser ausreichen. Dieser Ausgleichsvorgang vollzieht sich aber langsamer, so daß bei heftigen Belastungswechseln doch wieder die Speicherung durch Druckgefälle in Anspruch genommen werden muß. Trotz der Bemühungen, die Leistungsfähigkeit der Speicherung im Kessel zu steigern, muß man zum Ausgleich größerer Schwankungen die Aufgabe der Speicherung vom Kessel loslösen, wie dies zum erstenmal von Ruths in großem Maßstab durchgeführt wurde.

Der Ruthsspeicher verwirklicht den Grundsatz dieser Trennung von Dampferzeugung und Ausgleich vollkommen. Kessel mit Vorwärmer und Überhitzer werden konstant betrieben; der Speicher wird an einer Stelle der Dampfanlage eingeführt, an der er auch möglichst ausgleichend auf die erzeugbare Gegendruckkraft wirkt, und der

[1]) DRP. 401469.

Speicher selbst kann Dampfmengen an die Verbraucher abgeben, denen nicht durch mangelhafte Anpassungsfähigkeit des Kesselhauses Grenzen gesetzt sind. In der heizdampfverbrauchenden Industrie sind diese Eigenschaften meist unentbehrlich.

In reinen Kraftwerken, bei denen durch einen in der Höhe begrenzten Ausgleich und durch Überbrückung von Belastungstälern die Kesselanlage schon bedeutend entlastet wird, kann die Wirkung des Speiseraums im Kessel durch Aufstellen getrennter Gleichdruckspeicher ersetzt und gesteigert werden, in denen heißes Speisewasser gesammelt wird. Man greift damit aber in die Dampferzeugung des Kessels ein, da bei vielen Verfahren die Strömung von Speisewasser und Dampf durch Rauchgasvorwärmer und Überhitzer und ebenso die Verhältnisse der Dampfvorwärmung zur Durchführung des Regenerativverfahrens nicht mehr konstant sind. Besondere Maßnahmen dienen dazu, diese Schwierigkeiten zu überwinden. Die Gleichdruckspeicherung hat bei reinen Kraftanlagen den Vorteil, daß die Kraftmaschinen von der Speicherung unberührt bleiben. Zur Deckung größerer Spitzen und zum Ausgleich von Minutenschwankungen werden auch in Kraftwerken Ruthsspeicher verwendet.

2. Der Ruthsspeicher.

Der Ruthsspeicher nimmt zu bestimmten Zeiten Dampf auf, schlägt ihn in einem Speicher-Wasserraum nieder und gibt ihn zu anderen Zeiten wieder ab, er ist also ein Dampfspeicher mit Wasserinhalt, wie er schon früher von Rateau ausgeführt wurde. Rateau speichert für die Dauer von Minuten mit einem Druckgefälle von höchstens 0,2 at, das durch die Arbeitsweise der Maschine begrenzt wird, hinter welche der Speicher geschaltet ist. Ruths macht seinen Speicher nicht nur von den Druckbedingungen des Kessels, sondern auch, im Gegensatz zu Rateau, von den Verhältnissen der Arbeitsmaschinen unabhängig, benützt große Druckgefälle in einem günstigen Druckgebiet, in welchem sich Speicherkörper großer Abmessungen bauen lassen, und kommt dadurch zum Stundenspeicher. Die Ruthsspeicher arbeiten bei Anlagen mit Niederdruckverbrauchern im allgemeinen zwischen 6 und 2 atü und können bis zu einer Größe von 350 m^3 und für Leistungen von 18000 kg Dampf in einer Einheit ausgeführt werden. In Kraftanlagen sind Speicher von 150 m^3 ausgeführt worden mit einem Druckgefälle von 15 auf 5 atü. Für Sonderzwecke können Speicher bis in das Vakuumgebiet entladen werden. Die größte Speicheranlage, die zur Ausnützung von Wasserkräften dient, wird bei vollem Ausbau in mehreren Einheiten über 80000 kg Dampf speichern.

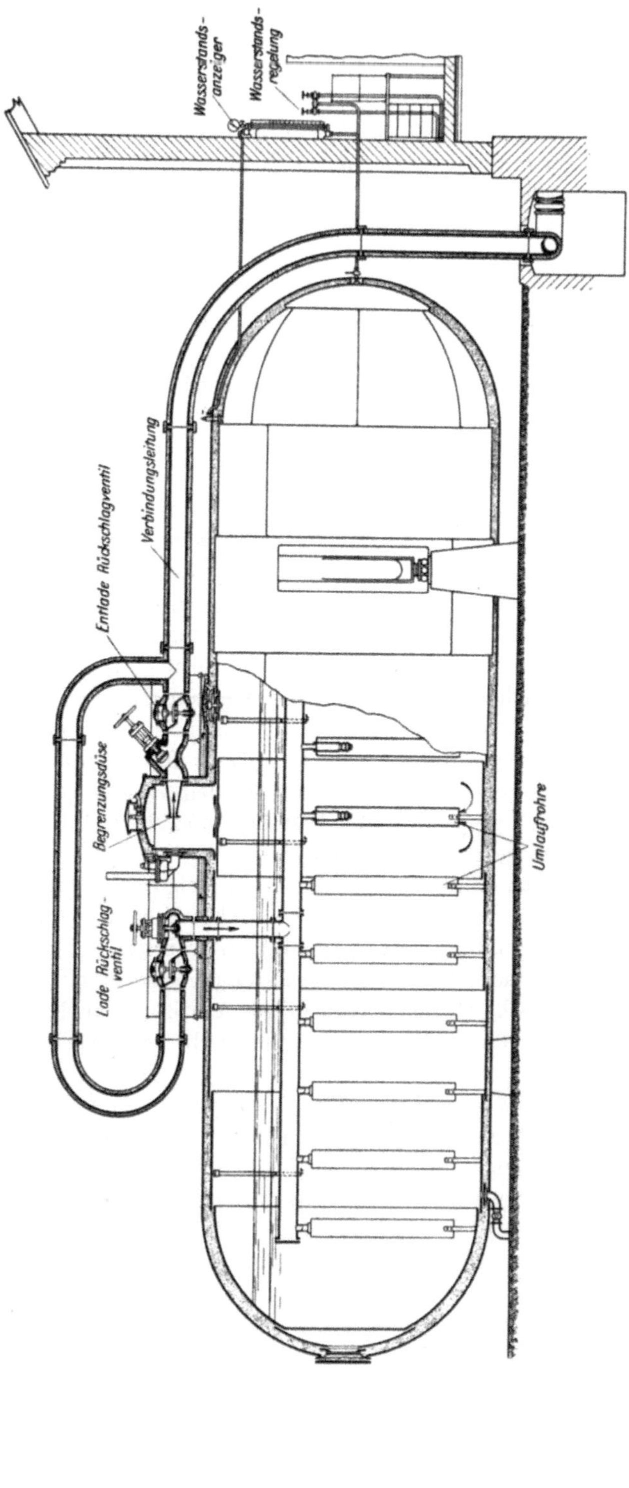

Abb. 192. Der Ruthsspeicher.

a) Bauart des Speichers.

Der Speicherkörper (Abb. 192) besteht aus einem zylindrischen Behälter mit Wärmeschutz. Man verwendet je nach dem Durchmesser und Höchstdruck des Speichers halbkugelförmige oder gewölbte Böden. Der Behälter ist bei voller Ladung bis zu 90—95% mit Wasser gefüllt. Der zuströmende Dampf wird durch ein Laderohr auf der ganzen Länge des Speichers mit Hilfe von Düsen eingeblasen. In den offenen Umlaufrohren entsteht durch die aufsteigenden Dampfblasen ein Auftrieb, durch welchen der niedergeschlagene Dampf gleichmäßig auf den Wasserinhalt des Speichers verteilt wird. Die Entladung geschieht bei sinkendem Druck im Dampfdom; die Dampfspitze (kg/s.) läßt sich den Bedürfnissen des Betriebes ohne Einschränkung anpassen. Um jedoch im Falle eines Rohrbruches das Überkochen des Speichers zu verhindern, wird eine Begrenzungsdüse vorgesehen.

Bemerkenswert ist die Anwendung von Rückschlagventilen, welche die Rohrleitung wechselweise mit dem Ladeeinbau und dem Dampfdom des Speichers verbinden. Wird der Speicher weder geladen noch entladen, so ist der Druck der Verbindungsleitung dem Speicherdruck gleich, und beide Rückschlagventile sind geschlossen. Um einen Überschuß an den Speicher abzuführen, braucht der Druck der Verbindungsleitung nur wenig zu steigen, damit das Laderückschlagventil öffnet, bei Dampfmangel genügt eine geringe Drucksenkung, um statt dessen durch das öffnende Entlade-Rückschlagventil den Speicher zu entladen. Da die Speicherkörper meist im Freien und oft an entlegenen Stellen aufgestellt werden, ist die Verbindung durch eine einzige Rohrleitung vorteilhaft. Bei dieser Parallelschaltung durchströmen den Speicher nur Dampfmengen, die gespeichert werden müssen, die Überhitzung des übrigen Dampfes bleibt bestehen und Ladeeinbau und Ventile erhalten geringere Abmessungen.

Als Wärmeschutz dient im allgemeinen Kieselgur mit einer Auftragstärke von 100 mm und einem Wärmedurchgang von weniger als 1 kcal/m^2 ^{0}C. Die Abkühlungsverluste sind dann praktisch bedeutungslos, so daß nur in Sonderfällen die Anwendung hochwertiger Isolierstoffe aus wärmewirtschaftlichen Gründen geboten ist. Man kann bei Aufstellung im Freien die Isolierung z. B. durch Ruberoidverkleidung vor äußeren Einflüssen schützen.

Dem Speicher wird im allgemeinen überhitzter Dampf zugeführt und immer Sattdampf entnommen. Bei gleicher aufgenommener und abgegebener Wärmemenge entnimmt also der Sattdampf mehr Wasser als der überhitzte Dampf zuführt; der Wasserinhalt würde sich dadurch mit der Zeit vermindern. Umgekehrt gibt aber durch Abkühlungsverluste der Speicher Wärme ohne Dampfentnahme ab, so daß der Wasserinhalt sich anreichern würde. Beide Einflüsse wirken sich entgegen, ein Zuspeisen oder Ablassen durch Handventile zur Regelung des Wasserstandes ist deshalb nur selten erforderlich. Je nach dem Ladezustand des Speichers ändern sich Wasserstand und Speicherdruck; jedem Speicherdruck entspricht deshalb ein Normalwasserstand. Die zugehörigen Werte sind auf der Doppelskala des Wasserstandanzeigers aufgetragen, so daß sich bei jedem Ladezustand (Druck) der normale Wasserstand einstellen läßt.

Zur Auflagerung der Speicher benützt man bei großen Durchmessern und dünnen Blechstärken 4 Tragpratzen, welche zu beiden Seiten des Speichers festgenietet sind. Sie verteilen die Auflagerdrücke auf große Flächen und dienen gleichzeitig zur Versteifung der Bleche. Bei hohen Speicherdrücken und geringeren Durchmessern verwendet man statt dessen auch Sattelauflagerung. Auf alle Fälle müssen die Auflagerungen mit den Fundamentsockeln so verbunden sein, daß Wärmedehnungen sich frei auswirken können. Zu diesem Zweck wird bei Anwendung von 4 Tragpratzen die eine fest mit dem Sockel verbunden, die 2 danebenliegenden Pratzen erhalten Rollenlager und die gegenüberliegende eine nach allen Seiten bewegliche Pendelstütze.

b) Berechnungsgrundlagen.

Die Speicherfähigkeit in kg Sattdampf richtet sich nach dem Volumen des Wasserraumes in geladenem Zustand (90—95% des Speichervolumens) und dem zugelassenen Druckgefälle, durch welches die Grenzen der Temperaturänderung festgelegt sind. Bei der Entladung ändert sich der Speicherinhalt G und durch die Temperatur t die spez. Wärme c und die Verdampfungswärme λ. Die abgegebene Dampfmenge

$$\Delta G = -\int \frac{G \cdot c}{\lambda} dt,$$

läßt sich nur durch Differenzrechnung feststellen. Auf dieser Grundlage hat Bäckström die Speicherfähigkeit in kg Dampf je m³ Wasserinhalt berechnet (Abb. 193). Zur Bestimmung des Rauminhaltes der Speicher sind die Kurvenwerte durch die Speicherfüllung (0,9—0,95) zu dividieren.

Die Kosten des Speicherkörpers sind vom Rauminhalt und vom höchsten Speicherdruck abhängig. Je größer bei gegebenem Tiefstdruck der Höchstdruck des Speichers ist, um so kleiner wird sein Rauminhalt bei gleicher Speicherfähigkeit, die Blechstärken und damit die Kosten je m³ wachsen aber mit dem Druck. Man erreicht deshalb durch Vergrößerung des Druckgefälles nicht unbegrenzt eine Verbilligung des Speicherkörpers, sondern es gibt für jeden Tiefstdruck einen wirtschaftlichsten Höchstdruck, dessen Überschreitung die Kosten des Speichers bei gleicher Leistung verteuert. Man kann dafür etwa folgende Werte annehmen:

Wirtschaftlichster Höchstdruck atü	7	10	12	15	18	21
für einen Tiefstdruck von atü	1	2	3	5	7	9

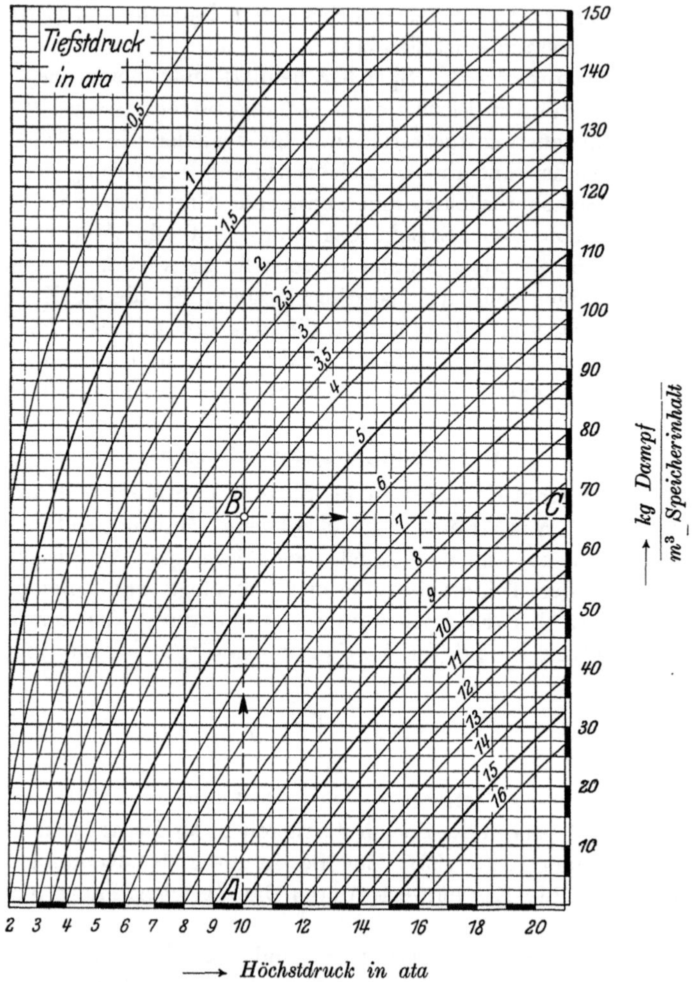

Abb. 193. Speicherfähigkeit durch Druckgefälle in kg Dampf je m³ Wasserinhalt zwischen verschiedenen Druckgrenzen.

Ist das verfügbare Druckgefälle (z. B. von 2 Dampfnetzen, zwischen die der Speicher geschaltet ist) größer als das wirtschaftlichste, so begrenzt man den höchsten Speicherdruck. Geringe Abweichungen des Höchstdruckes nach oben und unten verteuern aber die Anlagekosten nur unwesentlich, so daß man oft zur Vereinfachung oder bei beschränkten Raumverhältnissen höhere Drücke wählt.

Die Düsen des Ladeeinbaues bestehen aus senkrechten Rohrstücken mit seitlichen Bohrungen, durch welche der Dampf austritt. Zahl und Durchmesser der Bohrungen sind so reichlich zu wählen, daß der Druckabfall zulässig bleibt. Die Leistungsfähigkeit der Umlaufrohre reicht bei den größten praktisch auftretenden Dampfmengen aus, um die Wärme gleichmäßig auf den großen Wasserinhalt zu verteilen, ohne daß die Temperaturunterschiede die Größe von Bruchteilen eines ^{0} C überschreiten. Während der Ladung tritt im Dampfraum des Speichers ein geringer „Überdruck" gegen die Sattdampftemperatur des Wassers ein, der notwendig ist, damit in den Dampfblasen eine Übertemperatur entsteht, durch welche sie ihre Wärme an das Wasser abgeben und kondensieren können. Die niedergeschlagene Dampfmenge ist diesem Temperaturunterschied unabhängig vom Druckgebiet nach Versuchsergebnissen genau proportional, sie hängt außerdem von Zahl und Größe der Bohrungen ab. Bei einer Düse mit 40 Bohrungen von 9 mm Durchmesser war für je 100 kg/h Dampf ein Temperaturunterschied von 0,5^0 C zwischen Wasser und Sattdampf erforderlich. Das wagerechte Laderohr, von dem die Düsen abzweigen, muß reichlich bemessen sein, damit nicht durch Druckabfälle längs des Rohres der Dampf ungleichmäßig auf die einzelnen Düsen verteilt wird.

Die Sicherheitsventile sind so zu bemessen, daß sie die Dampfmengen abblasen können, welche beim höchsten Betriebsdruck, durch geeignete Maßnahmen begrenzt (Seite 61), dem Speicher zufließen können. Werden 2 Sicherheitsventile vorgesehen, dann stellt man zweckmäßig das eine auf etwas höheren Druck ein. Auch wenn der höchste Betriebsdruck mit dem Druck des Netzes übereinstimmt, aus dem der Speicher aufgeladen wird, soll das Ladeventil einen Grenzdruckregler für den höchsten Speicherdruck erhalten, da häufig der Dampfdruck im Netz aus Betriebsgründen nachträglich heraufgesetzt wird.

Für die Entladung muß die Oberfläche des Wasserinhaltes so groß sein, daß sich der Dampf störungslos entwickeln und dem Dampfdom zuströmen kann. Bei sehr großer Dampfentnahme vermeidet man deshalb eine zu große Wasserfüllung; die freie Oberfläche soll nicht mehr als etwa 420 m^3/h Dampf je m^2 entwickeln. Ein Speicher von 18 m Länge und einer Breite des Wasserspiegels von 2,5 m bei voller Ladung hat eine freie Oberfläche von 45 m^2; für 7 atü ist das spez. Gewicht 4,07 kg/m^3, so daß Dampfspitzen von $420 \times 4{,}07 \times 45 =$ 77000 kg/h, also praktisch unbegrenzte Mengen, entnommen werden können. Für diese Sattdampfmengen ist die Lavaldüse des Dampfdomes nach Seite 60 zu bestimmen, wenn nicht aus anderen Gründen die Dampfmenge auf einen kleineren Wert begrenzt wird.

Man muß für die Berechnung des Wasserstandes, der bei den verschiedenen Drücken einzuhalten ist, den Wasserspiegel im Speicher von der Anzeige im Wasserstandsglas unterscheiden, in welchem durch Abkühlung eine Temperatur von 70—90° C herrscht. Die Wassersäule im Glas und im Innern des Speichers halten sich das Gleichgewicht, durch das kältere dichtere Wasser im Glas ist die Anzeige tiefer als der wirkliche Wasserstand. Die Abweichung kann bei hohen Speicherdrücken bis zu 6% des Höhenunterschiedes gegen Speichermitte ausmachen.

c) Bestimmung der Speicherleistung.

Man benützt zur Feststellung des notwendigen Ausgleichs gemessene oder berechnete Aufzeichnungen über den Dampfverbrauch und die Wärmezufuhr, falls veränderliche Abwärme zu verwerten ist. Berechnete Werte sind in allen Fällen vorzuziehen, in denen durch den Ruthsspeicher veränderte Betriebsverhältnisse entstehen.

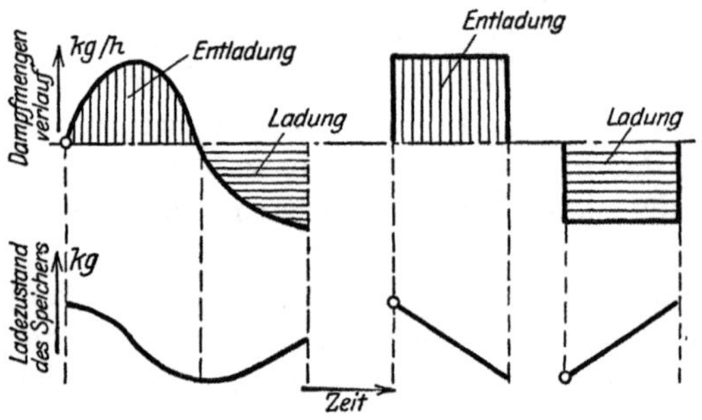

Abb. 194. Dampfmengenverlauf kg/h und zugehöriger Ladezustand des Speichers (Druck, Dampfgewicht kg).

In ein Diagramm über den zeitlichen Verlauf der Dampfmengen (kg/h) kann man außer dem veränderlichen Dampfverbrauch die konstante Dampferzeugung einzeichnen (Abb. 194). Ist der Verbrauch höher als die Erzeugung, so liefert der Speicher unter Drucksenkung die fehlenden Dampfmengen. Das entnommene Dampfgewicht in kg entspricht der senkrecht schraffierten Fläche über der Mittellinie, die Änderung seines Ladezustandes in kg Dampf läßt sich durch eine besondere Kurve darstellen. Stimmt die Menge des Dampfes mit dem Mittel überein, so bleibt der Speicherdruck konstant. Die Überschreitung der Menge (kg/h) um einen konstanten Betrag verursacht im Diagramm des Ladezustandes eine geradlinige Steigung des gespeicherten Dampfgewichtes, eine ebensolche Unterschreitung eine geradlinige Senkung.

Bei durchgehendem Tag-Nachtbetrieb kann häufig ein vollkommener Ausgleich erreicht werden. Die Kesselbelastung bleibt dann den ganzen Tag über konstant. Ist aber der mittlere Dampfverbrauch in den einzelnen Tagesabschnitten verschieden, so muß man mit einer Anpassung der Dampferzeugung rechnen. Der Ruthsspeicher ist ein Stundenspeicher, der zum Ausgleich der Schwankungen innerhalb einer Arbeitsschicht dient. Gleichmann[1]) hat ein zweckmäßiges Verfahren entwickelt, um die Speicherleistung in kg Dampf bei vollkommenem und teilweisem Ausgleich zu bestimmen (Abb. 195). Man stellt den Mittelwert des Dampfverbrauches in kg/h über den Zeitabschnitt der Aufzeichnungen, z. B. durch Planimetrieren fest und trägt die gefundene Mittellinie ein. Ein Speicher für den vollen Ausgleich würde durch Dampfmengen, die über der Mittellinie liegen, entladen und bei Unterschreitung der Mittellinie aufgeladen, am Ende der Zeit müßte der Speicher wieder seinen ursprünglichen Ladezustand erreichen, da Überschreitungen und Unterschreitungen gegen die festgestellte Mittellinie sich gegenseitig aufheben müssen. Man kann deshalb den Ladezustand des Speichers in kg Dampf durch eine Linie kennzeichnen, die von der Mittellinie ausgeht und dorthin zurückkehrt. Dazu wählt man einen zweiten Maßstab in kg (oder t) Dampf und bestimmt etwa viertelstündlich die Lade- und Entladegewichte, die man fortlaufend zusammensetzt, bis am Ende der Zeit die Mittellinie wieder erreicht wird. Gleiche Ladezustände des Speichers liegen auf wagerechten Geraden. Die äußersten Abweichungen nach oben und unten stellen die Grenzfälle des Ladezustandes dar, der Unterschied beider Werte ist die erforderliche Speicherleistung in kg Dampf bei vollem Ausgleich.

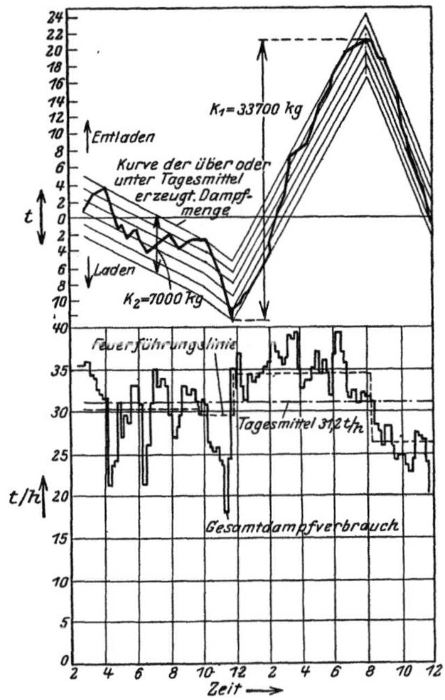

Abb. 195. Dampfgewichtskurve (t) von Gleichmann zur Bestimmung der Speichergröße bei verschiedenen Feuerführungslinien.

Zur Untersuchung der Verhältnisse bei teilweisem Ausgleich kann man die gleiche „Dampfgewichts"-Kurve im kg-Maßstab benutzen. Denkt man sich in der „Dampfmengen"-Kurve (kg/h) die Linie der Dampferzeugung zur Anpassung an die Belastung über Tagesabschnitte

[1]) Glückauf 1922, 4. November.

wagerecht nach oben und unten verschoben, so entspricht jedem Abstand der Feuerungslinie von der Mittellinie im Mengendiagramm die Neigung einer Geraden im Gewichtsdiagramm (siehe auch Abb. 194). Gleiche Ladezustände liegen dann nicht mehr auf wagerechten, sondern auf geneigten Parallelen; die äußersten Ladezustände, für die der Speicher bemessen sein muß, die er also nicht überschreiten darf, werden durch zwei Parallele gebildet, welche die Gewichtskurve gerade berühren. Das Band zwischen zwei Parallelen stellt die Speicherfähigkeit dar (in senkrechter Richtung gemessen); das Band muß also bei mehrfacher Änderung der Feuerungslinie die Gewichtskurve umhüllen. Aus dem Höhenunterschied der gewählten Umhüllenden stellt man die Speicherleistung in kg Dampf fest, aus ihrer Neigung den Verlauf der Feuerungslinie im Mengendiagramm (kg/h).

Man kann mit einer wiederholten richtigen Anpassung der Feuerlinie durch den Heizer nur dort rechnen, wo es sich um Änderungen handelt, die dem Heizer vorher bekannt sind, sonst wählt man eine größere Speicherleistung, als sie sich aus diesem theoretischen Verfahren ergibt. Die Feuerungslinie ist in Wirklichkeit niemals eine genaue Gerade, auch wenn der Heizer bemüht ist, konstant zu feuern. Trotzdem gibt die Ermittlung nach Dampfdiagrammen Speicherabmessungen, die sich im praktischen Betrieb bewähren. Zur Nachprüfung sind für Zellstoff- und Textilwerke (Abschnitt VII 1a, b) Erfahrungswerte für die Speicherleistung angegeben.

d) Schaltungen des Ruthsspeichers.

Zur Entladung des Ruthsspeichers wählt man möglichst den Verbraucher mit dem tiefsten Druck, auch wenn die größten Schwankungen in einem Netz höheren Druckes auftreten. Man kann diese Schwankungen durch mittelbare Speicherung ausgleichen. Der Kessel erzeugt ständig den mittleren Verbrauch für alle Dampfnetze. Im Grenzfall kann der Speicher die volle Versorgung des Dampfnetzes übernehmen, auf das er entladen wird. Der vom Kessel gelieferte mittlere Dampfbedarf dieses „Entladenetzes“ wird dann frei und kann zur Deckung von Dampfspitzen in einem Netz höheren Druckes dienen.

Der Ruthsspeicher wird im allgemeinen zwischen zwei Netze konstanten Druckes geschaltet, mit denen er durch ein gesteuertes Lade- und Entladeventil verbunden ist. Er hat die Aufgabe, die Schwankungen aller Dampfnetze des Betriebes auszugleichen, so daß die Kessel mit konstanter Last betrieben werden können. Der Kesseldruck bleibt dabei ebenso konstant wie die Drücke in allen übrigen Dampfnetzen. Nur der Speicherdruck ändert sich mit dem Ladezustand des Speichers; er wird deshalb durch ein großes Manometer im Kesselhaus angezeigt, so daß sich die Heizer in ihren Maßnahmen nicht mehr nach dem Kesseldruck, sondern in Grenzfällen nach dem Speicherdruck richten.

Die gespeicherten Dampfmengen werden bei dieser Anordnung durch die gesteuerten Ventile bei der Ladung auf den Speicherdruck und bei der Entladung auf den tieferen Dampfdruck des Entladenetzes abgedrosselt; das Wärmegefälle (nicht die für Heizzwecke nutzbare Wärme) zwischen den Drücken beider Dampfnetze geht also für die Krafterzeugung verloren. Man könnte vermuten, daß eine derartige Drosselung einen unzulässigen Kraftverlust hervorruft, da man bemüht ist, jede verfügbare Dampfmenge zur Krafterzeugung auszunutzen. Man beschränkt aber diese Drosselung durch besondere Schaltungen auf die gespeicherten Dampfmengen, die einen geringen Bruchteil des Gesamtdampfbedarfes ausmachen, und ermöglicht in anderen Fällen durch den Ausgleich die Ausnutzung schwankender Dampfmengen, die sonst überhaupt für die Krafterzeugung verloren wären. Die besonderen Verhältnisse gehen aus den folgenden einfachsten Beispielen von Schaltungen hervor.

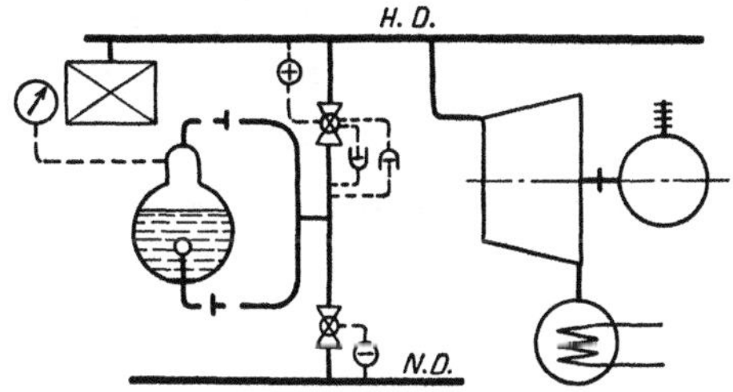

Abb. 196. Schaltung des Ruthsspeichers in reiner Heizdampfanlage ohne Gegendruckmaschine.

1. Ruthsspeicher ohne Gegendruckmaschinen (Abb. 196). Ein Kessel liefert den Dampf für eine Kondensationsmaschine und versorgt außerdem ein Niederdrucknetz mit Heizdampf, dessen Schwankungen durch einen Ruthsspeicher vom Kraftmaschinennetz ferngehalten werden. Der Speicher ist aber auch imstande, Dampfspitzen im Hochdrucknetz auszugleichen, die durch veränderten Kraftbedarf oder Schwankungen von Heizdampfverbrauchern auftreten, welche an das HD-Netz angeschlossen sind. Ist z. B. der mittlere ND-Dampfverbrauch des „Entladenetzes" 5000 kg/h, so kann der Speicher die Lieferung dieser Dampfmengen übernehmen, so daß 5000 kg/h Kesseldampf zur Spitzendeckung im HD-Netz zur Verfügung stehen. Die gleiche Beziehung gilt auch für alle weiteren Schaltungen. Ein Überströmventil nimmt den Überschuß aus dem HD-Netz auf, ein Zuflußventil speist das ND-Netz, den Unterschied gleicht der Speicher aus, welcher mit Hilfe der Rückschlagventile geladen oder entladen wird. Für die Grenzfälle des Ladezustandes erhält das Überströmventil einen Grenzbereichregler (Seite 19) des Speicherdruckes. Bei voll geladenem Speicher, dessen Druck tiefer sein kann als der Hochdruck, schließt das Ladeventil; beim tiefsten Speicherdruck öffnet es entgegen der Wirkung des Überströmreglers, um die Dampfversorgung des ND-Netzes zu sichern.

2. Ruthsspeicher hinter einem Gegendruck- oder Anzapfteil. Wenn am Kesselnetz keine veränderlichen Verbraucher hängen, strömt die ganze konstante Dampferzeugung durch den Gegendruck- oder Anzapfteil, so daß eine konstante Gegendruckleistung erzeugt werden kann, unabhängig von den Schwankungen in den tieferliegenden Netzen, die vom Ruthsspeicher ausgeglichen werden. An einem Beispiel wird gezeigt, daß die verwertbare Gegendruckkraft trotz der Drosselung des Lade- und Entladedampfes größer sein kann als beim Betrieb ohne Ruthsspeicher.

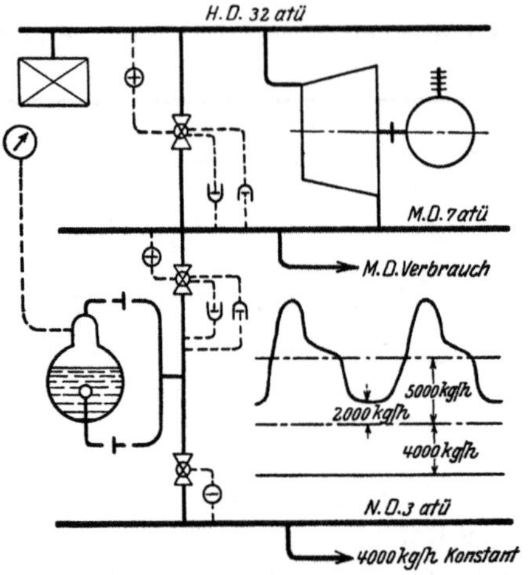

Abb. 197. Ruthsspeicher hinter einer Gegendruckmaschine bewirkt Ausgleich für Kessel und Krafterzeugung.

a) Reine Gegendruckmaschine (Abb. 197). Die Gegendruckmaschine hat einen nahezu konstanten Kraftbedarf zu decken, so daß sie aus dem HD-Netz eine konstante Dampfmenge entnimmt, der Überschuß geht durch ein Überströmventil mit Grenzbereichregler nach dem MD-Netz, in welchem starke Schwankungen mit dem angedeuteten Verlauf (z. B. durch Zellstoffkocher) auftreten, Mittel 5000 kg/h, Mindestwert 2000 kg/h. Ein Überströmventil nimmt den Rest von 9000 kg/h Kesseldampf abzüglich des schwankenden Bedarfes auf, ein Zuflußventil versorgt das ND-Netz konstant mit 4000 kg/h, und der Ruthsspeicher schafft den Ausgleich beider Dampfmengen. Mit dieser Anordnung läßt sich ein konstanter Kraftbedarf decken, welcher der Leistung von 9000 kg/h Dampf zwischen 32 und 7 atü entspricht. Von den schwankenden Dampfmengen könnte ohne Ruthsspeicher nur die Grundlast (2000 kg/h) ausgenutzt werden, wenn man durch eine reine Gegendruckmaschine ohne Kondensationsteil unter Vermeidung von Auspuffverlusten einen konstanten Kraftbedarf decken will. Von den 9000 kg/h lassen sich also nur 6000 kg/h, d. h. $^2/_3$ verwerten; falls der Kraftbedarf höher ist, als der Leistung dieser Dampfmengen zwischen 32 und 7 atü entspricht, kommt man mit der einfachen Anordnung einer Gegendruckmaschine nicht mehr aus. Wie die untenstehende Zahlentafel erkennen läßt, erreicht man auch durch Ausnutzung der konstanten Niederdruckdampfmenge durch eine Gegendruckmaschine kein besseres Ergebnis, das Wärmegefälle auf den tieferen Druck ist wohl größer, aber die Dampfmengen sind kleiner (4000 kg/h). Selbst durch Aufstellung einer zweiteiligen Anzapf-Gegendruckmaschine, welche die konstanten 4000 kg/h bis auf ND und die Grundlast des MD-Dampfes von 2000 kg/h ausnutzt, erreicht man nur 84% der Kraftleistung mit Ruthsspeicher.

	Mit Ruthsspeicher	ohne Ruthsspeicher			
		einfache Gegendruckmaschine		Anzapf-Gegendruck-Maschine	
				MD-Dampf	ND-Dampf
Verwertbare Dampfmenge kg/h	9000	6000	4000	2000	4000
Druckgefälle atü	32—7	32—7	32—3	32—7	32—3
Theoretischer Dampfverbrauch kg/kWh. . . .	10,75	10,75	7,75	10,75	7,75
Theoretische Leistung ($\eta = 1{,}0$) kW	837	558	516	186 + 516 = 702	
%	100	67	62	84	

Durch den Ausgleich lassen sich Dampfmengen ausnutzen, die sonst für die Krafterzeugung wegen des schwankenden Verlaufes nicht verwertet werden könnten. Die Folge ist ein Kraftgewinn und eine vereinfachte Maschinenanlage.

Es ist zu beachten, daß man bei der Anordnung des Ruthsspeichers zwischen MD- und ND-Netz durch Aufstellung einer Anzapf-Gegendruckmaschine häufig keine größere dauernd verwertbare Leistung erhält als bei der einfachen Gegendruckmaschine. Treten die Spitzen im MD-Netz auf, so versorgt der Speicher im Grenzfall das ganze ND-Netz mit Dampf (4000 kg/h), damit der ganze Kesseldampf (9000 kg/h) zur Spitzendeckung im MD-Netz frei wird. Zu diesen Zeiten würde der ND-Teil der Maschine keinen Dampf erhalten, es arbeiten nur die 9000 kg/h im Hochdruckteil, wie bei einer reinen Gegendruckmaschine. Mit einer dauernden Krafterzeugung im ND-Teil kann man nur rechnen, wenn dieser Grenzfall nicht auftritt, oder wenn die Dampfschwankungen nur im ND-Netz auftreten. Bei einer Anzap-Gegendruckmaschine mit Ruthsspeicher parallel zum ND-Teil ist die ständig verfügbare Mindestleistung

im Hochdruckteil: Leistung des mittleren Gesamtbedarfs im MD + ND-Netz,

+ im Niederdruckteil: Leistung des mittleren Dampfbedarfes im ND-Netz minus Spitze über den mittleren Dampfbedarf im MD-Netz.

b) Anzapfmaschine mit Kondensationsteil (Abb. 198). Sind 2 Netze von verschiedenem Druck zu versorgen, so bildet man nur dann 2 Anzapfstellen aus, wenn in beiden Netzen große Dampfmengen gebraucht werden, sonst beschränkt man sich auf eine Anzapfstelle. Wählt man den höheren Dampfdruck zur Entnahme, so kann man beide Netze versorgen, hat aber ein kleineres Wärmegefälle, speist man das ND-Netz allein, so ist das Gefälle größer und die Menge

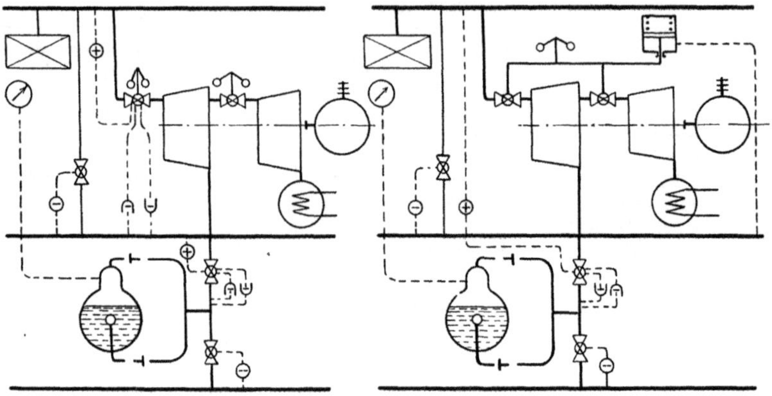

alle Regler direkt geschaltet — mittelbar geschaltetes Speicherladeventil und Verbundsteuerung der Maschine.

Abb. 198. Ruthsspeicher hinter einer Anzapfstufe.

kleiner. In vielen Fällen ist es deshalb ebenso wirtschaftlich, den höheren Dampfdruck zu wählen. Um Schwankungen auszugleichen, kann man den Ruthsspeicher zwischen beide Dampfnetze schalten, so daß er in einem Druckgebiet arbeitet, das sich für die Krafterzeugung ohnehin nicht ausnutzen läßt. Durch den Ausgleich kann die Wirtschaftlichkeit der Krafterzeugung gesteigert werden, da der Ruthsspeicher die Lieferung der Dampfspitzen übernimmt; es ist besonders bei Maschinen für hohen Anfangsdruck mit mehrstufigem Hochdruckteil bei schwankendem Dampfbedarf nicht möglich, die Maschine für die höchste vorübergehende Dampfmenge auszulegen, ohne ihren Durchschnittswirkungsgrad zu verschlechtern. Man zieht es dann vor, die höchsten Dampfspitzen unter Zusatz von gedrosseltem Frischdampf zu decken, was bei ausgeglichener Entnahmemenge nicht erforderlich ist.

Die Abbildung zeigt links eine direkte Schaltung der Anzapfmaschinensteuerung. Der Geschwindigkeitsregler steuert normalerweise den ND-Teil, erst wenn dieser ganz geschlossen ist, beginnt er, auch den HD-Teil zu schließen; ein (schwach ausgezogenes) Zuflußventil ersetzt dann die fehlenden Dampfmengen im MD-Netz. Ein

Überströmregler steuert den HD-Teil, so daß er den gesamten Kesseldampf aufnimmt, und die Lade- und Entladeventile des Speichers arbeiten mit Überström- und Zuflußregelung. Die Überströmsteuerungen der Maschine und des Speichers erhalten Grenzbereichregelung für MD und Speicherdruck. Ist der Speicher vollkommen geladen, so schließt das Ladeventil, der Mitteldruck steigt, der obere Grenzdruck übernimmt die Steuerung des Hochdruckteils und beschränkt die Anzapfmenge auf den Bedarf des MD-Netzes. Bei entladenem Speicher wirken die Regler der unteren Grenzdrücke und sichern über HD-Teil und Ladeventil die Dampfversorgung des ND-Netzes.

Bei der Schaltung rechts in der Abbildung arbeitet die Kraftmaschine ohne Sonderregler zur Steuerung des Speicherbetriebes. Die Maschine erhält Verbundsteuerung (Seite 25), und ein mittelbares Überströmventil regelt das Ladeventil des Speichers nach dem Kesseldruck. Bei steigendem Kesseldruck wird der vorhandene Überschuß durch Öffnen des Ladeventils und Vermittlung der Maschinensteuerung dem Speicher zugeführt, bei sinkendem Kesseldruck schließt dieses Ventil, vermindert die Ladung und zwingt den Speicher zur Entladung, wenn die durchfließende Menge geringer ist als der ND-Bedarf. Die Regelung erfordert keine Anpassung der Anzapfsteuerung an den Speicherbetrieb, es sind aber die Stabilitätsbedingungen Seite 122ff. zu beachten, da es sich um eine mittelbare Schaltung handelt.

3. Ruthsspeicher parallel zu einem Gegendruck- oder Anzapfteil. Bei diesen Schaltungen (Abb. 199) verteilt sich der Dampf, welcher vom Netz höheren Druckes zum Netz tieferen Druckes fließt, auf einen Zweig, der unter Drosselung über den Speicher und einen anderen, der unter Kraftausnutzung durch den Anzapfteil der Maschine geht. Da hier eine Verwertungsmöglichkeit zwischen beiden Netzdrucken vorhanden ist, bedeutet jede Menge Dampf, welche über die Drosselventile fließt, statt durch die Maschine, einen tatsächlichen Drosselverlust; man darf deshalb durch die gesteuerten Ventile (nicht zu verwechseln mit den Rückschlagventilen am Speicher) nur Dampfmengen fließen lassen, welche gespeichert werden. Da der Speicher entweder geladen oder entladen wird, kommt nur entweder eine Dampfzufuhr durch das Ladeventil oder eine Dampfentnahme durch das Entladeventil in Betracht, die beiden Ventile dürfen also nur wechselweise in Betrieb sein. Durch dieses äußere Merkmal prüft man die Richtigkeit der Schaltungen.

Um ein Urteil über die Größe des Drosselverlustes zu gewinnen, muß man bedenken, daß trotz des großen Einflusses eines Ausgleichs die gespeicherten Mengen nur ein ganz kleiner Bruchteil des Gesamtdampfverbrauches sind. Als Erfahrungsregel kann gelten, daß ein Speicher durchschnittlich höchstens alle 6 Stunden vollständig geladen und entladen wird. Nach 6 Stunden hat er also eine Dampfmenge unter Drosselung aufgenommen und abgegeben, welche seiner Speicherfähigkeit entspricht (Fälle sehr häufiger pulsierender Schwankungen, bei denen diese Regel nicht gilt, kommen für Heizdampfverbraucher nicht in Betracht, siehe Abschnitt IX 1 c). Dabei ist der Speicher im allgemeinen so bemessen, daß er den mittleren Bedarf der schwankenden Verbraucher während einer Stunde decken kann, und in fast allen Betrieben ist ein mindestens so großer konstanter Verbrauch außerdem vorhanden. Die Speicherfähigkeit entspricht also höchstens dem Gesamtdampfbedarf einer halben Stunde und diese Menge wird alle 6 Stunden gedrosselt; es handelt sich also um $^1/_{12}$ des Gesamtdampf-

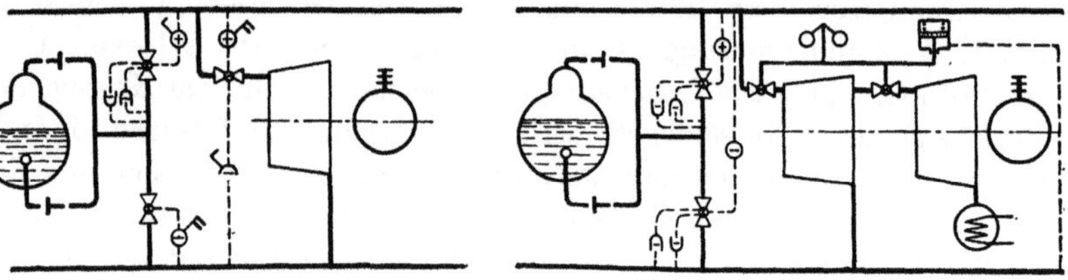

alle Ventile direkt geschaltet — Entladeventil des Speichers mittelbar geschaltet

Abb. 199. Ruthsspeicher parallel zu einem Maschinenteil.

bedarfes, der für die Krafterzeugung verloren geht. Im allgemeinen ist das gedrosselte Wärmegefälle $^1/_3$ des Gesamtgefälles zwischen Kesseldruck und Vakuum, so daß auch $^1/_3$ Kondensatordampf oder $^1/_{36}$ des Gesamtdampfverbrauches erforderlich ist, um den Kraftausfall zu decken, d. h. weniger als $3\,^0/_0$. Durch den Ruthsspeicher werden aber Kesseldruck und Überhitzung für die Gesamtdampfmenge, welche Arbeit leistet, konstant gehalten, während in Betrieben mit $50\,^0/_0$ schwankender Belastung sonst durchschnittlich ein Druckverlust von etwa $15\,^0/_0$ und ein Verlust an Überhitzung von etwa 15^0 C auftritt, wodurch eine mindestens ebenso große Verschlechterung der Kraftausnutzung entsteht. Man kommt danach zum Ergebnis, den Speicherkörper als Wasserraum anzusehen, der mit großem Druckgefälle vom Kessel losgelöst, keine größeren Verluste verursacht als der speichernde Wasserraum im Kessel, trotzdem er nicht Minutenschwankungen, sondern Stundenschwankungen ausgleicht.

Abb. 199 zeigt links den Ruthsspeicher parallel zu einer Gegendruckmaschine mit direkter Schaltung der Regler. Die Gegendruckmaschine speist die erzeugbaie Leistung in ein Stromnetz, sie soll den gesamten Kesseldampf ausnutzen mit Ausnahme der gespeicherten Mengen; Lade- und Entladeventil dürfen also nur wechselweise in Betrieb sein. Die Maschine erhält Überströmregelung mit Gegendruckregler für den oberen Grenzdruck. Die Überströmregler sind so abgestimmt, daß bei steigendem Druck erst die Maschine voll öffnet, dann erst das Ladeventil. Bei steigendem Niederdruck schließt erst das Entladeventil, dann wirkt der Grenzdruckregler auf die Maschine. Durch diese Anordnung schalten sich die Regler in den Grenzfällen gegenseitig so aus, daß immer nur entweder Grenzregler und Ladeventil oder Überströmregler der Maschine und Entladeventil gleichzeitig in Betrieb sind. Wenn im Kesselnetz Überschuß vorhanden ist, also hoher Druck, dann ist der Überströmregler der Maschine in seiner höchsten Stellung, und das Ladeventil gibt den Überschuß an den Speicher ab. Da der Überströmregler die Maschine auf volle Last steuern würde, beschränkt der Grenzregler die Dampflieferung der Maschine auf den Bedarf des Gegendrucknetzes, und bei dem hohen Gegendruck ist das Entladeventil geschlossen. Nimmt der Überschuß im Kesselnetz ab, so schließt unter sinkendem Druck das Ladeventil und dann beginnt der Überströmregler den Maschinendampf zu vermindern, so daß der eintretende Dampfmangel bei sinkendem Gegendruck durch das Entladeventil die Entladung des Speichers einleitet. Die gesteuerten Ventile des Speichers sind also nur wechselweise in Betrieb.

In Abb. 199 ist rechts eine mittelbare Schaltung für die Regler der gesteuerten Speicherventile dargestellt, der Speicher arbeitet parallel mit dem HD-Teil einer Anzapfmaschine mit Verbundsteuerung, es könnte ebenso gut eine Gegendruckmaschine vorhanden sein, die, durch den Gegendruck gesteuert, die erzeugte Leistung in ein Stromnetz speist. Lade- und Entladeventil werden beide vom Kesseldruck gesteuert, sie öffnen bei Änderung des Kesseldruckes wechselweise und im entgegengesetzten Sinn. Wenn Gleichgewicht zwischen Dampferzeugung und -verbrauch vorhanden ist, dann stellt sich ein Normaldruck ein, bei dem beide Ventile geschlossen sind. Ist Überschuß vorhanden, dann steigt der Kesseldruck über den Normalwert und öffnet das Ladeventil. Bei Dampfmangel im Hochdrucknetz öffnet statt dessen das mittelbar geschaltete Entladeventil des Speichers durch sinkenden Druck, der durchströmende Speicherdampf erhöht den Anzapfdruck, so daß die Anzapfmaschine die Entnahmemenge verringert, wodurch das Hochdrucknetz entlastet wird (Stabilitätsbedingungen Seite 122ff.).

Diese Schaltungen lassen sich sinngemäß auf Doppelanzapfmaschinen usw. übertragen.

4. Ruthsspeicher in reinen Kraftanlagen. Sind keine Heizdampfverbraucher vorhanden, so wäre es möglich, den Ruthsspeicher an die Stufe einer Turbine anzuschließen und den Druck in dieser Stufe durch Aufstauregelung dem veränderlichen Druck des Speichers anzupassen. Aufstauregelungen verschlechtern aber schon bei dem konstanten Zwischendruck der Anzapfturbinen den Wirkungsgrad.

Für die Wahl des wirtschaftlichsten Druckgebietes ist hier nicht die gespeicherte Dampfmenge maßgebend, sondern die Arbeit, welche die Dampfmenge bei der Entladung in der Turbine hergibt. Mit der Dampfentnahme aus dem Speicher sinkt der Speicherdruck und dadurch das Wärmegefälle des entnommenen Dampfes. Bäckström hat

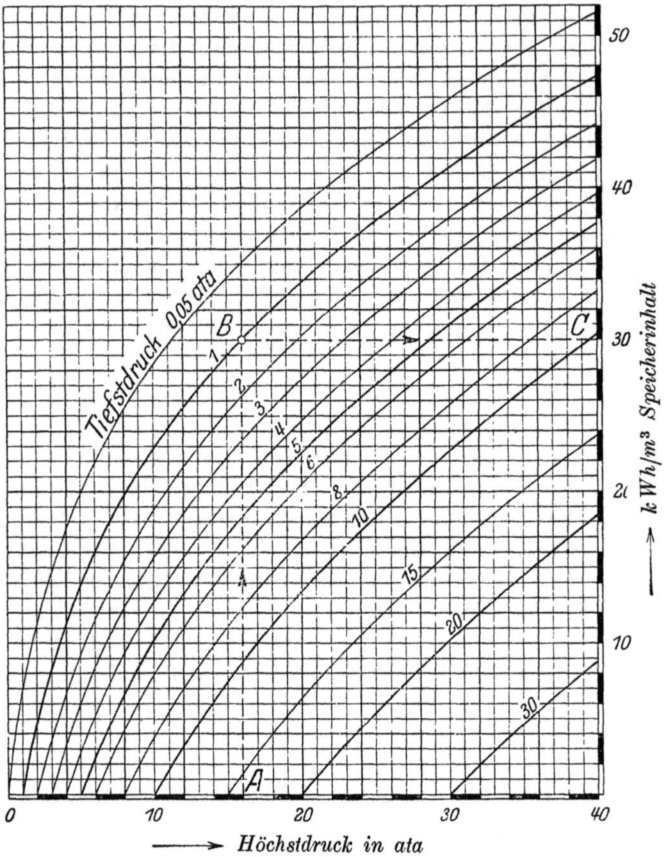

Abb. 200. Speicherfähigkeit durch Druckgefälle in kWh je m^3 Wasserinhalt zwischen verschiedenen Druckgrenzen.

die kWh berechnet, welche je m^3 Wasserraum (beim Wirkungsgrad 100%) zwischen verschiedenen Druckgrenzen gespeichert werden (Abb. 200). Die Werte sind mit dem thermodynamischen Wirkungsgrad der Maschine zu multiplizieren. Je höher der Entladedruck ist, um so größer ist die gespeicherte Arbeit je kg Speicherdampf. Die Erhöhung des Speicherdruckes verteuert zwar durch die zunehmende Blechstärke den Speicher je m^3 Rauminhalt. Nach der Kesselformel ist bei sonst gleichen Verhältnissen die Blechstärke dem Druck proportional. Durch die höhere spez. Beanspruchung dicker Bleche und die geringere Arbeit je kg Eisengewicht nimmt aber der Preis je m³ weniger zu als der Proportionalität mit dem Druck entsprechen würde. (Dies ist in den angegebenen wirtschaftlichsten Höchstdrücken für „Heizdampf"-Speicher Seite 312 schon berücksichtigt.) Aus diesen Überlegungen ist man bei der Anwendung des **Ruthsspeichers** für reine Kraftwerke in Deutschland zu dem Ergebnis gekommen, ein bedeutend höheres Druckgebiet zu wählen, als es für Heizdampfspeicher üblich ist. Bei den bisherigen Kesseldrücken von 15—16 atü ist es zweckmäßig, den Speicher zwischen Kesseldruck und 5—6 atü schwanken zu lassen. Die Ausbildung einer Turbine mit veränderlichem Zwischendruck kommt dann nicht mehr in Betracht, so daß man auf die Ausnützung des Gefälles für den Ladedampf verzichten muß. Bei richtiger Anordnung des Speichers handelt es sich um gespeicherte Dampfmengen, die ein kleiner Bruchteil des Gesamtdampfverbrauches sind, und der tiefere Druck ist nur bei ganz entladenem Speicher vorhanden; diese Drosselung ist deshalb nicht anders zu bewerten als die Drosselung im geregelten Ventil einer Düsensteuerung. In einer Turbine mit 5 Düsengruppen arbeitet auch immer $^1/_5$ der Vollastdampfmenge mit Drosselung um das Wärmegefälle der ersten Turbinenstufe, ähnlich wie beim Speicher; in beiden Fällen arbeiten die Hauptdampfmengen mit gutem Wirkungsgrad.

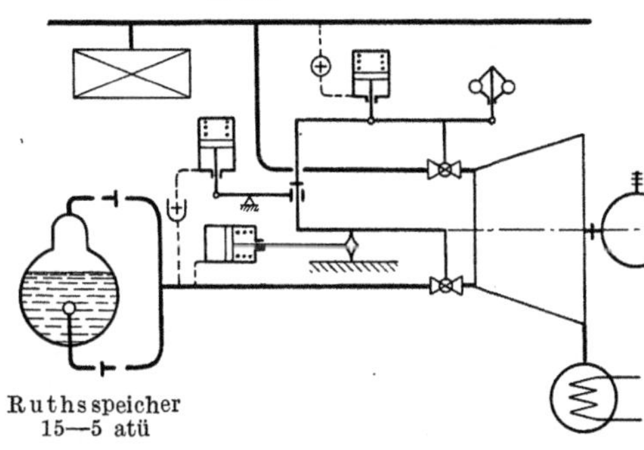

Abb. 201. Verbundsteuerung einer Hochdruckspeicher-Turbine

Zur Deckung der Spitzenleistung durch Speicherdampf läßt sich eine vorhandene Kondensationsturbine benutzen, die mit veränderlichem Anfangsdruck betrieben wird. Diese Anordnung kommt hauptsächlich für Leistungsspitzen in Betracht, die im Laufe eines Tages nur einmal auftreten. Statt dessen kann man nach Forner[1]) eine Hochdruckspeicherturbine ausbilden (Abb. 201), bei welcher das erste Rad mit Hilfe getrennter Düsengruppen durch Frischdampf konstanten Druckes und Speicherdampf veränderlicher Spannung beaufschlagt

[1]) DRP. 386879.

wird. Frischdampf und Speicherdampf erhalten besondere Düsensteuerung. Der Kesseldruck regelt die Ladung des Speichers durch ein (nicht dargestelltes) Ladeventil und die Entladung durch die Steuerung der Turbine. Es ist oft erwünscht, innerhalb eines bestimmten Grenzbereiches den Kesseldruck schwanken zu lassen und erst bei Überschreitung dieses Bereiches den Ruthsspeicher zu laden und zu entladen, was durch Abstimmung von Ladeventil und Kesseldruckregler der Turbine geschieht. Erreicht der Kesseldruck die obere Grenze, so öffnet das Ladeventil, beim unteren Grenzdruck beginnt die Entladung des Speichers. Die Turbinenregelung kann als Verbundsteuerung ausgebildet werden, so daß die Turbine bei sinkendem Kesseldruck mehr Speicherdampf und gleichzeitig weniger Frischdampf aufnimmt; ihre Leistung bleibt konstant. Die Speicherdampfmenge bei einer bestimmten Ventilstellung und die erzeugte Leistung ändert sich aber stark mit dem Anfangsdruck; ein Regler des Speicherdruckes verschiebt deshalb das Übersetzungsverhältnis, mit welchem der Kesseldruckregler auf die beiden Steuerungen einwirkt. Beim tiefsten Speicherdruck schaltet ein Grenzregler den Kesseldruckregler aus. Ferner schließt der Geschwindigkeitsregler bei sinkender Last die Speicherventile, nachdem die Frischdampfventile ganz geschlossen sind (siehe auch Abb. 231, Abschnitt IX 2a).

3. Gleichdruckspeicher.

Gleichdruckspeicher nutzen das Temperaturgefälle des Speisewassers zwischen Rauchgas- oder Kraftdampfvorwärmung (falls vorhanden) und Sattdampftemperatur des Kessels ganz oder teilweise aus. Zu Zeiten des Dampfüberschusses wird auf Vorrat „Heißwasser" hergestellt und in einem Behälter außerhalb des Kessels gespeichert. Bei Dampfmangel wird diese Heißwasserbereitung eingeschränkt und im Grenzfall vollkommen eingestellt, so daß die Heizfläche bei unveränderter Feuerung mehr Dampf erzeugen kann. Wie bei der Speiseraumspeicherung im Kessel ist die höchste Dampfspitze, die gedeckt werden kann, je nach den Temperaturverhältnissen auf einen bestimmten Wert begrenzt, unabhängig von den besonderen Schaltungen, durch welche bei den einzelnen Bauarten die Wärme auf das gespeicherte Speisewasser übertragen wird. Mit der Speiseraumspeicherung im Kessel haben die Gleichdruckspeicher ferner gemeinsam, daß zur Durchführung des Speichervorganges die Speisewassermengen veränderlich zufließen müssen. Wird das Speisewasser durch Rauchgas auf „Warmwasser"-Temperatur vorgewärmt, so könnte bei vermindertem Durchfluß von Speisewasser im Rauchgasvorwärmer Dampf entstehen. Durch „Warmwasser"-Speicherung kann der Rauchgasvorwärmer mit konstantem Durchfluß betrieben werden. Beim „Verdrängungsspeicher“ wird Warmwasser und Heißwasser im gleichen Behälter gespeichert.

Nachdem das Regenerativverfahren, bei welchem Speisewasser durch „Kraftdampf“ vorgewärmt wird, für Kraftanlagen Anwendung findet, darf man nicht nur mit dem Wärmegefälle des Dampfes zwischen Kesseldruck und Vakuum rechnen, sondern muß auch das Temperaturgefälle des Speisewassers zwischen Kondensattemperatur und Sattdampftemperatur als nutzbares Wärmegefälle ansehen. Die Gleichdruckspeicher arbeiten mit dem Wärmegefälle des Speisewassers, der Ruthsspeicher mit dem Wärmegefälle des Dampfes. Während beim Ruthsspeicher die Kraftmaschinen dem veränderlichen Speicherdruck anzupassen sind, muß der Gleichdruckspeicher in das System der Speisewasservorwärmung durch Kraftdampf eingegliedert werden.

Bei einer Anlage mit Heizdampfverbrauch dient das Wärmegefälle des Dampfes zur Kraftgewinnung, Warenbeheizung und Speicherung; in einer reinen Kraftanlage mit Rauchgasvorwärmung wird das Wärmegefälle des Speisewassers zur Krafterzeugung, Rauchgasabkühlung und Speicherung verwendet. Damit ist aber nicht gesagt, daß ein bestimmtes Wärmegefälle zwischen zwei Temperaturen nur einen einzigen Zweck erfüllen kann. So wie beim Ruthsspeicher das Druckgefälle des Speichers zur Krafterzeugung verwendbar ist, wenn man den Zwischendruck der Maschine dem Speicherdruck anpaßt, kann das gleiche Temperaturgefälle des Speisewassers durch besondere Schaltungen außer für Speicherzwecke zur Vorwärmung durch Rauchgas oder Kraftdampf dienen (Seite 336).

Man erklärt vielfach die größere Speicherfähigkeit der Gleichdruckspeicher je m^3 Rauminhalt durch das äußere Merkmal, daß der ganze Wasserinhalt entleert wird, und schließt daraus, daß auch die ganze Flüssigkeitswärme der Füllung zur Speicherung dient. Diese Vorstellung trifft den grundsätzlichen Unterschied beider Speicherarten nicht. Der Ruthsspeicher nutzt das Temperaturgefälle eines ruhenden Wasserinhaltes periodisch aus, der Gleichdruckspeicher greift in die Versorgung eines fortlaufenden Wasserbedarfes ein. Maßgebend für die Speicherfähigkeit ist Wasserraum und Temperaturgefälle, die auf verschiedene Weise ausgenutzt werden. Auch beim Gleichdruckspeicher kann die Flüssigkeitswärme nur bis auf die untere (Warmwasser-)Temperatur zur Speicherung dienen.

Beide Speicherarten arbeiten mit Wassermengen, die durch Temperaturgefälle Wärme speichern, und ihre Speicherfähigkeit ist, unabhängig von der besonderen Art der Ladung und Entladung (mit geringen Abweichungen), nur vom Wassergewicht und dem Temperaturgefälle abhängig (beim Ruthsspeicher das Sattdampftemperaturgefälle zwischen den Grenzdrücken, bei Gleichdruckspeichern das Gefälle zwischen „warm“ und „heiß“). Da dieses Temperaturgefälle bei Gleichdruckspeichern im allgemeinen größer ist, wird ihre Speicherfähigkeit je m^3 Rauminhalt größer. Auch das Gesetz eines wirtschaftlichsten

Höchstdruckes, der zu jeder Warmwassertemperatur gehört, findet sich bei Gleichdruckspeichern wieder. Es ist deshalb bei hohen Kessel-

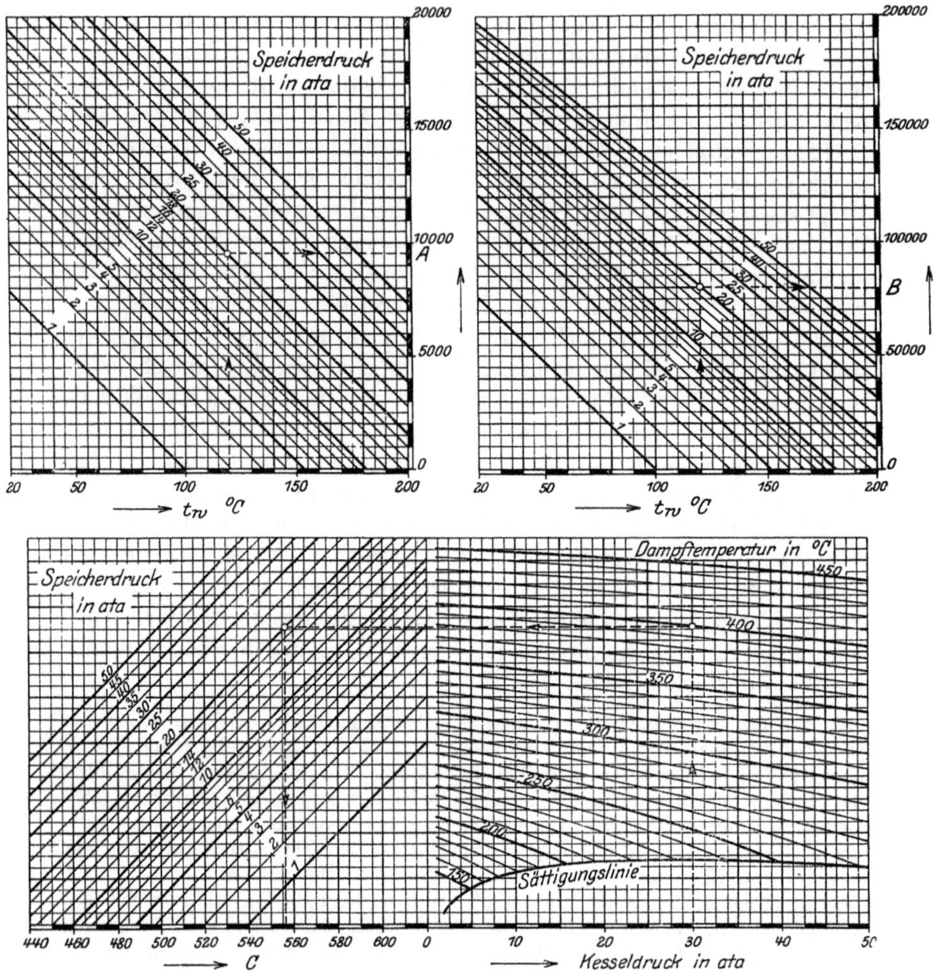

Abb. 202.

Kurvenschar für Gleichdruckspeicher zur Bestimmung von

1) Höchste Spitze in %

2) Speicherfähigkeit in kg Dampf je m³ Wasserraum.

Durch Division der Kurvenwerte

$\frac{A}{C}$

$\frac{B}{C}$

t_w = Warmwassertemperatur. Für Speicher mit Vorwärmung im Kessel (Christians, Kiesselbach) gilt die Sättigungslinie rechts unten im Diagramm.

drücken zweckmäßig, den Speicherdruck niedriger zu wählen als den Kesseldruck.

a) Rechnungsgrundlagen.

Nennt man t_h die Heißwassertemperatur, die tiefer liegen kann als die Sattdampftemperatur des Kessels, t_w die Warmwassertemperatur, mit der das Speisewasser die Vorwärmanlage verläßt, q_h und q_w die zugehörigen Flüssigkeitswärmen und i_d den Wärmeinhalt des erzeugten Dampfes, so gelten folgende Beziehungen: Wenn der Kessel durch die Speicheranlage nicht unterstützt wird, dann braucht jedes kg Dampf zu seiner Erzeugung $i_d - q_w$ Wärmeeinheiten, die Heizfläche muß aus Speisewasser von Warmwassertemperatur Dampf erzeugen, sie braucht davon einen Teil zur Vorwärmung. Entlastet man jedoch den Kessel von dieser Vorwärmung und speist ihn mit der Heißwassertemperatur t_h, dann vermindert sich der Wärmeaufwand je kg Dampferzeugung auf $i_d - q_h$ und bei unveränderter Feuerung ist die

$$\text{Höchste Spitze in } \% = \left(\frac{i_d - q_w}{i_d - q_h} - 1\right) 100 = \frac{q_h - q_w}{i_d - q_h} \cdot 100.$$

Die erreichbare Steigerung der elektrischen Belastung vermindert sich noch etwas durch den Leerverbrauch der Maschinen und (bei bestimmten Schaltungen) durch die Abnahme der Überhitzung. Der Speicherdruck entspricht der Sattdampftemperatur des heißen Wassers.

Die Speicherfähigkeit in kg Dampf je m³ Wasserraum ergibt sich aus folgender Überlegung: Das zugeführte Warmwasser von der Temperatur t_w wird mit einer Temperatur t_h gespeichert, so daß jedes kg Wasserraum $q_h - q_w$ Wärmeeinheiten speichern kann. Die Erzeugung von 1 kg Dampf erfordert bei Normallast eine Wärmemenge von $i_d - q_h$ Wärmeeinheiten. Ist γ_h das spezifische Gewicht des Heißwassers, dann wird die

$$\frac{\text{Speicherfähigkeit in kg}}{\text{Dampf/m}^3\text{ Wasserraum}} = \frac{q_h - q_w}{i_d - q_h} \cdot \gamma_h.$$

In den Kurvenscharen (Abb. 202) sind für Spitze und Speicherfähigkeit die Formelwerte dargestellt. Der Nenner des Bruches ist für beide Größen gleich, die Zähler unterscheiden sich durch den Faktor 100 und γ_h. Man erhält die gesuchten Werte durch Division. Für Speicherverfahren mit veränderlicher Dampferzeugung und Überhitzung (Christians, Kießelbach) gilt die Sattdampflinie der Diagramme, für Speicher mit konstanter Dampferzeugung und Überhitzung (Aufladen durch Überschußdampf) sind die Überhitzungslinien zu verwenden.

Bientzle[1]) hat ein Diagramm aufgestellt (Abb. 203), aus dem sich für alle Zwischenbelastungen die gespeisten Wassermengen, durch welche der Speicher geladen und entladen wird, unmittelbar fest-

[1]) Brieflich mitgeteilt.

stellen lassen, wenn normale und höchste Dampferzeugung bekannt sind. Das Diagramm dient zur Bestimmung der Fördermenge, für die Speisepumpen und zur Darstellung des Ladezustandes bei gegebenem Verlauf des Dampfverbrauches. Die Verdampfung ist der Belastung proportional; beim Normalwert *1* verdampft die konstante Wärmezufuhr des Kessels die Dampfmenge *1* und wärmt außerdem die gleiche Speisewassermenge *1* vor, bei der Höchstlast *m* dient die Wärme nur zur gesteigerten Dampferzeugung, die Vorwärmung des Speisewassers ist 0, während ein Vielfaches *n* der Speisewassermenge vorgewärmt werden muß, um die ganze Wärmezufuhr des Kessels aufzunehmen und die Verdampfung auf Null herunterzusetzen. Man kann nachweisen, daß die erzeugte Heißwassermenge mit der Belastung geradlinig verläuft. Aus Speichern, die mit Überschußdampf aufgeladen werden, wird ständig eine Heißwassermenge *A* entnommen, welche der höchsten Dampferzeugung gleich ist, die Warmwasserpumpe muß deshalb dem Speicher bei allen Belastungen diesen konstanten Betrag außer den veränderlichen Speisewassermengen zuführen (gestrichelte Linie). Man erkennt, daß zur Deckung tiefer Belastungstäler besonders bei geringen Werten von *m* sehr große Fördermengen der Warmwasserpumpen erforderlich sind.

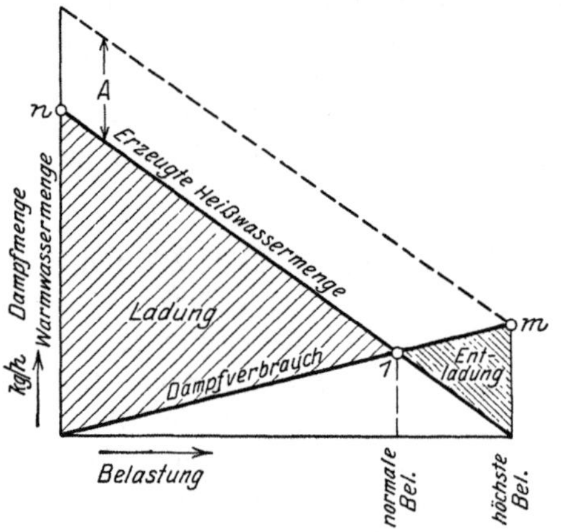

Abb. 203. Kurven von Bientzle über die gespeisten Wassermengen von Gleichdruckspeichern.

Ähnlich wie beim Ruthsspeicher gehört zu jeder Warmwassertemperatur eine günstigste Heißwassertemperatur, da mit steigendem Speicherdruck die Speicherfähigkeit je m³ größer wird, aber auch die Anlagekosten je m³ steigen. Das günstigste Temperaturgefälle ist beim Ruthsspeicher etwa 40—60° C, beim Gleichdruckspeicher 60—80° C. Die Werte sind beim Ruthsspeicher geringer, weil die erhöhte Dampfentnahme bei großem Druckgefälle den speichernden Rauminhalt vermindert. Nach praktischen Preisunterlagen ergeben sich etwa folgende Werte:

Wirtschaftlichster Druck der Gleichdruckspeicher atü	8	9	13	23
für eine Warmwassertemperatur von ° C	40	80	120	160

Die Berechnung nach dem Eisengewicht gibt bei der großen Verschiedenheit des Arbeitsanteils je kg Eisen für verschiedene Volumen und Drücke keinen genügenden Anhaltspunkt.

Für einen Vergleich der Kosten beider Speicherarten ist es nicht zulässig, nur die Rauminhalte gegenüberzustellen, da oft ganz andere Druckgebiete in Frage kommen. In Anlagen mit Heizdampfverbrauch kann man meist mit einem Entladedruck von 2—3 atü für den Ruthsspeicher und einer durchschnittlichen Speicherleistung von 10000 kg Dampf rechnen. Als Ladedruck des Ruthsspeichers kommt etwa 8 atü in Betracht. In reinen Kraftanlagen sind durchschnittlich 2000 kWh zu speichern, und Ruthsspeicher arbeiten mit einer Entladung von 15 auf 5 atü. Während der Ruthsspeicher unabhängig vom Kessel im gleichen Druckgebiet arbeitet, hängen die Verhältnisse beim Gleichdruckspeicher von Warmwassertemperatur und Kesseldruck ab. Der durchschnittliche Kesseldruck einer bestehenden Anlage ist etwa 15 atü, für eine neue Hochdruckanlage 35 atü. Die Gleichdruckspeicher können entweder mit Kesseldruck arbeiten oder mit dem wirtschaftlichsten Höchstdruck. Unter diesen Voraussetzungen wurden in Abb. 204 die Kosten des Gleichdruckspeichers mit den Kosten eines Ruthsspeichers gleicher Wasserfüllung (90%) bei voller Ladung verglichen; der Preis des Ruthsspeichers wurde 100% gesetzt. In beiden Fällen sind nur die Kosten eines Speicherkörpers mit Wärmeschutz berücksichtigt. Als Zusatzapparate kommen Regelorgane in Betracht, ferner bei Gleichdruckspeichern Speisepumpen und bei Ruthsspeichern in reinen Kraftanlagen besondere Düsengruppen der Turbine (Seite 326). Im allgemeinen werden diese zusätzlichen Kosten annähernd gleich sein. Für Gleichdruckspeicher mit 35 atü wurden die Preise Kruppscher Trommeln zugrunde gelegt. Die Abbildung zeigt außerdem die Spitzenleistung, welche bei Gleichdruckspeichern mit verschiedenen

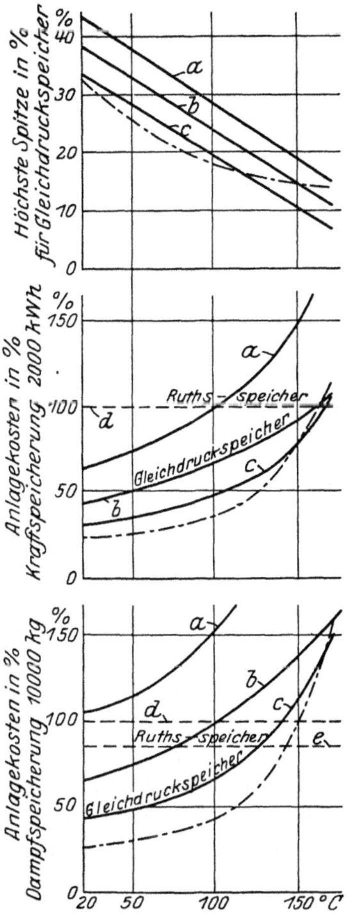

Warmwassertemperatur.

Abb. 204. Vergleich der Anlagekosten von Ruthsspeicher und Gleichdruckspeicher in reiner Kraftanlage und bei Heizdampfverbrauchern

Gleichdruckspeicher:
a: 35 atü 400°
b: 25 atü 375°
c: 15 atü 350°
strichpunktiert = wirtschaftlichster Höchstdruck

Ruthsspeicher:
bei Kraftspeicherung von 15 auf 5 atü
bei Dampfspeicherung
d: 8—3 atü
e: 8—2 atü

Speisewassertemperaturen erreicht werden kann. Speicherfähigkeit und Spitzenleistung sind unter der Voraussetzung errechnet, daß die Gleichdruckspeicher mit Überschußdampf aufgeladen werden, wobei die Überhitzung des Dampfes bei verschiedenen Belastungen konstant bleibt.

Für Kraftanlagen mit niedrigen Speisewassertemperaturen lassen sich Spitzen begrenzter Höhe mit geringeren Anlagekosten decken, als sie für Ruthsspeicher erforderlich sind, die zum Ausgleich höherer Spitzen verwendet werden. Man erkennt aus den Kurven, daß durch Steigerung des Druckes der Gleichdruckspeicher bei hohen Kesseldrücken die Anlagekosten stark anwachsen; es lohnt sich deshalb im allgemeinen nicht, durch hohe Speicherdrücke eine Steigerung der Spitzenleistung zu erkaufen, vielmehr wird man auch bei hohen Kesseldrücken keine höheren Speicherdrücke als 15—20 atü wählen. Beim Ausgleich in Industrieanlagen mit Heizdampfverbrauch entstehen für Ruthsspeicher geringere Anlagekosten. Hingegen sind oft hohe Speisewassertemperaturen vorhanden, da häufig 50—90% des Kondensates der Heizdampfverbraucher mit einer Temperatur von 80—130° zurückgewonnen wird, so daß mit Speisewassertemperaturen von 60—110° zu rechnen ist, die meist durch Rauchgasvorwärmer auf 130—160° gesteigert werden. Die Spitzenleistung der Gleichdruckspeicher vermindert sich dadurch und die Anlagekosten nehmen zu. Für Industrieanlagen kommen deshalb vorwiegend Ruthsspeicher in Betracht.

In vielen Fällen kann eine Verbindung beider Speicherwirkungen zweckmäßig sein, durch Gleichdruckspeicherung wird dann eine begrenzte Dampfmenge mit niedrigen Anlagekosten gedeckt, während die letzte Spitze von einem Ruthsspeicher übernommen wird. Die Verbindung beider Speicherarten kann auch in einem einzigen Speicher geschehen, dem Dampf und Speisewasser entnommen wird. Der Einzelfall erfordert individuelle Bearbeitung, und die allgemeine Erörterung soll nur Richtlinien für die Hauptanwendungsgebiete geben.

b) Schaltungen.

Bei allen Gleichdruckspeichern erzeugt man während der Zeiten tiefer Belastung „Heißwasser", das gespeichert wird. Während der höchsten Belastung stellt man diese Heißwassererzeugung ein und speist den Kessel aus dem Speicher mit Heißwasser. Die Speicherverfahren unterscheiden sich hauptsächlich durch die Art der Heißwassererzeugung. Damit die „Warmwasser"-Bereitung in Rauchgasvorwärmern konstant betrieben werden kann, kommt eine Warmwasserspeicherung außerdem in Betracht. Die angegebenen Schaltungen der Regler stellen nur Beispiele dar, auch hier sind alle Verbindungen von Regler und Steuerorgan vertauschbar (Seite 24).

A. Heißwassererzeugung.

1. Heißwassererzeugung im Kessel. Der Speicherraum wird aus dem Kessel nach außen verlegt, die Heißwasserbereitung auf Vorrat geschieht aber im Kessel. Bei tiefer Last verstärkt man die Warmspeisung zum Kessel, benutzt dadurch den Kessel als „Vorwärmer" für heißes Wasser, vermindert die Dampferzeugung und speichert das erzeugte Heißwasser. Bei hoher Last kann man im Grenzfall die „Warm"-Speisung ganz einstellen (wenn Rauchgasvorwärmer vorhanden sind, nur teilweise) und den Kessel aus dem Speicher mit „heißem" Wasser speisen. Die Wärme, welche die Heizfläche aus der Feuerung aufnimmt, dient dann ausschließlich zur Verdampfung. Die Sattdampferzeugung steigt, der Überhitzer erhält aber unveränderte Wärmezufuhr aus den Feuergasen, so daß für die gesteigerte Dampfmenge die Überhitzung sinkt.

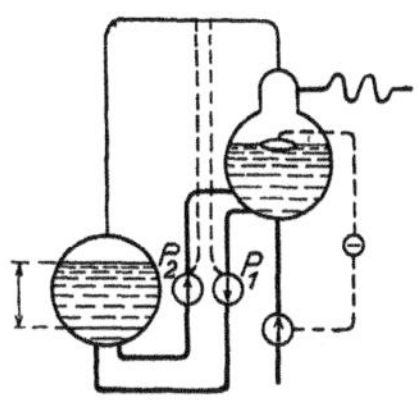

Abb. 205. Hin- und hergehende Wasserbewegung zwischen Kessel und Speicher (Christians).

Wasserstand im Kessel konstant, im Speicher schwankend. Speicher und Kessel durch 2 wechselweise arbeitende Pumpen verbunden. Tiefe Last: Kesseldruck öffnet P_1, sinkender Wasserstand verstärkt Warmspeisung, Heißwasser strömt zum Speicher. Hohe Last: Kesseldruck öffnet P_2, Kessel erhält Heißwasser aus Speicher, steigender Wasserstand vermindert Warmspeisung. Höhenlage von Kessel gegen Speicher beliebig, Druck kann verschieden sein. Die 2 wechselweise arbeitenden Pumpen lassen sich bei Umschaltung der Saug- und Druckleitungen durch eine einzige Pumpe ersetzen.

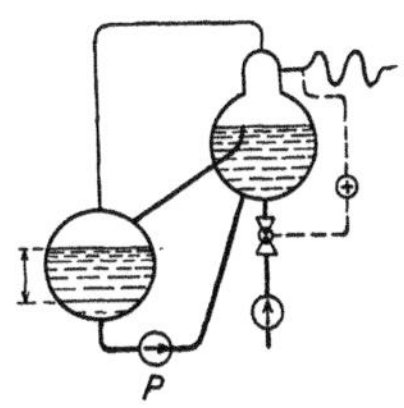

Abb. 205a. Umlauf zwischen Kessel und Speicher (Kießelbach).

Speicher liegt tiefer als Kessel. Ungeregelte Umlaufpumpe P fördert konstant ein Vielfaches der höchsten Speisemenge, überschüssiges Heißwasser fließt aus dem Kessel zum Speicher. Warmspeisung durch Kesseldruck geregelt, vermindert sich bei hoher Last, so daß die Dampferzeugung steigt und umgekehrt. Da die Warmwasserspeisung nur ein Bruchteil der Umlaufwassermenge ist, treten im Kessel nur geringe Temperaturunterschiede auf.

2. Heißwassererzeugung durch Überschußdampf. Die Speicherung ist vom Kessel vollständig losgelöst. Der Kessel wird aus dem Speicher konstant mit heißem Wasser gespeist, und er erzeugt eine konstante Höchstdampfmenge mit unveränderlicher Überhitzung. Ist der Bedarf geringer, so dient der Überschuß zur Vorwärmung von Speisewasser von warm auf heiß. Veränderlicher Dampfüberschuß muß durch veränderliche Warmwassermengen niedergeschlagen werden. Der Heißwasserspeicher gleicht den Unterschied der konstanten Entnahme und des veränderlichen Zuflusses aus. Speisung des Kessels mit Wasser verschiedener Temperatur tritt nicht auf. Sind Rauchgasvorwärmer vorhanden, dann darf die Warmwasserspeisung bei Dampfspitzen nicht vollständig eingestellt werden.

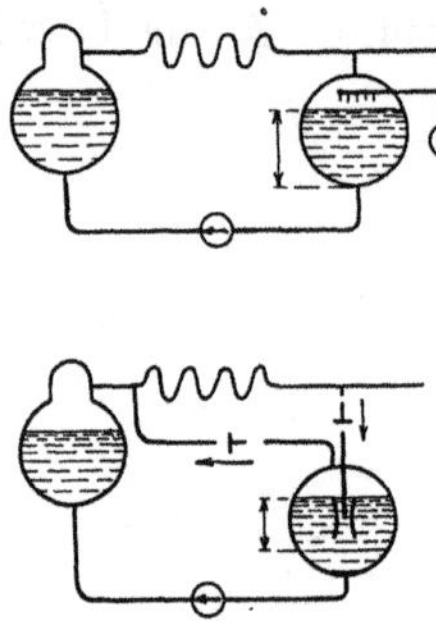

Abb. 206. Niederschlagen des Überschußdampfes im Speicher (Ruths-Gleichdruckspeicher, P. H. Müller).

Warmspeisung wird durch Kesseldruck geregelt. Dampf wird entweder durch Rieselvorrichtung niedergeschlagen oder durch eine Ladedüse. Soll bei Überschreitung der Leistungsfähigkeit der Gleichdruckspeicherung unter Druckgefälle Dampf abgegeben werden, so kann nach P. H. Müller dieser Entladedampf durch Rückschlagventile vor dem Überhitzer einmünden, während der Ladedampf nach dem Überhitzer abzweigt. Die Überhitzung erhöht sich dadurch nicht, aber man verhindert unvollkommene Mischung von Sattdampf und Heißdampf, die hinter dem Überhitzer eintreten könnte.

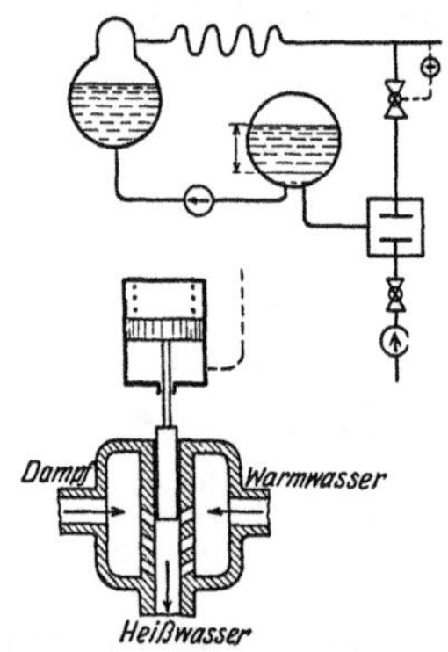

Abb. 206a. Niederschlagen des Überschußdampfes in besonderem Mischer außerhalb des Speichers (Ruths-Gleichdruckspeicher).

Überschußdampf kann durch Überströmventil geregelt werden, Warmspeisung getrennt durch Druck- oder Temperaturregler des Heißwassers. Nach Simmermacher verwendet man statt dessen einen Mischer, bei dem durch Düsen Dampf und Wasser im richtigen Verhältnis zuströmen und regelt die Mengen durch einen Steuerzylinder nach dem Kesseldruck. Bei genauer Bemessung der Düsen ist die Temperaturerhöhung von warm auf heiß konstant. Es handelt sich um eine Verbundsteuerung von Dampf und Speisewasser nach dem Dampfdruck. Der Speicherdruck kann tiefer sein als der Kesseldruck, und das Gefälle läßt sich zur Krafterzeugung ausnutzen.

B. Warmwasserspeicherung.

Veränderliche Warmspeisung ist bei Anwendung von Rauchgasvorwärmern nicht unbegrenzt zulässig. Die Wärmeaufnahme des Rauchgasvorwärmers aus den Feuergasen ist angenähert konstant. Vermindert man den Wasserdurchfluß, so besteht die Gefahr der Dampfbildung und des Durchbrennens, begrenzt man den Durchfluß auf einen Mindestwert, dann sinkt die Spitzenleistung des Speichers. Dies gilt auch für Speiseraumspeicherung im Kessel. Statt dessen betreibt man die Vorwärmer konstant und schaltet zwischen Vorwärmer und Heißwasserspeicher einen Warmwasserspeicher.

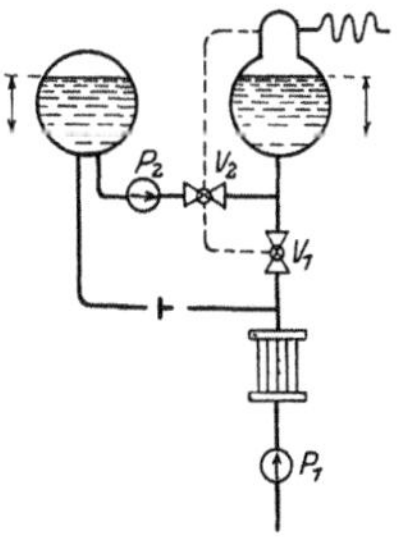

Abb. 207. Getrennter Warmwasserspeicher bei einem Großspeiseraumkessel.

P_1 fördert den mittleren Speisewasserbedarf, bei Normallast fließt die Wassermenge über P_1 in den Kessel. Hohe Last: V_1 beginnt zu schließen, der Überschuß geht über das Rückschlagventil zum Warmwasserspeicher, sein Wasserspiegel steigt, der Wasserstand im Kessel sinkt und die verminderte Warmspeisung erhöht die Dampferzeugung. Tiefe Last: Bei hohem Kesseldruck ist V_1 ganz offen und V_2 beginnt zu öffnen. Die ganze Warmwassermenge aus dem Rauchgasvorwärmer strömt zum Kessel, außerdem fließt durch P_2 gespeichertes Warmwasser, der Wasserspiegel sinkt im Speicher und steigt im Kessel, die erhöhte Warmwasserzufuhr vermehrt die Vorwärmleistung des Kessels und vermindert die Dampferzeugung. Es ist bemerkenswert, daß die Wasserspiegel von Speicher und Kessel sich immer um annähernd den gleichen Betrag in entgegengesetztem Sinn ändern; beim Verdrängungsspeicher kann deshalb Warmwasser und Heißwasser im gleichen Behälter gespeichert werden.

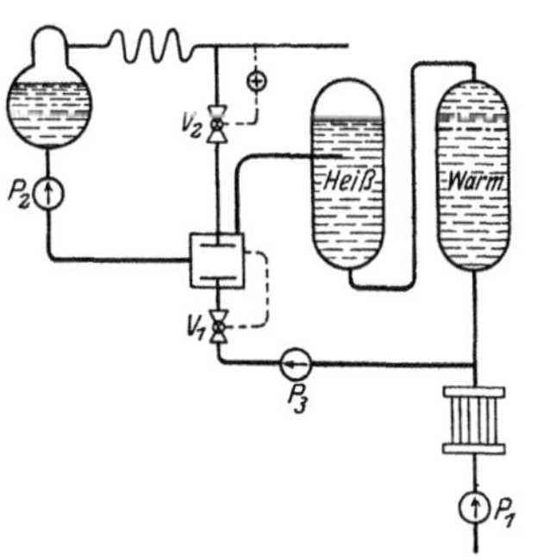

Abb, 207a. Verdrängungsspeicher (Hähnle, Gerschweiler Elektr. Zentrale und MAN) mit Heißwasser und Warmwasserspeicherung im gleichen Behälter.

Im stehenden Behälter ist oben das leichtere Heißwasser, unten das schwere Warmwasser; Trennung durch den Unterschied der spez. Gewichte. Um große Bauhöhen zu vermeiden, werden auch zwei Behälter nebeneinander angeordnet und hintereinander geschaltet. Durch P_1 liefert der Rauchgasvorwärmer die mittlere Warmwassermenge, welche konstant durch P_2 in den Kessel gespeist wird, P_3 fördert eine Wassermenge, die dem Überschußdampf entspricht. Ist diese Wassermenge größer als die Lieferung von P_1, dann saugt P_3 Warmwasser aus dem Behälter, das erwärmt dem Heißwasserbehälter zufließt. Ist die Fördermenge von P_3 geringer, so geht der Überschuß von P_1 in den Warmwasserbehälter und verdrängt vorrätiges Heißwasser, das von P_2 in den Kessel gespeist wird. Die Summe von Warmwasser und Heißwasser im Speicherbehälter ist bei allen Ladezuständen angenähert gleich, so daß nur geringe Schwankungen im Wasserspiegel entstehen.

C. Doppelte Ausnutzung des Wärmegefälles.

Bisher wurde angenommen, daß Gleichdruckspeicher, Ruths-speicher und Speisewasservorwärmung durch Rauchgas und Kraftdampf für sich einzeln ein Temperaturgefälle beanspruchen, das zu keinem anderen Zweck benutzt werden kann. Durch besondere Schaltungen kann aber das gleiche Temperaturgefälle zwei verschiedenen Zwecken dienen.

1. Parallelschaltung von Rauchgasausnutzung und Gleichdruckspeicher.

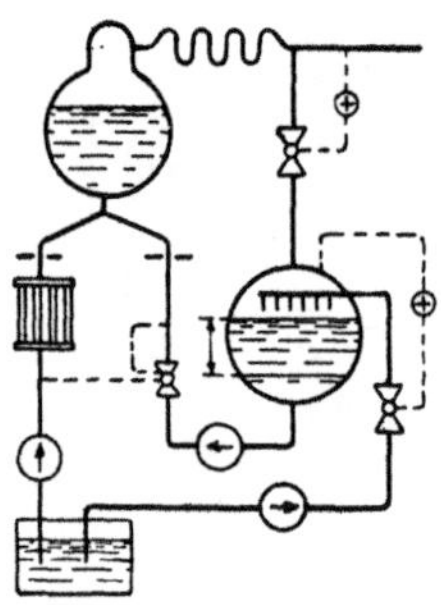

Abb. 208. Gleichdruckspeicher parallel zu Rauchgasvorwärmer (SSW, AEG).

Den Rauchgasvorwärmer durchströmt konstant ein Teil des Speisewassers, der annähernd auf Kesseltemperatur gebracht wird. Für die übrige Wassermenge steht dann das ganze Temperaturgefälle zwischen Kaltwasser und Sattdampf zur Verfügung; dadurch erhöht sich die Speicherfähigkeit je m³ Wasserinhalt bedeutend. Die Speisewassermengen, die nicht durch den Rauchgasvorwärmer gehen, können beliebig schwanken; die Warmwasserspeicherung wird dadurch entbehrlich. Der konstant gespeiste Kessel erhält das Wasser zum Teil aus dem Rauchgasvorwärmer, zum Teil aus dem Speicher. Das Mengenverhältnis beider Teilströme läßt sich für verschiedene Feuerbelastungen des Kessels durch einen Regler konstant halten, der in beiden Speisewasserleitungen Druckgleichheit herstellt. Die Teilströme entsprechen dann den (einstellbaren) Widerständen beider Leitungen zwischen der Stelle gleichen Druckes und dem Wasserstandsregler des Kessels.

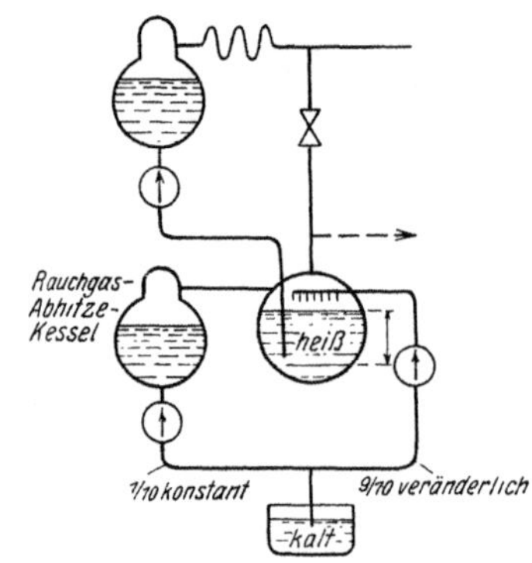

Abb. 208a. Gleichdruckspeicher parallel zu Rauchgasabhitzekessel (Erste Brünner Maschinenfabrik).

Der Abhitzekessel nützt an Stelle eines Vorwärmers die Rauchgase aus und verdampft einen kleinen Bruchteil der Speisewassermenge, die ihm konstant zufließt. Die übrige Speisewassermenge kann beliebig schwanken und dazu dienen, Überschußdampf in veränderlicher Menge beim Druck des Abhitzekessels niederzuschlagen und zu speichern. Die Wassermenge durch welche die Rauchgase abgekühlt werden, und die schwankenden Speisewassermengen zur Speicherung arbeiten im gleichen Wärmegefälle zwischen kalt und heiß; der Speicher hat bei niedrigem Druck großes Speichervermögen und arbeitet dadurch günstiger als ein Speicher zwischen Rauchgasvorwärmer und Kessel. Kessel hat konstante Speisung mit Heißwasser aus dem Speicher und konstante Dampferzeugung. Vom Abhitzekessel kann auch direkt Dampf an Niederdruckverbraucher abgegeben werden. Der Überschußdampf läßt sich zwischen Kesseldruck und Speicherdruck zur Krafterzeugung ausnutzen.

2. Speicherung im Gefälle der Kraftdampfvorwärmung (Abb. 209). Es wird angenommen, daß die Rauchgase zur Luftvorwärmung dienen. Das Speisewasser wird in 2 Stufen durch Kraftdampf von z. B. 35° auf 140° vorgewärmt, dann durch Drosseldampf weiter auf 200° in einem Mischer. Neben dem Drosseldampfgefälle zwischen warm und heiß soll das Kraftdampfgefälle zwischen kalt und warm zum Ausgleich herangezogen werden. Bei Normallast ist die Wasserentnahme aus dem Kaltwasserbehälter durch P_1 ebenso groß wie die konstante Heißwasserentnahme durch P_2. Tiefe Last: P_1 steigert die Speisewasserförderung durch die Vorwärmer, so daß der gleichförmig erzeugte Kesseldampf in erhöhtem Maß zur Heißwasserbereitung dient. Höchste Last: P_1 fördert nicht. Es wird weder Drosseldampf noch Kraftdampf zur Vorwärmung benutzt, der volle Kesseldampf erzeugt Kraft zwischen Kesseldruck und Vakuum. Die Leistungssteigerung entspricht für den Drosseldampf der vollen Dampfmenge, für den Kraftdampf, der schon bei der Vorwärmung durchschnittlich das halbe Gefälle zwischen Kesseldruck und Vakuum in Leistung umgesetzt hat, nur der halben abgestellten Dampfmenge. Durch veränderte Kraftdampfvorwärmung kann man also das Gefälle zwischen kalt und warm zur Speicherung ausnutzen, aber nur angenähert mit der halben Speicherwirkung. Die genaue Berechnung der Speicherfähigkeit je m³ Inhalt (für Heißwasser- und Kaltwasserbehälter) und die höchste Lastspitze, die gedeckt werden kann, müssen deshalb je nach den besonderen Verhältnissen des Einzelfalles Werte ergeben, die zwischen den Grenzwerten für ein Temperaturgefälle kalt/heiß und warm/heiß liegen. Man kann bei Belastungsänderungen die Zwischendrücke der Maschine schwanken lassen oder z. B. den Druck vor dem ND-Teil aufstauen; der Drosseldampf übernimmt immer den Rest der Vorwärmung und liefert Wasser konstanter Temperatur in den Heißwasserspeicher. Der Kaltwasserspeicher hat angenähert die gleichen Abmessungen wie der Heißwasserspeicher, die Wasserspiegel beider Behälter ändern sich in entgegengesetztem Sinn. Man kann deshalb grundsätzlich beide Behälter in einem Verdrängungsspeicher vereinigen, wenn die großen Temperaturunterschiede in solchen Fällen die Anwendung dieser Bauart zulassen.

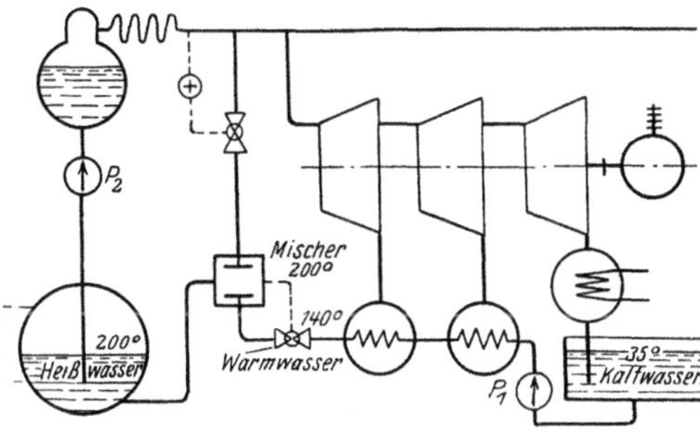

Abb. 209. Speicherung im Gefälle der Kraftdampfvorwärmung.

3. Speicher mit Entnahme von Dampf und Speisewasser. Das Temperaturgefälle eines Speichers läßt sich sowohl zur Dampfentnahme unter Druckänderung als auch zur Speisewasserspeicherung verwenden. In geringem Maße geschieht dies bei jedem Gleichdruckspeicher, wenn die Grenzen seiner Leistungsfähigkeit überschritten werden. Durch planmäßige Ausnutzung beider Wirkungen lassen sich aber günstige Anordungen treffen, die dem Gleichdruckspeicher gegenüber den Vorteil unbegrenzter Spitzenleistung haben, und die sich mit kleinerem Rauminhalt ausführen lassen als Ruthsspeicher mit reiner Dampfentnahme. In Abb. 210 ist dargestellt, welche Dampfmengen bei der Deckung einer Bedarfsspitze durch Speisewasserspeicherung ausgeglichen werden können und welche Dampfmengen unter Druckänderung gedeckt werden müssen. Durch die Dampfentnahme sinkt der Druck und bei dem kleineren Temperaturgefälle läßt sich nur eine geringere Spitze durch Speisewasserspeicherung decken, die Dampfspeicherung muß den Rest übernehmen. Die Abbildung zeigt das Schaltbild einer Anordnung (Wärmespeicher Dr. Ruths-G. m. b. H.), bei welcher während der Ladung zunächst der Wasserinhalt auf die höchste Temperatur gebracht wird, ehe die Speisewasserzufuhr zum Speicher beginnt, damit für wieder einsetzende Entladezeiten das volle Temperaturgefälle zur Verfügung steht. Der Überschußdampf wird in den Wasserraum des Speichers eingeblasen, so daß der Überschuß die Temperatur des Wasserinhaltes erhöht; beim höchsten Speicherdruck beginnt das Regelventil der Speisewasserzufuhr zu öffnen, das Speisewasser fließt dem Überschuß entsprechend zu, und der Speicher füllt sich unter konstantem Druck mit Wasser der höchsten Temperatur. Die Speisepumpe des Kessels entnimmt dem Speicher eine der Dampferzeugung des Kessels entsprechende Wassermenge.

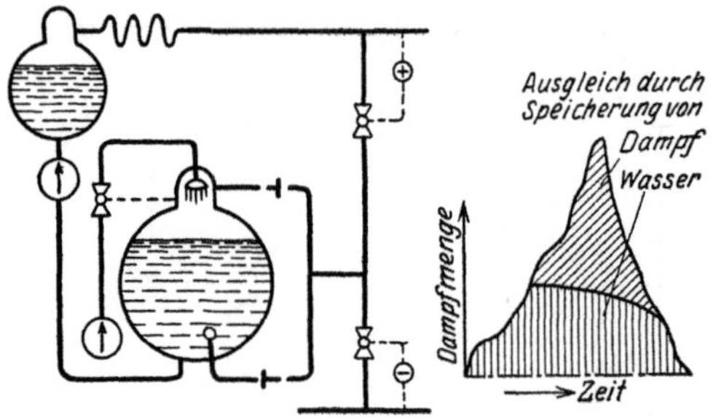

Abb. 210. Ruthsspeicher mit Wasser- und Dampfentnahme.

VIII. Gesteigerte Produktion durch ungehemmte Dampflieferung.

In der heizdampfverbrauchenden Industrie beschränkt man sich nicht darauf, bestehende Schwankungen vom Kesselhaus fernzuhalten, sondern man ist bestrebt, die Hemmungen zu beseitigen, die durch mangelhafte Anpassungsfähigkeit des Kesselhauses entstehen, um dadurch die Produktion zu steigern.

Ruths untersuchte das Zusammenarbeiten der einzelnen Betriebseinrichtungen einer Fabrik in ihrem Einfluß auf die Herstellungskosten und erkannte dabei, daß die Arbeitsweise der Dampfanlage nicht nur das Kohlenkonto beeinflußt, sondern daß sie in noch höherem Maß durch Förderung oder Hemmung der Produktion auf den Ertrag der Fabrik zurückwirkt. Mit der Einführung seines Speichers verfolgte Ruths in erster Linie den Zweck, diese Hemmungen zu beseitigen, und es sind in der Tat durch Ruthsspeicher Produktionssteigerungen um 10—20% für ganze Fabriken und bis zu 100% für Betriebsabteilungen erreicht worden.

Es handelt sich dabei nicht um Erhöhung der Produktion durch Ausbau der Fabrik, sondern durch bessere Ausnützung der vorhandenen Einrichtungen, die im allgemeinen auch mit unveränderter Zahl der Arbeitskräfte bedient werden können. Die bedeutende Steigerung des Ertrages, die in solchen Fällen entsteht, läßt sich nach Ruths in einem Diagramm (Abb. 211) darstellen. Vermehrte Erzeugung erfordert nur einen erhöhten Aufwand an Rohstoffen, während die übrigen Kosten (Abschreibung, Handelsunkosten, Löhne, Ausbesserungen) nahezu konstant bleiben. Die Herstellungskosten sind also eine gerade Linie, der Produktion Null entsprechen die konstanten Kosten. Dagegen wächst der Umsatz direkt proportional mit der erzeugten Warenmenge, er wird durch eine Linie dargestellt, die durch den Nullpunkt geht. Ein bestimmter Umsatz muß erreicht werden, um die Unkosten zu decken; von dieser Mindestproduktion an nimmt der Überschuß stark zu.

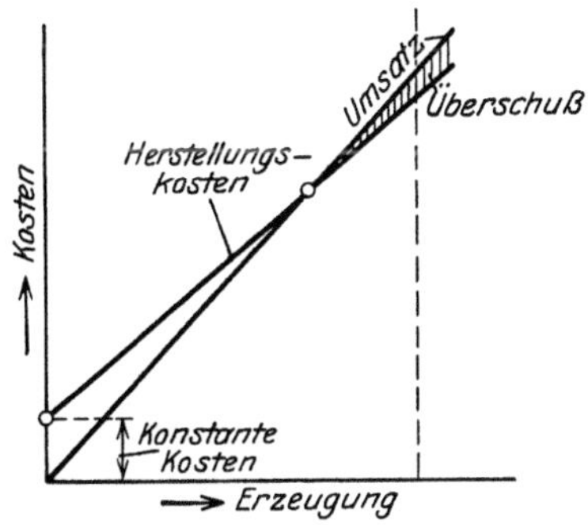

Abb. 211. Beziehung zwischen Umsatz, Herstellungskosten und Überschuß einer Fabrik und der Erzeugung nach Ruths.

Diese Art graphischer Darstellung wird in neuerer Zeit vielfach benutzt. Heidebroek[1]) nimmt ebenfalls eine lineare Beziehung zwischen Herstellungskosten und Beschäftigungsgrad an. Peiser[2]) zeigt an Beispielen den wesentlich komplizierteren treppenartigen Verlauf, durch welchen die Wirtschaftlichkeit des Betriebes mit steigender Beschäftigung nicht stetig wächst, so daß für verschiedene Beschäftigungsgrade Optima auftreten können. Schilling[3]) betont besonders die Abnahme der Wirtschaftlichkeit durch „überelastische" Kosten bei Überlastung des Betriebes. In diesen Fällen wird veränderter Beschäftigungsgrad bei un-

[1]) Industriebetriebslehre, S. 264. Berlin: Julius Springer 1923.

[2]) Der Einfluß des Beschäftigungsgrades auf die industrielle Kostenentwicklung. Berlin: Julius Springer 1924.

[3]) Die Lehre vom Wirtschaften, S. 250. Berlin: V.d.I.-Verlag 1925.

veränderten Arbeitsmethoden vorausgesetzt, während es sich hier um die Feststellung des Nutzens handelt, der durch die veränderte Arbeitsweise des Betriebes entsteht, wenn durch Beseitigung eines „engsten Querschnittes" (S. 341) erhöhte Produktion mit den gleichen Betriebseinrichtungen und Arbeitskräften ermöglicht wird. Hierbei sind selbst die Löhne als „unelastische Kosten" anzusehen, die konstant bleiben, bis die Produktion so weit gestiegen ist, daß durch einen neuen engsten Querschnitt eine Grenze gesetzt ist. Bis zu dieser Produktion ist deshalb die im folgenden zugrunde gelegte Annahme eines linearen Verlaufes berechtigt.

Aus den Angaben, die Stender[1]) über die Bilanz einer Rohzuckerfabrik mit einer Erzeugung von 1 Mill. Ztr. Rüben im Jahre 1913/14 macht, ergeben sich folgende Werte:

	Konstante Kosten	Veränderliche Kosten	Kohlekosten		
Ausbesserungen	40000			Umsatz	1410000
Abschreibungen	55000			Herstellungskosten	1310000
Handelsunkosten	40000			Überschuß	100000
Koks, Kalk, Filtertücher usw.		45000		Kapital (geschätzt) nach der Statistik von Claassen[2])	750000
Löhne	50000				
Kohle		80000	80000		
Rüben		1000000			
	185000	1125000	80000		
in $^0/_0$ der Herstellungskosten	14,2	85,8	6,1		

An diesen Zahlen soll der Unterschied einer Kohlenersparnis von $10^0/_0$ und einer Produktionssteigerung um $10^0/_0$ in ihrem Einfluß auf den Überschuß der Fabrik festgestellt werden. $10^0/_0$ Kohlenersparnis entspricht ein Betrag von 8000 M. oder $1{,}1^0/_0$ auf das Kapital bezogen. Für die um $10^0/_0$ gesteigerte Produktion sollen die konstanten Kosten unverändert bleiben, die veränderlichen Kosten und der Umsatz erhöhen sich um $10^0/_0$.

	Bisherige Produktion	um $10^0/_0$ gesteigerte Produktion	Unterschied
Konstante Kosten	185000	185000	—
veränderliche Kosten	1125000	1237500	112500
Herstellungskosten	1310000	1422500	112500
Umsatz	1410000	1551000	141000
Überschuß	100000	128500	28500
in $^0/_0$ des Umsatzes	7,1	8,3	1,2
in $^0/_0$ des Kapitals	13,4	17,2	3,8

[1]) Zentralblatt für die Zuckerindustrie 1925, 3. Oktober.

[2]) Die Zuckerfabrikation 5. Auflage, S. 374.

Die Kohlenersparnis vermindert die Herstellungskosten um 8000 M., während durch die Produktionssteigerung eine Erhöhung des Überschusses um 28500 M. entsteht, dieser Einfluß ist also $3^1/_2$mal größer. Es ist bemerkenswert, daß der Überschuß in Prozent des Umsatzes von 7,1 auf 8,3 wächst, weil für die erhöhte Produktion die konstanten Kosten wegfallen. Der Überschuß nimmt also stärker zu als der Umsatz. Durch die Umsatzsteigerung um 10% wächst der Überschuß von 100000 M. auf 128500 M., also um einen Betrag von 28,5%.

Der Einfluß der Dampfanlage auf den Überschuß der Fabrik richtet sich nach dem Anteil des Kohlenkontos und der konstanten Kosten an den Herstellungskosten; ferner ist maßgebend, ob die Fabrik beim bisherigen Zustand schon mit hohem Überschuß arbeitet, oder ob sie die Mindestproduktion nur wenig überschreitet, bei der gerade die Unkosten gedeckt werden. Die Vorausbestimmung der Wirtschaftlichkeit erfordert deshalb im Einzelfall eine Prüfung der Bilanz.

Um das Maß der erreichbaren Produktionssteigerung zu bestimmen, müssen außerdem die Arbeitsbedingungen der einzelnen Dampfverbraucher untersucht werden. Die verarbeitete Ware durchläuft nacheinander mehrere Betriebsabteilungen und erfährt mechanische und chemische Veränderungen, die zum Teil unter Wärmezufuhr vor sich gehen. Die Höchstproduktion ist nicht durch die bestausgebaute Betriebsabteilung bestimmt, sondern sie wird — nach der Ausdrucksweise von Ruths — durch den engsten Querschnitt begrenzt, den die Ware durchlaufen muß. In vielen Fällen ist in einzelnen Betriebsabteilungen oder in ganzen Fabriken die Geschwindigkeit der Erzeugung nicht durch die Verarbeitungseinrichtungen selbst begrenzt, sondern die Kesselanlage bildet den engsten Querschnitt, da sie nicht imstande ist, sich schnell genug verändertem Bedarf anzupassen, oder weil es unwirtschaftlich wäre, sie für die höchsten vorübergehenden Spitzen des Bedarfes zu bemessen.

Es gibt Fälle, in denen die Kesselanlage wohl imstande ist, den Dampfbedarf bei voll geöffneten Absperrorganen der Verbraucher (z. B. Zellstoffkocher, Farbkufen) zu decken. Man darf aber nicht übersehen, daß durch zu enge Ventile und Heizflächen der Verbraucher oft künstlich engste Querschnitte geschaffen werden, um Belastungsspitzen von der Kesselanlage fernzuhalten. Vielmehr muß man feststellen, wie schnell die Wärmezufuhr erfolgen darf, ohne den Herstellungsgang zu schädigen, und danach sind Absperrventile und Heizflächen zu bemessen. Es ergeben sich dann Dampfverbrauchsdiagramme, welche von den bisherigen gehemmten wesentlich abweichen. Die Beurteilung des erforderlichen Ausgleiches auf Grund von Dampfmessungen über die bestehenden Verhältnisse ist deshalb nicht zulässig.

Die Zeitersparnis, durch welche die Produktion erhöht wird, entsteht in der Hauptsache folgendermaßen:

1. Die gegenseitige Störung der Verbraucher, bei denen die rohen Vorgänge den empfindlichen den Dampf wegnehmen (Seite 8) fällt weg.
2. Die vorbereitenden Ankochzeiten lassen sich zum Teil abkürzen.
3. Die mangelhafte Anpassungsfähigkeit gekuppelter Wärmeverbraucher (z. B. Verdampfstationen mit Dampfabgabe aus den Zwischenstufen) wird aufgehoben.

Bei Werken mit einer großen Zahl verschiedenartiger Verbraucher (z. B. chemische Fabriken) wird man im allgemeinen auf die Vorausbestimmung der Verhältnisse bei ungehemmter Dampflieferung verzichten müssen; hingegen ist für Betriebe mit gleichartigen Verbrauchern vielfach eine theoretische Berechnung des Dampfverlaufes möglich. Einige Beispiele sollen über Ursache und Ergebnis erreichter Verbesserungen Aufschluß geben.

1. Ausgleich periodischer Vorgänge.

Beim Kochen von Arbeitsgut muß im allgemeinen der Inhalt des Kochers durch Wärmezufuhr erst auf die Temperatur gebracht werden, bei welcher der Vorgang durchgeführt werden soll. Während des Fertigkochens ist nur geringe Wärmezufuhr erforderlich, um die Abkühlungsverluste zu decken oder die Kochtemperatur im Verlauf des Vorganges noch etwas zu steigern. Im Gegensatz zu fortlaufenden Arbeitsvorgängen, wie sie z. B. für das Trocknen des Papiers auf einer Papiermaschine oder das Eindicken von Dünnsaft in der Verdampferstation einer Zuckerfabrik durchgeführt werden, tritt hier ein periodischer Vorgang mit Ankochen, Fertigkochen und Stillstandszeiten bis zum Beginn der neuen Kochung auf, der zu verschiedenen Zeiten andere Dampfzufuhr erfordert. Während der Ankochzeit entstehen wegen der niedrigen Temperaturen meist nur geringe Veränderungen des Kochgutes, für den Herstellungsvorgang handelt es sich um „tote“ Zeiten, während welcher die vorhandenen Betriebseinrichtungen und die Arbeitskräfte nicht ausgenutzt sind. Die Ankochzeit ist deshalb auf den Mindestwert herabzusetzen, der ohne Schädigung des Arbeitsgutes zulässig ist.

a) Zellstoffwerke.

Die Zellstoffkocher verbrauchen bei reinen Zellstoffwerken etwa 50% des gesamten Heizdampfes. Sie haben stark veränderlichen Bedarf, der bei ungehemmter Kochung Spitzen von 100% gegen den mittleren Dampfverbrauch der Kocherei aufweist. Zum Ausgleich ist erfahrungsgemäß die Speicherung des mittleren Dampfbedarfes der

Kocherei von $^3/_4$—$1^1/_4$ Stunden erforderlich. Um die Speicherleistung, Rohrleitungen, Ventile und Heizflächen nachzuprüfen, ist der Verlauf des Dampfverbrauches für jeden einzelnen Kocher zu bestimmen und zu einem Gesamtverbrauchsdiagramm zusammenzusetzen.

Dazu muß für jeden Kocher das Nettovolumen, die Laugenfüllung und die Ausbeute in kg trocken gedachten Zellstoffes bekannt sein, ferner Temperaturen und Zeiten der Kochung. Weniger wichtig sind Meßergebnisse über den Dampfverbrauch je kg Zellstoff, da es nicht auf die absolute Größe des Verbrauches, sondern auf den Verlauf der Schwankungen ankommt. Man kann deshalb mit dem theoretischen Dampfverbrauch rechnen, der bei guter Betriebsführung bis auf etwa $10\,^0/_0$ Abkühlungsverluste eingehalten wird. Der Dampfverbrauch entsteht durch die Erwärmung des Kocherinhaltes auf die Endtemperatur.

Der Gesamtwärmeverbrauch einer Kochung je kg Zellstoff errechnet sich für Sulfitkocher am einfachsten folgendermaßen:

1 kg Zellstoff braucht etwa 2 kg Holz, die zur Erwärmung (spez. Wärme = 0,65) soviel Dampf brauchen wie 2 × 0,65 = ...	1,3 kg Wasser
Die 2 kg Holz enthalten etwa $25\,^0/_0$ Wasser	0,5 „ „
Auf 1 kg Zellstoff werden z. B. 8 kg Lauge verwendet, die zur Erwärmung soviel Dampf brauchen (spez. Wärme = 1) wie . .	8,0 „ „
Gesamter Wasserwert je Kilogramm Zellstoff	9,8 kg Wasser

Indirekte Kochung: Der Kocherinhalt sei von 30° auf 140°, also um 110°, zu erwärmen durch Dampf von z. B. 660 kcal/kg, der bis zur mittleren Temperatur von (30 + 140) : 2 = 85° durchschnittlich 660 — 85 = 575 kcal/kg abgibt. 110 kcal müssen 1 kg Wasser zugeführt werden, wofür 110 : 575 = 0,192 kg Dampf nötig sind.

Es sind also erforderlich 9,8 × 0,192 = 1,88 kg Dampf/kg-Zellstoff.

Direkte Kochung: Am Ende des Prozesses ist die Kondensattemperatur des Dampfes im Kocher 140°, die je Kilogramm Dampf abgegebene Wärme ist also nur 660 kcal — 140 = 520 kcal, so daß zur Erwärmung von 1 kg Wasser um 110° 110 : 520 = 0,212 kg Dampf nötig sind.

Es sind demnach erforderlich 9,8 × 0,212 kg = 2,08 kg Dampf/kg-Zellstoff, etwa $10\,^0/_0$ mehr als bei indirekter Kochung.

Die Wärme, die durch den chemischen Vorgang selber entsteht, soll hier unberücksichtigt bleiben.

Die Kocher werden mit Holzschnitzeln gefüllt und meist gestampft. Statt dessen kann auch Sattdampf in das trockene Holz eingeblasen werden, bis seine Temperatur auf annähernd 100° steigt. Durch dieses Dämpfen wird das Holz vorbereitet, und es sinkt zusammen, so daß auch ohne Stampfen durch Nachfüllen Ausbeuten von 70—80 kg Zellstoff je m³ Kochervolumen erreicht werden können. Dann wird Lauge von z. B. 30° C eingefüllt, neuerdings kann die Lauge in besonderen Speichern, durch Abwärmen der Kocher beheizt, auf etwa 60° vorgewärmt sein. Schon während des Laugens kann das Ankochen durch Einblasen von Dampf beginnen. Bei geschlossenem Behälter steigt dann die Temperatur, bis bei 100—108° die Kochung beginnt. Während dieser Zeit steigt durch SO_2-Entwicklung aus der Lauge der „kalte" Druck je nach dem Kochverfahren auf 3—5 atü schnell oder linear über die Ankochzeit. Nach beendetem Ankochen wird der Dampfzufluß stark herabgesetzt, so daß während des folgenden langen Fertigkochens die Temperatur nur langsam auf 140—145° am Schluß der Kochung steigt. Das Fertigkochen kann auch durch Stillstandszeiten unterbrochen sein, in denen der Dampf ganz abgestellt wird; in den übrigen Zeiten kann der Dampfverbrauch konstant angenommen werden. Nach Schluß der Kochung wird die Laugentemperatur durch Abgasen gesenkt und der Kocher entleert.

Die Zeiten, in denen kein Dampf zugeführt wird, können durch den Ruthsspeicher nicht verkürzt werden. Ebenso läßt sich das Fertigkochen grundsätzlich nicht abkürzen; hingegen fallen die Verzögerungen durch Dampfmangel während dieser Zeit weg (Seite 348).

Das **Dämpfen** erfolgt direkt aus dem Speicher, zweckmäßig durch eine besondere Sattdampfleitung, da das trockene Holz keinen überhitzten Dampf verträgt. Der Kocher ist zu dieser Zeit offen, der Ruthsspeicher gibt sehr große Dampfmengen ab, so daß für das Dämpfen nur 10—30 Minuten je nach Kochergröße erforderlich sind. Dadurch kann die Anwendung des Dämpfens auch für Betriebe in Betracht kommen, die bisher anders gearbeitet haben. Der Dampfverbrauch für das Erwärmen des wasserhaltigen Holzes (Wasserwert 1,3 + 0,5 = 1,8 kg) von 15 auf 95° um 80° entspricht 80 × 1,8 = 144 kcal je kg Zellstoff, also etwa 0,3 kg Dampf. Ein Kocher mit 15 t Ausbeute braucht also 4,5 t Dampf, und es entsteht beim Dämpfen in 15 Minuten eine Dampfspitze von 18 t/h.

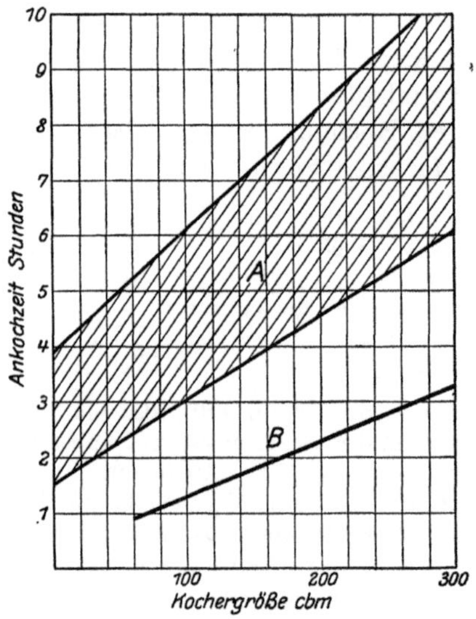

Abb. 212. Ankochzeiten für Sulfit-Zellstoff *A* ohne Speicher, je nach Leistungsfähigkeit des Kesselhauses, *B* mit Ruthsspeicher.

Die **Ankochzeit** richtet sich bei direkter Kochung nur nach der Kochergröße. Abb. 212 zeigt in der unteren Linie die kurzen Ankochzeiten, wie sie bei Betreib mit Ruthsspeichern erreicht werden, während die schraffierte Fläche die Kochzeiten darstellt, die man in Betrieben ohne Speicher vorfindet; sie sind wesentlich länger und hängen von der zufälligen Leistungsfähigkeit des Kesselhauses ab. Bei indirekter Kochung durch Heizschlangen können die gleichen Werte erreicht werden, wenn die Heizfläche der Schlangen ausreicht. Der Wärmeübergang beträgt 300—500 kcal/m² °C, bezogen auf das Gefälle zwischen Sattdampftemperatur in den Schlangen und Temperatur im Kocher. Erweiterungen der Heizfläche sind möglichst mit kupfernen Schlangen von mindestens 60 mm l. W. durchzuführen. Das Ankochen kann bei beschränkter Heizfläche durch direkten Dampf unterstützt werden. Die Einlaßventile sind reichlich zu bemessen.

Der mittlere Dampfbedarf während des Ankochens bestimmt sich folgendermaßen. Das Ankochen erfolgt von 30 auf 108° C, die ganze Kochung von 30 auf 140°, also sind 78 : 110 $\sim$ 70% des Gesamtdampfverbrauches zum Ankochen erforderlich. Die Ausbeute sei 15 t bei 200 m³ Nettovolumen und 30 t Dampfverbrauch; das Ankochen erfordert nach Abb. 212 etwa $2^1/_4$ Stunden. Von der Ankochdampfmenge $0{,}7 \times 30 = 21$ t ist die Menge abzuziehen, die beim Dämpfen schon

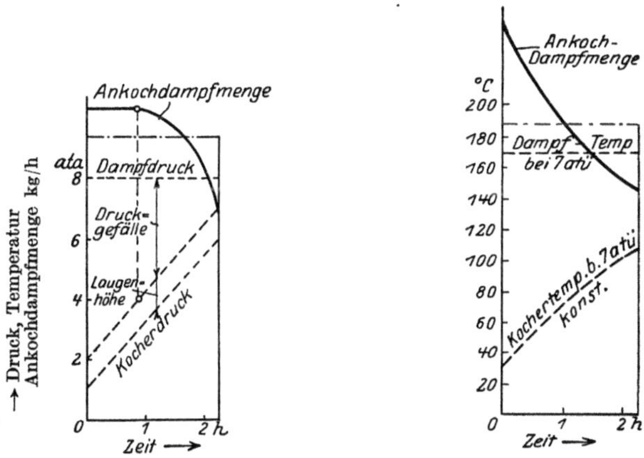

Direktes Ankochen durch Einblasen von Dampf. — Ankochen durch Niederschlagen des Dampfes in Heizschlangen.

Abb. 213. Verlauf von Druck, Temperatur und Dampfmenge beim Ankochen von Sulfit-Zellstoffkochern.

zugeführt wurde, falls gedämpft wird. Sonst ist der mittlere stündliche Verbrauch während des Ankochens 21 : 2,25 = 9,4 t/h. Der Verbrauch ist aber während des Ankochens nicht konstant, da das Gefälle, durch welches der Dampf zufließt, anfangs größer und gegen Ende kleiner ist. Die entstehende Erhöhung der Spitze und der Verlauf des Ankochens wird meist nach Erfahrung angenommen. Zur genaueren Ermittlung muß man die Art der Dampfzufuhr berücksichtigen.

Direkte Kochung: Der Druck im Kocher steige nach Messungen während des Ankochens linear von 1 auf 6 ata, der Speisedruck im Dampfnetz ist 8 ata (Abb. 213). Es ist wichtig festzustellen, daß im allgemeinen durch das schnellere Ankochen mit Ruthsspeicher der Zusammenhang zwischen (kaltem) Druck und Temperatur nicht verändert wird. So ergaben Versuche mit einem Kocher von 117 m³:

der Kocher erreichte den Druck von 3 atü
beim Ankochen in 2 h 25 min bei einer Temperatur von 71°,
„ „ „ 1 h 15 min „ „ „ „ 72°.

Zu diesem Druck kommt das Gewicht der Laugenhöhe im Kocher bis zum Einblaseventil. Der Überdruck der Speiseleitung treibt den Dampf durch das Ventil. So lange das Druckgefälle überkritisch ist, bleibt die Dampfmenge konstant, dann sinkt sie bis auf einen Mindestwert, welcher dem kleinsten Gefälle entspricht.

Kochung durch Heizschlangen: Der Wärmedurchgang hängt vom Temperaturgefälle, von Sattdampftemperatur in der Schlange und Kochertemperatur ab. Der Dampfverbrauch vermindert sich durch das abnehmende Temperaturgefälle mit steigender Kochertemperatur nach dem Gesetz einer Exponentialkurve. Höchstwert und Tiefstwert

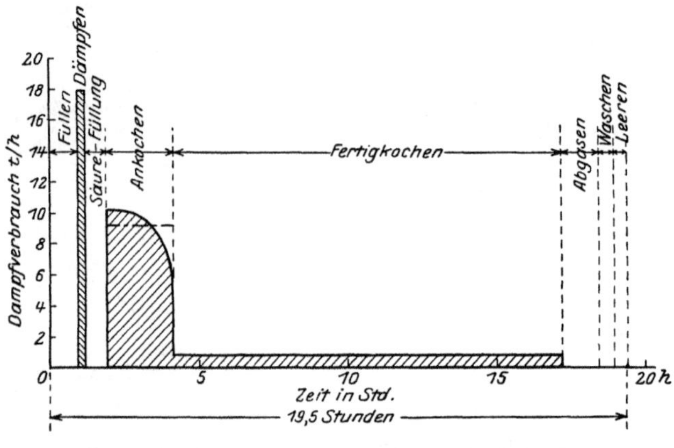

Abb. 214. Dampfmengenverlauf eines Zellstoffkochers.

verhalten sich theoretisch wie die Temperaturgefälle am Anfang und Ende des Ankochens. Die höchsten Spitzen treten aber praktisch nicht auf, da die großen Kondensatmengen meist nicht schnell genug abgeführt werden, so daß zu diesen Zeiten ein Teil der Heizfläche mit Kondensat gefüllt und unwirksam ist.

Der Dampfverbrauch während des Fertigkochens in z. B. 13 h entspricht der Temperaturerhöhung von 108 auf 140°, also 30% des gesamten Temperaturunterschiedes (140 — 30 = 110°). Der Verbrauch ist $0{,}3 \times 30\ t = 9\ t$, die einen gleichförmigen Dampfbedarf von $9:13 = 0{,}7$ t/h ergeben. Berücksichtigt man noch die Zeiten, in denen kein Dampf zugeführt wird, so entsteht der Verlauf einer direkten Kochung mit Dämpfen nach Abb. 214.

Abb. 215 zeigt die Gegenüberstellung zweier Diagramme des gleichen Zellstoffwerkes mit und ohne Ausgleich, die auf dieser Grundlage errechnet sind. Die praktischen Betriebsergebnisse derartiger Anlagen sind nicht ungünstiger. In einem deutschen Werk stieg z. B. die monatliche Produktion (31 Tage) von 946 t auf 1150 t, also um 22% durch

Einbau eines Ruthsspeichers ohne anderweitige Änderungen von Kocherei oder Kesselhaus; selbst die Laugenbereitung reichte noch aus, weil durch den schnelleren Betrieb die Rückgewinnung verbessert wurde.

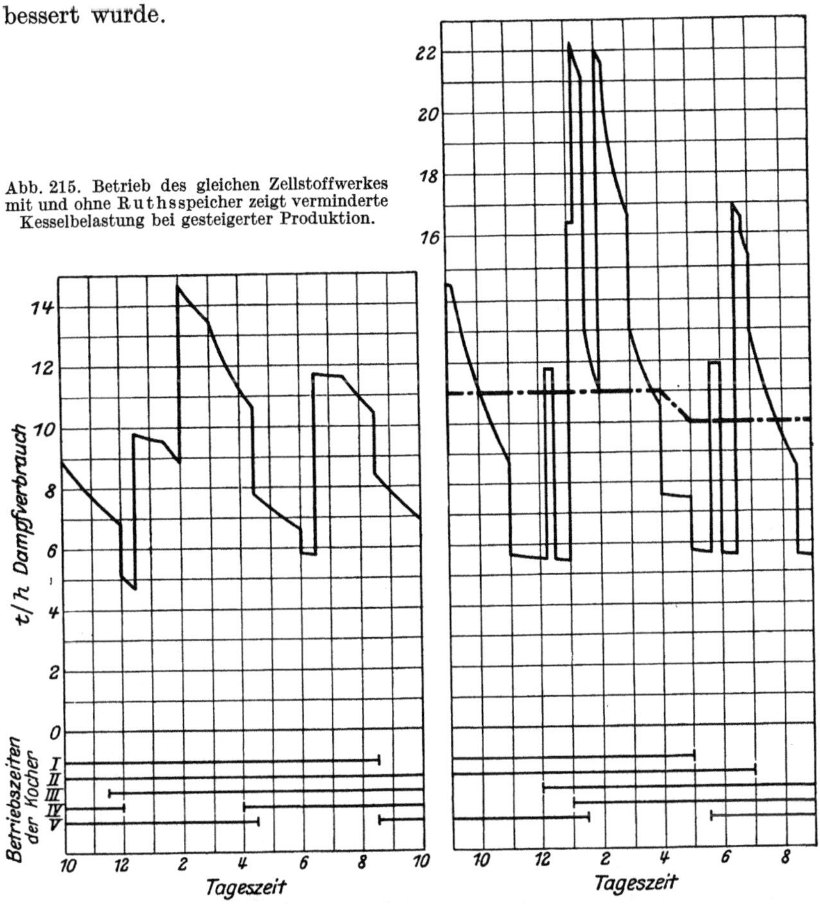

Abb. 215. Betrieb des gleichen Zellstoffwerkes mit und ohne Ruthsspeicher zeigt verminderte Kesselbelastung bei gesteigerter Produktion.

Ohne Ausgleich — Mit Ruthsspeicher.

Auf die erhöhte Produktion muß man bei der Bestimmung der Speichergröße Rücksicht nehmen. Dazu sind für die verschiedenen Kocher die schnellsten und mittleren Kochzeiten auch für das Fertigkochen unter Berücksichtigung der Güte des erzeugten Stoffes zu vergleichen. Im allgemeinen lassen sich nach Einbau des Ruthsspeichers die schnellsten für das Fertigkochen und die Stillstandszeiten gefundenen Werte einhalten, da der Dampfmangel aufhört. Noch weitergehende Verkürzung der Fertigkochzeiten zeigen die folgenden Betriebswerte.

Kocher Nr. Inhalt brutto m³	I und II 117			III 215		
Zeiten für	Ankochen	Fertigkochen	Umlaufzeit Durchschnitt	Ankochen	Fertigkochen	Umlaufzeit Durchschnitt
vor Ruthsspeicher (Std.) .	4	**16,5**	24,5	6—9	13,5	25,25
mit Ruthsspeicher (Std.) .	1,5	12,5	18,5	2,25—2,5	13,5	20,25
Zeitersparnis .	2,5	4	6	5	—	5

Vor Betrieb mit Ruthsspeicher brauchten die kleinen Kocher von 117 m³ nach Feststellungen aus den Kocherbüchern 3 Stunden länger für das Fertigkochen als die großen Kocher, nach dem Ausgleich eine Stunde weniger, während die Fertigkochzeiten für den großen Kocher unverändert blieben. Der Grund ist darin zu suchen, daß die kleinen Kocher während der Ankochzeit des großen Kochers stillgesetzt waren; der große Kocher nahm den kleinen zu diesen Zeiten den Dampf weg (Seite 8), obwohl er durch die begrenzte Kesselanlage 6—9 Stunden zum Ankochen brauchte. Beim Fertigkochen kann auch Stillstand der Temperatur bei fehlendem Dampf eine praktische Stillsetzung des chemischen Vorganges bedeuten. Die Geschwindigkeit des Vorganges ist nicht nur von der Temperatur, sondern auch vom Mengenverhältnis der beteiligten Stoffe abhängig[1]); beim periodischen Vorgang nimmt die ursprüngliche Laugenkonzentration fortlaufend ab, so daß auch eine fortlaufende Temperaturerhöhung erforderlich ist, um die Kochung in Gang zu halten. Das ist die Bedeutung der Temperatursteigerung von 108 auf 140° während des Fertigkochens, fehlt diese ständige Steigerung, so kann der Vorgang stillstehen.

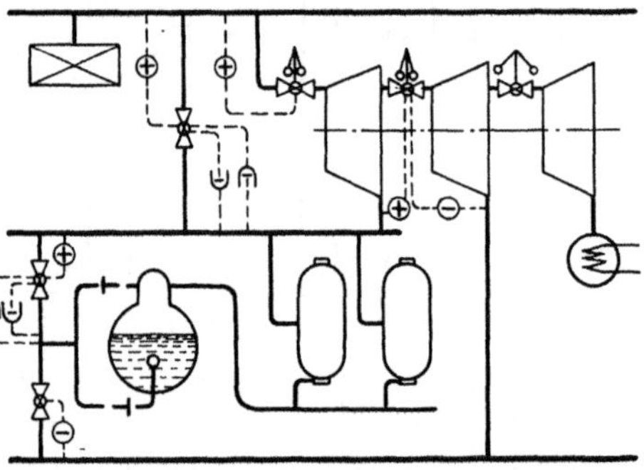

Abb. 216. Schaltung des Ruthsspeichers zwischen Kocher- und ND-Netz mit direktem Anschluß zum Dämpfen.

Die Speicherung wird im allgemeinen mittelbar durchgeführt (Abb. 216). Zum Trocknen des Zellstoffes braucht man etwa 2 kg Dampf, bei der Papierherstellung größere Mengen, besonders wenn

[1]) Siehe S. 3 „Massenwirkungsgesetz".

Holzschliff zugesetzt wird, außerdem kann Bleichereidampf erforderlich sein. Alle diese Niederdruckverbraucher kommen mit 2—3 atü aus. Versorgt man zu Zeiten des Spitzendampfbedarfes der Kocherei das ND-Netz mit Speicherdampf, so wird Kesseldampf frei, der zur Spitzendeckung für die Kocher dient. Bei einem Kochdampfbedarf von 2 kg je kg Zellstoff und einem Niederdruckverbrauch von ebenfalls 2 kg lassen sich auf diese Weise Spitzen von 100% im Kochernetz mittelbar decken. Die höchsten Dämpfspitzen werden unmittelbar aus dem Speicher entnommen, ebenso Dampfverbrauchsspitzen der Bleicherei. Der Speicher arbeitet zwischen dem Druck des Kochernetzes und Niederdruck. Beide Dampfnetze können aus Stufen einer Doppelanzapfturbine versorgt werden. Die Abbildung zeigt die Anordnung bei direkt geschalteten Reglern. Der Geschwindigkeitsregler sitzt vor dem ND-Teil der Maschine und wirkt nur in Grenzfällen auf die Steuerungen von MD und HD. Der HD-Teil nimmt durch Überströmregelung den vollen Kesseldampf auf, er kann in Grenzfällen durch ein parallel geschaltetes Überströmdrosselventil entlastet werden, das auf einen höheren Kesseldruck abgestimmt ist. Die Dampfverteilung auf Speicher und MD-Teil geschieht durch 4 abgestimmte Regler nach Seite 322 Abb. 199 links.

Wird der Zellstoff nur teilweise getrocknet und sind keine anderen ND-Verbraucher vorhanden, dann kann der Dampfverbrauch des „Entlade"-Netzes so gering sein, daß es nicht möglich ist, die vollen Spitzen im Kochernetz mittelbar auszugleichen; die höchsten Spitzen des Ankochdampfes, die zu Beginn der Kochung auftreten, lassen sich in solchen Fällen unmittelbar aus dem Speicher decken. Bei einigermaßen regelmäßiger Betriebsführung ist der Speicher vor Beginn jeder Ankochung vollkommen geladen, er hat also seinen höchsten Druck, während der Kocherdruck am Anfang gering ist und meist erst am Ende des Ankochens seinen Höchstwert erreicht. Man kocht mit Speicherdampf, bis sich die Drücke einander nähern und schaltet dann den Kocher auf das MD-Netz. Der Rest der Spitzen, welche beim erhöhten Kocherdruck noch auftreten, lassen sich dann mittelbar ausgleichen. Durch diese Anordnung konnte nach dem Schaltbild Seite 318 der gesamte Kraftbedarf eines Zellstoffwerkes trotz geringen ND-Verbrauches durch eine selbständige Hochdruck-Gegendruckmaschine allein gedeckt werden, nachdem der Ruthsspeicher die Schwankungen der dahinter liegenden Kocher ausgleicht.

b) Färbereien.

Färbereien und Bleichereien weisen bei ungehemmtem Betrieb Dampfspitzen auf, die mehr als 100% des mittleren Bedarfes betragen können. Zum Ausgleich ist die Speicherung des Dampfverbrauches von etwa 1 Stunde erforderlich (bei sehr großen Färbereien mit vielen kleinen Verbrauchern $^3/_4$, für kleine Betriebe bis zu $1^1/_2$ h). Die gemessenen Dampfverbrauchskurven bei Betrieben ohne Speicherung zeigen dagegen nur geringe Spitzen, welche durch mangelnde Anpassungsfähigkeit des Kesselhauses begrenzt werden. Um die Rückwirkung dieser Hemmung auf den Betrieb zu erkennen, muß man den Farbvorgang der einzelnen Kufe verfolgen.

Das Färben und Bleichen geschieht im allgemeinen in offenen Behältern (Farbkufen oder Barken genannt). Jedes kg Ware braucht 10—40 kg Wasser, das Farbe oder andere Stoffe enthält (Farbflotte). Die Ware taucht entweder ganz in die Farbflotte ein, oder sie wird ständig im Kreislauf über eine Rolle geführt, die über dem Wasserspiegel liegt. Die Farbflotte wird durch Einblasen von Dampf beheizt. Die Färbung vollzieht sich im allgemeinen bei 100°, bei tieferen Temperaturen nimmt die Ware nur langsam und unvollkommen Farbe an; es ist meist erwünscht, mit geringen Wassertemperaturen (z. B. 15°) anzufangen, die Ware wird dann erst gleichmäßig mit Flüssigkeit durchtränkt, das Ankochen auf 100° kann aber sehr schnell durchgeführt werden, wenn genügend Dampf zur Verfügung steht. Der Vorgang des Ankochens ist für die Färbung Zeitverlust. Theoretisch ist nur Dampf zum Ankochen auf 100° erforderlich, bei Erwärmung von 15 auf 100° also 85 kcal je kg Wasser oder 150 kg Dampf je m³ Farbflotte. Im Gegensatz zum Vorgang des Zellstoffkochens geht aber ein Vielfaches dieser Wärmemenge durch Abkühlung verloren. Durch das Färben in offenen Behältern verdunsten sehr große Wassermengen an der Oberfläche. Die Verdunstungswärme wird der Farbflotte entnommen, die sich schnell abkühlen würde, wenn man die Wärme nicht durch Dampfbeheizung ersetzt. Die großen Wärmemengen, die man den Färbereien zuführt, dienen also in der Hauptsache zur Deckung der Abkühlungsverluste.

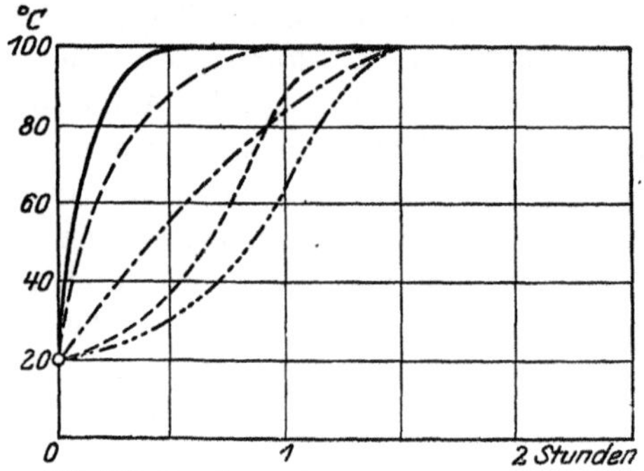

Abb. 217. Verzögerte Temperatursteigerung beim Ankochen verschiedener Kufen einer Färberei.

Fortlaufende Temperaturmessungen während des Ankochens an 5 Kufen (Abb. 217) in einer größeren Färberei mit insgesamt 24 Kufen ergaben, daß je nach den zufälligen Druckverhältnissen der Rohrleitungen und Absperrorgane infolge von beschränkter Dampflieferung zum Ankochen meist eine Zeit von $1^1/_2$ Stunden erforderlich war, während der schnellste Ankochvorgang ohne Schädigung der Ware nur $^1/_2$ h in Anspruch nahm. Es wäre deshalb ohne weiteres möglich, bei ungehemmter Dampfzufuhr alle Kufen gleichzeitig in $^1/_2$ Stunde anzukochen. Der Betrieb erfährt dadurch folgende Veränderungen:

Produktionssteigerung. Das Fertigkochen dauert im allgemeinen $1^1/_2$ h, die Pause zur Vorbereitung eines neuen Farbganges $^1/_2$—1 h.

Statt in einem 8-Stundentag bei $1^1/_2$ h Ankochzeit nur 2 Farbgänge durchzuführen ($1^1/_2 + 1^1/_2 + 1$ h $= 4, \times 2 = 8$ h), erreicht man durch Ankochen in $^1/_2$ h und Abkürzung der Pause auf 40 Min. mit der gleichen Zahl von Arbeitskräften und mit denselben Betriebseinrichtungen in der gleichen Zeit 3 Färbungen ($^1/_2 + 1^1/_2 + ^2/_3 = 2^2/_3, \times 3 = 8$ h), also eine Produktionssteigerung von $50^0/_0$. Die Abkürzung der Pause allein würde nicht helfen, denn mit einer Zeitersparnis von 40 Min. im Tag kann man keine neue Färbung anfangen. Die Ankochzeit kann in vielen Fällen ohne Schaden bis auf 10 Minuten herabgesetzt werden.

Wärmeersparnis. Die Verdunstungsverluste, welche die Färbereien in die bekannten Brüden hüllen, treten nicht nur während des Fertigkochens auf, wo sie einen unvermeidlichen Verlust darstellen, sondern auch beim Ankochen. Durch verkürztes Ankochen spart man deshalb Wärme.

Die Größe der Verdunstungsverluste läßt sich leicht durch Versuch feststellen. Nach Schluß der Färbung stellt man bei sonst unveränderten Bedingungen (beim Stückfärben muß vor allem das Stück weiter umlaufen) den Dampf ab. Die Wärme wird dann dem Wasserinhalt entnommen, der sich abkühlt. Man stellt die Zeit fest, in welcher die Wassertemperatur z. B. um 5^0 sinkt (Temperatur an mehreren Stellen messen und Durchschnitt bilden). In dieser Zeit werden je kg Wasserinhalt 5 kcal abgegeben. Beim Stückfärben wird man im allgemeinen eine Zeit von 3—4 Minuten finden, so daß der stündliche Verlust je kg Wasserinhalt in der Nähe von 100^0 etwa $5 : 3{,}5 \times 60 = 85$ kcal/h ist. Die gleiche Wärmemenge muß der Dampf stündlich während der ganzen Zeit des Fertigkochens zuführen, damit die Temperatur von 100^0 gehalten werden kann. Rechnet man mit einer *Erwärmung* des Wassers von 15 auf 100^0, so ist dafür ebenfalls je kg ein Aufwand zon 85 kcal erforderlich.

Beim Stückfärben ist der *stündliche* Abkühlungsverlust während des Fertigkochens ungefähr so groß wie der theoretische Aufwand zur Erwärmung der Flotte von 15 auf 100^0. Abweichende Bedingungen lassen sich durch die Verhältniszahl ausdrücken:

$$n = \frac{\text{Theoretischer Aufwand zur Wassererwärmung.}}{\text{Stündlicher Abkühlungsverlust beim Fertigkochen.}}$$

Die Erwärmung von 1 m^3 Wasser durch Dampf, welcher 570 kcal/kg abgibt, erfordert $85 \times 1000 : 570 = 150$ kg Dampf; ist $n = 1$, so braucht die Färberei beim Fertigkochen stündlich 150 kg Dampf je m^3 Farbflotte, wenn nicht durch unachtsame Bedienung höhere Verluste entstehen. Während des Ankochens steigt die Wassertemperatur von 15 auf 100^0, und es geht deshalb im Durchschnitt wegen des geringeren Temperaturgefälles gegen Luft nur weniger Wärme durch Verdunstung verloren. Der stündliche Abkühlungsverlust während des Ankochens ist also durchschnittlich geringer als beim Fertigkochen.

Der Verdunstungsvorgang erklärt sich folgendermaßen: Die Luft in der Nähe der feuchten Oberfläche (ruhende Wasseroberfläche und dazu bewegtes Tuch beim Stückfärben) erwärmt sich und kann dadurch Wasser aufnehmen, sie steigt hoch und kühlt sich bei der Entfernung von der heißen Oberfläche wieder ab. Die Luft ist dann bei Umgebungstemperatur gesättigt, und der Überschuß schlägt sich als Wrasen nieder, so daß die Luft unter Erwärmung wieder neues Wasser aufnehmen kann, wenn sie in die Nähe der feuchten Oberfläche kommt. Eine Lufterneuerung von außen ist deshalb nicht erforderlich, um immer neue Wassermengen zu verdunsten, wenn nur die Wärme aus dem Raum nach außen strahlt, so daß sich das Wasser niederschlagen kann. Jedenfalls entsteht das Verdunsten durch das Temperaturgefälle zwischen Wasser und der gesättigten Umgebungsluft, und man kann annehmen, daß die verdunstete Wassermenge unter sonst gleichen Verhältnissen diesem Temperaturgefälle proportional ist.

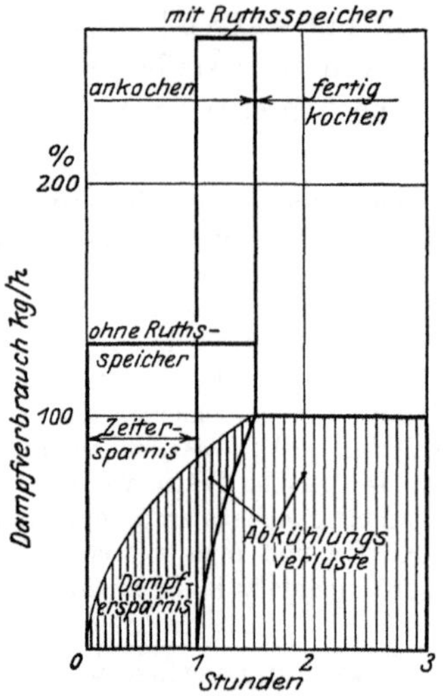

Abb. 218. Gesamtdampfmenge und Abkühlungsverluste bei langsamem und schnellem Ankochen einer Farbkufe.

Es wird vorausgesetzt, daß das kalte Wasser die gleiche Temperatur hat wie die Luft im Färberaum, die Ausstrahlungsverluste des kalten Wassers sind also Null, da die Luft vollkommen gesättigt ist. Führt man der Farbflotte eine konstante Dampfmenge zu (Abb. 218), dann dient am Anfang die volle Wärmemenge zum Anwärmen des Wasserinhaltes, und die Temperatur steigt schnell an. Mit zunehmender Temperatur entsteht ein wachsender Wärmeverlust, der durch einen Teil der zugeführten Dampfmenge gedeckt wird, die Temperatur steigt langsam an, der Verlauf während des Ankochens ist also eine nach oben gebogene Kurve. Die Abbildung zeigt unmittelbar, welche Dampfmengen durch das schnellere Ankochen erspart werden, und welche hohe Dampfspitze entsteht. In Kurvenschar Abb. 219 ist die Höhe der Dampfspitze und die Abnahme des Ankochdampfbedarfes für verschiedene Ankochdauer und Verhältniszahl n berechnet worden.

Beispiel: Der stündliche Abkühlungsverlust ist so groß wie der Anwärmdampfbedarf, also $n = 1$. Bisher wurde in 1,5 Stunden angekocht, es ist aber eine Abkürzung auf 0,5 Stunden zulässig. Die Ankochspitze im Verhältnis zur Fertigkochdampfmenge steigt von 1,2 auf 2,6, während der Wärmeaufwand für das Ankochen einschließlich der Verluste vom 2fachen Betrag der stündlichen Abkühlung auf das 1,3fache heruntergeht, man spart also eine Wärmemenge, die dem Dampfbedarf von 0,7 Fertigkoch-Stunden entspricht. Das Fertigkochen selbst soll 1,5 h dauern.

Dampfmengen, bezogen auf den stündlichen Bedarf während des Fertigkochens.

	Dampfspitze	Ankochen	Fertigkochen	Gesamtwärmeaufwand des Farbganges
ohne Ruthsspeicher	1,2	2,0	1,5	3,5
mit „	2,6	1,3	1,5	2,8
			Ersparnis	0,7 : 3,5 = 20%

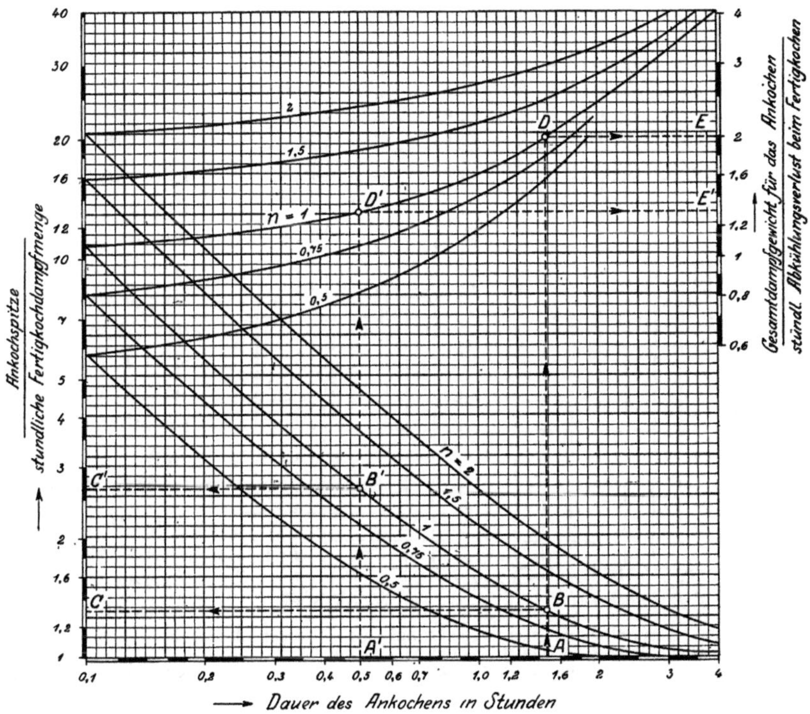

Abb. 219. Gesamtdampfgewicht für das Ankochen von Farbkufen und Höhe der Ankochspitze in Abhängigkeit von der Ankochdauer und der Verhältniszahl

$$n = \frac{\text{Theoretischer Aufwand zur Wassererwärmung}}{\text{Stündlicher Abkühlungsverlust beim Fertigkochen.}}$$

Annahme: Anfangstemp. des Wassers = Lufttemperatur.

Die Ersparnisse sind von der Verhältniszahl n abhängig. Davon abgesehen kann ihr Anteil am Gesamtverbrauch geringer sein, wenn der wirkliche Dampfbedarf während des Fertigkochens durch falsche Bedienung (Brodelnlassen der Flotte) höher ist. Als Durchschnitt einer großen Zahl von Dampfmessungen in Färbereien ergibt sich, daß statt der oben angegebenen 150 kg/h ein Dampfverbrauch von 250 kg/h je m³ Wasserinhalt beim Fertigkochen auftritt. Im Einzelfall wurde nicht nachgeprüft, ob der höhere Dampfbedarf auf größere

Werte der Verhältniszahl oder überflüssigen Dampfeinlaß zurückzuführen ist. Durch Druckregelung und reichlich bemessene Rohrleitungen lassen sich aber diese Zusatzverluste im Zusammenhang mit dem Einbau eines **Ruths**speichers heruntersetzen (Seite 9). Diese Möglichkeit der Dampfersparnis verdient besondere Beachtung, wenn man bedenkt, daß der ganze Fertigkochdampf dazu dient, Verluste zu decken, die durch das Färben in offenen Behältern entstehen. Im Vergleich dazu haben die geschlossenen Zellstoffkocher unisoliert einen Abkühlungsverlust von höchstens $10^0/_0$ des Anwärmdampfes über eine durchschnittliche Betriebszeit von 20 Stunden, also $n = 200$ trotz der höheren angewendeten Temperaturen. Die Färbereien haben im Vergleich dazu bei der Verhältniszahl $n = 1$ einen 200 mal größeren spezifischen Verlust.

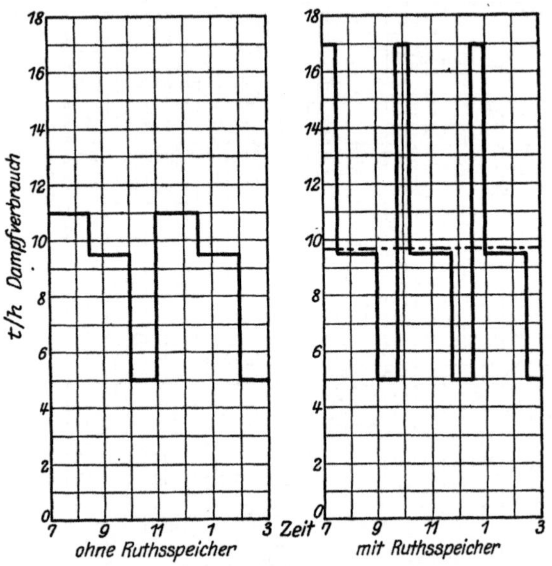

Abb. 220. Theoretischer Dampfmengenverlauf einer Färberei mit Farbkufen gleicher Größe beim Übergang zu 3 Färbungen im Tag mit **Ruths**speicher.

Dampfmengenverlauf. Die Vorteile der veränderten Arbeitsweise lassen sich nur auf den ganzen Betrieb übertragen, wenn die Dampfanlage von den Hemmungen befreit wird, die durch begrenzte Dampfentwicklung zu den beschriebenen Nachteilen führt. Durch verkürzte Ankochzeiten und konstante Drücke (Seite 9) erreicht man dann Produktionssteigerung und Wärmeersparnis. Der Verlauf des Dampfbedarfes wird dabei grundlegend verändert, die Dampfkurve ist das Summenbild der einzelnen Verbraucher, die gleichzeitig unter günstigsten Arbeitsbedingungen betrieben werden können, ohne sich gegenseitig zu stören. Abb. 220 zeigt den theoretischen Dampfverlauf des bisherigen und des ungehemmten Betriebes, dargestellt für eine Anlage mit 5 t/h konstanten Appreturdampfbedarfes und einem ungefähr gleich großen mittleren Verbrauch der Färberei. Dieses Diagramm, welches nur grundsätzlich die Art des veränderten Betriebes und die

Unbrauchbarkeit von Dampfmessungen in der bestehenden Anlage als Unterlage für die Beurteilung des notwendigen Ausgleiches zeigen soll, setzt lauter Farbkufen mit gleicher Kochzeit voraus.

Sind Verbraucher mit verschiedener Kochdauer vorhanden, so handelt es sich in der Hauptsache darum, den Dampf für die erste Morgenspitze zu liefern, während sich die Ankochspitzen in den weiteren Tagesstunden verteilen. Das theoretische Diagramm ist dann unter Berücksichtigung dieser Verhältnisse zusammenzusetzen. Die von Christ[1]) veröffentlichten ausführlichen Messungen (Abb. 221) zeigen die gute Übereinstimmung der vorausberechneten Werte mit den erreichten Betriebsergebnissen, während man auf Grund der Dampfmessungen zu fehlerhaften Schlüssen gekommen wäre. Die abweichende Größe des mittleren Dampfverbrauches ist auf veränderte Betriebsverhältnisse zurückzuführen. Die errechnete Dampfleistung der Morgen-

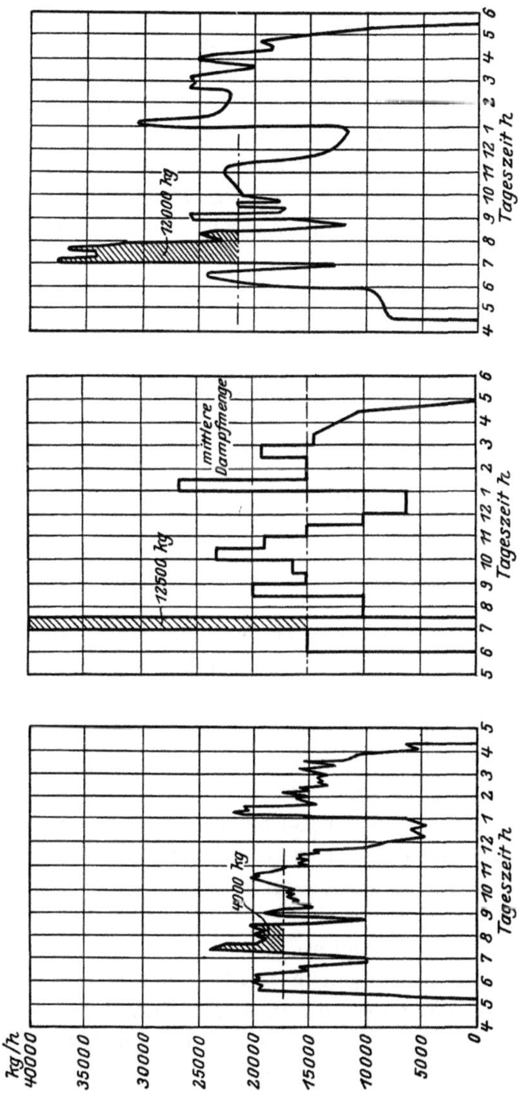

Vor Einbau des Ruthsspeichers gemessen. Berechnet. Nach Einbau des Ruthsspeichers gemessen.

Abb. 221. Gegenüberstellung gemessener und berechneter Diagramme des Dampfmengenverlaufes des gleichen Textilwerkes zeigt Steigerung der Spitzen und Brauchbarkeit der berechneten Werte

[1]) „Die Wärme", 1924, Nr. 46 und 47.

spitze betrug 12500 kg, die tatsächliche Inanspruchnahme des Speichers 12000 kg, während sich aus den vorher gemessenen Werten 4000 kg/h ergeben würden. Die Produktion stieg durch die Speicherung um mehr als 10%, wobei $^1/_3$ der Heizfläche stillgesetzt werden konnte und eine Kohlenersparnis von 10,3% erreicht wurde.

In einem kleinen Textilwerk der Lausitz wurde der Betrieb der Färberei so eingerichtet, daß die Eigenschaften des Ruthsspeichers bis zur Grenze ausgenutzt werden konnten (Abb. 222). Eine Ring-

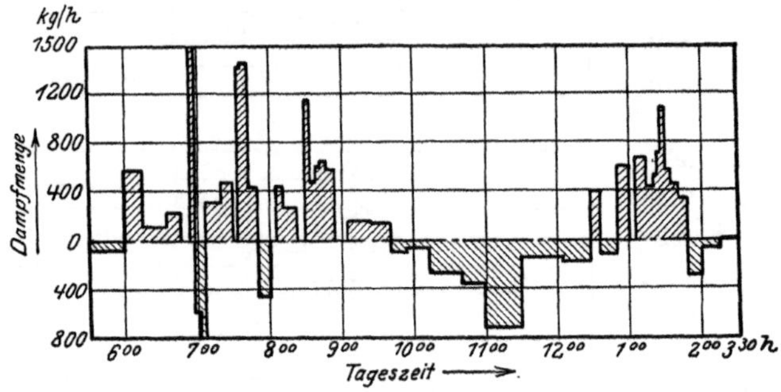

Abb. 222. Dampfverbrauch einer kleinen Textilfabrik mit Ruthsspeicher.

leitung großen Durchmessers versorgt durch reichlich bemessene Einblasevorrichtungen die Farbkufen aus einem Ruthsspeicher, so daß alle Kufen gleichzeitig in 4 statt 20 Minuten angewärmt werden können, mit dem Erfolg verdoppelter Produktion bei verminderter Heizfläche und 22% Kohlenersparnis.

Außer der Färberei ist fast allgemein noch eine Appretur vorhanden, die einen konstanten Dampfbedarf hat, und ferner Kraftmaschinen mit oder ohne Heizdampfabgabe. Die Verbraucher, welche häufig durch eigene Kesselhäuser versorgt werden, um die Schwankungen der Färberei fernzuhalten, lassen sich beim ausgeglichenen Betrieb zusammenschließen. Der Druckbedarf der Färberei ist theoretisch 0, da in offenen Behältern gefärbt wird. Die vielfach angewendeten Drücke von 6 und mehr atü, die in engen Rohrleitungen verbraucht werden, sind schon bei gehemmtem Betrieb die Ursache von Verlusten (Seite 9). Zur Durchführung des gesteigerten Betriebes ist die Anordnung eines reichlichen Rohrnetzes mit einem Druck von 1—2 atü zweckmäßig. Der Ruthsspeicher wird dann zwischen das Netz der Appretur oder der Kraftmaschine und die Färberei geschaltet.

Zum Betrieb von sog. Dampfern, in denen bedrucktes Tuch dem Einfluß der Wärme und Feuchtigkeit von Dampf bestimmter Temperatur ausgesetzt wird, kann dem Ruthsspeicher Sattdampf entnommen werden, der bei konstantem Druck die genaue Einhaltung der Temperaturen gewährleistet, unter denen die Ware bestimmte

Farbtöne annimmt. Der Speicher kann durch überhitzten Maschinenabdampf und gedrosselten Kesseldampf aufgeladen werden, er wirkt dann als Sättiger. Durch die Drosselung des Dampfes vom veränderlichen Speicherdruck auf den konstanten Betriebsdruck der Dampfer entsteht zwar eine geringe Überhitzung, die aber in den Rohrleitungen durch Abkühlung verloren geht.

2. Ausgleich gekuppelter Wärmeverbraucher in Zuckerfabriken.

Die Wärme wird in Zuckerfabriken zur Verdampfung, Beheizung und Krafterzeugung gebraucht. Durch die Verbindung der drei Ver-

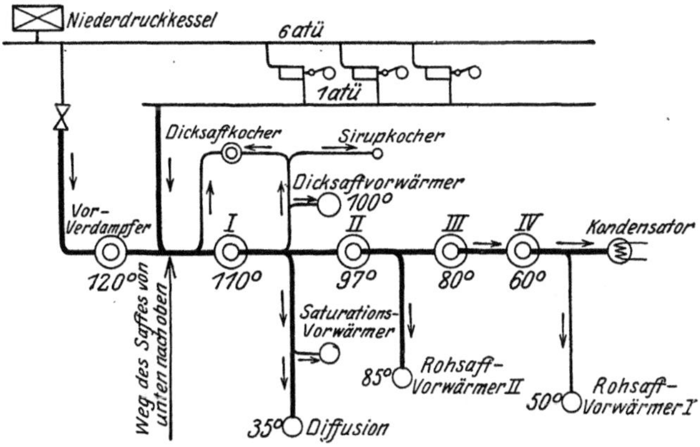

Abb. 223. Schema des Wärmestromes in einer Rohzuckerfabrik.

wendungszwecke wird der Wärmebedarf stark herabgesetzt. Unregelmäßigkeiten in den Arbeitsbedingungen beeinflussen sich aber gegenseitig und beschränken die freie Wärmezufuhr zu den einzelnen Verbrauchern. Ein Ausgleich, der die entstehenden Verzögerungen beseitigt, erhöht die Produktion auf den Wert, der bei unabhängiger und unbegrenzter Wärmezufuhr erreicht werden kann.

Der Zuckergehalt von 100 kg Rüben wird durch Diffusion auf 110 kg Saft übertragen (Abb. 223). Der Rohsaft wird bei erhöhter Temperatur in der Saturation gereinigt. Die Wassermengen müssen entfernt werden, damit der Zucker auskristallisieren kann. Zu diesem Zweck durchläuft der auf 130 kg angereicherte Dünnsaft nacheinander mehrere Verdampfer, in denen stufenweise 104 kg Wasser ausgetrieben werden, dabei sinkt seine Temperatur im allgemeinen auf 60°; die 26 kg Dicksaft werden auf 100° vorgewärmt und in einem Dicksaftkocher eingedickt. Der Dampf zum Anwärmen und Eindicken wird aus Stufen der Verdampfstation entnommen, während einer Zwischenstufe der „Retour"-Dampf von Gegendruckmaschinen zufließt, die 1,2—1,5 PS je 100 kg Rüben leisten müssen. Die Dampfmenge, welche den Verdampfer beheizt, schlägt sich an der Heizfläche nieder und dampft aus dem Saft eine annähernd gleich große Dampfmenge aus, die zur nächsten Stufe strömt. Die Wärmemengen können sich also mehrmals hintereinander an der Verdampfung beteiligen, so daß die Nutzdampfmengen, die zur Vorwärmung und zum Eindicken dienen, von den 104 kg, die verdampft werden müssen, schon 45 kg ausdampfen. Der Rest muß durch 11 kg Kesseldampf geleistet werden, der in 5 Stufen bis zum Kondensator arbeitet. Die verlorene Kondensatordampfmenge vermindert sich, wenn bei zentralisiertem Betrieb eine geringere Gegendruckdampfmenge zufließt, so daß eine entsprechende Kesseldampfmenge dem Vorverdampfer zuströmt und dort arbeitet. Führt man den ganzen Gegendruckdampf bei höheren Safttemperaturen (123, 117, 109°) der ersten Stufe eines dreistufigen Druckverdampfers zu, dann durchströmen die Nutzwärmemengen zum größten Teil alle 3 Verdampfer, so daß sie bis auf einen Rest von 1,2 kg die ganze Verdampferleistung übernehmen. Einzelne Druckverdampfanlagen dieser Art sind in Betrieb genommen worden.

Jede Veränderung der Saftmenge oder der Dampfmenge, die zur Beheizung einer Verdampferstufe dient, verändert die Temperaturverhältnisse des Saftes, damit die Zwischendrücke, und wirkt auf Verdampfleistung und die angeschlossenen Nutzdampfverbraucher zurück. Die Schwankungen entstehen folgendermaßen:

1. Verschiedenartige Rübenbeschaffenheit[1]) ändert die Zeitdauer der Diffusion. Damit verbraucht die Diffusion selbst veränderliche Dampfmengen, und die veränderliche Rohsaftzufuhr zu den weiteren Verarbeitungsstellen erzeugt auch dort Schwankungen.

2. Das Verkochen des Dicksaftes erfolgt periodisch im Gegensatz zu allen übrigen Vorgängen, die fortlaufend geführt werden können. Der Wärmeübergang ist nach Claaßen[2]) zur Kornbildung groß, etwa 1200 kcal/m^2 °C, und er sinkt durch das Eindicken bis auf 100—250 kcal. Dadurch vermindert sich die Wärmeaufnahme mit der Zeit, und man schaltet in der zweiten Hälfte des Vorganges den Kocher auf eine höhere Stufe des Verdampfers. Durch den abnehmenden Dampfverbrauch und die Umschaltung entstehen Schwankungen.

3. Der Kraftbedarf ist veränderlich, so daß der Zwischenstufe des Verdampfers schwankende Dampfmengen zufließen.

Ein geringer Ausgleich der Schwankungen entsteht durch die Speicherfähigkeit der Verdampferkörper selbst, deren Saftinhalt durch Temperaturänderung Wärme speichern kann. Damit ändern sich aber die Zwischendrücke und die Arbeitsbedingungen der angeschlossenen Nutzdampfverbraucher.

Halle[3]) und Schiebl[1]) berichten ausführlich über einen Ruthsspeicher, welcher in der Roh- und Weißzuckerfabrik Stöbnitz eingebaut wurde (Abb. 224). Der Speicher ist so eingeschaltet, daß er Überschüsse der konstant betriebenen Kesselanlagen durch Ventile *1* und *2*

---

[1]) Siehe Schiebl: „Die Wärme", 1926, 12. März.

[2]) Die Zuckerfabrikation, 5. Aufl. 1922, Magdeburg. Schallehn und Wollbrück, S. 355.

[3]) Siemens-Zeitschrift, 1925, Februar.

aufnimmt und über Ventile *4*, *5*, *6* Dampf an alle Stellen abgeben kann, die aus den Verdampferstufen nicht genügend versorgt werden. Die Stellen mit schwankenden Dampfverhältnissen sind:

1. Der Verdampfer *I* erhält eine stark veränderliche Dünnsaftmenge, hat also schwankenden Dampfverbrauch, wenn er an den folgenden Verdampfer Brüden konstanten Druckes abgeben soll, damit

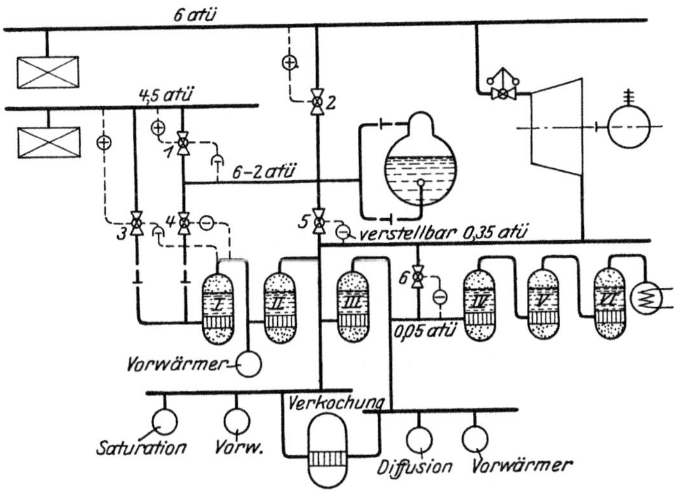

Abb. 224. Schaltung des Ruthsspeichers in der Zuckerfabrik Stöbnitz.

sich die Schwankungen nicht weiter fortpflanzen. Die Beheizung von *I* ist so durchzuführen, daß der Druck hinter *I* konstant bleibt. Mit zunehmender Verschmutzung der Heizfläche müßte der Druck vor dem Verdampfer von 1,3 auf 2 atü heraufgesetzt werden, um gleiche Verdampfung zu erreichen. Man erfüllt also die geforderte Aufgabe nicht, wenn man den Dampfzufluß so regelt, daß der Druck vor *I* konstant ist, sondern steuert das Zuflußventil mittelbar vom Druck hinter *I*. Da der Speicher unter allen Verhältnissen imstande sein soll, Dampf an *I* abzugeben, ist sein tiefster Entladedruck 2 atü.

2. Zwischen *II* und *III* fallen veränderliche Gegendruckdampfmengen an, ein Ausgleich erfolgt durch das Zuflußventil *5*, dessen Regeldruck sich mit Hilfe einer Einstellvorrichtung veränderten Bedürfnissen der Verkochung anpassen läßt.

3. Durch die Spitzen zu Beginn des Verkochens ist bisher der Druck zwischen *III* und *IV* zeitweise unerwünscht bis ins Vakuumgebiet abgesunken, was durch Ventil *6* verhindert wird, das auf 0,05 atü eingestellt ist.

Bei derartigen Schaltungen von Drosselventilen, durch welche Verdampferstufen umgangen werden, muß man dafür sorgen, daß die Ventile nur in Grenzfällen ansprechen. Die Verdampfstation verhält sich wärmewirtschaftlich ähnlich wie eine Mehrfach-Anzapfmaschine, in welcher die Nutzdampfmengen Kraft erzeugen. Das Wärmegefälle dient in den Stufen des Verdampfers nicht zur Krafterzeugung, sondern zur Verdampfung. Für die Dampfmengen, welche parallel zu einer Stufe gedrosselt werden, verliert man bei der Anzapfmaschine Kraft, bei der Verdampfstation Verdampferleistung. Die Kraft muß bei einer Anzapfmaschine durch Dampf ersetzt werden, der im Kondensator verloren geht; ebenso ist der Ausfall an Verdampferleistung durch Dampfmengen zu ersetzen, die nutzlos im Kondensator der Verdampfstation niedergeschlagen werden.

Der Ruthsspeicher arbeitet zwischen 6 und 2 atü. Er kann immer durch das Überströmventil *2* aufgeladen werden. Das Überströmventil *1* der Kochkessel von 4,5 atü ist außer Tätigkeit, wenn im Speicher ein höherer Druck herrscht. Die Kochkessel erzeugen eine Grundlast, die dem Mindestdampfbedarf des Verdampfers *I* entspricht, so daß die Abgabe eines Überschusses an den Speicher nur in Ausnahmefällen in Betracht kommt. Da der Dampfbedarf des Verdampfers *I* immer höher ist, gibt der Grenzdruckregler des Druckes hinter *I* das Ventil *3* frei und ein Überströmregler beschränkt den Dampfdurchgang auf die Erzeugung der Kochkessel. Den Rest des Dampfes setzt der Zuflußregler *4* zu, der auf einen etwas tieferen Druck hinter *I* eingestellt ist, wie der Grenzregler von Ventil *3*.

Schiebl[1]) macht nähere Angaben über die Ergebnisse, welche mit dem eingebauten Ruthsspeicher von 130 m³ für 7000 kg Dampf beim Ausgleich der beschriebenen Anlage erreicht wurden, bei einem mittleren Dampfverbrauch von etwa 32 t/h.

	Steigerung der Verarbeitung %	Verminderte Kesselheizfläche, bezogen auf gleiche Dampfleistung %	Kohlenersparnis bezogen auf Ztr. Rüben %
Kampagnedurchschnitt	12,99	19,66	10,2
Bester Tagesdurchschn.	21,92	25,86	

Niethammer[2]) berichtet über einen Gleichdruckspeicher der Erste Brünner Maschinenfabrik[3]) (Abb. 225), der mit einem Abhitzekessel Bauart Ollbricht-Hoffmann parallel arbeitet und an ein

[1]) Die Wärme, 1926, 12. März.
[2]) Die Wärme, 1925, 4. September.
[3]) Vgl. auch S. 336.

Heizdampfnetz von 0,5 atü angeschlossen ist. Die Anlage dient in der Nestomitzer Zuckerraffinerie dazu, die Schwankungen im Heizdampfnetz auszugleichen, das von einer Gegendruckturbine versorgt wird, welche den Überschußstrom in ein Sammelnetz zusammengeschlossener Werke speist. Die Abhitzekessel erzeugen eine konstante Dampfmenge, die der Heizdampfleitung zufließen oder in einem Speicherbehälter durch eingespritztes Wasser niedergeschlagen werden kann, das auf 120° vorgewärmt wird. Stellt man diese Vorwärmung ein, so steht der Abhitzedampf für die Deckung von Spitzen im Heizdampfnetz zur Verfügung. Durch starke Steigerung der eingespritzten Speisewassermenge wird umgekehrt Gegendruckdampf zu Zeiten geringen Heizdampfbedarfes niedergeschlagen. Der Hochdruckkessel wird aus dem Speicher konstant mit 120° gespeist, der Speicher gleicht veränderte Speisewasserbereitung aus.

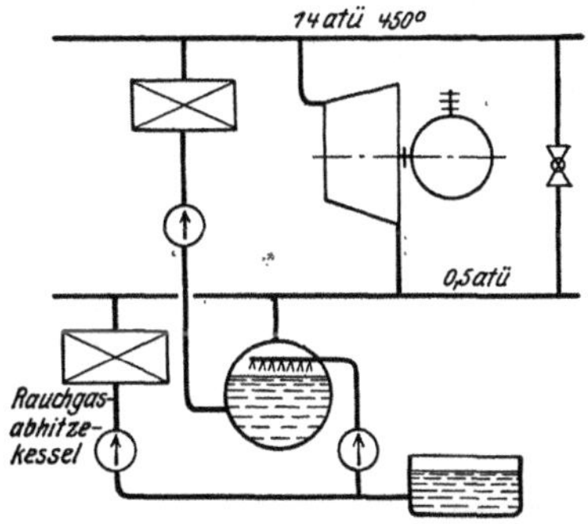

Abb. 225. Schaltung des Gleichdruckspeichers der Erste Brünner Maschinenfabrik in der Nestomitzer Zuckerraffinerie.

Hoffmann[1]) beschreibt eine ähnliche Anlage, die im Kraftwerk des Vereins für chemische und metallurgische Produktion in Aussig ausgeführt wurde. Der Druck von Abhitzekessel und Speicher ist auf 5 atü gesteigert worden. Eine elektrisch-hydraulische Regelung steuert die Einspritzwassermengen unabhängig vom Dampfdruck nach den im ND-Netz verbrauchten Dampfmengen.

IX. Ausgleich bestehender Schwankungen.

Bei Anlagen mit Kraftverbrauchern verändert sich im allgemeinen der Verlauf der Dampfverbrauchsschwankungen durch die Speicherung nicht. Die Schwankungen des bestehenden Betriebes sind also maßgebend, und der Ausgleich ist so durchzuführen, daß diese Schwankungen vom Kessel und gegebenenfalls von einzelnen Teilen der Kraftanlage ferngehalten werden. Deshalb kann man durch Gleichdruckspeicher mit begrenzter Spitzenleistung in vielen Fällen einen günstigen Ausgleich erreichen. Maßgebend für die Wirtschaftlichkeit ist außer den Anlagekosten des Speichers die ersparte Kesselheizfläche, die nicht mehr für den Spitzenbedarf bemessen sein muß, und der Kohlenverbrauch, welcher durch gleichmäßige Belastung und in Einzelfällen durch bessere Ausnutzung von Abwärme, vermindert wird.

[1]) Archiv f. Wärmewirtschaft, 1925, Dezember.

Benutzt man aber bei Betrieben mit stark schwankender Belastung Aufzeichnungen über den zeitlichen Verlauf des Energiebedarfes (z. B. in Hütten-, Zechen- oder Bahnkraftwerken), so findet man oft scheinbar regellose heftige Verbrauchsschwankungen, nach denen man nicht ohne weiteres die zweckmäßigsten Ausgleichsmaßnahmen bestimmen kann. Vielmehr ist es notwendig, die Entstehung der Schwankungen näher zu untersuchen. Man unterscheidet dabei am besten Sekunden-, Minuten-, Stunden- und Tagesschwankungen. Jede dieser Schwankungen hat andere Ursachen, sie wirken auf die verschiedenen Betriebseinrichtungen anders ein, und ihr Ausgleich erfordert andere Mittel. Um ein vollständiges Bild der Verhältnisse zu gewinnen, werden auch die mechanischen Ausgleichsmittel (Schwungräder) berücksichtigt, in der folgenden Tafel zusammengestellt und die wichtigsten Vorgänge kurz beschrieben.

Entstehung und Ausgleich von Schwankungen.

	Entstehung	Ausgleich	
		mechanisch	durch Wärmespeicherung
Sekundenschwankungen	bei jedem Hub einer hin- und hergehenden Maschine	Schwungrad	Volumen der Rohrleitung
Minutenschwankungen	durch den Verlauf des einzelnen Arbeitsvorganges	Ilgner-Schwungrad	im Kessel, Rateau-Speicher, Ruths-Speicher
Stundenschwankungen	durch die Betriebsdichte	—	Ruths-Speicher Gleichdruckspeicher
Tagesschwankungen	durch Arbeitseinteilung (Schichten)	—	Gleichdruckspeicher Ruths-Speicher (nur für Wasserkraft)

Sekundenschwankungen entstehen bei jedem Hub einer hin- und hergehenden Maschine. Sie erreichen bei Dampfhämmern sehr hohe, schwer meßbare Werte, die Speicherfähigkeit des Rohrleitungsvolumens genügt aber, um die eintretenden Druckschwankungen in zulässigen Grenzen zu halten. Für Kraftmaschinen werden Schwungräder angewendet und so bemessen, daß eine bestimmte Drehzahlabweichung nicht überschritten wird. Ein weitergehender Ausgleich ist nicht erforderlich.

Der einzelne Arbeitsvorgang (Förderzug, Walzenzug, Fahrt im Bahnbetrieb) hat für nicht fortlaufend arbeitende Kraftverbraucher einen periodisch nach **Minuten** wiederkehrenden veränderlichen Verbrauch (Abb. 226). Diese Minutenschwankungen können von Kesseln für mäßig hohen Druck ohne weiteres aufgenommen werden (Seite 307). Wichtig ist die Feststellung, daß beim Minutenausgleich die gespeicherte

Menge im Verhältnis zum mittleren Dampfverbrauch bei Fördermaschinen bis zu 50% und bei Bahnkraftwerken bis zu 20% betragen

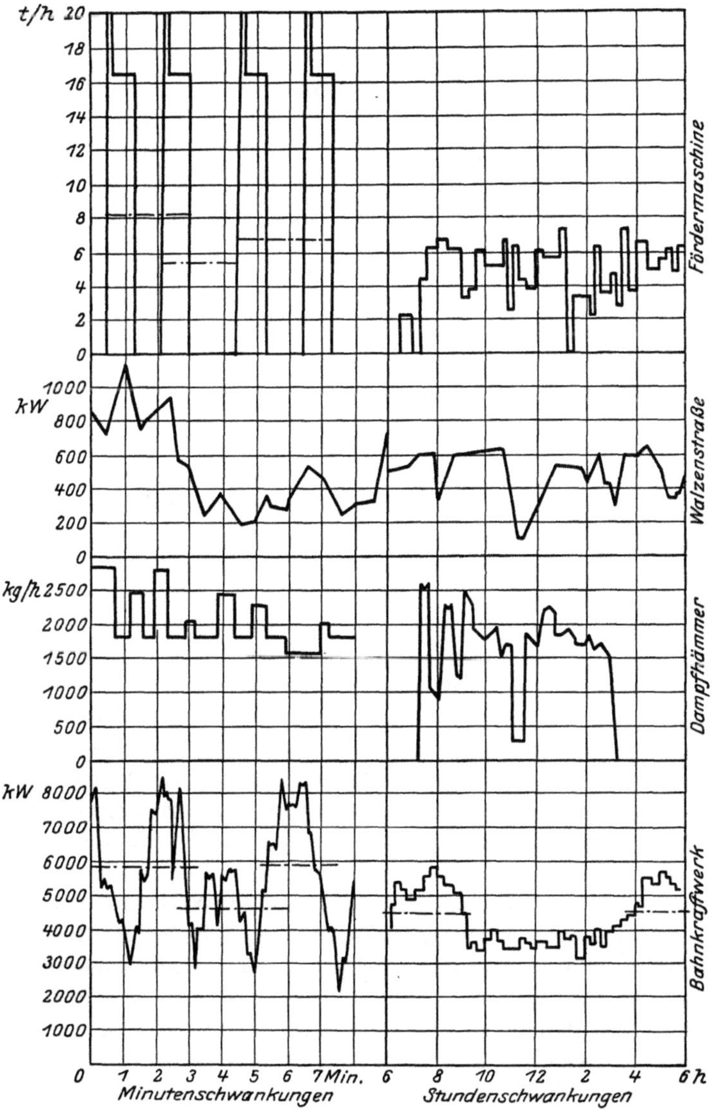

Abb. 226. Verlauf der Minuten- und Stundenschwankungen in verschiedenen Betrieben.

kann. Hochdruckkessel werden oft nicht mehr imstande sein, diese Schwankungen auszugleichen.

Fördermaschinen, Walzenstraßen und Dampfhämmer arbeiten bei

Dampfantrieb im allgemeinen zwischen Anfangsdrucken von 6—15 atü und Auspuff. Ihr veränderlicher Dampfbedarf erschwert die volle Ausnutzung des Wärmegefälles zwischen hohem Kesseldruck und Vakuum. Rateauspeicher und ähnliche Minutenspeicher wurden vielfach benutzt, um die Schwankungen von Kraftmaschinen fernzuhalten, welche den anfallenden Abdampf bis auf Vakuum ausnutzen sollen. Bei der Anwendung der Zweidruckturbinen mit gut ausgebildeten Steuerungen ist dies weniger wichtig, die Regelung ist imstande, schnell genug durch Frischdampf fehlende Kraft zu ersetzen. Man verzichtet deshalb neuerdings fast allgemein auf „Abdampf"-Speicher, nimmt die Vergrößerung von ND-Teil und Kondensator in Kauf, welche durch Bemessung für die Spitze der Abdampfzufuhr entsteht, hat aber den Vorteil eines niedrigen und konstanten Gegendruckes der Arbeitsmaschinen, während der veränderliche Druck der Abdampfspeicher sich oft unangenehm fühlbar machte. Für Minutenschwankungen bemessene Ruthsspeicher zwischen dem Hochdruckteil einer vorgeschalteten Kraftmaschine und der Arbeitsmaschine können die Schwankungen von Kraftmaschine und Kessel fernhalten.

Um die Minutenschwankungen elektrisch angetriebener Fördermaschinen und Walzenstraßen vom Stromnetz fernzuhalten, kann man Ilgner-Schwungräder verwenden, die, losgelöst von der Arbeitsmaschine, mit größeren Drehzahlunterschieden und großen Schwungmassen arbeiten können, wodurch mechanisch Kraft gespeichert wird. Ein mechanischer Ausgleich über die Zeitdauer von Minuten hinaus ist nicht durchführbar. Neuerdings benutzt man auch zwei getrennte Generatoren für die schwankenden Verbraucher und für das übrige Stromnetz, die von der gleichen Kraftmaschine angetrieben werden.

Da andere Mittel zum Ausgleich der **Stundenschwankungen** angewendet werden, verwendet man ein Dampfdiagramm, bei welchem der mittlere Verbrauch in Zeitabständen von etwa $^1/_4$ Stunde aufgetragen wird (Abb. 226 rechts). Statt der Schwankungen des einzelnen Arbeitsvorganges zeigt das entstehende Diagramm den Verlauf der Betriebsdichte (Zahl der Förderzüge, Walzenzüge, Fahrten im Bahnbetrieb je Viertelstunde). Auch die Einrichtungen, deren Abwärme ausgenutzt werden soll (Abhitze von Öfen, Hochofengas), liefern Wärmemengen veränderlicher Größe. Die Stundenschwankungen können mit begrenzter Spitzenleistung durch Gleichdruckspeicher und mit unbegrenzter Spitzenleistung durch Ruthsspeicher ausgeglichen werden.

Tagesschwankungen entstehen durch die Arbeitseinteilung in den verschiedenen Schichten. Ein Ausgleich über ganze Tage ist im allgemeinen nicht wirtschaftlich, wenn der mittlere Wärmeverbrauch der einzelnen Schichten sehr verschieden ist. Geringe Abweichungen des mittleren Bedarfes lassen sich durch Gleichdruckspeicher ausgleichen, auch wenn tiefe Belastungstäler auftreten. Ruthsspeicher können dazu dienen, die Wärme von überschüssigem Nachtstrom für die Deckung des Dampfbedarfes während der Tagesstunden zu speichern.

1. Minutenschwankungen.

a) Mitteldruckspeicherung bei Hochdruckkesseln.

Für Kraftanlagen mit heftigen Minutenschwankungen (z. B. durch dampfangetriebene Fördermaschinen mit 8—12 atü Eintrittsspannung) ist es schon bei Kesseln mittlerer Größe (600 m²) über 25 atü zweckmäßig, in einem Mitteldrucknetz (10—15 atü) einen Ruthsspeicher

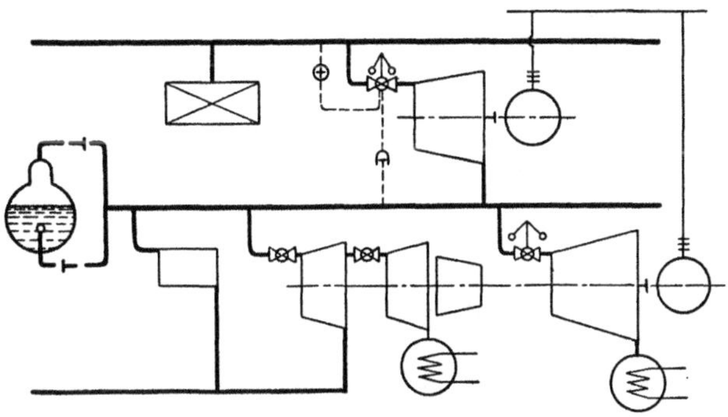

Abb. 227. Ruthsspeicher für Minutenschwankungen im MD-Netz einer Zeche.

einzubauen, der mit etwa 15% Druckgefälle arbeitet. Der Speicher ersetzt den Wasserraum der bisher vorhandenen Mitteldruckkessel. Abb. 227 zeigt das Schaltbild der Dampfanlage einer Zeche, die bisher mit 12 atü arbeitete; Kondensationsturbine und Zweidruckkompressor arbeiten mit diesem Frischdampfdruck. Eine Vorschaltturbine nimmt den Hochdruckkesseldampf durch eine Überströmregelung auf. Der Ruthsspeicher im MD-Netz übernimmt die Minutenschwankungen, so daß sie nicht auf Vorschaltturbine und Kessel zurückwirken. Der Speicherdruck schwankt dabei in den Grenzen von 12—10,5 atü; der Speicherdruck wird im Kesselhaus angezeigt, so daß die Heizer sich danach richten können, als wenn es sich um Druckschwankungen im Wasserraum des Kessels handeln würde. Grenzbereichregler schalten die Überströmregelung aus, wenn die zugelassenen Druckgrenzen des Speichers überschritten werden.

Eine ähnliche Anordnung ist auch für Hochdruckanlagen ohne Mitteldruckverbraucher zweckmäßig, bei denen es nicht wirtschaftlich ist, den Kessel mit großen Obertrommeln zu versehen (Abb. 228). Durch das Aufstauen des Mitteldruckes bei Teillasten wird zwar der

Dampfverbrauch der Anlage etwas verschlechtert, das Dampfnetz konstanten Druckes erleichtert aber den Anschluß von Kraftmaschinen, welche Dampf zur Speisewasservorwärmung, Zusatzwasserbereitung und Trocknung (von Kohlenstaub) abgeben; auch die Ladung von Gleichdruckspeichern (für Stundenspeicherung) erfolgt zweckmäßig aus diesem Netz. Ferner kann die Zwischenüberhitzung des Dampfes, zur Verbesserung des Wirkungsgrades und zur Vermeidung größerer Feuchtigkeit in den letzten Turbinenstufen, eine günstige Lösung finden. Bei den Zwischenüberhitzern besteht die Gefahr des Durchbrennens, wenn die Belastung plötzlich zurückgeht, und der große Dampfinhalt in den Rohren des Überhitzers und der Verbindungsleitungen erfordert eine besondere

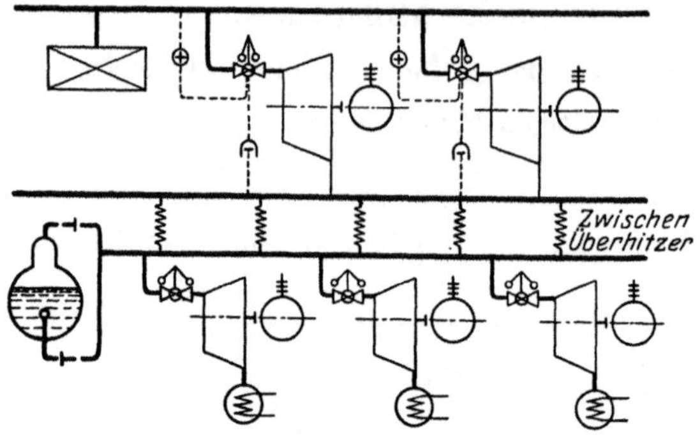

Abb. 228. Ruthsspeicher im MD-Netz einer HD-Anlage mit Zwischenüberhitzung.

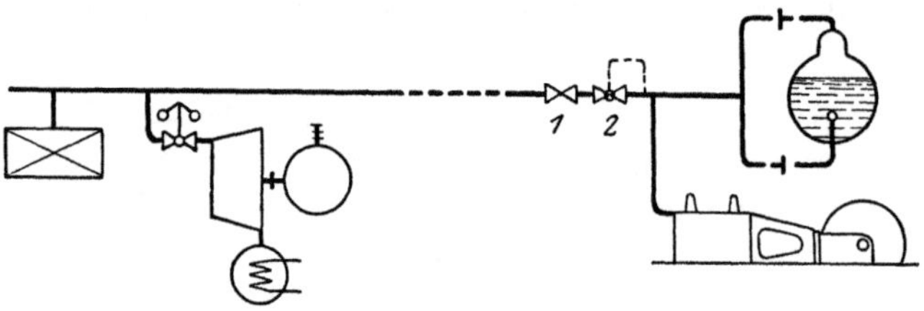

Abb. 229. Ruthsspeicher verringert Anlagekosten der Fernleitung und bildet Momentanreserve. *1* Handventil zur Mengeneinstellung, *2* gesteuertes Ventil.

Regelung vor dem Mitteldruckteil. Schaltet man den Ruthsspeicher hinter die Zwischenüberhitzer, dann gleicht er Minutenschwankungen aus, welche den Überhitzer gefährden könnten. Der HD-Teil kann Überströmregelung erhalten, der MD-Teil Geschwindigkeitsregelung. Ladung und Entladung des Speichers regelt sich durch die Rückschlagventile. Der Sattdampf, welcher bei Entladung aus dem Speicher entnommen wird, ist nur ein Bruchteil des Gesamtdampfbedarfes; er mischt sich mit hochüberhitztem Dampf und vermindert während der Entladezeiten dessen Temperatur.

b) Zentrale Fernversorgung in Zechen- und Hüttenbetrieben.

Für die verschiedenen Fördermaschinen und Walzenzugmaschinen eines Werkes werden meist getrennte örtliche Kesselhäuser niederen Druckes verwendet. Diese Kesselanlagen mit kleinen Einheiten und ausschließlich schwankendem Verbrauch arbeiten mit geringem Wirkungsgrad und verursachen durch Handbetrieb hohe Bedienungskosten. Die Stillegung der Kesselhäuser bei Fernversorgung aus der Zentralen-Kesselanlage wird durch Einschaltung eines Minutenspeichers wesentlich erleichtert (Abb. 229). Der Ruthsspeicher ersetzt den Wasserraum der bisherigen Niederdruckkessel und entlastet die Fernleitung von den Dampfbedarfspitzen. Der Dampfdruck in der Zentrale ist meist bedeutend höher als der Betriebsdruck der Arbeitsmaschine; verbraucht man das Druckgefälle in der Verbindungsrohrleitung (bis auf ein geringes Gefälle zur Einstellung der Dampfmenge durch Ventil *1*), dann genügt ein geringer Rohrdurchmesser, um die mittlere Dampfmenge fortzuleiten (Kurvenschar, Abb. 230)[1]. Der konstante Durchfluß von überhitztem Dampf verhindert Wasseransammlungen in der Rohrleitung, die bei aussetzend durchfließender Dampfmenge zu Wasserschlägen führen könnten. Während des Arbeitens der Maschine fließt die mittlere Dampfmenge als überhitzter Dampf aus der Fernleitung zu, der Rest kommt als Sattdampf aus dem Speicher; es entsteht ein Zwischenwert der Dampftemperatur, welcher die hohe Überhitzung des Zentralen-Kesselhauses auf den Betrag heruntersetzt, der für Arbeitsmaschinen dieser Art zulässig ist. Das Absperrventil *1* wird von Hand so eingestellt, daß die mittlere Dampfmenge durch die Fernleitung strömt. Ein gesteuertes Ventil *2*, dient als Begrenzung, wenn bei schwachem Förderbetrieb der Speicher ganz aufgeladen ist. Bei stillstehender Maschine geht der Überschuß zum Speicher, während des Arbeitens wird der Speicher entladen. Die Rückschlagventile, welche diesen Vorgang steuern, können auch durch Fernbetätigung ersetzt sein, die vom Steuerhebel der Kraftmaschine beeinflußt wird. Man kann den Ruthsspeicher reichlich bemessen, um im Falle einer Störung der Fernleitung den Betrieb durch eine Augenblicksreserve zu sichern.

c) Bahnkraftwerke.

Je nach der Dauer der Fahrzeiten und der Aufenthalte entstehen Minutenschwankungen, die sich bei starker Zugfolge überlagern und mildern. Der Dampfverbrauch pendelt um einen Mittelwert, der sich mit der Zugfolge in den verschiedenen Tageszeiten ändert und die Stundenschwankungen hervorruft (Abb. 226 unten). Der Ausgleich der

---

[1] Die Kurven sind von Dipl.-Ing. Alles berechnet.

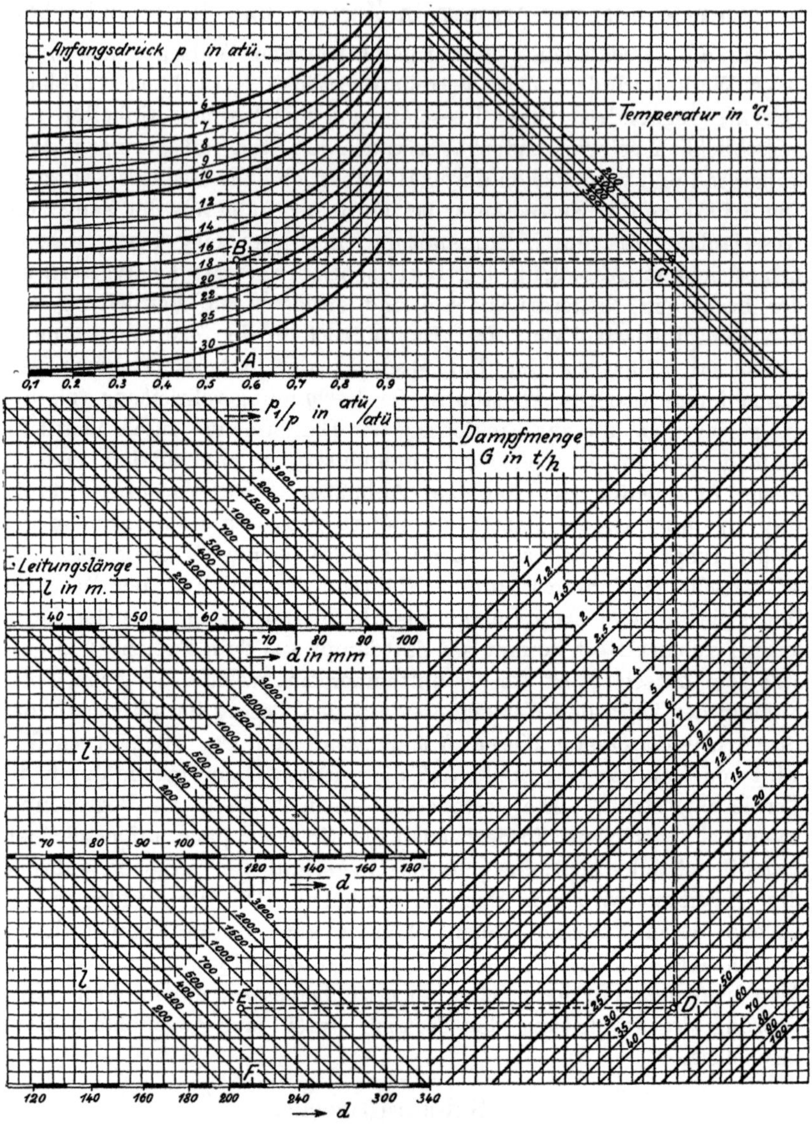

Abb. 230. Druckabfall in langen Rohrleitungen mit Durchmesser d und Länge l.
p = Anfangsdruck, p_1 = Enddruck.

Pendelungen um den Mittelwert ist die Aufgabe der Minutenspeicherung. Maßgebend für den Ausgleich ist das Dampfgewicht, das gespeichert werden muß, und das Verhältnis des gespeicherten Dampfgewichts zum mittleren Verbrauch

$\frac{\text{Zum Ausgleich erforderliches Dampfgewicht kg}}{\text{Mittlerer stündlicher Gesamtdampfbedarf kg/h}}$ . . . . bis zu $^1/_2$ Minute.

$\frac{\text{Mittlere stündliche Ladedampfmenge kg/h}}{\text{Mittlerer stündlicher Gesamtdampfbedarf kg/h}}$ . . . . bis zu $20\,^0/_0$.

Zum Ausgleich derartiger Schwankungen kommt in erster Linie der Wasserraum des Kessels in Betracht oder bei Hochdruckanlagen ein Ersatz-Wasserraum im Mitteldruckgebiet. Eine weitergehende Speicherfähigkeit kann für Bahnbetrieb mit längeren Strecken und größeren Aufenthalten erforderlich sein. Der Wasserraum des Kessels ist dann durch zusätzliche Speicherräume zu vergrößern, die mit Kesseldruck arbeiten, und man kann größere Druckschwankungen zulassen, als sie sonst üblich sind. Der Ausgleich dieser Pendelungen um den Mittelwert durch eine Hochdruckspeicherturbine kommt bei gespeicherten Dampfmengen, die groß sind im Verhältnis zum mittleren Dampfbedarf, nicht in Betracht. Der Speicherdampf arbeitet durch Drosselung und Sättigung durchschnittlich um $15^0/_0$ schlechter als der Frischdampf. Ist $20^0/_0$ des mittleren Bedarfes mit Speicherdampf zu decken, dann wäre die mittlere Dampfverbrauchsverschlechterung $3^0/_0$.

2. Stundenschwankungen.

a) Bahnkraftwerke.

Hingegen kann der Dampf eines Ruthsspeichers zwischen 15—5 atü in einer Hochdruckspeicherturbine die Stundenschwankungen ausgleichen, welche durch die stärkste Zugfolge morgens und abends entstehen (Abb. 226 unten rechts). Die Deckung dieser Spitzen, wie sie von mehreren Bahnkraftwerken durchgeführt wurde, ermöglicht die Anwendung einer geringeren Kesselzahl, und es entstehen Kohlenersparnisse durch Ausgleich und verminderte Anheizverluste. Der Dampfinhalt beider Tagesspitzen ist zusammen höchstens $5^0/_0$ des mittleren Tagesdampfbedarfes, so daß die um $15^0/_0$ schlechtere Ausnutzung des Speicherdampfes den Durchschnittsdampfverbrauch um weniger als $1^0/_0$ herabsetzt. Damit der Wasserraum der Kessel die Minutenschwankungen übernehmen kann, wird zwischen Ladung des Speichers durch das Überströmventil (Seite 326) und Entladung durch die Speicherdampfsteuerung der Turbine ein Druckunterschied zugelassen. Dadurch übernimmt der Kessel die Minutenschwankungen um den Mittelwert, und der Speicher greift erst ein, wenn die Speicherfähigkeit des Kessels innerhalb der festgelegten Druckgrenzen erschöpft ist. Auch hier erfolgt also der Ausgleich von Minuten- und Stundenschwankungen durch verschiedene Mittel. Bei Hochdruckanlagen kann ein besonderer Ersatz-Wasserraum für den Minutenausgleich in denselben Druckgrenzen schwanken wie ein Mitteldruckkessel, falls nicht bei geringer

Speicherfähigkeit der Minutenschwankungen der Ruthsspeicher im Mitteldruckgebiet den gemeinsamen Ausgleich von Minuten- und Stundenschwankungen übernimmt. Durch reichliche Bemessung des Stundenspeichers entsteht eine wirksame Augenblicksreserve, welche in Störungsfällen (z. B. Roststillstand) fehlenden Dampf ersetzt.

Abb. 231. AEG-Speicherturbine mit 3 Druckreglern für den Speicherbetrieb.

Im Bahnkraftwerk Altona wurde durch eine AEG-Speicherturbine von 8000 kW in Verbindung mit 2 Ruthsspeichern je 150 m^3 von 15 auf 5 atü die Heizfläche der in Betrieb befindlichen Kessel von

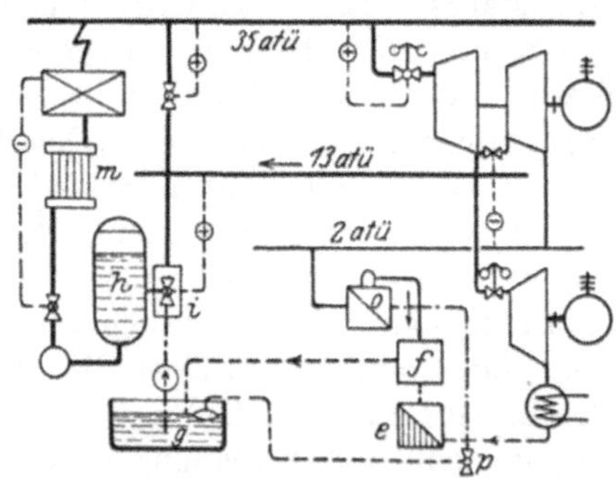

e = Feuerbrücken.
f = Mischkondensator.
g = Warmwasserbehälter
h = Gleichdruckspeicher.
i = Mischvorwärmer
m = Rauchgasvorwärmer.

Abb. 232. Ruths-Gleichdruckspeicher des EWCharlottenburg (SSW).

2300 auf 1600—1700 m^2 heruntergesetzt. Der Kohlenverbrauch sank durch Einschalten des Ruthsspeichers um 22,5%. Abb. 231[1] zeigt eine AEG-Speicherturbine von 12000 kW für 15 atü, 325° C und 38000 kg/h Speicherdampfaufnahme zwischen 15—5 atü. Von den 10 Düsen-

[1]) Kraft: AEG-Mitteilungen. 1926. Juli.

gruppen dient die Hälfte zur Aufnahme von Frischdampf, die andere Hälfte zur Aufnahme von Speicherdampf. Die drei Druckregler der Maschinensteuerung wirken nach Abb. 201, Seite 325.

b) Elektrizitätswerke.

Der Hauptvorteil des Ausgleichs entsteht dadurch, daß täglich zur Spitzenzeit weniger Kessel in Betrieb genommen werden müssen.

Abb. 232 zeigt das Schaltbild des EW Charlottenburg[1]), bei dem ein Ruths-Gleichdruckspeicher zwischen ein Kraftdampfvorwärmnetz von 2 atü und ein Mitteldrucknetz von 13 atü geschaltet ist. 2 Turbosätze bestehen aus je einer Vorschaltturbine von 6900 kW zwischen 35 und 13 atü mit Vorwärmteil zwischen 13 und 2 atü und einer Grundturbine von 16000 kW, die mit 13 atü arbeitet. Die Vorschaltturbinen sind nach der Bauart MAN-Brünn, die Grundturbinen nach Bauart MAN-Zoelly ausgeführt, sie treiben SSW-Generatoren an, die in das gleiche Stromnetz speisen. Der Vorschaltteil hat Überströmregelung der Vorwärmteil Zuflußregelung und die Grundturbine Geschwindigkeitsregelung. Das Kondensat dient erst zur Kühlung der Feuerbrücken *e* und schlägt dann im Mischkondensator *f* die Brüden des Verdampfers *o* für das Zusatzwasser *p* nieder, das vorgewärmte Speisewasser geht zum Warmwasserbehälter *g*. Der Kessel wird aus dem Gleichdruckspeicher *h* konstant über einen Rauchgasvorwärmer *m* gespeist und der Kessel erzeugt eine konstante Dampfmenge. Der Überschuß geht durch die Vorschaltturbine und (falls bei sehr geringer Last der Geschwindigkeitsregler der Vorschaltturbine eingreift) durch das parallelgeschaltete Überströmventil nach dem Netz von 13 atü. Durch den Druck von 13 atü wird dem Mischvorwärmer *i* Überschußdampf und Speisewasser im richtigen Verhältnis zugeführt; der Überschuß erzeugt dadurch auf Vorrat Speisewasser annähernd konstanter Temperatur.

In Kraftanlagen mit ausgesprochener Lichtspitze muß die Kesselanlage für die Höchstlast bemessen sein, die nur wenige Tage im Jahr auftritt. Auch wenn man durch Überlastung der Kessel und Speiseraumspeicherung einen Teil der Spitze deckt, kann immer noch ein Belastungsrest vorhanden sein, für den Kessel aufgestellt werden, die nur kurze Zeit im Jahr ausgenutzt sind. Diese letzte Spitze hat einen Verlauf, der zwischen der Dreieckform und Viereckform liegt. Die Speicherfähigkeit zur Deckung des Dampfbedarfes hängt von der Höhe, der Zeitdauer und dem Verlauf der Spitze ab. Unabhängig von der Zeitdauer müssen die Kessel den Höchstwert der Belastung decken. Die Anwendung der Ruthsspeicheranlage ist in solchen Fällen im allgemeinen billiger als die Aufstellung von Kesseln. Der Speicherdampf

[1]) VDI-Nachrichten, 1925, 11. November.

kann in einer der vorhandenen Kraftmaschinen Arbeit leisten, die mit veränderlichem Anfangsdruck betrieben wird, besondere Speicherturbinen sind also nicht erforderlich. Abb. 233 zeigt die Kosten einer Ruthsspeicheranlage im Vergleich zu den Kosten der Kessel. Für die Speicheranlage sind Einheiten von 180 m³ für 2000 kWh zwischen 15 und 5 atü angenommen, für die Kessel verschiedenen Druckes Einheiten von 600 m² mit einer Dampfleistung von 45 kg/m² Heizfläche. Auch bei Spitzen einer Dauer von 5 h ist die Speicheranlage immer noch billiger als die Kesselanlage. Die Verminderung der Anlagekosten ist besonders bei hohen Kesseldrücken bedeutend. Der Dampfverbrauch während der Spitzenzeit hat keine ausschlaggebende Bedeutung, besonders wenn es sich um wenige Tage im Jahr handelt. Die Spitzendeckung kann aber auch täglich wirtschaftlich sein, da man die Anheizkohlenmengen für die Kessel spart, die nicht in Betrieb genommen werden müssen.

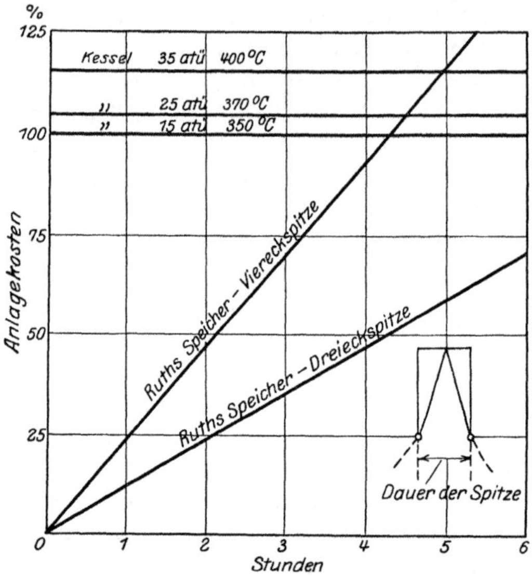

Abb. 233. Vergleich der Anlagekosten von Spitzenkessel und Ruthsspeicher.

Im Städtischen Elektrizitätswerk Malmö dient eine Speicheranlage als Augenblicksreserve für den Fall einer Störung in der 50000 Volt-Fernleitung, durch welche die Stadt Wasserkraftstrom bezieht. Sie ersetzt eine Kesselanlage, die zu diesem Zweck dauernd unter Dampf gehalten werden mußte. Eine de Laval-Turbine von 3750 kW ist mit einem Generator verbunden, der ständig als Synchronmotor betrieben wird, wobei er durch Phasenverbesserung die Übertragungsverluste um 800 kW vermindert. Die Turbine läuft mit; sie ist durch Wasserstopfbuchsen abgedichtet und wird durch eine kleine Hilfskondensationsanlage unter Vakuum gehalten, die Ventilationsverluste betragen nur etwa 1 kW. Im Falle einer Stromstörung öffnet der Geschwindigkeitsregler die Einlaßventile für den Speicherdampf (Abb. 234). der bei sinkendem Druck selbsttätig nacheinander verschiedenen Stufen der Turbine zugeführt wird. 2 Ruthsspeicher von je 225 m³ geben zwischen 7 und 1 atü etwa 36000 kg Dampf ab, wodurch die Turbine etwa $^3/_4$ Stunden mit Vollast betrieben werden kann, bis die Kessel angeheizt werden, falls die Störung länger andauert. Die Turbine läßt sich auch mit Frischdampf von 14 atü, 300° betreiben, und sie ist so eingerichtet, daß sie in weniger als 2 Minuten aus dem kalten Ruhezustand (mit Talg abgedichtete Stopfbuchsen) anläuft. Durch die 150 mm dicke Magnesiaisolierung beschränkt sich der Abkühlungsverlust des Speichers auf 0,6 kcal/m^2 °C; die Speicher sind im Freien aufgestellt, die Verbindungsrohrleitung zur Turbine steht

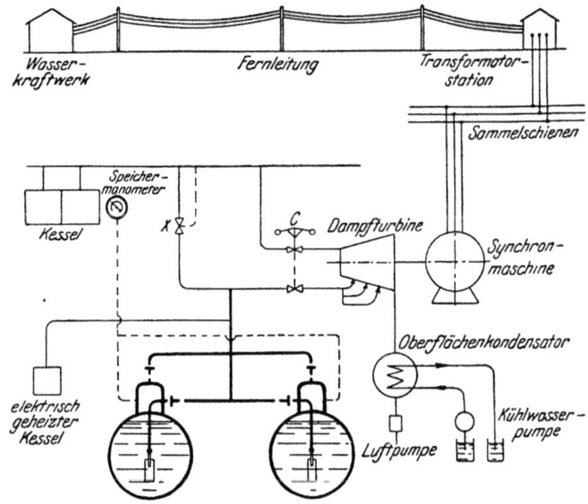

Abb. 234. Ruthsspeicher greifen als Augenblicks-Reserve bei Störungen der Fernleitung ein (EW Malmö).

ständig unter Dampf. Die Abkühlungsverluste werden durch einen kleinen Elektrokessel gedeckt. Der Strombedarf für diesen Kessel, die Hilfskondensation und die Leerlaufverluste betragen zusammen 220 kW, während 800 kW durch Phasenverbesserung gewonnen werden.

c) Zechen- und Hüttenbetriebe.

Stundenschwankungen entstehen durch die veränderliche Betriebsdichte der Fördermaschinen oder Walzwerke, außerdem durch die veränderlich anfallenden Koksgas- oder Hochofengasmengen, die unter Dampfkesseln verbrannt werden. Die Schwankungen von Dampferzeugung und Dampfverbrauch lassen sich durch die gleiche Speicheranlage decken.

Der Verlauf des Dampfverbrauches von Fördermaschinen läßt sich aus dem Förderdiagramm bestimmen, indem man etwa viertelstündlich fortlaufend die Zahl der Förderzüge feststellt. Der stündliche Dampfverbrauch ist 40—50 kg je Schacht-PS

$$PS_{sch} = \frac{N_{st} \cdot T}{75 \cdot 3600}$$

Nst ist die stündlich geförderte Nutzlast in kg, *T* die Teufe in m. Der Dampfverbrauch je *PSi* ist 15—20 kg/h. Diese Werte gelten für Anfangsdrücke von 8—12 atü und freien Auspuff. Bei abweichenden Druckverhältnissen kann man mit einem thermodynamischen Wirkungsgrad von 50—65% rechnen.

Zur Bestimmung des notwendigen Ausgleiches werden Erzeugung und Verbrauch getrennt zusammengesetzt, wobei alle Energiemengen zweckmäßig in t/h Frischdampf umgerechnet werden. Arbeitet z. B.

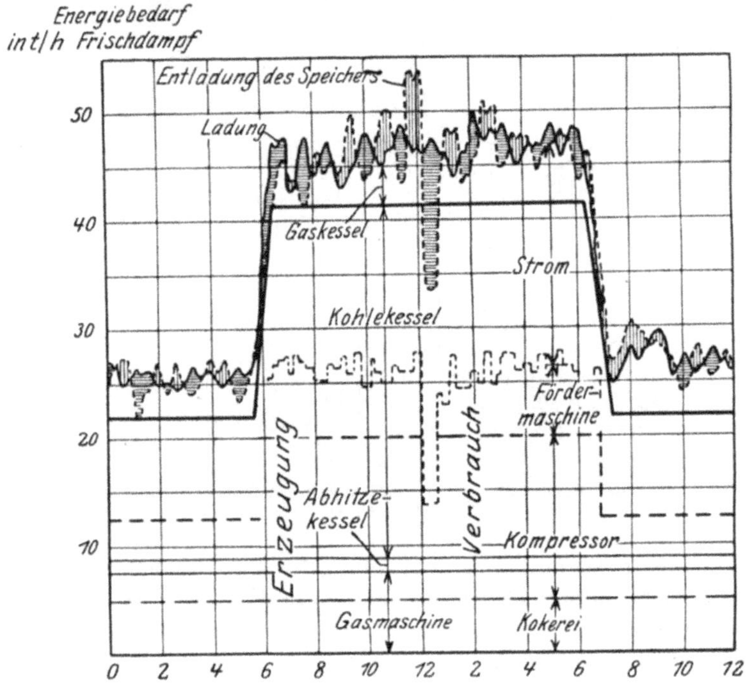

Abb. 235. Mengenverlauf von Erzeugung und Verbrauch einer Zeche.

der Abdampf einer Fördermaschine in einer Zweidruckturbine, die das halbe Gefälle zwischen Kesseldruck und Vakuum ausnutzt, so entspricht einer Abdampfänderung um 10 t/h nur eine Menge von 5 t/h, um welche sich der Frischdampf ändern muß, damit die Turbine die gleiche Belastung hergibt. Ebenso sind die kW in Frischdampfmengen umzurechnen, die zu ihrer Erzeugung notwendig sind; von den Gasmengen, welche in Gasmaschinen arbeiten, werden die erzeugten kW und danach die gleichwertigen Frischdampfmengen berechnet. Für Gasmengen, die unter Kesseln verbrannt werden, berechnet man nach dem Kesselwirkungsgrad unmittelbar die erzeugten Frischdampfmengen.

In Abb. 235 ist für einen Zechenbetrieb Dampferzeugung (ausgezogene Linien) und Dampfverbrauch (gestrichelte Linien) zusammengesetzt. Die Gasmaschinen verbrauchen konstant belastet die Grundmengen an Gas und erzeugen eine konstante Abhitzedampfmenge, die Kohlenkessel werden über Tagesabschnitte konstant belastet, und die veränderlichen Gasmengen werden unter Kesseln verbrannt. Die Kokerei verbraucht eine konstante Dampfmenge, der Kompressor arbeitet während der Förderzeiten, der Abdampf der Fördermaschinen erzeugt eine veränderliche Abdampfleistung, und außerdem muß der Strombedarf des Werkes gedeckt werden. Der Unterschied von Erzeugung und Verbrauch wird durch Ladung und Entladung eines Speichers ausgeglichen.

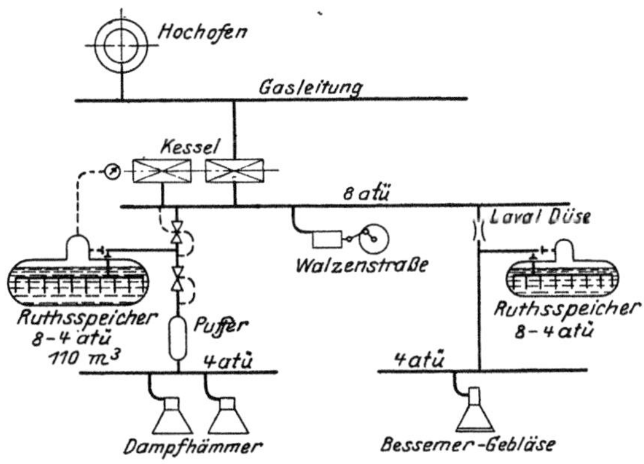

Abb. 236. Schaltung des Ruthsspeichers zwischen Dampfnetze verschiedenen Druckes im Eisenwerk Sandviken.

Abb. 236 zeigt das Schaltbild des Eisenwerkes in Sandviken. Die eingebauten Ruthsspeicher gleichen die Belastungsschwankungen von Hämmern, Walzenstraßen und Bessemergebläse, außerdem aber die Schwankungen veränderlich anfallender Hochofengasmengen aus. Für die 3 Verbrauchergruppen waren bisher 3 getrennte Kesselhäuser mit schwankendem Dampfbedarf vorhanden. Das Kesselhaus der Walzenstraße hatte außerdem die veränderlichen Hochofengasmengen zu verarbeiten, was ohne Ausgleich nur unvollkommen geschehen konnte. Dieses Kesselhaus mit 8 atü wurde unter Zwischenschaltung von Ruthsspeichern mit den Hämmern und dem Bessemergebläse verbunden und die Feuerungen für diese Verbraucher stillgesetzt. Der Speicher, welcher die Dampfhämmer versorgt, arbeitet zwischen 8—4 atü und gibt mit 110 m³ Inhalt 4000 kg Dampf ab. Ein Überströmventil nimmt aus der 8 atü-Leitung den Überschuß auf, und ein Zuflußventil versorgt die Hämmer mit Dampf konstanten Druckes. Dabei gleicht der Speicher auch mittelbar alle Schwankungen der Dampferzeugung und des Dampfbedarfes im Netz von 8 atü aus. Der Speicher des Bessemergebläses erhält durch eine verstellbare Lavaldüse konstant die mittlere Dampfmenge. Durch diese Anordnung konnte 60% des Kesselheizfläche stillgesetzt und 15—20% Kohle gespart werden.

Kießelbach[1]) berichtet über einen Gleichdruckspeicher, der von ihm auf der Zeche Bruchstraße eingebaut wurde. Abb. 237 stellt den Dampfverbrauch der Anlage dar und darunter den Ladezustand eines Speichers von 120 m³. Durch den Ausgleich können 3 Kessel von 300 m² und 12 atü bei konstantem Druck den Dampfbedarf decken, während früher 4 Kessel erforderlich waren, wobei trotzdem der Druck zeitweise, besonders zu Beginn der Schicht, von 12 auf 6 atü absank. Die Spitzenleistung des Speichers ist bei den vorliegenden Temperaturverhältnissen 20%. Daß trotzdem bei der um 33% größeren Anlage mit 4 Kesseln ohne Ausgleich der Druck abgesunken ist, erklärt Kießelbach folgendermaßen: Da man den Zeitpunkt, in welchem der erhöhte Dampfbedarf mit Beginn der Förderung einsetzt, nicht auf die Minute genau kennt, hält man beim speicherlosen Betrieb wohl den Dampfdruck hoch, hat aber dabei, um Abblaseverluste zu vermeiden, nur ein schwaches Feuer. Der Druck sinkt ab, nicht weil die Belastung bei Beginn der Förderung höher ist als die Vollast der Kessel, sondern weil die Wärmezufuhr wesentlich unter Vollast gehalten wird. Bei Betrieb mit Speicher braucht man Abblaseverluste nicht zu befürchten, man kann deshalb das Feuer vor Beginn der Schicht auf volle Höhe bringen. Durch den Speicher wurde eine Kohlenersparnis von 6,5—13,8% und eine Verbesserung der Druckverhältnisse erreicht.

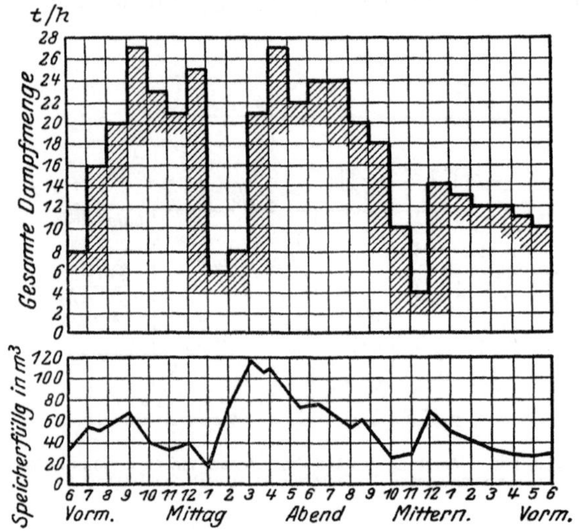

Abb. 237. Dampfverbrauch einer Zeche mit Ladezustand eines Kießelbach-Speichers während des Ausgleichs.

d) Wärmebetrieb der Eisenbahnen.

In Lokomotivschuppen kann man einen Teil des Wärmeinhaltes einfahrender Lokomotiven speichern und zur Beheizung der ausfahrenden Lokomotiven benutzen. Der Wärmeinhalt des Wasserraumes ein-

[1]) Die Wärme, 1925, 8. Mai.

fahrender Lokomotiven ist durchschnittlich 1 Mill. kcal. Die Aufspeispeicherung des gesamten Wasserinhaltes in isolierten Behältern ist praktisch nicht durchführbar, weil es sich um Wasser über 100⁰ handelt, das nur mit Hilfe von Druckpumpen aus der Lokomotive in den Behälter und zurück gefördert werden könnte.

Der Wasserinhalt im Lokomotivkessel kühlt sich bei den hohen Temperaturen während der Wartezeit stark ab, der Kesseldruck sinkt dabei auf Atmosphärendruck. Statt dessen läßt sich die Flüssigkeits-

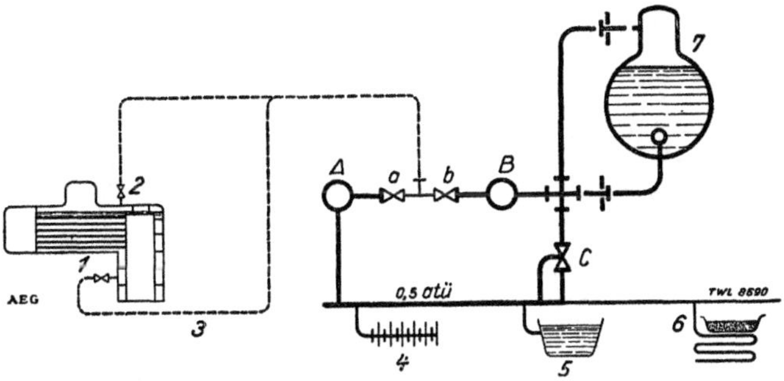

Abb. 238. Schaltbild des Ruthsspeichers im Lokomotivschuppen.

1 = Ablaßventil.
2 = Heizventil.
3 = Dampfschlauch.
4 = Heizung.
5 = Wasserbottich.
6 = Sandtrockner.
7 = Ruthsspeicher.
A, B = Sammelleitungen.
C = Gesteuertes Zuflußventil.
a, b = Absperrventile.

wärme über 100^0 ausnutzen, indem man durch Druckentlastung den entstehenden Dampf in einen Ruthsspeicher abbläst. Der aufgespeicherte Dampf wird zu anderen Zeiten für die Beheizung der ausfahrenden Lokomotiven benützt. Man gewinnt dadurch einen Teil der Flüssigkeitswärme, die sonst beim Anheizen der Feuerung mit einem Wirkungsgrad von höchstens $50^0/_0$ aufgebracht werden müßte. Um den Abblasedampf der Lokomotiven bis auf möglichst tiefen Druck hinunter ausnützen zu können, ist es zweckmäßig, den Dampf an ein Verbrauchernetz tiefen Druckes (Sandtrockner, Heizung) abzugeben, nachdem der Druck im Lokomotivkessel bis auf Speicherdruck abgesunken ist. Abb. 238 zeigt das Schaltbild einer derartigen Anlage. Der Dampfraum der Lokomotive wird durch Heizschlauch über Ventil *b* mit der Ringleitung *B* des Ruthsspeichers verbunden. Man kann den Druck in der Lokomotive langsam in etwa 1—2 Stunden absinken lassen, um zu schnelle Temperaturänderungen im Kessel zu vermeiden. Ist der Speicherdruck erreicht, so führt man den Abblasedampf über Ventil *a* nach der Ringleitung *A* der ND-Verbraucher. Zum Aufladen der Lokomotive durch Speicherdampf verbindet man den Dampfschlauch mit dem Ablaßventil *1*. Der eingeblasene Dampf steigt beim Kondensieren längs der Feuerbuchswand hoch und erzeugt eine gute Wärmeverteilung.

Nach dem Zeitplan (Abb. 239) über die ein- und ausfahrenden Lokomotiven bestimmt man aus den Abblasezeiten und den Anheizzeiten den Ladezustand des Speichers. Am Abend wird der Speicher durch die große Zahl einfahrender Lokomotiven aufgeladen, morgens zum Anheizen der ausfahrenden Lokomotiven entladen. Für Maschinen, die während ihres Aufenthaltes ausgewaschen werden müssen, findet nach dem Abblasen ein Entleeren des Wasserinhaltes statt. Das Wasser unter 100° kann man in einem drucklosen Behälter aufbewahren und beim Speisen wieder verwenden. Sind keine ND-Ver-

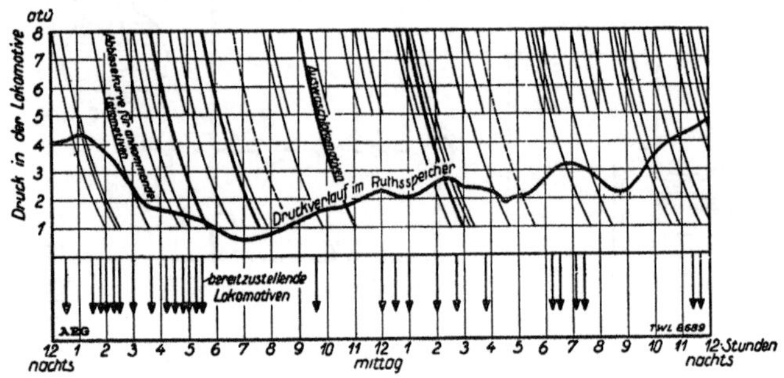

Abb. 239. Zeitplan der ein- und ausfahrenden Maschinen eines Lokomotivschuppens.

braucher vorhanden, dann läßt man den Speicherdruck zweckmäßig zwischen 0 und 3 atü schwanken; geringere Speicherabmessungen erhält man in Anlagen mit ND-Verbrauchern, da man trotz hoher Speicherdrücke die Lokomotiven bis auf den Druck der ND-Verbraucher abblasen lassen kann. Für eine Anlage mit 50 Maschinen, deren Zeitplan Abb. 239 entspricht, ist bei einem Höchstdruck von 5 atü ein Speicher von 50—60 m³ erforderlich, durch den bei 20% Abkühlungsverlusten von Speicher und Rohrleitungen täglich noch rund 10 Mill. kcal gespart werden können, was beim schlechten Anheizwirkungsgrad einer Kohlenmenge von etwa 1200 t im Jahr entspricht.

Schwankungen, die durch den Fahrplan der Eisenbahnen bedingt sind, entstehen auch bei der Zugvorheizung der Personenwagen. Durch einen Ausgleich können die Kesselanlagen der Bahnbetriebe klein gehalten und wirtschaftlich befeuert werden.

3. Tagesschwankungen.

Wasserkräfte müssen für den Kraftbedarf ausgebaut werden, der tagsüber auftritt, sie lassen sich in den Nachtstunden nur selten voll ausnutzen. Die Speicherung der elektrischen Energie mit Hilfe eines umkehrbaren Kreisprozesses, wie sie von Marguerre[1]) vorgeschlagen

---

[1]) DRP. 337356 und 388121.

wurde, hat sich wegen technischer Schwierigkeiten und hoher Anlagekosten nicht eingeführt. Hingegen läßt sich unter gewissen Voraussetzungen der Wärmewert des Nachtstromes zum Verbrauch während der Tagesstunden speichern. Die Nachtstromausnutzung durch Ruths-speicher ist in großem Maßstab mit Erfolg angewendet worden.

Der Wärmewert einer kWh ist 860 kcal. Wird die Wärme in einem Elektrokessel in Dampf umgesetzt, so ist die Erzeugungswärme für jedes kg Dampf $i - t$, wenn i der Wärmeinhalt des Sattdampfes und t die Speisewassertemperatur ist. Der Wirkungsgrad η des Elektrokessels ist etwa 95%.

$$\text{Dampferzeugung je kWh} = \frac{860 \cdot \eta}{i - t}.$$

Durchschnittlich liefert jede kWh 1,35 kg Dampf.

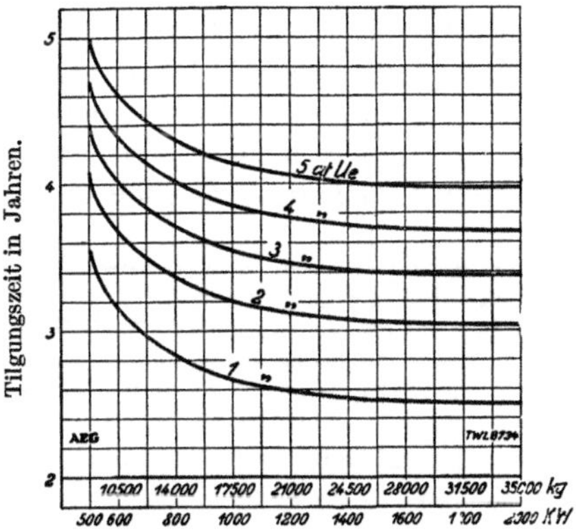

Abb. 240. Tilgung einer Nachtstrom-Speicheranlage durch Kohlenersparnisse bei 14 Stunden Ladezeit.

Die Dampferzeugung durch elektrischen Strom ist nur bei hohen Kohlekosten und geringen Stromkosten wirtschaftlich. Die kWh muß billiger sein als 3—4 kg guter Steinkohle. Diese Bedingung gilt für die unmittelbare Benützung des erzeugten Dampfes, sie ist in Gegenden mit Wasserkraft und hohen Transportkosten der Kohle im allgemeinen erfüllt. Wenn aber außerdem durch ersparte Kohle die Anlagekosten der Speicherung getilgt werden müssen, um die Energie des Nachtstromes tagsüber für Wärmezwecke zu benutzen, dann muß der Strom im Verhältnis zum Kohlenpreis noch wesentlich billiger sein.

Diese wirtschaftliche Voraussetzung ist erfüllt, wenn es sich um ein Werk handelt, das über eigene Wasserkräfte verfügt. Läßt man die Wasserkraft nachts durchlaufen, so entstehen praktisch keine Betriebskosten; man kann deshalb die Kosten des Nachtstromes vernachlässigen und damit rechnen, daß die Anlagekosten der Speicherung durch die Kohlenersparnis getilgt werden. In Abb. 240 sind die Tilgungszeiten dargestellt, die auf dieser Grundlage (Stromkosten = 0) berechnet sind. Für verschiedene Leistungen, welche nachts während 14 Stunden zur Verfügung stehen, wurde die aufgespeicherte Dampfmenge nach Abzug der geringen Abkühlungsverluste (0,6 kcal/m^2 ^{0}C) bestimmt und die Kosten von Speicher und Elektrokessel für verschiedene Entladedrücke unter Annahme der wirtschaftlichsten Höchstdrücke (Seite 312) festgestellt. Die Tilgung durch die Kohlenersparnisse (Dampfpreis 4,20 M. je t) ist um so günstiger, je tiefer der Druck ist, auf den der Speicher entladen werden kann. Um die Wirtschaftlichkeit der Speicherung zu verbessern, wird es in vielen Fällen zweckmäßig sein, den Betriebsdruck der Verbraucher durch Erweiterung der Rohrleitungen, Absperrorgane und Heizflächen herunterzusetzen. In einer ausgeführten Anlage ist Entladung bis ins Unterdruckgebiet durch Versorgung einer Vakuumheizung vorgesehen. In Anlagen, bei denen außerdem kohlenbeheizte Kessel vorhanden sind, kann der Ruthsspeicher tagsüber die Belastungsschwankungen ausgleichen, die Kohlekessel werden dann konstant betrieben. Steht die Wasserkraft das ganze Jahr über zur Verfügung, dann verbessert sich die Wirtschaftlichkeit durch ersparte Anlagekosten kohlebeheizter Kessel.

Die Stadt München hat zur Ausnutzung ihrer Wasserkräfte Ruthsspeicher aufgestellt, durch welche mit Nachtstrom verschiedene Gebäude tagsüber beheizt werden. Es sind der Wärmemenge nach die größten Speicheranlagen, die bis jetzt ausgeführt wurden.

Größe der Ruthsspeicher bei vollem Ausbau	Druckgebiet	Speicherfähigkeit kg Dampf	zur Beheizung von
$3 \times 171{,}5\ m^3$	12 atü bis 50% Vakuum	84300	Deutsches Museum, Volksbad
$1 \times 175\ m^3$	14 bis 0 atü	25900	Schlachthof

Zusammenstellung der wichtigsten Bezeichnungen für die dynamischen Kapitel III und VI.

I. Grundbegriffe.

Mittelbare Regler oder Steuerungen = Regelvorrichtungen, bei welchen das gesteuerte Organ (Drosselventil, Maschinensteuerung, Rauchgas- oder Unterwindklappe, Rost- oder Brennerantriebe) durch eine Kraftquelle (Druck-Öl, -Wasser, -Luft, Dampf, elektrischen Strom) bewegt wird, welche unter dem Einfluß eines Reglers steht (für Druck, Menge, Luftüberschuß, Drehzahl). Die Vorrichtungen, durch welche das gesteuerte Organ bewegt wird (druckbelasteter Arbeitskolben, Elektromotor) einschließlich der erforderlichen Übertragungsmittel (Gestänge, Zahnräder, Kupplungen) werden nach dem Vorschlag von Stodola „Kraftgetriebe" genannt (statt „Servomotor").

Mittelbare Schaltungen = Regelanlagen, bei welchen die Regelung eines gesteuerten Organs (z. B. Drosselventil) von einer Stelle (z. B. Dampfnetz) aus erfolgt, mit dem das gesteuerte Organ nur durch Vermittlung anderer gesteuerter Organe in Verbindung steht. Dabei können die einzelnen Organe, welche zusammenarbeiten, mittelbar oder direkt gesteuert werden.

Stellungsregelung: Das gesteuerte Organ (z. B. Rauchgasschieber) folgt der Stellung des Reglers (z. B. Dampfdruckregler), ohne daß die gesteuerte Menge (z. B. Luftmenge) die regelnde Meßgröße (Dampfdruck) beeinflußt; (oder der rückwirkende Einfluß erleidet durch „Puffer" derartige Verzögerungen, daß der Regelvorgang durch diese Rückwirkung nicht unterstützt wird). Siehe Seite 224.

Zustandsregelung: Die gesteuerte Menge (z. B. Dampfmenge) beeinflußt den Ladezustand (z. B. Dampfdruck) eines Puffers (Volumen der Rohrleitung), nach welchem der Regler (Dampfdruckregler) das Organ steuert.

Mengenregelung: Die gesteuerten Mengen (z. B. Rauchgasmenge) beeinflussen selbst das Regelorgan (durch einen Mengenregler).

Differentialdruckregelung: Die Druckänderung in der Zeiteinheit (zeitlicher Differentialquotient dp/dt des Druckes) beeinflußt das Regelorgan. Siehe Seite 149.

Mechanische Rückführung: Die Stellung des Kraftgetriebes wirkt auf den Regler zurück.

Antriebsrückführung: Die Drehzahl des Antriebes (z. B. Kohlenstaubbrenner) wirkt auf den Regler zurück, so daß Ungenauigkeiten von Schalteinrichtungen (z. B. elektrische Widerstände) zwischen Kraftgetriebe und Antrieb ausgeschaltet werden.

Mengenrückführung: Die gesteuerte Menge wirkt auf den Regler zurück.

Quadratische Rückführung: Die Wirkung der Rückführung auf den Regler (Reglerhub, Reglerkraft) wächst quadratisch mit der Belastung (Hub des Kraftgetriebes, Antriebsdrehzahl, Strömungsmenge als Bruchteil der Werte bei Normalast). S. Seite 225.

II. Formelzeichen.

F = Flächeninhalt von Querschnitten.

G = Menge (Dampf-, Kohlen-, Luft-, Wärmemenge) kg/h.

G_0 = Menge bei Beharrung.

ΔG = Abweichung der Menge von der Beharrung.

G_n = Normalmenge bei größter Öffnung des gesteuerten Organs. Bei veränderlichem Druckgefälle zu beiden Seiten des Organs (Dampfventil, Rauchgasschieber) bezieht sich die Normalmenge auf das kleinste Druckgefälle im Gegensatz zu

G_{max} = Höchstmenge bei größtem Druckgefälle.

K = Kohlenmenge.

L = Luftmenge.

M = Masse.

P = Kräfte.

T = Periode: Dauer einer Regelschwingung (Mindestwert bei den meisten Reglern 1—2 Sek. [s. a. S. 114]).

$T_{1/4}$ = Viertelwertszeit: Zeit zum Abklingen einer Abweichung auf den vierten Teil (Seite 223).

T_a = Anlaufzeit (für Rohrleitungen: Zeit zum Durchströmen der Leitungslänge, Größenordnung 1 Sek., Kurvenschar Seite 74.)

T_d = Dämpfungszeit (Kataraktzeit): Zeit, in welcher ein Regler den vollen Hub unter dem Einfluß der Stellkraft entgegen der Wirkung einer Bremskraft (z. B. Ölbremse) zurücklegt.

T_g = Gasanlaufzeit von Kesseln: Zeit, in welcher die Rauchgase die Kesselzüge durchströmen. Größenordnung von Brennstelle zum Fuchs bei Normallast 5 Sek.

T_k = Kohlenanlaufzeit des Rostes (Seite 219, Größenordnung 10 Min.).

T_l = Luftanlaufzeit des Rostes (Seite 217, Größenordnung 1 Min.).

T_r = Rückführzeit von Differentialdruckreglern (Seite 258).

T_s = Schlußzeit des Kraftgetriebes: Zeit, in welcher das Kraftgetriebe den vollen Hub bei voller Steueröffnung durchläuft.

T_w = Wasseranlaufzeit des Kessels (Seite 220, Größenordnung 10 Min., Kurvenschar Seite 75).

T_0 = Schlußzeit des Verbrauchers: Zeit, welche vergeht bis die volle Verbrauchsmenge zu- oder abgeschaltet wird.

f = Zeitlicher Füllungsgrad einer Kolbenmaschine.

p = Druck, p_0 Beharrungsdruck, Δp = Druck- oder Zugunterschied alles in ata.

n = Drehzahl in der Minute, außerdem:
Verhältniszahl, insbesondere Luftfaktor (Luftmenge/Kohlenmenge) und Kohlefaktor (Kohlenmenge/Luftmenge, proportional zum CO_2-Gehalt).

Δn = Abweichungen des Luft- oder Kohlefaktors vom Beharrungswert.

q = Schwingungszahl (Frequenz) in der Sek.

t = endlicher Zeitabschnitt.

Δt = Aussetzzeit einer mit Unterbrechung arbeitenden (Aussetz-) Regelung.

t_s = Schaltzeit einer Aussetzregelung: Zeitdauer der Regleröffnung.

t_v = Zeitverzögerung.

v = Durchflußfaktor bei veränderlichem Druckgefälle zu beiden Seiten eines Strömungsquerschnitts (Drosselventil Seite 113, Rauchgasschieber Seite 232): Vielfaches der Strömungsmenge bei kleinstem Druckgefälle.

w = Wurzel einer charakteristischen Gleichung, außerdem: Geschwindigkeit m/s.

w_k = Kritische Geschwindigkeit.

x, y = Reglerhübe.

z = Belastung: Beharrungsmenge als Bruchteil der Normalmenge (G_0/G_n).

v = Verbrauchermenge als Bruchteil der Normalmenge (G/G_n).

δ = Größte (Druck-, Geschwindigkeits-, Mengen-) Abweichung zur Herstellung des größten Reglerhubes; ($\Delta p_{max}/p_0$ in ata, $\Delta G_{max}/G_0$ und bei Reglern für Mengenverhältnisse, z. B. CO_2-Gehalt $= \Delta n_{max}/n_0$). Dem größten Reglerhub entspricht bei mittelbaren Steuerungen die Schlußzeit T_s; außerdem ist δ bei direkten Reglern und bei mittelbaren Steuerungen mit mechanischer (nicht quadratischer) Rückführung die Ungleichförmigkeit.

δ_a = Strömungsdruckabfall in Rohrleitungen oder Kesselzügen bei Normallast.

Hubabweichungen von der Beharrung:

$y, \Delta y$ = Reglerabweichung.

$m, \Delta m$ = Abweichung des Kraftgetriebes.

s = Steueröffnung: Reglerabweichung minus Rückführabweichung.

$y_{max}, m_{max}, s_{max}$ = größter (voller) Hub.

Verhältnismäßige Abweichungen von der Beharrung:

φ = Druck ($\Delta p/p_0$ in ata), Drehzahl, allgemein: Zustandsgröße.

ζ = Menge ($\Delta G/G_n$, Dampf-, Luft-, Kohlen-, Wärmemenge).

λ = Plötzliche Belastungsänderung.

η = Reglerabweichung (y/y_{max}).

μ = Abweichung des Kraftgetriebes; bei mechanischer (nicht quadratischer) Rückführung zugleich Rückführabweichung (m/m_{max}).

σ = Steueröffnung: Reglerabweichung minus Rückführabweichung (s/s_{max}).

Allgemeine Fußzeichen:

o = Beharrungswert.

n = Wert bei Normallast.

p = Werte bei pulsierenden Schwankungen.

r = Werte von Rückführungen.

u = Werte bei tiefster Belastung.

v = Werte bei endlichen Verzögerungen.

Namen- und Sachverzeichnis.

GPSR Compliance

The European Union's (EU) General Product Safety Regulation (GPSR) is a set of rules that requires consumer products to be safe and our obligations to ensure this.

If you have any concerns about our products, you can contact us on ProductSafety@springernature.com

In case Publisher is established outside the EU, the EU authorized representative is:

Springer Nature Customer Service Center GmbH
Europaplatz 3
69115 Heidelberg, Germany

Batch number: 10682323

Printed by Printforce, the Netherlands